先进机器人科技译丛

装备科技译著出版基金

空间机器人机械学引论
Introduction to the Mechanics of Space Robots

[意]吉安卡落·艮塔(Giancarlo Genta) 著

谭天乐 曾强 袁德虎 侯月阳 张晓彤 等译

国防工业出版社

·北京·

著作权合同登记　图字:军－2016－081 号

图书在版编目(CIP)数据

空间机器人机械学引论/(意)吉安卡落·艮塔
(Giancarlo Genta)著;谭天乐等译.—北京:国防
工业出版社,2017.12
(先进机器人科技译丛)
书名原文:Introduction to the Mechanics of Space
Robots
ISBN 978-7-118-11393-8

Ⅰ.①空… Ⅱ.①吉… ②谭… Ⅲ.①空间机器
人—机械学—研究 Ⅳ.①TP242.4

中国版本图书馆 CIP 数据核字(2017)第 323917 号

※

国防工业出版社出版发行
(北京市海淀区紫竹院南路 23 号　邮政编码 100048)
三河市腾飞印务有限公司印刷
新华书店经售

*

开本 710×1000　1/16　印张 33¼　字数 633 千字
2017 年 12 月第 1 版第 1 次印刷　印数 1—2000 册　定价 158.00 元

(本书如有印装错误,我社负责调换)

国防书店:(010)88540777　　　发行邮购:(010)88540776
发行传真:(010)88540755　　　发行业务:(010)88540717

译者序

大多数的外太空环境并不适合人类的生存和活动,在恶劣的条件下探索宇宙空间需要使用机器人延伸和拓展人的活动能力。空间机器人需要适应运输和使用中所遇到的冲击振动、剧烈温差变化、真空或沙尘、崎岖未知的行星表面、微弱不规则的引力场、宇宙电磁辐射等各种极端情况。此外,复杂任务下的空间机器人还需要实现智能自主的环境感知,路径轨迹规划,障碍规避和安全防护。结构机构以及驱动传动系统是空间机器人的重要组成部分,主要包括各种形式的操控执行装置和行走机构,涉及到机械材料、能源动力、信息处理、通信和控制等技术。空间机器人在机械学上面临的很多问题是地面应用中难以出现和预料的。

《空间机器人机械学引论》根据都灵理工大学机械与航空航天工程系教授 Giancarlo Genta 编写,施普林格(Springer)出版社出版,曾获得国际宇航学会图书奖的 *Introduction to the Mechanics of Space Robots* 一书翻译而成。书中讨论了空间环境的影响,对空间机器人的设计进行了较为全面的概述,引用介绍了多款国际上具有代表性的空间机器人,根据不同的机器人构型进行了运动学、动力学建模,初步给出了相应的运动控制方法,并系统地叙述了空间机器人驱动器和传感器的原理以及不同能量形式的能源动力系统。作者在书中提出了很多值得研究和关注的开放性问题,引导读者进一步思考以开拓新的研究领域。

目前,我国各高校和科研院所在空间机器人的研究及工程研制方面尚处在起步阶段。本书提供了对于空间机器人结构设计、机动性分析、运动建模、机构及其控制、驱动器、传感器以及能源动力系统方面的评述,深入浅出,通俗易懂,既包括空间机器人机械学方面的理论方法,也介绍了多种目前得以实现和应用的空间机器人产品,体现了在这一领域的最新研究方法及研究成果,有助于从事空间机器人研究的科技人员追踪了解国外的技术水平、产品研制应用情况以及当前的研究热点,是一份较有价值的参考资料。

该书的翻译工作历时一年多,由以下同志共同完成,分别是:曾强(第1、2

Ⅲ

章)、谭天乐(第3章)、袁德虎(第4章)、侯月阳(第5章)、张晓彤(第6、8章)、李新鹏(第7章)、杨浩(附录A)、林书宇(附录B)等。本书的翻译得到了上海航天控制技术研究所、上海市空间智能控制技术重点实验室和国防工业出版社的大力支持与帮助,在此表示衷心的感谢!

由于水平有限,翻译难免有不妥之处,敬请广大读者批评指正。

译 者

2017 年 9 月

前 言

　　本书从作者对太空探索与开发系统专业的硕士生所作的有关空间机器人学的演讲集开始。本课程的目标是研究自动机械,即在太空探索与开发任务中既能自主运行又能作为宇航员的支持的机械,本书着重论述了为适用于行星环境(包括小行星、彗星与流星)而设计的各种装置。

　　本书内容完整且进行了更为系统的论述,希望不仅对于课程的学生而且对于那些对空间机器人学广泛且涉及更多跨学科领域有兴趣的学者有所助益,特别在机械方面。

　　本书主要关注于空间机器人的机械学。作者清楚地认识到,即便在这一特殊的领域,也远未达到完整,而且就像所有的机电系统一样,机器人系统是如此的统一以至于单独处理一个方面的问题是不够的。

　　本书的结构组织如下:

　　• 第 1 章:对人类与机器人太空探索的简要回顾,强调探索过程中人机合作的必要性,并且简单概括了近地轨道(LEO)、深空探测、行星探测中不同类型的机器人任务以及基本要求。

　　• 第 2 章:用综合的方法来讨论空间机器人正面临或未来将要面临的各种环境特性。由于空间环境是一个专业性很强的学科,并在许多著作中探讨过,因此本学科只做简要概述。

　　• 第 3 章:描述了机械臂的构造及其设计所需的基本运动学与动力学关系。

　　• 第 4 章:着重研究各种行星表面上的机动性,利用不同类型的支承装置,诸如轮子、机器腿以及气体动力学或气体静力学装置。

　　• 第 5 章:概述了轮式机器人与载具的基本特性,并在不同的方面研究轮式机器人的特性,诸如纵向、横向与悬架动力学方面。本章详细分析了不同环境中运行轮式机械的各种结果,并通过描述迄今为止唯一在月球表面成功荷载宇航员的载具,即 Apollo 月球车,得出了结论。

　　• 第 6 章:描述了固体表面上移动的腿式、轨道式载具与机器人或其他装置。由于许多不同的架构曾被提出甚至过去被使用过,所以本书并不赘述所有可能的结构,只选择那些基于实际应用与未来应用的架构。

　　• 第 7 章:简要概述用于空间机器人执行机构与感应的传感器。

● 第 8 章:简要描述了能被用于空间机器人的能源与蓄能装置。

本书有两个附录,总结了理论公式,这些公式为写出空间机器人的数学模型提供了条件,这些模型包括不同的机械部件,如机械臂、机械腿等。作者认为这些部件的模型是必不可少的,这是因为太空探索与开发系统的课程学员具有不同的知识背景,有些学员很清楚,而对有些学员而言是很困难的。同样,本书一部分读者或许不熟悉文中使用的分析力学的各种概念或者各种变形体的动力学,主要是第 3 章与第 5 章。

作者感谢机械学系以及都灵理工大学机电实验室的同行与学生所给出的各种建议、批评与意见交流。学生,特别是研究生,参与本书写作以作为其论文工作,因此他们的问题主要是当场提出的,要求作者必须清楚阐释想法并且给出详细证明。对以上的种种,作者十分感激。

对插图的注释:作者尽了最大努力以得到这些插图持有者的原始版权的许可,如果通过这些插图仍不能达到作者的目的,对此作者表示十分抱歉。特别是那些来自互联网的插图的应用,诸如图 4.10,图 4.35,图 4.36,图 4.40,图 5.2,图 6.1,图 6.15,图 6.17,图 6.21,图 6.23(b),图 6.24,图 6.25(a),图 6.28,图 6.31,图 7.18,图 7.19 以及图 7.21。

吉安卡落·艮塔

意大利 都灵

符号与缩略语

符号

a	接触面的长;质心与前轴间的加速距离
$\boldsymbol{a}$	加速度向量
b	接触面的宽;质心与后轴间的距离;臂展
c	黏结承载强度;黏滞阻尼系数;臂弦
c_{cr}	临界阻尼
c_{opt}	最佳阻尼
d	土体变形;直径
$\mathbf{d}$	正压电矩阵
d_i	第二个 DH 参数;偏移
e	能量
$\boldsymbol{e}$	误差
$\boldsymbol{e}_i$	第 i 轴的单位向量
f	摩擦系数;滚动摩擦系数
f_0	零速度时滚动摩擦系数
f_r	侧翻系数
f_s	滑动系数
g	重力加速度
$\boldsymbol{g}$	重力加速度向量
h	陷入地面高度
h_c	对流系数
i	道路坡度;虚数单位($i = \sqrt{-1}$);电流
i_t	道路横向坡度
k	刚度;土体变形模量/系数
k_c	黏性模量/系数
k_ϕ	摩擦系数
l	臂长;轴距
l_i	第三个 DH 参数;长度
m	质量
m_e	等效质量
m_s	簧上质量

m_u	簧下质量
p	压力
$\boldsymbol{p}$	广义动量
p,q,r	xyz 坐标系中的角速度
p_s	不沉陷土体承载能力
p_0	土体承载能力
q	特征函数
$\mathbf{q}$	广义坐标系向量;特征向量
r	半径
$\mathbf{r}$	向量
s	拉普拉斯变量
t	时间;轨道;轮胎拖距;厚度
u	位移
$\mathbf{u}$	位移向量
u,v,w	xyz 坐标系中的速度
v	体积
v_g	侧滑引起的地面速度
z	下沉;牙数
xyz	身体固定参考坐标系
$\mathbf{x}$	坐标向量
$\mathbf{z}$	状态向量
A	面积
$\mathbf{A}$	状态空间中的动态矩阵
B_r	剩磁
$\boldsymbol{B}$	输入增益矩阵
C	侧偏刚度;电容
C_D	阻力系数
C_f	力系数
C_L	升力系数
C_S	侧力系数
C_γ	外倾刚度
C_σ	纵向力系数
$\mathbf{C}$	阻尼矩阵;输出增益矩阵
D	气动阻力;位移
$\mathbf{D}$	直接关联矩阵;位形空间中的动态矩阵
E	弹性模量;土体变形模量;气动效率

E	材料刚度矩阵
F	力
F	力向量
F_n	法向力
F_r	弗劳德数
F_t	切向力
G	剪切模量;重力常数
G	陀螺矩阵
H_c	矫顽磁场
$\mathscr{H}$	汉密尔顿函数
H	循环矩阵
I	单位矩阵;惯性矩阵
J	惯性力矩
J	雅克比矩阵
K	刚度
K_B	反电动势常数
K_T	扭矩常数
K	刚度矩阵;控制增益矩阵
K_d	微分增益矩阵
K_i	积分增益矩阵
K_p	比例增益矩阵
L	参考长度;气动升力
$\mathscr{L}$	拉格朗日函数
M	质量
M	质量矩阵;力矩
M	分子量
Ma	马赫数
N	转数
Nu	努赛尔数
N	形状函数矩阵
P	功率
Q	流量
R	轮子半径(空载);轨迹半径;普适气体常数;运动阻力;电阻
$\mathscr{R}$	磁阻
R	旋转矩阵
R_c	轨迹半径(低速条件)

Re	雷诺数
R_e	有效滚动半径
R_l	负载条件下半径
S	一阶质量矩;气动侧向力;基准面
T	温度;力矩
$\mathscr{T}$	扭矩
$\boldsymbol{T}$	扭矩向量;齐次转换矩阵
$\mathscr{U}$	动能
V	车速;体积;电压
$\boldsymbol{V}$	速度向量
V_f	足部相对于身体的速度
V_r	相对于大气的速度
V_s	声速
V_B	反电动势
W	功
XYZ	惯性坐标系
α	侧偏角;道路坡度角;攻角
α_i	第四个 DH 参数;扭曲
α_t	道路横向坡度角
β	车辆侧偏角;工作系数
γ	外倾角;侧倾角
δ	转向角;气动侧偏角;电阻率
δ_c	转向角(低速转向)
δL	虚功
$\delta\theta$	虚位移
ε	应变;土体变形
$\boldsymbol{\varepsilon}$	应变向量
ε_f	刹车效率
η	效率;模态坐标
$\boldsymbol{\eta}_i$	模态坐标向量
$\boldsymbol{\theta}$	俯仰角
θ_i	第一个 DH 参数;旋转角度
$\boldsymbol{\theta}$	关节处广义坐标系向量
λ	热导率
μ	动态黏滞度
μ_0	真空磁导率

μ^*	摩擦系数
μ_r	相对磁导率
μ_x	纵向力系数
μ_{x_p}	纵向牵引系数
μ_{x_s}	侧滑纵向牵引系数
μ_y	侧偏力系数
μ_{y_p}	横向牵引系数
μ_{y_s}	侧滑牵引系数
v	泊松比;运动黏度
ρ	密度
σ	标准压力;应力;纵向侧滑
τ	剪应力;传动比;时滞;无量纲时间
ϕ	滚转角;摩擦角($\phi = a\tan(\mu)$)
χ	抗扭刚度
ψ	偏航角
ω	频率;圆频率
ω_n	固有频率
Γ	旋转阻尼系数
Δh	下沉高度的增加值
Π	轴上轮胎的抗扭刚度
$\boldsymbol{\Phi}$	特征向量矩阵
Ω	角速度
$\boldsymbol{\Omega}$	角速度向量
$\Im$	虚部
$\Re$	实部
$\mathrm{d}x$	对 x 微分
∇	拉普拉斯算子

下标

d	导数
i	内部;积分
o	外部
p	比例
t	切向

物理常数值

G	重力常数 $6.67259 \times 10^{-11} \mathrm{m}^3 \cdot \mathrm{kg}^{-1} \cdot \mathrm{s}^{-2}$
R	普适气体常数 $8.314510 \mathrm{J} \cdot \mathrm{mol}^{-1} \cdot \mathrm{K}^{-1}$

| μ | 真空磁导率 $1.257 \times 10^{-6} \mathrm{H \cdot m^{-1}}$ |

缩略词

ACE	要素/同位素成分高级探测器
ACR	异常宇宙射线
AFC	碱性燃料电池
AGV	自动导引车
AI	人工智能
AU	天文单位
BAP	有动力防护装甲
BEMF	反电动势
CRP	碳纤维增强塑料
CVT	无级变速
DC	直流
DH	丹纳维特 – 哈顿贝格
DMFC	直接甲醇燃料电池
ECU	电控单元
EMF	电动势
EVA	舱外活动
FEM	有限元方法
GCR	银河宇宙射线
GEO	地球同步轨道
GPS	全球定位系统
GRP	玻璃纤维增强塑料/玻璃钢
GTO	地球同步转移轨道
HMI	人机界面
ICE	内燃机
ICME	星际日冕物质抛射
IMF	星际磁场
ISO	国际标准化组织
ISRU	就地取材利用
ISS	国际空间站
KBO	"柯伊伯带"天体
LEO	近地轨道
LRV	月球车
LVDT	线性可变差动变压器
MCFC	熔融碳酸盐燃料电池

MEMD	动态电磁阻尼器
MEMS	微机电系统
MER	火星探测车
MK	自然无阻尼（系统）
NEA	近地小行星
NEC	近地彗星
NEM	近地流星
NEO	近地天体
ODE	常微分方程
PAFC	磷酸燃料电池
PD	比例微分
PDE	偏导数微分方程
PEMFC	质子交换膜燃料电池
PHA	有潜在危险的小行星
PID	比例积分微分
PWM	脉宽调制
RB	摇臂转向架
R/C	无线电操控的
RHU	放射性同位素热源
rms	均方根
RTG	放射性同位素热电发生器
RVDT	旋转可变差动变压器
S/C	航天器
SAA	南大西洋异常区
SAE	美国汽车工程协会
SAR	合成孔径雷达
SCARA	选择顺应性平面关节型/装配机器人臂
SMA	形状记忆合金
SNAP	核辅助电力系统
SOFC	固体氧化物燃料电池
SRG	斯特林放射性同位素发电机
SRMS	航天飞机远程操纵系统
SSRMS	空间站远程操纵系统
TEMD	变压器电磁阻尼器
UAV	无人飞行器
UGV	无人地面车

UV	紫外线
WEB	温暖的电子盒子(车体)
VDC	车辆动态控制
4WD	四轮驱动
4WDS	四轮驱动与转向
4WS	四轮转向

目 录

第1章 绪论 ……………………………………………………………………… 001

1.1 空间机器人 ………………………………………………………………… 001

1.2 人机交互 …………………………………………………………………… 003

1.3 人工智能 …………………………………………………………………… 006

1.4 空间机器人与机械臂的任务 …………………………………………… 010

　　1.4.1 近地轨道 …………………………………………………………… 012

　　1.4.2 深空 ………………………………………………………………… 013

　　1.4.3 行星表面 …………………………………………………………… 013

1.5 开放性问题 ………………………………………………………………… 015

　　1.5.1 控制 ………………………………………………………………… 015

　　1.5.2 机械学 ……………………………………………………………… 016

　　1.5.3 转换器 ……………………………………………………………… 016

　　1.5.4 动力 ………………………………………………………………… 016

　　1.5.5 通信 ………………………………………………………………… 017

第2章 空间与行星环境 …………………………………………………… 018

2.1 近地轨道环境 ……………………………………………………………… 018

2.2 太阳系空间环境 …………………………………………………………… 022

2.3 星际空间环境 ……………………………………………………………… 023

2.4 月球环境 …………………………………………………………………… 025

2.5 岩石行星 …………………………………………………………………… 030

　　2.5.1 火星 ………………………………………………………………… 031

　　2.5.2 水星 ………………………………………………………………… 035

　　2.5.3 金星 ………………………………………………………………… 037

2.6 巨行星 ……………………………………………………………………… 038

　　2.6.1 木星 ………………………………………………………………… 039

　　2.6.2 土星 ………………………………………………………………… 041

2.6.3　天王星 ··· 043

2.6.4　海王星 ··· 044

2.7　巨行星的卫星 ··· 046

2.7.1　木卫一（Io）··· 048

2.7.2　木卫二（Europa）·· 049

2.7.3　木卫三（Ganymede）···································· 049

2.7.4　木卫四（Callisto）·· 050

2.7.5　土卫二（Enceladus）、土卫三（Tethys）、土卫四（Dione）、

土卫五（Rhea）及土卫八（Iapetus）···················· 050

2.7.6　土卫六（Titan）·· 051

2.7.7　天卫五（Miranda）、天卫一（Ariel）、天卫二（Umbriel）、

天卫三（Titania）及天卫四（Oberon）·················· 052

2.7.8　海卫一（Triton）··· 053

2.8　小天体 ··· 053

2.8.1　主带小行星 ·· 054

2.8.2　"柯伊伯带"天体 ··· 057

2.8.3　"特洛伊"小行星 ··· 058

2.8.4　其他小行星 ·· 059

2.8.5　彗星 ·· 060

2.8.6　外形不规则小行星表面上的重力加速度 ···················· 061

第3章　操控装置 ··· 067

3.1　自由度和工作空间 ··· 067

3.2　末端执行器 ··· 071

3.3　末端执行机构的定位 ··· 072

3.4　冗余自由度 ··· 073

3.5　臂的设计 ··· 075

3.6　刚体在三维空间的位置 ······································· 076

3.7　齐次坐标 ··· 079

3.8　Denavit-Hartenberg 参数（DH 参数）························· 080

3.9　臂的运动学 ··· 082

3.10　速度运动学 ·· 091

3.11　力和力矩 ·· 093

3.12　刚性臂的动力学 ·· 093

3.13　低阶控制 ·· 102

  3.13.1 开环控制 ·· 103

  3.13.2 闭环控制 ·· 103

  3.13.3 基于模型的反馈控制 ··································· 109

  3.13.4 前馈、反馈混合控制 ································· 111

3.14 轨迹生成 ··· 111

3.15 挠性臂的动力学 ··· 114

3.16 高阶控制 ··· 127

3.17 并行操控装置 ··· 128

第4章 行星表面的移动性 ······································· 134

4.1 移动性 ··· 134

4.2 探测车与地面之间的接触 ··································· 135

  4.2.1 接触压强 ··· 136

  4.2.2 牵引力 ·· 141

4.3 轮式移动 ··· 147

  4.3.1 在坚硬的地面上滚动的刚性车轮 ············· 147

  4.3.2 车轮和地面的柔性 ··································· 150

  4.3.3 刚性车轮和柔性地面间的接触 ·················· 152

  4.3.4 柔性轮和刚性地面间的接触 ···················· 157

  4.3.5 柔性车轮和柔性地面之间的接触 ············· 162

  4.3.6 切向力:在刚性地面上的弹性车轮 ············ 166

  4.3.7 切向力:刚性车轮在柔性地面上 ··············· 182

  4.3.8 切向力:柔性轮在柔性地面上 ·················· 187

  4.3.9 切向力:经验模型 ··································· 189

  4.3.10 轮胎动力学行为 ··································· 190

  4.3.11 全向轮 ·· 191

4.4 履带 ··· 192

4.5 腿式移动 ··· 194

4.6 流体静力支撑 ·· 196

4.7 流体动力学支撑 ··· 197

4.8 其他类型的支撑 ··· 204

第5章 轮式探测车 ··· 205

5.1 概述 ··· 205

5.2 轮式探测车运动方程解耦 ··································· 207

5.3　纵向运动特性 ……………………………………………… 209
　　5.3.1　作用于地面的力 ……………………………………… 209
　　5.3.2　行驶阻力 …………………………………………… 211
　　5.3.3　动力传动系统模型 …………………………………… 213
　　5.3.4　考虑纵向滑动的模型 ………………………………… 216
　　5.3.5　传递到地面的最大转矩 ……………………………… 220
　　5.3.6　电机允许的最大性能 ………………………………… 222
　　5.3.7　匀速能耗 …………………………………………… 223
　　5.3.8　加速度 ……………………………………………… 224
　　5.3.9　制动 ………………………………………………… 226

5.4　横向运动特性 ……………………………………………… 231
　　5.4.1　轨迹控制 …………………………………………… 231
　　5.4.2　低速或运动学转向控制 ……………………………… 233
　　5.4.3　理想转向操控 ………………………………………… 238
　　5.4.4　非完整约束下地面－车轮接触 ……………………… 242
　　5.4.5　高速转向模型 ………………………………………… 247
　　5.4.6　高速转向线性模型 …………………………………… 250
　　5.4.7　侧滑转向操控 ………………………………………… 268
　　5.4.8　铰接转向操控 ………………………………………… 272
　　5.4.9　轨迹定义 …………………………………………… 282
　　5.4.10　转向机动性 ………………………………………… 284

5.5　悬架动力学 ………………………………………………… 285
　　5.5.1　非柔性悬架 ………………………………………… 286
　　5.5.2　弹性悬架 …………………………………………… 292
　　5.5.3　抗制动点头与抗加速翘头设计 ……………………… 300
　　5.5.4　四分之一车辆模型 …………………………………… 303
　　5.5.5　弹跳和俯仰运动 ……………………………………… 311
　　5.5.6　轴距滤波 …………………………………………… 316
　　5.5.7　滚转运动 …………………………………………… 317
　　5.5.8　地面激励 …………………………………………… 318
　　5.5.9　振动对人体的影响 …………………………………… 320
　　5.5.10　对驾乘舒适性的总结 ……………………………… 321

5.6　耦合的纵向、侧向与悬架模型 …………………………… 323

5.7　"阿波罗"月球车 …………………………………………… 325
　　5.7.1　车轮和轮胎 ………………………………………… 325

　　　5.7.2　驱动和制动系统 ······················· 326

　　　5.7.3　悬架 ·································· 327

　　　5.7.4　转向操控 ······························ 327

　　　5.7.5　电力系统 ······························ 328

　5.8　轮式车辆总结 ·························· 328

第6章　非轮式机器人和行星车 ············· 331

　6.1　行走机器 ·································· 331

　　　6.1.1　总体布局 ······························ 331

　　　6.1.2　脚的运动轨迹的形成 ··················· 334

　　　6.1.3　非动物形结构 ······················· 338

　　　6.1.4　步态和腿的协调性 ··················· 346

　　　6.1.5　平衡 ·································· 350

　　　6.1.6　双足机器人 ·························· 352

　　　6.1.7　结论 ·································· 355

　6.2　轮 - 腿混合机器人 ··················· 357

　6.3　履带 - 腿混合机器人 ·················· 361

　6.4　跳跃式机器人 ······················· 362

　6.5　雪橇板式机器人 ······················· 367

　6.6　无足机器人 ·························· 368

第7章　作动器和传感器 ················· 371

　7.1　空间机器人的作动机构 ··················· 371

　7.2　线性作动器 ······················· 373

　　　7.2.1　性能指标 ······························ 373

　　　7.2.2　液压缸 ·································· 377

　　　7.2.3　气动作动器 ·························· 379

　　　7.2.4　电磁作动器 ·························· 380

　　　7.2.5　移动线圈式作动器 ··················· 385

　　　7.2.6　压电作动器 ·························· 387

　7.3　旋转作动器 ······················· 392

　　　7.3.1　电机 ·································· 392

　　　7.3.2　液压电机和气动电机 ··················· 398

　　　7.3.3　内燃机 ·································· 399

　7.4　机械传动 ·································· 401

　　　7.4.1　旋转传动 ································· 401
　　　7.4.2　从旋转运动到线性运动 ············· 407
　7.5　液压传动 ······································· 409
　7.6　传感器 ··· 413
　　　7.6.1　外感受器 ····························· 413
　　　7.6.2　本体感受器 ························· 415

第8章　动力系统 ·························· 420

　8.1　太阳能 ··· 420
　　　8.1.1　光伏发电机 ························· 420
　　　8.1.2　太阳能-热发电机 ················· 423
　8.2　核能 ··· 424
　　　8.2.1　裂变反应堆 ························· 425
　　　8.2.2　放射性同位素发电机 ············· 425
　　　8.2.3　放射性同位素供热装置 ··········· 428
　8.3　化学能(燃烧) ································ 428
　　　8.3.1　热发动机 ····························· 429
　　　8.3.2　燃料电池 ····························· 430
　8.4　电化学电池 ··································· 431
　　　8.4.1　原电池 ······························· 431
　　　8.4.2　二次(可充电)电池 ················ 433
　8.5　其他储能装置 ································ 437
　　　8.5.1　超级电容器 ························· 437
　　　8.5.2　储能飞轮 ························· 437

附录A　构型空间及状态空间中的运动方程 ·············· 439

　A.1　离散线性系统 ································ 439
　　　A.1.1　构型空间 ························· 439
　　　A.1.2　状态空间 ························· 441
　　　A.1.3　自由运动 ························· 443
　　　A.1.4　保守自然系统 ··················· 443
　　　A.1.5　特征向量的性质 ················· 444
　　　A.1.6　运动方程 ························· 445
　　　A.1.7　自然非保守系统 ················· 447
　　　A.1.8　质量矩阵为奇异的系统 ·········· 450

    A.1.9   保守陀螺系统 ……………………………………… 451

    A.1.10 广义动力学系统 ……………………………………… 451

    A.1.11 强制响应的闭合解 ……………………………… 453

    A.1.12 广义线性动力学系统的模态变换 ……………… 454

A.2 非线性动力学系统 …………………………………………… 454

A.3 构型空间和状态空间里的拉格朗日方程 ………………… 456

A.4 受约束系统的拉格朗日方程 ……………………………… 458

    A.4.1 完整约束 ………………………………………… 459

    A.4.2 不完整约束 ……………………………………… 461

A.5 相空间里的哈密顿方程 …………………………………… 461

A.6 伪坐标下的拉格朗日方程 ………………………………… 462

A.7 刚体的运动 …………………………………………………… 465

    A.7.1 广义坐标 ………………………………………… 465

    A.7.2 运动方程——拉格朗日法 …………………… 466

    A.7.3 伪坐标下的运动方程 ………………………… 468

A.8 多体模型 ……………………………………………………… 470

附录B 连接系统运动方程 ……………………………… 472

B.1 总论 …………………………………………………………… 472

B.2 梁 ……………………………………………………………… 474

    B.2.1 综述 ……………………………………………… 474

    B.2.2 直梁弯曲振动 ………………………………… 475

    B.2.3 剪切变形的影响 ……………………………… 483

B.3 连续系统离散化:有限元方法 …………………………… 486

    B.3.1 元素表征 ………………………………………… 487

    B.3.2 Timoshenko 梁结构元素 ……………………… 489

    B.3.3 质量元素和弹簧元素 ………………………… 495

    B.3.4 结构装配 ………………………………………… 496

    B.3.5 结构约束 ………………………………………… 497

    B.3.6 阻尼矩阵 ………………………………………… 498

B.4 自由度缩减 …………………………………………………… 498

    B.4.1 静态缩减 ………………………………………… 499

    B.4.2 Guyan 缩减 ……………………………………… 500

    B.4.3 组元合成 ………………………………………… 501

参考文献 ……………………………………………………… 505

第 1 章 绪 论

1.1　空间机器人

涉及机器人的著作通常是从机器人的定义开始的。

机器人这个名词可以追溯到 1920 年,当时捷克作家 Karel Kapec 出版了科幻小说剧本《洛桑万能机器人公司》($R.$ $U.$ R),即代替人类执行工作的人造机器人。他发明了名词 Robota,意谓被"强迫劳动"的那些家伙,或"苦力"。剧中描述的机器人都是人形的。

ISO 8373 标准把机器人定义为:一种自动控制的、可重复编程的、多用途的、多轴控制器,应用于工业自动化的固定式或活动式机械装置。国际机器人协会,欧洲机器人研究网络(EURON)以及许多国家标准委员会都使用该定义。

美国机器人研究所(RIA)给出了一个更为宽泛的定义,即通过不同的可编程的方法来完成不同任务(如运送原材料、部件、工具或专业设备)的一种可重复编程的多功能控制器。RIA 把机器人划分为以下四种类型:

(1)利用人工控制来操控物体的装置。

(2)以预定的周期操控物体的全自动装置。

(3)利用连续的点到点轨迹来表现的可编程、伺服控制的机器人。

(4)除了具有第三种类型机器人的特性之外,该种机器人还能感知环境信息并据此做出智能机动。

最新的《牛津现代美国英语词典》把机器人定义为一种能够自动完成一系列复杂动作的机器,特别是由计算机程序操控的那种机器。这里的机器人不要求具备操纵物体的能力。

根据《大英百科全书》的解释,机器人是指任何能够替代人类劳动的自动运行的机器,尽管其外表看起来并不太像人类或并不能像人那样执行各种功能动作。这里的机器人具有拟人化的外表。

《兰登书屋韦伯词典》把机器人定义为一种外表模仿人类并能够按指令完成

一些机械性、日常性工作的机器。这里的机器人须具有拟人化的外表,而自主机器人则不需要。

《大英百科全书》对机器人的另一定义为一种外表像人类并且能够像人那样完成各种复杂动作(如步行或说话)的机器。

在一些定义中把那些能够完成相同工作的虚拟软件代理也定义为机器人(有时将其简称为 bots),但是本书中的机器人是实物。因此从本质上来说,计算机上运行的机器人数学模型并不是真正的机器人。

虽然机器人这个单词来自科幻小说,但是或多或少地提出了拟人机器的设想,或者简单地说,能够代替人类的这样一种机器的概念由来已久。它们出现在古代文学作品中,例如伊利亚特(火神赫菲斯托斯使用的自动运行的工具),而且建造自动装置的许多尝试从古希腊－罗马时期就开始了。

从希罗、克特西比乌斯、费罗所描述的各种自动装置到星球大战系列电影中的各种现代机器人,在许多情况下,这些多功能机器人具备生物学特征(从犹太传说中的有生命的假人到弗兰肯斯坦小说中的"怪物",以及最近出版的 Philip K. Dick 撰写的科幻小说《机器人会梦见电子羊吗?》中的复制人,电影《银翼杀手》改编自该小说),并且还是机械装置。

在所有这些定义中都把机器人描述或建构成假人或拟人机器。尽管大多数情况下,目的是要把机器人描述成一个不仅外表像人而且还能像人那样移动及行为表现的机械装置,但是这些类似人类的定义只局限于行为方式或者"它的思维方式"(心理模仿)。

真实世界的情况是完全不同的。通常,机器人是一种机电一体化(电动液压或电动气压)装置,由计算机程序控制,因此,它们能独立承担某项工作。目前仍在讨论这些由人类直接操控的那些或多或少拟人化的装置是否是机器人。它们可以是简单的机械装置,如应用于处理放射性物质的机械臂,也可以是由人完全遥控执行复杂工作的那些相当复杂的系统。航天飞机机械臂就是一个很好的例子。这种情况下,把其称为"遥控机械臂"或者"遥控代理人"似乎比"机器人"这一称谓更为贴切。

从一开始,这些被发射入太空的装置就应能够自动地或者在地面操控条件下进行大量的工作。随着太空任务的复杂性越来越高,这些技术要求变得更为迫切,并且自动航天器的复杂程度也越来越高。

把这些复杂装置称为空间机器人已得到广泛认同。因此一个自动探测器即便没有机械臂,也开始被叫作机器人探测器,它们在做出各种决定方面有些许的自治权,而且显然这种无臂机器不具备类似人类的外表。月球车/行星车一律被定义为机器人或机器巡视车,即便称其为自动巡视车更为贴切。

现实世界中的机器人或许会曲解我们的文化背景中的种种弦外之音,而其本身几乎无法表达。当我们中的大多数人听到机器人这个单词时,他/她的脑海里马上会浮现出许多科幻小说的描述或电影中的场景。即使在不同文化背景中,人们对机器人的一般看法也是大相径庭的,东方世界更加正面,而西方世界则不太友善;就对机器人的形象描绘而言,特别是如果它是小巧的、样貌和善的,它的形象会使得人们产生惺惺相惜的感觉。相同的物体如果被叫作自动机器,则不会引起人们的兴趣,而如果被称为机器人,则马上被赋予人性化以及引起人们的共鸣(如果它是巨大的且具有令人不安的外表,则会令人感到害怕并产生敌意)。有时看起来这些情感被有目的地唤起以激发其对所指派的工作的兴趣或被用来激励其更好的工作。

然而,如何称谓的问题并未对专家们造成困扰,因为他们清楚地了解这些机器的性能表现与种种局限,而错误使用"机器人"这个术语会对公众产生误导并产生超越当今技术可能性的种种预期。接下来,这种误解还具有潜在的危险:如果公众有了不切实际的预期,那么人们将很难理解我们在太空领域通过千辛万苦所取得的那些小成果的重要性,从而也使人们很难支持技术与科学进步所必需的财政支出。归根到底就是,我们为什么要把钱用在设计和建造更为先进的宇宙飞船?何时拥有或至少建造那些能在太阳系中执行几乎所有重要工作的机器人?

1.2 人机交互

从太空探索的初期(甚至更早期)开始,人类直接参与太空任务是否明智就引起了众多争论,现在依然如此。毫无疑问,载人航天器使得其设计更加复杂、更具挑战性,并导致成本的大幅提高。因此,这个问题无论在太空时代的初期还是今天依然存在。

首先,对航天器安全方面的要求大大增加。就诸多自动任务而言,可以增加空间探测器的数量,同时降低它们的可靠性。以这种形式降低成本,增加成果/成本比往往很重要。这样或许能缩短一项任务从初始设计到完成的研制周期。载人所要求的极高可靠性将不可避免地导致成本的大大增加。

航天器载人所要求的生命保障系统的性能必须得到保证。这些系统通常笨重、体积庞大且昂贵;而且对于那些持续时间长的任务而言,它们的复杂程度增加了。仪器以及所有电子设备的小型化,会使事情变得更糟。由于技术进步,相对于手动操控的机械装置,机器人探测器变得更轻、更小巧且更加便于使用。这减少了运载火箭的尺寸及发射成本。而且,电子与计算机技术的进步赋予了机器人完成更为复杂任务的能力。

然而,经验表明,人类出现在太空不仅受到社会公众的欢迎,而且这是有价值的;我们看到,人类宇航员的直接介入对于修理某个自动装置的故障是至关重要的,这样的实例不胜枚举。对于未知情况的反应能力与执行不同任务的能力是人类的两大显著特性,这在太空任务中是十分宝贵的。美国宇航员与俄罗斯宇航员已经证明:他们能够轻松适应太空中的失重环境并且能够毫不困难地展开工作。对哈勃太空望远镜的修理以及之后的升级操作就是最好的例子,但是这也仅是众多工作中的两项而已(图1.1)。

图 1.1　一名宇航员正在舱外修理哈勃太空望远镜(图像来自 NASA)

　　在深空任务中更是如此。如果人类探索火星是一项极其困难的计划,那么使用机器人进行探索也不会变得很简单。在火星表面移动的任何自动探测器都必须自主工作。而在月球上,人类在地球上遥控某个探测器是有可能的,因为双向链接时间仅约 3s,但是这在火星上是行不通的。从火星车摄像机探测到其路径上有一障碍物到地球上路径修正指令到达的时间需要好几分钟。火星巡视车,如 1997 年美国国家航空航天局(NASA)火星探路者任务中搭载的机器人探测车"Sojourner"(图 1.2)以及最近的"勇气"号和"机遇"号火星探测车,它们的行进速度非常缓慢而且必须具备自主运行的能力。然而,即使这些火星探测车收到来自地球的控制输入信号需要很长时间,但是它们还是不得不通过人工遥控来完成大部分功能。

　　人工智能的许多方面还远未实现。尽管计算机技术飞速发展,但是制造能够模拟人类逻辑推理的机器还遥遥无期。计算机的性能越强大,制造出有实际逻辑能力的机器的难度就越大。现今还没有人能确切定义智能这个名词,或许主要是

图 1.2　机器人探测车"Sojourner"(图像来自 NASA)

因为在今天"智能"这个术语被用于许多不同的领域——智能机器、智能结构、智能武器甚至是摩托车技术中的智能悬挂。这些机器性能卓越,这在以前是不可思议的,智能技术的应用功不可没。然而,"智能"必须被正确地理解:许多机器可以自主执行不同的任务,但是人类同所期望的智能是完全不同的。

　　在工业领域,类似的考虑同样适用。许多有关全自动化工厂的讨论不断涌现,在这些工厂中,所有的运行都是无人参与的,这预示着在许多工艺流程中机器人完全取代了工人。今天,这些观点正在被不断修正。所有机器,甚至是那些最小巧的机器,都必须与人类协同工作,而传统机器人通常并不适合做这样的工作。英语单词"cobot"来自"collaborative robot",中文叫作"合作机器人",即指协助人类操作者而不是取代人类的一个智能机器。

　　家用机器人或更广义的服务型机器人,在相关新领域获得了巨大发展。未来个人机器人或许会复制个人计算机的成功,每个家庭拥有机器人的目标现在听起来似乎没有多大意义,但是别忘了,20 年前我们说每个家庭都拥有自己的计算机时听上去也如同天方夜谭。为了实现在家、办公室、医院以及载入车辆中协助人们工作的目标,机器人必须比现在更加可靠,使用更加方便,自主性更强,并且必须能与人们很好地融合在一起,前述的工业机器人是不能也是被禁止这样做的。

　　同样,在太空领域,趋势也是显而易见的。但有些自相矛盾的是,过去仅交给机器去做的众多工作现在有时是由人类来完成的,这样做的目的或许是由于更为简单且更为便宜或者是性能更佳的缘故。在这一方向上所进行的种种尝试,有些甚至是笨拙且危险的尝试,目的是要避免自动化机器过于昂贵。有一则发生在"和平"号(Mir)空间站的事故被广为报道,当时"进步"号货运飞船在手动控制条件下发生交会对接失败,飞船直接撞到太阳帆板上并导致巨大损坏。在上述例子中,使用手动来进行对接操控就是为了减少成本,同时也没有为宇航员提供所要求的设备来安全操作。

在其他例子中,人在回路这种简化控制方式是受欢迎的,这降低了任务成本,同时也没有牺牲安全。例如,20世纪末欧洲航天局(ESA)计划发射的月球探测器,相较于之前的月球探测器需要更大程度借助地面操作者的控制。从这个角度来看,因航天器载人所增加的成本至少能部分地从降低控制系统的成本中获得补偿。相比许多在完全自动控制条件下进行的操作,这些操作由宇航员来完成的效率更高,这或许是得到了"合作机器人"的协助。人机关系,有时会有演变为相互冲突的趋势,必须向更为紧密的协作方向发展。

一个人机协作的例子就是由行星协会发起的探索火星的"火星前哨基地"计划。大量配备永久通信与导航系统的机器人研究站将被送到这颗红色星球。它们将承担研究工作并建立所需的基础设施来为将来人类探索火星的着陆与返回做准备。

摆脱地球重力,将有效载荷送入地球轨道,降低成本是至关重要的。这不仅会促进先进发射技术的显著进步,而且也会使得人类直接参与到太空探索中变得更为容易。同时,这还会产生一种累进效应:人类在太空生活或在其他星球定居的时间越久,被送入太空的人类与物资的数量就越少。我们这一代需要一种类似"拔靴带"的自举努力,即靠自身努力与不断攀登,渐进式地稳步发展以获得成功。

如果太空不仅仅是用来在紧邻我们星球的地方建立自动化实验室与工业企业,那么人类的参与是必要的。为此,人类必须学习如何长期在外太空工作与生活,还必须学习如何在外太空旅行并到达科研基地与生活区。换句话说,人类现在能够做的以及未来决定做的就是移居外太空,而不仅仅是把机器人送入外太空进行探索。

尽管未来机器人所扮演的角色至关重要,但是不难预计,在太空,无论人类会去哪里,都离不开自动机械的前期探索、陪伴与服务,而这一角色很可能由机器人来承担。

1.3 人工智能

最早使用人工智能(AI)这一术语可以追溯到1956年夏在英格兰新汉普郡的达特茅斯学院召开的会议,从那以后,该术语被广泛接受并使用至今。尽管对人工智能至今还没有准确的定义(或者甚至可以称为人类智能),但广泛接受的说法是指,由机器来模仿人类的智力行为。著名的图灵测试是对人工智能最接近的定义:如果一台机器能够与人类展开对话而不能被辨别出其机器身份,那么就称其具有智能。

首先,有两种测试方式达到这一目标。第一种方式包括一个运行于传统但功能强大的计算机上的专用编程软件,它能够遵循既定的规则使用各种符号。这些测试的基础是假设智能是通过使用各种符号进行逻辑运算来表现的。那么,人类的大脑被当作一台生物计算机,而人类的思想如同运行于这台"计算机"之上的软件得出的结果。然后,使用一台非生物计算机可能会获得类似的结果,条件是该计算机功能强大足以运行一个合适的软件。第二种是基于人造神经元网络架构的神经测试方式,该方式模拟动物大脑的结构,接着再模拟人类大脑的结构。经过如此设计的人工神经网络(ANN)并不运行任何程序,但能通过学习的方式运行。

这两种方式不像看上去那样有很大区别,因为利用计算机模拟神经网络很平常,也就是说,它们被简化为一个运行于传统机器上的软件。因此,第二种方式似乎可以简化为第一种方式的一个特殊情况。

但是,许多无法解决的问题使得神经方式停滞不前,并似乎在20世纪60年代末期走到了死胡同。相反,第一种方式(即运算法)却获得了令人鼓舞的结果。

到20世纪80年代中期,由于之前的许多问题得到了解决,神经方式重新获得了巨大发展,而建造智能机器的目标被证明比预期要困难得多。在20世纪60年代,有一个共识,即到2000年,智能机器会是一个成功的技术结果,但是到目前为止(2010年),至少以当今的技术来说,离目标的实现似乎依然相当遥远,从而令许多人怀疑其实现的可能性。

图1.3为设想的路径发展规划,即从无生命物质发展到智能并有意识的系统。

按照这个规划,能源物资系统是一个动态系统。如果该系统还能接收信号与处理信息,那么它就能被认为是一个自动装置,诸如此类。

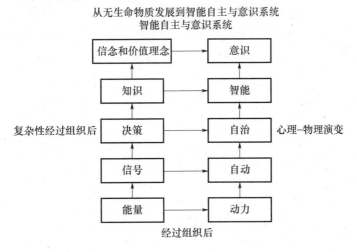

图1.3　设想的路径发展规划,即从无生命物质发展到智能并有意识的系统

图 1.3 中,决策是在知识的上方还是下方,这是有争议的。这里我们假设一个生命体(或者机器人)能根据外部世界的输入所做出的反应进行决策,甚至在没有建立其内部模型的条件下。这一点是有争议的,但是这里我们假设,对该问题的正面回答是现实可行的。而且,有时对方块中术语的意义似乎并不完全一致,因此这一答案是根据对单词知识与决策的确切解释做出的。

图 1.3 中位于右边的方块不应是阶梯中的一个个独立的台阶,而是不断演化过程的一个个阶段,因此它们相互之间千差万别。

遥控机械臂,即能够很好地执行既定任务的遥控代理,处于第二个层次,这一点毫无疑问,即图中的自动系统阶段,包括类似的许多其他类型的自动机器。许多情况中,遥控机械臂呈现出某种形式的有限自治,即能做出一些低阶段的决定,尽管这是根据更高层次的任务由人类来操控的。

最早期的机械臂应用于放射性物质的处理,它们是纯粹的机械装置,由一个手臂与一个抓爪组成,能够准确复制人类操作者的手臂与手的运动。之后发展的机械臂能在自治控制条件下,根据人类控制者所做出的更高层次决策执行更多的动作。这类似汽车变速箱:当汽车需要变速时,司机必须控制离合器与排挡杆来进行换挡操作,变速箱执行操作以提供汽车所需的动力。当以半自动方式进行变速时,司机做出决定:汽车处于哪个挡位,随后利用动力、机械装置进行离合与换挡操作。在全自动变速箱条件下,通过油门踏板控制车速的仍然是司机,通过踩油门来完成自动换挡。这里,所有低层次的决策都是由机械装置做出的,而较高层次的决策仍然是由司机实时做出的。

一个合格的真正的机器人必须具备良好的自治能力,即能在没有人类直接地、实时地介入的条件下执行各项任务。它还必须与环境互相作用并以一种灵活的易于重新编程的方式执行任务。因此,这样的机器人至少属于图 1.3 中的第三个层次。

理想状态下,机器人应更加独立,不受人类的影响,能以智能的形式行事甚至具有自我意识。但是现今的机器人还远未达到这样的功能特性。

那么,关键问题是:太空探索中到底需要多少人工智能?

一般来说,机器人自治能力必须随着与人类操控者的距离的增加而增强。虽然遥控机械臂在月球上完成所有的工作是完全可能实现的,但是火星探测(至少在人类出现在火星或其卫星上之前)所要求的自治能力必须更强。对于遥远的外太阳系的卫星与行星,无人探索是现今最好的方式,这就需要真正意义上的机器人。从上述意义上讲,未来承担星际间探索任务的无人探测器所运行的距离使得智能机器成为不二之选。

强大的人工智能基于这样的假设:人类的所有特性都能被机器复制;这些机器具有意识,不仅是智能的而且拥有真实的思想。然而,这是一个未经证明的陈述,特别是后半部分的假设存在很大的争议。

上述最具争议的一点就是使用冯·诺依曼机,即能够自我复制的智能机器。冯·诺依曼探测器是一个被赋予智能的且可自我复制的空间探测器。

一旦这种探测器抵达目的地,它将在一个特定的天体上着陆,如小行星、具有固体表面的行星或者行星的卫星上,然后开始自我复制。Tipler[①] 提出了一种基于该种探测器的太空探索策略。冯·诺依曼探测器将来或许会使用一台相对简单的推进系统向一颗邻近的恒星飞去以便几百年甚至几千年之后到达其目的地。探测器着陆并开始生产其他探测器,那时它或许能飞离太阳系,朝着其他邻近恒星飞去。一旦它的首要任务完成,即飞抵其他恒星系,探测器将开始它们的科学工作,即把各种报告发送回地球。最终,我们所在星系的大部分将被这些探测器占据。通过使用冯·诺依曼探测器,单个智慧物种甚至有可能开始探索整个宇宙。这样的智能机器不仅仅被用来探索,而且有可能繁殖出有机生命体。

然而,即使冯·诺依曼机能够被造出来,我们也永远无法确定:经过多次的自我复制之后不会出现错误。毕竟,这是一种经过演化创造新生命的机制。而且,也不可能确定:在地球上经过编程的探测器,在其所发现的其他行星体系中的各种新环境条件下,将一直准确无误地工作。通过地球上的无线电通信来检查甚至更改程序是有可能的,但这仅仅对第一批少量的自我复制是可行的。然后,时空的距离将变得很大,以至于每件事都必须通过机载人工智能系统来完成。

由于这些机器的基因编码经过多次随机改变,因此一旦它们不能像其建造者们所设想的那样精确行事,到那时我们不可能知晓它们未来会有什么样的最终结局。

另外,更重要的一个问题需要得到妥善处理。假定这些智能机器可以被建造出来,伦理上,这么做能被人们接受吗?应不应该让这些自我复制的机器充斥在宇宙中?这个问题已经引起了激烈的争论。卡尔·萨根(Carl Sagan)认为,答案是否定的:一个科技文明社会发展中的底线应禁止在星际间出现冯·诺依曼机的结构,并且应严格限制它们在其母星球的使用范围。如果卡尔·萨根的观点被接受,那么这样的发明将对整个宇宙造成危害,因此某种程度上,对这些星际机器的控制与毁灭将不得不成为所有文明国家——特别是那些科技更发达的国家——的一项使命。

而 Frank Tipler 持相反的观点:如果人类放弃这个角色,那么这将使人类错过开拓周围邻近恒星系以至整个宇宙的所有机遇。人类将背叛其在宇宙中的使命,并宣判自己毁灭。按照 Frank Tipler 的推论,冯·诺依曼机遍布全宇宙或许可以被认为是演化过程的另一个方面,这一过程在过去产生了人类这一物种,那么未来或许会产生其他的智能生命取而代之。那时,人类的终极使命将会是创造智能机器,即把生命演化过程从基于碳元素的生物转到基于硅化学的生物。

然而,这些都是遥远将来的问题。

---

① F. J. Tipler, *The Physics of Immortality*, Macmillan, Basingstoke, 1994.

目前的问题不是智能机器人是否可取,而是现今的机器人用于太空探索任务是否足够。

例如,太空探索中最重要科学目标之一,即搜寻地外生命,能否可以利用机器人来进行。毫无疑问,为机器人编好程序来搜寻地外生命是完全有可能的,但是要它们辨认出奇异的外来物种是很难的。确实,即便是人类能否完成这个任务也是值得怀疑的,而机器人的成功概率更是微乎其微。

有些例子是不言自明的。"海盗"号火星探测器进行的太空生物学实验还没有定论,但仍然引起了激烈的争论。虽然可以肯定,探测器没有发现任何生命,但是这也只能证明在其着陆区域没有发现生命,因此还存在疑问。一个更为典型的例子是在火星陨石 ALH84001 上发现的据称存在生命形式的化石。在发现那些微观形成物之后差不多 15 年,尽管该陨石在具有世界上最好设施的实验室中由众多顶尖科学家来进行研究,但结果仍然存在争议。我们怎么能够指望一个在各种困难条件下工作的机器人能够在人类科学家在轻松环境下并在设施精良的实验室中都未能研究出的条件下取得成功?

与建造越来越复杂的机器人相反,未来建造一些更为简单的能相互作用的机器或许更加可行,一大群这样的机器人能呈现出一种集体智能。该方法源自对群居昆虫以及其他动物(鸟、鱼)演化进程的观察研究,这些群体中的个体只能表现出一种简单的行为方式,但是当这些个体组成一个群体工作时就能完成各种复杂的任务。在所谓的复杂性科学领域里,动物行为研究是一个广受欢迎的学科,而且学者们相信,从这些研究中,将会逐渐发展出空间与行星机器人研究的新方法。

1.4 空间机器人与机械臂的任务

根据机器人与机械臂在太空中或天体上的用途,我们把任务的类型暂且分为以下几种:

(1) 机器人探索任务;

(2) 机器人商业与开发任务;

(3) 为人类太空探索排除障碍的机器人任务;

(4) 协助人类太空探索任务的机器人;

(5) 人类太空探索任务中,增强人类机动性的交通工具;

(6) 人类太空探索 – 开发任务中,所必需的施工 – 开挖设备。

正如我们已经提到的,在无人任务中,一个非常重要的因素是机器必须在离地球多远的地方运行:在月球任务中(或许还可以扩展到近地小行星与彗星,即近地轨道),真正的遥操作是有可能的。在其他情况下,机器必须具备足够的自治能力。就月球任务来说,第一类任务的机器与第四类几乎没有区别,因为相比在地球上遥控,人类近距离操控并没有多少优势;而就火星任务来说,区别是巨大的,载人任务中,宇航员需要着陆在一颗火星卫星上,并遥控机器探测火星。有一点必须注意,距离不仅造成通信延时(地 – 月之间 2 ~ 3s,地 – 火之间要 0.5h,而地球 – 主小行星带/带外行星卫星则更长),而且主要是在围绕行星/地球的轨道过程中,那些无线电中继是否可用。这个问题可以通过把众多的通信卫星送入围绕火星的轨道来解决。

　　人类出现在现场大大简化了这个问题,但不管怎样,机器具备一些自治能力是必要的。例如,低级别的控制不应由人类来做,人类要做的是更重要的工作,但是与最困难的工作相比,即自动完成高级别的路径规划功能和实时进行的检测与恢复工作,做到这一点或许相对容易。

　　一般而言,第一类与第四类任务中机器的尺寸都相当小,因为构成有效载荷的仪器仪表能够做到小而轻,并且未来将会越来越微型化。但有两个因素限制了微型化,即采集/掘出及运回样本的需要;通常来说,与那些大型运输车相比,小型运输车的机动性与运行范围更加有限。然而,由于小型运输车能通过的地方大型运输车无法通过,因此,严格意义上来说,这与所处的环境类型有关。同样,机器人的大小与质量也受限于航天器空间与质量允许范围。

　　第二类任务中我们不考虑使用像通信卫星、气象卫星或地球资源卫星那样的小型自动航天器,商业与开发任务或许需要各种各样不同的航天器与漫游车。例如,这类任务中包括月球"虚拟旅游",这就要求中型尺寸的漫游车,车上带有许多全景摄像机,这些摄像机由地球上遥控,并且,任务中的这些机器能够在月球或小行星上着陆并完成土壤采样以及处理工作。这类任务中所使用的机器的尺寸也许会从中等大小变成很大;长期目标是发展出能够在近地小行星或主小行星带上运输巨大矿石的挖矿机器人;完成对矿石的提取、处理并送回地球;或者可能的话,到月球或火星开发那里丰富的资源。此外,自治能力取决于距离的远近:当使用遥控操作器能够进行月球与近地天体的探索时,距离越远,自治能力应更强。

　　那些被用来为人类准备任务地点的自动机器也包含各种各样不同的装置。在月球上的主要任务是在月面建立居住区,这需要挖掘月壤建立掩体以防人类受到辐射的伤害以及做好所有必需的准备工作。火星任务中还包括为返程生产所需的推进剂,该任务的能源要求可能会更高。这样一来,巡视车或许要从着陆器上卸下核反应装置,并把其放至合适的地点,通过设置使其运行,然后就地取材利用(IS-RU)协助人类建立能源工厂。其余任务或许包括准备着陆区,以及可能的话,为各种车辆的运行路径打好前站。

　　第五类与第六类任务要求使用大型车辆,这些车辆能够载人或挖土。所有这些机器或许直接由宇航员操控或地面遥控操作,也可能呈现出某种程度的自治能力。这些机器的自治能力越强,宇航员花费在琐碎工作上的时间就越少,或者至少在那些简单重复且有时危险的工作上花费的时间就越少。由于在前哨基地与太空殖民地开发中,宇航员的时间是相当宝贵的,因此对该类任务中自治运行方面的兴趣也将越来越大。

空间机器人可被用于以下三种不同的环境:

- 近地轨道(LEO);
- 深空;
- 行星表面。

1.4.1 近地轨道

机器人航天器

许多低轨卫星都是在无人(或几乎无人操控)条件下工作的。然而,大多数科学与商业卫星,尽管都是自动运行的,它们的自动化程度比机器人还高,因为它们以一种严格的精确的方式沿着固定的路线运行并完成工作。近地对其遥控操作是可能的,而且这不难。只有那些复杂的卫星或许才能被认为是机器人,例如哈勃太空望远镜。

这里我们将不讨论上述的这些卫星。

机器臂(遥控机械臂)

我们发现,在载人任务中,遥控机械臂有很大的用处。其中最著名的是航天飞机中的"加拿大臂",它被用于多种不同的工作,从卫星展开、恢复与维修到卫星结构件的组装以及舱外活动(EVA)辅助。国际空间站有一个多用途机器臂,其主要任务是空间站的维修工作,但也可以用于许多其他的工作。这些机器臂的自治程度是不同的,但是通常它们由宇航员控制。

舱外活动辅助

迄今为止,都是由机器臂来完成辅助宇航员舱外活动的工作,而机器臂则由其他宇航员直接操控,见图1.1。但是,我们提到的那些或多或少由宇航员操控的自由飞行机器人,将在未来得到应用。同类的自由飞行器也可用于其他的任务,像空间站维修、卫星检修与拖曳等。

机器人太空服

太空服十分重,微重力条件下不仅会造成很大的不便,而且既不便于移动也不易操作,这会束缚宇航员舱外活动时的机动能力。当然,太空服包括双臂和双手。在身着太空服的宇航员的直接控制下,类似遥控机械臂的有动力太空服会对宇航员舱外活动有很大的帮助,可以减轻疲劳并提高安全性。人们曾经设计并建造了几种人造外骨架放大装置,该概念由Hardyman首先提出,由GE公司在1965年建造出来,当时设计并建造这些装置的初衷是用在地球上以及军事上。该概念既能用于太空中舱外活动也能用于宇航员在行星表面的移动。太空以及行星表面的重力场条件使得这些装置更加有用。

1.4.2 深空

如果我们把深空的概念理解为范·艾伦(Van Allen)带之外的太空,即那里的空间环境由太阳支配而不是地球,那么地球同步轨道(GEO)卫星也必然被纳入深空的概念。它们大多是通信卫星,与近地轨道商用卫星的用途没有区别。

机器人探测器

通常,深空探测器被看作机器人,因为它们必须自主运行来完成多种不同的工作。它们离地球越远,自治能力必须更强。迄今为止,空间机器人到达的最远距离远远超过冥王星的轨道,而且它们已经到达太阳系的边缘,即太阳风层顶,也就是说,位于受太阳支配的空间区域与星际空间之间的边界。

许多探测器必须沿着复杂的轨迹运行,这么做是为了借助飞离行星轨道时所获得的助力来完成深空机动,有时也会进入行星轨道或进入一颗巨行星的卫星系统航行数年以获得所需的助力。要做到这一切都必须使天线的方向一直正对着地球,并保持在严格的公差范围之内使传感器与摄像机对着那些科学探索的目标。

1.4.3 行星表面

着陆器

首先,行星探索机器人(这里我们用"行星探索"这个术语是指对任何天体的探索,可以是一颗真正的行星或一颗卫星,甚至可以是一颗小行星或一颗彗星)的下降过程必须得到控制。除了月球之外,无人着陆器必须自主完成在星体上着陆,因为在地球上对月球上的机器人进行遥控操作是可能的。根据事先计划的下降方式(利用降落伞、减速气球、气囊或火箭),控制过程多少有些复杂,特别是在最后阶段。在进入大气层这段时间,或许会出现通信中断。

着陆之前进行的科研工作包括拍摄图像或测量。着陆之后,将开始进行行星表面的科研工作。迄今为止,着陆器完成了许多不同的工作,如展开巡视车、土壤采样、进行科学实验以及把图像传回地球等。未来着陆器或许会执行许多其他的任务,如探索飞行器或气球的展开、车辆返回并带回样本以及"就地取材利用"(ISRU)等。

巡视器

各种各样不同的机器人巡视器被设计出来并得到了测试,现实中有些已经在多个行星任务中得到了应用。所有投入应用的巡视器都是轮式的,早期火星车除外,其采用雪橇式;火卫一巡视器则采用跳跃式,但它没有到达火卫一。履带式、腿式或跳跃式巡视器曾在地球上被测试过,其他还有基于气动力的探索飞行器(飞机)或基于气静力的飞行器(气球)。

正如所述的,除了在月球上有可能实现全遥控操作,其他所有的情况中,具备良好、适度的自治能力是必不可少的。然而,在目前的技术水平下,仍有一个迫切的问题亟待解决,即所有巡视器的速度都很慢,因此在任何情况下,进行高级别的控制或许仍然来自地球的遥控操作。

建筑机器是一种特殊的车辆,这些车辆为宇航员的抵达准备好地面基础设施,或者为宇航员开始探索小行星与其他天体做好准备。除了那些可移动设备,还有勘察仪器、挖掘机、运土机与机器臂,勘察机器的作用是指引这些车辆找到需要考察的地点。

有些巡视器的尺寸远小于1m,而有些很大,这些不同规格的车辆可以用于运输物资,用于建设聚居地、核反应装置以及其他基建设施,也可以用于平整着陆区与道路等。根据它们的尺寸与质量,巡视器可分为以下几类:

- 超小型(质量小于5kg);
- 微型(质量为5~30kg);
- 迷你型(质量为30~150kg);
- 大型(质量大于150kg)。

交通工具

宇航员在月球上使用过的唯一交通工具,即"阿波罗"任务中使用的月球车(LRV),并不是一个机器人,因为它完全由宇航员操控。未来的载人交通工具将具备一定程度的自治能力,也能够进行遥控操作(即由不在车上的宇航员操控)。自治程度从低级别(与普通自动挡车辆相差无几)到全自治(能在无人操控条件下自动完成载人任务)。

一般而言,载人交通工具可被划分为两种:

- 简单的可移动交通工具,无任何维生设施,任务是运送身着太空服的宇航员;
- 具有维生设施的交通工具,车内宇航员不用穿着太空服。

月球车属于第一类。这类交通工具可以与普通小轿车一样大,十分简单轻巧。第二类是真正的可移动适居型交通工具,十分复杂,这是一种类似军用载人车辆的设计,车内空气不会受到可能的化学或生化武器的污染。

宇航员的得力助手

那些被设计用来协助降落在行星表面的宇航员的机器人可以是微型的,类似于那些无人自主探索任务中的机器人,但它们是在人类探索者高水平的导引下进入那些最困难或最危险的地方的;它们也可以是大型的建筑机械,用于建造聚居地与基地,以及用于行星开发的挖矿与运输机械。

这些机器人的自治与遥控操作的程度在不同情况下有很大的不同。通常,它们将受益于那些应用于地球上难度高且危险工作环境中的类似机械的研究,如采矿业或重工业,以及那些应用于危险的军事任务的类似机械的研究,如扫雷、清除未爆武器或侦察任务。

如前所述,协助人类探索任务的机器人助手类似于巡视车,但它们之间还是有很大区别的:机器人并没有束缚宇航员的移动,它们的速度必须更快,至少与人的行走速度一样,并且自治能力至少足以跟上它们的"主人"而无须人类直接引导。要满足这些特性是具有挑战性的。

为了在一个已经建构好的环境中(前哨站、基地甚至大航天器)与人类共同工作,这类机器人助手的外表或许应该是人形的。就像服务型机器人,人形身体为其在人类环境中出色地完成工作提供了有利条件,而且能使用与人类一样的工具,无须做任何改动。舱外活动中,人形也有便利之处,这种形状就是所谓的"人形机器"(centaurs),它可以是腿式的,但更多情况是轮式的,前部有四个或更多轮子(或腿),还有一个有手臂和脑袋的人形躯干。

另一种形式的宇航员助手是之前已经提到的适应各种不同的行星环境的机器人太空服。为了克服因太空服的刚度与笨重所造成的不灵活,机器人太空服提高了人类活动能力,以便宇航员完成在地球上难以做到的工作,并为宇航员提供了比普通太空服更好的环境防护。

1.5 开放性问题

人工智能的缺陷不是空间机器人学中仅有的开放性问题。特别是,所有涉及的方面仍然需要做大量的研究工作。这些开放性问题可以分成:
- 控制
- 机械学
- 转换器
- 动力
- 通信

许多开放性问题与那些标准机器人学中的开放性问题并无不同,只是这些问题呈现出的水平更高。如果机器人产业确实能按许多专家预计的那样发展(一些研究估计,个人机器人产业在 21 世纪所扮演的角色将类似于自动化产业在 20 世纪所扮演的角色),那么规模化生产将使更为深入的研究成为可能,同时使研究费用更为合理。接着,空间机器人学将会从高科技非空间应用的技术转换中受益,因为后者将成为空间应用中最亟待解决问题的驱动力。

1.5.1 控制

控制系统的硬件与软件都需要更进一步的发展。目前硬件的发展速度很快,当今功能最强大的设备还不能胜任空间应用。空间环境,特别是那些具有辐射的环境,对那些必须在低轨之上的地方运行的电子设备而言是十分严酷的。一般来说,相较于地球上应用的硬件,空间机器人所使用的硬件功能不那么强大且版本老。

软件也十分重要,特别对于那些非传统的应用而言,如那些应用于高度自治的机器人、协同装置、遥机械臂以及在极端环境中使用的人机交互界面的软件。

1.5.2　机械学

与那些标准机器人的组件相比,空间机器人的机械与结构组件更复杂。发射入太空的任何物体的先决条件不仅是重量轻、可靠性高,而且能够在太空环境条件下运行。空间机器人必须经受住发射与返回过程中的强烈振动,以及适应长期无维修条件下行星上高真空(随之带来的润滑问题)、大温差、辐射与灰尘过重的环境。

有关展开与充气结构的大量研究工作仍是必需的。

1.5.3　转换器

在所有的机器人应用中,传感器与作动器是关键组件。虽然传感器与标准机器人的传感器类似,但是作动器则在很大程度上局限于太空环境及太空中可利用的低动力。

有些作动器根本不能用,如真空中无法正常运行的有刷直流电机或需要制冷的且极低效的形状记忆合金(SMA)。那些气动与液压装置也不在考虑范围之内,这是由于气动装置的高空气消耗与低效,而液压装置则是由于其笨重的辅助设备。纳入考虑的大多数应用的作动器局限于电机(通常是无刷电机)以及电磁与压电作动器。

1.5.4　动力

在所有的机器人应用中,动力问题十分关键,而在太空,情况会变得更糟。转换器与控制电子设备通常由电池供电,但是后者必须始终处于带电状态,只有那些瞬时的工作可能需要使用主电池(非充电电池)。

最普遍的解决方案是使用太阳帆板,但是它们提供的能量低以及远离太阳时产能快速衰减。火星上太阳帆板的产能只有地球上的一半,而且在外太阳系(超出木星轨道),这些能量实际上是无法使用的。燃料电池或许是最好的解决方案,但它们只能应用于短途任务或利用当地可用资源生产燃料与氧化剂"就地取材利用"。放射性同位素热电发生器(RTG)可以在很长时间内提供低动力,因此通常是深空运行机器人探测器的最佳选择,但在行星任务中仍存在一些限制。核反应堆或许是为深空与行星探测设备提供大量动力的最佳选择,而且可以使机器人电池始终处于带电状态。

放射性同位素热源(RHU)可以被用于热控制以使机器人始终处于工作状态,特别是在外太阳系中或行星上,如在漫长的月球黑夜期间。超级电容器是短时间提供峰值动力的优选设备,但缺点是需要充电。

1.5.5　通信

通信的需求取决于使用的通信设备。遥机械臂必须能实时接收(或几乎实时接收)所有指令。机器人的自治能力越强,对通信接收能力的要求就越低。除了高自治性自主运行机器人的工作结果之外,所有设备都必须把其工作结果发回地球,因为我们可以在它们返回后对这些信息进行存储与下载。现今的技术可以实现利用低功率探测器把来自太阳系边缘的信息送回地球,但这要求在地球上有体积巨大的且耗资不菲的持续接收设备。要与行星表面上或月球远端的机器人建立通信,必须要有可靠有效的中继站,例如在地－月系统的拉格朗日点或围绕行星的轨道上。

使航天器的天线精确指向地球以及天线的折叠与展开的问题已经得到了成功的解决,这很重要。

第 2 章
空间与行星环境

用于探索与开发的机器人的运行环境可被粗略地划分为四种类型：
- 近地轨道环境
- 深空环境
- 太阳系空间环境
- 行星与小天体环境

行星与小天体可被进一步划分为：
- 月球
- 岩石行星
- 巨行星
- 巨行星的卫星
- 小天体

2.1　近地轨道环境

通常，近地轨道环境是指高度低于 1000km 的轨道。但是，近地轨道环境与一直到环绕地球的范·艾伦辐射带的轨道环境（图 2.1）大致相同。

地球磁气层保护星球和范·艾伦辐射带之下的所有空间免受来自太阳与深空的大多数辐射。地球磁气层如图 2.2 所示。

由于磁气层的防护作用，近地轨道中的辐射强度适中，甚至是在强太阳活动（太阳耀斑）期间也是如此。但是，沿巴西海岸地球磁场出现了异常，在该地区，更强的辐射到达了上层大气。范·艾伦辐射带对称地分布在地球磁轴周围，并与地球自转轴所成的倾角约为 11°。这个倾角，连同所造成的约为 450km 的偏移，在南大西洋上空引起内范·艾伦辐射带的高度更接近地球表面，即导致南大西洋异常区（SAA），同时在北太平洋上空引起内辐射带的高度离地球表面最高。

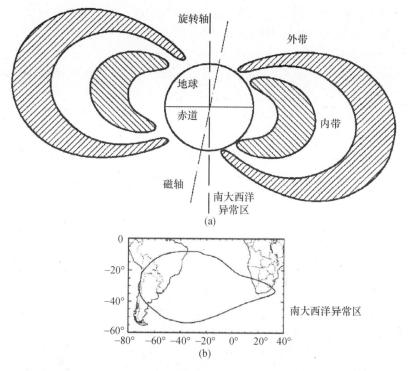

图 2.1 （a）范·艾伦辐射带的截面图；（b）受南大西洋异常区影响的地区

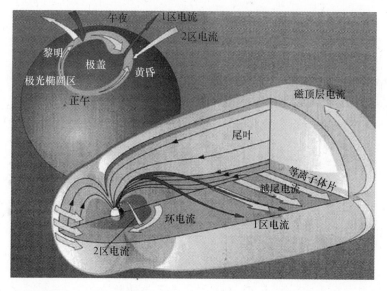

图 2.2　地球磁气层（地球磁场所占据的空间体积），左上图为北极地区。大量电流（成百上千万安培）穿过太空（引自 G. Genta, M. *Rycroft*, *Space*, *The Pinal Frontier*? Cambridge University Press, Cambridge, 2003）

备注 2.1 随着时间的推移，SAA 的边界随着 SAA 的海拔高度以及其形状的变化而变化。在海拔高度为 500km 处，SAA 的经度范围为 −90°~40°，纬度范围为 −50°~0°。它的范围随海拔高度的增加而扩大。

上层大气以及上层大气之上的空间特性是变化多端的，不管是海拔高度还是时间上。海拔高度在 90~1000km 之间的区域的平均气压、平均密度与平均温度，我们使用"美国标准大气"中的值，见表 2.1。

表 2.1 近地轨道中的一些大气温度值、气压值以及密度（引自"美国标准大气"）

海拔/km	T/K	p/Pa	ρ/(kg/m^3)
0	288.15	1.01×10^5	1.23
100	195.08	3.20×10^{-2}	5.60×10^{-7}
200	854.56	8.47×10^{-5}	2.08×10^{-9}
300	976.01	8.77×10^{-6}	1.92×10^{-11}
400	995.83	1.45×10^{-6}	2.80×10^{-12}

上层大气中的原子是强电离的，因此海拔高度在 50~600km 之间的大气层称为电离层。它们大多是氧离子，但在 300km 之上，成分逐渐变为大多数是氢离子。

这个区域的空间条件是众所周知的，但条件的变化取决于太空天气，该术语通常用来定义某个空间区中所涉及的电离、磁场、辐射以及其他现象。太空天气与地球密切相关，这是太阳活动、地球磁场以及我们在太阳系中的位置造成的，并且它不仅对人类的太空活动而且对我们所处的星球以及技术研究都有深远影响。

整个太阳系中的太空天气受到太阳风的速度与密度的极大影响（见 2.2 节）。目前，太阳风的速度与密度以及太阳耀斑等相关数据是能够持续不断获得的，例如从专业网站 www. spaceweather. com 获得。

每 11 年太阳活动周期性地达到峰值，太阳风的密度达到最大值。这个期间里，卫星受到的阻力会变得更强，从而使卫星失去高度而下降或脱离轨道的风险增加。为了使卫星保持在海拔高度 200~400km 之间的近地轨道，必须周期性地对卫星高度进行调整，特别是当其表面质量比很大时。比如，国际空间站（ISS）因其巨大的太阳帆受制于高层大气阻力。在太阳活动高峰期间，高度调整更加重要。

在更高的海拔高度，大气压与大气密度快速下降；在约 1000km 高空，卫星能一直保持在轨道中（至少能在人造卫星正常的服务年限内），而无须调整。

除了等离子体之外，太空充满了各种不同的碎片，既有自然碎片也有人造碎片。自然碎片主要包括地球重力场捕获的并且进入大气层被空气阻力摧毁的那些非常小的陨石、微陨石以及宇宙尘埃。偶尔也会出现燃烧未尽的较大陨石穿过大气层到达地面的情况。

然而，近地轨道中的大多数碎片都是人造的。那些大的人造碎片通过雷达与望远镜能被精确追踪到;它们的数量与位置是众所周知的。在 1996 年,约有 4000 块可以追踪到的碎片,而现在能追踪到的尺寸约为 10cm 或更大的碎片约有 8500 块。新的碎片不断产生,那些老的碎片数量正在减少,因为它们中的一些受到上层大气阻力的影响而最终再次进入大气层并在到达地面前燃烧殆尽。只有那些尺寸以米为单位的碎片才有可能到达地面,从而对地面上的人造成危险,但是这种概率远小于自然碎片对人所造成的危险概率。

备注 2.2 每 11 年的太阳周期对太空碎片的影响很强,这是因为,如前所述,临近太阳活动最大年的高层大气的密度远大于太阳活动最小年的高层大气密度。处于最低轨道中的碎片的周期性的清除因此出现。

那些更小的碎片是火箭上面级或卫星的爆炸碎片,无论是事故产生的还是有意为之。经过计算,大约有一半以上的厘米级的碎片是这样的爆炸碎片。军事卫星对此种污染负有大部分的责任。军事卫星服役期满后,卫星的核反应堆的石墨堆芯就被投弃到一个安全的(更高的)轨道中,这时产生了大量的具有危险性的碎片。当这样做时,核反应堆冷却系统会令大量的冷却剂(液态钾钠合金)液滴以及冷却剂泄漏出来。这些液滴是危险的次厘米级抛射物,它们会穿透或污染卫星表面。

国际公约现在禁止蓄意炸毁卫星。公约规定:必须对可能会产生太空垃圾的事故采取一切必要的预防措施。公约还规定:那些退役卫星必须脱离轨道并在大气层中摧毁,而对于那些退役的地球同步卫星来说,应该把它们移到一个很少使用的轨道中。

备注 2.3 最重要的轨道的高度是在 1000 ~ 1400km,在这个高度区间,大气阻力是不足以使碎片下降并再次进入大气层的。

最具危险性的情况是许多物体频繁碰撞不断产生大量新的碎片。这种连锁效应直至形成一个碎片带才会停止,这一过程中任何物体都不能幸免。所幸这一噩梦般的景象在今后的几百年里还不会出现。

"进步"号货运飞船撞击"和平"号空间站的太阳帆(一个错误的交会对接机动导致了这次事故)是一个众所周知的事故,除此之外,迄今为止仅出现过两次太空碰撞事故,都是运行中的卫星所遭受到的碰撞事故。第一次碰撞事故是一颗法国小卫星"Cerise"遭到一个手提箱大小的在太空中漂浮 10 年之久的阿里亚娜火箭上面级爆炸碎片的撞击。这次事故虽然没有造成多大的损坏——用来稳定的吊杆被切断——但是这颗受损卫星还是被妥善地摧毁掉了。

第二次碰撞事故发生于 2009 年 2 月 10 日,即一颗美国商用铱星与一颗废弃的俄罗斯卫星"Cosmos 2251"的碰撞事故。这两颗卫星被彻底摧毁,同时产生了成千上万个碎片。另外还有两次碰撞事故记录,都是非运行物体之间的碰撞。一次发生在 1991 年 12 月末,一颗俄罗斯退役卫星"Cosmos 1934"与"Cosmos 929"的一个碎片的碰撞;另一次发生在 2005 年 1 月 17 日,一个在太空漂浮 31 年之久的美国"Thor"火箭箭体与中国 CZ - 4 发射火箭的碎片的碰撞。

大块碎片距离近地轨道中的一颗卫星 100m 以内的概率大约是 100 年才能遇上一次。就拿空间站而言,事先辨识出大块碎片能够通过恰当的机动动作以避免碰撞。那些小漂浮物不会造成损坏,而且空间站防护外壳能够抵御毫米级碎片的撞击。经过计算,在国际空间站(ISS)20 年的服役期内,1cm 大小的颗粒击穿 ISS 外壳的概率大约为 1% 。

近地轨道中的商用与科学卫星的加固设计方面,有许多好的实践经验,因此在这方面不会有很大的问题。

2.2　太阳系空间环境

范·艾伦带之外的空间普遍受到太阳风的影响,太阳风遍及整个太阳系。太阳风主要由日冕抛射出的高速氢离子(质子)构成。由于温度很高,日冕层上的气体速度可达 400km/s。太阳风中,"慢太阳风"的温度为 $1.4 \times 10^6 \sim 1.6 \times 10^6$ K,其组成成分类似于日冕。在日冕洞的上方,太阳风的速度可达 $750 \sim 800$ km/s,温度约为 8×10^5 K。该"快太阳风"的组成成分更接近于光球层。太阳外层之上温度较低的地方,太阳风的速度降为 300km/s。

慢太阳风大多是从太阳赤道区(纬度可以到 30° ~ 35°)抛射出来的,而快太阳风则来自日冕洞,即大多数快太阳风位于太阳磁极附近的区域。

不同速度的粒子与太阳自转之间的相互作用使得太阳风很不稳定,从而造成整个太阳系的太空天气变化多端。1997 年,NASA 发射了一颗"先进成分探测器"(ACE)卫星,并把其送入地 - 日间 L1 点附近的一个轨道。该点距离地球约 1.5×10^6 km 并在地 - 日连线上,它处于太阳引力与地球引力的平衡点位置,因此处于这一轨道中的物体(或者在 L1 附近的晕轨道中更好,因为该点中平衡是不稳定的)能一直保持在地 - 日之间。ACE 持续监控太阳风,并提供太空天气的实时信息。

时不时的等离子爆发,即星际日冕物质抛射(ICME)会破坏太阳风的既定模式,并向周围的宇宙空间释放出大量的电磁波与快速粒子(大多数是质子与电子),从而形成电离辐射风暴。当这些抛射物撞击行星的磁气层时,会暂时改变行星磁场外形。在地球上,它们会导致大量的接地电流并把大量质子与电子射向大气层,从而形成极光。

备注 2.4　太阳耀斑是 ICME 的成因之一。它们对航天器构成了威胁,不管是载人还是无人的。

由于这些带电粒子的运动,星际磁场(IMF)遍及整个太阳系。

行星际介质充满了辐射,即宇宙辐射,辐射不仅来自太阳而且来自太阳系外的物质。进入地球大气的宇宙辐射由 90% 质子、约 9% 氦核(α 粒子)、约 1% 电子(β

粒子),再加上一些质子与中微子构成。它们的能量高于 1000eV。

除了来自太阳的辐射之外,还有来自太阳系外但通常来自银河系范围之内的银河宇宙射线(GCR)。它们是银河磁场俘获的原子核,原子核周围所有的电子在以接近光速穿越银河时被夺走。当它们穿过星际空间非常薄的气体时,发出 γ 射线。它们的组成成分类似于地球与太阳系的组成成分。

宇宙辐射的另一个组成成分是异常宇宙射线(ACR),它们源自星际物质中穿过太阳系的中性原子(行星际间磁场使带电粒子保持在太阳圈的外面,见 2.3节),速度约为 25km/s。当接近太阳时,这些原子在光电离过程中或通过电荷交换失去一个电子,然后借助太阳磁场与太阳风的作用加速。ACR 包含大量的氦、氧、氖以及其他具有高电离势的元素。

除了这些重粒子之外,还有宇宙微波背景辐射,它由能量极低(约 2.78K)的质子组成,这种辐射是宇宙诞生仅 20 万年时的残留。还有中微子、不同能量的质子(源自太阳、其他恒星、类星体、黑洞吸积盘、γ 射线爆发等)、电子 μ 介子以及其他粒子。

备注 2.5 对地球而言,所有这些粒子都没有危险性,因为它们因地球磁场作用而产生偏转或被大气阻挡。而在其他没有磁气层且大气十分稀薄的天体上(月球、火星等),它们将直接到达地面从而构成危险。

巨行星(如木星)有一个很强的磁气层防护,但是造成许多强辐射区,就像地球范·艾伦带。进入这些区域的航天器的设计必须考虑这一因素。

除了等离子之外,还有一小部分的中性氢:在地球轨道到太阳的距离中,中性氢的密度约为 10^4 原子$/m^3$。如上所述,当中有些原子源自星际空间。

太阳系中还存在相对少量的尘埃粒子——微流星体。这些尘埃粒子被认为源自流星间的碰撞以及彗星飞临太阳时的脱落物。据估计,每年大约有 30000t 的星际尘埃粒子进入地球上层大气。

相比近地轨道,行星际介质空间的真空度更高,而且来自太阳的氢离子取代了来自地球大气的氧离子。因此,近地轨道环境是氧化环境,而深空环境的氧化作用下降。

2.3 星际空间环境

星际介质是指太阳以及太阳系中的行星与所有天体穿过的极为稀薄的介质,该介质充满整个星际空间。星际介质中的大部分是气体(约占 99%),其余是尘埃。尽管十分稀薄,但是构成我们所处的银河系的物质中有约 15% 是星际介质。此地与彼地的星际物质的密度与组成成分是很不一样的。其密度范围从几千粒子每立方米到几百万粒子每立方米,密度平均值为 100 万粒子$/m^3$。

大致上,气体由89%氢(不管是分子还是原子)、9%氦以及2%的较重元素组成。它形成中性原子或氢分子冷云。新诞生的恒星发出的紫外光电离气体,并为热电离区所取代。在银河系的外部区域,星际介质毫无阻碍地融入周围的星系际物质中。

星际尘埃由许多微米级的小颗粒组成,像硅酸盐颗粒、碳颗粒以及铁化合物微粒。

在穿越星际间气体时,行星际物质以类似于超声速飞机突破声障的方式在它前面制造了一个冲击波。该冲击波称为"弓形震波",如图2.3(a)所示。

太阳系包含在一个磁泡中,即太阳圈中,磁泡的范围一直要延伸到海王星轨道之外很远的地方。尽管从电学上,来自星际空间的中性电子能够穿透这个磁泡,但实际上太阳圈中的所有物质都源自太阳本身。

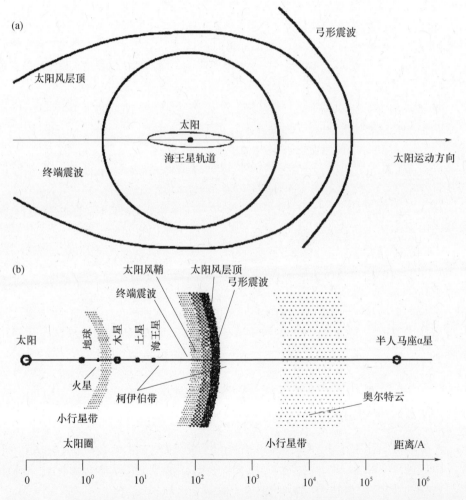

图2.3 (a)太阳圈图示,图中呈现了终端震波、太阳风层顶以及弓形震波;(b)不同天体与最近恒星的距离(用天文单位表示)。我们使用伪对数尺,因为在真对数尺中,原点无法表示

太阳风以超声速行进；当接近太阳风层顶，太阳风突然慢了下来，当其速度从超声速下降到亚声速时形成一个冲击波，又称终端震波。

终端震波距离太阳 75 ~ 90 天文单位。在 2007 年，"旅行者" 2 号在距离太阳约 84 天文单位的地方穿过太阳的终端震波。由于终端震波的位置不固定（因太阳活动的变化，其与太阳的距离也发生变化），因此实际上"旅行者" 2 号数次穿过终端震波。2004 年"旅行者" 1 号在距离太阳 94 天文单位处穿过终端震波时遇到了类似的情况。除此以外，终端震波的形状也是不规则变化的。

一旦下降到亚声速，太阳风或许会受到星际介质的环境流场的影响。该亚声速区被称为太阳风鞘。该区域的封闭区间范围在 80 ~ 100 天文单位。由于该区域的形状类似彗星，因此在太阳后方形成数百天文单位的彗尾。

太阳风鞘的外表面，即太阳圈遭遇星际介质的地方，称为太阳风层顶。其外部边界是弓形震波。太阳风层顶与终端震波，如图 2.3（a）所示。

该区域富含炽热的氢，又称氢墙，假设氢墙位于弓形震波与太阳风层顶之间。氢墙由与太阳圈边缘发生相互作用的星际物质组成。

图 2.3（b）中，利用对数尺，标出太阳圈的外部范围、奥尔特云与半人马座 α 星。需要注意，这里使用的不是真对数尺，因为真对数尺无法表示 0 位，而且实际上半人马座 α 星也不在太阳的运动方向上。

备注 2.6 太阳圈使大多数的银河宇宙射线发生偏转，这保护整个太阳系免受严酷的银河系环境所造成的危险。这样，地球有两个宇宙射线防护层：地球自身磁气层与太阳圈。因此，在太阳圈之外，辐射环境通常比太阳系中的辐射环境恶劣。

2.4　月球环境

之所以把月球环境独立出来讨论，是因为相比其他行星环境，我们更了解月球，而且近期的重返月球计划也使其更加重要。

由于地球的引力作用，月球的绕地轨道是锁定的，所以月球面向地球的始终是同一面。从地球上，我们无法看到月球的另一面。然而，如果观察月球的角度稍稍变化，从地球上可以看到月球表面的 59%。它的自转与轨道运行周期都是相同的，即 27.322 天，而月球日的平均长度为 29.531 天。

月面重力加速度为 1.62m/s^2（赤道位置），但是由于月面下存在的质量密集区，月球重力场并不完全一致，这至少有部分原因与一些巨大的撞击坑中存在致密玄武岩熔岩流有关。尽管重力加速度有一些变化，通常这些异常对重力加速度的影响不到千分之一，但是就是这些小小的异常对航天器的绕月轨道产生了极大的影响。

月球赤道上的逃逸速度为 2.38km/s。

月球上的大气十分稀薄,基本上可以认定为真空环境:围绕月球的气体总质量估计只有 104kg。其平均大气压约为 3×10^{-15} bar(1bar = 100kPa),但在月球日夜周期中,平均大气压值变化很大。气体大多来自月面释放,随后由于太阳光压、电离粒子与太阳风磁场作用而消散于太空中。利用地球上的光谱仪与太空探测仪,探测到的月球大气元素有氢、氦-4、钠、钾、氡-222、钋-210、氩-40,外加一些类似氧气、甲烷、氮气、一氧化碳以及二氧化碳的气体分子。很可能,氢元素与氦元素来自于太阳风,而氩元素来自于月球内部。材料选择时必须考虑真空环境,许多普通的塑料与橡胶是不适合的,因为它们的强度与弹性因其挥发性成分的释放而降低。即便是那些适用于近地轨道中的材料或许并不适用于月球。

稀薄大气不折射光,但月球并不是一个黑白世界:十分深的黑色与耀眼的白色,伴随大范围的棕色、褐色、灰色、连同一些紫色的阴影与铁红色。那里没有蓝色也没有绿色,除非人类把含有这些颜色的物体带上月球。

由于缺乏足够的大气以及白天的持续时间长,从白天到夜晚以及从此地到彼地的表面温度变化剧烈。月球平均温度为 -23℃,但在白天时,其平均表面温度为107℃,最高温度可达123℃,而在正午时的赤道区,温度可攀升到280℃。在夜晚时,月球平均温度为 -153℃,在暗无天日的南部盆地区域,温度可以下降到 -233℃。在典型的非极地区,最低温度为 -181℃("阿波罗"15 号登月地区)。在相当于一个地球月的白天里,月球上会出现非常剧烈的温度变化。月球远日点与近日点之间的平均温度变化约为 6℃。月面之下的温度则保持相对稳定;表面之下深度为 1m 的地方,温度几乎是恒定的 -35℃。

白天里月面上的物体更多地受到炽热地面的烘烤而不是直射阳光:天空被视为一个热量汇集区,该区的热点范围很小,而地面则被视作一个范围巨大的炽热区,同时向外发射强红外辐射。

据报告,在月球的一些区域存在地热活动,如在阿里斯塔克区发现"热气体云"。还有照片记录下月球上近期有出现小规模火山活动的证据。如果这些发现得到证实,那么靠近月球表面的温暖岩浆或许可以被当成一个能量资源来进行开发。

月球的磁场非常弱,从 3×10^{-3} 到 0.33μT(地球磁场为 30~60μT,比月球磁场强数百倍)。地球磁场是偶极的,由地核中的地球发电机效应产生,目前的月球缺乏这种效应,月球磁场源自月壳以及月岩中的剩磁组分。很可能,它是地球剩磁,即过去地球发电机效应活跃时的磁场的剩余,但这个理论存在争议。最强的月壳磁化出现在巨大撞击盆地对应的另一半球附近的事实从反面似乎暗示了撞击原点位置。

此外,月面上还有一个太阳风导致的外部磁场,强度范围约为 5×10^{-9} ~ 10×10^{-9}T。

月面主要特征是被称作"海"(maria,即拉丁语"海"的意思)的阴暗且缺乏特色的平原地带,被称作月面高地的颜色较淡的山地(terra,拉丁语"陆地"的意思);

"海"上几乎没有环形山,而高地比比皆是。月球另一面几乎没有"海"的分布,
"海"仅占到约2.6%,而在月球正面则占到31.2%。图2.4为月球正面(即正对
地球的一面)地图,图中还包括美国飞船着陆点。图2.5为月球的背面地图。

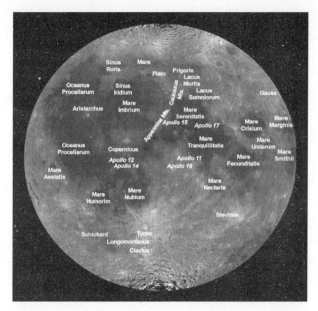

图2.4　月球正面的简化地图(图中还包括美国飞船着陆点)

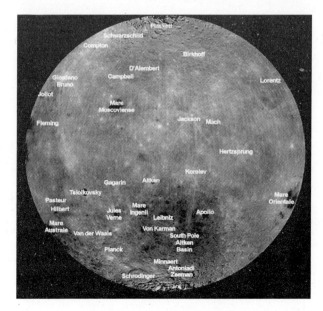

图2.5　月球背面的简化地图

"海"是大量远古玄武熔岩的固化池,包含铁、钛和镁。大多数情况下,这些熔岩流是巨大流星体撞击月面所导致,可以清晰地辨识出撞击形成的盆地。在这些巨大的撞击盆地边缘布满了许许多多的月海玄武岩,可以发现许多大型山脉。据信,这些都是撞击盆地外缘的遗迹,而且,这些主要山脉不是类似地球上造山地质运动所形成的。尽管月球的低引力更利于形成稳定且更为险峻的坡度,但月球上的山脉坡度平缓,坡度均角为15°~20°(地球上则为30°~35°)。月球上的断层与凹陷称为月面谷与月面裂隙。这些细长的月面裂缝是熔岩通道或坍塌的熔岩管,在月海形成期间可能相当活跃。熔岩管在月球上很常见,而且尺寸比地球上大得多。它们的宽度或许可达数百米。

由于月轴与黄道面之间有一个小倾角,所以月球北极的一些山峰一直处于极昼状态。同样,位于南极的 Shackleton 环形山边缘区在一个月球日约80%的时间里是亮的。而在极地区域的一些环形山的底部则一直处于阴影中。

月面高地密集地分布着环形山,这是由流星与彗星的撞击造成的:约50万座环形山的直径大于1km。由于撞击形成的环形山的数量是以一个近乎恒定的速率累积起来的,因此每单位面积环形山的数量可被用来估计月面的年代。相比地球上的那些撞击坑,由于月面没有大气,没有天气变化,以及没有近期的地质活动,这就使得许多环形山仍能保持完好。月球上最大的环形山,也是太阳系中已知的最大环形山,是位于月球背面的南极与赤道之间的 Aitken 盆地;其直径约2240km,深13km。它是整个月球上海拔最低的地方。

月海与月面高地都被月壤覆盖,即颗粒直径在 20~270μm 之间的粉状岩石颗粒,大多数颗粒的直径都是20μm左右。表2.2 列出的是"阿波罗"11 号宇航员在"静海"采集的月壤样本的颗粒直径分布。

表2.2 从"阿波罗"11 号着陆点采集的月壤的颗粒直径分布

颗粒直径/mm	占质量百分比/%
10~4	1.67
4~2	2.39
2~1	3.20
1~0.5	4.01
0.5~0.25	7.72
0.25~0.15	8.23
0.15~0.090	11.51
0.090~0.075	4.01
0.075~0.045	12.40
0.045~0.020	18.02
小于0.020	26.85

年代较久远的月壤通常比年代较新的月壤厚。月海中的月壤表层的厚度约在3~5m之间,月面高地的月壤表层厚度约在10~20m之间。通常在粉状月壤表层之下是"粗风化层",它的厚度可达数十千米并由高度粉碎的基岩组成。

月壤富含硫、铁、镁、锰、钙与镍元素。这些元素许多都存在于氧化物中,如FeO、MnO、MgO等。钛铁矿($FeTiO_3$),月海区最常见的矿石,是最好的原位氧资源。月壤中的碳、氢、氦与氮元素几乎全部来自太阳风。

由于月球尘埃是带电的,所以它能附着于任何物体上,从而给设备与宇航员带来了一个问题。"阿波罗"宇航员注意到,在月面活动之后,尘埃也随宇航员被带到了飞船上(宇航员描述闻起来像燃尽的火药味),这或许会对健康不利。尘埃大多由SiO_2晶体颗粒组成,这些颗粒很可能是流星撞击月面的产物。尘埃还包含钙与镁元素。收集尘埃以防其进入机电系统以及宇航员肺部的静电装置正在研究之中。

月壤颗粒表面是参差不平且粗糙的,宇航员呼吸时会对健康造成危害。与地球上的沙粒不同,月壤颗粒彼此间并不流动。压力作用下,它们互相挤压,连结得就像岩石一样难于分开。所有机电系统都必须正确密封,特别是在缺乏大气环境以及带电情况下,一旦设备离开月面,这些颗粒会以各种抛物线轨迹飞散开来。由于高真空环境使得这些颗粒无法停留在"大气"中,它们会迅速回落到月面。通常,这些颗粒离开月面的高度不超过1.5m,它们一旦落到了任何表面,就会黏附在上面并难于去除。

着陆器的推进器、月球车的轮子、流星撞击以及来自太阳紫外线辐射的电效应都会带起一些尘埃离开月面。

月面上的孔隙率约为40%~43%,但随深度的增加而迅速下降。由于孔隙率的存在,月面密度很低,约为1000kg/m³,但随深度的增加而迅速上升。在月面下200m处,密度达到2000kg/m³。

月面黏结承载强度约为300Pa,而月面下200m处约为3kPa。对"月神"16号与"月神"20号月球探测器带回的样本进行多次试验表明,抗压强度最高可达1.2kPa。月壤流动就好像沙粒的边缘开始被破坏,把沙粒再次连结在一起则需要50kPa以上的压力。因此对于月球车与各种结构体而言,月壤具有很好的承载能力,正如"阿波罗"任务中宇航员月面活动期间所呈现出的那样,但是也使挖掘与分选工作变得困难。振动装置技术或许能解决这个问题,但有待实验证明。

彗星的撞击曾经给月球带来了大量的水,但是月面环境条件下,不管是液态水还是固态水(冰)都是不稳定的,而且很快就会变成水蒸气。由于月亮的引力弱,随着时间的流逝,太阳光把大多数水分解成氢和氧,然后连同水蒸气消散在太空里。然而,由于还有一些区域永久处于阴影下,这些地方的固态水可以长期保持稳定。

"Clementine"号与"月球勘探者"号任务发现了月面之下存在小规模冰块的证

据。估计冰块总量接近1km³,但是,月球上究竟有多少水仍然无法确定。

由于大气稀薄,月球自身无力抵御阳光、太阳风以及宇宙辐射到达月面(宇宙辐射受到太阳风层防护)。月球弱磁场使月面无法抵御辐射,因此辐射环境与深空辐射环境没有大的不同。十分稀薄的月球大气同样无法抵御微陨星的撞击。月壤是很好的辐射防护层:太阳风只能穿透月壤不到$1\mu m$,来自太阳耀斑的辐射也只能穿透月壤1cm。强宇宙射线或许能穿透月壤数米。

由于缺乏板块构造运动,地震活动十分有限。每年发生的可探测到的500次月球地震只有里氏1~2级,还有那些小到无法用仪器探测到的地震(相比地球上每年约发生10000次地震)。只有一部分可探测到的月球地震达到里氏4级。

通常,地震活动是由潮汐力以及碰撞的次生效应引起的。另外,宇航员的活动以及陨石与人造的撞击是不会引起月球地震的。月球上的弱阻尼使得地震活动可以波及很长的距离。地震波的良好传播性为在月球上各地之间建立通信提供了可能。极佳的波传播性也可能是一个危险因素,因为地震活动会造成更为广泛的次生效应,如环形山的崩塌与滑坡。

月球被认为是一个无生命的世界;NASA为"阿波罗"的数次登陆任务进行了一系列严格的检疫防护措施,而且未来或许还会这么做。如果有生物化石在月球上找到,那么化石上的生物一定是来自地球上的古生物,它们可能是陨石撞击地球后弹回太空再撞击月面携带而来的。发现这些化石或许是获得有关远古地球生命信息的唯一方式,特别是,即便生命起源比预想得早,那么最初的陨石撞击后,接踵而来的巨大撞击也将消灭所有的生命证据。

地-月之间的双向通信时延约为2.5~3s,但是要想与月球背面建立通信,则必须使用中继卫星,不管是绕月轨道中运行的还是在某个地-月拉格朗日点运行的。在地-月拉格朗日点运行,会出现更长的时延。

2.5 岩石行星

除地球之外,太阳系中具有坚硬表面的行星(即类地行星)只有三个:水星、金星与火星。表2.3列出了这些类地行星的多项数据。出于比较,还列出了地球的对应值。

表2.3 太阳系中类地行星主要特征值(地球对应值用来比较,
考虑到行星自转,表中还列出了赤道表面加速度值)

参数	水星	金星	火星	地球
质量/10^{24}kg	0.3302	4.8685	0.64185	5.9736
体积/10^{10}km³	6.083	92.843	16.318	108.321

参数	水星	金星	火星	地球
赤道半径/km	2439.7	6051.8	3396.2	6378.1
极半径/km	2439.7	6051.8	3376.2	6356.8
椭圆度/扁率	0.00	0.000	0.00648	0.00335
地形范围/km	—	15	30	20
平均密度/（kg/m³）	5427	5243	3933	5515
表面引力/（m/s²）	3.70	8.87	3.71	9.81
表面加速度/（m/s²）	3.70	8.87	3.69	9.78
逃逸速度/（km/s）	4.3	10.36	5.03	11.19
太阳辐射强度/（W/m²）	9126.6	2613.9	589.2	1367.6
椭圆轨道半长轴/（10^6km）	57.91	108.21	227.92	149.60
公转周期/天	87.969	224.701	686.980	365.256
近日点/10^6km	46.00	107.48	206.62	147.09
远日点/10^6km	69.82	108.94	249.23	152.10
会合周期/天	115.88	583.92	779.94	—
平均轨道速度/（km/s）	47.87	35.02	24.13	29.78
最大轨道速度/（km/s）	58.98	35.26	26.50	30.29
最小轨道速度/（km/s）	38.86	34.79	21.97	29.29
轨道倾角/（°）	7.00	3.39	1.850	0.000
轨道离心率	0.2056	0.0067	0.0935	0.0167
恒星自转周期/h	1407.6	−5832.5	24.6229	23.9345
一天时长/h	4222.6	2802.0	24.6597	24.0000
自转轴的倾角/（°）	≈0	177.36	25.19	23.45
距地最短距离/（10^6km）	77.3	38.2	55.7	—
距地最远距离/（10^6km）	221.9	261.0	401.3	—

2.5.1 火星

把火星放在第一个说是因为无论对于机器人任务还是载人任务而言火星都是一个十分令人感兴趣的行星。火星有太阳系中最大的火山,即奥林匹斯山,25km高(但是目前火星上没有活火山),还有或许是太阳系中最深最宽的水手峡谷(Marineris Vallis)。可以断言,火星在过去一定经历了许多令人印象深刻的、激动人心的事件,火星地貌因此改变——北部低地,即"北方大平原"(Vastitas Borealis），很可能是一颗巨大陨石的撞击所致，而在赤道、水手峡谷的西边拥有三座巨型火山（Pavonis 火山、Arsia 火山以及 Ascraeus 火山）的塔尔西斯台地（Tharsis Bulge）很可能是火山爆发源头，火星上还密集分布着大量的环形山、深坑以及山脉。如果"北方大平原"被认为是一个撞击形成的盆地，那么它将是太阳系中所发现的最大盆地，四倍于月球 Aitken 盆地。

火星极地覆盖着冰帽，夏季缩小，冬季扩大。北极冰帽主要由固态水构成，而南极冰帽的上层覆盖着干冰，底层是固态水。在极地的冬天，约 25%~30% 的大气凝结成一层层厚厚的干冰，当极地再次暴露于阳光之下时，干冰再次升华为大气。这创造了来自极地的巨大风暴，风速可达 400km/h。极地冰帽不仅包含干冰而且包含固态水，有 $2 \times 10^6 \text{km}^3$ 的固态水被推向更北的冰帽。

两极冰帽的差异使火星公转轨道比地球公转轨道更扁，火星自转轴的倾角使得南半球的季节气候比北半球的更为极端。火星位于近日点时，南半球处于夏季；位于远日点时是冬季。这也解释了为什么一次强沙尘暴能够持续数月之久的原因。

火星日，通常缩写为 sol，比地球日稍长，即 24h39min35s。自转轴的倾角近似于地球自转轴的倾角，火星自转轴倾角为25°，而地球自转轴倾角为23°，从而产生了与地球类似的季节交替，不过火星上每个季节的时间两倍于地球上的，这是由于相比一个地球年，一个火星年更长。

火星比地球小，其表面积相当于地球陆地面积的总和。图 2.6 为火星地图。

图 2.6　火星表面地图（图像来自 NASA）

火星大气相当稀薄：地面大气压还不到地球大气压的 1/100（基本上相当于地球上空 35km 处的大气压），而且不同的海拔高度与纬度的大气压差异更大。"奥林匹斯山"上的大气压最低,约为 0.3Mbar,而在"希腊平原"(Hellas Planitia)深处的大气压超过 11.6Mbar,火星表面平均大气压为 6.36Mbar,各个季节的气压变化范围在 4.0~8.7Mbar 之间。火星表面平均大气密度约为 0.020kg/m³。

火星大气成分为:95.32% 二氧化碳、2.7% 氮气、1.6% 氩气、0.13% 氧气、0.08% 一氧化碳、210×10^{-6} 水、100×10^{-6} 氮氧化合物、2.5×10^{-6} 氖、0.85×10^{-6} 重水(以氧化气氖形式存在,即 HDO)、0.3ppm 氪以及微量甲烷。北部夏季期间,甲烷气体在一些地区聚集。由于甲烷气体在紫外线辐射条件下会分解,因此火星上一定存在某种产生该种气体的机制,如火山活动、彗星撞击或存在能释放甲烷的微生物生命形式。火星大气的平均分子量为 43.34g/mol。

2004 年,"机遇"号火星探测器拍摄到了火星上空的水冰云。

大气中有相当多的直径约为 1.5μm 的灰尘微粒,从火星上看,天空呈现出褐色。

在"海盗"号探测器的着陆地点,记录的夏季风速为 2~7m/s,秋季为 5~10m/s,并伴随时不时刮起的沙尘暴,风速达到 17~30m/s。

备注 2.7 尽管风速很高,但是由风产生的气动力不足,这是由于大气密度低的缘故:因此不能指望火星上的强风会使各种车辆与结构体的载荷能力增加。

火星上的风携带了大量的灰尘颗粒,这些灰尘颗粒甚至比月球上的灰尘还要细。由于灰尘中富含铁氧化物,这会对机器和宇航员构成危险,因此在规划火星任务时必须加以重视。火星平原区经常有尘暴掠过:"勇气"号与"机遇"号火星探测器的太阳帆也因此被不止一次地清洁以确保这些设备能长时间运行。

通过在一个火星日以及火星年的不同时间对火星气温的记录,显示火星平均气温为 −63℃。在"海盗"1 号的着陆区所记录的火星上一个昼夜的温度在 −89 ~ −31℃之间变化,而在"海盗号"火星探测任务的这些年里,记录的气温变化更大,即从 −120 ~ −14℃。在火星夏季的南半球,记录到的气温可达20℃,甚至30℃。在这样的温度与气压条件下,火星表面不可能存在液态水,由"海盗号"着陆器拍摄的图像中的大部分霜状物是干冰。

约40亿年前失去磁气层之后,火星几乎不存在磁场,因此,火星大气对太阳的紫外线辐射几乎无法防御,而且对宇宙射线的防御作用也十分有限。有证据显示,最初的火星有板块构造运动与行星动力学效应,也有全球磁场。至今仍能发现一些剩磁以局部磁化形式存在。

备注 2.8 从辐射的观点来看,火星只比月球好那么一点点,即便稀薄大气也散射阳光,而且火星表面的样子看起来更像是我们的星球。

火星地貌很复杂。其主要地形特征是盾形火山、熔岩平原(大部分在北半球)以及分布着大量环形山与深谷的高地。四座最大的死火山,我们已经提及过了。迄今为止,我们发现总共有 43000 座直径在 5km 或更大的环形山,还有大量的小型环形山。

最大的峡谷(即水手峡谷)有4000km长,深度可达7km。它的形成是由于塔尔西斯台地隆起地区引起水手峡谷区域的地壳崩塌而导致的。此外,火星上还有比地球上大峡谷大得多的马丁谷(Ma'adim Vallis)。

火星探测器传送的图片显示,火星表面大洞洞口有100~250m宽;在火星上还可能有熔岩管存在,而且火星弱引力也使这些熔岩管比地球上的大得多。在这些洞与熔岩管的内部或许可以抵御微陨石、紫外辐射、太阳耀斑以及高能粒子对火星表面的冲击,因此,除了那些适合人类定居的可能地区之外,这里是找寻液态水与生命迹象的优选地区。

火星岩石看上去大多是玄武岩,尽管一部分火星表面看上去硅的含量远大于典型的玄武岩。火星平原类似地球岩石荒漠,覆盖着红色的沙子,周围遍布着岩石与巨砾。然而,最令人感兴趣的是那些山脉与峡谷的陡坡地区,这对于轮式甚至履带式机器而言是很困难的。

火星土壤基本上是风化表土,富含极细粉状的铁氧化物颗粒,而且相比月壤火星土层较浅。由于远古时期火星表面液态水的冲蚀以及风的侵蚀,导致火星各个地区土壤的粒度特性与组成成分有很大不同。

火星表面基本由土层覆盖,"凤凰"号着陆器测到的土壤pH值为8.3,连同以往"海盗"号探测器所获得的数据,似乎排除了在火星表面发现生命形式的可能性。即便某种生命形式在未来被发现,特别是在那些能抵御辐射与直射阳光的地区,像峡谷或洞的底部,我们也可以轻松地阐明,生命原始的产物不是火星表面的普遍组成成分。

火星的地质史被分为以下三个主要时期:

• 诺亚纪(以挪亚台地命名),距今38亿年至35亿年;
• 西方纪(以西方之国平原命名),距今35亿年至18亿年;
• 亚马逊纪(以亚马逊平地命名),距今18亿年至今。

在诺亚纪,塔尔西斯台地形成,洪水泛滥;在西方纪,广阔的熔岩平原形成;奥林匹斯山形成于亚马逊纪;而在火星的其他地方到处都是熔岩流。

多亏了机器人飞船所进行的实地观测,现在我们可以肯定,在远古地质时期,火星上覆盖有广阔大量的水,液态水在火星表面奔腾,水流喷涌。那时的火星大气也比现在厚得多。

大量的水被认为有可能陷在火星地下。在北半球,一个冻土地幔从极点延伸至约北纬60°,而且观测到在两极与中纬度地区有大量的水冰存在。液态水的大量释放被认为发生在火星早期水手峡谷形成的过程中,这期间形成了大量的释出通道。另一次液态水的释出是在较近的500万年前科伯洛斯槽沟(Cerberus Fossae chasm)形成时。更近时期的火星表面存在液态水流动的线索还有很多,但是这些发现仍然存在争议。

即便古代火星有比现代火星更适合生命有机体的环境,但这并不意味生命着确实存在过。如果存在过生命，那么化石或许还在。颇具争议的发现是 ALH84001 陨石中的化石，据称这块陨石是一颗流星撞击火星后飞入太空的爆炸残片，然后在太空游荡 1500 万年后最终落到地球上。

地－火之间的位置变化使得与火星的双向通信时延有很大的变化。时延可达 30min 或更长。然而，通常情况会更糟；鉴于地－火的相对运动以及火星轨道上运行的远程通信卫星的不可用性，"探路者"号火星探测器每天只有 5min 的通信窗口时间。

火星有两个形状不规则的小卫星，即火卫一（Phobos）与火卫二（Deimos），它们的运行轨道临近火星。表 2.4 列出了这两颗卫星的特征参数。它们或许是被火星俘获的小行星，就像"5261 尤里卡"，即一颗火星"特洛伊"小行星，但很难解释为什么它们能在一个几乎真空的环境条件下被火星俘获。火卫一的轨道比同步轨道低：从火星上看，火卫一西升东落，而且自转周期只有 11 个小时。火卫二的轨道就在同步轨道的上方，从而它在天空中的表观速度较慢。虽然其公转轨道周期只有 30 小时，但是它的自转周期（自西向东，即从火星上看，东升西落）达 2.7 天之久。

备注 2.9 火卫一的轨道是不稳定的：由于潮汐力的作用，其轨道会逐步下降，从而在约 5000 万年内坠落到火星上或者围绕火星形成一个碎片环。

表 2.4　火卫一与火卫二的数据

参数	火卫一	火卫二
椭圆轨道半长轴/km	9378	23459
公转周期/天	0.31891	1.26244
轨道倾角/°	1.08	1.79
轨道离心率	0.0151	0.0005
长轴半径/km	13.4	7.5
中轴半径/km	11.2	6.1
短轴半径/km	9.2	5.2
质量/10^{15}kg	10.6	2.4
平均密度/（kg/m³）	1900	1750

2.5.2　水星

水星的环境是极端不友善的。它是太阳系中最小且离太阳最近的一颗行星。其表面每平方米接收的能量是地球的 7 倍。它的自转速度很慢，其自转周期为 58.7 个地球日,公转周期为 87.969 个地球日。水星每公转两周自转三圈,即水星以 3∶2 的自旋轨道共振,而水星轨道的大偏心率使得此共振同步锁定。

　　水星上没有真正的大气存在,它的地貌与月球类似,即分布着许许多多的环形山与一些平原,如图 2.7 所示。水星周围的稀薄气体由氢气、氦气、氧气以及钠、钙、镁、硅与钾等元素组成,还有一些水蒸气以及微量的其他元素。水星稀薄大气是不稳定的,大气中包含的物质不间断地消散于太空里,并被进入水星磁气层的太阳风中的新物质以及来自水星表面的新物质所替代。水星表面大气压约为 10^{-15} bar,估计水星大气总质量不到 1000kg。

图 2.7　1974 年美国"水手" 10 号探测器观测到的水星(图像来自 NASA)

　　水星表面很可能覆盖着类似月壤的表土,其表面平均温度为 169.35℃。由于自转缓慢以及缺乏大气导致温度的极端变化,向阳的一面温度最高可达 427℃,即日下点在近日点的温度;而到了水星夜晚,极地环形山底部最冷点的温度最低可到 -183℃。

　　备注 2.10　空间探测器已经发现在极地环形山底部有水冰存在,这些地方终年不见阳光,温度始终保持在 -171℃ 以下。据悉,这些冰的总质量可达 $10^{14} \sim 10^{15}$ kg。

　　2009 年,"信使"号探测器发现了水星上近期有火山活动的迹象。因此,正如我们所坚信的,水星不是地质学意义上的毫无生气的死寂行星。对比水星与月球表面的化学成分,我们可以推断,它们的演变历程是不一样的。而且,一些发现显示,那些广泛分布于水星表面的因数十亿年前水星核心冷却收缩而导致的褶皱很可能是地质构造运动造成的,尽管这仍是一个假设。

与月球不同,水星是一颗具有巨大的炽热液态铁地核的行星,这产生了一个覆盖整个水星的弱磁场。其磁场强度约为地球的1%。其赤道磁场强度约为300nT。水星磁场虽然也是偶极的,但不同于地球磁场,其磁轴与其自转轴几乎成一直线。水星磁场足以形成一个磁气层以使水星周围的太阳风发生偏转,从而为水星表面提供防护。

由于轨道的大偏心率,在水星表面的某些点,观测者将会看见太阳升到半空时会反转回去日落,然后又再度日出,这都发生在同一个水星日。

2.5.3 金星

金星总是被厚厚的云层笼罩,利用光学观测无法从太空看到其表面。然而,利用合成孔径雷达(SAR),"麦哲伦"号金星探测器精确绘制出了金星表面的详细地图,如图2.8所示。金星云层可以延伸至50~70km的高空,并分成三个截然不同的层。云层之下到30km处是霾层,霾层之下的天空晴朗无云。

金星自转极其缓慢,一个金星日相当于243个地球日。

图2.8 "麦哲伦"号金星探测器利用其合成孔径雷达观测到的金星(图像来自NASA)

金星具有致密的大气层:其表面大气压为92bar,密度为65kg/m³。其主要成分是二氧化碳(约占体积的 96.5%),另外约 3.5% 是氮气,还有少量的二氧化硫(150×10^{-6})、氩气(70×10^{-6})、水分子(20×10^{-6})、一氧化碳(17×10^{-6})、氦气(12×10^{-6})以及氖(7×10^{-6})。其平均分子量为 43.45g/mol。

存在二氧化硫(硫元素很可能源自金星演化之初存在的火山活动)表明:高空大气中存在硫酸云,但是二氧化硫也同样存在于霾层。

金星没有全球性的磁场,因此太阳风与宇宙辐射可以穿透高层大气。但是,浓厚且致密的气体层形成了对金星表面的防护。

金星表面炽热难当,平均温度可达464℃。由于金星大气密度高且不透光,所以不同时间与地区的温度变化是有极限的,最高温度约480℃,足以熔化铅。

金星表面风速很低,在 0.3 ~ 2.0m/s 之间,但是在大气上层以及云端之上的急流风速在 200 ~ 400km/h 之间,急流在赤道地区的风速较快,而极地风速则较低。

我们相信,现今金星的环境是过度温室效应所造成的。如果金星上曾经有海洋,那么温度的升高会导致海洋蒸发,同时也会使土壤中碳酸盐所含的二氧化碳释放出来。随着大气中水蒸气与二氧化碳浓度越来越高,导致了进一步的温室效应,最终导致金星表面的极高温度。水蒸气在阳光作用下被分解成氧气与氢气,密度较轻的氢气消散在太空中。金星的二氧化碳含量并不比地球多,但是金星的二氧化碳都在大气中,而不像地球上的二氧化碳大多是在土壤与海洋里。

金星表面环境是严酷的,迄今为止,只有两个机器人探测器登陆金星且只工作了几分钟而已。但是,金星是一个值得研究的迷人的星球,登上金星进行机器人探索任务将是十分有趣的。

备注 2.11 在金星严苛的环境下任何生命的进化几乎是不可能的,但是在金星相对寒冷的高层大气中,类似细菌的生命形式是有可能存活的或至少可能在金星的环境条件曾经不那么严酷的时期生命也曾进化过。

2.6 巨行星

巨行星基本上是巨型的气态星球,没有真正意义的固态表面。行星外层气体越往核心密度越高,温度也越高。巨行星是否具有固态核心仍然存在争议。尽管巨行星的环境十分极端,但是机器人探测器是能够应对这种温度与压力条件的,这一点毫无疑问。

表2.5 汇总了太阳系中四颗气态巨行星的特征参数。由于巨行星没有真正意义的表面,因此给出的半径、引力以及逃逸速度都是以大气压等于 1bar 为标准的。

表 2.5 太阳系中巨行星的主要特征参数(给出的半径、引力以及逃逸速度都是以大气压等于 1bar 为标准的。考虑到行星自转,还给出了赤道位置的表面加速度)

参数	木星	土星	天王星	海王星
质量/10^{24}kg	1898.6	568.46	86.832	102.43
体积/10^{10}km^3	143128	82713	6833	6254
赤道半径(1bar 气压下)/km	71492	60268	25559	24764
极半径/km	66854	54364	24973	24341
体积平均半径/km	69911	58232	25362	24622
椭圆度(扁率)	0.06487	0.09796	0.02293	0.00335
平均密度/(kg/m^3)	1326	687	1270	1638
表面重力/m/s^2	24.79	10.44	8.87	11.15
表面加速度/(m/s^2)	23.12	8.96	8.69	11.00
逃逸速度/(km/s)	59.5	35.5	21.3	23.5
太阳辐射强度/(W/m^2)	50.50	14.90	3.71	1.51
黑体温度/K	110.0	81.1	58.2	46.6
椭圆轨道半长轴/10^6km	778.57	1433.53	2872.46	4495.06
公转周期/天	4332.589	10759.22	30685.4	60189
近日点/10^6km	740.52	1352.55	2741.30	4444.45
远日点/10^6km	816.62	1514.50	3003.62	4545.67
会合周期/天	398.88	583.92	369.66	367.49
平均轨道速度/(km/s)	13.07	9.69	6.81	5.43
最大轨道速度/(km/s)	13.72	10.18	7.11	5.50
最小轨道速度/(km/s)	12.44	9.09	6.49	5.37
轨道倾角/°	1.304	2.485	0.772	1.769
轨道偏心率	0.0489	0.0565	0.0457	0.0113
恒星自转周期/h	9.9250	10.656	−17.24	16.11
一天时长/h	9.9259	10.656	17.24	16.11
自转轴倾角/°	3.12	26.73	97.86	29.56
距地最短距离/10^6km	588.5	1195.5	2581.9	4305.9
距地最远距离/10^6km	968.1	1658.5	3157.3	4687.3

2.6.1 木星

木星是唯一一颗大气被航天器(即"伽利略"号探测器)直接探测过的巨行星,

探测器在被压力压碎之前传送回许多数据。木星是太阳系中最大的一颗行星,其质量相当于太阳系中其他所有行星质量总和的70%。

木星自转速度很快以至于其外形呈扁球状。而木星大气的自转则有所不同,其自转周期随纬度变化,赤道地区比两极地区快约5min。习惯上,自转周期是指磁气层自转周期。

木星的大气组成中,氢分子约占体积的89.8%,其余的10.2%是氦分子,还有少量的甲烷(3000×10^{-6})、氨气(260×10^{-6})、氘化氢—HD(28×10^{-6})、乙烷(5.8×10^{-6})以及水蒸气(4×10^{-6})。木星大气平均分子量为2.22g/mol。其大气中必定包含一些有机悬浮物,特别是外层大气中,这些悬浮物在木星外层形成各种云带:氨冰云带、水冰云带、亚硫酸氢氨云带。较低高度的那些颜色更深的橘红色与褐色云团可能包含硫元素以及简单的有机化合物。

云团位于对流层顶且在不同的纬度带,即热带区。这些云团被分成浅色明亮区与深色带。这些环流模式的相互作用常导致风速达100m/s的风暴与湍流。通过观测,每年这些亮区云团的宽度、颜色与强度都发生变化,但是它们的特性相对稳定,天文学家还是能够清晰地辨识出它们。

木星云层厚度只有约50km,至少由两片云团区组成:较低的厚云团区与透明度较高的薄云区。在氨冰云层之下或许还有一层薄薄的水汽层。强烈的放电现象会使水汽层在来自木星内部升腾的热的驱使下形成雷暴。

木星上最大的风暴称为"大红斑",这场风暴已历时几百年,或许会成为木星的一个持久的特性,这一持续的反气旋风暴位于赤道以南22°,规模超过三个地球。"大红斑"的尺寸为($24000 \sim 40000$)km × ($12000 \sim 14000$)km,约每6个地球日按逆时针旋转1周,见图2.9。其最大高度约比周围云顶高8km。

木星大气压为1bar与0.1bar下的温度分别为-108℃与-161℃。气压1bar下的大气密度为0.16kg/m³,赤道区(纬度小于30°)的风速可达150m/s,更高纬度区的风速则为40m/s。

木星大气中,越向内温度越高,压力也越大,以至于木星内部的物质不是以气态而是以超临界流体的形式存在。预计内部压力远高于1000bar。在木星半径朝核心方向的78%处,氢气变成一种金属液体。很可能,木星有一个由未知组分的熔岩构成的核心,核心位于浓稠的液态金属氢层的里面。估计,核心的温度与压力约为36000K与3000~4500GPa。

木星有一个强大的全球性磁场,是地球磁场强度的14倍。木星赤道位置的磁场强度为0.42mT,两极地区为1.0~1.4mT。这创造了一个巨大的磁气层。磁气层结构类似在离木星中心约75个木星半径的地方的带有"弓形震波"的太阳磁场结构。在木星磁气层外缘的是磁层顶,即磁层鞘的内缘,在磁层顶,木星磁场强度变弱,从而使太阳风与来自木星的物质相互作用。木星最大的四个卫星的运行轨道都在该磁气层范围之内。

图2.9　木星图。"大红斑"清晰可见（图像来自NASA，由"旅行者"1号在1979年拍摄）

即便确定木星存在有机化合物，也极不可能产生类似地球上的生命，这是因为木星大气几乎没有水的存在。而且，木星深处可能存在的固态表面也将在极高的压力之下。但是，有些假说认为，依靠氨气或水汽存活的生命可能会在木星上层大气中演化。

木星有四颗巨大的卫星，Io（木卫一）、Europa（木卫二）、Ganymede（木卫三）与Callisto（木卫四），由伽利略在1610年发现，木星还有众多的小卫星，已知的有59颗。木星还有一个亮度十分暗弱的行星环系统，由三个主要部分组成，成分很可能是尘埃颗粒而不是冰。这些环都与一些特殊的卫星有关，如主环及光环与Adrastea（木卫十五）和Metis（木卫十六）有关，外环与Thebe（木卫十四）和Amalthea（木卫五）有关。

2.6.2　土星

土星是太阳系中第二大行星。木星与土星这两颗气态巨行星的组成成分类似：大多数为氢气，带有少量的氦气与微量元素。土星组成：外层为气体，内层为浓稠的金属氢层，核心较小，由岩石与冰组成。土星核心温度很高，然而比木星的低。

土星自转速度也很快，其外形也是扁圆的；而且，其自转周期因纬度的不同而不同。土星平均密度为 0.69g/cm³：它是太阳系中唯一一颗密度小于水的行星。

木星大气中有 96.3% 的氢分子、3.25% 的氦分子（明显低于火星），以及微量的甲烷（4500×10^{-6}）、氨（125×10^{-6}）、氘化氢（HD，110×10^{-6}）、乙烷（7×10^{-6}）、乙炔（C_2H_2）与磷化氢（PH_3）。另外，就像木星，土星大气中也有有机悬浮物，它们形成氨冰、水冰以及亚硫酸氢氨云带，即便这些云带颜色很淡。

土星大气平均分子量为 2.07g/mol。

土星上层云层由氨晶体云组成，厚约 50km、温度为 -93℃ 的较低云层可能由亚硫酸氢氨或水构成。较低云层之上一直到 10km 的高度范围内是水冰层，温度为 -23℃。气压为 1bar 条件下的温度与密度分别为 -139℃ 与 0.19kg/m³；而 0.1bar 条件下温度为 -189℃。作用于土星表面的压力大于 1000bar。

土星上的风速是太阳系中最快的。"旅行者"号获得的数据显示：土星东风带的最大风速可达 500m/s（1800km/h）。赤道带（纬度低于30°）的平均风速为 400m/s，高纬度区平均风速为 150m/s。"大白斑"是每个土星年（约等于 30 个地球年）出现一次的独特且短期的现象，可以在土星北半球处于夏至时被观测到。

土星有一个磁场，强度介于地球与木星之间。其赤道地区的磁场强度为 20μT，略弱于地球。其磁气层比木星的小得多，而且延伸范围略大于其卫星"泰坦"（土卫六）的轨道。

土星最令人印象深刻的特征是它的行星环系统，大部分由掺杂了岩石碎片与尘埃的冰微粒构成（有 93% 是水冰微粒与少量掺杂其中的一种被称作"托林"的物质，另外 7% 为无定形的碳微粒）。土星环位于赤道上方 6630～120700km 的区域，其平均厚度约为 20m，见图 2.10(a)。

有 61 颗已知卫星围绕土星运行，还不包括土星环中成百上千的小卫星。

土星环是一个具有成千上万个窄隙与小环的复杂结构体。这样的结构是由于土星众多卫星的引力拉扯作用造成的。一些缝隙是小卫星经过时形成的，并且一些小环似乎是由"牧羊卫星"的引力效应维护的，像土卫十六与土卫十七。其他的缝隙可能是与质量较大的卫星轨道周期性地产生共振造成的，土卫一维系着"卡西尼缝"的存在。还有更多的环状结构因为受到其他卫星周期性地引力摄动而产生螺旋状的波浪。

土星环有自己的大气层，与土星本身无关而独立存在，大气中有氧分子，这是太阳紫外线与环中的冰相互作用而产生的，还有一些氢分子。这些大气极其稀薄，以至于如果均匀分散在环的各处，它的厚度也只有一个原子的厚度。

在 B 环上发现的被称为"轮辐"的辐射线状特征（图 2.10(b)），仅用引力作用来解释似乎是不足够的。而且造成"轮辐"的精确机制至今仍不清楚。

土星环（以及木星环）的起源至今未知。尽管这些环或许自它们形成时就存在，但是土星环系统是不稳定的而且必须通过某个不间断的过程重复产生，或许来自那些较大卫星的瓦解。当今的土星环或许仅仅是几亿年前形成的。

(a)   (b)

图 2.10　(a)2004 年 10 月 6 日由"卡西尼"号探测器在距离土星约 6.3×10⁶km 处对
2h 内获得的 126 张图像拼接而成的完整图像;(b)2009 年 8 月由"卡西尼"号
拍摄的土星 B 环上的明亮"轮辐"(图像来自 NASA)

2.6.3　天王星

　　一般而言,天王星与海王星类似于气态巨行星木星与土星,但也有显著区别,用"冰巨星"来描述它们更贴切。天王星有三层,自里向外依次为:较小的岩石核心、中间的冰幔以及外层气态氢与氦。

　　天王星核的密度约为 9000kg/m³,压力为 800GPa,温度为 5000K。天王星地幔是个庞然大物,基本可以代表天王星的大部分,它是由水、氨以及其他挥发性物质组成的热且稠密的流体。该流体层有时称为水 – 氨的海洋。因此这就意味着,天王星没有固体表面:气态大气层逐渐转变成内部的液体层。

　　天王星是太阳系中大气层最冷的行星(比海王星还要冷,最低温度只有 –224℃),其大气可分为三层:对流层,从高度 – 300km 到 50km(表面大气压为 1bar),大气压从 100bar 至 0.1bar;平流层(同温层),从高度 50km 到 4000km,大气压从 0.1bar 至 10⁻¹⁰bar;以及增温层,从 4000km 向上延伸至距离表面 50000km 处。

　　大气压在 1bar 标准下的温度与密度分别为 – 197℃ 与 0.42kg/m³;在 0.1bar 标准下,温度为 –220℃。

　　天王星大气主要由氢(82.5%)、氦(15.2%)与甲烷(2.3%)组成,另外还有微量的氘化氢(148×10⁻⁶)。对低挥发性物质的浓度,像氨、水和硫化氢在大气层中含量,所知有限。在平流层中可以发现各种各样微量的碳氢化合物,包括乙烷、乙炔、甲基乙炔、联乙炔以及微量的水蒸气、一氧化碳和二氧化碳,它们是太阳紫外线辐射导致甲烷光解产生的。

　　就像其他巨行星的大气层一样,天王星大气层中也有诸如水冰、氨冰、亚硫酸氢氨与甲烷的有机悬浮物。天王星具有一个复杂的云层结构,水很可能在最低云层内,而甲烷可能组成最高的云层。

　　天王星呈扁圆状,在不同纬度有不同的自转周期。最独特的是天王星的自转轴的倾角为97.86°,这使它的季节变化完全不同于其他的行星。当天王星在至点附近时,一个极点会持续地指向太阳,而另一个极点则背向太阳。只有在赤道附近狭窄的区域内可以体会到迅速的日夜交替,但是太阳的位置非常地低,犹如在地球的极地区。每一个极点都会有被太阳持续照射42年的极昼,而在另外42年则处于极夜。在接近分点时,太阳正对着天王星的赤道,此时天王星的日夜交替会和其他的行星相似。天王星这种极端的自转轴倾角导致了极端的季节气候变化——不是阳光明媚就是强烈的雷暴天气。

天王星有一个十分奇特的磁场:其磁场轴相对于自转轴倾斜59°,而且它不在天王星的几何中心位置。这种异常的几何关系导致一个高度不对称的磁气层,即在南半球的表面,磁场强度低于10μT,而在北半球则高达110μT,表面平均磁场强度为23μT。在其他方面,天王星磁气层类似于其他行星的磁气层:在其前方,位于23个天王星半径之处有弓形震波,磁气层顶在18个天王星半径处,以及彻底发展完成的磁尾和辐射带。

就像其他巨行星一样,天王星也有一个行星环系统,目前已知至少有13个天王星环。天王星的环系统十分奇特,因为其自转轴斜向一边,几乎就躺在公转太阳的轨道平面上,从地球看,天王星的环像是环绕着标靶的圆环。所有天王星环,除了两个以外,皆极度狭窄,通常只有几千米宽。有些环呈灰色,有些呈红色,有些呈蓝色,但大多数环是有极端黑暗的粒状物质组成。

迄今为止,已知天王星有27颗天然的卫星,这些卫星的命名都出自莎士比亚与蒲柏的歌剧。

2.6.4　海王星

海王星的组成成分与结构类似于天王星。其内部结构,就像天王星,是另一颗冰巨星,主要由冰与岩石组成。其中心压力与温度分别约为700GPa与5400K。

海王星的大气层主要由氢(80.0%)、氦(19.0%)与甲烷(1.5%)组成,还有微量的氘化氢(192×10^{-6})和乙烷(1.5×10^{-6})。大气层中有诸如水冰、氨冰、亚硫酸氢铵与甲烷冰的有机悬浮物,这些悬浮物的比例比其他气态巨行星(类木行星)高。大气中的甲烷对红光的吸收被认为是海王星呈现蓝色的一个因素。海王星的蓝色比有同样分量的天王星更浓稠,这是因为从地幔泄漏到表面的甲烷使得大气中甲烷浓度增高,从而赋予了海王星更鲜艳的颜色。

大气压在1bar标准下的温度与密度分别为 -201℃ 与 $0.45kg/m^3$;在0.1bar标准下,温度为 -218℃。海王星的外层大气是太阳系中最冷的地方之一,尽管温度比天王星高些。大气平均分子量为2.53~2.69g/mol。

海王星的大气层可以细分为三个主要区域:低层的对流层,该层的温度随高度降低;平流层,该层的温度随高度升高;两层边界,即对流层顶,气压为10kPa。平流层在气压低于 1~10Pa 处称为热成层,热成层再逐渐过渡为散逸层。

就像其他巨行星一样,海王星也呈扁圆状,并经受住了"较差自转"。由于海王星较差自转是太阳系所有行星中最明显的现象,因此海王星纬度上存在更为强烈的风切变。其自转轴倾角为29.56°,与地球和火星的自转轴倾角差不多。因此天气变化并不像天王星那样极端。

海王星的大气有一些肉眼可见的明显的天气模式。"大黑斑"是一个范围为13000km×6600km 的反气旋风暴系统,它类似于木星上的"大红斑"。"滑行车"是位于"大黑斑"更南面的另一场风暴,"小黑斑"是一场南部的飓风风暴。由于海王星有太阳系中最强烈的持续风存在,赤道带平均风速可达 400m/s,极地带为250m/s,因此这些天气模式似乎并不能持续太久(历时数月)。但是,有记录的风速可达 600~2100km/h。海王星低纬度上的风向大多与海王星自转方向相反,而在高纬度则是一致的。这些模式被认为是源于海王星内部热流的推动。天王星与海王星辐射的热量超过它们从太阳接收的热量,但是海王星辐射的热量更多。内部热流产生过程尚不清楚。

海王星的对流层的云带取决于不同海拔高度的成分。高海拔的云出现在气压低于1bar(100kPa)处,该处温度使甲烷可以凝结。气压在 1~5bar(100~500kPa)范围内,氨和硫化氢的云可以形成。气压在 5bar 以上,云可能包含氨、硫化氨、硫化氢和水。更深处的水冰云可以在压力约为 50bar(5.0MPa)处被发现,该处温度达到 0℃。在下面,可能会发现氨和硫化氢的云。海王星高层的云曾经被观察到在低层云的顶部形成阴影,高层的云也会在相同的纬度上环绕着海王星运转。这些环带的宽度大约在 50~150km,并且在低层云顶之上 50~110km。

海王星有着与天王星类似的磁气层,其磁场相对自转轴有着高达47°的倾斜,且偏离核心至少 0.55 个半径(偏离质心 13500km)。磁场的偶极成分在海王星的磁赤道约为 14μT,但是海王星的磁场由于非偶极成分的巨大贡献,包括强度可能超过磁偶极矩的强大四极矩,因此在几何结构上非常的复杂。

海王星的弓形震波发生在 34.9 个海王星半径之处,在那里磁气层开始减缓太阳风的速度。磁气层顶,磁气层的压力抵消太阳风的地方,位于23~26.5 个海王星半径之处。磁尾至少延伸至 72 个海王星半径,并且还很可能会伸展至更远的地方。

海王星也有一个行星环系统。这些环的粒子可能是外层覆盖着硅酸盐微粒的冰颗粒或碳基物质微粒,呈微红色。每个海王星环都被赋予了名字,即分别以对发现海王星作出重大贡献的 5 个人命名,即"亚当斯"(距离海王星中心 63000km)、"勒维耶"(距离海王星中心 53000km)、"伽勒"(距离海王星中心 42000km)、"拉塞尔"("勒维耶"环外侧的暗淡圆环)、"阿拉戈"(距离海王星中心 57000km)。其他较大的不完整的环(又称为"弧")按照逆时针分别被命名为"博爱"、"平等1"、"平等2"、"自由"和"勇气"。它们的形状可以解释为 Galatea(环弧内的一颗卫星)的引力作用造成的。

2.7　巨行星的卫星

如前所述,巨行星有众多的卫星,其中有些比月球甚至比水星还要大。但是,大多数卫星类似于小行星,有些卫星很小并且外形不规则。实际上,这些小卫星的精确数量尚不确定,而且不断有新的小卫星被发现。

木星有 63 颗已知的卫星,但只有四颗卫星的直径超过 500km,即伽利略卫星,见图 2.11。其中 Amalthea(木卫五)的尺寸相当不规则,大小为 250km × 146km × 128km。

木星的卫星由近至远依次为 Metis、Adrastea、Amalthea、Thebe、Io、Europa、Ganymede、Callisto、Themisto、Leda、Himalia、Lysithea、Elara、S/2000 J 11、Carpo、S/2003 J 12、Euporie、S/2003 J 3、S/2003 J 18、Thelxinoe、Euanthe、Helike、Orthosie、Iocaste、S/2003 J 16、Praxidike、Harpalyke、Mneme、Hermippe、Thyone、Ananke、S/2003 J 17、Aitne、Kale、Taygete、S/2003 J 19、Chaldene、S/2003 J 15、S/2003 J 10、S/2003 J 23、Erinome、Aoede、Kallichore、Kalyke、Carme、Callirrhoe、Eurydome、Pasithee、Kore、Cyllene、Eukelade、S/2003 J 4、Pasiphae、Hegemone、Arche、Isonoe、S/2003 J 9、S/2003 J 5、Sinope、Sponde、Autonoe、Megaclite 和 S/2003 J 2。

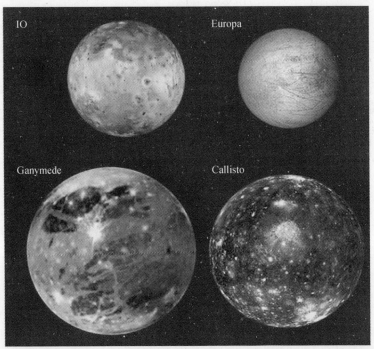

图 2.11　木星的四颗伽利略卫星的同比例影像,由"伽利略"探测器拍摄(图像来自 NASA)

土星有 61 颗已知的卫星，即 Pan、Daphnis、Atlas、Promrtheus、Pandora、Epimetheus、Janus、Aegaeon、Mimas、Methone、Anthe、Pallene、Enceladus、Tethys、Telesto、Calypso、Dione、Helene、Polydeuces、Rhea、Titan、Hyperion、Iapetus、Kiviuq、Ijiraq、Phoebe、Paaliaq、Skathi、Albiorix、S/2007 S 2、Bebhionn、Erriapus、Skoll、Siarnaq、Tarqeq、S/2004 S 13、Greip、Hyrrokkin、Jarnsaxa、Tarvos、Mundilfari、S/2006 S 1、S/2004 S 17、Bergelmir、Narvi、Suttungr、Hati、S/2004 S 12、Farbauti、Thrymr、Aegir、S/2007 S 3、Bestla、S/2004 S 7、S/2006 S 3、Fenrir、Surtur、Kari、Ymir、Loge、Fornjot。这些卫星的子卫星数量也必须算上。

土星的许多卫星很小：34 颗直径小于 10km，14 颗直径小于 50km。只有 7 颗有足够的质量能够以自身的重力达到流体静力平衡。另外，有 6 颗卫星（即 Enceladus、Tethys、Dione、Rhea、Titan 和 Iapetus）的直径超过 500km，Mimas（土卫一）只比它们稍小一点。

天王星有 27 颗已知的卫星，这些卫星的命名都出自莎士比亚与蒲柏的歌剧。它们是 Cordelia、Ophelia、Bianca、Cressida、Desdemona、Juliet、Portia、Rosalind、Cupid、Belinda、Perdita、Puck、Mab、Miranda、Ariel、Umbriel、Titania、Oberon、Francisco、Caliban、Stephano、Trinculo、Sycorax、Margaret、Prospero、Setebos 和 Ferdinand。

其中有四颗卫星（即 Ariel、Umbriel、Titania 和 Oberon）的直径超过 500km，而 Miranda（天卫五）只比它们稍小一点。

海王星有 13 颗已知的卫星，即 Naiad、Thalassa、Despina、Galatea、Larissa、Proteus、Triton、Nereid、Halimede、Sao、Laomedeia、Psamathe 和 Neso。其中只有 Triton（海卫一）的直径过 500km，而 Proteus（海卫八）只比它稍小一点。

表 2.6 列出了直径超过 500km 的四颗巨行星的卫星的主要特征参数。

表 2.6　直径超过 500km 的巨行星的卫星的参数

名称	d/km	$m/$ $10^{21}kg$	$g/$ (m/s^2)	$V_e/$ (km/s)	$a/$ $10^6 km$	$T/天$	$i/°$	e
木星								
Io(木卫一)	3643	89	1.80	2.56	421700	1.769	0.050	0.0041
Europa(木卫二)	3122	48	1.32	2.02	671034	3.551	0.471	0.0094
Ganymede(木卫三)	5362	150	1.43	2.74	1070412	7.154	0.204	0.0011
Callisto(木卫四)	4821	110	1.24	2.45	1882709	16.689	0.205	0.0074
土星								
Enceladus(土卫二)	504	0.108	—	—	237950	1.37	0.010	0.0047
Tethys(土卫三)	1066	0.617	—	—	294619	1.887	0.168	0.0001
Dione(土卫四)	1123	1.095	—	—	377396	2.737	0.002	0.0022

名称	d/km	$m/$ 10^{21}kg	$g/$ (m/s^2)	$V_e/$ (km/s)	$a/$ 10^6km	T/天	$i/°$	e
Rhea（土卫五）	1529	2.307	—	—	527108	4.518	0.327	0.0013
Titan（土卫六）	5151	134.520	1.35	1.86	1221930	15.945	0.3485	0.0280
Iapetus（土卫八）	1472	1.806	—	—	3560820	79.321	7.57	0.0286
天王星								
Ariel（天卫一）	1157.8	1.35	—	—	191020	2.520	0.260	0.0012
Umbriel（天卫二）	1169.4	1.17	—	—	266300	4.144	0.205	0.0000
Titania（天卫三）	1577.8	3.53	—	—	435910	8.706	0.340	0.0011
Oberon（天卫四）	1522.8	3.01	—	—	583520	13.463	0.058	0.0014
海王星								
Triton（海卫一）	2707	21.4	0.78	1.45	354800	−5.887	156.8	—

注：1. d 代表直径，m 代表质量，g 代表重力加速度，V_e 代表逃逸速度，a 代表半长轴，T 代表轨道周期，i 代表轨道倾角，e 代表离心率；2. 负的轨道周期代表逆行

从表中可以看出，最大的那些卫星上的重力加速度近似于月球上的重力加速度。

这些巨行星的卫星彼此之间千差万别，因此它们中的一些成为许多太空探索任务感兴趣的目标。这里我们将对这些卫星进行详细探讨。

2.7.1 木卫一（Io）

Io、Europa 与 Ganymede 的轨道形成了拉普拉斯轨道共振；Io 的平均轨道周期与 Europa 有 2:1 的轨道共振，与 Ganymede 有 4:1 的轨道共振，即 Io 每绕行木星四周，Europa 精确地绕行两周，而 Ganymede 精确地绕行一周。这种共振引起三颗卫星的引力效应并导致它们的轨道呈椭圆形。另一方面，来自木星的潮汐力作用又令它们的轨道圆化。这些卫星的离心率导致这些卫星的内部因摩擦力而产生强大的潮汐热化效应。最引人注目的是这种热化效应在 Io 最深处的异常火山活动中也能看到。

Io 的轨道临近木星的云层顶端，并在一个强辐射带内。木星的磁气层以 1t/s 的速率扫掠掉 Io 稀薄大气层中的火山气体与其他物质，并使磁气层膨胀。Io 有一个金属（铁、镍）地核，地核周围包裹着富含硅酸盐（部分熔解）的地幔以及一层薄薄的岩石地壳。

由 Io 的轨道离心率引发的潮汐热迫使这颗卫星成为太阳系中火山最活跃的天体。有记录的火山灰可以延伸到 100km 以上的高空中。富含二氧化硫的火山

灰形成云随后迅速凝结成雪落回到地面。"旅行者"号与"伽利略"号探测器发现的火山口底部区域的深色区可能是熔化的一种颜色很深的硫黄形成的湖。

很明显,Io 构成中有约 15% 是水冰,而其他部分温度很高,这预示其表面或地下或许存在具备液态水形成条件的地带。Io 大气极端稀薄,其表面的水会迅速蒸发,即便是那些地下湖也不例外。因此,Io 成为太阳系中搜寻生命形式的一个备选之地,条件是这些地下口袋能够提供某种防护以抵御来自木星磁气层的强烈辐射。

2.7.2 木卫二(Europa)

Europa 与 Io 有很大不同。它的表面由一层水冰覆盖,这会令人联想到地球两极大片浮冰,这层水冰包含大量的水,据推测,占到卫星总质量的 15% 或更多。因此,由于冰层相对年轻以及光滑,Europa 成为整个太阳系中最亮的卫星。

"伽利略"探测器拍摄的高清图像显示:Europa 上的冰层是有裂隙的,这从某种意义上预示着一些板块能在水层或冰层之上移动漂移,就像地球上的冰川运动一样。利用雷达高度计以及对其磁场与引力场的测量,也预示冰层之下是一片汪洋,尽管冰层的厚度与海洋的深度还是未知的。

Europa 应有一个金属核,可能由铁或镍构成,外面包裹着岩壳,然后是液态水层或冰层。这一液态水的海洋或许有数百千米深,上面覆盖着厚度可能有数千米甚至十几千米的冰层。

目前已经探测到 Europa 有一层十分稀薄的氧气。

因此,尽管 Europa 距离太阳较远以及临近木星时的潮汐效应而导致其温度升高,但是它仍然是地外生命探寻的理想天体之一。

2.7.3 木卫三(Ganymede)

木卫三(Ganymede)与木卫四(Callisto)的表面遍布大大小小的撞击坑。

Ganymede 是木星也是整个太阳系中最大的一颗卫星,它的结构由内向外很可能是一个岩石核,一层很厚的水或冰构成的地幔(厚度约为 Ganymede 外半径的一半),以及岩壳和冰壳。Ganymede 上没有已知的大气,但近期在其表面探测到有一个稀薄的臭氧层。这预示着 Ganymede 或许也有一层稀薄的氧气。

Ganymede 的地质史比较复杂,其表面呈现出明与暗的区域是山脉、峡谷、撞击坑以及熔岩流。与月亮相反,那些更暗区域的地质年代十分年轻,而那些遍布撞击坑的暗区域的地质年代则十分久远。那些亮区域呈现的是一种沟槽地形,纵横交错着大量的山脊与槽沟。

根据"伽利略"探测器发现 Ganymede 存在全球磁场这一事实,可以推断其中心很可能存在一个致密的金属核,因为这是其全球磁场的来源。金属核的周围应是一个岩层,岩层外覆盖有一层厚厚的温暖柔软的冰,最外层的表面由水冰壳构成;图像所显示的种种特征表明,其表面过去一定经历过地质与构造的破坏。

2.7.4 木卫四(Callisto)

Callisto 的大小与水星相当。其运行轨道恰好在木星主辐射带之外。其冰壳十分古老,可追溯至 40 亿年前,即在太阳系形成不久之后;它是太阳系中遭受最猛烈撞击的天体之一,其表面密布大大小小的撞击坑。那些最大规模的撞击坑的痕迹已经被地质时期冰壳的流动所抹去。形成撞击盆地的两个巨大的同心环分别是:Valhalla 撞击坑,其明亮的中央地带直径达到了 600km,而环状结构的直径则继续向外延展了 3000km;Asgard 撞击坑,其直径约为 1600km。

Casllisto 是伽利略卫星中密度最低的卫星,为 1860kg/m³。

表面的冰层可能有约 200km 厚。在这层冰壳之下可能存在一个深度超过 10km 的咸水海洋,这是对 Callisto 的磁场与木星产生的背景磁场进行研究而推断出的。科学家发现,置于木星多变的磁场中的 Callisto 就像个理想的导电球体,即磁场无法穿透到达该卫星的内核,这意味着在该星体中存在着一层厚度至少达到 10 千米的高电导率液体。

海洋之下的星体内部可能既不是质地均匀的整体也不是完全的分化型,其内部由被压缩的岩石和冰体构成,且由于构成成分的部分沉积,随着深度的增加,越往中心岩石的比重也越大。

2.7.5 土卫二(Enceladus)、土卫三(Tethys)、土卫四(Dione)、土卫五(Rhea)及土卫八(Iapetus)

土星的这些卫星都是密布撞击坑的冰世界。Tethys 有一个巨大的撞击坑,以及分布着许多山谷与沟槽,并且它们延伸到了 Tethys 圆周长的 3/4。

Dione 与 Rhea 的表面遍布着大大小小的撞击坑,它们的前面(在公转中朝着飞行方向的一面,即同轨道方向)都比较亮,而反面(公转中背着飞行方向的一面,即逆轨道方向)则比较暗,明亮的、细小的条纹遮盖了上面的撞击坑,这些条纹可能是表面沟槽或裂缝中冰的沉积的产物,即冰悬崖。Rhea 可能有一个稀薄的环带系统。

Iapetus 位于土星巨大冰卫星中的最外层,而且两个半球亮度的差别是巨大的,即其前面较暗,而背面较亮。

Enceladus 位于土星大卫星的最内层,而且其受到来自土星的潮汐热超过任何一颗其他卫星。"卡西尼"探测器发现 Enceladus 上存在液态水库的证据,并有类似间歇泉喷发的景象。照片还显示上面有液态水从冰喷发口喷出并形成高耸的喷泉柱。

那些或多或少受到潮汐热的巨行星的冰卫星可能在几千米厚的冰壳之下存在液态水的海洋。就 Enceladus 而言,海洋上面的冰壳或者液态水通道的厚度可能不超过百米。

Enceladus 上一些宽阔区域表面平坦,没有或鲜有撞击坑,这说明在过去的 1 亿年里必然发生了诸如"水火山"之类的地质活动,从而使得原先千疮百孔的地表平整如初。

在"太空时代"初期,即在 1958 年弗里曼·戴森提出的"猎户座"项目计划中,就把 Enceladus 选为一项人类太空任务的目的地,并提出用 15000t 的核弹产生的推力来作为一个 10000t 的星际飞船的动力。

2.7.6　土卫六(Titan)

Titan 是土星卫星中最大的一颗,体积比水星还要大,而且是太阳系中唯一有明显大气的卫星。

虽然 Titan 拥有与地球相类似的环境,但其表面是完全不同的。其表面一半是岩石,另一半是水冰。2005 年"惠更斯"号探测器在 Titan 表面拍摄的照片显示:泛滥平原上的那些质地坚硬的鹅卵石实际上是大冰块(图 2.12(a)),而那些重塑地表的火山(冰火山)向外喷发的不是岩浆而是水冰混合物(泥浆)。

(b)

(a)

图 2.12　"惠更斯号"探测器拍摄的"Titan"照片(图像来自 ESA/NASA/亚利桑那大学)
(a)着陆后拍摄的地面照片;(b)下降期间拍摄的照片。

Titan 表面上的液体是碳氢化合物(甲烷和乙烷),表现为蒸发 – 冷凝循环,这类似于地球上的水循环。"惠更斯"号着陆的地面就浸没在液态甲烷中,但也使探测器避免了与从天空落下的暗色碳氢化合物颗粒的接触,就如同地球上的雪。这些碳氢化合物颗粒在一些地方汇集,然后风的作用使这些颗粒形成高高的"沙丘"。

虽然 2006 年"卡西尼"号探测器在南半球发现 150km 长、30km 宽、1.5km 高的山脉,但 Titan 表面可能没有高山;虽然发现了一些撞击坑,但数量有限,这说明其表面的地质年代相对较轻。

Titan 的表面温度在 -180℃ 范围之内。水冰在这种温度下不会升华或蒸发,因此大气中几乎不存在水蒸气。Titan 上的云雾导致了与温室效应截然相反的效应,这些云雾把太阳光反射回太空,从而使其表面温度明显低于其上层大气温度。Titan 上的云雾可能由甲烷、乙烷或者其他简单有机物构成,它们被散射出去而且变化无常,从而使其大气呈现出更深的颜色。与此相反,大气中的甲烷造成了一种温室效应,从而使 Titan 表面不至于过于寒冷。

在 Titan 北极附近发现的湖、海或河多半是由液态甲烷构成的,但也有可能是乙烷、水溶态氮或其他有机物构成的;其中最大的海的面积几乎有里海那么大。

Titan 上的大气密度比地球上的大,其表面大气压也是地球的 1.5 倍。这使得 Titan 上的浓稠的云雾层阻挡了大部分来自太阳或其他天体的可见光。相比地球,Titan 的低重力环境也使得其大气能够延伸到更远,甚至可以到 975km 之遥。

Titan 大气的 98.4% 是氮气,还有 1.6% 是乙烷以及微量的其他气体:诸如碳氢化合物(包括乙烷、联乙炔、丙炔、乙炔、丙烷等)、丙炔氰、氰化氢、二氧化碳、氩气与氦气等。

Titan 没有磁场保护,尽管其有时运行于土星磁气层外从而直接暴露在太阳风下时,似乎仍剩余一些磁场。

2.7.7 天卫五(Miranda)、天卫一(Ariel)、天卫二(Umbriel)、天卫三(Titania)及天卫四(Oberon)

天王星的这些卫星都是冰质砾岩天体,冰质砾岩由 50% 的冰与 50% 的岩石构成。其中,冰可能含有氨气和二氧化碳。Ariel 的地表是这些卫星中最年轻的,几乎没有撞击坑,而 Umbriel 地表则是最古老的。Miranda 的地形异常复杂,既有 20km 深的沟谷,也有并排沟槽、山脉与环形高地,而且它们的地表年龄与特性也各不相同。曾经,Miranda 的轨道偏心率比现在大,相信当时其地质活动是由潮汐热引起的,也可能是 Miranda 曾经与 Umbriel 有 3:1 的轨道共振的结果。Miranda 上被称为冕状物的巨大沟槽结构,可能是被温暖的冰刺穿或涌出造成的。同理,Ariel 曾经与 Titania 有 4:1 的轨道共振。

2.7.8 海卫一(Triton)

Triton 是海王星卫星中最大的一颗,它的轨道是逆行的,即轨道公转方向与卫星的自转方向是相反的,逆行的卫星不可能与其行星同时在太阳星云中产生,这就表明它是被海王星捕获的;它可能曾经是"柯伊伯带"中的一个小天体。由于Triton 离海王星非常近,以至于其自转与海王星自转保持同步,并且由于潮汐效应,Triton 的运行轨道缓慢螺旋向内,这就意味着它将在约36亿年内达到"洛希极限"(Roche limit),随后不可避免地坠向海王星,最终很可能被撕裂。太阳系中还没有哪一颗大卫星的运行轨道像 Triton 那样奇特。

Triton 的表面温度估计能达到 −235℃,这是太阳系中有记录的最低温度,尽管"柯伊伯带"天体的表面温度可能更低。

Triton 的大气极其稀薄,其表面大气压约为 15μbar。地表之上数千米处形成的薄云可能是氮冰颗粒。

Triton 的密度较大,这意味相对于土星与天王星的冰卫星,其内部包含更多的岩石物质。

Triton 上密布巨大的裂缝,其地表伤痕累累。"旅行者"2号拍摄的图片显示,那些间歇泉似的喷发持续把氮气以及深色灰尘颗粒送到数千米高的大气中。

2.8 小天体

除了行星的卫星之外,太阳系中还有其他众多的小天体。它们可被粗略分成以下几类:
- 主带小行星
- "柯伊伯带"天体(KBO)
- "特洛伊"小行星
- 其他小行星
- 彗星

"小行星带"与"柯伊伯带"中的天体的大小是不同的。其中最大的天体都是球形的,其特性与小行星或大卫星并无不同。Ceres(谷神星)、Vesta(灶神星)、Pallas(智神星)与 Hygiea(健神星)是最大的主带小行星,它们的总质量约占主带小行星所有天体质量的一半。Ceres 现在被分类为一颗矮行星。"柯伊伯带"中的许多天体,如 Pluto(冥王星)、Quaoar(创神星)、Eris(阋神星)、Sedna(塞德娜矮星)、Haumea(妊神星)与 Makemake(鸟神星)等这些足够大的球形天体,也应归类为矮行星。直到"柯伊伯带"天体被发现之前,冥王星曾被当成太阳系第九大行星。由于这些天体距离太阳十分遥远,因此很难观测,而且很可能还有许多其他类似的天体未被发现,更大的"柯伊伯带"天体一定存在。

表 2.7 列示的是一些相对较大的小天体(矮星与小行星)环绕太阳运行的各项特征参数。

那些较小的天体的外形则不那么规则。

表 2.7 一些相对较大的小天体(矮星与小行星)环绕太阳运行的各项特征参数

名称	d/km	m/ 10^{21} kg	g/ (m/s^2)	V_e/ (km/s)	a/ 10^6 km	T/天	i/°	e
主带小行星								
Ceres(谷神星)	974.6	0.943	0.27	0.51	413.833	1680.5	10.585	0.079
Vesta(灶神星)	560	0.267	0.22	0.35	353.268	1325.2	7.135	0.089
Pallas(智神星)	556	0.211	0.18	0.32	414.737	1686.0	34.838	0.231
Hygiea(健神星)	407	0.0885	0.091	0.21	469.580	2031.01	3.842	0.117
"柯伊伯带"天体								
Pluto(冥王星)	2303	13.14	0.6	—	5906.438	90589	17.140	0.249
Haumea(妊神星)	1508	4.01	0.44	0.84	6452.000	103468	28.22	0.195
Quaoar(创神星)	1260	—	—	—	6524.262	105196	7.985	0.037
Makemake(鸟神星)	1276	4.18	—	—	6850.086	113191	28.963	0.159
Eris(阋神星)	2600	16.7	—	—	10120.000	203600	44.187	0.441
Sedna(塞德娜矮星)	≈1500	—	—	—	78668.000	4404480	11.934	0.855

注:d 代表直径,m 代表质量,g 代表重力加速度,V_e 代表逃逸速度;a 代表半长轴,T 代表轨道周期,i 代表黄道倾角,e 代表离心率

2.8.1 主带小行星

Ceres(谷神星)的直径约 950km,它是小行星带中体积最大也是质量最大的天体,并被推断为一颗幸存的"原始行星",它形成于 45.7 亿年前。就像其他的行星一样,其结构由地壳、地幔与地核组成。Ceres 上的水比地球上的多,有些水可能是液态的,类似 Europa(木卫二)上的海洋,Ceres 上的海洋位于岩石地壳与冰质地幔之间。水中可能有氨气存在。如同 Europa,可能存在的液态水层意味着有可能发现地外生命。

Ceres 地表的成分中含有水合物、富含铁元素的黏土与碳酸盐,这些成分是碳质球粒陨石中的常见矿物。

Ceres 的地表相对温暖,温度范围为 -106 ~ -38℃。

Ceres 可能有一层稀薄的大气以及地表上有水形成的霜,这预计是直接暴露在

太阳辐射下的霜的升华所造成的。其自转周期为9h4min,自转轴倾角约为3°。

Vesta(灶神星)的内部结构也是有差别的,尽管其不存在水并且主要由玄武岩(诸如橄榄石)构成。

Vesta 的形状因受到引力的影响而成扁圆球体,但是正是由于其不规则的外表使其被排除在矮行星之外,而把其归类于小行星。Vesta 的南极附近有一个十分巨大的撞击盆地,其直径为 460km。它的宽度达到 Vesta 直径的 80%,坑穴底部的深度达到 13km,外缘比周围的地形高出 4～12km,总高低差达到 25km,中心有一座 18km 高的山峰突起。

Vesta 被认为有一个以铁镍为主的金属核,外面包覆着以橄榄石为主的地幔以及岩石地壳。南极点附近的撞击坑相当深以至于部分地核都暴露在外。其东西半球显示出明显不同的地形;东半球的地形类似于月面高地,而西半球的大片地区由地质年代较轻的玄武岩所占据,类似于月海。

Vesta 的自转周期为 5.342h,自转轴倾角为 29°。其表面温度范围估计为 −190～−20℃。

Pallas(智神星)与众不同,其自转轴倾向一侧(自转轴倾角为 78°,这一点还不确定),类似天王星,自转周期为 0.326 天。其运行轨道与小行星带平面所成的倾角异乎寻常的高,其离心率几乎与冥王星一样。因此,太空探测器要探测 Pallas 会比其他的小行星困难得多。它的构成类似 Ceres(谷神星):碳元素与硅元素含量很高。

Hygiea(健神星)是主带中最大的一颗 C 型小行星,其具有一个碳质地表,与其他体积巨大的小行星不同,其运行轨道更接近黄道。其自转周期为 27.623h,表面温度范围为 −109～−26℃。Hygiea 上曾经可能存在过水冰。

目前,已知的小行星有数十万颗,其中有超过 200 颗的直径大于 100km,如果把范围放大到数百万颗,这样的小行星数量必然会更多。

备注 2.12 小行星如此密集且总体积如此之大,以至于主带的大部分区域都空无一物,因此就形成了一种误解,即把主小行星带当成太空众多天体的一部分。要到达一颗小行星,必须要有十分精确的导航,而且成功的概率微乎其微。

大多数主带小行星都归属于三大类:C 型碳质小行星、S 型硅酸盐小行星和 M 型金属小行星。

其中,C 型小行星占到主带小行星总数的 75% 以上;它们富含碳元素并且对带外区域起到主导作用。相比其他类型的小行星,它们的颜色偏红且反照率更低。它们的地表构成类似于碳质球粒陨石。

S 型小行星约占主带小行星总数的 17%。它们靠近主带的内侧区域。光谱显示它们的表面含有硅酸盐与一些金属,但碳质化合物的成分不明显。此类小行星有着高反照率。

M 型小行星不到主带小行星总数的 10%;它们的光谱中含有类似铁镍的

谱线,据此推测此类小行星是由铁镍陨石撞击形成。然而,从外表来看,它们也含有一些硅酸盐化合物。例如,巨大的 M 型小行星 22Kalliope(司赋星)似乎并不主要由金属构成。不管怎样,M 型小行星可能包含大量有用甚至贵重的金属。

备注 2.13 假设直径为 1km 的标准 M 型小行星包含有 2 亿 t 铁、3000 万 t 镍、150 万 t 钴以及 7500t 铂族金属。以目前的价格估算,单单那些铂族金属就价值 1500 亿美元。

显然,如果这类小行星得到开发,贵金属的价格势必会大幅下跌,但是以当今的技术手段来开发利用它们是不可能做到的,因为这样做的成本太高了。相比之下,未来开发这类小行星以供空间机器人利用是有可能做到的。

在主带内,M 型小行星主要分布在半长轴约为 2.7 天文单位的轨道上。所有的 M 型小行星在结构上是否相同或者是否仅仅只是既不属于 C 型也不属于 S 型的小行星,关于这一点尚不清楚。

类似于 C 型小行星的还有许多,只是在光谱上有细微的不同,包括 G 型、D 型、A 型、V 型以及玄武岩小行星。据推断,玄武岩小行星可能是形成 Vesta(灶神星)上巨大陨石坑的撞击造成的,因此其地质年代比其他小行星年轻(约 10 亿年或更短),但目前还不确定它的起源。

小行星带外缘存在彗星活动,它们的运行轨道不同于典型的彗星运行轨道,该区域的许多彗星很可能是冰质的,冰伴随着时不时的小型撞击而产生升华现象。

那些形状不规则的小行星的结构基本上都是未知的。过去曾一度假设这些小行星大部分是由砾石堆构成的,但目前可以确定它们中有很多是固态实心天体。

小行星带很宽,小行星的温度因距离太阳的远近而不同。距离太阳 2.2 天文单位到 3.2 天文单位的小行星带的尘埃微粒的温度范围是 $-108 \sim -73℃$。当小行星自转时,其表面实际温度也会变化。

这些小行星的运行轨道不是均匀分布的:在小行星带中有一系列称为"柯克伍德空隙"的地区,这些地区的轨道因与木星的轨道形成共振而变得不稳定,这里的小行星很早就已经被排挤掉了。这些空隙出现在小行星公转轨道周期与木星公转轨道周期呈现整数比的位置上。

主带中平均半径达到 10km 的天体间发生碰撞的概率大约为每一千万年一次,如果用天文时间的尺度来看,这是相当频繁的。因此,一颗小行星可能会碎裂成无数的小碎片,从而导致新的小行星族产生。当两颗小行星以相对低速碰撞时,它们可能会结合在一起。

一些小行星甚至体积更小的小行星,拥有一颗或更多的卫星,这些卫星通常只是围绕它们运行的小石块。

2.8.2 "柯伊伯带"天体

在外太阳系有一个区域,其与海王星有2:3的轨道共振。这些小卫星统统归类于冥族小天体(Plutinos),因为它们与冥王星有相同的轨道共振。其他的小卫星与海王星有1:2的轨道共振,它们被称为共振海王星外天体(twotinos)。运行轨道在海王星外且距离太阳约55天文单位的所有这些小卫星以及其他天体统称为"柯伊伯带"天体(KBO)。它们所运行的轨道区域称为"柯伊伯带"。

许多冥族小天体,包括冥王星,都会穿越海王星的轨道,但因为共振的缘故,永远不会与海王星碰撞。它们的轨道离心率很高,因此这意味着它们原初的位置应该不是在现在的位置,而是在海王星的引力拖曳下迁徙到此的。

共振海王星外天体的轨道半长轴相当于47.7天文单位,除此以外,较小的共振族群还有3:4、3:5、4:7和2:5。

"柯伊伯带"天体都是"冰"的世界,其规模通常比主带中的小行星大得多。就像木星的引力对小行星带产生重大作用一样,海王星的引力对"柯伊伯带"产生重大作用。海王星的引力也使得一些轨道上的天体不稳定,而且"柯伊伯带"的结构存在许多空隙,如在40~42天文单位之间的区域,没有天体能稳定地存在于这个区间内。

"柯伊伯带"天体中的三颗,即"冥王星""妊神星"(Haumea)与"鸟神星"(Makemake),被归类于矮行星。它们以及许多在距离太阳十分遥远的轨道上运行的体积更小且形状不规则的天体与主带小行星是不同的:主带小行星大部分是由岩石以及金属构成,而"柯伊伯带"天体则大部分由冰冻挥发物比如轻烃(甲烷)、氨气与水构成,其构成与彗星没有多大区别。由于"柯伊伯带"的温度只有约−220℃,因此这些物质是以冰的形式存在的。在一些"柯伊伯带"天体的光谱中也显示有非晶碳成分存在。

"柯伊伯带"天体常称为"类彗星体",这是为了方便区分其与小行星或彗星之间的差别。

目前,已经发现的"柯伊伯带"天体超过了1000颗,并且相信在海王星轨道与距离太阳100天文单位之间存在70000多颗直径超过100km的其他天体。据此推断,海王星最大的卫星Triton(海卫一)很可能是一颗被引力俘获的"柯伊伯带"天体。

冥王星的自转周期为6.387天,它有三颗卫星,最大的一颗Charon(卡戎,即冥卫一)的直径有1027km,质量为1.9×10^{21} kg,如果它不是围绕冥王星运行的话,很可能就是一颗矮行星。类似其他的"柯伊伯带"天体,冥王星–卡戎系统可以被称作一个双行星系统。Nix(尼克斯,即冥卫二)沿着一个圆形轨道运行,其轨道平面与Charon相同,以24.9天的轨道周期围绕冥王星运转,并与Charon有近似1:4

的轨道共振。Hydra(许德拉,即冥卫三)与 Charon 和 Nix 一样,在相同的轨道平面运行,不同的只是其运行轨道不太圆。Hydra 以 38.2 天的轨道周期围绕冥王星运转,并与 Charon 有近似 1∶6 的轨道共振。

Eris(阋神星)与 Haumea(妊神星)也有卫星。Haumea 有一个十分细长的椭圆轨道,而且是太阳系中除了彗星之外运行的最远天体。

2.8.3 "特洛伊"小行星

"特洛伊"小行星或卫星与大行星或大卫星共用轨道,一起绕着太阳运行而不会发生碰撞,这是因为"特洛伊"小行星位于拉格朗日点中稳定的两个点 L4 与 L5 上,即较大天体的前方或后方 60°的位置上。实际上,"特洛伊"小行星并不都在拉格朗日点中,但其运行轨道奇特无序,比较复杂,并且受到其他天体的摄动影响。三维晕的运行轨道是周期性的,而其他类型的运行轨道则是拟周期性的。这使得众多在同一拉格朗日点附近不同的轨道中运行的天体能够共存而不发生碰撞。实际上,无论何时,那些位于某个拉格朗日点上的"特洛伊"小行星都分布在其主体运行轨道上的一段比较宽的弧形区域内。

最初"特洛伊"仅用于称呼与木星在同一轨道围绕太阳运行的两组小行星。一组在木星轨道后方 60°的位置上,1904 年由德国天文学家 Max Wolf 发现,并以《荷马史诗》中的英雄"阿基里斯"(Achilles)来命名。另一组"特洛伊"小行星中,以伊利亚特剧中的希腊英雄人物(在木星轨道后方的小行星)以及特洛伊战争的英雄人物(在木星轨道前方的小行星)来命名。之后在其他行星或卫星的轨道上发现的那些小行星被统称为"拉格朗日点小行星",但最终都被称为"特洛伊"小行星。目前已知的在太阳 - 木星轨道上的"特洛伊"小行星超过 1800 颗,其中有 60% 在 L4 点,它们的运行轨道在木星轨道的后方;另外的 40% 在 L5 点附近,沿着木星的公转轨道运行,就像"阿基里斯"。

1990 年,在火星的拉格朗日点 L5 发现了第一颗"特洛伊"小行星,即 Eureka,目前已知的共有 5 颗。之后又发现了 6 颗海王星的"特洛伊"小行星,并且相信它们的数量远超过木星的"特洛伊"小行星。土星和地球似乎没有"特洛伊"小行星,但是在地球甚至月球的运行轨道上的拉格朗日点 L4 与 L5 发现有尘埃云存在。

在土星的卫星中发现了两组"特洛伊"卫星:Tethys(土卫三)的两颗"特洛伊"卫星与 Dione(土卫四)的两颗"特洛伊"卫星,即 Telesto(土卫十三) - Tethys - Calypso(土卫十四)与 Helene(土卫十二) - Dione - Polydeuces(土卫三十)。

"特洛伊"小行星的结构类似于近地小行星的结构,因此木星轨道上的那些"特洛伊"小行星很可能类似于主带外的小行星,而海王星轨道上的那些"特洛伊"小行星很可能类似于"柯伊伯带"天体。一些"特洛伊"小行星,比如"普特洛克勒斯"群(Patroclus)看上去具有一个类似彗星的结构。"阿基里斯""赫克托尔"

（Hector）与木星的其他"特洛伊"小行星都是 D 型小行星（反照率非常低，富含碳）。而 Eureka 是一颗 A 型小行星。

2.8.4 其他小行星

其他小行星不属于以上分类，"近地小行星"（NEA）或者更通常的说法"近地天体"（NEO），是指在临近地球公转轨道运行的天体，这些天体十分重要。那些直径小于 50m 的近地天体统称为"近地流星体"（NEM）。

到 2008 年末，所有近地天体总计有 5939 颗，其中包括 5857 颗近地小行星与 82 颗近地彗星（NEC），它们的近日点都小于 1.3 天文单位。然而，随着不断的新发现，它们的数量正迅速增加。其中，有多达 1000 颗的近地天体直径等于或超过 1km，它们对地球构成了潜在的巨大威胁，有可能导致一场全球浩劫。有 943 颗小行星已被归类于"有潜在威胁的小行星"（PHA），因为它们临近地球时可能会带来危险。

为了评估由 PHA 所构成的潜在威胁，需要用到"都灵危险指数"（Torino Scale）这一工具。该指数类似于里氏震级指数，是用来划分小行星或彗星给地球带来危险的级别。该指数有 11 个级数：从 0 到 10 级，即从无危险到毁灭性撞击即将发生；而且分别用 5 种颜色来表示：从白色到红色，即从碰撞概率为 0 到碰撞概率 100%。该指数很有用，因为其基于这样一个事实，即发现一颗小行星，只需要粗略地计算出其运行的轨道，然后用统计学方法就能评估其可能的潜在危险。即便某颗小行星运行轨道众所周知，但行星或地球的引力摄动仍会使其轨道发生改变，从而改变其危险级别。这些摄动不可能被精确地计算出来：几千千米的变化，以天文尺度来衡量微乎其微，但是这足以使一颗本来无害的小行星变得十分危险。

迄今为止，"都灵危险指数"记录最高的是小行星 2004 MN4 Apophis，其级数为 1 级，它在未来数十年里将数次临近地球的运行轨道，并在 2029 年掠过地球，在 2036 年 4 月 13 日这天可能会撞击地球，这颗小行星的直径为 390m。

相比月球，一些小行星更易到达，因为它们要求的 ΔV 更低。它们不仅是地球化学与天文学研究的对象，而且也是人类探索宇宙潜在的地外资源。迄今为止，航天器已经造访了两颗近地天体：由 NASA 近地小行星交会探测器造访的 433 Eros（爱神星），以及由日本宇航研究开发机构（JAXA）"隼鸟"号探测器（Hayabusa）造访的 25143 Itokawa。

依据运行轨道，近地小行星可被分成三类：

● Atens（"阿登"型）：此型小行星运行于地球轨道内（平均轨道半径离太阳更近，小于 1 天文单位，远日点在地球近日点之外，即在 0.983 天文单位处）。到 2008 年 5 月为止，已知的"阿登"型小行星有 453 颗。

● Apollos（"阿波罗"型）：此型小行星的平均轨道半径大于地球轨道半径，近日点小于地球远日点,即在1.017天文单位处。到2008年5月为止,已知的"阿波罗"型小行星有2053颗。

• Amors("阿莫尔"型):此型小行星运行于地球轨道之外(平均轨道半径在地球与火星轨道之间,近日点稍大于地球轨道,即介于1.017~1.3天文单位之间。它们经常穿越火星轨道。到2008年5月为止,已知的"阿莫尔"型小行星有2894颗。

备注2.14 许多"阿登"型小行星以及所有的阿波罗型小行星都会穿越地球轨道,因此它们对地球构成了威胁。阿莫尔型小行星不会穿越地球轨道,因此短时而言没有撞击地球的危险。

然而,未来它们或许会慢慢演变而进入穿越地球的轨道。实际上,近地天体的轨道是外部行星主要是木星的引力摄动的结果,因此这些天体来自于小行星带甚至来自于外太阳系。"柯克伍德空隙",即与木星发生轨道共振的区域,大部分的近地天体都来自于此。未来它们的运行轨道必定会再次改变:新的小行星正在不断进入近地轨道,而现有的小行星会被挤出甚至会被逐出太阳系或被送往太阳。

2.8.5 彗星

彗星是进入太阳系内亮度与形状随日距变化而变化的绕日运动的小天体,当其运行到太阳附近时,冰质彗核因受到太阳辐射而升华,从而在周围形成朦胧的彗发,有时会呈现一条很长的彗尾。彗核是由冰、尘埃以及小的岩石颗粒聚集而成的松散结构,其直径从100m到超过40km。

备注2.15 彗核常被描述为"脏雪球",但航天器观测显示,其表面是由干燥的尘埃与岩石颗粒构成,这意味大量的冰隐藏于外壳之下。

"深度撞击"号彗星探测器探测到的结果显示:彗星的大部分水冰都在表面之下,当彗星临近太阳时,这些水冰汽化、膨胀、喷发,形成彗发。

彗核由岩石、尘埃、水冰与冰气体(如一氧化碳、二氧化碳、甲烷与氨气)组成,还包含其他各种有机化合物,如甲醇、氰化氢、甲醛、乙醇与乙烷,或许还有更复杂的分子,如长链烷烃与氨基酸。彗核是太阳系中已知的最暗天体之一,比如,哈雷彗星彗核的入射光反射率只有约4%,而Borrelly彗星更暗,其入射光反射率仅介于2.4%~3.0%。这样的暗度归因于复杂有机化合物的存在。

与小行星类似,彗星的外形不规则。

彗星的运行轨道各式各样,有些处于内太阳系或"柯伊伯带",它们的轨道周期为数年,而其他的彗星的运行轨道距离太阳十分遥远,它们的轨道周期为数千年。其中一些彗星在被抛出太阳系进入星际空间之前只会进入内太阳系一次。

那些短周期彗星可能源自"柯伊伯带",并运行于海王星轨道之外。而那些长周期彗星可能源自"奥尔特云"(Oort cloud),它们是由太阳星云凝结时残存的碎片构成,运行轨道远远超出"柯伊伯带"。因受到带外行星(就"柯伊伯带"天体而言)或邻近恒星(就"奥尔特云"天体而言)的引力摄动,或因这些区域内的天体互相间的碰撞,彗星被抛向太阳进入内太阳系。

小行星与彗星之间的区别在于它们的运行轨道与构成不同,但由于外太阳系小行星包含许多冰质挥发性物质,所以它们之间的区别越来越模糊。特别的,半人马小行星是一种类彗天体,它们的绕日轨道在气态巨行星之间,即在木星与海王星绕日轨道之间。它们的运行轨道不稳定而且只有数百万年的动力寿命。半人马小行星在远离太阳的轨道上运行时没有彗发,看上去与小行星没有区别,但当它们进入内太阳系时,彗星的特质就会显现出来。比如,Chiron(喀戎)与其他半人马小行星既被归类于小行星,同时也被归类于彗星。

截至 2009 年 5 月,已知并经过报道的彗星有 3648 颗,其中短周期彗星有约 400 颗。相信这一数字仅仅占彗星总数的很小一部分——外太阳系或许就有 1 万亿颗彗星。

当一颗彗星临近内太阳系时,太阳辐射引起彗星内部的挥发性物质气化,并携带尘埃从彗核中喷发出来。由于气体不是以各向同性的方式从彗星中喷射出来,这些气体就像某种火箭推进剂,产生了一个推力,从而对彗星的运行轨道产生影响。

由尘埃与气体构成的射流在彗星周围形成一个体积巨大的且极其稀薄的雾状物,在太阳光的光压下,一条巨大的彗尾朝着背离太阳的方向延伸出去。射流形成两条明显的方向稍有不同的彗尾。

以通常的标准来看,即便彗发与彗尾十分稀薄,但是对于航天器而言,接近一颗活跃的彗星的附近空域都是危险的。

虽然彗核的直径通常小于 50km,但是彗发规模或许比太阳还要大,据观测,离子彗尾可以延伸到 1 天文单位(1.5 亿 km)或更远。电离气体粒子获得一个正电荷,然后在彗星周围产生一个"感应磁层"。这样,在彗星的上端沿着太阳风的方向形成了弓形震波。

彗星会分解成碎片,就像施瓦斯曼・瓦茨曼 3 号彗星(即 Comet 73P/Schwassmann - Wachmann,太阳系的一颗周期彗星,编号 73P,1995 年开始分裂成多块碎片)。这次分解可能是由太阳或一颗大行星的潮汐引力作用引起的,随后彗星上的挥发性物质爆炸喷发,最终慢慢解体,或者是因其他未知的因素导致的。

2.8.6 外形不规则小行星表面上的重力加速度

除了那些体积巨大的小行星之外,所有外形不规则的小行星表面各处的重力加速度会有不同且方向不垂直于星表。例如,"爱神星"上的重力加速度

的变化范围介于 $0.0023 \sim 0.0055\,\mathrm{m/s^2}$ 之间。图 2.13(a)为"伽利略"探测器拍摄的"艾女星"图像。

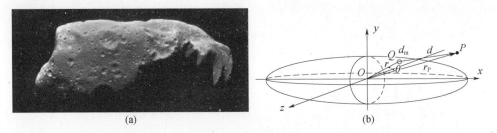

(a)   (b)

图 2.13   (a)"伽利略"探测器于 1993 年 8 月 28 日拍摄的小行星 243Ida(艾女星)图像。该小行星长 52km,图像由 5 幅照片拼接而成,拍摄距离为 3057 ~ 3821km(图像来自 NASA – JPL,即美国国家航空航天局喷气推进实验室);(b)椭圆天体对点 P 的引力作用

众所周知,球形天体(质量轴向对称)表面上的重力加速度完全相同,质心就在其正中心。所有的主要天体以及矮行星都近乎球形,可以认为或至少第一次近似估算时可以认为,它们的质心就在其正中心。当需要精确计算时,与球形(以及定常密度)的偏离度必须加以考虑,可能就需要使用摄动法,该方法考虑到了球体重力场,随后使用小修正项进行计算得出。

图 2.13(b)中的天体被绘制成一个椭圆体,这通常是为了计算起见,假定天体内的一个点 Q 的坐标为 x, y 和 z。经过计算,天体外的一个点 P 的坐标为 x_P, y_P 和 z_P。参考坐标系 $Oxyz$ 的原点为天体的质心,向量 $\overline{(P-O)}$、$\overline{(Q-O)}$ 和 $(P-Q)$ 分别用 $\boldsymbol{r}_P$、$\boldsymbol{r}$ 和 $\boldsymbol{d}$ 表示。

对位于点 Q 的质量求导,即 dm 得出点 P 中每单位质量的重力势能,即

$$\mathrm{d}U = \frac{G}{|\boldsymbol{d}|}\mathrm{d}m \tag{2.1}$$

式中:G 为重力常数。

由整个天体得出点 P 中每单位质量的重力势能,即

$$U = \int_M \frac{G}{|\boldsymbol{d}|}\mathrm{d}m \tag{2.2}$$

因为

$$|\boldsymbol{d}| = \sqrt{(x-x_P)^2 + (y-y_P)^2 + (z-z_P)^2} = \sqrt{|\boldsymbol{r}_P|^2 + |\boldsymbol{r}|^2 - 2|\boldsymbol{r}||\boldsymbol{r}_P|\cos(\theta)} \tag{2.3}$$

式中:θ 为图 2.13(b)中所定义的角,那么

$$U = \frac{G}{r_P} \int_V \frac{G_\rho}{\sqrt{1 + \alpha^2 - 2\alpha q}}\mathrm{d}V \tag{2.4}$$

式中:ρ 为天体密度,空间坐标的函数式为

$$\alpha = \frac{|\boldsymbol{r}|}{|\boldsymbol{r}_P|}, q = \cos(\theta) = \frac{xx_P + yy_P + zz_P}{|\boldsymbol{r}_P||\boldsymbol{r}|}$$

因为 $q \leqslant 1$，如果点都在天体外，且 $\alpha < 1$，那么分母的平方根可以用 α 写成泰勒级数。因此重力势可写成[①]

$$U = \frac{G}{|\boldsymbol{r}_P|} \sum_{i=0}^{\infty} \int_V \rho P_i \alpha^i \mathrm{d}V = \sum_{i=0}^{\infty} U_i \qquad (2.5)$$

很容易计算出第一项，即

$$P_0 = 1, U_0 = \frac{GM}{|\boldsymbol{r}_P|} \qquad (2.6)$$

因此，第一项的点质量的重力势等于整个天体质量的重力势，位于正中心。

因为 O 是天体质心，所以第二项（$i = 1$）为零，即

$$P_1 = q, U_1 = 0 \qquad (2.7)$$

通过简单地计算，第三项也可以求出，即

$$P_2 = \frac{1}{2}(3q^2 - 1), U_2 = \frac{G}{2|\boldsymbol{r}_P|^3}(J_x + J_y + J_z - 3J_{OP}) \qquad (2.8)$$

式中：J_k 为对应轴的转动惯量以及关于直线 OP 的转动惯量。

注意，如果是球体，则第三项也为零。

如果天体相对于坐标平面是对称的，类似一个均质椭球，那么第四项为零。同理，第六项、第八项……均为零，即 U_i 的所有奇数项为零。如果天体是一个回转体，但形状是类似地球那样梨形的，那么这些项不为零。

当更高阶的项变得十分重要时，这种基于泰勒级数法把重力势逐级展开的方法将会越来越复杂：

- 当点 P 接近表面时
- 当天体形状与球形相差甚远或密度不恒定时

当计算那些很小的天体表面上的重力加速度时，如小行星或彗星，大量的项都必须被计算出来。而且即便它们的形状近似球体，这一方法也是不可行的。

这里，我们将使用一种不同的方法来证明：非球形不仅导致表面各点的重力加速度发生变化，而且即便是一个均质球体，各点重力加速度的方向也不垂直于其表面。

使用以上相同的数学符号（图 2.13(b)），施加于天体外位于点 P 的一个质量 m_1 上的重力可以用下式计算：

$$F = m_1 \nabla U = -Gm_1 \int_M \frac{1}{|\boldsymbol{d}|^3} \boldsymbol{d} \mathrm{d}m \qquad (2.9)$$

---

① A. E. Roy, *Orbital Motion*, Adam Hilger, Bristol, 1991。

点 P 处的重力加速度为

$$g = -G\int_M \frac{1}{|\boldsymbol{d}|^3}\boldsymbol{d}\mathrm{d}m \tag{2.10}$$

如果点 P 的坐标为 x_P、y_P 和 z_P，那么

$$g = -G\int_V \frac{\rho}{\left[\sqrt{(x-x_P)^2+(y-y_P)^2+(z-z_P)^2}\right]^3}\begin{Bmatrix} x-x_P \\ y-y_P \\ z-z_P \end{Bmatrix}\mathrm{d}x\mathrm{d}y\mathrm{d}z \tag{2.11}$$

式中：V 为天体的体积。

尽管天体不在直角坐标系中，但如果天体是一个均质球体，即半径 R 和密度 ρ 是恒定的，那么积分就能够以封闭形式进行。使用柱坐标系，设 x 轴为沿着一条连接 P 点与球体中心的直线，那么

$$g = \frac{4\pi G\rho R^3}{3x_P^2}\begin{Bmatrix} 1 \\ 0 \\ 0 \end{Bmatrix} = \frac{MG}{x_P^2}\begin{Bmatrix} 1 \\ 0 \\ 0 \end{Bmatrix} \tag{2.12}$$

如上所述，这等于是说天体相当于其中心的一个点质量。

假设天体为椭球形的，其半轴在 x 轴、y 轴与 z 轴方向上分别用 a、b 和 c 表示，而且其密度是恒定的，那么其重力加速度为

$$g = -G\rho\int_{-a}^{a}\int_{-b\sqrt{1-(\frac{x}{a})^2}}^{b\sqrt{1-(\frac{x}{a})^2}}\int_{-c\sqrt{1-(\frac{x}{a})^2-(\frac{y}{b})^2}}^{c\sqrt{1-(\frac{x}{a})^2-(\frac{y}{b})^2}}\frac{1}{|\boldsymbol{d}|^3}\begin{Bmatrix} x-x_P \\ y-y_P \\ z-z_P \end{Bmatrix}\mathrm{d}x\mathrm{d}y\mathrm{d}z \tag{2.13}$$

最内层的积分能够得到封闭形式的解，即

$$g = -G\rho\int_{-a}^{a}\int_{-b\sqrt{1-(\frac{x}{a})^2}}^{b\sqrt{1-(\frac{x}{a})^2}}\begin{Bmatrix} \dfrac{(x-x_P)}{d_1^2}\left(\dfrac{A}{\sqrt{d_1^2+A^2}}+\dfrac{B}{\sqrt{d_1^2+B^2}}\right) \\[2mm] \dfrac{(y-y_P)}{d_1^2}\left(\dfrac{A}{\sqrt{d_1^2+A^2}}+\dfrac{B}{\sqrt{d_1^2+B^2}}\right) \\[2mm] \dfrac{1}{\sqrt{d_1^2+B^2}}-\dfrac{1}{\sqrt{d_1^2+A^2}} \end{Bmatrix}\mathrm{d}x\mathrm{d}y$$

$$\tag{2.14}$$

其中

$$\begin{cases} A = c\sqrt{1-\dfrac{x^2}{a^2}-\dfrac{y^2}{b^2}}-z_P \\[2mm] B = c\sqrt{1-\dfrac{x^2}{a^2}-\dfrac{y^2}{b^2}}+z_P \\[2mm] d_1 = \sqrt{(x-x_P)^2+(y-y_P)^2} \end{cases} \tag{2.15}$$

另两个积分不能得到封闭形式的解,但只要已知点 P 的位置以及椭球的几何特性,就不难获得一个数值解。

例如,在图 2.14(b)中,有一个扁长椭球[①],在 x 轴方向上为长轴(即 $b = c < a$),点 P 的坐标以一个无量纲函数来表示,即 $x^* = x/a$,那么表面重力加速度的无量纲值为:表面重力加速度与半轴(即半径)的平方的乘积除以质量(恒定)与重力常数的乘积,即

$$g^* = g\,\frac{a^2}{GM} \tag{2.16}$$

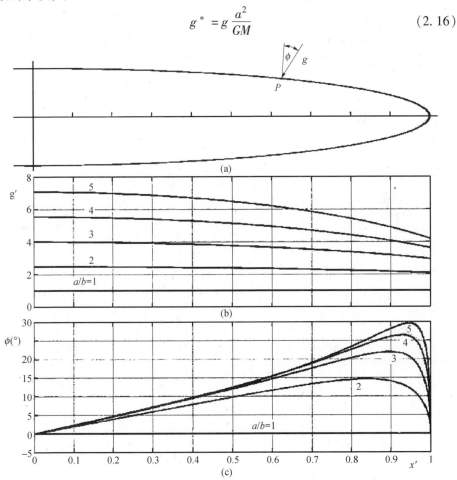

图 2.14　扁长椭球天体表面上的重力加速度

(a)简图;重力加速度的无量纲值;(b)到地面的垂线与垂直方向

(即重力加速度的方向)之间所成的角;(c)无量纲函数值,用坐标 x^* 表示。

---

① 一个有两条相等的轴的椭球体。如果第三条轴比另两条轴短,那么球体就是扁的;如果第三条轴比另两条轴长,那么球体就是长的。

在图 2.14(c)中,到地面的垂线与垂直方向(即重力加速度的方向)之间所成的角以一个无量纲函数表示,即坐标 x^*。

球形天体上的重力加速度的变化不大,也就是说,垂直方向(重力加速度的方向)与到地面的垂线之间所成的角的变化不大。图中所呈现的角度可达 20°甚至 30°。

备注 2.16　一个 20°的角相当于一个 18%的坡度。相对于当地的垂线,在与平面呈直角的那些地方就有这样的一个倾斜度,地形只要有一点点的不规则就可能会很难甚至无法克服。

备注 2.17　现实中的小行星的外形比上述的球形天体的外形不规则得多,而且它们的外形也不可能处处都是平缓不突兀的。在它们的表面可能存在大片的极不利于运动的区域,除此以外,也有一些地点或许是可以接近的,但要想从这些地点离开则相当困难。

第 3 章
操控装置

　　空间机器人通常安装有操控装置,这些操控装置是完成例如抓取航天器或样本,操作工具或者观测相机以及其他一些类似任务所必须的。在大多数情况下,这些操控设备在结构上形成开放式运动链,类似于人的手臂或者动物的肢体。术语"臂"通常指采用开放式运动链设计的操控装置,即使这些结构不是那么类似人的手臂。空间机器人的臂至少在概念上类似于那些工业机械臂。臂的主要任务是装载某种类型的末端执行机构,朝着一个事先给定的方向,遵循一个确定的轨迹,移动到空间的指定点,以便完成所要求的任务。空间机器人也采用了在工业机器人上所使用的一些拟人术语:一个机械臂起始于肩膀,中间的关节是肘,连接末端执行机构的是腕。如果后面是一个操控装置,则被称为手,手通常具有一些手指。在一些特殊的应用中,腕上安装了某种特别的工具而不是普通的手以完成一项确定的工作,很多情况下,机械臂可以自动地更替末端的执行器。

3.1　自由度和工作空间

　　一个臂通常假设为一个开放运动链,通过铰链(关节)将刚性的身体(连杆)相互连接。第一个连杆链接在基座上,最后一个连杆安装有某种末端执行机构。

　　末端执行机构的位置由一个点 P 描述,在固连于基座的坐标系中表示为

$$X = \begin{bmatrix} X & Y & Z \end{bmatrix}^{\mathrm{T}} \tag{3.1}$$

　　如果机械臂需要到达三维空间中的一点,它必须具有最少三个自由度。相应的广义坐标可以是旋转或者平移坐标,关节的位置可以定位为一个向量:

$$\boldsymbol{\theta} = \begin{bmatrix} \theta_1 & \theta_2 & \theta_3 \end{bmatrix}^{\mathrm{T}} \tag{3.2}$$

这些向量表示的是臂的关节坐标。

　　人的臂,从肩到腕(不包括末端机构),具有三个自由度,肩部的两个旋转自由度加上肘部的另外一个旋转自由度。这些关节可以物化为柱形的铰链或者线性滑动器。因此相对广义坐标可以是角度或者线性位移。如果在一个关节上具有两个成直角安装的圆柱形铰链,则成为一个球型铰链,如人的肩膀。通常,一个球形铰

链用两个圆柱形铰链进行建模表示,也就是说这两个铰链共一个原点。

三自由度机械臂的一般性结构形式有很多,其中一些如图3.1所示。

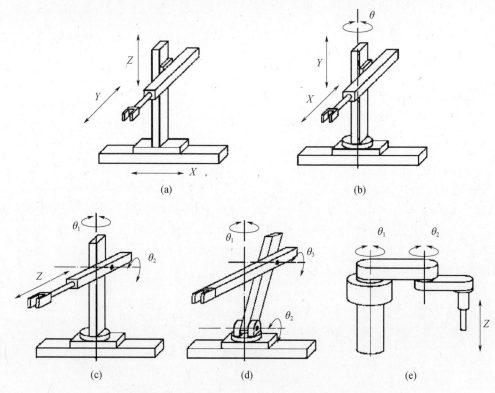

图3.1　机械臂到达三维空间中一点的几个结构形式及相应的广义坐标系。
(a)平动坐标;(b)圆柱坐标;(c)球坐标;(d)翻转式;(e)SCARA。

- 直角坐标臂:所有的关节坐标都是位移量,末端执行器的位置直接表示为一个三维的笛卡儿坐标。这种臂也称作笛卡儿臂。
- 圆柱坐标臂:整个臂与其支撑结构一体,因此第一个坐标是一个旋转角度。另外两个坐标为线性位移,可以认为是两个臂节在一个平面内定义的笛卡儿坐标系。末端执行器的位置表示为圆柱坐标。
- 球坐标臂:前两个坐标为两个角度,第三个坐标为一个伸缩臂的位移。第一个臂节可能非常短或者在很多情况下,两个圆柱关节成为了一个球铰链。在这种情况下,末端执行器的位置表示为球坐标。
- 翻转臂:前两个坐标是相对于肩膀的角度,第三个同样也是一个角度(在肘部)。因为这种排列方式与人类手臂一样,这种臂又经常称为拟人臂。此外,肩部两个圆柱铰链的轴线可能是相交的,肩部可以被看作一个球铰链。
- 灵巧多关节臂(SCARA):前两个坐标为角度,第三个为末端执行器的线性位移。两个圆柱铰链的旋转轴相互平行。

通常一个臂的结构形式可以通过符号的方式加以表示,图 3.2(a)和 3.2(b)所示分别为表示圆柱形铰链和滑动器(棱柱型铰链)的符号。另外一方面,通过顺序排列"R"和"L"表示臂上圆柱铰链和滑动器的安装顺序,在相邻两个关节铰链之间通过"‖"、"⊢"和"⊥"符号分别表示这两个关节铰链运动轴是相互平行、正交还是空间垂直(不直接相交,具有一条公共法线)。

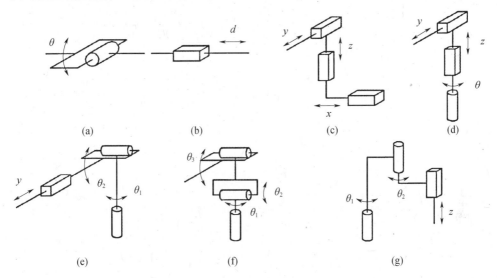

图 3.2   一个翻转式关节(a)和一个棱柱式关节(b)的符号表示方法,
(e)到(g)分别表示图 3.1 中各个臂的构成形式

(a):R;(b):L;(c)L⊢L;(d)R‖L⊢L;(e):R⊢R⊥L;(f)R⊢R⊥R;(g)R‖R‖L。

一个翻转臂表示为 R⊢R⊥R[①],笛卡儿臂表示为 L⊢L⊥L。图 3.1 中臂的结构形式分别以图 3.2 中(c)~(g)的符号进行表示。

球坐标臂的一个例子是"海盗"号着陆器上安装的机械臂(图 3.3)。臂的支点位于肩部,因此它可以绕着垂直和水平轴旋转。第三种运动可以通过伸展和收缩机械臂来实现,就像伸缩式望远镜一样。但是,它不像望远镜一样受折叠/伸展比的限制。伸缩臂由两个缝合焊接的带钢组成,伸缩臂可以绕在一个卷轴上。

当伸缩臂展开,臂的横截面回弹成为圆形并重新具有一定的刚度。组成臂的两个带钢类似于金属卷尺。

显然,末端执行机构无法到达空间的所有位置;可以达到的三维空间被称为工

---

① 实际上,根据这个定义,两个平行的轴也是空间垂直的,因为按照定义,它们都垂直于公共的法线。因此,一个翻转臂可以表示为 R⊢R⊥R,也可以表示为 R⊢R‖R。根据以上定义,平行轴可以被认为是空间垂直轴的一个特例。为了避免潜在的模糊定义,只定义两种情况:平行(‖)和空间垂直(⊥)轴,后者具有一个法线轴。但是,其中不包括普通的倾斜轴。

作空间。一个具有许多翻转关节的臂的工作空间是一个圆环面,如图3.4所示。其横截面是以虚线表示的四边形曲面。

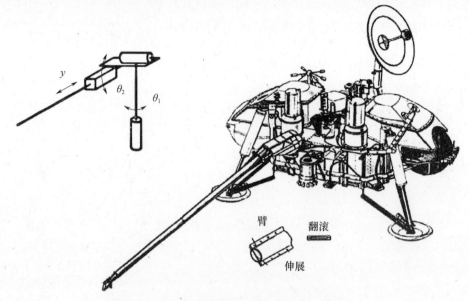

图 3.3 "海盗"号着陆器安装有一个球坐标臂。
图中显示了这个可伸展臂的细节部分(图像来自 NASA)

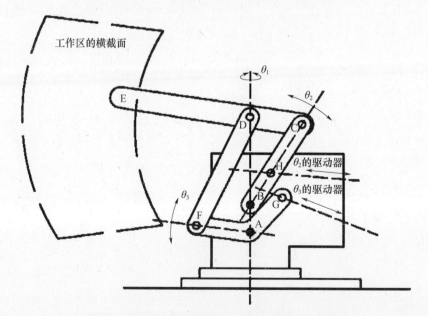

图 3.4 具有三个翻转链接关节的机械臂的工作空间

初看起来,图中所示机械臂不是一个翻转臂:四连杆机构采用了与图 3.1 所不同的方式将铰链 A 和 B 的运动转换为旋转运动,因此不可能被定义为肘。此外,臂的连接不是一个开放式运动链系,下面的方法看起来不适用。

备注 3.1 如上所述,一个机械臂由多个刚性臂节组成,在可能的情况下,用开放式运动链系进行建模表示。即便有些机械臂并非如此,那么它们也可以被简化成该种模型。

图 3.4 中的臂可以被简化为一个由 BC 和 CE 两个刚性臂节所组成的翻转臂。B 处的铰链是肩部的第二个铰链,C 是肘部,关节 GAF 和 FD 仅仅是联接在电机 M2 和第二个臂节的传动系统,第一个电机 M1 直接驱动第一个臂节 H。

3.2 末端执行器

机械臂的目的通常是在工件上执行一些操作或者移动物体。第一种情况在工业机器人中非常普遍,末端执行器是一个工具。有一些特种机器人(如焊接或者喷涂机器人)仅仅配置一种类型的工具,在这种情况下,工具可以是臂的一部分。在其他情况下,机器人携带不同的工具以完成不同的任务。臂可以以一定程度的自动化方式自己更换工具。

空间机器人经常执行的一般作业是抓取和移动物体,在本例中末端执行机构是一个指爪,而且这个指爪是专门定制用来抓取一类物体,这个指爪可能拥有一个与之匹配的夹具,或者被设计成抓取不同类型和尺寸的物体。

在很多案例中末端的指爪是模仿人手进行设计的,人手被认为是一个非常好的通用抓取装置。图 3.5 所示的 NASA 机器宇航员具有两只在形状上以及功能上接近人类的手。

人手的主要特征是具有与其他手指相对的拇指,大部分拟人机械手均复制了这样一个结构。手指的数量可能少于四个以简化设计和减少自由度。两个手指加一个拇指的方案是最常见的。

指爪的控制常采用遥控的方式,要求指爪自动完成任务仍然面临很多困难。

在操控大型对象或者执行复杂任务时,可能需要两个或者更多的机械臂进行协同操作。自 20 世纪 60 年代开始,在核工业领域,通过操作员的两只手遥控两个机械指爪进行协同操作变得非常普遍。但是构建能够自主协同控制的臂仍然面临非常大的困难。

原因之一就是:当两个或者更多的臂抓取一个对象时,运动链将形式一些回路,避免在这些回路中产生过大压力的传播是非常困难的。换句话说,让臂真正的协同工作且不产生相互干涉是很难的。

图 3.5　具有两只人形手臂与手的 NASA 机器宇航员（图像来自 NASA）

3.3　末端执行机构的定位

到目前为止,臂被认为是一个将末端执行机构运动到空间一个确定位置的装置。如果将末端执行器作为一个刚体考虑,那么也需要考虑它在空间中的定位。因为一个刚体在三维空间中有 6 个自由度,因此式(3.1)中表示末端执行器广义坐标的向量 X 有 6 个量。

将描述位置的定位关系称为姿态。一个描述机械臂末端执行器在工作空间中任意一点的基本姿态需要有 6 个自由度(关节自由度,见图 3.6)。例如人的手腕具有三个额外的自由度,尽管围绕垂直于手掌的两个轴的旋转幅值并不大,但可以使手达到要求的位置。

机械臂不需要像人的手臂那样,臂有三个自由度,腕有三个自由度,可以有各种不同的排列组合方式。

图 3.6 中,旋转角分别称为:

- 滚动角,绕 x 轴
- 俯仰角,绕 y 轴
- 偏航角,绕 z 轴

转角相对于一个固定的 xyz 框架,表示臂所处的一个相对位置。

一个六自由度臂的例子是航天飞机的遥操作系统(SRMS),又称为"加拿大臂"(图 3.7)。它是一个依附安装在航天飞机货舱上的一个遥操作装置,用来将有效载荷从货舱中移动到其部署位置并加以释放,或者抓捕一个自由飞行的有效载荷后将其放到轨道器中。从图中可以清楚地看到,自由度包括肩部的偏航、俯仰旋转,肘部的俯仰旋转和腕部的俯仰、偏航和滚动旋转。它是一条完完全全的人形手臂。

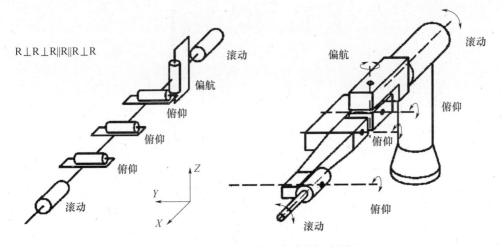

图 3.6 六自由度翻转关节臂的概略图

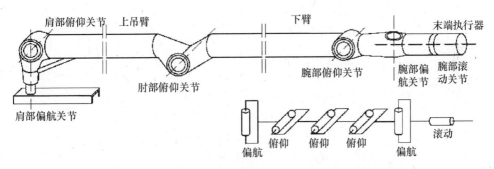

图 3.7 航天飞机上遥操作臂的概略图。它处于一个静止状态，
在轨道器纵梁上的三个部位加以支撑固定（包括肩部）

加拿大臂长 15.2m，直径为 380mm，质量为 410kg，可以在空间中展开或回收 29000kg 的有效载荷。但是，在地面上，它的电机无法抬起臂自身的重量。

末端执行器绕最末臂节指向方向的旋转并不重要。在本例中，这个臂就只有五个自由度。

3.4 冗余自由度

六自由度的关节使得机械臂完全有可能将末端执行器移动到工作空间的任意位置并朝向需要的方向，达到所需的姿态。每一组关节角对应着末端执行器的一个姿态。

备注 3.2 在许多案例中，由于运动学的非线性特性，末端执行器的一个位姿可能对应着多组关节坐标。

如果操作空间受限,则臂的运动需要避开障碍和空间禁区。本案例需要机械臂比六自由度关节更为灵活,自由度更多。

如果关节 θ_i 的自由度大于末端执行器的自由度,则运动学关系无法求逆(见后述)。这意味着,尽管一旦确定了各关节 θ_i 的坐标,就可以得到末端执行的位置与姿态朝向(正向运动学),但是对应于末端执行器的某个空间位置和姿态朝向,可以有无限多组关节坐标。这恰好提供了绕开障碍的灵活性——臂可以采用许多种可能的空间位姿状态来使得末端执行器到达空间的某一相同位置。

为了从中确定一组参数,需要补充其他条件。

除了保证机械和控制的灵活性,这里没有对可以使用的自由度加以限制。自然界中一个关于冗余自由度的例子是象的鼻子。图3.8给出了一个具有蜿蜒结构的机械臂和它的工作空间。一个多自由度臂的简单范例是NASA设计的"空间起重机",尽管这个臂没有真正地被研制出来(图3.9)。每个自由度都由肩部连接"肌腱"的一个电机控制。如图3.9所示,如果臂的关节数为7,没有滚转的自由度,那么总的自由度为16。

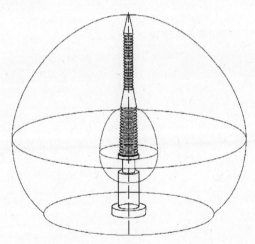

图3.8　处于垂直状态的球坐标机械臂(图中也给出了臂的工作空间)

在太空中,机械臂通常安装在移动载具上(如太空飞船或宇宙飞行器),借助载体的运动可以帮助末端执行器达到需要的空间位置和姿态朝向。即使存在障碍,也可以通过改变平台的位置加以规避。因此,在很多案例中,移动机器人的臂能够避免产生复杂冗余坐标。这样不仅简化了机械结构和驱动器,减轻了质量,而且还简化了控制系统的软、硬件。毕竟,这就像人的肢体,没有冗余的自由度——为了将手伸到一个难以达到的空间位置,我们经常移动整个身体或者变换身体的姿势。

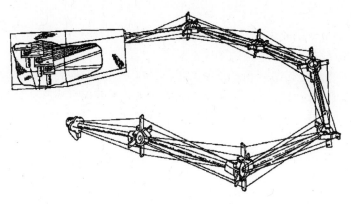

图 3.9 NASA 的空间起重机:一种用于空间作业的球坐标机械臂

3.5 臂的设计

机械臂本质上是一种具备携带有效载荷、沿着一条给定的轨迹、在给定的施加于其的力的作用下在一定的时间内到达事先确定位置的能力的装置。

对于工业机器人,有效载荷通常是一个工具,也可能是末端执行器抓起的一个物体。对于空间机器人,大多数情况下有效载荷是臂操控作业的一个物体。如果臂周围的空间是空旷的,常只需给出终端的空间位置,而其运行轨迹无关紧要。如果情况相反,存在某些障碍物,则需要给出运动轨迹,至少给出几个顺序到达的中间点。

一个重要的要素是完成作业所需要的时间,这决定了各个关节移动的速度。速度对于空间机器人通常不像对于工业机器人那么重要,因为速度关乎工业机器人的生产效率。除了极少数情况,空间中速度不是重点考虑的因素,空间机器人通常都运动缓慢。

除了惯性力之外,臂上的受力通常为两类:载荷与臂自身的重量以及末端执行器的受力。后者通常仅仅在臂运动到终端且末端执行器开始工作时才会产生。工作在空间常规微重力环境下(除了轨控阶段需要作业的臂)和行星表面的臂之间存在很大的不同。在大部分任务场景中,重力加速度都比地球小得多。

臂在运动过程中,所受惯性力会随着臂运动速度的增加迅速增加。在空间中,尤其是对于操控装置,惯性力可能是臂的唯一受力,降低操作速度可以确保臂的受力与变形在一个合理的有限范围内,从而不需要增加臂的质量,也不会对太空飞船或飞行器产生大的惯性力作用。增加臂的力和刚度会导致质量的增加,从而增加惯性力。

臂的一个重要的要求是具有一定刚度,这可以使得臂在重力和末端执行器受力下保证末端执行器的位置精度,避免振动,或者至少增加振动的频率。对于某一特定点,为了补偿负载作用下的静载挠度和实施主动振动抑制,可以施加适当的控制作用,对低刚度进行补偿。臂的动力学特性严重影响运行速度,因为哪怕只有很小的阻尼振动都会迫使运动慢下来,或在机械臂到达一个确定的位置开始工作前不得不等到振动逐渐消失。

关节可以由旋转或者线性执行机构驱动。某种程度上,这仅针对某一特定点,取决于关节需要完成运动的形式。一个旋转关节可能由一个线性执行机构驱动,如图3.4中的示例,或者通过一个旋转马达驱动一个线性的运动,如"海盗"号着陆器(图3.3)上绕在卷轴上一个的伸展臂。正如已经介绍的那样,空间机器人绝大部分由电机驱动,电机可以通过一个减速齿轮或者一个螺杆直接驱动旋转关节,一般是一个滚珠或者行星滚珠丝杠。电机、减速齿轮和螺杆集成在一起通常被当作一个电动伺服装置,因为它能完成气动或液压伺服同样的功能。

翻转关节所需的力矩,通常也是电动螺杆上的力矩,往往非常大,对应着一个低转速。这种情况下需要一个减速齿轮以免使用笨重的电机。高减速比的齿轮可能是行星齿轮或者谐波齿轮,当成本不是主要问题时通常采用后者。发展低速大力矩电机(通常指力矩电机)是机器人技术的一个重要内容(见第7章)。

驱动器一般是一个厚重的组件,最好放在一个不需要经常移动的地方,而不是直接安装在关节上(分布式驱动器),建议将驱动器放置在臂的固定部分,通过一个联接装置驱动关节(图3.4),或者通过腱式连接(图3.9)。

3.6 刚体在三维空间的位置

如前面所介绍,末端执行器应当放置到一个空间的特定位置,并具有一个特定的朝向。

设三维空间中一个自由刚体。定义一个固定参考系 $OXYZ$ 和一个固连[①]在刚体上的坐标系 $Gxyz$,$Gxyz$ 的原点可以位于质心,也可以是任意其他点。刚体的位姿定义为坐标系 $Gxyz$ 相对于 $OXYZ$ 的位姿,即从坐标 $OXYZ$ 转换到 $Gxyz$ 的转换关系。众所周知,第二个坐标系的运动可以被认为是一个位移加上一个转动,因此,

---

① 这里用到了术语"固连"。在动力学中,运动学方程常建立在惯性坐标系中,但是,这里的坐标系 $OXYZ$ 不要求是惯性系。它仅是一个不随刚体运动的坐标系,用以描述刚体在其中的运动。

运动由6个参数定义:三个位移参数,单位向量中的两个参数定义旋转轴(第三个参数不需要定义,因为单位向量的长度为单位长度)和旋转角。一个刚体在三维空间中具有六自由度。

通过定义广义坐标描述自由度是容易的,因为在任一固定参考系中(特别是在坐标系 $OXYZ$ 中)选定一个坐标点 G(可以是质心)是最简单的,也是显而易见的。对于其他广义坐标,选择起来就会更加复杂一些。例如,通过两个点可以得到两个坐标,通过第三个点(该点与其他两个点不共线)可以获得第三个坐标。但是这样构造并不是一个最好的途径。

一种显而易见的方法是通过一个连接这两个参考坐标系的旋转矩阵来定义坐标系 $Gxyz$ 相对于 $OXYZ$ 的旋转角。这是一个 3×3 的矩阵(在三维空间中),因此具有9个元素,其中3个是独立的,其他6个元素可以用前三个元素计算得到。

体固坐标系的朝向也可以通过绕三个轴的顺序转动来定义。因为旋转不是向量,因此绕坐标轴旋转的顺序是需要事先指定的。

例如,开始时先绕 X 轴旋转,其次沿 Y 轴或者 Z 轴(在经过第一次旋转之后到达的新位置上)。在后面的示例中,两次旋转会简单叠加并且用一个旋转角表示。假设将坐标系绕 Y 轴进行了旋转。第三次旋转可以是绕 X 轴或者 Z 轴(在经过第二次旋转后到达的新状态下),但不能再绕 Y 轴旋转。

可能的旋转顺序有12种,但是可以分为两类:一类类似于 $X \to Y \to X$ 或者 $X \to Z \to X$,第三次旋转的旋转轴和第一次一样;第二类则类似于 $X \to Y \to Z$ 或者 $X \to Z \to Y$,第三次旋转的旋转轴与前两次均不同。

在第一类情况中,旋转角度称为"欧拉角",因为它们与欧拉所提出来用于研究陀螺仪运动的角度是同一种类型(进动角 ϕ,绕 Z 轴;章动角 θ,绕 X 轴;转动角 ψ,又绕 Z 轴)。对第二类情况中的角,我们称为泰特-布莱恩角[1]。

可能的旋转顺序见表3.1。

表 3.1 可能的旋转顺序

一		X				Y				Z	
二	Y		Z		X		Z		X		Y	
三	X	Z	X	Y	Y	Z	Y	X	Z	Y	Z	X
类型	E	TB	E	TB	E	TB	E	TB	E	TB	E	TB

---

① 有些时候所有转序下的转角都称为欧拉角。在这种宽泛的定义下,泰特-布莱恩角也被当作欧拉角。

备注3.3 当平面 x_ix_j 平行于惯性坐标系的 X_iX_j 平面时(假设第一次旋转围绕 X_k 轴),欧拉角存在不确定性。

通常欧拉角的表示不如泰特 – 布莱恩角的描述直观清晰。

在研究机器人时最一般的方法是使用 $Z{\to}Y{\to}X$ 定义下的泰特 – 布莱恩角(图3.10)。

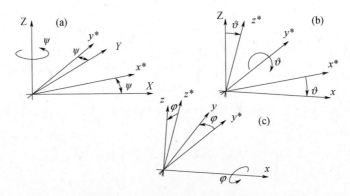

图3.10 偏航角 ψ(a)、俯仰角 θ(b)与滚转角 φ(c)的定义

• 坐标系 XYZ 绕 Z 轴旋转直到 X 轴与图3.10(a)中 XY 平面上的 x 轴的投影重合。因此 X 轴的位置可被表示为 x^*;轴 X 与 x^* 形成的夹角为偏航角 ψ。将 x^*y^*Z 坐标系(中间坐标系)转换到惯性坐标系 XYZ 的旋转矩阵为

$$\boldsymbol{R}_1 = \begin{bmatrix} \cos(\psi) & -\sin(\psi) & 0 \\ \sin(\psi) & \cos(\psi) & 0 \\ 0 & 0 & 1 \end{bmatrix} \tag{3.3}$$

• 第二次旋转矩阵是绕 y^* 旋转的俯仰角 θ,使得 x^* 轴偏离到 x 轴位置(图3.10(b))。旋转矩阵为

$$\boldsymbol{R}_2 = \begin{bmatrix} \cos(\theta) & 0 & \sin(\theta) \\ 0 & 1 & 0 \\ -\sin(\theta) & 0 & \cos(\theta) \end{bmatrix} \tag{3.4}$$

• 第三次旋转矩阵是绕 x^* 旋转的滚动角 ϕ,使得 y^* 轴和 z^* 轴偏离到 y 轴和 z 轴位置(图3.10(c))。旋转矩阵为

$$\boldsymbol{R}_3 = \begin{bmatrix} 1 & 0 & 0 \\ 0 & \cos(\phi) & -\sin(\phi) \\ 0 & \sin(\phi) & \cos(\phi) \end{bmatrix} \tag{3.5}$$

通过三个旋转矩阵相乘可以把一个体固坐标系下的向量转换到惯性坐标系下

$$\boldsymbol{R} = \boldsymbol{R}_1\boldsymbol{R}_2\boldsymbol{R}_3 \tag{3.6}$$

代入各个矩阵的具体值,得到

$$R = \begin{bmatrix} \mathrm{c}(\psi)\mathrm{c}(\theta) & \mathrm{c}(\psi)\mathrm{s}(\theta)\mathrm{s}(\phi) - \mathrm{s}(\psi)\mathrm{c}(\phi) & \mathrm{c}(\psi)\mathrm{s}(\theta)\mathrm{c}(\phi) + \mathrm{s}(\psi)\mathrm{c}(\phi) \\ \mathrm{s}(\psi)\mathrm{c}(\theta) & \mathrm{s}(\psi)\mathrm{s}(\theta)\mathrm{s}(\phi) + \mathrm{c}(\psi)\mathrm{c}(\phi) & \mathrm{s}(\psi)\mathrm{s}(\theta)\mathrm{c}(\phi) - \mathrm{c}(\psi)\mathrm{s}(\phi) \\ -\mathrm{s}(\theta) & \mathrm{c}(\theta)\mathrm{s}(\phi) & \mathrm{c}(\theta)\mathrm{c}(\phi) \end{bmatrix}$$

$$(3.7)$$

其中三角函数 sin 和 cos 分别以 s 和 c 简写。

旋转矩阵的三列分别就是体固坐标三个单位向量在固定参考系 $OXYZ$ 下的表示。

$$e_x = \left\{\begin{matrix} 1 \\ 0 \\ 0 \end{matrix}\right\}, e_y = \left\{\begin{matrix} 0 \\ 1 \\ 0 \end{matrix}\right\} \text{和} e_x = \left\{\begin{matrix} 0 \\ 0 \\ 1 \end{matrix}\right\}$$

反之,旋转矩阵的三行分别是三个固定坐标轴 e_x、e_y 和 e_z 的单位向量在体固坐标系下的表示。

互逆的关系使得可以从旋转矩阵中求得泰特 – 布莱恩角。利用旋转矩阵中的元素 R_{11} 和元素 R_{21} 可以得到

$$\psi = \mathrm{a}\,\tan\left[\frac{R_{21}}{R_{11}}\right] \tag{3.8}$$

类似地,利用元素 R_{32} 和元素 R_{33} 可以得到

$$\phi = \mathrm{a}\,\tan\left[\frac{R_{32}}{R_{33}}\right] \tag{3.9}$$

利用元素 R_{31} 和元素 R_{21} 可以得到

$$\theta = a\mathrm{tan}\left[-\frac{R_{31}\sin(\psi)}{R_{21}}\right] = a\mathrm{tan}\left[\frac{-R_{31}}{\sqrt{R_{11}^2 + R_{21}^2}}\right] \tag{3.10}$$

备注 3.4 这可能导致对于确定的姿态角产生不确定的转换关系,因此,需要通过旋转矩阵中非零元素求得其他转换关系。

3.7 齐次坐标

通过转换矩阵 R 可以将体固坐标系 $Gxyz$ 中的任意向量 X 转换为固定坐标系 $OXYZ$ 下的向量 X。因此固定坐标系中的任意点的坐标可以表示为体固坐标系某起始位置经过转换后的结果

$$X = Rx + d \tag{3.11}$$

其中

$$X = \begin{bmatrix} X & Y & Z \end{bmatrix}^{\mathrm{T}}, x = \begin{bmatrix} x & y & z \end{bmatrix}^{\mathrm{T}}, d = \begin{bmatrix} X_G & Y_G & Z_G \end{bmatrix}^{\mathrm{T}}$$

分别是固定坐标系下的位置,同一点在体固坐标系下的位置以及第二个坐标系相对第一个坐标系的位移。注意这种相互关系对于 X_G、Y_G、Z_G 是线性的,但是

对于旋转坐标 ψ、θ、ϕ 却是强非线性的。

为了实现包括一个平动位移和一个角度旋转的坐标转换,引入齐次坐标。等式(3.11)可以写为

$$\begin{Bmatrix} \boldsymbol{X} \\ 1 \end{Bmatrix} = \begin{bmatrix} \boldsymbol{R} & d \\ 0 & 1 \end{bmatrix} \begin{Bmatrix} x \\ 1 \end{Bmatrix} \tag{3.12}$$

四元素向量(或四向量)

$$\boldsymbol{X} = \begin{bmatrix} X & Y & Z & 1 \end{bmatrix}^{\mathrm{T}}, \boldsymbol{x} = \begin{bmatrix} x & y & z & 1 \end{bmatrix}^{\mathrm{T}}$$

分别是固定坐标系和体固坐标系下的齐次坐标,而 4×4 矩阵

$$\boldsymbol{T} = \begin{bmatrix} \boldsymbol{R} & d \\ 0 & 1 \end{bmatrix}$$

是齐次坐标转换矩阵。

注意,旋转矩阵的逆与它的转置是一致的,即,$\boldsymbol{R}^{-1} = \boldsymbol{R}^{\mathrm{T}}$,逆矩阵可以将固定坐标系中的一个四维向量转换到体固坐标系中,表示为

$$\boldsymbol{T}^{-1} = \begin{bmatrix} \boldsymbol{R}^{\mathrm{T}} & -\boldsymbol{R}^{\mathrm{T}}d \\ 0 & 1 \end{bmatrix} \tag{3.13}$$

3.8 Denavit – Hartenberg 参数(DH 参数)

如前述,链式结构上的每一个连接都被认为是一个刚体,其上固连一个参考坐标系。如果臂有 n 个臂节,则有 $n+1$ 个坐标系:

- 坐标系 $x_0 y_0 z_0$(基础坐标系),固连在臂的基座上,基座假设为第 0 个臂节。
- 坐标系 $x_i y_i z_i (1 \leqslant i \leqslant n)$,固连在第 i 个臂节上(图 3.11)。

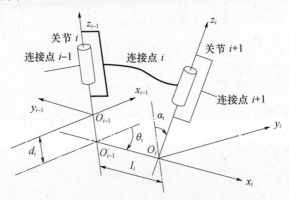

图 3.11 第 i 个臂节及其 DH 参数示意图

坐标系 $x_n y_n z_n$ 常定义为"工具"或者"末端执行器"坐标系,假设末端执行器固连在最后一个臂节上。

假设 z_i 轴是第 i 和 $i+1$ 个臂节连接点空间旋转轴的方向。则第 i 个臂节的一端以铰链形式安装在 z_{i-1} 轴的一端,臂节的另一端安装在 z_i 轴的一端。通常这两个坐标轴是空间斜交的。因为在这两个倾斜直线之间可以定义一个共同的垂线,这个共同的垂线可以被假设为 x_i 轴。则可以得到第三个轴,从而得到参考坐标系 $O_i x_i y_i z_i$。

备注 3.5 坐标的原点是第 $i+1$ 个铰链轴(z_i 轴);x_i 轴不一定包含在臂节或是它的纵向方向上。

x_0 和 y_0 轴的方向是任意的,但是 x_0 的方向可以选择与臂处于某一个特定位置($\theta_1 = 0$,如下所示)时 x_1 的方向一致。

每一个臂节由它的四个 Denavit – Hartenberg(DH)参数描述:

● 角度 θ_i,定义为 x_{i-1} 轴相对于与之空间平行的 x_i 轴绕 z_{i-1} 轴的旋转角。称为第 i 个臂节的旋转角。

● 点 O_{i-1} 和 O'_{i-1} 的距离 d_i,或者叫做平移,为 z_{i-1} 轴上点 O_{i-1} 到点 O'_{i-1} 的长度,称为第 i 个臂节的偏移。

● 点 O_i 和 O'_{i-1} 的距离 l_i,或者叫做平移,为 x_i 轴上点 O_i 到点 O'_{i-1} 的长度,称为第 i 个臂节的长度。

● 角度 α_i,定义为 z_i 轴相对于与之空间平行的 z_{i-1} 轴绕 x_i 轴的旋转角,称为第 i 个臂节的扭转角。

为了从坐标系 $O_{i-1} x_{i-1} y_{i-1} z_{i-1}$ 转移到坐标系 $O_i x_i y_i z_i$,需要四个步骤:

● 沿着 z_{i-1} 轴旋转 θ_i 角;
● 沿着 z_{i-1} 轴平移距离 d_i;
● 沿着 x_i 轴平移 l_i;
● 沿着 x_i 轴旋转 α_i 角。

根据齐次坐标的定义,一点在坐标系 $O_{i-1} x_{i-1} y_{i-1} z_{i-1}$ 中的坐标可以通过下述转换关系从坐标系 $O_i x_i y_i z_i$ 中该点的坐标得到

$$
\begin{Bmatrix} x_{i-1} \\ 1 \end{Bmatrix} =
\begin{bmatrix}
\cos(\theta i) & -\sin(\theta_i) & 0 & 0 \\
\sin(\theta_i) & \cos(\theta i) & 0 & 0 \\
0 & 0 & 1 & 0 \\
0 & 0 & 0 & 1
\end{bmatrix}
\begin{bmatrix}
1 & 0 & 0 & 0 \\
0 & 1 & 0 & 0 \\
0 & 0 & 1 & d_i \\
0 & 0 & 0 & 1
\end{bmatrix}
$$

$$
\times
\begin{bmatrix}
1 & 0 & 0 & l_i \\
0 & 1 & 0 & 0 \\
0 & 0 & 1 & 0 \\
0 & 0 & 0 & 1
\end{bmatrix}
\begin{bmatrix}
1 & 0 & 0 & 0 \\
0 & \cos(\alpha_i) & -\sin(\alpha_i) & 0 \\
0 & \sin(\alpha_i) & \cos(\alpha_i) & 0 \\
0 & 0 & 0 & 1
\end{bmatrix}
\begin{Bmatrix} x_i \\ 1 \end{Bmatrix}
$$

$$(3.14)$$

也就是

$$
\begin{Bmatrix} x_{i-1} \\ 1 \end{Bmatrix} = T_i \begin{Bmatrix} x_i \\ 1 \end{Bmatrix}
$$

$$= \begin{bmatrix} \cos(\theta_i) & -\sin(\theta_i)\cos(\alpha_i) & \sin(\theta_i)\sin(\alpha_i) & l_i\cos(\theta_i) \\ \sin(\theta_i) & \cos(\theta_i)\cos(\alpha_i) & -\cos(\theta_i)\sin(\alpha_i) & l_i\sin(\theta_i) \\ 0 & \sin(\alpha_i) & \cos(\alpha_i) & d_i \\ 0 & 0 & 0 & 1 \end{bmatrix} \begin{Bmatrix} \boldsymbol{x}_i \\ 1 \end{Bmatrix} \quad (3.15)$$

其中 T_i 是第 i 个臂节的齐次坐标转换矩阵。

两次旋转和两次平移等价于一次旋转和一次平移,旋转和平移矩阵如下:

$$\begin{bmatrix} \cos(\theta_i) & -\sin(\theta_i)\cos(\alpha_i) & \sin(\theta_i)\sin(\alpha_i) \\ \sin(\theta_i) & \cos(\theta_i)\cos(\alpha_i) & -\cos(\theta_i)\sin(\alpha_i) \\ 0 & \sin(\alpha_i) & \cos(\alpha_i) \end{bmatrix} \begin{Bmatrix} a_i\cos(\theta_i) \\ a_i\sin(\theta_i) \\ d_i \end{Bmatrix} \quad (3.16)$$

采用式(3.13),易知逆转换为

$$\begin{Bmatrix} \boldsymbol{x}_i \\ 1 \end{Bmatrix} = \boldsymbol{T}_i^{-1} \begin{Bmatrix} \boldsymbol{x}_{i-1} \\ 1 \end{Bmatrix}$$

$$= \begin{bmatrix} \cos(\theta_i) & \sin(\theta_i) & 0 & -l_i \\ -\sin(\theta_i)\cos(\alpha_i) & \cos(\theta_i)\cos(\alpha_i) & \sin(\alpha_i) & -d_i\sin(\alpha_i) \\ \sin(\theta_i)\sin(\alpha_i) & -\cos(\theta_i)\sin(\alpha_i) & \cos(\alpha_i) & -d_i\cos(\alpha_i) \\ 0 & 0 & 0 & 1 \end{bmatrix} \begin{Bmatrix} \boldsymbol{x}_{i-1} \\ 1 \end{Bmatrix}$$

$$(3.17)$$

图 3.11 中的臂节在它的端点有两个旋转铰链。其中,d_i、l_i 和 α_i 三个 DH 参数在臂节几何参数给出之后就是常量。剩下的 DH 参数 θ_i,是系统的一个广义坐标,对应着第 i 个自由度。可以采用同样的方法考虑通过棱柱方式连接在一起的前一个臂节。这个臂节中,根据臂节的几何设计,θ_i 是一个常量,而 l_i 是第 i 个广义坐标。

3.9 臂的运动学

末端执行器的位置由一个固定坐标中点 P 的坐标式(3.1)表示和定义。

如前所述,臂在运动中可以达到的位置点 P 的集合定义为臂的工作空间。

如果末端执行器的姿态也考虑在内,则末端执行器的位置和朝向由 6 个坐标进行定义。如果选择偏航、俯仰和滚动角作为旋转自由度的坐标,描述末端执行器位姿的向量为

$$\boldsymbol{X} = \begin{bmatrix} X & Y & Z & \phi & \theta & \psi \end{bmatrix} \quad (3.18)$$

这个六维向量 $\boldsymbol{X}$ 定义了"任务空间"或者"操作空间"。

末端执行器沿着至少一个运动方向能够达到的空间区域称为"可达空间",其他可以达到的任意空间称为"灵巧空间",后者是前者的子空间。

旋转的顺序和名称在某种程度上是任意的。在一些文章中,按照 DH 定义的惯例,绕着 z_i 轴的旋转称为滚动,因为这是臂节旋转的轴。图 3.6 中,末端执行器的位姿相对于固定坐标系,旋转的顺序和名称一致。此例中,第一个坐标系 $x_0 y_0 z_0$ 没有遵循 DH 的惯例,它的 z_0 轴是水平的。

链接的 6 个广义坐标为

$$\boldsymbol{\theta} = \begin{bmatrix} \theta_1 & \theta_2 & \theta_3 & \theta_4 & \theta_5 & \theta_6 \end{bmatrix} \tag{3.19}$$

θ 的元素可以是角度或者是距离,取决于关节铰链的类型。关节铰链的坐标可以有不同的选择;例如,图 3.4 中,关于点 A 和 B 的旋转角度,以及臂绕着垂直轴旋转的角度,看起来似乎是一种非常自然的选择,但是也可以用线性执行器驱动关节运动的长度,甚至是用电机驱动执行器的旋转来代替。

由 n 个关节坐标定义的 n 维空间称为"关节空间"。同样在关节空间分别有一个区域可以达到或者无法达到,取决于关节的旋转和位移。

X 和 θ 之间的关系为

$$X = f(\theta) \tag{3.20}$$

定义为臂的"正向运动学"(或"简单运动学")。通过臂的运动学可以在已知各个关节铰链坐标(如铰链空间中的位置)的情况下(图 3.12)计算得到末端执行器在物理空间中的位姿。

图 3.12　运动学和逆运动学

在各关节坐标已知情况下计算得到的末端执行器位置的运动学关系通常是非线性的。

如果对式(3.20)求解 θ:

$$\theta = f^{-1}(X) \tag{3.21}$$

则得到"逆向运动学",即一个指定点和 θ 取值之间的关系。因为这种关系是非线性的,因此并非对于所有的 θ 值都有解,仅当点 P 属于灵巧空间时才有解。

如果存在一个解,可能它是不唯一和闭合的。

例 3.1　求解图 3.13 中翻转臂的运动学和逆运动学。

在固定坐标系 $Oxyz$(即坐标系 $Ox_0 y_0 z_0$,也就是基座坐标系)中的点 P,关节坐标为旋转角 θ_i,参考坐标系 $Oxyz$ 也许是一个惯性坐标系,但是,当臂安装在一个航天器或者航天飞船上时,$Oxyz$ 也可能是一个运动坐标系。

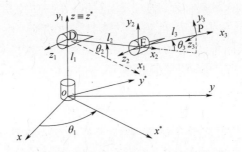

图 3.13 翻转臂:几何定义和自由度

定义坐标系 $Oxyz$ 绕 z 轴旋转一个角度 θ_1 后的坐标系 $Ox^*y^*z^*$ 为辅助坐标系。点 O 和 D 定义为肩部,点 E 定义为肘部。

肘部在平面 x^*z^* 的坐标为

$$\left\{\begin{matrix} x^* \\ z^* \end{matrix}\right\}_E = \left\{\begin{matrix} l_2\cos(\theta_2) \\ l_1 + l_2\sin(\theta_2) \end{matrix}\right\}$$

类似地,P 点的在这个参考坐标系中的坐标为

$$\left\{\begin{matrix} x^* \\ z^* \end{matrix}\right\}_P = \left\{\begin{matrix} l_2\cos(\theta_2) + l_3\cos(\theta_2 + \theta_3) \\ l_1 + l_2\sin(\theta_2) + l_3\sin(\theta_2 + \theta_3) \end{matrix}\right\}$$

点 P 在坐标系 $Oxyz$ 中的坐标为

$$\left\{\begin{matrix} x \\ y \\ z \end{matrix}\right\}_P = \left\{\begin{matrix} x^*\cos(\theta_1) \\ x^*\sin(\theta_1) \\ z^* \end{matrix}\right\}$$

即

$$\left\{\begin{matrix} x \\ y \\ z \end{matrix}\right\}_P = \left\{\begin{matrix} [l_2\cos(\theta_2) + l_3\cos(\theta_2 + \theta_3)]\cos(\theta_1) \\ [l_2\cos(\theta_2) + l_2\cos(\theta_2 + \theta_3)]\sin(\theta_1) \\ l_1 + l_2\sin(\theta_2) + l_3\sin(\theta_2 + \theta_3) \end{matrix}\right\}$$

可以求解得到逆运动学。用第一个公式除第二个式(3.9)得到

$$\theta_1 = \arctan\left(\frac{y}{x}\right)$$

同样可以得到 x^*,因为 $z^* = z$,式(3.9)可以用来计算 θ_2 和 θ_3。

式(3.9)可以写为

$$\begin{cases} x^* - l_2\cos(\theta_2) = l_3\cos(\theta_2 + \theta_3) \\ z^* - l_1 - l_2\sin(\theta_2) = l_3\sin(\theta_2 + \theta_3) \end{cases}$$

即

$$\begin{cases} x^{*2} + l_2^2 \cos^2(\theta_2) - 2x^* l_2 \cos(\theta_2) = l_3^2 \cos^2(\theta_2 + \theta_3) \\ (z^* - l_1)^2 + l_2^2 \sin^2(\theta_2) - 2(z^* - l_1) l_2 \sin(\theta_2) = l_3^2 \sin^2(\theta_2 + \theta_3) \end{cases}$$

两式相加并重新列写如下：

$$2l_2 [x^* \cos(\theta_2) + (z^* - l_1) \sin(\theta_2)] = x^{*2} + (z^* - l_1)^2 + l_2^2 - l_3^2$$

考虑到

$$\cos(\theta_2) = \frac{1 - t^2}{1 + t^2}, \sin(\theta_2) = \frac{2t}{1 + t^2}$$

其中

$$t = \tan\left(\frac{\theta_2}{2}\right)$$

令

$$\alpha = \frac{x^{*2} + (z^* - l_1)^2 + l_2^2 - l_3^2}{2l_2}$$

式(3.9)化为

$$x^*(1 - t^2) + 2(z^* - l_1)t = \alpha(1 - t^2)$$

即

$$(x^* + \alpha)t^2 + 2(z^* - l_1)t - x^* + \alpha = 0$$

以 t 表示的解为

$$t = \frac{(z^* - l_1) \pm \sqrt{(z^* - l_1)^2 + x^{*2} - \alpha^2}}{x^* + \alpha}$$

θ_2 的值为

$$\theta_2 = 2\arctan \sqrt{\frac{(z^* - l_1) \pm \sqrt{(z^* - l_1)^2 + x^{*2} - \alpha^2}}{x^* + \alpha}}$$

从式(3.9)的第一个等式可以得到

$$\theta_3 = \arccos \frac{[x^* - l_1 \cos(\theta_2)]}{l_2} - \theta_2$$

"±"符号表明对于末端执行器的一个位置 x，有两组 θ_i 角。

注意到逆运动学相当复杂，但是在本例中，至少可以求得闭合形式的解。

如果一个臂为 n 臂节的开放式运动链，则固连于最后一个臂节的参考坐标系（末端执行器坐标系）与固定坐标系（基础坐标系）之间的转换关系为

$$\left\{ \begin{matrix} \boldsymbol{x}_0 \\ 1 \end{matrix} \right\} = \boldsymbol{T}_1 \boldsymbol{T}_2 \boldsymbol{T}_3 \cdots \boldsymbol{T}_n \left\{ \begin{matrix} \boldsymbol{x}_n \\ 1 \end{matrix} \right\} = \prod_{i=1}^{n} \boldsymbol{T}_i \left\{ \begin{matrix} \boldsymbol{x}_n \\ 1 \end{matrix} \right\} \tag{3.22}$$

全局转换矩阵是所有臂节转换矩阵的乘积。它是系统几何参数的一个函数，是一个以旋转关节角 θ_i 或关节位移 l_i 表示的臂节广义坐标的函数。坐标 x_n 是常

量,定义了最末一个臂节在参考坐标系中的位置点。

通常最后一个参考坐标系的原点位于末端执行器,这样末端执行器在末端执行器坐标系及基础坐标系中为

$$\left\{ \begin{matrix} \boldsymbol{x}_n \\ 1 \end{matrix} \right\} = \begin{bmatrix} 0 & 0 & 0 & 1 \end{bmatrix}^{\mathrm{T}} \tag{3.23}$$

$$\left\{ \begin{matrix} \boldsymbol{x}_0 \\ 1 \end{matrix} \right\} = \prod_{i=1}^{n} \boldsymbol{T}_i \begin{bmatrix} 0 & 0 & 0 & 1 \end{bmatrix}^{\mathrm{T}} = \left\{ \begin{matrix} f(\theta_i) \\ 1 \end{matrix} \right\} \tag{3.24}$$

其中所有的关节坐标(旋转或者平移)均以 θ_i 表示。

这种关系定义了臂的正向运动学的前三种关系。

例 3.2 用 DH 参数对例 3.1 中图 3.13 中翻转臂的动力学反复进行计算。

为与 DH 的惯例完全一致,第一个铰链的轴应当写为 $x_0 y_0 z_0$,而不是 xyz。表 3.2 给出了 DH 参数。

表 3.2   DH 参数

臂节	变量	α_i	l_i	d_i
1	θ_1	90°	0	l_1
2	θ_2	0°	l_2	0
3	θ_3	0°	l_3	0

末端执行器位于第三个臂节的末端,即位于参考坐标系 $x_3 y_3 z_3$ 的原点。通过三个臂节相似的矩阵可以非常容易地计算出末端执行器在参考坐标系的坐标 $x_0 y_0 z_0$ 中的坐标:

$$\left\{ \begin{matrix} \boldsymbol{x}_0 \\ 1 \end{matrix} \right\} = \begin{bmatrix} \cos(\theta_1) & 0 & \sin(\theta_1) & 0 \\ \sin(\theta_1) & 0 & -\cos(\theta_1) & 0 \\ 0 & 1 & 0 & d_1 \\ 0 & 0 & 0 & 1 \end{bmatrix} \begin{bmatrix} \cos(\theta_2) & -\sin(\theta_2) & 0 & l_2\cos(\theta_2) \\ \sin(\theta_2) & \cos(\theta_2) & 0 & l_2\sin(\theta_2) \\ 0 & 0 & 1 & 0 \\ 0 & 0 & 0 & 1 \end{bmatrix}$$

$$\begin{bmatrix} \cos(\theta_3) & -\sin(\theta_3) & 0 & l_3\cos(\theta_3) \\ \sin(\theta_3) & \cos(\theta_3) & 0 & l_3\sin(\theta_3) \\ 0 & 0 & 1 & 0 \\ 0 & 0 & 0 & 1 \end{bmatrix} \begin{Bmatrix} 0 \\ 0 \\ 0 \\ 1 \end{Bmatrix}$$

因此,旋转转换矩阵为

$$\begin{bmatrix} c(\theta_1)c(\theta_t) & -c(\theta_1)s(\theta_t) & s(\theta_1) & c(\theta_1)[l_2c(\theta_2)+l_3c(\theta_t)] \\ s(\theta_1)c(\theta_t) & -s(\theta_1)c(\theta_t) & -c(\theta_1) & s(\theta_1)[l_2c(\theta_2)+l_3c(\theta_t)] \\ s(\theta_t) & c(\theta_2+\theta_3) & 0 & l_1+l_2s(\theta_2)+l_3s(\theta_t) \\ 0 & 0 & 0 & 1 \end{bmatrix}$$

式中 c 和 s 分别表示 cos 和 sin 函数计算,$\theta_t = \theta_2 + \theta_3$。

将其与向量 $[\,0\ 0\ 0\ 1\,]^{\mathrm{T}}$ 相乘，则马上得到正向运动学：

$$\begin{Bmatrix} x_0 \\ y_0 \\ z_0 \end{Bmatrix} = \begin{Bmatrix} \cos(\theta_1)\,[\,l_2\cos(\theta_2) + l_3\cos(\theta_2 + \theta_3)\,] \\ \sin(\theta_1)\,[\,l_2\cos(\theta_2) + l_3\cos(\theta_2 + \theta_3)\,] \\ l_1 + l_2\sin(\theta_2) + l_3\sin(\theta_2 + \theta_3) \end{Bmatrix}$$

与例 3.1 中臂的正向运动学一致。

旋转矩阵由整个转换矩阵的前三行和前三列组成。因此可以马上得到末端执行器的姿态：

$$\psi = \arctan\left[\frac{R_{21}}{R_{11}}\right] = \theta_1$$

$$\theta = \arctan\left[-\frac{R_{31}\sin(\psi)}{R_{21}}\right] = -(\theta_2 + \theta_3)$$

$$\phi = \arctan\left[\frac{R_{32}}{R_{33}}\right] = 90°$$

备注 3.6　如例 3.2 所示，由转换矩阵中的 d（元素 14、24 和 34）得到向量 X 的前三个元素，由 R（左上 3×3 子矩阵）得到姿态，也就是 X 向量的最后三个元素。

对于六自由度臂，向量 X 表示了末端执行器的位姿，需要通过 6 个类似的转换矩阵相乘得到。尽管计算会更为复杂，但是可以得到一个闭合形式的公式，该公式是 6 个关节坐标的一个函数，即臂的正向运动学。

逆向运动学式（3.21）可能存在多个解，因为这些公式是非线性的，意味着存在多组关节点坐标对应着末端执行器的同一个位姿状态。例如，一个六自由度臂，如果所有的关节均为翻转关节，那么最大可能有 16 组解。逆向运动学方程也可能无解，例如当要求的末端执行器位置位于工作空间之外，或者要求的姿态超出了臂的能力时（一般而言，当设定的位置位于灵巧空间之外）。

如果臂有足够的自由度，逆向运动学是不确定的，存在无限多个解。如前述，这样可以更好避障，或者，通俗地讲，增加系统的灵活性。

例 3.1 中一个翻转臂的逆向运动学具有闭合形式。但这不是一个普遍情况，只有在一些特殊的情况下才能得到闭合形式的逆向运动学关系。

有些情况下逆向运动学的问题可以被划分为两个截然不同的子问题，一个是由腕部广义坐标决定的姿态问题，另一个是由臂的广义坐标决定的位置问题。

这种类型的一个例子是一个具有球腕关节的翻转臂，即腕关节的旋转轴相交于一个点：首先解算姿态，然后是可用位置的解算。

当不存在解析解时，需要用到数值方法。通常数值方法需要迭代计算，从一个假设初值开始，收敛到一个解，如果存在多个解。最简单的数值方法是用来求解一组非线性方程的 Newton – Raphson 算法。通过将式（3.20）展开成 Tailor 级数形式并略去二阶及以上高阶项，可以得到一个第 k 次迭代解 $\theta^{(k)}$ 与第 $(k+1)$ 次迭代解 $\theta^{(k+1)}$ 之间的关系：

$$X = f(\theta^{(k)}) + J^{(k)}(\theta^{(k+1)} - \theta^{(k)}) \qquad (3.25)$$

第 i 次迭代时的 Jacobian 矩阵

$$J^{(k)} = \left(\frac{\partial f(\theta)}{\partial \theta}\right)_{\theta = \theta^{(k)}} \qquad (3.26)$$

可以从前向运动学方程中计算得到。

求解式(3.25)可以得到

$$\theta^{(k+1)} = \theta^{(k)} - (J^{(k)})^{-1}[f(\theta^{(k)}) - X] \qquad (3.27)$$

Newton – Raphson 方法仍是可靠的,尽管解的吸引域通常是复杂并且在几何上不规则的。也有迭代过程陷入死循环,无法求得任何解的情况,但是在这些情况下通常可以改变假设初值,再次进行计算。当公式高度非线性,且靠近一个奇异点时,收敛可能很慢,Jacobian 矩阵的逆可能会呈现病态并导致算法失效。

然而这个方法只能应用在臂节数(未知量)与向量 X 的位姿分量数(等式数)相等时。此时 Jacobian 矩阵是齐次可逆、非奇异的。

对于冗余机械臂,Jacobian 矩阵非齐次阵(它的行数与 X 中的元素数一样,列数与 θ_i 的自由度数一样)无法直接求逆。一个克服这个困难的办法是采用伪逆

$$J^+ = J^T (J J^T)^{-1}$$

代替求逆。得到无限解中的一个,限定了由于冗余配置产生的多样性。这种方法的一个附加的问题是伪逆的计算复杂性。解决此一问题的一个近似方法是用 Jacobian 矩阵的转置代替逆矩阵。

逆向运动学问题可以转换为一个关于 θ 和 $\dot\theta$ 的微分方程或者一个非线性的最优化问题[1]。

例 3.3 按照加拿大臂的参数计算臂的正向运动学。校验静止位置正向运动学的计算结果,然后计算如下定义位置的运动学和逆运动学。

关节铰链 4 和 5 的参考坐标系的原点重合,因此 l_5 和 d_5 为零。

DH 参数的取值(不是加拿大臂的真实值)如图 3.14 所示,计算正向运动学的参数见表 3.3。

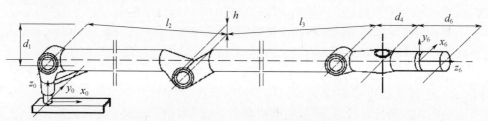

图 3.14 一个类似加拿大臂的草图和尺寸

① See D. Tolani. A. Goswami. N. I. Badler, *Real – time Inverse Kinematics Techniques foranthropomorphic Limbs*, Graphical Models, Vol. 62, pp. 353 – 388. 2000.

表 3.3 正向运动参数

臂节	变量	α_i	l_i	d_i	静止时 θ_i 值
1	θ_1	90°	0	$d_1 = 0.8\text{m}$	0°
2	θ_2	0°	$l_2 = 7\text{m}$	0	$-\arcsin(h/l_2) = -1.637$
3	θ_3	0°	$l_3 = 6.5\text{m}$	0	$\arcsin(h/l_2) + \arcsin(h/l_3) = 3.4005$
4	θ_4	-90°	$l_4 = 0.4\text{m}$	0	$-\arcsin(h/l_3) = -1.763$
5	θ_5	90°	0	0	90°
6	θ_6	0°	0	$d_6 = 0.8\text{m}$	0°

第三个铰链的偏移量 $h = 0.2\text{m}$。

计算正向运动学的铰链坐标值分别为：$\theta_1 = 30°$，$\theta_2 = 45°$，$\theta_3 = -10°$，$\theta_4 = 100°$，$\theta_5 = 20°$ 和 $\theta_6 = -35°$。用于计算末端执行器逆向运动学的位姿为：$x_0 = 7\text{m}$，$y_0 = 2\text{m}$，$z_0 = 5\text{m}$，$\phi = 90°$，$\theta = 90°$，$\psi = 90°$。进行相应计算时，旋转矩阵（整个转换矩阵中上面的 3×3 子矩阵）中的元素 R_{ij} 为（c 与 s 分别代表 cos 与 sin）：

$$R_{11} = c(\theta_1)[c(\theta_6)c(\theta_5)c(\theta_t) - s(\theta_6)s(\theta_t)] - c(\theta_6)s(\theta_1)s(\theta_5)$$

$$R_{21} = s(\theta_1)[c(\theta_6)c(\theta_5)c(\theta_t) - s(\theta_6)s(\theta_t)] + c(\theta_6)c(\theta_1)s(\theta_5)$$

$$R_{31} = c(\theta_5)c(\theta_6)s(\theta_t) + s(\theta_6)c(\theta_t)$$

$$R_{12} = c(\theta_1)[-s(\theta_6)c(\theta_5)c(\theta_t) - c(\theta_6)s(\theta_t)] + s(\theta_6)s(\theta_1)s(\theta_5)$$

$$R_{22} = s(\theta_1)[-s(\theta_6)c(\theta_5)c(\theta_t) - c(\theta_6)s(\theta_t)] - s(\theta_6)c(\theta_1)s(\theta_5)$$

$$R_{32} = -c(\theta_5)s(\theta_6)s(\theta_t) + c(\theta_6)c(\theta_t)$$

$$R_{13} = s(\theta_5)c(\theta_1)c(\theta_t) + s(\theta_1)c(\theta_5)$$

$$R_{23} = s(\theta_5)s(\theta_1)c(\theta_t) - c(\theta_1)c(\theta_5)$$

$$R_{33} = s(\theta_t)s(\theta_5)$$

其中

$$\theta_t = \theta_2 + \theta_3 + \theta_4$$

从整个旋转矩阵的第四列容易得到前三个函数 $f_i(\theta_i)$：

$$f_1(\theta_i) = d_6[s(\theta_5)c(\theta_1)c(\theta_t) + s(\theta_1)c(\theta_5)] + l_4 c(\theta_1)c(\theta_t)$$
$$+ l_3 c(\theta_1)c(\theta_2 + \theta_3) + l_2 c(\theta_1)c(\theta_2)$$

$$f_2(\theta_i) = d_6[s(\theta_5)s(\theta_1)c(\theta_t) - c(\theta_1)c(\theta_5)] + l_4 s(\theta_1)c(\theta_t)$$
$$+ l_3 s(\theta_1)c(\theta_2 + \theta_3) + l_2 s(\theta_1)c(\theta_2)$$

$$f_3(\theta_i) = d_6 s(\theta_5)s(\theta_t) + l_4 s(\theta_t) + l_3 s(\theta_2 + \theta_3) + l_2 s(\theta_2) + d_1$$

在固定坐标系中定义末端执行器姿态的后三个函数 $f_i(\theta_i)$ 为

$$f_4(\theta_i) = \phi = \arctan\left[\frac{R_{32}}{R_{33}}\right] = \arctan\left[\frac{-c(\theta_5)s(\theta_6)s(\theta_t) + c(\theta_6)c(\theta_t)}{s(\theta_t)s(\theta_5)}\right]$$

$$f_5(\theta_i) = \theta = \arctan\left(-\frac{R_{31}}{\sqrt{R_{11}^2 + R_{21}^2}}\right)$$

$$f_6(\theta_i) = \psi = \arctan\left[\frac{R_{21}}{R_{11}}\right]$$

即便是对于自由度无冗余的臂,运动学闭合形式的计算也非常复杂,而逆运动学数值解中计算函数 $f_i(\theta_i)$ 的 Jacobian 矩阵则更为复杂。

末端执行器的位置为

$$\begin{Bmatrix} x_0 \\ y_0 \\ z_0 \end{Bmatrix} = \begin{Bmatrix} d_6 + l_4 + \sqrt{l_3^2 - h^2} + \sqrt{l_2^2 - h^2} \\ 0 \\ d_1 \end{Bmatrix} = \begin{Bmatrix} 14.894 \\ 0 \\ 0.8 \end{Bmatrix} m$$

末端执行器的旋转矩阵为

$$\begin{bmatrix} 0 & 0 & 1 \\ 1 & 0 & 0 \\ 0 & 1 & 0 \end{bmatrix}$$

末端执行器 $(x_6)x$ 轴单位向量的第一列与 y_0 轴一致。类似的轴 y_6、z_6 与 z_0、x_0 一致。末端执行器的姿态角为

$$\phi = \arctan\left[\frac{R_{32}}{R_{33}}\right] = 90°$$

$$\theta = \arctan\left(\frac{-R_{31}}{\sqrt{R_{11}^2 + R_{21}^2}}\right) = 0$$

$$\psi = \arctan\left[\frac{R_{21}}{R_{11}}\right] = 90°$$

利用前述 θ_i 的具体数值计算正向运动学得到下述旋转矩阵

$$\begin{bmatrix} -0.2602 & -0.9298 & 0.2604 \\ 0.1733 & -0.3103 & -0.9347 \\ 0.9499 & -0.1981 & 0.2418 \end{bmatrix}$$

$$[\, x_0 \quad y_0 \quad z_0 \,]^T = [\, 8.913 \quad 4.061 \quad 10.003 \,]^T m$$

末端执行器的姿态角为

$$\phi = -39.32°, \theta = -71.78°, \psi = 146.34°$$

逆向运动学的计算采用的是 Newton – Raphson 方法。Jacbian 矩阵采用数值方法计算,函数 $f_i(\theta_i)$ 的计算初值采用一个相关的未知量。每一个未知量在每次迭代计算中增加 0.001 rad, Jacbian 矩阵的相应行在计算中随着函数和自变量的增量变化而变化。

为了避免假设初值过于靠近奇异点,初始的未知向量设为

$$\boldsymbol{\theta}^{(0)} = [\, 10 \quad 10 \quad 10 \quad 10 \quad 100 \quad 10 \,]^T (°)$$

经过一次迭代得到

$$\boldsymbol{\theta}^{(1)} = [\, 13.49 \quad -305.22 \quad 687.63 \quad -384.04 \quad 83.46 \quad -12.08 \,]^T (°)$$

经过 5 次迭代计算,两次迭代计算的结果之间的均方差已经小于 0.001rad。结果为

$$\boldsymbol{\theta}^{(5)} = \begin{bmatrix} 18.43 & 89.52 & -115.04 & 25.51 & 71.57 & 0.00 \end{bmatrix}^{\mathrm{T}}(°)$$

作为验证,将以上结果代入正向运动学后计算得到 $x_0 = 7.0001\mathrm{m}$, $y_0 = 1.9995\mathrm{m}$, $z_0 = 4.9991\mathrm{m}$, $\phi = 90.01°$, $\theta = 0.003°$, $\psi = 90.000°$,与正确值非常接近。

但是,这个解不是唯一的,如果计算初值为

$$\boldsymbol{\theta}^{(0)} = \begin{bmatrix} 30 & 30 & 30 & 30 & 90 & 30 \end{bmatrix}^{\mathrm{T}}(°)$$

将得到

$$\boldsymbol{\theta}^{(6)} = \begin{bmatrix} 18.43 & -18.85 & 115.04 & -96.18 & 71.57 & 0.00 \end{bmatrix}^{\mathrm{T}}(°)$$

这也是一个解。这样一个非线性问题有多解, Newton – Raphson 方法计算出多个结果一点也不奇怪。

3.10　速度运动学

已知,第 k 个臂节上一点的速度可以通过对其位置的微分得到

$$\begin{Bmatrix} \dot{X} \\ 0 \end{Bmatrix} = \frac{\mathrm{d}}{\mathrm{d}t}\left[\left(\prod_{i=1}^{k} \boldsymbol{T}_i \right) \begin{Bmatrix} \boldsymbol{x}_k \\ 1 \end{Bmatrix} \right] \qquad (3.28)$$

通过将末端执行的坐标代入这个公式并推广应用到整个臂,从式(3.24)得到

$$\dot{X} = \dot{\boldsymbol{f}}(\boldsymbol{\theta}) = \boldsymbol{J}(\boldsymbol{\theta})\dot{\boldsymbol{\theta}} \qquad (3.29)$$

式中: $J(\theta)$ 为前面章节定义的用于计算相应位置的 Jacobian 矩阵。在关节铰链坐标个数与 X 中分量数一样或者臂冗余情况下,上述关系均成立。 $\dot{X}$ 和 $\dot{\theta}$ 为广义速度:如果 X 的前三个分量定义为位置,后三个定义了姿态,那么前三个速度为线速度,后三个速度为角速度。类似的, $\dot{\theta}$ 中对应旋转关节铰链的元素为角速度,那些对应滑动的元素为线速度。

Jacobian 矩阵定义了臂的"速度运动学",即可在任务空间中关节铰链速度已知时计算出运动速度。显然这是瞬时速度,取决于臂的位置。

通常式(3.29)可以写为

$$\begin{bmatrix} \dot{X} & \dot{Y} & \dot{Z} & \dot{\phi} & \dot{\theta} & \dot{\psi} \end{bmatrix}^{\mathrm{T}} = \begin{bmatrix} \boldsymbol{J}_D(\boldsymbol{\theta}) \\ \boldsymbol{J}_R(\boldsymbol{\theta}) \end{bmatrix} \dot{\boldsymbol{\theta}} \qquad (3.30)$$

其中: $\boldsymbol{J}_D(\boldsymbol{\theta})$ 和 $\boldsymbol{J}_R(\boldsymbol{\theta})$ 分别为位移和旋转 Jacobian 矩阵。

计算末端执行器的角速度无须对 Tait – Brian 角求导,可以由(A.146)定义的矩阵 $\boldsymbol{A}^{\mathrm{T}}$ 来计算旋转 Jacobian 矩阵:

$$\begin{bmatrix} \dot{X} & \dot{Y} & \dot{Z} & \Omega_x & \Omega_y & \Omega_z \end{bmatrix}^{\mathrm{T}} = \begin{bmatrix} \boldsymbol{J}_D(\boldsymbol{\theta}) \\ \boldsymbol{A}^{\mathrm{T}}\boldsymbol{J}_R(\boldsymbol{\theta}) \end{bmatrix} \dot{\boldsymbol{\theta}} \qquad (3.31)$$

矩阵 A^T 直接依赖通过臂的正向运动学解得的 ϕ 和 θ。

考虑一个具有球腕关节的臂。末端执行器的位置取决于臂和腕的姿态，位移 Jacobian 矩阵依赖于臂的广义坐标，位移速度为

$$\begin{bmatrix} \dot{X} & \dot{Y} & \dot{Z} \end{bmatrix}^T = J_D^*(\theta_1, \theta_2, \theta_3) \begin{bmatrix} \dot{\theta}_1 & \dot{\theta}_2 & \dot{\theta}_3 \end{bmatrix}^T \tag{3.32}$$

式中：J_D^* 为一个包含 J_D 非零元素的 3×3 矩阵。

对应的，角速度依赖于所有关节铰链的广义坐标：

$$\begin{bmatrix} \Omega_x & \Omega_y & \Omega_z \end{bmatrix}^T = A^T J_R(\theta) \dot{\theta} \tag{3.33}$$

如果 Jacobian 矩阵非奇异，则可将臂的速度逆运动学写为

$$\dot{\theta} = J^{-1}(\theta) \dot{X} \tag{3.34}$$

Jacobian 矩阵的奇异点是臂的奇异点，可能是下面两种情况：

• 边界奇异点，位于工作空间的边界；

• 内在的奇异点。

臂在奇异点常形成为一条直线。

例 3.4 计算例 3.1 中翻转臂的速度运动学，找到它的奇异点。

固定坐标系中点 P 的位置已在例 3.1 中计算得到。通过对关于关节坐标 θ_1、θ_2 和 θ_3 的公式进行微分得到 Jacobian 矩阵：

$$J = \begin{bmatrix} -a\sin(\theta_1) & b\cos(\theta_1) & -l_3\sin(\theta_2+\theta_3)\cos(\theta_1) \\ a\cos(\theta_1) & b\sin(\theta_1) & -l_3\sin(\theta_2+\theta_3)\sin(\theta_1) \\ 0 & c & l_3\cos(\theta_2+\theta_3) \end{bmatrix}$$

其中

$$\begin{cases} a = [l_2\cos(\theta_2) + l_3\cos(\theta_2+\theta_3)] \\ b = -[l_2\sin(\theta_2) + l_3\sin(\theta_2+\theta_3)] \\ c = l_2\cos(\theta_2) + l_3\cos(\theta_2+\theta_3) \end{cases}$$

这个 Jacobian 矩阵的行列式为

$$\det(J) = -l_3 l_2 \sin(\theta_3) [l_2\cos(\theta_2) + l_3\cos(\theta_2+\theta_3)]$$

下式成立时行列式为零，即

$$\sin(\theta_3) = 0$$

或

$$l_2\cos(\theta_2) + l_3\cos(\theta_2+\theta_3) = 0$$

由第一个等式解得

$$\theta_3 = 0°, \theta_3 = 180°$$

这些是位于工作空间外部或者内部的边界奇异点。这个工作空间是一个空心球壳，外径为 $l_2 + l_3$，内径为 $|l_2 - l_3|$。

当所有点都位于 Z 轴上时另外一个条件得以满足，这些奇异点是内部奇异点。

3.11 力和力矩

考虑一个机械臂静止位于任意给定位置,忽略臂、末端执行器和有效载荷的重量。一个力和一个力矩作用在末端执行器上,一些合成力 M_θ(通常为力矩)作用于关节。前者可以认为是末端执行器上的触点压力,后者则被为称关节扭矩。

如果给关节一个虚拟位移 $\delta\boldsymbol{\theta}$,则末端执行器的虚拟位移为

$$\delta X = J(\theta_i)\delta\boldsymbol{\theta} \qquad (3.35)$$

列出合成力向量 F 中的力和力矩,则末端执行器受虚拟力作用的响应:

$$\delta L = \delta X^{\mathrm{T}} F = \delta\boldsymbol{\theta}^{\mathrm{T}} J^{\mathrm{T}} F \qquad (3.36)$$

应当与各个关节受虚拟力矩作用的响应相等:

$$\delta L = \delta\boldsymbol{\theta}^{\mathrm{T}} M_\theta \qquad (3.37)$$

对于滑动关节,相应的 M_θ 是力而不是力矩,但是等式不变。

通过虚拟作用的两个等价关系的表示方法,得到关节力矩关于触点力的函数:

$$M_\theta = J^{\mathrm{T}} F \qquad (3.38)$$

3.12 刚性臂的动力学

前面的章节仅考虑了机械臂的运动学,在引入力和力矩时,臂处于静止状态。相反的,在研究臂的运动时,由于惯性作用,必须考虑运动的影响。

动力学研究可以有两种途径。在正向问题中,给出关节力矩 $M_\theta(t)$ 的时间曲线,在关节空间(因此函数 $\boldsymbol{\theta}(t)$、$\dot{\boldsymbol{\theta}}(t)$ 和 $\ddot{\boldsymbol{\theta}}(t)$ 均未知)或任务空间计算臂的轨迹,得到函数 $X(t)$、$\dot{X}(t)$ 和 $\ddot{X}(t)$。

在逆向问题中,给出轨迹(即 $\boldsymbol{\theta}(t)$、$\dot{\boldsymbol{\theta}}(t)$ 和 $\ddot{\boldsymbol{\theta}}(t)$ 或者 $X(t)$、$\dot{X}(t)$ 和 $\ddot{X}(t)$ 未知),以获得关节力矩 $M_\theta(t)$,从而控制机械臂循迹移动。

本节中各臂节假设为刚体,不考虑它们的柔性变形。

由刚体组成的臂可以通过两种基本途径进行建模。每个部分可以当作三维空间中一个六自由度刚体。在用 6 个广义坐标定义位置后,相应的不难得到 6 个运动等式。运动等式中包含的坐标数比臂的自由度要多,需要补充一些约束方程。

例如,一个拟人臂(图 3.1)有两个刚体部分,因此需要列写一组用 12 个广义坐标表示的 12 个微分方程。显然,因为臂有 3 个自由度,9 个广义坐标是冗余的,应该通过约束方程加以消除。肩关节包括 4 个自由度,肘关节包括 5 个自由度,9 个约束方程可以消除冗余的自由度。

该方法常称为多体法。但是,机械臂通常被建模成一个由刚体串联的、刚体之

间的约束是完整的运动链。本例中可以认为这些刚体是串联的，而且假设只有刚体间的约束允许的自由度数。用这种方法得出一组等式，这组等式中没有用到约束等式，只是用到了冗余坐标。

要写出有 n 个臂节的机械臂的 n 个运动等式，首先根据各关节链接变量以及速度变量 $\boldsymbol{\theta}(t)$ 和 $\dot{\boldsymbol{\theta}}(t)$ 写出系统的动能与势能等式，然后引入拉格朗日方程。

每一个臂节都是刚体，因此系统动能为

$$T = \sum_{i=1}^{n} \frac{1}{2} m_i \, \boldsymbol{V}_{Gi}^{\mathrm{T}} \, \boldsymbol{V}_{Gi} + \sum_{i=1}^{n} \frac{1}{2} \boldsymbol{\Omega}_i^{\mathrm{T}} \boldsymbol{I}_i \boldsymbol{\Omega}_i \qquad (3.39)$$

式中：m_i 为第 i 个臂节的质量；$\boldsymbol{V}_{Gi}$ 为臂节质心 G_i 的速度，相对于惯性参考系；$\boldsymbol{I}_i$ 为臂节的惯量，相对于其自身参考系；$\boldsymbol{\Omega}_i$ 为臂节的绝对角速度。

G_i 在基础坐标系中的位置为

$$\left\{ \begin{matrix} \boldsymbol{x}_0 \\ 1 \end{matrix} \right\}_{Gi} = \prod_{k=1}^{i} \boldsymbol{T}_i \left\{ \begin{matrix} \boldsymbol{x}_i \\ 1 \end{matrix} \right\}_{Gi} \qquad (3.40)$$

假设基础坐标系是一个惯性坐标系，其速度为

$$\left\{ \begin{matrix} \boldsymbol{V}_{Gi} \\ 0 \end{matrix} \right\}_{Gi} = \frac{\mathrm{d}}{\mathrm{d}t} \left(\prod_{k=1}^{i} \boldsymbol{T}_i \right) \left\{ \begin{matrix} \boldsymbol{x}_i \\ 1 \end{matrix} \right\}_{Gi} \qquad (3.41)$$

类似地，对于末端执行器，得到

$$\boldsymbol{V}_{Gi} = \boldsymbol{J}_{Di}(\boldsymbol{\theta}) \dot{\boldsymbol{\theta}} \qquad (3.42)$$

式中：$\boldsymbol{J}_{Di}(\theta_j)$ 为由式（3.30）定义的第 i 个臂节相对于质心的转移 Jacobian 矩阵。

因为每一个关节铰链均围绕其自身的 z 轴旋转，第 i 个臂节相对于其自身参考坐标系的转动角速度为

$$\boldsymbol{\Omega}_i = R_{i-1 \to i} \left\{ \begin{matrix} 0 \\ 0 \\ \dot{\theta}_i \end{matrix} \right\} + R_{i-2 \to i} \left\{ \begin{matrix} 0 \\ 0 \\ \dot{\theta}_{i-1} \end{matrix} \right\} + R_{i-3 \to i} \left\{ \begin{matrix} 0 \\ 0 \\ \dot{\theta}_{i-2} \end{matrix} \right\} + \cdots \qquad (3.43)$$

式中：$R_{i-j \to i}$ 为一个旋转矩阵，即在刚体 i 的固连坐标系中可以用刚体 $(i-j)$ 中的一个向量来表达的旋转矩阵。它是通过从刚体 $(i-j)$ 到刚体 i 的转换矩阵连乘并取左上 3×3 子阵后的转置得到的。

因此角速度为

$$\boldsymbol{\Omega}_i = \boldsymbol{P}_i(\boldsymbol{\theta}) \dot{\boldsymbol{\theta}} \qquad (3.44)$$

式中矩阵 $\boldsymbol{P}_i$ 等价于式（3.31）中定义的矩阵 $\boldsymbol{A}^{\mathrm{T}} \boldsymbol{J}_{\mathrm{R}}$。但是，此处矩阵 $\boldsymbol{A}^{\mathrm{T}}$ 是关于关节铰链空间定义的，而在式（3.31）中，$\boldsymbol{A}^{\mathrm{T}}$ 是关于 Tait – Brian 角定义的。

因此臂的动能为

$$T = \frac{1}{2} \sum_{i=1}^{n} m_i \dot{\boldsymbol{\theta}}^{\mathrm{T}} \boldsymbol{J}_{Di}^{\mathrm{T}}(\boldsymbol{\theta}) \, \boldsymbol{J}_{Di}(\boldsymbol{\theta}) \dot{\boldsymbol{\theta}} + \frac{1}{2} \sum_{i=1}^{n} \dot{\boldsymbol{\theta}}^{\mathrm{T}} \boldsymbol{P}_i^{\mathrm{T}}(\boldsymbol{\theta}) \, \boldsymbol{I}_i \, \boldsymbol{P}_i(\boldsymbol{\theta}) \dot{\boldsymbol{\theta}} = \frac{1}{2} \dot{\boldsymbol{\theta}}^{\mathrm{T}} M(\boldsymbol{\theta}) \dot{\boldsymbol{\theta}}$$

$$(3.45)$$

矩阵 $M(\boldsymbol{\theta})$ 是臂的质量矩阵。

备注 3.7 动能是关于关节变量的函数,是关节速度的二次形,质量矩阵是一个正定矩阵。

易知重力势能为

$$U = -\sum_{i=1}^{n} m_i \boldsymbol{g}^{\mathrm{T}} \boldsymbol{x}_{0Gi} = f_g(\boldsymbol{\theta}) \tag{3.46}$$

式中:$\boldsymbol{g}$ 为一个在基础坐标系中包含重力加速度的向量。

运动方程可以直接写为拉格朗日方程:

$$\frac{\mathrm{d}}{\mathrm{d}t}\left(\frac{\partial T}{\partial \dot{\theta}_j}\right) - \frac{\partial T}{\partial \theta_j} + \frac{\partial U}{\partial \theta_j} = Q_j \tag{3.47}$$

因为广义变量是关节处的旋转角,广义力 $\boldsymbol{Q}_j$ 为施加在关节 $\boldsymbol{M}_{\theta j}$ 处的扭矩。

由势能和动能表达式,得

$$\frac{\mathrm{d}}{\mathrm{d}t}[\boldsymbol{M}(\boldsymbol{\theta})\dot{\boldsymbol{\theta}}] - \frac{1}{2}\frac{\partial}{\partial \theta_j}[\dot{\boldsymbol{\theta}}^{\mathrm{T}}\boldsymbol{M}(\boldsymbol{\theta})\dot{\boldsymbol{\theta}}] + \frac{\partial U}{\partial \theta_j}[f_g(\boldsymbol{\theta})] = \boldsymbol{M} \tag{3.48}$$

运动方程的结构为

$$\boldsymbol{M}(\boldsymbol{\theta})\ddot{\boldsymbol{\theta}} + \boldsymbol{B}(\boldsymbol{\theta})\{\dot{\theta}_i\dot{\theta}_j\} + \boldsymbol{C}(\boldsymbol{\theta})\{\dot{\theta}^2\} + \boldsymbol{G}(\boldsymbol{\theta}) = \boldsymbol{M}_\theta \tag{3.49}$$

式中:$\boldsymbol{B}(\boldsymbol{\theta})$ 为一个具有 n 行和 $n(n-1)/2$ 列的矩阵,它的各项常称为科里奥利系数(Coriolis coefficients);$\{\dot{\theta}_i\dot{\theta}_j\}$ 为一个包含关节速度乘积的 $n(n-1)/2$ 行向量;$\boldsymbol{C}(\boldsymbol{\theta})$ 为一个 $n \times n$ 方阵,其中各项常称为离心系数(centrifugal coefficients);$\{\dot{\theta}^2\}$ 为一个包含关节角速度平方的 n 行向量;$\boldsymbol{G}(\theta_j)$ 为一个包含有重力项的 n 行向量,其中

$$\{\dot{\theta}_i\dot{\theta}_j\} = \{\dot{\theta}_1\dot{\theta}_2\dot{\theta}_1\dot{\theta}_3\cdots\dot{\theta}_2\dot{\theta}_3\cdots\dot{\theta}_{n-1}\dot{\theta}_n\}^{\mathrm{T}} \tag{3.50}$$

备注 3.8 运动方程是非线性的,因此它对广义坐标的依赖关系可能非常复杂。

例 3.5 写出例 3.1 中(图 3.13)的翻转臂的动力学方程。各个臂节质心位置在图 3.15 中,刚体固连坐标系的坐标轴平行于惯量主轴。

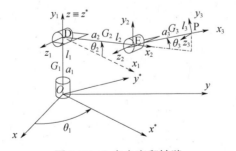

图 3.15 3 自由度翻转臂

臂节 1

第一个臂节上的参考坐标系为 $x_1 y_1 z_1$。因为它的原点位于第一个臂节的末端,质心 G_1 为

$$\boldsymbol{x}_{1G1} = \begin{bmatrix} 0 & a_1 - l_1 & 0 \end{bmatrix}^{\mathrm{T}}$$

例 3.5 中第一个臂节的转换矩阵是第一转换矩阵。在基础坐标系中 G_1 的位置(用四个向量表示)为

$$\boldsymbol{x}_{0G_1} = \begin{bmatrix} \cos(\theta_1) & 0 & \sin(\theta_1) & 0 \\ \sin(\theta_1) & 0 & -\cos(\theta_1) & 0 \\ 0 & 1 & 0 & l_1 \\ 0 & 0 & 0 & 1 \end{bmatrix} \begin{Bmatrix} 0 \\ a_1 - l_1 \\ 0 \\ 1 \end{Bmatrix} = \begin{Bmatrix} 0 \\ 0 \\ a_1 \\ 1 \end{Bmatrix}$$

关联速度为 0,即

$$\boldsymbol{V}_{0G_1} = 0$$

第一个臂节的角速度为

$$\boldsymbol{\Omega}_1 = \begin{bmatrix} \cos(\theta_1) & 0 & \sin(\theta_1) \\ \sin(\theta_1) & 0 & -\cos(\theta_1) \\ 0 & 1 & 0 \end{bmatrix}^{\mathrm{T}} \begin{Bmatrix} 0 \\ 0 \\ \dot{\theta}_1 \end{Bmatrix}$$

$$= \begin{bmatrix} 0 & 0 & 0 \\ 1 & 0 & 0 \\ 0 & 0 & 0 \end{bmatrix} \begin{Bmatrix} \dot{\theta}_1 \\ \dot{\theta}_2 \\ \dot{\theta}_3 \end{Bmatrix}$$

设固连于第一个臂节的坐标系的主轴为惯量主轴,则惯量矩阵为斜对角阵:

$$\boldsymbol{I}_1 = \begin{bmatrix} J_{x1} & 0 & 0 \\ 0 & J_{y1} & 0 \\ 0 & 0 & J_{z1} \end{bmatrix}$$

第一个臂节的动能为

$$T_1 = \frac{1}{2} \begin{Bmatrix} \dot{\theta}_1 \\ \dot{\theta}_2 \\ \dot{\theta}_3 \end{Bmatrix}^{\mathrm{T}} \begin{bmatrix} 0 & 0 & 0 \\ 1 & 0 & 0 \\ 0 & 0 & 0 \end{bmatrix}^{\mathrm{T}} \begin{bmatrix} J_{x1} & 0 & 0 \\ 0 & J_{y1} & 0 \\ 0 & 0 & J_{z1} \end{bmatrix}$$

$$= \begin{bmatrix} 0 & 0 & 0 \\ 1 & 0 & 0 \\ 0 & 0 & 0 \end{bmatrix} \begin{Bmatrix} \dot{\theta}_1 \\ \dot{\theta}_2 \\ \dot{\theta}_3 \end{Bmatrix} = \frac{1}{2} \begin{Bmatrix} \dot{\theta}_1 \\ \dot{\theta}_2 \\ \dot{\theta}_3 \end{Bmatrix}^{\mathrm{T}} \begin{bmatrix} J_{y1} & 0 & 0 \\ 0 & 0 & 0 \\ 0 & 0 & 0 \end{bmatrix} \begin{Bmatrix} \dot{\theta}_1 \\ \dot{\theta}_2 \\ \dot{\theta}_3 \end{Bmatrix}$$

重力加速度向量为

$$\boldsymbol{g} = \begin{bmatrix} 0 & 0 & -g \end{bmatrix}^{\mathrm{T}}$$

第一个臂节的势能为

$$U_1 = -m_1 \begin{bmatrix} 0 & 0 & -g \end{bmatrix} \begin{bmatrix} 0 & 0 & a_1 \end{bmatrix}^{\mathrm{T}} = m_1 a_1 g$$

臂节 2

坐标系 $x_2 y_2 z_2$ 的原点位于臂节的末端,质心 G_2 的位置为

$$\boldsymbol{x}_{2G_2} = \begin{bmatrix} a_2 - l_2 & 0 & 0 \end{bmatrix}^{\mathrm{T}}$$

第二个臂节的转换矩阵是例 3.5 中第一个和第二个转换矩阵的乘积。基础坐标系中 G_2 的位置为

$$\boldsymbol{x}_{0G_2} = \begin{bmatrix} \cos(\theta_1) & 0 & \sin(\theta_1) & 0 \\ \sin(\theta_1) & 0 & -\cos(\theta_1) & 0 \\ 0 & 1 & 0 & l_1 \\ 0 & 0 & 0 & 1 \end{bmatrix}$$

$$\times \begin{bmatrix} \cos(\theta_2) & -\sin(\theta_2) & 0 & l_2\cos(\theta_2) \\ \sin(\theta_2) & \cos(\theta_2) & 0 & l_2\sin(\theta_2) \\ 0 & 0 & 1 & 0 \\ 0 & 0 & 0 & 1 \end{bmatrix} \begin{Bmatrix} a_2 - l_2 \\ 0 \\ 0 \\ 1 \end{Bmatrix}$$

$$= \begin{Bmatrix} a_2\cos(\theta_1)\cos(\theta_2) \\ a_2\sin(\theta_1)\cos(\theta_2) \\ l_1 + a_2\sin(\theta_2) \\ 1 \end{Bmatrix}$$

关联速度为

$$\boldsymbol{V}_{0G_2} = \begin{Bmatrix} -a_2\dot{\theta}_1\sin(\theta_1)\cos(\theta_2) - a_2\dot{\theta}_2\cos(\theta_1)\sin(\theta_2) \\ a_2\dot{\theta}_1\cos(\theta_1)\cos(\theta_2) - a_2\dot{\theta}_2\sin(\theta_1)\sin(\theta_2) \\ a_2\dot{\theta}_2\cos(\theta_2) \end{Bmatrix}$$

$$= \begin{bmatrix} -a_2\sin(\theta_1)\cos(\theta_2) & -a_2\cos(\theta_1)\sin(\theta_2) & 0 \\ a_2\cos(\theta_1)\cos(\theta_2) & -a_2\sin(\theta_1)\sin(\theta_2) & 0 \\ 0 & a_2\cos(\theta_2) & 0 \end{bmatrix} \begin{Bmatrix} \dot{\theta}_1 \\ \dot{\theta}_2 \\ \dot{\theta}_3 \end{Bmatrix}$$

第二个臂节的平移动能为

$$T_{2R} = \frac{1}{2}m_2 a_2^2 \begin{Bmatrix} \dot{\theta}_1 \\ \dot{\theta}_2 \\ \dot{\theta}_3 \end{Bmatrix}^{\mathrm{T}} \begin{bmatrix} \cos^2(\theta_2) & 0 & 0 \\ 0 & 1 & 0 \\ 0 & 0 & 0 \end{bmatrix} \begin{Bmatrix} \dot{\theta}_1 \\ \dot{\theta}_2 \\ \dot{\theta}_3 \end{Bmatrix}$$

第二个臂节的角速度为

$$\boldsymbol{\Omega}_2 = \begin{bmatrix} \cos(\theta_2) & -\sin(\theta_2) & 0 \\ \sin(\theta_2) & \cos(\theta_2) & 0 \\ 0 & 0 & 1 \end{bmatrix}^{\mathrm{T}} \begin{Bmatrix} 0 \\ 0 \\ \dot{\theta}_2 \end{Bmatrix}$$

$$+ \begin{bmatrix} \cos(\theta_1)\cos(\theta_2) & -\cos(\theta_1)\sin(\theta_2) & \sin(\theta_1) \\ \sin(\theta_1)\cos(\theta_2) & \sin(\theta_1)\sin(\theta_2) & -\cos(\theta_1) \\ \sin(\theta_2) & \cos(\theta_2) & 0 \end{bmatrix}^{\mathrm{T}} \begin{Bmatrix} 0 \\ 0 \\ \dot{\theta}_1 \end{Bmatrix}$$

$$= \begin{Bmatrix} \dot{\theta}_1 \sin(\theta_2) \\ \dot{\theta}_1 \cos(\theta_1) \\ \dot{\theta}_2 \end{Bmatrix} = \begin{bmatrix} \sin(\theta_2) & 0 & 0 \\ \cos(\theta_2) & 0 & 0 \\ 0 & 1 & 0 \end{bmatrix} \begin{Bmatrix} \dot{\theta}_1 \\ \dot{\theta}_2 \\ \dot{\theta}_3 \end{Bmatrix}$$

臂节的惯量也是一个对角矩阵,因此第二个臂节的旋转动能为

$$T_{2R} = \frac{1}{2} \begin{Bmatrix} \dot{\theta}_1 \\ \dot{\theta}_2 \\ \dot{\theta}_3 \end{Bmatrix}^{\mathrm{T}} \begin{bmatrix} \sin(\theta_2) & 0 & 0 \\ \cos(\theta_2) & 0 & 0 \\ 0 & 1 & 0 \end{bmatrix}^{\mathrm{T}} \begin{bmatrix} J_{x2} & 0 & 0 \\ 0 & J_{y2} & 0 \\ 0 & 0 & J_{z2} \end{bmatrix} \begin{bmatrix} \sin(\theta_2) & 0 & 0 \\ \cos(\theta_2) & 0 & 0 \\ 0 & 1 & 0 \end{bmatrix} \begin{Bmatrix} \dot{\theta}_1 \\ \dot{\theta}_2 \\ \dot{\theta}_3 \end{Bmatrix}$$

$$= \frac{1}{2} \begin{Bmatrix} \dot{\theta}_1 \\ \dot{\theta}_2 \\ \dot{\theta}_3 \end{Bmatrix}^{\mathrm{T}} \begin{bmatrix} J_{x2} \sin^2(\theta_2) + J_{y2} \cos^2(\theta_2) & 0 & 0 \\ 0 & J_{z2} & 0 \\ 0 & 0 & 0 \end{bmatrix} \begin{Bmatrix} \dot{\theta}_1 \\ \dot{\theta}_2 \\ \dot{\theta}_3 \end{Bmatrix}$$

第二个臂节的势能为

$$U_2 = -m_2 \begin{Bmatrix} 0 \\ 0 \\ -g \end{Bmatrix}^{\mathrm{T}} \begin{Bmatrix} a_2 \cos(\theta_1)\cos(\theta_2) \\ a_2 \sin(\theta_1)\cos(\theta_2) \\ l_1 + a_2 \sin(\theta_2) \end{Bmatrix} = m_2 g [l_1 + a_2 \sin(\theta_2)]$$

臂节 3

对其他臂节采用同样的方法,质心 G_3 的位置为

$$x_{3G3} = \begin{bmatrix} a_3 - l_3 & 0 & 0 \end{bmatrix}^{\mathrm{T}}$$

第三个臂节的转换矩阵在例 3.5 中是一个旋转矩阵。通过乘法运算, G_3 在基础坐标系中的位置为

$$x_{0G3} = \begin{Bmatrix} \cos(\theta_1)[l_2 \cos(\theta_2) + a_3 \cos(\theta_2 + \theta_3)] \\ \sin(\theta_1)[l_2 \cos(\theta_2) + a_3 \cos(\theta_2 + \theta_3)] \\ l_1 + l_2 \sin(\theta_2) + a_3 \sin(\theta_2 + \theta_3) \\ 1 \end{Bmatrix}$$

关联速度为

$$V_{0G3} = \begin{Bmatrix} -\dot{\theta}_1 a \sin(\theta_1) - \dot{\theta}_2 b \cos(\theta_1) - \dot{\theta}_3 \cos(\theta_1)[a_3 \sin(\theta_2 + \theta_3)] \\ \dot{\theta}_1 a \cos(\theta_1) - \dot{\theta}_2 b \sin(\theta_1) - \dot{\theta}_3 \sin(\theta_1)[a_3 \sin(\theta_2 + \theta_3)] \\ \dot{\theta}_2 a + \dot{\theta}_3 [a_3 \cos(\theta_2 + \theta_3)] \end{Bmatrix}$$

$$= \begin{bmatrix} -a \sin(\theta_1) & -b \cos(\theta_1) & -a_3 \cos(\theta_1) \sin(\theta_2 + \theta_3) \\ a \cos(\theta_1) & -b \sin(\theta_1) & -a_3 \sin(\theta_1) a \sin(\theta_2 + \theta_3) \\ 0 & a & a_3 \cos(\theta_2 + \theta_3) \end{bmatrix} \begin{Bmatrix} \dot{\theta}_1 \\ \dot{\theta}_2 \\ \dot{\theta}_3 \end{Bmatrix}$$

式中:

$$a = l_2 \cos(\theta_2) + a_3 \cos(\theta_2 + \theta_3)$$
$$b = l_2 \sin(\theta_2) + a_3 \sin(\theta_2 + \theta_3)$$

第三个臂节的平移动能为

$$T_{3R} = \frac{1}{2}m_3 \left\{ \begin{matrix} \dot{\theta}_1 \\ \dot{\theta}_2 \\ \dot{\theta}_3 \end{matrix} \right\}^{\mathrm{T}} \left[\begin{matrix} a^2 & 0 & 0 \\ 0 & l_2^2 + a_3^2 + 2a_3 l_2 \cos(\theta_3) & a_3^2 + a_3 l_2 \cos(\theta_3) \\ 0 & a_3^2 + a_3 l_2 \cos(\theta_3) & a_3^2 \end{matrix} \right] \left\{ \begin{matrix} \dot{\theta}_1 \\ \dot{\theta}_2 \\ \dot{\theta}_3 \end{matrix} \right\}$$

臂节 3 的角速度为

$$\boldsymbol{\Omega}_3 = \left[\begin{matrix} \cos(\theta_3) & -\sin(\theta_3) & 0 \\ \sin(\theta_3) & \cos(\theta_3) & 0 \\ 0 & 0 & 1 \end{matrix} \right]^{\mathrm{T}} \left\{ \begin{matrix} 0 \\ 0 \\ \dot{\theta}_3 \end{matrix} \right\}$$

$$+ \left[\begin{matrix} \cos(\theta_2 + \theta_3) & -\sin(\theta_2 + \theta_3) & 0 \\ \sin(\theta_2 + \theta_3) & \cos(\theta_2 + \theta_3) & 0 \\ 0 & 0 & 1 \end{matrix} \right]^{\mathrm{T}} \left\{ \begin{matrix} 0 \\ 0 \\ \dot{\theta}_2 \end{matrix} \right\}$$

$$+ \left[\begin{matrix} \cos(\theta_1)\cos(\theta_2 + \theta_3) & -\cos(\theta_1)\sin(\theta_2 + \theta_3) & \sin(\theta_1) \\ \sin(\theta_1)\cos(\theta_2 + \theta_3) & \sin(\theta_1)\sin(\theta_2 + \theta_3) & -\cos(\theta_1) \\ \sin(\theta_2 + \theta_3) & \cos(\theta_2 + \theta_3) & 0 \end{matrix} \right]^{\mathrm{T}} \left\{ \begin{matrix} 0 \\ 0 \\ \dot{\theta}_1 \end{matrix} \right\}$$

$$= \left\{ \begin{matrix} \dot{\theta}_1 \sin(\theta_2 + \theta_3) \\ \dot{\theta}_1 \cos(\theta_1 + \theta_3) \\ \dot{\theta}_2 + \dot{\theta}_3 \end{matrix} \right\} = \left[\begin{matrix} \sin(\theta_2 + \theta_3) & 0 & 0 \\ \cos(\theta_2 + \theta_3) & 0 & 0 \\ 0 & 1 & 1 \end{matrix} \right] \left\{ \begin{matrix} \dot{\theta}_1 \\ \dot{\theta}_2 \\ \dot{\theta}_3 \end{matrix} \right\}$$

这个臂节的惯量阵依然是一个对角阵,因此第三个臂节的转动动能为

$$T_{2R} = \frac{1}{2} \left\{ \begin{matrix} \dot{\theta}_1 \\ \dot{\theta}_2 \\ \dot{\theta}_3 \end{matrix} \right\}^{\mathrm{T}} \left[\begin{matrix} \sin(\theta_2 + \theta_3) & 0 & 0 \\ \cos(\theta_2 + \theta_3) & 0 & 0 \\ 0 & 1 & 1 \end{matrix} \right]^{\mathrm{T}} \left[\begin{matrix} J_{x_2} & 0 & 0 \\ 0 & J_{y_2} & 0 \\ 0 & 0 & J_{z_2} \end{matrix} \right]$$

$$\times \left[\begin{matrix} \sin(\theta_2 + \theta_3) & 0 & 0 \\ \cos(\theta_2 + \theta_3) & 0 & 0 \\ 0 & 1 & 1 \end{matrix} \right] \left\{ \begin{matrix} \dot{\theta}_1 \\ \dot{\theta}_2 \\ \dot{\theta}_3 \end{matrix} \right\}$$

$$= \frac{1}{2} \left\{ \begin{matrix} \dot{\theta}_1 \\ \dot{\theta}_2 \\ \dot{\theta}_3 \end{matrix} \right\}^{\mathrm{T}} \left[\begin{matrix} J_{x3}\sin^2(\theta_2 + \theta_3) + J_{y3}\cos^2(\theta_2 + \theta_3) & 0 & 0 \\ 0 & J_{z3} & J_{z3} \\ 0 & J_{z3} & J_{z3} \end{matrix} \right] \left\{ \begin{matrix} \dot{\theta}_1 \\ \dot{\theta}_2 \\ \dot{\theta}_3 \end{matrix} \right\}$$

第三个臂节的势能为

$$U_3 = -m_3 \left\{ \begin{matrix} 0 \\ 0 \\ -g \end{matrix} \right\}^{\mathrm{T}} \left\{ \begin{matrix} \cos(\theta_1)\left[l_2\cos(\theta_2) + a_3\cos(\theta_2 + \theta_3) \right] \\ \sin(\theta_1)\left[l_2\cos(\theta_2) + a_3\cos(\theta_2 + \theta_3) \right] \\ l_1 + l_2\sin(\theta_2) + a_3\sin(\theta_2 + \theta_3) \end{matrix} \right\}$$

$$= m_3 g \left[l_1 + l_2\sin(\theta_2) + a_3\sin(\theta_2 + \theta_3) \right]$$

臂的动力学

将所有的动能表达式相加得到惯量阵：

$$\boldsymbol{M} = \begin{bmatrix} J_1^*(\theta_i) & 0 & 0 \\ 0 & J_2^* + 2J_{23}^*\cos(\theta_3) & J_3^* + J_{23}^*\cos(\theta_3) \\ 0 & J_3^* + J_{23}^*\cos(\theta_3) & J_3^* \end{bmatrix}$$

式中：

$J_1^*(\theta_i) = J_{11}^* + J_{12}^*\cos^2(\theta_2) + J_{13}^*\cos^2(\theta_2 + \theta_3) + 2J_{23}^*\cos(\theta_2)\cos(\theta_2 + \theta_3)$；

$J_{11}^* = J_{y1} + J_{x2} + J_{x3}$；$J_2^* = J_{z2} + J_{z3} + m_2 a_2^2 + m_3(a_3^2 + l_2^2)$；

$J_{12}^* = J_{y2} - J_{x2} + m_2 a_2^2 + m_3 l_2^2$；$J_3^* = J_{z3} + m_3 a_3^2$；

$J_{13}^* = J_{y3} - J_{x3} + m_3 a_3^2$；$J_{23}^* = m_3 a_3 l_2$

移除那些对运动方程没有影响的常量，则所有的势能为

$$U = g[m_2 a_2 + m_3 l_2]\sin(\theta_2) + m_3 g a_3 \sin(\theta_2 + \theta_3)$$

拉格朗日方程的导数为

$$\frac{\mathrm{d}}{\mathrm{d}t}\left(\frac{\partial T}{\partial \dot{\theta}_1}\right) = \frac{\mathrm{d}}{\mathrm{d}t}[J_1^*(\theta_i)\dot{\theta}_1] = J_1^*(\theta_i)\ddot{\theta}_1 + B_{11}(\theta_i)\dot{\theta}_1\dot{\theta}_2 + B_{12}(\theta_i)\dot{\theta}_1\dot{\theta}_3$$

式中：

$$B_{11}(\theta_i) = -2[J_{12}^*\sin(\theta_2)\cos(\theta_2) + J_{13}^*\sin(\theta_2 + \theta_3)\cos(\theta_2 + \theta_3)]$$
$$+ J_{23}^*\sin(2\theta_2 + \theta_3)$$；

$$B_{12}(\theta_i) = -2[J_{13}^*\sin(\theta_2 + \theta_3)\cos(\theta_2 + \theta_3) + J_{23}^*\cos(\theta_2)\sin(\theta_2 + \theta_3)]$$；

$$\frac{\partial T}{\partial \theta_1} = \frac{\partial U}{\partial \theta_1} = 0$$

$$\frac{\mathrm{d}}{\mathrm{d}t}\left(\frac{\partial T}{\partial \dot{\theta}_2}\right) = [J_2^* + 2J_{23}^*\cos(\theta_3)]\ddot{\theta}_2 + [J_3^* + J_{23}^*\cos(\theta_3)]\ddot{\theta}_3$$
$$+ B_{23}(\theta_i)\dot{\theta}_2\dot{\theta}_3 + C_{23}(\theta_i)\dot{\theta}_3^2$$

式中：

$B_{23}(\theta_i) = -2J_{23}^*\sin(\theta_3)$；

$C_{23}(\theta_i) = -J_{23}^*\sin(\theta_3)$；

$$\frac{\partial T}{\partial \theta_2} = -C_{21}(\theta_i)\dot{\theta}_1^2$$

其中：

$$C_{21}(\theta_i) = J_{12}^*\sin(\theta_2)\cos(\theta_2) + J_{13}^*\sin(\theta_2 + \theta_3)\cos(\theta_2 + \theta_3)$$
$$+ J_{23}^*\cos(\theta_2)\sin(2\theta_2 + \theta_3)$$；

$$\frac{\partial U}{\partial \theta_2} = G_2(\theta_i) = g[m_2 a_2 + m_3 l_2]\cos(\theta_2) + m_3 g a_3 \cos(\theta_2 + \theta_3)$$

$$\frac{\mathrm{d}}{\mathrm{d}t}\left(\frac{\partial T}{\partial \dot{\theta}_3}\right) = [J_2^* + J_{23}^*\cos(\theta_3)]\ddot{\theta}_2 + J_3^*\ddot{\theta}_3 + B_{32}^{(1)}(\theta_i)\dot{\theta}_2\dot{\theta}_3$$

式中：

$B_{32}^{(1)}(\theta_i) = -J_{23}^* \sin(\theta_3)$ ；

$\dfrac{\partial T}{\partial \theta_3} = -C_{31}(\theta_i)\dot{\theta}_1^2 - C_{32}(\theta_i)\dot{\theta}_2^2 - B_{32}^{(2)}(\theta_i)\dot{\theta}_2\dot{\theta}_3$

式中：

$B_{32}^{(2)}(\theta_i) = J_{23}^* \sin(\theta_3)$ ；

$C_{31}(\theta_i) = J_{13}^* \sin(\theta_2 + \theta_3)\cos(\theta_2 + \theta_3) + J_{23}^* \cos(\theta_2)\sin(\theta_2 + \theta_3)$ ；

$C_{32}(\theta_i) = J_{23}^* \sin(\theta_3)$ ；

$\dfrac{\partial U}{\partial \theta_3} = G_3(\theta_i) = m_3 g a_3 \cos(\theta_2 + \theta_3)$

运动方程为

$$\begin{cases} J_1^*(\theta_i)\ddot{\theta}_1 + B_{11}(\theta_i)\dot{\theta}_1\dot{\theta}_2 + B_{12}(\theta_i)\dot{\theta}_1\dot{\theta}_3 = M_1 \\ \left[J_2^* + 2J_{23}^* \cos(\theta_3) \right]\ddot{\theta}_2 + \left[J_3^* + J_{23}^* \cos(\theta_3) \right]\ddot{\theta}_3 + B_{23}(\theta_i)\dot{\theta}_2\dot{\theta}_3 \\ \quad + C_{23}(\theta_i)\dot{\theta}_3^2 + C_{21}(\theta_i)\dot{\theta}_1^2 + G_2(\theta_i) = M_2 \\ \left[J_2^* + J_{23}^* \cos(\theta_3) \right]\ddot{\theta}_2 + J_3^* \ddot{\theta}_3 + C_{31}(\theta_i)\dot{\theta}_1^2 + C_{32}(\theta_i)\dot{\theta}_2^2 + G_3(\theta_i) = M_3 \end{cases}$$

运动方程(3.49)是一组 $2n$ 阶的非线性微分方程。在某些情况下简写为以下形式：

$$M(\boldsymbol{\theta})\ddot{\boldsymbol{\theta}} + V(\dot{\boldsymbol{\theta}}, \boldsymbol{\theta}) + G(\boldsymbol{\theta}) = M_\theta \tag{3.51}$$

上述所有项均包含于函数 $V(\dot{\boldsymbol{\theta}}, \boldsymbol{\theta})$ 的科氏项和离心项中。

通过对惯量矩阵求逆并引入关节速度作为辅助坐标，可将运动方程转换为状态空间形式：

$$\dot{z} = f(z) + B^*(\boldsymbol{\theta})u \tag{3.52}$$

式中：

$z = \begin{bmatrix} \dot{\boldsymbol{\theta}}^{\mathrm{T}} & \boldsymbol{\theta}^{\mathrm{T}} \end{bmatrix}^{\mathrm{T}}$ 是 $2n$ 阶状态向量；

向量

$$f(z) = \left\{ \begin{matrix} -M^{-1}(\boldsymbol{\theta})\left[B(\boldsymbol{\theta})\{\dot{\theta}_i\dot{\theta}_j\} \right] + C(\boldsymbol{\theta})\{\dot{\theta}^2\} + G(\boldsymbol{\theta}) \\ \dot{\boldsymbol{\theta}} \end{matrix} \right\} \tag{3.53}$$

有 $2n$ 行；

矩阵 $B^*(\boldsymbol{\theta})$ （注意不要与矩阵 $B(\boldsymbol{\theta})$ 混淆）为输入增益矩阵，有 $2n$ 行和 n 列，定义为

$$B^*(\boldsymbol{\theta}) = \begin{bmatrix} M^{-1}(\boldsymbol{\theta}) \\ 0 \end{bmatrix} \tag{3.54}$$

$u(t)$ 是一个包含输入的 n 行向量，在本例中也就是关节力矩。

除了将运动方程在关节空间中列写，还可以将运动方程在任务空间中描述：

$$M_x(\boldsymbol{\theta})\ddot{\boldsymbol{X}} + V_x(\dot{\boldsymbol{\theta}},\boldsymbol{\theta}) + G_x(\boldsymbol{\theta}) = \boldsymbol{F} \qquad (3.55)$$

式中：$\boldsymbol{X}$ 为末端执行器的位置向量（或者位姿向量，如果考虑姿态的话）；$\boldsymbol{F}$ 为作用在末端执行器上力向量（或者力矩向量），下标为 x 的矩阵和向量均相对于任务空间。

因为

$$M_{\boldsymbol{\theta}} = \boldsymbol{J}^{\mathrm{T}}\boldsymbol{F} \qquad (3.56)$$

如果 Jacobian 矩阵可逆，式（3.51）左乘 $\boldsymbol{J}^{-\mathrm{T}}$，（符号" $-\mathrm{T}$ "指对转置求逆），得到

$$\boldsymbol{J}^{-\mathrm{T}}M(\boldsymbol{\theta})\ddot{\boldsymbol{\theta}} + \boldsymbol{J}^{-\mathrm{T}}V(\dot{\boldsymbol{\theta}},\boldsymbol{\theta}) + \boldsymbol{J}^{-\mathrm{T}}G(\boldsymbol{\theta}) = \boldsymbol{J}^{-\mathrm{T}}M_{\boldsymbol{\theta}} = \boldsymbol{F} \qquad (3.57)$$

关节和任务空间中的加速度是相互关联的，表示为式（3.29）：

$$\dot{\boldsymbol{X}} = \boldsymbol{J}(\boldsymbol{\theta})\dot{\boldsymbol{\theta}}$$

对时间微分得到

$$\ddot{\boldsymbol{X}} = \dot{\boldsymbol{J}}(\boldsymbol{\theta})\dot{\boldsymbol{\theta}} + \boldsymbol{J}(\boldsymbol{\theta})\ddot{\boldsymbol{\theta}} \qquad (3.58)$$

关节空间的解为

$$\ddot{\boldsymbol{\theta}} = \boldsymbol{J}^{-1}(\boldsymbol{\theta})\ddot{\boldsymbol{X}} - \boldsymbol{J}^{-1}(\boldsymbol{\theta})\dot{\boldsymbol{J}}(\boldsymbol{\theta})\dot{\boldsymbol{\theta}} \qquad (3.59)$$

代入式（3.57），有

$$\boldsymbol{J}^{-\mathrm{T}}M(\boldsymbol{\theta})\boldsymbol{J}^{-1}(\boldsymbol{\theta})\ddot{\boldsymbol{X}} - \boldsymbol{J}^{-\mathrm{T}}M(\boldsymbol{\theta})\boldsymbol{J}^{-1}(\boldsymbol{\theta})\dot{\boldsymbol{J}}(\boldsymbol{\theta})\dot{\boldsymbol{\theta}} + \boldsymbol{J}^{-\mathrm{T}}V(\dot{\boldsymbol{\theta}},\boldsymbol{\theta}) + \boldsymbol{J}^{-\mathrm{T}}G(\boldsymbol{\theta}) = \boldsymbol{F}$$

$$(3.60)$$

比较式（3.55）、式（3.60）得到

$$M_x(\boldsymbol{\theta}) = \boldsymbol{J}^{-\mathrm{T}}M(\boldsymbol{\theta})\boldsymbol{J}^{-1}(\boldsymbol{\theta})$$

$$V_x(\dot{\boldsymbol{\theta}},\boldsymbol{\theta}) = \boldsymbol{J}^{-\mathrm{T}}[V(\dot{\boldsymbol{\theta}},\boldsymbol{\theta}) - M(\boldsymbol{\theta})\boldsymbol{J}^{-1}(\boldsymbol{\theta})\dot{\boldsymbol{J}}(\boldsymbol{\theta})\dot{\boldsymbol{\theta}}] \qquad (3.61)$$

$$G_x(\boldsymbol{\theta}) = \boldsymbol{J}^{-\mathrm{T}}G(\boldsymbol{\theta})$$

3.13　低阶控制

臂的运动受驱动器驱动，驱动器可以提供给定的力或者力矩。从而使得一个自动机器人可以得到一个通过事先编程或者根据某些规则规划出的轨迹。在遥操作中，轨迹由一个操作者进行实时控制。

现代的机器人不是连续控制，而是离散分段控制：轨迹控制器给出末端执行器的坐标或者关节坐标（取决于工作在任务空间还是关节空间），臂的低阶控制器试图通过对各个臂节施加所要求的力以实现这些指令。这是通常所说的"位置控制"。

在有些情况下，特别是末端执行器需要沿着工件的外表面移动，此时难以表示出一个轨迹，只能根据末端执行器在工作空间施加的力反馈进行控制。这种控制

方式称为"力控制"。

当一些自由度是通过反馈力控制,而其他的自由度是位置控制时,则称为"混合控制"。

无论哪种情况,都可能采用线性控制或者非线性控制:由于系统的非线性特性,理论上需要采用非线性控制。但是,如果有足够的鲁棒性,能够适应因臂节位置变化所导致的线性动力学的改变,为了简化控制任务,可以采用一个线性控制方法。

在这一节中假设一个位置控制。策略生成器把臂的一系列时序坐标作为参考输入给到控制器。这些坐标可以是在任务空间或者是在关节空间,但是在前述例中,控制器需要通过逆运动学的计算以得到各个关节的参考输入。

3.13.1 开环控制

设关节空间中的期望轨迹由函数 $\boldsymbol{\theta}_r(t)$ 定义。可以通过式(3.49)或式(3.50)计算关节力矩 $\boldsymbol{M}_\theta(t)$。后者力矩为

$$\boldsymbol{M}_\theta = \boldsymbol{M}(\boldsymbol{\theta}_r)\,\ddot{\boldsymbol{\theta}}_r + \boldsymbol{V}(\dot{\boldsymbol{\theta}}_r, \boldsymbol{\theta}_r) + \boldsymbol{G}(\boldsymbol{\theta}_r) \tag{3.62}$$

因为没有对实际的轨迹进行测量反馈,驱动器的输出力矩由机器人的模型计算得到,这类控制称为"开环"或"前馈"控制。这类控制必然会导致机器人的运动产生误差,如果机器人的模型不够精确,这种误差会比较大(甚至大到无法接受)。在工程应用中,一个开环控制无法适应现实机器中存在的不可避免的未建模动力学以及很多参数的不确定性。

3.13.2 闭环控制

绝大多数的机器人控制为"闭环"或者"反馈"控制:关节的实际位置,可能还有速度具有测量反馈,而且通过控制关节执行器,使位置与速度按照规定的轨迹所要求的数值不断得到修正。

假设每个关节都有一个能够测量坐标 θ_i 的传感器,控制器的目的是将该坐标控制到 θ_{i0}。位置误差定义为

$$\boldsymbol{e} = \boldsymbol{\theta} - \boldsymbol{\theta}_0 \tag{3.63}$$

如果关节的速度也能测量到,则参考的输入也包括速度,速度的误差为

$$\dot{\boldsymbol{e}} = \dot{\boldsymbol{\theta}} - \dot{\boldsymbol{\theta}}_0 \tag{3.64}$$

最简单的线性位置控制器是一个理想的 PID(比例、积分、微分)控制器,即控制器使得电机输出一个力矩向量:

$$\boldsymbol{M}_\theta = -\boldsymbol{K}_p \boldsymbol{e} - \boldsymbol{K}_d \dot{\boldsymbol{e}} - \boldsymbol{K}_i \int \boldsymbol{e}\mathrm{d}t \tag{3.65}$$

式中:K_p、K_d 和 K_i 分别为比例、微分和积分控制增益矩阵。如果它们为对角阵,则每个自由度均独立受控,称为"分散"控制。

例3.6 为了了解各种控制增益的作用,考虑图 3.16 中一端铰接的棱柱梁。分别研究 PD 控制和 PID 控制的控制效果。参数为:$l = 1\text{m}, m = 5\text{kg}, g = 9.81\text{m/s}^2$。

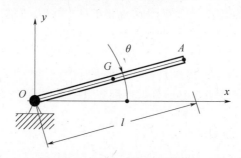

图 3.16 一端铰接的棱柱梁

因为这是一个棱柱梁,质心位于中间,关于铰链的惯量为

$$J = \frac{ml^2}{3}$$

运动公式为

$$J\ddot{\theta} + \frac{mgl}{2}\cos(\theta) = M$$

要求控制将梁控制到期望角度 θ_0 并保持。

PD 控制

使用式(3.63)给出的误差,考虑到 θ_0 为常值,控制力矩为

$$T = -K_p(\theta - \theta_0) - K_d\dot{\theta}$$

控制系统的运动方程为

$$J\ddot{\theta} + K_d\dot{\theta} + K_P\theta + \frac{mgl}{2}\cos(\theta) = K_p\theta_0$$

微分增益扮演着阻尼系数的角色,而比例增益则是刚度系数。后者越大,趋向期望位置的速度越快,但系统的震荡同样会更大,需要微分阻尼以避免大的震荡。忽略系统的非线性部分,自然频率为

$$\omega_n = \sqrt{\frac{K_p}{J}}$$

线性系统的阻尼比为

$$\zeta = \frac{K_d}{2\sqrt{K_pJ}}$$

这两个指标可以用于设计控制器,即被用于选择增益值。

$\ddot{\theta}$ 和 $\dot{\theta}$ 到 0 时可以计算得到稳定时的位置:

$$\theta + \frac{mgl}{2K_p}\cos(\theta) = \theta_0$$

仅 PD 控制是难以达到期望位置的,如果系统受到外力作用,则终端位置可以表示为

$$\theta = \theta_0 + \Delta\theta$$

式中:$\Delta\theta$ 为终端位置误差。求取平衡位置的公式为

$$\Delta\theta + \frac{mgl}{2K_p}\cos(\theta_0 + \Delta\theta) = 0$$

如果 $\Delta\theta$ 很小,

$$\cos(\theta_0 + \Delta\theta) \approx \cos(\theta_0) - \Delta\theta\sin(\theta_0)$$

容易计算出

$$\Delta\theta = -\frac{mgl\cos(\theta_0)}{2K_p - mgl\sin(\theta_0)}$$

为了计算比例增益,假设一个自然频率 $\omega_n = 2\text{Hz} = 12.57\text{rad/s}$,则比例增益的值为 $K_p = 263\ \text{N}\cdot\text{m/rad}$。假设系统为临界阻尼($\zeta = 1$),则微分增益为 $K_d = 41.9\text{N}\cdot\text{m}\cdot\text{s/rad}$。

设期望值 $\theta_0 = 30°$,使用前式计算得到 θ 角的稳定值为 $\theta = 25.17°$,稳态误差为 $\Delta\theta = 4.83°$。采用近似关系得到的 $\Delta\theta$ 近似值为 $4.85°$,相当接近。

考虑臂静止在 $\theta = 0°$ 并给出期望值 $\theta_0 = 30°$,图 3.17 的数值仿真结果表明,θ 角很快达到 $25.17°$ 的稳态值。

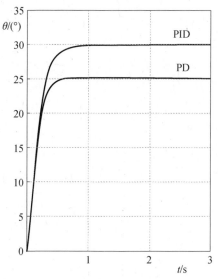 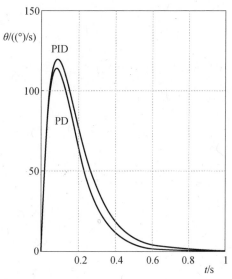

图 3.17　PD 和 PID 控制:位置和速度曲线(速度曲线取时较短)。
期望角度 $\theta_0 = 30°$,初始值 $\theta = 0°$

线性系统的极点为 $s_1 = -12.12 \ 1/\text{s}$、$s_2 = -13.12 \ 1/\text{s}$。它们几乎相等,因为系统只有非常小的过阻尼($\zeta = 1.0006$)。

PID 控制

仍然使用式(3.63)的误差表达式,考虑到 θ_0 为常值,控制力矩为

$$M_\theta = -K_p(\theta - \theta_0) - K_d\dot{\theta} - K_i\int_0^t(\theta - \theta_0)\,\mathrm{d}u$$

控制系统的运动方程为

$$J\ddot{\theta} + K_d\dot{\theta} + K_p\theta + K_i\int_0^t\theta\mathrm{d}u + \frac{mgl}{2}\cos(\theta) = K_p\theta_0 + K_i\theta_0 t$$

运动方程是一个微积分方程,应当写为状态空间形式。引入两个辅助变量:

$$v = \dot{\theta}, r = \int_0^t\theta\mathrm{d}u$$

方程写为

$$J\dot{v} + K_d v + K_p\theta + K_i r + \frac{mgl}{2}\cos(\theta) = K_p\theta_0 + K_i\theta_0 t$$

或者用矩阵形式表示:

$$\begin{Bmatrix} \dot{v} \\ \dot{\theta} \\ \dot{r} \end{Bmatrix} = \begin{bmatrix} -\dfrac{K_d}{J} & -\dfrac{K_p}{J} & -\dfrac{K_i}{J} \\ 1 & 0 & 0 \\ 0 & 1 & 0 \end{bmatrix} \begin{Bmatrix} v \\ \theta \\ r \end{Bmatrix} + \begin{Bmatrix} \dfrac{mgl}{2J}\cos(\theta) + \dfrac{K_p}{J}\theta_0 + \dfrac{K_i}{J}\theta_0 t \\ 0 \\ 0 \end{Bmatrix}$$

增加一个积分增益 $K_i = 200\text{N}\cdot\text{m}\cdot\text{s}/\text{rad}$,令期望角度为 $\theta_0 = 30°$,仿真从 $\theta = 0°$ 开始的角度变化。数值仿真的结果也画在图 3.17 中。

现在稳态值迅速达到与期望值一致。

结构空间中受控系统的运动方程为

$$M(\boldsymbol{\theta})\ddot{\boldsymbol{\theta}} + V(\dot{\boldsymbol{\theta}}, \boldsymbol{\theta}) + G(\boldsymbol{\theta}) = -K_p(\boldsymbol{\theta} - \boldsymbol{\theta}_0) - K_d(\dot{\boldsymbol{\theta}} - \dot{\boldsymbol{\theta}}_0) - K_i\int(\boldsymbol{\theta} - \boldsymbol{\theta}_0)\mathrm{d}t \tag{3.66}$$

引入以下辅助变量

$$v = \dot{\boldsymbol{\theta}}, r = \int_0^t\boldsymbol{\theta}\mathrm{d}u \tag{3.67}$$

设一个常值期望输入为 θ_0,运动方程可以写为状态方程形式,状态变量数为 $3n$。

$$\begin{Bmatrix} \dot{v} \\ \dot{\boldsymbol{\theta}} \\ \dot{r} \end{Bmatrix} = \begin{bmatrix} -M^{-1}K_d & -M^{-1}K_p & -M^{-1}K_i \\ I & 0 & 0 \\ 0 & I & 0 \end{bmatrix} \begin{Bmatrix} v \\ \boldsymbol{\theta} \\ r \end{Bmatrix}$$

$$+ \begin{Bmatrix} M^{-1}[V+G] \\ 0 \\ 0 \end{Bmatrix} + \begin{Bmatrix} M^{-1}K_p + M^{-1}K_i t \\ 0 \\ 0 \end{Bmatrix}\boldsymbol{\theta}_0 \tag{3.68}$$

例 3.7 考虑例 3.5(图 3.15)中的翻转臂。

在一个垂直面内研究它的运动。θ_1 角锁定于任意一个位置,关节 2 和 3 由一个 PID 控制器驱动。令臂的参数如下:$l_1 = 1\text{m}, l_2 = 0.6\text{m}, m_1 = 5\text{kg}, m_2 = 3\text{kg}, g = 9.81\text{m/s}^2$。假设臂为棱柱型,铰链安装在它们的末端。臂梁作为一维对象考虑(即横截面积为 0),因此沿臂梁方向的惯量为 0。

臂节关于它们质心的惯量为

$$J_{xi} = 0, J_{yi} = J_{zi} = \frac{m_i l_i^2}{12}$$

采用分散控制,由比例增益得到约 2Hz 的自然频率,由微分增益得到一个近似于临界的阻尼。

在一个给定机动下,计算臂的广义坐标变化和电机的力矩输出。

锁止第一个臂节,惯量矩阵约简为

$$M = \begin{bmatrix} J_2^* + 2J_{23}^* \cos(\theta_3) & J_3^* + J_{23}^* \cos(\theta_3) \\ J_3^* + J_{23}^* \cos(\theta_3) & J_3^* \end{bmatrix}$$

式中

$$J_2^* = J_{z2} + J_{z3} + m_2 a_2^2 + m_3 (a_3^2 + l_2^2)$$
$$J_3^* = J_{z3} + m_3 a_3^2$$
$$J_{23}^* = m_3 a_3 l_2$$

向量 $V(\dot{\theta}_i \theta_j) + G(\theta_j)$ 约简为

$$V + G = \begin{cases} -2J_{23}^* \sin(\theta_3) \dot{\theta}_2 \dot{\theta}_3 - J_{23}^* \sin(\theta_3)(\theta_i)\dot{\theta}_3^2 + G_2 \\ J_{23}^* \sin(\theta_3)\dot{\theta}_2^2 + m_3 g a_3 \cos(\theta_2 + \theta_3) \end{cases}$$

式中:$G_2 = g[m_2 a_2 + m_3 l_2]\cos(\theta_2) + m_3 g a_3 \cos(\theta_2 + \theta_3)$

对以上两个耦合线性系统,假设自然频率为 2Hz,计算得到比例增益的值分别为 $K_{p1} = 794\text{N} \cdot \text{m/rad}, K_{p2} = 57\text{N} \cdot \text{m/rad}$。

对以上两个耦合线性系统假设一个整数衰减律,得到 $K_{d1} = 126\text{N} \cdot \text{m} \cdot \text{s/rad}$, $K_{p2} = 9\text{N} \cdot \text{m} \cdot \text{s/rad}$。

任意假设积分增益:$K_{i1} = 1000\text{N} \cdot \text{m} \cdot \text{s/rad}, K_{i2} = 120\text{N} \cdot \text{m} \cdot \text{s/rad}$。

对应式(3.65)中的矩阵和向量为

$$K_p = \begin{bmatrix} K_{p1} & 0 \\ 0 & K_{p2} \end{bmatrix}, K_d = \begin{bmatrix} K_{d1} & 0 \\ 0 & K_{d2} \end{bmatrix},$$

$$K_i = \begin{bmatrix} K_{i1} & 0 \\ 0 & K_{i2} \end{bmatrix}, e = \begin{Bmatrix} \theta_1 - \theta_{10} \\ \theta_2 - \theta_{20} \end{Bmatrix}$$

通过引入式(3.67)所定义的虚拟变量,可以将运动方程写成状态空间形式。状态方程(3.68)中的状态变量因此有 6 个。

因方程是非线性的,需要用数值积分的方法进行计算。下面将示例末端执行机构从一个水平位置开始机动到坐标 $x = 300\text{mm}, y = 800\text{mm}$。

终点位置在工作空间内,可以达到。广义坐标的终值可以通过逆运动学计算,以(°)表示为

$$\boldsymbol{\theta}_0 = \left\{ \begin{array}{c} 106.1 \\ -121.7 \end{array} \right\}$$

在运动方程中令广义坐标的所有微分项为0,计算得到平衡臂重的电机稳态力矩:

$$\begin{cases} M_{\theta 1} = g[(m_1 d_1 + m_2 l_1)\cos(\theta_1) + m_2 d_2 \cos(\theta_1 + \theta_2)] \\ M_{\theta 2} = g m_2 d_2 \cos(\theta_1 + \theta_2) \end{cases}$$

使用上述 $\boldsymbol{\theta}_0$,得到电机力矩 $M_{\theta 1} = -6.50\text{N}\cdot\text{m}, M_{\theta 2} = 8.51\text{N}\cdot\text{m}$。

在数值计算中的向量 M_θ 即为力矩。

数值计算的结果见图3.18。

现在稳态值与期望值一致,尽管有一个超调,但系统没有振荡,迅速达到终值。臂末端和肘部的轨迹见图(3.19)。

臂的控制仅将终端位置作为参考输入,没有试图定义末端执行器的运动轨迹。

臂的这种控制方法是非常粗糙的,仅用于简单示例:在所有的实际应用中,低阶控制器从高阶控制器以及轨迹规划器接受它的参考输入。

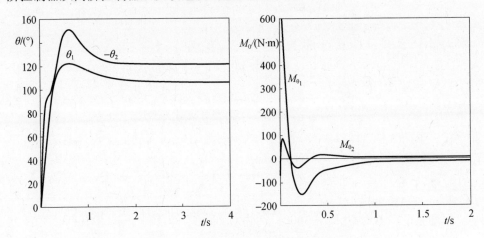

图3.18 二自由度平面机械臂的PID控制。
终端位置 $x = 300\text{mm}, y = 800\text{mm}$,图为角度和电机力矩的时间曲线

在机动的初始阶段,当偏差较大时,电机需要输出较大力矩,之后在数秒内达到稳态。

例3.8 假设电机无法提供PID控制所需的大力矩,再次对上例进行计算。

设饱和输出力矩为 $M_{\theta 1 \max} = 110\text{N}\cdot\text{m}, M_{\theta 2 \max} = 20\text{N}\cdot\text{m}$。

问题变得更为非线性,因此,难以在动力学矩阵中引入各种增益。需要在每次

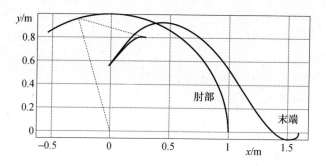

图 3.19　臂的末端及肘部的机动轨迹

积分时计算电机力矩 M_θ，考虑限幅之后，引入状态空间方程

$$\begin{Bmatrix} \dot{v} \\ \dot{\theta} \\ \dot{r} \end{Bmatrix} = \begin{bmatrix} 0 & 0 & 0 \\ I & 0 & 0 \\ 0 & I & 0 \end{bmatrix} \begin{Bmatrix} v \\ \theta \\ r \end{Bmatrix} + \begin{Bmatrix} M^{-1}f \\ 0 \\ 0 \end{Bmatrix} + \begin{Bmatrix} M^{-1}M_\theta \\ 0 \\ 0 \end{Bmatrix}$$

结果见图 3.20。

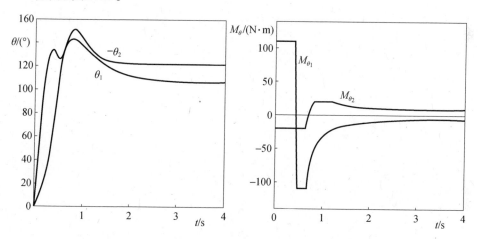

图 3.20　饱和条件下 PID 控制的二自由度平面机械臂。
终端位置 $x = 300\text{mm}$，$y = 800\text{mm}$，图为角度和电机力矩的时间曲线

正如预期，饱和延迟了到达终端位置的时间，但其主要作用是限制初始力矩。臂开始运动后，饱和对运动的作用减小了，但力矩的作用仍然很大。

3.13.3　基于模型的反馈控制

运动方程式（3.51）可以被用来改善控制器的性能。因为在每一个时刻关节坐标均已知，所以执行器可以输出一组与 $G(\theta)$ 相等的控制力矩——这些始

109

终存在的力矩用来补偿重力影响。类似的,如果知道关节的速度,执行器还可以输出一组与 $V(\dot{\boldsymbol{\theta}}_i, \boldsymbol{\theta})$ 相等的力矩,用以补偿科氏力和地心引力。则关节力矩为

$$M_\theta = V(\dot{\boldsymbol{\theta}}, \boldsymbol{\theta}) + G(\boldsymbol{\theta}) + M_c \qquad (3.69)$$

式中:M_c 为控制力矩,即由执行器施加的超出补偿重力、地心引力、科氏力所需的那部分力矩。在最简单的例子中,采用 PID 算法(图 3.21)可以得到控制力矩,关节力矩为

$$M_\theta = V(\dot{\boldsymbol{\theta}}, \boldsymbol{\theta}) + G(\boldsymbol{\theta}) - K_p e - K_d \dot{e} - K_i \int e dt \qquad (3.70)$$

运动方程约简为

$$M(\boldsymbol{\theta})\ddot{\boldsymbol{\theta}} = M_c \qquad (3.71)$$

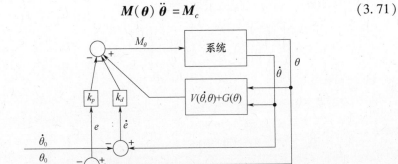

图 3.21　基于模型的控制器的结构图(为了简化,采用 PD 控制策略)。

受控系统的动力学因此可以用线性方程描述:

$$\ddot{\boldsymbol{\theta}} = M^{-1}(\boldsymbol{\theta})M_c \qquad (3.72)$$

实现这种基于模型的控制需要两个条件:控制器需要实时完成所有计算;系统参数需要精确已知。由于控制机器人的微处理器现在拥有强大的运算能力,即使航天器上的计算机不如工业设备上的先进,第一个条件也不难满足。计算机在满足航天应用要求之前常需要很长时间以进行空间环境的抗辐加固。

第二点比较苛刻。首先,臂的动力学难以精确建模。例如,前述模型中就没有明确引入关节运动的阻力;隐含假设关节的所有摩擦力矩和阻抗力矩均包含在关节力矩 M_θ 中。在对臂的控制进行数学建模时,需要考虑这些影响,否则会导致较大的误差。

模型的另一个不确定性是当指爪抓起一个对象时,操控装置质量会发生变化。因为对象的质量通常是未知的,这会引入一个未建模的动力学。

但是,即使基于模型的控制器没有完全补偿非线性,这也比完全不考虑补偿更加线性化,如果设计得足够鲁棒,反馈控制常可以实现控制目标。

110

3.13.4　前馈、反馈混合控制

前馈和反馈控制这两种基本方法可以不同程度的混合运用。假设由函数 $\theta_r(t)$ 定义了关节空间的期望轨迹。在一个开环控制中，根据期望轨迹由式(3.62) 计算得到关节力矩 $M_\theta(t)$。在开环中加入反馈，得到

$$M_\theta = M(\theta_r)\ddot{\theta}_r + V(\dot{\theta}_r,\theta_r) + G(\theta_r) - K_p e - K_d \dot{e} - K_i \int e \, \mathrm{d}t \qquad (3.73)$$

式中误差的定义同前,采用 PID 反馈控制。

在前面章节介绍的方法中,采用关节坐标和速度的真实值(测量值)计算力矩 $V(\dot{\theta},\theta) + G(\theta)$,这里,这些值采用期望值。

控制系统的运动方程为

$$M(\theta)\ddot{\theta} + V(\dot{\theta},\theta) + G(\theta) = M(\theta_r)\ddot{\theta}_r + V(\dot{\theta}_r,\theta_r) + G(\theta_r) - K_p(\theta - \theta_r)$$
$$- K_d(\dot{\theta} - \dot{\theta}_r) - K_i \int (\theta - \theta_r) \, \mathrm{d}t \qquad (3.74)$$

只有在运动的每一个时刻,偏差足够小,反馈控制不会因此产生更大偏差时,这种控制策略才有效。例如,在运动开始时直接给出终端位置作为参考输入的情况下可以采用这种类型的控制策略。

3.14　轨迹生成

在前面的例子中没有考虑遵循一个给定的轨迹:只给出了末端执行器的期望终点位置,臂可以采用任意轨迹自由运动达到。但是通常需要对臂的运动进行更好的规划,需要计算出一个轨迹,至少需要定义一系列路标点。

实际空间中最简单的轨迹是一个直线,在前半段,末端执行器以常值加速运动,然后以常值减速运动,减速时加速度的绝对值和前半段加速时一样。这种情况可能只会发生在连接起始点和终点(A 和 B)的直线全部在工作空间内且不需要经过任何一个奇异点时。

假设在 $t = 0$ 时刻,末端执行器位于点 A(坐标 X_A),在时刻 t_f 停在点 B(坐标 X_B)。

由于假设加速度 a 为常值,容易计算出速度为

$$\begin{cases} \dot{X} = at, 0 \leqslant t \leqslant \dfrac{t_f}{2} \\[2mm] \dot{X} = a\left(\dfrac{t_f}{2} - t + \dfrac{t_f}{2}\right) = a(t_f - t), \dfrac{t_f}{2} \leqslant t \leqslant t_f \end{cases} \qquad (3.75)$$

通过积分,得到

$$\begin{cases} \boldsymbol{X} = \boldsymbol{X}_A + \dfrac{1}{2}\boldsymbol{a}t^2\,, 0 \leqslant t \leqslant \dfrac{t_f}{2} \\[3mm] \boldsymbol{X} = \boldsymbol{X}_A + \boldsymbol{a}\left(tt_f - \dfrac{1}{4}t_f^2 - \dfrac{1}{2}t^2 \right), \dfrac{t_f}{2} \leqslant t \leqslant t_f \end{cases} \tag{3.76}$$

由最后一个等式得到

$$\boldsymbol{X}_B = \boldsymbol{X}_A + \frac{1}{4}\boldsymbol{a}t_f^2 \tag{3.77}$$

即

$$\boldsymbol{a} = \frac{4(\boldsymbol{X}_A - \boldsymbol{X}_B)}{t_f^2} \tag{3.78}$$

由此可以计算得到末端执行器的轨迹并很容易转换到关节空间。

控制器的时变参考输入为 $\theta_0(t)$ 和 $\dot{\theta}_0(t)$。当采用一个 PID 控制器,在计算的积分误差中要考虑参考输入的时变性,运动的状态空间方程成为

$$\begin{Bmatrix} \dot{\boldsymbol{v}} \\ \dot{\boldsymbol{\theta}} \\ \dot{\boldsymbol{r}} \end{Bmatrix} = \begin{bmatrix} -\boldsymbol{M}^{-1}\boldsymbol{K}_d & -\boldsymbol{M}^{-1}\boldsymbol{K}_p & -\boldsymbol{M}^{-1}\boldsymbol{K}_i \\ \boldsymbol{I} & 0 & 0 \\ 0 & \boldsymbol{I} & 0 \end{bmatrix} \begin{Bmatrix} \boldsymbol{v} \\ \boldsymbol{\theta} \\ \boldsymbol{r} \end{Bmatrix}$$

$$+ \begin{Bmatrix} \boldsymbol{M}^{-1}[\boldsymbol{V} + \boldsymbol{G}] \\ 0 \\ 0 \end{Bmatrix} + \begin{Bmatrix} \boldsymbol{M}^{-1}\left[\boldsymbol{K}_p\theta_0(t) + \boldsymbol{K}_p\dot{\theta}_0(t) + \boldsymbol{K}_i\displaystyle\int\theta_0(t)\,\mathrm{d}t \right] \\ 0 \\ 0 \end{Bmatrix} \tag{3.79}$$

上述轨迹是时间的二次方函数,因此加速度为常值。这种策略通常称为"bang - bang"控制(启停控制),在一个给定的最大加速度下可以产生一个最快速的运动。但是,这会在运动开始、停止以及加减速转换时引起加速度的急剧变化(即理论上一个无限大的猛推),为了使机械臂更加平滑的启停,需要规划一个关于时间更高阶项的轨迹,例如一个关于时间三次方的轨迹。

类似的,可以假设一个非直线的轨迹。常用的方法是给出一系列路标点,然后用三次样条函数进行拟合以得到一个光滑曲线轨迹。

例 3.9 假设例 3.7 中的末端执行器沿着一条直线,用 2s 的时间从起始点移动到终点。

容易计算出加速度为

$$\boldsymbol{a} = \begin{Bmatrix} -1.3 \\ 0.8 \end{Bmatrix}$$

设点 A 的坐标为 $[1,6000]^{\mathrm{T}}$ mm,点 B 的坐标为 $[300,800]^{\mathrm{T}}$ mm,运动时间为 2s。每 0.1s 计算距离和速度的参考输入,并将结果输入臂的控制器。

由于机械臂必须更迅速及时地跟踪参考输入,所以要假设采用更大的增益:

112

$k_{p1} = 3200\mathrm{N} \cdot \mathrm{m/rad}, k_{p2} = 227\mathrm{N} \cdot \mathrm{m/rad}, k_{d1} = 2500\mathrm{N} \cdot \mathrm{m} \cdot \mathrm{s/rad}, k_{d2} = 18\mathrm{N} \cdot \mathrm{m/rad},$
$k_{i1} = 2000\mathrm{N} \cdot \mathrm{m} \cdot \mathrm{s/rad}, k_{i2} = 240\mathrm{N} \cdot \mathrm{m} \cdot \mathrm{s/rad}$。

结果见图 3.22。期望轨迹 $\boldsymbol{\theta}_{01}(t)$ 和 $\boldsymbol{\theta}_{02}(t)$ 也用点线绘于图中,但关节空间的实际轨迹几乎与参考轨迹重合。关节力矩,首先是 $M_{\theta 1}$,明显有一个大的波动,这是因为参考输入每 0.1s 给出一个而且不是以连续的方式给出的。正如预期,比起将终点坐标直接给控制器,本例方法中的关节力矩要小得多,这使得臂能在全程自由移动。

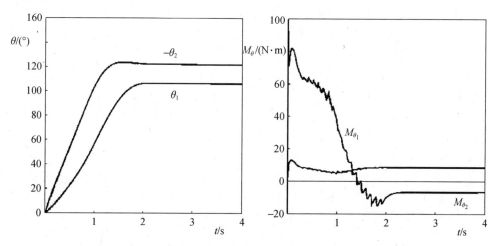

图 3.22　采用与前例相同的二自由度臂,沿着末端执行器的直线轨迹
进行 PID 控制。图为末端执行器的角度和电机力矩的时间曲线

轨迹见图 3.23。参考输入(一条直线)是一条点线,末端执行器非常精确地跟踪了参考轨迹。

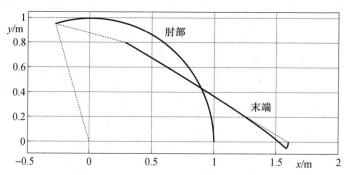

图 3.23　前幅图中臂的末端和肘部关节的运动轨迹

备注 3.9　可以规划比直线更为复杂的轨迹:给出不同的路标点,用样条函数或者其他几何插补方法拟合出轨迹曲线。

3.15　挠性臂的动力学

现实世界中不存在真正的刚体,机械臂也不例外。机械臂可能会涉及两种挠性:臂各个部分和关节、驱动器的杆状结构的挠性。结构的因素常可以用线性系统建模,关节包含一些或多或少非线性的因素,如轴承、齿轮、链条等。特别是,间隙和非线性弹力,可能是由于接触的原因,是引起非线性的主要原因。

在大多数情况下,当结构刚度足够大,变形模态的自然频率远高于刚体和控制动力学自然频率时,机器人结构的挠性是忽略掉的。大体而言,挠性体的最低自然频率应当不低于受控刚性操控装置最高自然频率的两倍。

工业机器人很容易满足这个条件,但对于移动机器人首先是空间机器人就不那么简单了。高刚度的臂非常重,这对于可移动的机械装置尤其是在空间的应用,是与减重的要求相矛盾的。

一些空间操控装置有一个非常长的臂,需要工作在低重力(或微重力)条件下。由于静负载较小,从而可以设计轻量化的结构,这会导致更显著的挠性。如果据此设计自然频率相应很低的控制,将得到一个非常缓慢的操控装置。

在减少重量的情况下,不能忽略结构的挠性影响,为了改进操控装置的性能,在设计结构子系统和控制律的时候就需要考虑臂的柔性。

挠性体的动力学研究既可以通过连续系统建模也可以采用离散化的方法,如有限元分析(FEM)。

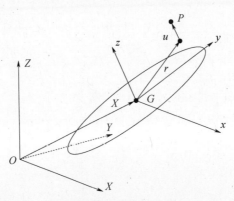

图 3.24　柔性臂节。P 是本体的固定和基础坐标系中第 i 个臂节上某一点

考虑一个运动链中的普通臂节(图 3.24 中第 i 个臂节)。在 t 时刻,质心位置、速度,旋转矩阵和体固参考坐标系的角速度分别为 X、V、R 和 Ω。体固坐标系

114

可以是臂节的一个主要的惯性坐标系,但实际上这不是必须的。

臂节上点 P 的位置在变形的机构上表示为

$$\overline{(P-O)} = X + R(r+u) \tag{3.80}$$

式中:

• $X = \begin{bmatrix} X & Y & Z \end{bmatrix}_G^T$ 是基础坐标系中质心 G 的位置向量。一般而言,它是第 i 个臂节关节变量的一个函数加上 $n-1$ 个臂节端点的形变坐标。在三维空间中,如果考虑旋转,后者一般有 $6(n-1)$ 个变量,通常被当作小量。将这些变量包含在向量 x_d 中,可以定义关于广义坐标的增广向量

$$\boldsymbol{\theta}^* = \begin{bmatrix} \boldsymbol{\theta}^T & x_d^T \end{bmatrix}^T$$

包含第 i 个臂节质心位置的所有广义坐标

$$X = X(\boldsymbol{\theta}^*) \tag{3.81}$$

• R 是臂节的旋转矩阵。它是同一个变量 X 的函数。

• $r = \begin{bmatrix} x_i & y_i & z_i \end{bmatrix}_P^T$ 是一个向量,定义了点 P 相对于它的参考点的位置,通常是相对于非刚体臂节上没有变形的某部分结构。它定义在体固坐标系中,体固系的原点位于臂节的质心。

• $u = \begin{bmatrix} u_x & u_y & u_z \end{bmatrix}_P^T$ 是同一个点在相同坐标系中的位移向量。在很多情况下,位移 u 可以被当作一个小量。

臂节上每一个点的广义坐标为

$$q = \begin{bmatrix} \boldsymbol{\theta}^{*T} & u^T \end{bmatrix}^T \tag{3.82}$$

臂节不连续部分的自由度数量等于向量 $\boldsymbol{\theta}^*$ 中的元素个数、从第 1 个到第 i 个臂节的关节坐标再加上另外的 $6(n-1)$ 个坐标 x_d。向量 $u(x,y,z,t)$ 包含了连续部分的广义坐标,在三维空间,有 3 个元素。

备注 3.10 关于此问题的公式一部分写成离散系统的形式,一部分写成连续系统形式,常称为混杂公式。

体固坐标系中点 P 的速度为

$$V_P = R^T \dot{X} + \Omega \Lambda (r+u) + \dot{u} \tag{3.83}$$

通过将向量乘积用矩阵表示,得到

$$V_P = V + (\tilde{r} + \tilde{u})^T \Omega + \dot{u} \tag{3.84}$$

式中:

$$\tilde{r} = \begin{bmatrix} 0 & -z & y \\ z & 0 & -x \\ -y & x & 0 \end{bmatrix} \tag{3.85}$$

$\tilde{u}$ 的定义与之类似。

速度 $\dot{X}$ 和 Ω 可以写作

$$\dot{X} \doteq P_1(\boldsymbol{\theta}^*) \dot{\boldsymbol{\theta}}^*, \Omega = P_2(\boldsymbol{\theta}^*) \dot{\boldsymbol{\theta}}^* \tag{3.86}$$

速度可以用 $\dot{\boldsymbol{\theta}}^*$ 表示为

$$V_P = \boldsymbol{R}^{\mathrm{T}}\,\boldsymbol{P}_1\dot{\boldsymbol{\theta}}^* + (\tilde{\boldsymbol{r}}+\tilde{\boldsymbol{u}})^{\mathrm{T}}\boldsymbol{P}_2(\boldsymbol{\theta}^*)\dot{\boldsymbol{\theta}}^* + \dot{\boldsymbol{u}} \tag{3.87}$$

点 P 无穷小量 $\mathrm{d}v$ 的动能为

$$
\begin{aligned}
\mathrm{d}T &= \frac{1}{2}\rho\,\boldsymbol{V}_P^{\mathrm{T}}\,\boldsymbol{V}_P\mathrm{d}v \\
&= \frac{1}{2}\rho\big[\dot{\boldsymbol{\theta}}^{*T}\boldsymbol{P}_1^{\mathrm{T}}\,\boldsymbol{P}_1\dot{\boldsymbol{\theta}}^* + \dot{\boldsymbol{\theta}}^{*T}\boldsymbol{P}_2^{\mathrm{T}}(\tilde{\boldsymbol{r}}\tilde{\boldsymbol{r}}^{\mathrm{T}}+2\tilde{\boldsymbol{r}}\tilde{\boldsymbol{u}}+\tilde{\boldsymbol{u}}\,\tilde{\boldsymbol{u}}^{\mathrm{T}})\boldsymbol{P}_2\dot{\boldsymbol{\theta}}^* \\
&\quad + \dot{\boldsymbol{u}}^{\mathrm{T}}\dot{\boldsymbol{u}} + 2\dot{\boldsymbol{\theta}}^{*T}\boldsymbol{P}_1^{\mathrm{T}}\boldsymbol{R}(\tilde{\boldsymbol{r}}^{\mathrm{T}}+\tilde{\boldsymbol{u}}^{\mathrm{T}})\boldsymbol{P}_2\dot{\boldsymbol{\theta}}^* + 2\dot{\boldsymbol{\theta}}^{*T}\boldsymbol{P}_1^{\mathrm{T}}\boldsymbol{R}\dot{\boldsymbol{u}} \\
&\quad + 2\dot{\boldsymbol{\theta}}^{*T}\boldsymbol{P}_2^{\mathrm{T}}(\tilde{\boldsymbol{r}}+\tilde{\boldsymbol{u}})\dot{\boldsymbol{u}}\big]\mathrm{d}v
\end{aligned}
\tag{3.88}
$$

臂节的动能为

$$
\begin{aligned}
T &= \frac{1}{2}m\dot{\boldsymbol{\theta}}^{*T}\boldsymbol{P}_1^{\mathrm{T}}\,\boldsymbol{P}_1\dot{\boldsymbol{\theta}}^* + \frac{1}{2}\dot{\boldsymbol{\theta}}^{*T}\boldsymbol{P}_2^{\mathrm{T}}\boldsymbol{J}\,\boldsymbol{P}_2\dot{\boldsymbol{\theta}}^* + \frac{1}{2}\int_v \rho\,\dot{\boldsymbol{u}}^{\mathrm{T}}\dot{\boldsymbol{u}}\mathrm{d}v \\
&\quad + \frac{1}{2}\dot{\boldsymbol{\theta}}^{*T}\boldsymbol{P}_2^{\mathrm{T}}\Big(\int_v \rho(2\tilde{\boldsymbol{r}}+\tilde{\boldsymbol{u}})\,\tilde{\boldsymbol{u}}^{\mathrm{T}}\mathrm{d}v\Big)\boldsymbol{P}_2\dot{\boldsymbol{\theta}}^* + \dot{\boldsymbol{\theta}}^{*T}\boldsymbol{P}_1^{\mathrm{T}}\boldsymbol{R}\Big(\int_v \rho\,\tilde{\boldsymbol{u}}^{\mathrm{T}}\mathrm{d}v\Big)\boldsymbol{P}_2(\boldsymbol{\theta}^*)\dot{\boldsymbol{\theta}} \\
&\quad + \dot{\boldsymbol{\theta}}^{*T}\boldsymbol{P}_1^{\mathrm{T}}\boldsymbol{R}\int_v \rho\dot{\boldsymbol{u}}\mathrm{d}v + \dot{\boldsymbol{\theta}}^{*T}\boldsymbol{P}_2^{\mathrm{T}}\int_v \rho(\tilde{\boldsymbol{r}}+\tilde{\boldsymbol{u}})\dot{\boldsymbol{u}}\mathrm{d}v
\end{aligned}
\tag{3.89}
$$

臂节在参考(无形变)结构中的整体惯性特性为

$$m = \int_v \rho\mathrm{d}v,\boldsymbol{J} = \int_v \tilde{\boldsymbol{r}}_c\,\tilde{\boldsymbol{r}}_c^{\mathrm{T}}\rho\mathrm{d}v$$

此外,由于点 G 是臂节的质心,

$$\int_v \rho\,\tilde{\boldsymbol{r}}^{\mathrm{T}}\mathrm{d}v = 0$$

给出一组虚拟位移 $\delta\boldsymbol{X}$、$\delta\boldsymbol{\theta}$ 和 $\delta\boldsymbol{u}$,在体固坐标系中虚拟位移 δx_P 表示为

$$\delta x_P = \boldsymbol{R}^{\mathrm{T}}\,\boldsymbol{P}_1\delta\boldsymbol{\theta}^* + (\tilde{\boldsymbol{r}}+\tilde{\boldsymbol{u}})^{\mathrm{T}}\boldsymbol{P}_2\delta\boldsymbol{\theta}^* + \delta\boldsymbol{u} \tag{3.90}$$

沿着体固坐标系作用在挠性臂上的分布式外力 $f(x,y,z,t)$ 的虚功为

$$\delta\boldsymbol{L} = \int_v \delta x_P^{\mathrm{T}}\boldsymbol{f}\mathrm{d}v = \int_v (\delta\boldsymbol{\theta}^{*T}\boldsymbol{P}_1^{\mathrm{T}}\boldsymbol{R}\boldsymbol{f} + \delta\boldsymbol{\theta}^{*T}\boldsymbol{P}_2^{\mathrm{T}}(\tilde{\boldsymbol{r}}+\tilde{\boldsymbol{u}})\boldsymbol{f} + \delta\boldsymbol{u}^{\mathrm{T}}\boldsymbol{f})\mathrm{d}v \tag{3.91}$$

式中:v 为系统柔性部分所占的体积。

如果一个集中外力 $\boldsymbol{F}$ 和一个瞬时力矩 $\boldsymbol{M}$ 作用在臂节上(其质心 G 受到的外力),那么作用于系统的全部虚功为

$$
\begin{aligned}
\delta\mathbf{L} &= \delta\boldsymbol{\theta}^{*T}\boldsymbol{P}_1^{\mathrm{T}}\boldsymbol{R}\boldsymbol{F} + \delta\boldsymbol{\theta}^{*T}\boldsymbol{P}_2^{\mathrm{T}}(\tilde{\boldsymbol{r}}_c\boldsymbol{F}+\boldsymbol{M}) \\
&\quad + \int_v [\boldsymbol{\theta}^{*T}\boldsymbol{P}_1^{\mathrm{T}}\boldsymbol{R}\boldsymbol{f} + \delta\boldsymbol{\theta}^{*T}\boldsymbol{P}_2^{\mathrm{T}}(\tilde{\boldsymbol{r}}+\tilde{\boldsymbol{u}})\boldsymbol{f} + \delta\boldsymbol{u}^{\mathrm{T}}\boldsymbol{f}]\mathrm{d}v
\end{aligned}
\tag{3.92}
$$

点 P 周围无穷小体积 $\mathrm{d}v$ 的重力势能为

$$\mathrm{d}U_g = -\boldsymbol{g}^{\mathrm{T}}[\boldsymbol{X}+\boldsymbol{R}(\boldsymbol{r}+\boldsymbol{u})]\mathrm{d}m \tag{3.93}$$

因为 G 为臂节的质心,

$$\int_v \rho\boldsymbol{r}\mathrm{d}v = 0 \tag{3.94}$$

116

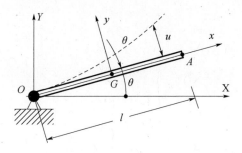

图 3.25　旋转弹性梁

对整体进行积分,得到

$$U_g = -m\,\mathbf{g}^\mathrm{T}\mathbf{X} - \mathbf{g}^\mathrm{T}\mathbf{R}\int_v\rho\mathbf{u}\mathrm{d}v \tag{3.95}$$

刚体变形的弹性势能不受广义坐标 $\boldsymbol{\theta}^*$ 的影响,仅取决于空间坐标系中的坐标 $\mathbf{u}$ 和它们的微分。

备注 3.11　通常包括一阶、二阶的导数 $\mathbf{u}'$ 和 $\mathbf{u}''$,但在一些情况下也可能包含更为高阶的导数:

$$U_e = U_e(\mathbf{u},\mathbf{u}',\mathbf{u}'') \tag{3.96}$$

张力中的非线性项或许也有必要纳入考虑,包括系统某些部分的弹力特性受到的惯性力作用的各种影响。这可以通过一个几何矩阵加以解决,但是通常这个矩阵可能是一个关于系统加速度的函数。

独立于广义坐标 $\boldsymbol{\theta}^*$ 及其速度 $\dot{\boldsymbol{\theta}}^*$ 之外,可以定义一个 Rayleigh 耗散函数。它只是坐标空间中 $\mathbf{u}$(也可能是 u)及其微分的函数。

例 3.10　考虑例 3.6 中的梁,现在将其作为一个受作动器驱动的一个结构件,并在铰链末端施加一个力矩。

计算它的动能和重力势能。

系统只有一个刚体自由度(θ),加上一个形变自由度($u(x)$)。

系统各参数为

$$\mathbf{X}(\boldsymbol{\theta}^*) = \frac{l}{2}\begin{Bmatrix}\cos(\theta)\\\sin(\theta)\\0\end{Bmatrix},\mathbf{R} = \begin{bmatrix}\cos(\theta) & -\sin(\theta)\\\sin(\theta) & \cos(\theta)\end{bmatrix},\mathbf{r} = \begin{Bmatrix}x\\0\\0\end{Bmatrix}$$

$$\mathbf{u} = \begin{Bmatrix}0\\u\\0\end{Bmatrix},\tilde{\mathbf{r}} = \begin{bmatrix}0 & 0 & 0\\0 & 0 & -x\\0 & x & 0\end{bmatrix},\tilde{\mathbf{u}} = \begin{bmatrix}0 & 0 & u\\0 & 0 & 0\\-u & 0 & 0\end{bmatrix}$$

$$\dot{\mathbf{X}} = \frac{l}{2}\begin{Bmatrix}-\sin(\theta)\\\cos(\theta)\\0\end{Bmatrix},\boldsymbol{\Omega} = \begin{Bmatrix}0\\0\\1\end{Bmatrix}\dot{\boldsymbol{\theta}}$$

117

$$P_1 = \frac{1}{2} \left\{ \begin{array}{c} -\sin(\theta) \\ \cos(\theta) \\ 0 \end{array} \right\}, P_2 = \left\{ \begin{array}{c} 0 \\ 0 \\ 1 \end{array} \right\}$$

由于梁的横截面为常值 A，那么表示动能的式(3.89)约简为

$$T = \frac{1}{2} \frac{ml^2}{3} \dot{\theta}^2 + \frac{1}{2} \rho A \int_{-l/2}^{l/2} \dot{u}^2 \mathrm{d}x + \frac{1}{2} \dot{\theta}^2 \rho A \int_{-l/2}^{l/2} u^2 \mathrm{d}x$$
$$+ \dot{\theta} \rho A \frac{l}{2} \int_{-l/2}^{l/2} \dot{u} \mathrm{d}x + \dot{\theta} \rho A \int_{-l/2}^{l/2} \dot{u} x \mathrm{d}x$$

在惯性(非旋转)参考坐标系 XY 中表示梁上一点 x 的位置，可以直接得到相同的结果：

$$\left\{ \begin{array}{c} X \\ Y \end{array} \right\} = \left\{ \begin{array}{c} \left(x + \dfrac{l}{2}\right)\cos(\theta) - u\sin(\theta) \\ \left(x + \dfrac{l}{2}\right)\sin(\theta) + u\cos(\theta) \end{array} \right\}$$

式中：$u(t)$ 为梁的挠性位移。通过对位置进行微分，易知速度为

$$\left\{ \begin{array}{c} \dot{X} \\ \dot{Y} \end{array} \right\} = \left\{ \begin{array}{c} -\left[\dot{\theta}\left(x + \dfrac{l}{2}\right) + \dot{u}\right]\sin(\theta) - \dot{\theta} u\cos(\theta) \\ \left[\dot{\theta}\left(x + \dfrac{l}{2}\right) + \dot{u}\right]\cos(\theta) - \dot{\theta} u\sin(\theta) \end{array} \right\}$$

易知，梁上长度为 $\mathrm{d}x$，材料密度为 ρ，横截面面积为 A 的一段的动能为

$$\mathrm{d}T = \frac{1}{2}\rho A \mathrm{d}\xi(\dot{X}^2 + \dot{Y}^2) = \frac{1}{2}\rho A \left[\dot{\theta}^2\left(x + \frac{l}{2}\right)^2 + \dot{u}^2 + u^2\dot{\theta}^2 + 2\left(x + \frac{l}{2}\right)\dot{\theta}\dot{u}\right]\mathrm{d}x$$

因为

$$\int_0^l \rho A \left(x + \frac{l}{2}\right)^2 \mathrm{d}x = \frac{ml^2}{3}$$

梁的动能为

$$T = \frac{1}{2}\frac{ml^2}{3}\dot{\theta}^2 + \frac{1}{2}\rho A \int_{-l/2}^{l/2} \dot{u}^2 \mathrm{d}x + \frac{1}{2}\dot{\theta}^2 \rho A \int_{-l/2}^{l/2} u^2 \mathrm{d}x + \dot{\theta}\rho A \int_{-l/2}^{l/2}\left(x + \frac{l}{2}\right)\dot{u}\mathrm{d}x$$

式中第一项为刚体动力学，第二项为结构动力学。

重力加速度矢量为

$$g = \begin{bmatrix} 0 & -g & 0 \end{bmatrix}^{\mathrm{T}}$$

长 $\mathrm{d}x$ 的一段梁的重力势能为

$$\mathrm{d}U_g = \rho g A \left[\left(x + \frac{l}{2}\right)\sin(\theta) + u\cos(\theta)\right]\mathrm{d}x$$

整个梁的重力势能为

$$U_g = \frac{mgl}{2}\sin(\theta) + \frac{mg}{l}\cos(\theta)\int_{-l/2}^{l/2} u\mathrm{d}x$$

因为梁为一个弹性体，需要在重力势能上加上一个弹性势能。如果考虑结构

118

的阻尼,可以引入一个 Rayleigh 耗散函数。

通常可以采用模态分析的方法研究挠性体动力学。首先研究各个臂节的自由振动问题,如果将系统作为连续系统建模,那么就需要获得特征值和特征函数;要么就应用离散技术获得特征值和特征向量。前者有无穷多的特征值和特征函数,后者则有 n 个特征值和 n 个特征向量。其中 n 为形变自由度的数量。

每个臂节上任意一点的位移 $u(x,y,z,t)$(在三维空间 u 是一个有三个元素的向量)可以表示为特征函数 $q_i(x,y,z)$ 一个线性组合:

$$u(x,y,z,t) = \sum_{i=1}^{\infty} \eta_i(t) q_i(x,y,z) \tag{3.97}$$

或者,对展开的表达式进行一些截断后得到

$$u(x,y,z,t) = \phi(x,y,z)\eta(t)$$

式中:$\eta(t)$ 为连续系统中包含剩下的 n 维模态坐标的一个列矩阵;$\phi(x,y,z)$ 为一个三行(三个特征值)n 列(每列一个特征函数)的矩阵。

对于离散系统,位移向量 $u(t)$ 可以表示为一个特征向量的线性组合:

$$u(t) = \sum_{i=1}^{n} \eta_i(t) q_i = \boldsymbol{\Phi}\eta(t) \tag{3.98}$$

时间函数 $\eta_i(t)$ 是模态坐标,方阵 $\boldsymbol{\Phi}$ 为特征向量矩阵,矩阵的列对应系统的特征向量。

备注 3.12 如果考虑所有的模态,即使系统存在阻尼和非线性,式(3.97)和式(3.98)也是精确的。反之,如果仅考虑有限的特征函数和特征向量,那么通常它们是近似的。对于移动的结构,这种近似会更恶化,可能需要更多的模态。

一旦确定了特征函数(特征向量)的数目,那么对应刚体动力学研究中使用的刚体坐标加上对应系统形变的模态坐标就是系统的广义坐标。

引入特征函数后的动能为

$$
\begin{aligned}
T = {} & \frac{1}{2} m \dot{\boldsymbol{\theta}}^{*\mathrm{T}} \boldsymbol{P}_1^{\mathrm{T}} \boldsymbol{P}_1 \dot{\boldsymbol{\theta}}^* + \frac{1}{2} \dot{\boldsymbol{\theta}}^{*\mathrm{T}} \boldsymbol{P}_2^{\mathrm{T}} J \boldsymbol{P}_2 \dot{\boldsymbol{\theta}}^* + \frac{1}{2} \dot{\boldsymbol{\eta}}^{\mathrm{T}} \left(\int_v \rho \boldsymbol{\phi}^{\mathrm{T}} \boldsymbol{\phi} \mathrm{d}v \right) \dot{\boldsymbol{\eta}} \\
& + \dot{\boldsymbol{\theta}}^{*\mathrm{T}} \boldsymbol{P}_2^{\mathrm{T}} \left(\int_v \rho 2\tilde{r}\tilde{u}^{\mathrm{T}} \mathrm{d}v \right) \boldsymbol{P}_2 \dot{\boldsymbol{\theta}}^* + \frac{1}{2} \dot{\boldsymbol{\theta}}^{*\mathrm{T}} \boldsymbol{P}_2^{\mathrm{T}} \left(\int_v \rho \tilde{u}\, \tilde{u}^{\mathrm{T}} \mathrm{d}v \right) \boldsymbol{P}_2 \dot{\boldsymbol{\theta}}^* \\
& + \dot{\boldsymbol{\theta}}^{*\mathrm{T}} \boldsymbol{P}_1^{\mathrm{T}} R \left(\int_v \rho\, \tilde{u}^{\mathrm{T}} \mathrm{d}v \right) \boldsymbol{P}_2(\boldsymbol{\theta}^*) \dot{\boldsymbol{\theta}} + \dot{\boldsymbol{\theta}}^{*\mathrm{T}} \boldsymbol{P}_1^{\mathrm{T}} R \left(\int_v \rho \boldsymbol{\phi} \mathrm{d}v \right) \dot{\boldsymbol{\eta}} \\
& + \dot{\boldsymbol{\theta}}^{*\mathrm{T}} \boldsymbol{P}_2^{\mathrm{T}} \left(\int_v \rho \tilde{r} \boldsymbol{\phi} \mathrm{d}v \right) \dot{\boldsymbol{\eta}} + \dot{\boldsymbol{\theta}}^{*\mathrm{T}} \boldsymbol{P}_2^{\mathrm{T}} \int_v \rho \tilde{u} \dot{u} \mathrm{d}v
\end{aligned}
\tag{3.99}
$$

其中一个积分可以直接得到

$$\overline{\boldsymbol{M}} = \int_v \rho \boldsymbol{\phi}^{\mathrm{T}} \boldsymbol{\phi} \mathrm{d}v \tag{3.100}$$

为柔性系统的(对角)模态质量矩阵。

易知其他的积分为

$$\overline{M}_1 = \int_v \rho\phi\mathrm{d}v, \overline{M}_2 = \int_v \rho\tilde{r}\phi\mathrm{d}v \tag{3.101}$$

得到

$$\begin{aligned} T &= \frac{1}{2}m\dot{\boldsymbol{\theta}}^{*\mathrm{T}}\boldsymbol{P}_1^{\mathrm{T}}\boldsymbol{P}_1\dot{\boldsymbol{\theta}}^* + \frac{1}{2}\dot{\boldsymbol{\theta}}^{*\mathrm{T}}\boldsymbol{P}_2^{\mathrm{T}}\boldsymbol{J}\boldsymbol{P}_2\dot{\boldsymbol{\theta}}^* + \frac{1}{2}\dot{\boldsymbol{\eta}}^{\mathrm{T}}\overline{\boldsymbol{M}}\dot{\boldsymbol{\eta}} \\ &+ \frac{1}{2}\dot{\boldsymbol{\theta}}^{*\mathrm{T}}\boldsymbol{P}_2^{\mathrm{T}}\Big(\int_v \rho(2\tilde{r}+\tilde{u})\,\tilde{u}^{\mathrm{T}}\mathrm{d}v\Big)\boldsymbol{P}_2\dot{\boldsymbol{\theta}}^* + \dot{\boldsymbol{\theta}}^{*\mathrm{T}}\boldsymbol{P}_1^{\mathrm{T}}\boldsymbol{R}\Big(\int_v \rho\,\tilde{u}^{\mathrm{T}}\mathrm{d}v\Big)\boldsymbol{P}_2(\boldsymbol{\theta}^*)\dot{\boldsymbol{\theta}} \\ &+ \dot{\boldsymbol{\theta}}^{*\mathrm{T}}\boldsymbol{P}_1^{\mathrm{T}}\boldsymbol{R}\,\overline{\boldsymbol{M}}_1\dot{\boldsymbol{\eta}} + \dot{\boldsymbol{\theta}}^{*\mathrm{T}}\boldsymbol{P}_2^{\mathrm{T}}\,\overline{\boldsymbol{M}}_2\dot{\boldsymbol{\eta}} + \dot{\boldsymbol{\theta}}^{*\mathrm{T}}\boldsymbol{P}_2^{\mathrm{T}}\int_v \rho\tilde{u}\dot{u}\mathrm{d}v \end{aligned}$$

$$\tag{3.102}$$

其他包含 $\tilde{u}$ 的积分需要针对不同情况进行求解,以得到用刚体坐标 $\boldsymbol{\theta}^*$ 和模态坐标 $\dot{\boldsymbol{\eta}}$ 表示的动能表达式。

通过对整体求积分,得到

$$U_g = -m\,\boldsymbol{g}^{\mathrm{T}}\boldsymbol{X} - \boldsymbol{g}^{\mathrm{T}}\boldsymbol{R}\Big(\int_v \rho\phi\mathrm{d}v\Big)\boldsymbol{\eta} \tag{3.103}$$

模态坐标下的弹性势能为

$$U_e = \frac{1}{2}\boldsymbol{\eta}^{\mathrm{T}}\overline{\boldsymbol{K}}\boldsymbol{\eta} \tag{3.104}$$

式中 $\overline{\boldsymbol{K}}$ 为柔性系统的(对角)模态刚度矩阵。

如果臂节可以当作均匀的 Euler – Bernoulli 棱柱梁进行建模,一端(相对于前一关节)夹紧而另一端自由运动,则模态的近似变得特别简单,特征函数为

$$q_i(\zeta) = \frac{1}{N_2}\{\sin(\beta_i\zeta) - \sinh(\beta_i\zeta) - N_1[\cos(\beta_i\zeta) - \cosh(\beta_i\zeta)]\} \tag{3.105}$$

式中:

$$N_1 = \frac{\sin(\beta_i) + \sinh(\beta_i)}{\cos(\beta_i) + \cosh(\beta_i)};$$

$$N_2 = \sin(\beta_i) - \sinh(\beta_i) - N_1[\cos(\beta_i) - \cosh(\beta_i)]$$

无量纲变量 ζ 为

$$\zeta = \frac{x}{l} + \frac{1}{2}$$

表 3.4 给出了不同模态中的参数 β_i。

表 3.4　不同模态中的参数 β_i

模态 k	1	2	3	4	>4
β_i	1.875	4.694	7.855	10.996	$(k-0.5)\pi$

这些数值是通过求解特征方程得到的。

例 3.11 写出前例中臂梁的运动方程,用模态近似并保留 n 阶挠性模态。

因为位移 u 仅在 y 方向有一个元素,矩阵 ϕ 第一行与最后一行为全零,n 列对应 n 阶模态。

通过在前例的表达式中简单的引入模态近似可以比较容易地计算出动能和重力势能:

$$T = \frac{1}{2}\frac{ml^2}{3}\dot{\theta}^2 + \frac{1}{2}\rho A \int_{-l/2}^{l/2} \dot{u}^2 \mathrm{d}x + \frac{1}{2}\dot{\theta}^2\rho A \int_{-l/2}^{l/2} u^2 \mathrm{d}x + \dot{\theta}\rho A \int_{-l/2}^{l/2} \left(x + \frac{l}{2}\right) \dot{u}\mathrm{d}x$$

$$U_g = \frac{mgl}{2}\sin(\theta) + \frac{mg}{l}\cos(\theta)\int_{-l/2}^{l/2} u\mathrm{d}x$$

由前者得到

$$T = \frac{1}{2}\frac{ml^2}{3}\dot{\theta}^2 + \frac{1}{2}\dot{\boldsymbol{\eta}}^{\mathrm{T}}\left(\rho A \int_{-l/2}^{l/2} \boldsymbol{q}\boldsymbol{q}^{\mathrm{T}}\mathrm{d}x\right)\dot{\boldsymbol{\eta}}$$

$$+ \frac{1}{2}\dot{\theta}^2\boldsymbol{\eta}^{\mathrm{T}}\rho A\left(\int_{-l/2}^{l/2} \boldsymbol{q}\boldsymbol{q}^{\mathrm{T}}\mathrm{d}x\right)\boldsymbol{\eta} + \dot{\theta}\rho A\left(\int_{-l/2}^{l/2} \boldsymbol{q}^{\mathrm{T}}\left(x + \frac{l}{2}\right)\mathrm{d}x\right)\dot{\boldsymbol{\eta}}$$

若特征函数已知,那么以下积分就是已知常量:

$$\overline{\boldsymbol{M}} = \rho A \int_{-l/2}^{l/2} \boldsymbol{q}\boldsymbol{q}^{\mathrm{T}}\mathrm{d}x, \boldsymbol{M}_1 = \rho A \int_0^l \boldsymbol{q}\left(x + \frac{l}{2}\right)\mathrm{d}x$$

它们分别是模态质量矩阵(由特征函数的 m - 正交特性,该矩阵为一对角阵)和一个向量。它们的阶次理论上是无限的,但实际上等于所考虑的模态数。

因此动能为

$$T = \frac{1}{2}\frac{ml^2}{3}\dot{\theta}^2 + \frac{1}{2}\dot{\boldsymbol{\eta}}^{\mathrm{T}}\overline{\boldsymbol{M}}\dot{\boldsymbol{\eta}} + \frac{1}{2}\dot{\theta}^2\boldsymbol{\eta}^{\mathrm{T}}\overline{\boldsymbol{M}}\boldsymbol{\eta} + \dot{\theta}\,\boldsymbol{M}_1^{\mathrm{T}}\dot{\boldsymbol{\eta}}$$

或更进一步,即

$$T = \frac{1}{2}\overline{\boldsymbol{M}}\begin{Bmatrix}\dot{\theta}\\\dot{\boldsymbol{\eta}}\end{Bmatrix}^{\mathrm{T}}\begin{bmatrix}J & \boldsymbol{M}_1^{\mathrm{T}}\\\boldsymbol{M}_1 & \overline{\boldsymbol{M}}\end{bmatrix}\begin{Bmatrix}\dot{\theta}\\\dot{\boldsymbol{\eta}}\end{Bmatrix} + \frac{1}{2}\dot{\theta}^2\boldsymbol{\eta}^{\mathrm{T}}\overline{\boldsymbol{M}}\boldsymbol{\eta}$$

其中:$J = \frac{ml^2}{3}$ 为梁关于其旋转轴的转动惯量。

重力势能变为

$$U_g = \frac{mgl}{2}\sin(\theta) + \frac{mg}{l}\cos(\theta)\left(\int_{-l/2}^{l/2} \boldsymbol{q}^{\mathrm{T}}\mathrm{d}x\right)\boldsymbol{\eta}$$

或

$$U_g = \frac{mgl}{2}g\sin(\theta) + g\cos(\theta)\boldsymbol{M}_2^{\mathrm{T}}\boldsymbol{\eta}$$

式中:

$$\boldsymbol{M}_2 = \frac{m}{l}\int_{-l/2}^{l/2} \boldsymbol{q}\mathrm{d}\xi$$

弹性势能与固定振动梁一样,即

$$U_e = \frac{1}{2}\boldsymbol{\eta}^{\mathrm{T}}\bar{\boldsymbol{K}}\boldsymbol{\eta}$$

式中:$\bar{\boldsymbol{K}}$ 为模态刚度矩阵,由于特征函数具有 k – 正交特性,所以它是一个对角矩阵。

由于梁的左端被夹住,不存在由挠性引起的旋转,第一个方程中的合成力矩是电动机力矩 M_θ。在其他的等式中不存在其他合力。

则第一个方程为

$$J\ddot{\theta} + \ddot{\theta}\boldsymbol{\eta}^{\mathrm{T}}\bar{\boldsymbol{M}}\boldsymbol{\eta} + \boldsymbol{M}_1^{\mathrm{T}}\ddot{\boldsymbol{\eta}} + 2\dot{\theta}\boldsymbol{\eta}^{\mathrm{T}}\bar{\boldsymbol{M}}\dot{\boldsymbol{\eta}} + \frac{mgl}{2}\cos(\theta) - g\sin(\theta)\boldsymbol{M}_2^{\mathrm{T}}\boldsymbol{\eta} = M_\theta$$

其他方程中的微分为

$$\frac{\partial T}{\partial \dot{\boldsymbol{\eta}}} = \bar{\boldsymbol{M}}\dot{\boldsymbol{\eta}} + \dot{\theta}\boldsymbol{M}_1$$

$$\frac{\mathrm{d}}{\mathrm{d}t}\left(\frac{\partial T}{\partial \dot{\boldsymbol{\eta}}}\right) = \bar{\boldsymbol{M}}\ddot{\boldsymbol{\eta}} + \ddot{\theta}\boldsymbol{M}_1$$

$$\frac{\partial(T - U)}{\partial \boldsymbol{\eta}} = \dot{\theta}^2\bar{\boldsymbol{M}}\boldsymbol{\eta} - g\cos(\theta)\boldsymbol{M}_2 - \bar{\boldsymbol{K}}\boldsymbol{\eta}$$

相应的方程为

$$\bar{\boldsymbol{M}}\ddot{\boldsymbol{\eta}} + \ddot{\theta}\boldsymbol{M}_1 - \dot{\theta}^2\bar{\boldsymbol{M}}\boldsymbol{\eta} + g\cos(\theta)\boldsymbol{M}_2 + \bar{\boldsymbol{K}}\boldsymbol{\eta} = 0$$

即一组关于变量 θ 和 $\boldsymbol{\eta}$ 的非线性方程。

如果忽略第一个方程中的 $\ddot{\theta}\boldsymbol{\eta}^{\mathrm{T}}\bar{\boldsymbol{M}}\boldsymbol{\eta}$,从非线性中分离出线性部分,得到

$$\boldsymbol{M}\ddot{\boldsymbol{x}} + \boldsymbol{K}\boldsymbol{x} = \boldsymbol{f} + \boldsymbol{T}$$

其中质量矩阵为常值:

$$\boldsymbol{M} = \begin{bmatrix} J & \boldsymbol{M}_1^{\mathrm{T}} \\ \boldsymbol{M}_1 & \bar{\boldsymbol{M}} \end{bmatrix}, \boldsymbol{K} = \begin{bmatrix} 0 & 0 \\ 0 & \bar{\boldsymbol{K}} \end{bmatrix}, \boldsymbol{x} = \begin{Bmatrix} \theta \\ \boldsymbol{\eta} \end{Bmatrix},$$

$$\boldsymbol{f} = \begin{Bmatrix} -2\dot{\theta}\boldsymbol{\eta}^{\mathrm{T}}\bar{\boldsymbol{M}}\dot{\boldsymbol{\eta}} - Sg\cos(\theta) + g\sin(\theta)\boldsymbol{M}_2^{\mathrm{T}}\boldsymbol{\eta} \\ + \dot{\theta}^2\bar{\boldsymbol{M}}\boldsymbol{\eta} - g\cos(\theta)\boldsymbol{M}_2 \end{Bmatrix}, \boldsymbol{T} = \begin{Bmatrix} M_\theta \\ 0 \end{Bmatrix}$$

反之若不忽略 $\ddot{\theta}\boldsymbol{\eta}^{\mathrm{T}}\bar{\boldsymbol{M}}\boldsymbol{\eta}$,则质量矩阵不为常值:

$$\boldsymbol{M} = \begin{bmatrix} J + \boldsymbol{\eta}^{\mathrm{T}}\bar{\boldsymbol{M}}\boldsymbol{\eta} & \boldsymbol{M}_1^{\mathrm{T}} \\ \boldsymbol{M}_1 & \bar{\boldsymbol{M}} \end{bmatrix}$$

这也不是太大问题,因为等式无论如何都是非线性的,即使是在最简化的情况下,都需要进行数值积分运算。

特征函数以式(3.105)及下式表示。N_2 的值是自由端特征函数的最大值(当 $\zeta = 1$),等于单位值。这样一来,臂梁末端的模态位移由相应的模态坐标组成。考虑到梁是均质棱柱形的,得到

$$\overline{M}_{ii} = \frac{m}{l} \int_{-l/2}^{l/2} q_i^2 \, dx, \overline{K}_{ii} = \frac{\beta_i^4}{l^4} \frac{EI_y}{\rho A} \overline{M}_{ii}$$

$$\boldsymbol{M}_{1i} = m \int_{-l/2}^{l/2} q_i \left(x + \frac{l}{2} \right) dx, M_{2i} = \frac{m}{l} \int_{-l/2}^{l/2} q_i \, dx$$

为了避免对复杂的谐波和双曲函数进行积分,可以采用数值计算的方法。模态质量和刚度简化为

$$\overline{M}_{ii} = \frac{m}{4}, \overline{K}_{ii} = \frac{\beta_i^4 EI}{4l^3}$$

例 3. 12 前例中,采用一个 PID 控制器控制臂梁达到并保持在终端位置,计算轨迹曲线。假设在时间 $t = 0$,梁没有偏斜,位于 x 轴上。

参数同例 3.6($l = 1\text{m}, m = 5\text{kg}, g = 9.81\text{m/s}^2, K_p = 263\text{N} \cdot \text{m/rad}, K_d = 41.9\text{N} \cdot \text{m} \cdot \text{s/rad}, K_i = 200\text{N} \cdot \text{m} \cdot \text{s/rad}$)。材料参数为 $\rho = 2700\text{kg/m}^3, E = 7.2 \times 10^{10}\text{N/m}^2$。横截面面积为 1851mm^2,横截面的面积惯性矩假设为 $I = 7410\text{mm}^4$。根据这些参数得到一个非常细长和柔韧的臂梁。长度直径比高达 500,适用于采用欧拉 – 伯努利(Euler – Bernoulli)梁模型。

首先假设传感器量出角度 θ。由于梁的变形,这样明显存在一个位姿误差。采用一个 PID 控制器,电机力矩为

$$M_\theta = - K_p (\theta - \theta_0) - K_d \dot{\theta} - K_i \int_0^t (\theta - \theta_0) \, du$$

在运动方程中引入辅助变量:

$$\boldsymbol{v} = \dot{\boldsymbol{x}}, \boldsymbol{r} = \int_0^t \boldsymbol{x} \, du$$

得到一组 $3(n+1)$ 个方程,其中 n 为所考虑的模态数。事实上,与坐标积分关联的变量 $\boldsymbol{r}$ 不必为 n:因为积分控制仅作用于一个坐标,所以向量 $\boldsymbol{r}$ 仅需要一个元素。这样得到一个进化的方程组。

运动方程中的 T 为

$$\boldsymbol{T} = - \boldsymbol{K}_p \boldsymbol{x} - \boldsymbol{K}_d \boldsymbol{v} - \boldsymbol{K}_i \boldsymbol{r} + \boldsymbol{K}_p \boldsymbol{x}_0 + \boldsymbol{K}_i \boldsymbol{x}_0 t,$$

式中的增益矩阵均有 $n + 1$ 行和列,分别为

$$\boldsymbol{K}_p = \begin{bmatrix} K_p & 0 \\ 0 & 0 \end{bmatrix}, \boldsymbol{K}_d = \begin{bmatrix} K_d & 0 \\ 0 & 0 \end{bmatrix}, \boldsymbol{K}_i = \begin{bmatrix} K_i & 0 \\ 0 & 0 \end{bmatrix}$$

表示为状态空间形式为

$$\begin{Bmatrix} \dot{\boldsymbol{v}} \\ \dot{\boldsymbol{x}} \\ \dot{\boldsymbol{r}} \end{Bmatrix} = \begin{bmatrix} -\boldsymbol{M}^{-1}\boldsymbol{K}_d & -\boldsymbol{M}^{-1}(\boldsymbol{K}_p + \boldsymbol{K}) & -\boldsymbol{M}^{-1}\boldsymbol{K}_i \\ \boldsymbol{I} & 0 & 0 \\ 0 & \boldsymbol{I} & 0 \end{bmatrix} \begin{Bmatrix} \boldsymbol{v} \\ \boldsymbol{x} \\ \boldsymbol{r} \end{Bmatrix}$$

$$+ \left\{ \begin{matrix} M^{-1}f \\ 0 \\ 0 \end{matrix} \right\} + \left\{ \begin{matrix} M^{-1}(K_p + K_i t)x_0 \\ 0 \\ 0 \end{matrix} \right\}$$

考虑前四阶模态进行数值积分仿真的结果见图3.26。以度表示角度 θ,另外还有模态坐标 η_i,比率 η_i/l。它们指第 i 个模态相对于点 O 的臂端位移角度。

作为挠性体的臂梁的振动是有限的——挠性模态由于振动非常迅速,因此振幅为小量,20s 后 θ_0 的终值为 30°,然而,当考虑所有四阶模态,臂端相对于点 O 的角度为 29.43°,存在一个 0.57°的误差,即 8.6mm。

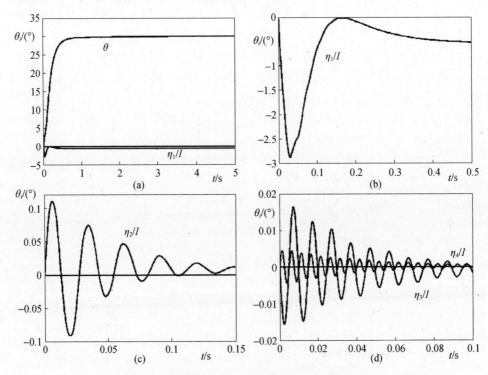

图 3.26　数值积分结果:4 阶模态的角度 θ 和 η_i/l。

(b)、(c)和(d)给出了 $t = 0$ 后模态形变的局部放大图

例 3.13　采用一个传感器测量臂端的位移,再次计算前例。

直线 OA 与 x 轴之间的角度为参考角 θ_0。误差为

$$e = \theta + \frac{1}{l} \sum_{i=1}^{n} \eta_i - \theta_0$$

假设仅对 $\dot{\theta}$ 采用对位姿终值没有影响的微分控制,电机力矩为

$$M_\theta = -K_p \Big(\theta + \frac{1}{l} \sum_{i=1}^{n} \eta_i - \theta_0 \Big) - K_d \dot{\theta} - K_i \int_0^t \Big(\theta + \frac{1}{l} \sum_{i=1}^{n} \eta_i - \theta_0 \Big) \mathrm{d}u$$

采用上述同样的方法，引入同样的辅助变量，运动方程中的向量 T 为

$$T = -K_p x - K_d v - K_i r + K_p \theta_0 + K_i \theta_0 t$$

式中的增益矩阵均为 $n+1$ 阶方阵，即

$$K_p = K_p \begin{bmatrix} 1 & \beta \\ 0 & 0 \end{bmatrix}, K_d = \begin{bmatrix} K_d & 0 \\ 0 & 0 \end{bmatrix}, K_i = K_i \begin{bmatrix} 1 & \beta \\ 0 & 0 \end{bmatrix}$$

其中：

$$\beta = \frac{1}{l} \begin{bmatrix} 1 & 1 & 1 & 1 & \cdots & 1 \end{bmatrix}$$

系统的状态空间方程为

$$\begin{Bmatrix} \dot{v} \\ \dot{x} \\ \dot{r} \end{Bmatrix} = \begin{bmatrix} -M^{-1}K_d & -M^{-1}(K_p + K) & -M^{-1}K_i \\ I & 0 & 0 \\ 0 & I & 0 \end{bmatrix} \begin{Bmatrix} v \\ x \\ r \end{Bmatrix}$$

$$+ \begin{Bmatrix} M^{-1}f \\ 0 \\ 0 \end{Bmatrix} + \begin{bmatrix} M^{-1} \\ 0 \\ 0 \end{bmatrix} \begin{Bmatrix} (K_p + K_i t)\theta_0 \\ 0 \end{Bmatrix}$$

因为与图 3.26 的差异很小，所以没有给出数值积分的结果。20 s 后 θ_0 的终值为 30.57°，比期望值略大，这是因为需要补偿由于静力（重力）所带来的挠性位移。考虑所有的 4 阶模态，臂端则相对于点 O 的角度为 30.00 °，表明这种控制能够补偿所有由臂梁柔性引起的误差。

例 3.14 对于前例中的臂梁，采用开环系统，以一个既定模式来控制执行器力矩。

设力矩受控遵循一个方波（bang – bang 控制）模式（图 3.27(a)）或一个更为复杂的双正矢时间曲线（图 3.27(b)），忽略重量，计算在 1s 内旋转 45°所需的最大力矩和臂梁端机动过程的时间曲线。

特别是研究臂梁在终端位姿停下来之后产生的振动。

问题将被分解为刚体的动力学和梁的振动两个独立的问题。

刚体动力学

作为一个刚体，臂梁的运动方程可以通过简单的忽略前例中第一个运动方程的 η 项得到

$$J\ddot{\theta} + \frac{mgl}{2}\cos(\theta) = M_\theta$$

不考虑重量，在 bang – bang 控制下，力矩为

$$M_\theta = M_{\theta max}, 0 \leqslant t \leqslant \frac{t_{max}}{2}$$

$$M_\theta = -M_{\theta max}, \frac{t_{max}}{2} < t \leqslant t_{max}$$

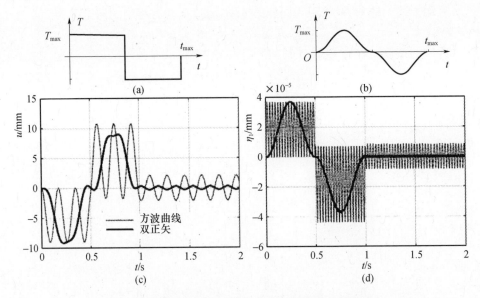

图 3.27　臂梁在驱动力矩 $T(t)$ 作用下绕其一端旋转

（a）和（b）方波和双正矢曲线模式机动下的控制力矩时间曲线；（c）自由端位移的
时间曲线：以数值积分计算前五阶模态得到的刚体位置的位移；（d）第二阶模态的响应。

注意到方波控制是在最短的过程时间中，采用一个最大的驱动力矩达到一个给定值。控制律是关于时间对称的，臂梁的速度在时间 $t_{\max}$ 变为 0。通过对运动方程进行积分，位移的时间函数为

$$\theta = \frac{3T_{\max}}{2ml^2}t^2, 0 \leqslant t \leqslant \frac{t_{\max}}{2}$$

$$\theta = \frac{3T_{\max}}{4ml^2}(-t_{\max}^2 + 4t_{\max}t - 2t^2), \frac{t_{\max}}{2} \leqslant t \leqslant t_{\max}$$

旋转中力矩与位移 $\theta_{\max}$ 关于时间的函数关系为

$$M_{\theta\max} = \frac{4ml^2\theta_{\max}}{3t_{\max}^2}$$

双正矢曲线控制中，力矩为

$$M_\theta = \frac{M_{\theta\max}}{2}\left[1 - \cos\left(\frac{4\pi}{t_{\max}}t\right)\right], 0 \leqslant t \leqslant \frac{t_{\max}}{2}$$

$$M_\theta = -\frac{M_{\theta\max}}{2}\left[1 - \cos\left(\frac{4\pi}{t_{\max}}t\right)\right], \frac{t_{\max}}{2} \leqslant t \leqslant t_{\max}$$

同样，双正矢控制律是关于时间对称的，臂梁的速度在时间 $t_{\max}$ 变为 0。通过对运动方程进行积分，位移的时间函数在 $0 \leqslant t \leqslant t_{\max}/2$ 和 $t_{\max}/2 \leqslant t \leqslant t_{\max}$ 分别为

$$\theta = \frac{3T_{\max}}{4ml^2}\left\{t^2 + \frac{t_{\max}^2}{8\pi^2}\left[\cos\left(\frac{4\pi}{t_{\max}}t\right) - 1\right]\right\}$$

126

$$\theta = \frac{3T_{\max}}{8ml^2}\left\{ -t_{\max}^2 + 4t_{\max}t - 2t^2 - \frac{t_{\max}^2}{4\pi^2}\left[\cos\left(\frac{4\pi}{t_{\max}}t\right) - 1\right]\right\}$$

旋转中力矩与位移 $\theta_{\max}$ 关于时间的函数关系为

$$M_{\theta\max} = \frac{8ml^2\theta_{\max}}{3t_{\max}^2}$$

方波最大的力矩值为 $M_{\theta\max} = 13.09\text{N} \cdot \text{m}$,双正矢则为 $M_{\theta\max} = 26.17\text{N} \cdot \text{m}$。

振动

通过假设给出轨迹 $\theta(t)$,前述计算出的运动方程约简为

$$\overline{M}\,\ddot{\boldsymbol{\eta}} + (\overline{K} - \theta^2\overline{M} + g\cos(\theta)M_2)\boldsymbol{\eta} = \ddot{\theta}M_1$$

第一、二项是静态臂梁运动方程中的常规项,第三项为绕垂直于 y 轴方向旋转时由离心力导致的离心刚度项。

如果角速度足够小,由于离心导致的刚性拉伸较小,这些影响可以忽略。实际上,在小幅运动的研究中,常常加速度很大但是角速度很小。再者,研究的目的主要是当达到期望的位姿后预测臂梁的自由运动。显然忽略项并不是没有影响,因为臂梁运动停止后的响应取决于运动过程,但是假设其影响较小是可以接受的,至少在进行初步的近似研究时。

由于不包含臂梁的形变,一个关于重量的项(这里加以忽略)以及一个臂梁的加速度项可以当作外部的激励。

臂梁在惯性力 M_1 作用下可以被当作一个静态梁来加以研究。

$$\overline{M}\,\ddot{\boldsymbol{\eta}} + \overline{K}\boldsymbol{\eta} = \ddot{\theta}M_1$$

两种情况下通过数值积分得到的模态方程中前五阶模态的解见图 3.27(c)(臂梁末端的所有位移)和图 3.27(d)(臂梁第二阶模态的位移)。

由图可见双正矢控制成功实现了臂梁的位置控制,且没有像"bang-bang"控制一样引起长时间的振动。后者强烈激发了阻尼较小的一阶模态,这是特定应用下的结果,因为一个正矢曲线的控制输入也可以激起一些模态;但是,方波控制相较更为平滑的其他控制方式更容易激起振动是一个公认的事实。

在很多情况下,采用的是比方波和正矢都更好的特定的控制律,而且更多的理论和实践工作致力于确定最优的控制律。注意到此前没有考虑臂梁材料的阻尼衰减。实际上,梁阻尼衰减得比计算值更快。

在实际情况中,需要在开环控制中联合一个闭环控制以获得一个足够的位姿精度。

3.16 高阶控制

迄今为止,仅介绍了最低阶的控制。反馈控制回路采用臂上传感器测量得到

的位置和速度信息驱动作动器到达一个给定位置,可能还加上一个前馈控制,这种方式较为简单且不需要复杂的控制算法。

对于一个遥操作臂,由控制回路中的人实施高阶控制,设置臂要达到的目标,给出运动朝向的姿态。

人们常考虑采用工业机器人,特别是当臂需要自动移动时,但也仅仅是执行重复性操作。操作者沿着一条给定的轨迹移动机械臂,通常采用一个键盘,存储一定数量的关键点,然后控制器自动完成相同的重复运动。

但是这种策略在作业循环不一致,或者机器人需要面对一些未知状况时就不适用了。而这是空间机器人经常碰到的情况。

如果需要机器人事先未经规划,自主移动,困难会迅速增加。需要高阶控制具有非常复杂的控制算法,目前这仍是研究的目标。

另一个困难来自于需要了解操控对象的位置和姿态。这需要将一个相机(或者最好有两个相机以形成立体视觉)连接到处理图像的计算机上,但是机器视觉整个领域仍然是一个研究的热点。

当机械臂需要沿着操控对象的表面或与之保持接触,则控制是基于输出的力而不是位姿。此时,更多的是基于触觉,而不是基于视觉。

备注 3.13 机械臂轨迹的定义非常类似于移动机器人或自动驾驶汽车的轨迹。

3.17 并行操控装置

截止目前为止操控装置均假设为开放链式结构。这不是唯一的,闭合的运动链也可以作为操控装置,尤其是在需要精确操控大负载对象时。

并行操控装置相较于开放式链式操控装置,具有更大的负载能力、刚度、精度和速度,但是它们的工作空间,包括位置和姿态,通常会比较受限制。Stewart 平台是众所周知的一个并行操控装置,由 6 根受控伸缩的连杆将一个刚体(平台)与一个基座相连。它有 6 个关节坐标(臂节的长度)以确定平台的姿态,因此它的关节坐标和末端执行器的空间坐标一样多。

Stewart 平台是由 Gough 于 20 世纪 60 年代在 Dunlop 公司建造出来的一种轮胎检测设备,用于定位轮胎并使其保持所要求的运动方向。它之后得到了广泛应用,包括航天领域。尽管 Hexapod(不要将其与拥有同样名称的六足行走机器技术混淆)是权属 Geodetic Technology 公司一个 Stewart 平台的商标,但这个名称已经被广泛的使用。

如前所述,一个 Stewart 平台中 6 个线性作动器连接着基座和平台,平台的位姿由作动器的长度所决定(图 3.28(a))。基座和平台间作动器的两端可以分布在两个平面中,如图所示。本例中,基座和平台为六边形,可以证明如果它们为等边六边形,则平台是奇异的。

对于并行操控装置,逆运动学比正向运动学简单,正向运动学包括一组复杂的非线性方程求解。Stewart 平台也不例外。

在基座上选择一点 O,在平台上选择一点 G,建立基座参考坐标系 $OXYZ$ 和一个平台参考坐标系 $Gxyz$。定义向量 $(\overline{G-O}) = \boldsymbol{X}$,$(\overline{P_{bi}-O}) = \boldsymbol{r}_{Pbi}$,$(\overline{P_{pi}-O}) = \boldsymbol{r}_{Ppi}$,后者表示在平台参考坐标系中,如图 3.28(a) 所示,第 i 个常规作动器的长度表示为

$$l_i = |\boldsymbol{X} + \boldsymbol{R}\,\boldsymbol{r}_{Ppi} - \boldsymbol{r}_{Pbi}| \tag{3.106}$$

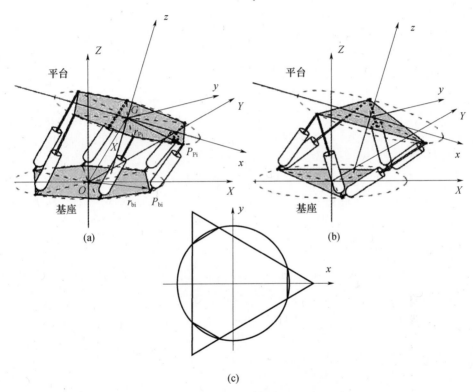

图 3.28 (a)普通的 Stewart 平台;(b)基座和平台为三角形的 Stewart 平台;
(c)一个圆内切不规则六边形

如果基座是平的且位于 XY 平面,向量 $\boldsymbol{r}_{Pbi}$ 可以表示为

$$\boldsymbol{r}_{Pbi} = [\,R_{bi}\cos(\theta_{bi}) \quad R_{bi}\sin(\theta_{bi}) \quad 0\,]^{\mathrm{T}} \tag{3.107}$$

类似的,如果平台是平的且位于 xy 平面,向量 $\boldsymbol{r}_{Ppi}$ 可以表示为

$$\boldsymbol{r}_{Ppi} = [\,R_{pi}\cos(\theta_{pi}) \quad R_{pi}\sin(\theta_{pi}) \quad 0\,]^{\mathrm{T}} \tag{3.108}$$

平台的姿态由点 G(向量 $\boldsymbol{X}$)的坐标和矩阵 $\boldsymbol{R}$(3,7)表达式中的滚动、俯仰和偏

航角定义。如果作动器连接基座和平台的两个点分别位于以点 O 和 G 为圆心的圆上(图 3.28(c)),则 R_{bi} 和 R_{pi} 处处相等。

通过将旋转矩阵引入式(3.28)并进行相关的运算,得到 6 个逆运动方程:

$$
\begin{aligned}
l_i = \{ & X^2 + Y^2 + Z^2 + R_{pi}^2 + R_{bi}^2 - 2YR_{bi}\sin(\theta_{bi}) - 2XR_{bi}\cos(\theta_{bi}) \\
& + 2XR_{pi}[\cos(\psi)\cos(\theta)\cos(\theta_{pi}) - \sin(\theta_{pi})\sin(\psi)\cos(\phi) \\
& + \sin(\theta_{pi})\cos(\psi)\sin(\theta)\sin(\phi)] + 2YR_{pi}[\sin(\psi)\cos(\theta)\cos(\theta_{pi}) \\
& + \sin(\theta_{pi})\cos(\psi)\cos(\phi) + \sin(\theta_{pi})\sin(\psi)\sin(\theta)\sin(\phi)] \\
& + 2YR_{pi}[\cos(\theta)\sin(\phi)\sin(\theta_{pi}) - \sin(\theta)\cos(\theta_{pi})] \\
& - 2R_{pi}R_{bi}\sin(\theta_{bi})\sin(\theta_{pi})[\sin(\psi)\sin(\theta)\sin(\phi) + \cos(\psi)\cos(\phi)] \\
& - 2R_{pi}R_{bi}\cos(\theta_{pi})\cos(\theta)[\cos(\psi)\cos(\theta_{bi}) + \sin(\psi)\sin(\theta_{bi})] \\
& + 2R_{pi}R_{bi}\cos(\theta_{bi})\sin(\theta_{pi})[\sin(\psi)\cos(\phi) - \cos(\psi)\sin(\theta)\sin(\phi)]\}^{1/2}
\end{aligned}
\qquad , i = 1, \cdots, 6
$$

(3.109)

这 6 个方程需要通过数值方法利用 X、Y、Z、ϕ、θ 和 ψ 求解以得到正向运动学。

通过计算 l_i 表达式的微分,可以求解 Jacobian 矩阵的逆,从而从物理空间直接计算出关节空间的速度,尽管不那么容易,但是可以得到闭合形式。Jacobian 矩阵的逆转换可以通过数值转换得到。

例 3.15 作为最后一个例子,设火星表面($g = 3.77\text{m/s}^2$)漫游车车厢位置安装有一个机械臂,需要从星表拾起一块岩石然后放置到样本筐中(图 3.29(a))。

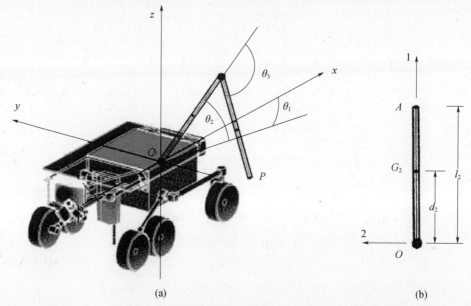

(a)　　　　　　　　　(b)

图 3.29　(a)漫游车上机械臂草图;(b)臂的第一部分及其主惯量轴的草图

130

这是一个人形臂,第一个关节是一个球形关节($l_1 = 0$),其参数为:$l_2 = 1.5\text{m}$,$d_2 = 0.9\text{m}$,$m_2 = 5\text{kg}$,$l_3 = 1.3\text{m}$,$d_3 = 0.75\text{m}$,$m_3 = 3\text{kg}$。臂上轴1、2和3均假设为其惯量主轴。轴1的转动惯量假设小到可以忽略。另外两轴的转动惯量相当为$J_2 = 1.25\text{kg} \cdot \text{m}^2$和$J_3 = 0.81\text{kg} \cdot \text{m}^2$。

样本质量为$m_s = 10\text{kg}$。

臂受一个PID控制器控制,而电机的输出为一个有限力矩。

臂在静止时具有以下角度参数:

$$\boldsymbol{\theta}_0 = \begin{bmatrix} 0 & 90^o & -150^o \end{bmatrix}^{\text{T}}$$

每一个机动均采用一个直线运动轨迹,设计两个路标点和终点,加减速期间的加速度为常值:

- 拾取:

路标1(离开漫游车)$\begin{bmatrix} 200 & -400 & 600 \end{bmatrix}^{\text{T}}$mm,3s内到达;

路标2(靠近目标)$\begin{bmatrix} -1000 & -1000 & -700 \end{bmatrix}^{\text{T}}$mm,另用5s到达;

目标(样本)$\begin{bmatrix} -1000 & -1000 & -800 \end{bmatrix}^{\text{T}}$mm,另用2s到达。

- 返回:

路标3(越过漫游车)$\begin{bmatrix} -200 & -400 & 600 \end{bmatrix}^{\text{T}}$mm,3s内到达;

路标4(靠近目标)$\begin{bmatrix} -400 & 0 & 10 \end{bmatrix}^{\text{T}}$mm,另用5s到达;

目标(样本筐)$\begin{bmatrix} -400 & 0 & 0 \end{bmatrix}^{\text{T}}$mm,另用2s到达。

对于所有关节,控制器增益为$K_p = 2000\text{N} \cdot \text{m/rad}$,$K_d = 4000\text{N} \cdot \text{m/rad}$,$K_i = 600\text{N} \cdot \text{m/rad}$。电机力矩限幅为

$$\boldsymbol{M}_{\theta\max} = \begin{bmatrix} 80 & 30 & 15 \end{bmatrix}^{\text{T}}\text{N} \cdot \text{m}$$

臂在距离目标的误差为10mm时停止运动。

臂的运动学和逆运动学见例3.1,开环动力学见例3.5。

由于电机的力矩有限,在达到最大力矩时需要在每一步积分时修正电机力矩。

通过引入常规辅助变量,运动的闭环等式为

$$\left\{\begin{matrix} \dot{\boldsymbol{v}} \\ \dot{\boldsymbol{\theta}} \\ \dot{\boldsymbol{r}} \end{matrix}\right\} = \begin{bmatrix} 0 & 0 & 0 \\ \boldsymbol{I} & 0 & 0 \\ 0 & \boldsymbol{I} & 0 \end{bmatrix}\left\{\begin{matrix} \boldsymbol{v} \\ \boldsymbol{\theta} \\ \boldsymbol{r} \end{matrix}\right\} + \left\{\begin{matrix} \boldsymbol{M}^{-1}\boldsymbol{f} \\ 0 \\ 0 \end{matrix}\right\} + \left\{\begin{matrix} \boldsymbol{M}^{-1}\boldsymbol{M}_\theta \\ 0 \\ 0 \end{matrix}\right\}$$

式中:M和f为例3.5中得到的质量矩阵和向量。电机力矩为

$$\boldsymbol{M}_\theta = -\boldsymbol{K}_p(\boldsymbol{\theta} - \boldsymbol{\theta}_0) - \boldsymbol{K}_d(\boldsymbol{v} - \boldsymbol{v}_0) - \boldsymbol{K}_i\boldsymbol{r} - \int_0^t \boldsymbol{\theta}_0 \mathrm{d}u$$

如果其绝对值未超出饱和水平,那么

$$M_{\theta i} = M_{\theta i\max}\text{sign}(M_{\theta ic})$$

其中$M_{\theta ic}$为PID算法计算出的值。

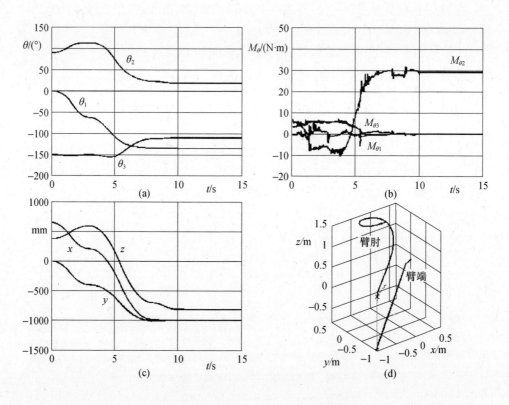

图 3.30　获取样本的机动过程中角度(a)、电机力矩(b)和臂端的坐标(c)的时间曲线；
(d)臂肘和臂端的轨迹以及臂位于终点的草图

机动的第一部分

要求在 9.33s 内到达目标。图 3.30(a)、(b)和(c)给出了角度、电机力矩、臂端坐标的时间曲线。臂肘和臂端的轨迹见图 3.30(d)。点线为期望的直线轨迹，几乎被实际的轨迹所覆盖。

可以清楚地看到臂的运动平滑，没有振动，要求的电机力矩输出不大。控制 θ_2 的作动器需要承受臂的重量。由于并非连续而是每 0.1s 输出一个参考轨迹信号，因此力矩输出有一些峰值。

机动的第二部分

在拾起样本后，臂的惯量增加了。变为 $m_2 = 13\text{kg}$, $d_2 = 1.173\text{m}$ 以及 $J_2 = 1.51\text{kg} \cdot \text{m}^2$。注意到保持臂位于水平位置时第一个关节的力矩为 148N·m，超过了饱和力矩。显然，这意味着臂无法在完全伸展情况下拾起如此重的对象。由于电机运动角度 θ_2 的限制，误差较第一部分的运动要大，因此图中点线没有完全被实线所覆盖。

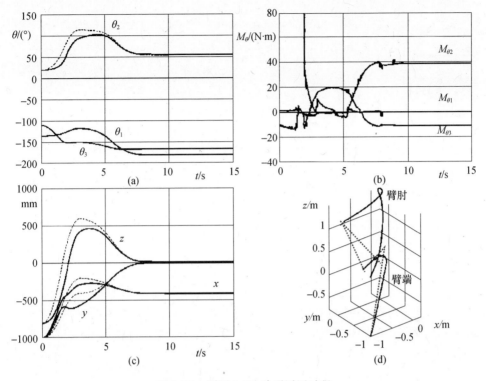

图 3.31   同图 3.30,除了返回过程

　　要求到达目标的时间为 12.70s。图 3.31 给出了角度、电机力矩、臂端坐标的时间曲线以及臂端、臂肘的轨迹。

　　这种情况下,当臂在拾起样本时,在起始阶段产生了强饱和,但臂仍然在一个合理的时间内成功完成了机动。

第4章
行星表面的移动性

4.1 移动性

探测器,不管是有人的还是无人的,都可以利用各种各样的移动方式来实现其目标。首先要搞清楚地面车(即在固体表面上移动)、大气层内或海上交通工具(即在流体中运动而不接触地面,流体即气体或液体)与在接近天体表面的真空环境中运行的空间探测车之间的区别。

地面车的性能通常是根据下面几点定义的:

* 通过性,定义为其穿越复杂土质而不会失去牵引力或完全失去移动性的能力;
* 机动性,定义为其通过外部环境的能力;
* 地形适应性,定义为其越过不规则地形的能力。

地面车可以通过以下几种方式来驱动:

* 车轮
* 履带
* 腿
* 蛇形装置

其他的移动方式常被看作非传统方式,也可能会用到。它们包括但不局限于磁悬浮、气垫、跳跃装置以及球形轮。通常这些确保移动性的装置(如车轮、履带等)被看作地面车的行走机构。

运行于流体中的运动器可以借助空气静力(一般为流体静力)或空气动力(一般为流体动力)。另外还有一些其他的替代方式,如喷气。

最后,在接近天体表面的真空环境中移动的(如月球)的运动器常称作跳跃器,因为它们是靠火箭推进起飞的,沿抛物线飞行,然后利用起飞时使用的火箭进行制动着陆。跳跃器也可以靠弹簧或电磁作动器进行驱动,特别是在低引力天体的情况下。其他形式如电磁推进也提出过,但鲜有详细研究。

4.2　探测车与地面之间的接触

所有运行于坚实地表上的轮式、履带式或腿式探测车都依赖与地面间的相互作用,通常会产生前进所需的与地面平行的力。法向力和切向力对于确保能在地面上移动也同样很重要。

如第 2 章所述,在太阳系中所要探索的天体的重力加速度,通常都比地球上的重力加速度要低,有些甚至非常低。因而车 - 地接触点处的法向力比传统车辆技术中所遇到的都要小很多。因而摩擦引起的切向力相应较小,其他作用机理(如所谓的受迫力或黏附力)引起的切向力也较小,在低重力情况下,也认为切向力较小。

低重力简化了探测车的设计,因为所有接触力及应力都随着重力加速度的降低而降低,但也将探测车的性能限制在了相应较低的水平。这种受限的情形会出现在小行星和彗星上,在其地面上移动可能会有问题,或许需要某种锚定措施来防止被抛入太空中。

在地球上和其他天体上移动的另外一个区别在于,多数地球上的地面行进都是在已准备好的,通常是完全人造的表面,或至少是半准备好的表面上完成的,而在其他天体上探测车和机器人将不得不应对毫无准备的地面情形。

备注 4.1　某种意义上,行星上的移动与地球上的越野移动有些相似,但也有很多不同。

除了已经提到的低重力加速度,主要不同在于缺乏湿度。月球、火星和小行星表面土壤中一点液态水都没有。因为水的存在是确定土壤特性的主要参数之一,这使得在地球上移动和在其他天体上移动存在很大差别。

彗星表面富含水冰,人们对外行星卫星的土壤也一无所知,除非推测应该也存在很多冰。然而,冰只会在接近融化的温度下才会对移动产生阻碍。水在结冰时其密度减小的特性,会在探测车运转的行走机构下面冰冻的土壤表面处引起液态水膜的形成。因而这种接触类似于固体间的润滑接触,摩擦力和黏附力也较小。压强越高,这种现象越明显。低温情况下(如在地球大气压下 -40℃时)这种现象则不会发生,水冰是一种可以在上面移动的很好的表面。

由其他物质形成的冰,如火星上的二氧化碳冰,由于压强的原因在行走机构下面是不会融化的,但是会因为加热而融化。如果探测车所接触冰面的部分足够热,就会形成一层液体或水汽薄膜,从而会降低摩擦。然而,这是一种不同的现象,可以通过对探测车所接触地面的部分进行热绝缘来解决。

土卫六的土壤可能含有液态碳氢化合物,所产生的效用类似于地球上的水,确定包含在冷火山附近的水和碎冰的混合物。这如何影响移动还不得而知。

另外一点是缺乏生物起源生成物,它对于可以给土壤的多样性增添独特性来说是非常重要的,这在地球上是可以看到的。月球和火星表面覆盖有风化层,水星、大多数小行星和很多卫星应该也是如此。其他卫星、彗星和比海王星更远的小天体应该覆盖有不同类型的冰。

备注 4.2 很可能在某一给定天体上能被发现的地面特性的种类比我们星球上的更有限。

地球和其他大多数天体还有一个区别是,后者的大气压力和密度更低。气压低意味着空气阻力小,对探测车的外形来说也不存在约束。但是,这或许是一个微不足道的优势,因为现在以及在可预测的将来,所研制的所有行星探测车在移动中的空气阻力至少都是可以忽略不计的。

行进在非铺装星表上意味着要应付崎岖不平的地形和各种类型的障碍。在月球和火星上有大面积的十分平坦的旷野,地面上分散有很多大大小小的石头,事实证明轮式探测车是可以适应的。月球高地和火星上的其他区域存在更多凹坑和更陡峻的斜坡,障碍物也更加频繁,包括壕沟和悬崖。

如前所述,行星土壤多数由风化层所组成,它是一种非均质的物质,其性质主要受其颗粒度和表层密度所影响。表层密度是给定体积土壤的密度,考虑了颗粒间的空隙,而有效密度是构成土壤的颗粒的平均密度。

当探测车的行走机构在非均质的土壤上施加外力后,土壤会发生变形,因为颗粒会沿接触面发生滑动。抵抗变形的那些颗粒间的作用力是由聚合力引起的,会随颗粒尺寸的减小而增加。颗粒越小,其表面/体积比就越大,而且有负载下的变形就越小。

除了聚合力,还有抵抗土壤变形的那些颗粒间的摩擦力。

探测车行走机构和地形之间的相互作用的研究通常称为地形力学[①],在过去的 50 年里被应用于理论研究和越野探测车的设计。

备注 4.3 地形力学主要依赖经验模型以及文献中的不同公式。

4.2.1 接触压强

考虑一块面积为 A 的足板作用在地面上的平均压强为 p。这种情况会发生在当一块刚体足板或一个低压气胎与地面接触的时候。压强 p 和下陷深度 z 的经验关系见图 4.1(a)。

下陷过程可以划分为三个阶段。当作用在地面上的压强较低时,接触区域周围的土壤被剪切和压缩。压强集中在接触区域周围(图 4.1(b)),随地面黏结力的增加而增大。挤压地面的区域形成于接触中心,它挤压地面的深度更大。下陷

[①] 或许对地形力学较为所知的贡献应归于 Bekker(如,M. G. Bekker, *Theory of Land Locomotion*, The Universtity of Michigan Press, Ann Arbor, 1956; M. G. Bekker, *Off - the Road Locomotion*, The University of Michigan Press, Ann Arbor, 1960),他还解决了月球表面移动的问题。

深度或多或少与压强是成比例的,也就是说,地面的变化是线性的。

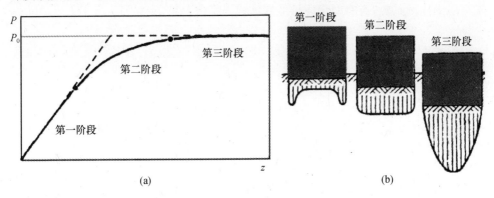

图 4.1　足板陷入均质地面的过程

(引自 G. Genta, L. Morello, *The Automotive Chassis*, Springer, New York, 2009)

(a)压强是下陷深度的函数;(b)各个阶段压强的分布。

　　然后地面开始以塑性的方式变化,并且越来越大体积的土壤被卷入到塑性变形中(第二阶段)。当所有接触区域的地面都处于塑性条件下时(第三阶段),会达到近乎流体静力学的表现,压强不再随下陷深度的增加而增大。第二阶段开始处的压强主要取决于接触开始时的地面条件。这可以解释为什么把足板放入前面一步的足板印中是比较容易的。

　　可以忽略掉第二阶段的一种简单的理想化情形是存在一种完全有弹性的可塑地面。假定该地面可以按线性方式生成到某一压强 p_0,然后足板的下陷不会增加任何反作用力。地面可以施加的最大压强 p_0 定义为土壤的承受能力。这种理想化的行为如图 4.1(a)中的虚线所示。

　　对于实际土壤,曲线 $z(p)$ 与该图所示的曲线可能会存在不同形式的偏差。例如,对于沙土(松散或紧密的)的曲线如图 4.2 所示。

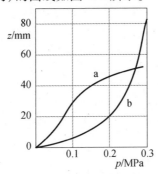

图 4.2　对于沙地来说,下陷深度是接触压强的函数

(引自 G. Genta, L. Morello, *The Automotive Chassis*, Springer, New York, 2009)

(a)松散沙子的深度为 200mm;(b)紧凑沙子。

图 4.1(a)(第一阶段)中曲线的第一部分,土壤表现为一种弹性物质,有可能定义一个比例系数,有时叫作土壤的硬度或土壤变形系数:

$$\kappa = \frac{p}{z} \tag{4.1}$$

备注 4.4 硬度 κ 不仅取决于地面的弹性特性(其弹性模量 E 及其泊松比 ν),也取决于负载足板的大小和形状。

硬度 κ 可以细分为 κ_c 和 κ_ϕ,即黏结系数和摩擦系数,得

$$\kappa = \frac{\kappa_c}{b} + \kappa_\phi \tag{4.2}$$

式中:b 为足板的宽度(即最小尺寸)。按这种处理方式,对于较小的 z 值,κ_c 和 κ_ϕ 与足板的大小实际上无关。

考虑一块足板在土壤上施加一个常值压强 p。在第一阶段下陷深度 z 变为弹性下陷深度 z_e,定义为

$$z_e = \frac{p}{k} \tag{4.3}$$

在后面的第二、三阶段的下陷深度 z 可以表示为

$$z = \frac{z_e p_0}{p_0 - p} = z_e \frac{1}{1 - p/p_0} \tag{4.4}$$

式中:z_e 为上面计算的土壤变形的弹性部分;p_0 为土壤的承受能力。很明显该公式仅在 $p \leqslant p_0$ 时适用。

近似表示压强和下陷深度关系的一个更为普遍的经验性线性表达式为

$$p = \left(\frac{\kappa_c}{b} + \kappa_\phi \right) z^n \tag{4.5}$$

也可以反过来写,得到足板的下陷深度为压强的函数:

$$z = \left(\frac{p}{\dfrac{\kappa_c}{b} + \kappa_\phi} \right)^{1/n} \tag{4.6}$$

方程写成这种形式可以将由于黏结力和由于物质内部摩擦力引起的对负载的反作用力区分开来。如果前者比后者更重要,则地面称为是黏性的,否则它就是摩擦性的。黏土,尤其是湿的,就是一种黏性的地形,干燥的沙子和风化层则主要是摩擦性的。

备注 4.5 系数 κ_c 和 κ_ϕ 的大小取决于指数 n。

对于黏性土壤,例如泥土,指数 n 的值较低,很多情况下低至 $\frac{1}{2}$。对于摩擦性土壤,指数 n 的值则较大,对于月球风化层,n 的值接近于 1。

对于干沙和月球风化层,式(4.5)中的参数见表 4.1。

表 4.1　干沙和月球风化层的特性

分类	$\rho/(\text{kg/m}^3)$	n	$k_c/(\text{N/m}^{n+1})$	$k_\phi/(\text{N/m}^{n+2})$	c/Pa	$\phi/(°)$	K/mm
风化层	1500 ~ 1700	1	1400	820000	170	35 ~ 40	18
干沙	1540	1.1	990	1528000	1040	28 ~ 38	10 ~ 25

备注 4.6　表中的值只是典型值,小砂矿的地面特性则完全不同,它在地球和月球上都能被发现。

与图 4.1 中所示及式(4.5)不同的一个模型是基于这样一个假设,当足板压在地面上时变形最初局限于较小的可忽略的弹性变形。然后在某一点上,当压强达到一定值后,土壤开始凹陷。足板压在地面上,地面不发生下陷的压强值称为地面的承受能力,该压强值为

$$p_s = cJ_1N_c + \frac{1}{2}\rho gbJ_2N_\gamma \tag{4.7}$$

式中:b 为地面足板的宽度(较小的尺寸);N_c 和 N_γ 为无量纲系数,是土壤摩擦角 ϕ 的函数,摩擦角为

$$\phi = \arctan(\mu^*) \tag{4.8}$$

其中:μ^* 为内部摩擦系数[①]。J_1 和 J_2 为两个另外的无量纲系数,取决于足板的形状。对于长形足板,如履带,$J_1 = J_2 = 1$;对于方形足板,$J_1 = 1.3$,$J_2 = 0.8$;对于圆形足板,如轮胎,$J_1 = 1.3$,$J_2 = 0.6$。

一般来说,对于长度为 l、宽度为 b 的矩形足板,有

$$J_1 = \frac{l+b}{l+0.5b}, J_2 = \frac{l}{l+0.4b}$$

承受能力因子 N_c 的值由 Terzaghi[②] 计算:

$$N_c = \cot(\phi)\left[e^{\pi\tan(\phi)}\tan^2\left(45+\frac{\phi}{2}\right) - 1\right] \tag{4.9}$$

而对于系数 N_γ 的计算则没有显示公式。N_c 和 N_γ 列在表 4.2[③] 中。

表 4.2　对于不同摩擦角 ϕ,系数 N_c、N_γ 和 N_q 的值

$\phi/(°)$	N_c	N_γ	N_q	$\phi/(°)$	N_c	N_γ	N_q
0	5.7	0	1	20	17.7	4.4	7.4
1	6	0.1	1.1	21	18.9	5.1	8.3
2	6.3	0.1	1.2	22	20.3	5.9	9.2

---

①　符号 μ^* 在此用于表示内部摩擦系数,以免和后面定义的牵引系数 μ 混淆。

②　K. Terzaghi,*Theoretical Soil Mechanics*,Wiley,New York,1943;K. Terzaghi,R. B. Peck,G. Mesri,*Soil Mechanics in Engineering Practice*,Wiley,New York,1996。

③　D. P. Coduto,*Geotechnical Engineering*,Practice Hall,Upper Saddle River,1998。

$\phi/(°)$	N_c	N_γ	N_q	$\phi/(°)$	N_c	N_γ	N_q
3	6.6	0.2	1.3	23	21.7	6.8	10.2
4	7.0	0.3	1.5	24	23.4	7.9	11.4
5	7.3	0.4	1.6	25	25.1	9.2	12.7
6	7.7	0.5	1.8	26	27.1	10.7	14.2
7	8.2	0.6	2.0	27	29.2	12.5	15.9
8	8.6	0.7	2.2	28	31.6	14.6	17.8
9	9.1	0.9	2.4	29	34.2	17.1	20.0
10	9.6	1.0	2.7	30	37.2	20.1	22.5
11	10.2	1.2	3.0	31	40.4	23.7	25.3
12	10.8	1.4	3.3	32	44.0	28.0	28.5
13	11.4	1.6	3.6	33	48.1	33.3	32.2
14	12.1	1.9	4.0	34	52.6	39.6	36.5
15	12.6	2.2	4.4	35	57.8	47.3	41.4
16	13.7	2.5	4.9	36	63.5	56.7	47.2
17	14.6	2.9	5.5	37	70.1	68.1	53.8
18	15.5	3.3	6.0	38	77.5	82.3	61.5
19	16.6	3.8	6.7	39	86.0	99.8	70.6

风化层是一种摩擦性土壤,但是尽管 c 的值较小,对于月球,式(4.7)中的第二项与第一项(甚至较小)相比来说差不多,因为月球上的重力加速度较小。在小行星上,唯一不会为零的项可能就是第一项。

在黏性土壤中,唯一重要的就是足板的面积,因为所能支撑负载的限制仅仅来自压强大小。相反,摩擦性土壤中接触区域的形状则比较重要,因为承受能力与足板的宽度(较小的尺寸)是成正比的。方形足板的负载能力远大于长形和窄形的足板。

探测车不会下陷的工作条件,也就是,如果没有超出土壤下陷的承受能力,则称为表面通过。这种情况是非常方便的,因为它降低了运动所需的能量,而且通常会改善探测车的性能。

当压强变大时足板开始下陷,而此时压强仍在增大。该条件称为浅表面通过。压强和塑性凹陷 z 的关系式为

$$p = cJ_1 N_c + \frac{1}{2}\rho gbJ_2 N_\gamma + \rho gzN_q \tag{4.10}$$

其中 N_q 是第三个系数,依赖于 ϕ(表4.2)。N_q 的一个表达式为

$$e^{\pi\tan(\phi)}\tan^2\left(45 + \frac{\phi}{2}\right) \tag{4.11}$$

这些系数的其他表达式参见文献[1]。

备注4.7 毫无疑问,式(4.7)在这种情形下是可以使用的,而式(4.10)则是有问题的。此方程用于计算基座位于一定深度 z 时的承受能力,而不是用于计算足板首先位于地面上然后再下陷至深度 z 的承受能力,这很明显是另外一种情形。

备注4.8 即便 Terzaghi 用无重力土壤的例子作为引证,也可以质疑这些方程在低重力加速度情形下的适用性,甚至会出现 $g \to 0$ 的情形。把他的书作为参考文献主要是说明黏性项起主导作用的土壤,而不是用于实际上重力很低的情形。

式(4.10)中的第一项取决于土壤的黏度,第二项取决于密度和重力加速度,第三项依赖于足板下陷的深度、密度及重力。

式(4.10)和有关系数都是近似的,也可以使用其他公式。另外,低重力天体的情形下,材质的视密度和黏度随深度的增加而增大甚至从表面下头几厘米处就开始了。像现在的一种处理方法,即假设土壤的特性是不变的,肯定会产生比较保守的结果。这对于第三项和另外两项来说都是正确的,前者会随着下陷深度的增加而使得负载能力变大,后者无论如何都可以得到垂直方向上材质的综合特性。

尽管需要新的、较少经验性的方法来改善这种情况,该方法还是可以使得对土壤的承载能力作出保守的估计。

经验性方程(4.6)常用于替代式(4.10)来计算下陷深度。

例4.1 考虑在月球表面上的一辆探测车。行走机构通过四个 200mm 宽 200mm 长的足板与地面接触。计算在没有任何塑性下陷情况下施加于土壤上的最大压强。

如果探测车的质量是 1t,避免达到开始下陷条件的安全因子是多少?利用式(4.6)计算下陷深度。

假设 $g = 1.62 \text{m/s}^2$,月球土壤的数据如下:$n = 1, \rho = 1600 \text{kg/m}^3, c = 170 \text{Pa}, \phi = 37°, \kappa_c = 1400 \text{N/m}^2, \kappa_\phi = 820000 \text{N/m}^3$。因为足板是方形的,$J_1 = 1.3, J_2 = 0.8$。

从表4.2可以看到,$N_\gamma = 68.1, N_c = 70.1$。

摩擦对于不会下陷的承载能力的贡献是 14210Pa,黏度的贡献是 15490Pa,总的承受能力是 29600Pa。四个足板可以承受的压强因而是 4738N。因为探测车的重量在月球上是 1620N,避免下陷的安全因子是 2.92。

由式(4.6)得到的下陷深度为 $z = 12 \text{mm}$。

4.2.2 牵引力

假设地面没有下陷,也就是,忽略了牵引力的推土部分,车轮、履带或足板压在

---

① Ia. S. Ageikin, *Off-the-Road Mobility of Automobiles*, Balkema, Amsterdam, 1987。

地面上的面积为 A，所施加的切向力为 F_t，法向力为 F_n，其关系式为[①]

$$F_t = cA + F_n\mu^*$$ (4.12)

切向(或剪切)压强为

$$\tau = \frac{F_t}{A}$$ (4.13)

它有一个最大值，通常称为土壤特定剪切阻尼力：

$$\tau_0 = c + p\tan(\phi)$$ (4.14)

备注 4.9 因此车地接触面处所施加的牵引力有两部分。第一部分，由黏度引起，仅取决于支撑表面，而不依赖于施加在地面上的压强。第二部分，由摩擦引起，可以考虑为库伦摩擦力，因而与接触面积无关。

对于纯摩擦性土壤的情形，例如沙子，第一部分就没有了，可以得到的牵引力仅取决于探测车的重量。在纯黏性的土壤中，法向力的作用为零，质量较重的探测车在前进时经受的困难更大。相反探测车与地面的接触面积则更为重要。在干沙的情况下，摩擦角大约为35°，相应的摩擦系数为0.7。在低重力情形下，摩擦作用较小，因为负载较小，黏结力则变得很重要，即便在较低黏性的土壤中。

切向力和法向力的比值就是牵引系数

$$\mu = \frac{F_t}{F_n} = \frac{cA}{F_n} + \mu^*$$ (4.15)

由于黏性，牵引系数在低重力下当法向力较小时会增大，即便在黏度较高的土壤上。

上面提到的牵引系数的值是最大的可能值，它是当整个接触区域内同时达到土壤剪切阻尼力时得到的。

实际牵引力依赖于行走机构(可以是足板、履带或车轮)在地面上的滑动。为了定义这种滑动，必须记住地面是一个柔性体，因而与行走机构接触的部分可以相对于固定在地面上的坐标系运动，所以存在滑动并不意味着行走机构会在土壤表面上滑行(图4.3)。

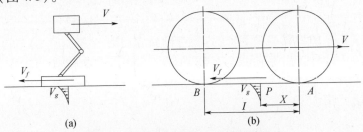

图 4.3 足板(a)与履带(b)的纵向滑动

① M. G. Bekker, *Off the Road Locomotion*, The Univ. of Michigan Press, Ann Arbor, 1960。

考虑以速度 V 行进的探测车的一个足板(图 4.3(a))。足板相对于车体以速度 V_f 向后运动①。如果 $V = V_f$,则没有滑动,但是通常与足板接触的地面部分向后运动的速度为

$$V_g = V_f - V \tag{4.16}$$

接触区域的速度是一个绝对速度,仅可能是因为足板下的地面是屈服的。纵向滑动可以定义为

$$\sigma = \frac{V_g}{V_f} = 1 - \frac{\nu}{V_f} \tag{4.17}$$

接触区域向后移动的距离,也就是土壤在 t 时刻的变形为

$$d = \nu_g t = \sigma V_f t \tag{4.18}$$

式中:t 为从足板压在地面上的瞬时开始所经历的时间。

地面的剪切应力可以通过 Bekker 的经验公式表示为土壤变形的函数:

$$\tau = \frac{c + p\tan(\phi)}{y_{\max}}[e^{(-K_2 + \sqrt{K_2^2 - 1})K_1 d} - e^{(-K_2 - \sqrt{K_2^2 - 1})K_1 d}] \tag{4.19}$$

其中:$y_{\max}$ 为方括号内的函数的最大值。

两个系数 K_1 和 K_2 的值一定要在具体的土壤上测得。对于未受扰动的、牢牢沉淀的泥沙来说,$K_1 = 1$,$K_2 = 1.1$,对于砂质壤土来说,$K_1 = 0.32$,$K_2 = 0.76$。

切向力从足板接触地面的瞬时(当 $d = 0$ 时)值为 0 开始增大,直到达到最大值,然后再减小。

由 Wong② 提出的一个简单的表达式为

$$\tau = c + p\tan(\phi)[1 - e^{-\frac{d}{K}}] \tag{4.20}$$

式中:K 为剪切变形系数(对于沙子和月面风化层的值见表 4.1)。根据该表达式,切向力从零开始渐渐增加直至当 $d \to \infty$ 时达到最大值。

对于一个足板的情形,可以假设压强为常数,d 从足板接触地面的瞬时开始,随时间而线性增大。这种情况下,面积为 A 的足板的牵引力如下式,在此面积上法向力 F_z 发生作用。

$$F_x = Ac + F_z\tan(\phi)[1 - e^{-\frac{\sigma V_f t}{K}}] \tag{4.21}$$

履带或车轮的情形则不同。土壤变形 d 在行走机构接触地面的点处为零(图 4.3(b)中的点 A),沿接触区域变大,在点 B 处达到最大值。式(4.18)仍然有效,但现在 t 是从履带的一段接触地面的瞬时开始,至到达点 P 所经历的时间。

$$t = \frac{x}{V_f} \tag{4.22}$$

---

① V 是探测车的绝对速度(或更好的是,探测车相对于假定为固定地面的速度),而 V_f 是足板相对于探测车的相对速度。当足板相对于车体向后运动时,假设该速度为正。

② J. Y. Wong. *Theory of Ground Vehicles*,New York,Wiley,2001

点 P 处的变形因而为

$$d = \nu_g t = \sigma x \tag{4.23}$$

利用 Wong 所提出的公式,点 P 处的剪切应力为

$$\tau = c + p\tan(\phi)\left[1 - e^{-\frac{\sigma x}{K}}\right] \tag{4.24}$$

纵向力的表达式为

$$F_x = b\int_0^l c + p\tan(\phi)\left[1 - e^{-\frac{\sigma x}{K}}\right]\mathrm{d}x \tag{4.25}$$

一旦知道履带下面的压强分布,则可以计算出该积分的值。

如果压强为常数,则有

$$F_x = cA + F_z\tan(\phi)\left[1 - \frac{K}{\sigma l}(1 - e^{-\frac{\sigma l}{K}})\right] \tag{4.26}$$

牵引系数因而是

$$\mu_x = \mu_{x_{\max}}\left[1 - \frac{K}{\sigma l}(1 - e^{-\frac{\sigma l}{K}})\right] \tag{4.27}$$

其中:

$$\mu_{x_{\max}} = \left[\frac{cA}{F_z} + \tan(\phi)\right] \tag{4.28}$$

$\mu_x/\mu_{x_{\max}}$ 作为 $\sigma l/K$ 的函数的无量纲图见图 4.4。对于纵向滑动较小的情况,牵引系数几乎与滑动量成线性关系,可以近似为

$$\mu_x = C_\sigma\sigma \tag{4.29}$$

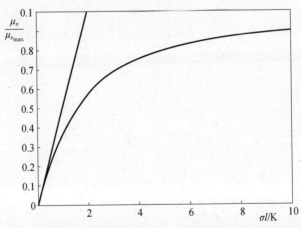

图 4.4　无量纲牵引系数 $\mu_x/\mu_{x_{\max}}$ 是无量纲滑动 $\sigma l/K$ 的函数

其中,纵向力刚度为

$$C_\sigma = \left(\frac{\partial\mu_x}{\mu_\sigma}\right)_{\sigma=0} = \left[\frac{cA}{F_z} + \tan(\phi)\right]\frac{l}{2K} \tag{4.30}$$

对于较大的滑动值,当 $\sigma \to \infty$ 时,根据式(4.20)牵引系数趋于最大值。如果用式(4.19)来表示 $\tau(d)$,则对于有限的 σ 值 $\mu_x(\sigma)$ 将会达到最大值,然后或多或少地明显减小。

例 4.2 对于 $c = 170\mathrm{Pa}$ 的月球风化层,分别对三个不同的 ϕ 值(25°、30°和35°),计算牵引系数 $\mu = F_t/F_n$,它是法向压强 p 的函数。

结果见图 4.5。最大牵引系数随着作用在地面上的压强的减小显著增加,因为当法向力趋于零时黏性项导致产生了一个无穷大的牵引系数。

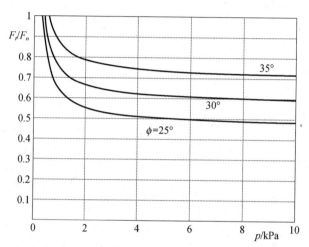

图 4.5 对于三种不同的摩擦系数值牵引力和法向力的
比值 F_t/F_n(法向压强的函数)

当足板下陷进地面或足板配备有可以陷入地面的铲子或螺纹时,就会出现另外一种形式的牵引力,就是所谓的推土力。

同时考虑由于垄脊或宽度为 b 的足板插入地面深度 h 的步态所引起的推土力的公式为

$$F_b = 2cA\frac{h}{b} + 0.64F_n\mu^*\frac{h}{b}\left[\frac{\pi}{2} - \arctan\left(\frac{h}{b}\right)\right] \qquad (4.31)$$

该表达式也是由黏性部分和摩擦部分所组成的,前者正比于 c 和接触面积,但与负载无关,后者正比于法向力和 μ^*,但与面积无关。

黏性项正比于垄脊的相对深度 h/b,而摩擦项开始时几乎是线性慢慢增大的,但是接着就变得更慢了。表达式

$$\Delta F_c = 2\frac{h}{b} , \Delta F_f = 0.64\frac{h}{b}\left[\frac{\pi}{2} - \arctan\left(\frac{h}{b}\right)\right] \qquad (4.32)$$

是考虑垄脊效用后的两个因子,分别由黏性和摩擦引起的牵引力的部分一定要乘以这两个因子。它们作为 h/b 的函数曲线见图 4.6。

145

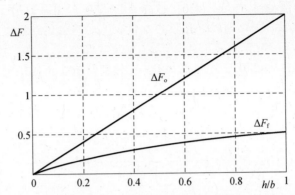

图 4.6 考虑垄脊的存在,由黏性以及车地接触面处的切向力的
摩擦引起的牵引力的增大曲线,它是深度宽度比 h/b 的函数

备注 4.10 铲子在黏性土壤上比在摩擦性土壤上更有效,在摩擦性土壤上由于内部摩擦只能引起牵引力的缓慢增加。

如果接触区域内不但作用有法向力还有切向力,则下陷深度会增加,如图 4.7 所示的一些经验性曲线。该图是对于沙土的,曲线 a、b 和 c 对应的法向压强值分别为 0.02MPa、0.03MPa 和 0.04MPa。

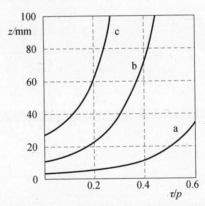

图 4.7 足板在同时有法向力 p 和切向压强 τ 作用在沙子上时的下陷深度。
曲线 a、b 和 c 对应的压强值分别为 0.02MPa、0.03MPa 和 0.04MPa

土壤的承受能力随着切向力的增加而减小,式(4.10)可以通过引入两个校正因子[1] $K_{\beta 1}$ 和 $K_{\beta 2}$ 改写为

$$p_0 = cJ_1N_cK_{\beta 1} + \frac{1}{2}\rho gbJ_2N_\gamma K_{\beta 2} + \rho gzN_q \tag{4.33}$$

---

[1] La. S. Ageinkin. *Off – the – Road Mobility of Automobiles*, Amsterdam, Balkema, 1987.

146

其大小取决于 β 角:

$$\beta = \arctan\left(\frac{F_t}{F_n}\right) \tag{4.34}$$

所推导出的力与地面垂直:

$$K_{\beta 1} = \frac{3\pi - 2\beta}{3\pi + 2\beta}, K_{\beta 2} = \frac{\pi - 4\beta\tan(\phi)}{\pi + 4\beta\tan(\phi)} \tag{4.35}$$

4.3 轮式移动

大多数行星漫游车,如20世纪70年代苏联的无人驾驶月面自动车和美国"阿波罗"月球车,到近来的"勇气"号和"机遇"号遥控探测车,以及仍处于设计阶段的那些探测车,都是轮式的。基本来说,车轮最适合人工地面,但是其简单的机械设计及控制系统使得它们对于越野移动来说也是一个较好的选择,尤其是在干燥的地面上。

4.3.1 在坚硬的地面上滚动的刚性车轮

如果刚性车轮(可以看作一个短的圆柱体)在刚性平面上滚动,则是沿一条直线发生接触的,压强会无穷大,这是不可能的结果。轮地接触面上的较大的接触压强会引起两者的变形,这种变形又会大大减小接触压强。

探测车和土壤的接触因而考虑为两个柔性体间的相互作用。即便是它们柔性较低的情形,如钢轮和钢轨间的接触,只有考虑其柔性才能理解相关现象。

弹性体之间接触的赫兹理论可以用于圆柱体压在平面上不会滚动的情形,如果

- 材料是以线性的方式变化的;
- 与圆柱体的大小相比变形非常小;
- 物体间没有力的互换。

一般相互接触的两个物体间的接触区域,一旦投影在一个在接触点处垂直于曲率中心连线的平面上,其形状为一个椭圆。如果接触表面是两个圆柱体,它们的轴是平行的(或是一个圆柱体和一个平面,作为没有曲率的圆柱体的极限情形)椭圆则变为一个矩形。

因而轮-地接触可以建模为一个在力 F_n 的作用下半径为 R 宽度为 b 的圆柱体,和一个宽度为 b 的平面条带。显然这是进一步的近似,因为实际中模拟地面的平面的宽度远大于车轮的宽度,但用这种方式才有可能假设所有在垂直于圆柱体

147

轴线的平面内的情况都是一样的,也就等效于无穷大的圆柱体与半空间发生接触的情形。

接触区域的长度 a(图4.8(a))表示为

$$a = 2\sqrt{\frac{F_n R\theta_1 + \theta_2}{\pi b}} \qquad (4.36)$$

其中,θ_i 是取决于构成第 i 物体的材料的弹性模量 E_i 和泊松比 ν_i 的一个系数:

$$\theta_i = 4\frac{1 - \nu_i^2}{E_i} \qquad (4.37)$$

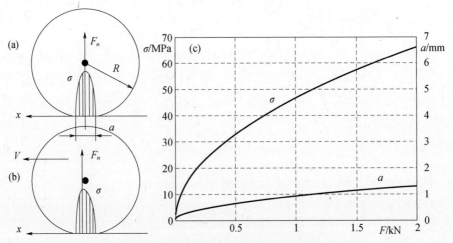

图4.8 圆柱体压在平面上时的接触区域和压强分布
(a)弹性体,没有滚动;(b)伴有能量耗散的滚动;
(c)铝制车轮压在石面上时的接触区域的长度和最大压强。

地面平均压强为

$$\overline{\sigma} = \frac{F_n}{ab} = \frac{1}{2}\sqrt{\frac{\pi F_n}{Rb\ \theta_1 + \theta_2}} \qquad (4.38)$$

沿纵向的压强分布为

$$\sigma = \frac{4F_n}{\pi ab}\sqrt{1 - \frac{4x^2}{a^2}} = 2\sqrt{\frac{F_n}{\pi Rb\ \theta_1 + \theta_2}}\sqrt{1 - \frac{4x^2}{a^2}} \qquad (4.39)$$

其最大值为

$$\sigma_{max} = \frac{4}{\pi}\overline{\sigma} \qquad (4.40)$$

两者的组成材料相同时,式(4.39)和式(4.40)简化为

$$\sigma = 4\sqrt{\frac{4F_n R(1 - \nu^2)}{\pi bE}} \qquad (4.41)$$

148

$$\sigma_{\max} = \sqrt{\frac{F_n E}{2\pi r h (1 - \nu^2)}} \tag{4.42}$$

很明显可以这样考虑,车轮和地面越硬接触区域就越小,接触压强就越大。还有一点不那么明显的是,对于给定的一组相互接触的物体,如带有负载的方形足板,接触压强会变大。

对于圆柱体和平面相接触的情形,很容易计算出垂直于地面方向上的位移。从纯几何角度考虑,与接触长度 a 对应的位移为

$$\Delta z = R\left\{1 - \cos\left[\arcsin\left(\frac{a}{2R}\right)\right]\right\} \tag{4.43}$$

因为 $a/2R$ 是一个小量,因此

$$\Delta z \approx \frac{a^2}{8R} = \frac{F_n \theta_1 + \theta_2}{2\pi b} \tag{4.44}$$

该结果只是一个粗略量级估算。

例 4.3 考虑直径为 200mm 宽度为 30mm 的固体铝($E = 72\text{GPa}, \nu = 0.33$)制轮,压在平面火山岩石($E = 25\text{GPa}, \nu = 0.3$)上。计算当负载增大至 2000N 时接触区域的长度和地面压强。

结果见图 4.8(c)。注意,接触区域的长度非常小(当负载为 1.000N 时,约为 1mm,接触区域为 30mm^2),接触压强相应地非常高。对于最大的压强值,材料的塑性开始呈现于图中,弹性近似就变得不那么准确了。相反,假设相比于物体的大小来说,变形是很小的则比较实用。

对于刚性车轮在刚性平面上滚动的情形,转动中心位于轮–地接触点,滚动半径与车轮的半径 R 一致。考虑二体的变形,滚动半径稍微有所减小,转动中心略微低于地表面。

如果车轮在滚动,材料也是理想弹性的,则本质上情况都是相同的,只会因为在接触的地方有较小的滑动出现而损失掉很少的能量。然而,没有材料是完全弹性的,有些能量就损失在地面和车轮的变形和回复的循环中了。这种能量损耗是滚动阻尼力的主要原因,而接触面处的滑动仅仅是一小部分。

下面将会详细看到,由于能量损耗,压强分布(在弹性、非滚动情况下,圆柱体具有椭圆模型(4.39))不再是对称的,而且其合成向量会沿运动方向向前发生位移(图4.8(b))。合力不再穿过车轮的质心,其位移会产生一个力矩阻碍运动。可以看到该力矩即为探测车的滚动阻尼力。

滚动阻尼力通常用滚动系数来表示,滚动系数定义为滚动阻尼力和负载在车轮上的作用力的比值:

$$f = \frac{F_x}{F_z} \tag{4.45}$$

一般来说,滚动系数取决于很多参数,也取决于负载在车轮上的作用力。

钢轮在钢轨上滚动的滚动系数值介于 0.001 ~ 0.005 之间。

4.3.2　车轮和地面的柔性

赫兹理论基于假设变形远小于接触体的尺寸。这仅会发生在刚性车轮在刚性地面滚动的时候,例如列车运输或金属轮在石板上滚动的情形。在所有其他情形中,首先是在越野地面上的运动中,其土壤变形无法应用赫兹理论。

除了上面提到的刚性车轮在刚性地面上的滚动,还可以增加三种情形:

(1) 刚性车轮在柔性地面上滚动;

(2) 柔性的,可能是弹性的车轮在刚性地面上滚动;

(3) 柔性轮在柔性地面上滚动。

作为一个通用的规则,车轮在运动中遇到的阻尼力是由车轮和地面的能量损耗所引起的。由于车轮可以按某种方式设计,使得能量损耗越小越好,而无法改变自然地面的特性,所以后者的变形越小越有利,所有的变形就全部集中在车轮上了(第二种情况)。

第二种情况是一种典型的汽车技术,其中车轮刚度较低,多数为气胎,车轮运行在十分坚硬的柏油路或混凝土路上。

第三种情况发生在越野移动中,那里地面是柔性的,而车轮也尽可能地具有柔性。

第一种情况被认为是最坏的情况,因为刚性车轮会在地面下引起很多永久性变形,运动阻尼力较大。

如前所述,车轮一定要是柔性的,以免地面变形太多。通常是通过将车轮制造为两部分来实现的:一个坚硬的,通常是金属的轮毂嵌入一个轮胎中,轮胎提供了所需的弹性。很久以前人们就意识到了车轮柔性的重要性,基于 Robert William Thomson 的专利空气轮是第一个充气轮胎。在 1849 年他发表了一些经验性结论证明了在碎石路上木质轮比钢轮的滚动阻尼力可以减小 60%,在极硬的燧石路上可以减小 310%,这种类型的地面与带有较大石头的风化层区别不是很大。

然而 Thomson 的气胎是不太实用的,并没有取得成功,因为它是用皮革带铆在轮圈上制成的,车轮上有一个在内部密封的橡胶织物内胎。在 1888 年气胎由 John Boyd Dunlop 再次发明出来,即便它没有 Thomson 发明的实用。从那以后,它成为各种车辆的标准轮胎。现在气胎的产量大约是每年十亿条。

然而开始时,气胎并不是唯一的设计,两种其他的设计潮流开始于 19 世纪:实心橡胶胎,以及弹性的主要是金属胎,这种轮胎会由于像弹簧一样的机构引起变形。围绕这种弹性结构,无论如何要么是实心橡胶的柔性层,要么是充气轮胎,通常比直接用于刚性车轮毂上的充气轮胎薄一些。充气轮胎最开始用于自行车,自行车越来越受欢迎。只是后来才被用于较重的车辆上。

当带有充气的或具有弹性的轮胎的车轮在人工路面上滚动时，像柏油混凝土上，车轮的变形是比较大的，地面可以看成一个刚性表面。当同样的轮在自然表面上滚动时，接触的二体必须当成柔性的来考虑。在有些遥控漫游车上使用了没有柔性的轮胎，这种情况下变形只出现在地面上。

如前所述，轮－地接触是两个柔性体之间的接触，这一特征对于理解车轮是如何工作的非常重要。在给定大小的接触力下，接触体的柔性越大，接触面积就越大，接触压强就越小。

备注 4.11 当轮胎是一个弹性体时，不但滚动阻尼力会减小，而且纵向和横向上的切向力的产生也会改善。

在地球上标准的车辆中，不管是在野地还是在人工路面上，自 20 世纪 20 年代以来非充气轮胎已经被遗弃了，除非在有些情形下轮胎的弱点会带来不可预料的劣势，如在有些军事车辆中。由轮盘和轮圈组成的车轮的刚性结构，被轮胎和内胎组成的柔性部分所包围着。后者在无内胎的车轮中是不存在的，在无内胎的车轮中轮胎紧紧密封在轮圈上，胎体内直接含有空气。轮胎是一个复杂的结构，由多层橡胶织物组成，在经向布有大量帘线，而在纬向上则很少。帘布的数量方向、橡胶配方以及帘线的材质都变化多端，这些参数给定了每一个轮胎的具体特性。

与其使用无关，结构上轮胎主要归为两类：斜交轮胎和子午线轮胎，尽管两者之间的一种分类还包括带束轮胎。在老式的斜交轮胎中，胎体由很多帘布组成，帘布增强材料的走向与圆周方向呈 35°～40°角。在带束轮胎中，很多帘布的走向在踏面下方与圆周方向成一较小的角度，大约为 15°。该带束使得轮胎的周向刚度较大。子午线轮胎是由走向垂直于圆周方向上的帘布和带束帘布组成。这种结构使得轮胎侧壁的柔性较强，也使得踏面条纹在圆周方向上更硬。

备注 4.12 现在子午线轮胎几乎完全替代了其他类型的轮胎，因为其超级舒适且性能优越。

除了已经提到的轮胎的主要功能，也就是将垂向负载分布在足够大的区域上，第二个功能是确保了足够的柔性，这是在吸收道路不崎岖不平的地方所必需的。在不同方向上的柔性分布合适，这一点是非常重要的。轮胎在垂直方向上必须具有柔性，而在圆周方向和侧向上则比较坚硬。轮胎柔性的第二个功能是速度越快越重要。从这一点来说，对于现有的遥控漫游车的运行速度，刚性车轮足够了。

在"阿波罗"任务中设计 LRV（月面巡视车）时，有些类型的弹性胎是需要的，但放弃了充气胎和实心橡胶胎，主要是为了降低车子的重量。在寻求充气轮胎的替代品时，设计师们诉诸了金属弹性胎，这种轮胎在 19 世纪末已被广泛验证过。

后来又制造出了由多孔钢丝网组成的轮胎，带有很多钛合金足板作为地面接触带的踏面。在轮胎内部有一较小的刚性更好的框架作为制动器，以免在较大的冲击载荷下过量变形(图 4.9(a))。

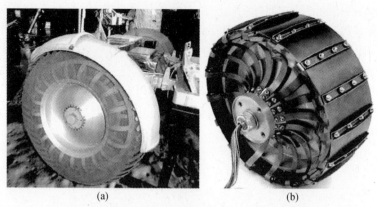

(a)　　　　　　　　　　　　　　(b)

图 4.9　（a）在美国亨茨维尔市的太空火箭中心展出的月面巡视车的车轮图片；
（b）作者为一个小型漫游车设计的弹性电动轮

在地球重力作用下所设计使用的充气轮胎对于月球和火星环境来说就太硬了，首先，轮胎上的弹性材料对于更加苛刻的空间环境来说并不适合。仍需了解是否有可能获得适于在月球或火星环境中可以延长使用的橡胶配方。如果能够找到这样的配方，轮胎设计及构造领域中的长寿命将会有利于制造行星漫游车或机器人的充气轮，这是一个值得期待的解决途径。这种充气轮胎将是行星探测的使能技术。

近年来，有人对非充气轮胎进行了研究。Michelin 提出了一种非充气轮胎，名字叫胎轮（图 4.10），其设计基于一个柔性很好的轮圈，带了一个薄的实心橡胶胎，通过弹簧连在轮毂上。轮圈和弹簧可能是由金属或复合材料（CRP，碳纤维复合材料，或 GRP，玻璃纤维复合材料）组成的。胎轮或类似的结构，对于行星探测车或机器人来说可能是一个比较好的解决方案。

图 4.10　Michelin 设计的胎轮，为了用于汽车而研发的无气轮胎

4.3.3　刚性车轮和柔性地面间的接触

考虑一个刚性车轮在柔性土壤上滚动（图 4.11）。车轮自由滚动，在 x 方向上

的拉力为 F_x,在地面上的压力为 F_z。如果变形是局部滞弹的,则存在某一地面弹复,如图 4.11(a)所示,z_f 不为零。如果土壤变形是完全滞弹的,则其变形是永久的,接触仅限于弧 AB 内($z_r = \theta_r = 0$)。

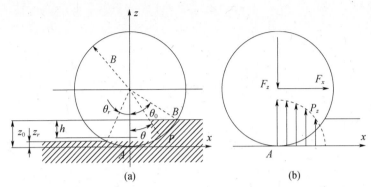

图 4.11　刚性车轮在柔性滞弹土壤中的下陷深度

(a)接触几何关系;(b)没有地面弹复时作用在车轮上的力。

在单位面积上车轮与地面间存在径向的相互作用力 σ_r。

假设车轮是一个圆柱体,半径为 R,宽度为 b,则车轮在 x 和 z 方向上的平衡方程为

$$F_x = bR \int_{\theta_r}^{\theta_0} \sigma_r \sin(\theta) \, \mathrm{d}\theta \tag{4.46}$$

$$F_z = bR \int_{\theta_r}^{\theta_0} \sigma_r \cos(\theta) \, \mathrm{d}\theta \tag{4.47}$$

转动平衡总是可以满足的,因为力 F_x 和 F_z,以及压力 σ_r 都是通过车轮中心点的。

假设在每一点压力都可以用式(4.5)来表示:

$$\sigma_r = \left(\frac{k_c}{b} + k_\phi \right) h^n = R^n \left(\frac{k_c}{b} + k_\phi \right) \cos(\theta) - \cos(\theta_0)^n \tag{4.48}$$

作用力为

$$F_x = R^{n+1} (k_c + bk_\phi) \int_{\theta_r}^{\theta_0} [\cos(\theta) - \cos(\theta_0)]^n \sin(\theta) \, \mathrm{d}z \tag{4.49}$$

$$F_z = R^{n+1} (k_c + bk_\phi) \int_{\theta_r}^{\theta_0} [\cos(\theta) - \cos(\theta_0)]^n \cos(\theta) \, \mathrm{d}z \tag{4.50}$$

力 F_x 是由于土壤的滞弹变形引起的运动阻尼力,称为压实阻力。

为了计算该力,必须说明一下地面弹复。有三种可能:

• 完全弹性地面:地面弹复是完全的,$z_r = z_0$ 或 $\theta_r = -\theta_0$。这只是一种理想的情况,在实践中当车轮在运动时是不会发生的。

• 完全滞弹地面:没有弹复,$z_r = 0$ 或 $\theta_r = 0$。这种情况与实际情形比较接近,

通常假设地面是滞弹的,因为用这种方式计算更容易,并且无论如何都没有弹复的数据。

- 局部弹性地面:弹复是不完全的。通常假设 $z_r = \lambda z_0$,λ 是一个决定于土壤特性、车轮样式和滑动比(对于制动轮或驱动轮)的参数。在后面一种情况中,如果车轮陷入地面并在其后积累了一些东西,它可能甚至大于1(但在这种情况下,它并不是弹性的结果)。角 θ_0 和 θ_r 可以写为 z_0 的函数:

$$\theta_0 = \arccos\left(1 - \frac{z_0}{R}\right), \theta_r = -\arccos\left(1 - \frac{\lambda z_0}{R}\right) \tag{4.51}$$

垂直力为

$$F_z = R^{n+1}(k_c + bk_\phi) \int_{-\arccos\left(1-\frac{z_0}{R}\right)}^{\arccos\left(1-\frac{z_0}{R}\right)} \left[\cos(\theta) - \cos(\theta_0)\right]^n \cos(\theta) \mathrm{d}z \tag{4.52}$$

作用于车轮上,是已知的,利用此方程可以计算车轮的下陷深度 z_0。其解一定要用数值方法进行处理。

然而该方法有一个矛盾的地方——在车轮接触地面的点处接触压力不会变为零。基于经验性结果,有人提出了一些改进方法以克服该难点。

根据 Ishigami 等人的工作[1],可以定义一个角度:

$$\theta_m = (a_0 + a_1\sigma)\theta_0 \tag{4.53}$$

其中:a_0 和 a_1 为依赖于轮 – 地相互作用的参数(建议值为 $a_0 \approx 0.4, 0 \leqslant a_1 \leqslant 0.3$);$\sigma$ 为纵向滑动,在此处地面压力达到最大值。代入式(4.48)有压力分布为

$$\sigma_r = R^n\left(\frac{k_c}{b} + k_\phi\right)\left[\cos(\theta) - \cos(\theta_0)\right]^n, \theta_m \leqslant \theta < \theta_0$$

$$\sigma_r = R^n\left(\frac{k_c}{b} + k_\phi\right)\left[\cos\left[\theta_0 - \frac{(\theta - \theta_r)(\theta_0 - \theta_m)}{(\theta_m - \theta_r)}\right] - \cos(\theta_0)\right]^n, \theta_r < \theta \leqslant \theta_m$$

$$\tag{4.54}$$

由于不管怎样这些力都用数值方法计算的,所以使用这样更为复杂的关系式也不会使研究变得很复杂。

如果考虑土壤为完全滞弹的(图4.11(b)),事情就变得更加简单了。这些力可以写为

$$F_x = bR \int_0^{\theta_0} \sigma_r \sin(\theta) \mathrm{d}\theta = b \int_0^{z_0} \sigma_r \mathrm{d}z \tag{4.55}$$

$$F_z = bR \int_0^{\theta_0} \sigma_r \cos(\theta) \mathrm{d}\theta = b \int_0^{x_0} \sigma_r \mathrm{d}x \tag{4.56}$$

用式(4.48)来计算压力,水平力为

① G. Ishigami, A. Miwa, K. Nagatani, K. Yoshida. *Terramechanics – Based Model for Steering Maneuver of Planetary Exploration Rovers on Loose Soil*, Journal of Field Robotics, 2007, 24(3):233 – 250.

$$F_x = b\left(\frac{k_c}{b} + k_\phi\right)\int_0^{z_0}(z_0 - z)^n \mathrm{d}z \tag{4.57}$$

即

$$F_x = \frac{b}{n+1}\left(\frac{k_c}{b} + k_\phi\right)z_0^{n+1} \tag{4.58}$$

垂直力分布为

$$\mathrm{d}F_z = b\sigma_r\mathrm{d}x = b\left(\frac{k_c}{b} + k_\phi\right)(z_0 - z)^n\mathrm{d}x \tag{4.59}$$

x 和 z 之间的关系式为

$$x^2 + (R - z)^2 = R^2 \tag{4.60}$$

在下陷较小的情况下可以简化为

$$x^2 \approx 2Rz \tag{4.61}$$

最大的垂直压力出现在 $x = 0$ 处,其值为

$$p_{\max} = \left(\frac{k_c}{b} + k_\phi\right)z_o^n \tag{4.62}$$

因而垂直方向上的压力分布为

$$\mathrm{d}F_z = p_{\max}b\left(1 - \frac{x^2}{2Rz_0}\right)^n\mathrm{d}x \tag{4.63}$$

这仅仅是一种近似,事实上当

$$x = \sqrt{2Rz_0} \tag{4.64}$$

时垂直力就不存在了,而它本应该是在 B 点消失,即

$$x = \sqrt{2Rz_0 - z_0^2} \tag{4.65}$$

例如,如果下陷20%,即 $z_0/R = 0.2$,则 x/R 的正确值为 0.49,而由式(4.64)计算得 0.63。如果下陷10%,误差变得几乎可以忽略不计:0.44 对 0.45。

这种近似的垂直力分布见图 4.11(b)。

因而垂直力的表达式为

$$F_z = p_{\max}b\int_0^{\sqrt{2Rz_0}}\left(1 - \frac{x^2}{2Rz_0}\right)^n\mathrm{d}x \tag{4.66}$$

当 $n = 1$ 时,也是风化层所经常遇到的,垂直力为

$$F_z = \frac{2b\sqrt{2Rz_0}}{3}z_0\left(\frac{k_c}{b} + k_\phi\right) \tag{4.67}$$

如果 $n \neq 1$,对于 $\left(1 - \frac{x^2}{2Rz_0}\right)^n$ 有可能写为序列:

$$\left(1 - \frac{x^2}{2Rz_0}\right)^n = 1 - n\frac{x^2}{2Rz_0} + \frac{n(n-1)}{2}\left(\frac{x^2}{2Rz_0}\right)^2 + \cdots \tag{4.68}$$

仅保留前两项得

$$F_z = \frac{(3-n)b\sqrt{2Rz_0}}{3} z_0^n \left(\frac{k_c}{b} + k_\phi \right) \qquad (4.69)$$

在 z_0 处求解此方程,可以得到车轮的下陷深度是负载的函数:

$$z_0 = \left[\frac{3F_z}{(3-n)\left(\frac{k_c}{b} + k_\phi \right) b \sqrt{2R}} \right]^{\frac{2}{2n+1}} \qquad (4.70)$$

这种情况下的运动阻尼力成为压实阻力,可以通过将式(4.70)代入式(4.58)中得到:

$$F_x = \frac{1}{n+1} \left[\frac{1}{b\left(\frac{k_c}{b} + k\phi \right)} \right]^{\frac{1}{2n+1}} \left[\frac{3F_z}{(3-n)\sqrt{2R}} \right]^{\frac{2(n+1)}{2n+1}} \qquad (4.71)$$

如果 $n=1$,压实阻力为

$$F_x = \frac{1}{2} \sqrt[3]{\frac{1}{b\left(\frac{k_c}{b} + k_\phi \right)} \left(\frac{3F_z}{2\sqrt{2R}} \right)^4} \qquad (4.72)$$

滚动系数

$$f = \frac{F_x}{F_z} = \frac{1}{n+1} \left[\frac{1}{b\left(\frac{k_c}{b} + k\phi \right)} \right]^{\frac{1}{2n+1}} \left[\frac{3F_z}{(3-n)\sqrt{2R}} \right]^{\frac{2(n+1)}{2n+1}} \qquad (4.73)$$

因而就是垂直力的函数,当 $n=1$ 时正比于 $\sqrt[3]{F_z}$。

因为滚动系数是垂直力的函数,从滚动阻尼力的角度来看,将负载分散在很多低负载车轮是比较有好处的。用这种方式车轮下陷得就比较少,地面的变形也比较小。但是这只有在车轮的直径都相等的情况下才成立。

例4.4 考虑一个带有 6 个刚性车轮的火星漫游车在地面上行进,其地面特性类似于月球风化层。假设有下列数据:

$m=150\mathrm{kg}, g=3.77\mathrm{m/s^2}$;车轮:$R=150\mathrm{mm}$;$b=80\mathrm{mm}$;土壤:$n=1, c=200\mathrm{Pa}$,$\phi=35°, k_c=1400\mathrm{N/m^2}, k_\phi=820000\mathrm{N/m^3}$。

比较具有相同特性的六轮和四轮漫游车的压实阻力。

假设负载等分在六个车轮上,则每个车轮的压力为 $F_z=94.25\mathrm{N}$。车轮在地面中的最大下陷深度为 $z_0=25\mathrm{mm}$,对应于 $0.164R$。由此可见,用上面的公式来近似并不很差。

作用在地面上的最大压强为 $p_{\max}=200\mathrm{kPa}$,这可以与地面额承受压强进行比较。

每个车轮上的压实阻力为 $F_x=20.2\mathrm{N}$,也就是漫游车的压实阻力为 121.2N。

滚动系数为 $f=0.21$。

如果漫游车有四个车轮,则其值为:$z_0 = 32\text{mm}$,$p_{\max} = 27\text{kPa}$,$F_x = 34.74\text{N}$,$f = 0.25$。

如果车轮陷入地面,则会出现另外一种形式的运动阻尼力,叫推土阻力。如果地面被车轮向前推,在车轮不是很宽时出现的侧向滑动会有所减轻,则地面推土阻力尤其重要。结果是,在大直径窄车轮的情况下不是很重要,而宽车轮小直径的车轮在松散的土壤上行进时,它则会变为一个主导因素,尤其是在硬表面上面覆有一层松散的土壤上行进时。

Bekker 发表的推土公式为

$$F_{xb} = \frac{b\sin(\alpha + \phi)}{2\sin(\alpha)\cos(\phi)}\left[2z_0 cK_c + \rho g z_0^2 K_\gamma\right] + \frac{\pi t^2 \rho g(90° - \phi)}{540} + \frac{\pi c t^2}{180} + ct^2\tan\left(45° + \frac{\phi}{2}\right)$$

(4.74)

其中:

$$\alpha = \arccos\left(1 - \frac{z_0}{R}\right)$$

(4.75)

是接近角。该式仅适用于刚性车轮。常数 K_c 和 K_γ 依赖于表4.2 中所定义的系数 N_c 和 N_γ:

$$K_c = N_c - \tan(\phi)\cos^2(\phi)$$

(4.76)

$$K_{\gamma c} = \left[\frac{2N_\gamma}{\tan(\phi)} + 1\right]\cos^2(\phi)$$

(4.77)

$$t = z_0 \tan^2\left(45° - \frac{\phi}{2}\right)$$

(4.78)

4.3.4 柔性轮和刚性地面间的接触

柔性轮施加在刚性地面上的压力依赖于车轮的结构,其计算非常复杂。如果车轮不在滚动中,压力分布是关于 YZ 平面几何对称的(图4.12(a))。如果车轮垂直于地面并且关于 XZ 平面对称,压力分布也关于该平面几何对称。

一个理想的充气轮是由环形薄膜组成的,环形薄膜在受压的情况下充满了空气,其弯曲刚度可以忽略。这种情况下,它施加在地面上的压强是不变的,等于胎压 p_i。

与该压强对应的力 F_z 依赖于与地面接触表面的面积 A,因而依赖于轮胎的变形 h_0。

备注 4.13 A 和 h_0 的关系非常复杂,没有什么物理意义,因为轮胎结构有其自己的刚度,这对地面上的压力分布影响很深。

如图4.12(a)所示,压力是不变的,仅在接触区域的中心处接近于胎压,而在边上胎体的刚度对地面的压力影响很大。

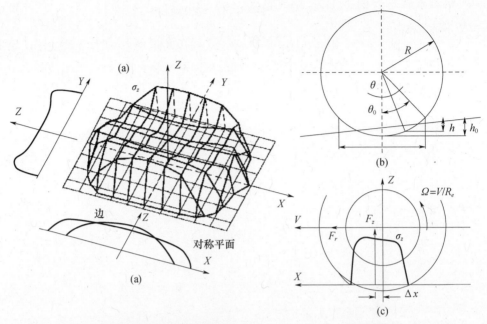

图 4.12 　(a)充气轮胎车轮路面间接触处的压力分布;(b)实心橡胶弹性轮:几何定义;
(c)充气滚轮在解除区域内的压力分布(引自 G. Genta,L. Morello,
The Automobile Chassis,Springer,New York,2009)

充气轮胎和地面之间的接触很难研究,而对于较低刚度组成材质(在陆地应用中为实心橡胶)的实心轮胎来说,其在地面上的压力分布则很容易研究(图 4.12(b))。假设压力正比于材质的垂直变形:

$$p = c_r h \tag{4.79}$$

式中:c_r 为材质的一个常数,最大压力出现在接触中心处,即

$$p_{\max} = c_r h_0 \tag{4.80}$$

局部变形 h、总变形 h_0 与角 θ 和 θ_0 的关系为

$$h_0 = R[1 - \cos(\theta_0)] , h = R[\cos(\theta) - \cos(\theta_0)] \tag{4.81}$$

负载半径 R_l 定义为车轮在地面上的中心点的高度:

$$R_l = R - h_0 \tag{4.82}$$

假设角 θ 和 θ_0 非常小,则

$$p \approx \frac{c_r R}{2}(\theta_0^2 - \theta^2) , p_{\max} \approx \frac{c_r R}{2}\theta_0^2 \tag{4.83}$$

在同样的假设下,作用在地面上的垂直力通过下面的关系式与角 θ_0 联系在一起:

$$F_z \approx b \int_{-1/2}^{1/2} p \, \mathrm{d}x = \frac{bR}{2}\int_{-1/2}^{1/2} c_r(\theta_0^2 - \theta^2) \, \mathrm{d}x \tag{4.84}$$

因为

$$l = 2R\sin(\theta_0) \approx 2R\theta_0 \,, x = 2R\sin(\theta) \approx 2R\theta \tag{4.85}$$

该力可以写为

$$F_z \frac{bR^2 c_r}{2} \int_{-\theta_0}^{\theta_0} (\theta_0^2 - \theta^2)\,\mathrm{d}\theta \tag{4.86}$$

也就是

$$F_z = \frac{2}{3} bR^2 c_r \theta_0^3 \tag{4.87}$$

因为

$$h_0 = R \frac{\theta_0^2}{2} \tag{4.88}$$

该力与轮胎变形相关联的关系式为

$$F_z = \frac{2}{3} b \sqrt{8R} c_r \sqrt{h_0^3} \tag{4.89}$$

该式可以写成常规的形式,将最大压强与该力及轮胎变形联系起来:

$$p_{\max} = \sqrt{\frac{9}{32} \frac{F_z}{b \sqrt{h_0 R}}} = \frac{0.53 F_z}{b \sqrt{h_0 R}} \tag{4.90}$$

实际的充气轮胎的情形介于理想充气轮胎和实心橡胶轮胎之间,地面压力是由胎压和结构刚度引起的。经验公式为

$$F_z = (p_i + p_c) \frac{h_0^2}{h_0 + 1} \sqrt{4Rr - 2h_0(R + r)} \tag{4.91}$$

式中:r 为轮胎的横向半径;p_c 为未膨胀轮胎的垂直压力的平均值。

一般地,轮胎受到地面的作用力假定是在接触区域的中心,可以沿图 4.12(a) $OXYZ$ 坐标系的三个坐标轴进行分解,其中 X 和 Y 轴位于地面上,分别为纵向和横向(即在车轮和与其正交的中面内),Z 的方向垂直于地面。纵向力 F_x,侧向力 F_y 和法向力 F_z 就是这样得到的。类似地,在接触区域轮胎受到地面的力矩可以沿同样的方向进行分解,得到翻倾力矩 M_x、滚动阻尼力矩 M_y 和回正力矩 M_z。车体绕旋转轴作用于轮胎的力矩称为车轮力矩 T。

上面所述的情形是与静止车轮相关的。如果车轮在平坦的路面上滚动,没有制动和牵引力矩作用在车轮和其垂直于路面的中面上的话,法向压力分布就不再关于 YZ 平面对称,就会出现一个阻尼力矩(图 4.12(c))。

半径为 R 的滚动刚性车轮的角速度 Ω 和前进速度 V 之间的关系很简单,即

$$V = \Omega R$$

对于柔性车轮,有效滚动半径 R_e 可以定义为 V 和 Ω 的比值:

$$R_e = V/\Omega \tag{4.92}$$

这相当于定义为有效滚动半径,即刚性车轮的半径等效于柔性车轮以相同的速度前进和转动。

车轮路面间的接触与点接触远远不同,踏面胶在圆周方向也是柔性的。其结果是半径 R_e 既不等同于有负载时的半径 R_l,也不等于无负载时的半径 R,瞬时转动中心也不等同于接触 A 的中心(图4.13)。

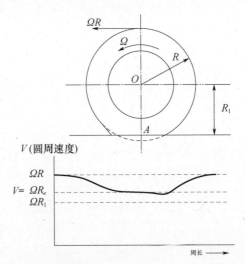

图4.13 在平坦路面上滚动的柔性车轮:在接触区域内的
几何构型和圆周速度(引自 G. Genta, L. Morello.
The Automotive Chassis, Springer, New York, 2009)

由于踏面胶的纵向变形,踏面任意点的圆周速度周期性发生变化。当其接近进入接触区域的点时,它就会慢下来,这是圆周压缩的结果。在接触区域中在轮胎和地面之间不存在或很少存在滑动。

备注 4.14 在该区域中踏面的圆周速度(相对于车轮中心)与车轮中心的速度 V 是相同的。

离开接触区域之后,踏面重新恢复到其初始长度,其圆周速度 ΩR 得以回复。这种机理的结果是,柔性车轮轮胎的旋转速度比有相同负载半径 R_l(比半径为 R 的刚性车轮的旋转速度要快)和相同行进速度的刚性车轮的旋转速度要小:

$$R_l < R_e < R$$

车轮的转动中心在路表面以下,离路表面有一个很小的距离。

圆周踏面纹路越硬,R_e 与 R 就越接近。由于其垂直刚度较低,子午线轮胎的有负载半径 R_l 比有相同半径 R 的斜交轮胎的要小一些,但是它们的有效滚动半径 R_e 与无负载半径比较接近,因为踏面在圆周方向上比较坚硬。例如,在斜交轮胎中 R_e 大约是 R 的96%,R_l 是 R 的94%,在子午线轮胎中 R_e 和 R_l 分别是 R98% 和92%。在弹性车轮如胎轮中,这种效用甚至更大。如果外轮圈是周向刚性的,R_e 可能会等于 R,而 R_l 则依赖于径向弹簧的刚度。

备注 4.15 有效滚动半径依赖于很多因素,有些是由轮胎决定的(如结构类型、车轮踏面磨耗),另外一些是由工作条件决定的(如道路、速度),在充气轮胎中还包括胎压。

垂直负载 F_z 的增大和胎压 p 的减小产生的结果类似——R_l 和 R_e 都会减小。随着速度的增加,轮胎在离心力作用下会膨胀,结果 R、R_l 和 R_e 都会增大。这种效用在斜交轮胎中更加明显,因为其胎面的硬度更大,子午线轮胎膨胀非常有限,通常可以忽略不计。

在后面的章节中将会看到,作用于车轮的任何牵引和制动力矩都会引起有效滚动半径的剧烈变化。

在坚硬表面上滚动的弹性车轮的滚动阻尼力主要是由于轮胎的能量损耗所引起的。其他机理,如路面和车轮间的微小滑动、轮盘上的空气减阻以及轮毂内摩擦,对于整个阻尼力来说贡献非常小,也就是百分之几的量级。接触压力的分量 F_z 向前移动(图4.12(c)),相对于转动轴产生了一个力矩:

$$M_y = -F_z \Delta x$$

可以看作滚动阻尼力。

为了使车轮保持自由旋转,在轮-地接触点需要施加一个力,可以使用某种牵引力。在从动轮上,提供一个力矩抵消总力矩 M_y,在驱动轮上必须提供一个牵引力以克服前者的滚动阻尼力。在驱动轮上驱动力矩直接通过驱动轴施加作用以克服滚动阻尼力矩。因而驱动轮的滚动阻尼力没有引入作用在路面车轮接触处的作用力,也不需要使用任何牵引力。

滚动阻尼力因而为

$$F_r = \frac{-F_z \Delta x}{R_l} \qquad (4.93)$$

式(4.93)实用性有限,因为 Δx 不容易确定。

为了实用目的,滚动阻尼力通常表示为

$$F_r = -f F_z \qquad (4.94)$$

其中滚动阻尼系数(或简单地为滚动系数)f 一定要通过经验方法进行确定。式(4.94)中的负号是因为传统上滚动阻尼系数通常表示为正数。

系数 f 依赖于很多参数,如行进速度 V,胎压 p(充气轮胎中),法向力 F_z,车轮大小和接触面积,结构和轮胎材质,工作温度,道路条件,以及车轮所施加的力 F_x 和 F_y。

滚动阻尼系数 f 一般会随车体速度的增加而增大,车速开始很慢然后越来越快。$f(V)$ 通常可以用多项式表示为

$$f = f_0 + KV \text{ 或 } f = f_0 + KV^2 \qquad (4.95)$$

一般采用第二种。

f_0 和 K 的值要根据具体轮胎具体进行测量,例如图4.14中的轮胎测试条件下,$f_0 = 0.013$,$K = 6.5 \times 10^{-6} s^2$。

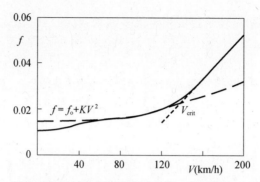

图 4.14 滚动系数是气胎车轮速度的函数。试验曲线(5.20 – 14 型
子午线轮胎胎压 190kPa,负载 3.40kN,在柏油路上滚动)与式(4.95)
(引自 G. Genta,L. Morello,*The Automotive Chassis*,Springer,New York,2009)做比较

汽车工程协会(SAE)建议采用同样类型的半经验的表示方式,以同时考虑路面和压力对于滚动阻尼系数的影响。

$$f = \frac{K'}{1000}\left(5.1 + \frac{5.5 \times 10^5 + 90F_z}{p} + \frac{1100 + 0.0388F_z}{p}V^2\right) \quad (4.96)$$

其中系数 K' 对于常规轮胎取为 1,对于子午线轮胎取为 0.8。法向力 F_z、压力 p 和速度 V 的单位分别是 N、N/m^2(Pa)和 m/s。

曲线 $f(V)$ 突然向上弯曲处的速度一般称为车轮的临界速度(不要与车体的临界速度混淆)。它的出现可以通过轮胎在高速时发生的振动现象很容易的得到解释。非充气弹性车轮的阻尼较小,因而更有振动趋向。在设计这种车轮时,一定要加以关注,以获得其振动参数。然而,临界速度通常远大于漫游车和移动机器人所能达到的速度,因而它在现有背景下没有多大实用性。

结构类型和轮胎制造材质在确定滚动阻尼力中起主要作用。甚至很小的差别(如帘布走向或准确的橡胶组成)都会引起较大的变化。然而,大多数现有数据都是针对标准充气轮胎的,必须对不同于常规方法的具体设计进行测试,以获得其滚动阻尼力。

低速时,标准轮胎的滚动系数的典型值对于良好的混凝土或柏油路面的取值范围是

$$f_0 = 0.008 – 0.02$$

对于坚硬而平坦的自然表面其取值范围为

$$f_0 = 0.04 – 0.1$$

磨损、温度、胎压(充气轮胎)、负载和其他工作条件会引起滚动阻尼力的变化。轮胎的测试条件要尽可能真实地模拟其工作条件。

4.3.5 柔性车轮和柔性地面之间的接触

如果车轮和地面都是柔性的,则二者都会发生变形。但这仅可能发生在当地

面施加的最大压力超过使轮胎变形所需的压力时,在式(4.91)中表示为 $p_i + p_c$。如果该压力没有超出,则情形如图 4.11 所示。如果在接触区域的 A 点超出了,则如图 4.15 所示。

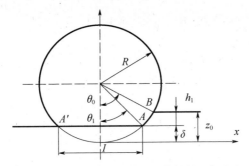

图 4.15 柔性车轮和柔性地形接触的几何定义

假设变形由式(4.5)与压力联系起来,且角度 θ_1 很小,则其余弦值接近于 1,A 点的压力为

$$\sigma_{rA} = \left(\frac{k_c}{b} + k_\phi\right)h_1^n = p_i + p_c \tag{4.97}$$

车轮下陷深度则为

$$h_1 = \left(b\, \frac{p_i + p_c}{k_c + bk_\phi}\right)^{1/n} \tag{4.98}$$

如果 $n = 1$,下陷深度在轮胎所施加的总压力 $p_i + p_c$ 下是线性的。

备注 4.16 当在软性地面上行进时,胎压 p_i 减小,使得下陷深度也变小。

点 A 的坐标 x_A 通过下式与轮胎的垂直变形联系起来:

$$x_A^2 + \left[R - (z_0 - h_1)\right]^2 = R^2 \tag{4.99}$$

如果与车轮的半径相比车轮变形很小,则有

$$x_A \approx \sqrt{2R(z_0 - h_1)} \tag{4.100}$$

假设车轮自由滚动,且 x 方向上存在拉力 F_x,在地面上的受压力为 F_z。再次假设土壤变形时是滞弹的,则其变形就是永久性的。这种情况下,接触仅沿弧线 $A'AB$ 出现。车轮与地面在单位面积上的交互力为

$$\sigma_r = \left(\frac{k_c}{b} + k_\phi\right)h^n \tag{4.101}$$

其指向沿弧线 AB 的径向,再加一个力

$$F_{1z} = bl(p_i + p_c) \tag{4.102}$$

沿直线 $A'A$。后者指向 z 方向。

车轮在 x 和 z 方向上的平衡方程为

$$F_x = bR \int_{\theta_1}^{\theta_0} \sigma_r \sin(\theta) \, \mathrm{d}\theta = b \int_{\delta}^{z_0} \sigma_r \mathrm{d}z \qquad (4.103)$$

$$F_z = F_{1z} + bR \int_{\theta_1}^{\theta_0} \sigma_r \cos(\theta) \, \mathrm{d}\theta = bl(p_i + p_c) + b \int_{x_A}^{x_B} \sigma_r \mathrm{d}x \qquad (4.104)$$

后面的方程中显示假设作用于直线 $A'A$ 上的压力是常数,这与在此所用到的简化模型是一致的。

转动平衡总是满足的,因为力 F_x、F_z 和压力 σ_r 都通过车轮 O 的中心,作用在直线 $A'A$ 上的压力关于车轮中心是对称的。

水平力为

$$F_x = k_c + bk_\phi \int_{\delta}^{z_0} h^n \mathrm{d}z \qquad (4.105)$$

也就是

$$F_x = k_c + bk_\phi \int_{z_0-h}^{z_0} (z_0 - z)^n \mathrm{d}z \qquad (4.106)$$

通过积分得到压实阻尼力为

$$F_x = (k_c + bk_\phi) \frac{h_1^{n+1}}{n+1} \qquad (4.107)$$

也就是

$$F_x = \frac{b(p_i + p_c)^{n+1/n}}{(n+1)k_c + bk_\phi^{1/n}} \qquad (4.108)$$

如果 $n = 1$,则压实阻尼力的表达式为

$$F_x = \frac{b^2(p_i + p_c)^2}{2k_c + bk_\phi} \qquad (4.109)$$

因而可以在没有显式地获得车轮下陷深度的情况下计算出压实阻尼力。

垂直力的显式计算在此就不给出了,因为在现在情形中,下陷深度仅依赖于已知的压力,且没有必要计算该力。

式(4.108)所给出的运动阻尼力仅考虑了地面压实,还必须加上由于轮胎变形引起的滚动阻尼力。当地面变形很小时,弹性车轮在刚性地面上的滚动阻尼力的值可以进行假定,它随地面变形的增加而减小,直到车轮变形 δ(图4.11)变得可忽略不计时,压实阻力消失。

考虑车轮阻尼力随胎压的减小而增大,Bekker 在所提到的书中建议添加一项:

$$F_{xi} = \frac{F_z u}{p_i^{a^*}} \qquad (4.110)$$

其中:u 和 a^* 为与轮胎内部结构相关的经验系数。

备注 4.17 该式的应用是有问题的,其系数是通过轮胎在坚硬表面上的滚动测试而获得的。

虽然对于较小的压力值来说车轮的变形很大(尽管比在坚硬的表面上滚动时

164

要小),当压力增大时变形很小,且该公式给出的滚动阻尼力可能会大于其正确值。特别地,当压力接近车轮没有变形的值时,滚动阻尼力的该分量应该趋于零。

对于一个 7.00 - 16 型的轮胎,当以 psi 测量压力时,其值建议为 $u = 0.12$, $a^* = 0.64$。当以 kPa 测量压力时,相应的值为 $u = 0.413, a^* = 0.64$。对于低重力应用场合的轮胎设计,u 的值更小,需要根据具体情形通过经验方式获得。

因而总的滚动阻尼力为

$$F_x = b \frac{(p_i + p_c)^{n + 1/n}}{(n + 1) \left(\frac{k_c}{b} + k_\phi \right)^{1/n}} + \frac{F_z u}{p_i^{a^*}} \quad (4.111)$$

例 4.5 考虑与前述例子相同的六轮火星漫游车,但现在假设车轮是弹性的。地面特性和其他数据都相同。

总体:$m = 150\text{kg}, g = 3.77\text{m/s}^2$;车轮:$R = 150\text{mm}$;$b = 80\text{mm}$;土壤:$n = 1, c = 200\text{Pa}, \phi = 35°, k_c = 1400\text{N/m}^2, k_\phi = 820000\text{N/m}^3$。

假设轮胎是为该应用条件而专门设计的,p_c、a^* 和 u 的值分别为 $p_c = 5\text{KPa}$, $a^* = 0.64, u = 0.05$。胎压从 0 变到 15.6kPa(后面的值对应于前述例子中计算出的最大压力,因而胎压超过了车轮维持是刚性的值)。

车轮下陷深度和滚动系数是胎压 p_i 的函数,对其进行绘制曲线。

假设 $p_i = 5\text{KPa}$,计算车轮的下陷深度和滚动系数。

假设负载被均分在 6 个轮子上,每个轮子上的力为 $F_z = 94.25\text{N}$。刚性车轮的最大下陷深度为 $z_0 = 25\text{mm}$,每个车轮上的压实阻尼力为 $F_x = 20.2\text{N}$,相应的滚动系数为 $f = 0.21$。

p_i 的各种值的结果见图 4.16。注意,对于接近 15.6kPa 的压力值,滚动系数的变形分量应该趋于零。

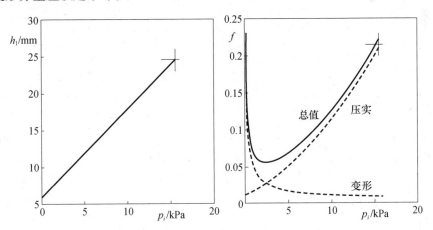

图 4.16 对于充气车轮来说下陷深度和滚动系数是胎压的函数

$p_i = 5\mathrm{kPa}$ 时下陷深度为 11.9mm,滚动系数的压实分量为 0.05。总的滚动系数为 0.069。

4.3.6 切向力:在刚性地面上的弹性车轮

纵向力

只有存在纵向滑动,车轮才能产生牵引力或制动力,也就是,车轮比纯滚动时转动得(稍微)快一些(对于牵引力)或慢一些(对于制动力)。

考虑柔性车轮在平坦坚硬的表面上滚动。如果有制动力矩 M_b 作用在上面,则其法向力和纵向力的定量分布曲线如图 4.17(a)所示。

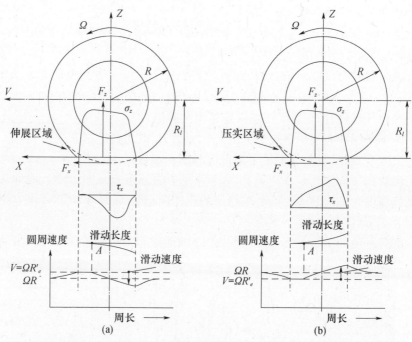

图 4.17 制动轮(a)和驱动轮(b)在坚硬表面上行进时的压力分布和圆周速度。
注意,等效滚动半径 R'_e 与自由直线滚动条件下定义的 R_e 不同(力 F_x 位于地面上)

(引自 G. Genta,L. Morello,*The Automotive Chassis*,Springer,New York,2009)

胎面在与地面接触前的区域中沿圆周方向伸展,而在自由滚动中同一轮胎部位被压缩。胎面在接触前的区域 $\Omega R'$ 内的圆周速度就比未变形车轮的圆周速度 ΩR 大。有效滚动半径 R'_e 在自由滚动中的 R_e 值介于 R_l 和 R 之间,并向 R 变大,而且如果 M_b 足够大的话,其值会变得大于 R。

瞬时滚动中心因而位于道路表面以下(图 4.18)。车轮的角速度 Ω 比相同条件下的自由滚动时要低一些($\Omega_0 = V/R_e$)。

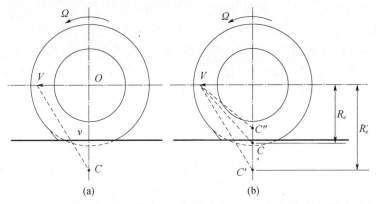

图 4.18　(a)制动轮,瞬时转动中心与滑动速度;(b)自由滑动 C、制动 C' 和驱动 C'' 过程的瞬时转动中心位置(引自 G. Genta, L. Morello, *The Automotive Chassis*, Springer, New York, 2009)

这种条件下可以将纵向滑动定义为

$$\sigma = \frac{R\Omega - V}{V} = \frac{v}{V} \tag{4.112}$$

式中:v 为接触区域在地面上运动的线性速度。纵向滑动常常表示为百分比的形式,但在现有的书本中,会严格遵从式(4.112)的定义。

备注 4.18　此处所定义的滑动是由车轮变形所引起的,而在刚性车轮的情况下所定义的则是由土壤变形所引起的。这两种定义稍微有一点区别,但其含义在本质上是相同的[①]。

极限情形是车轮在地面上滑动而没有转动。纵向滑动 $\sigma = -1$,且转动中心位于路面下无穷大处。

如果不是制动而是驱动,则接触区域前面的部位被压缩而不是伸展(图 4.17(b))。有效滚动半径值 R'_e 比自由滚动的要小,且通常小于 R_l;车轮的角速度大于 Ω_0。

此处的极限情形是车轮只打转而不会向前移动。纵向滑动为 $\sigma = \infty$,且转动中心位于车轮中心处。

---

①　该定义是由 SAE 提出的,与式(4.17)中的有所不同,这种情况下为

$$\sigma = \frac{R\Omega - V}{R\Omega}。$$

对于微小的滑动量来说这两个公式在本质上是相等的。

它们常常分别用于制动和驱动:

$$\sigma = \frac{R\Omega - V}{R\Omega} \text{用于驱动}, \sigma = \frac{R\Omega - V}{V} \text{用于制动}。$$

式(4.112)所定义的滑动对于驱动条件来说是正的,对于制动条件来说是负的。但是滑动速度[①]v的存在并不意味着整个接触区域都存在着实际滑动。该区域前导部位的圆周速度实际上为

$$V = \Omega R'_e$$

因而在该区域内不会发生滑动。仅在图4.17中标识的点A处,胎面的速度开始减小(在制动过程中,而在驱动过程中会增大),且滑动过程开始。滑动区域对于较小的σ值只会延伸至接触区域很有限的一部分,它随着滑动的增加而变大,在一定的σ值处达到接触区域的前导部位,且会出现轮胎全局滑动(图4.19(a))。

车轮与地面交互作用的纵向力F_x是σ的函数。当$\sigma = 0$(自由滚动条件)[②]时该力消失,当σ在$-0.15 \sim -0.30$至$0.15 \sim 0.30$之间时,该力几乎是线性增加。

纵向力在该范围内可以用下面的线性表达式进行近似:

$$F_x = C_\sigma \sigma \qquad (4.113)$$

式中:C_σ称为车轮纵向力刚度。

该范围之外,取决于很多因素,纵向力的绝对值则增加得没那么急剧了,然后达到一个最大值,最后开始减小。在制动过程中绝对值$|\sigma|$的最大值出现在$\sigma = -1$时,特征是自由滑动(车轮被锁住),而驱动过程中σ可以取任何正值,直至车轮没有移动而发生打滑时达到无穷大。

作为第一次近似,在相同的σ值处,力F_x可以考虑是与负载F_z粗略成比例的。因而定义一个纵向力系数是比较有用的:

$$\mu_x = \frac{F_x}{F_z} \qquad (4.114)$$

该系数对σ的定量趋势见图4.19(b)。

在该曲线上可以确定制动和驱动过程中两个重要的μ值(峰值μ_p和μ_s),表征了纯滑动。当车轮施加一个正的纵向力时,第一个称为驱动牵引系数,反方向时通常用绝对值来表示,被称为制动牵引系数。第二个是滑动驱动牵引系数或滑动制动牵引系数。

曲线$\mu(\sigma)$在两个峰值之间范围以外的地方,用虚线表示,见图4.19(b)是非稳定区域。当超出σ的峰值μ_{pb}时,车轮会在很短时间内被锁住。为了避免锁住车轮,在汽车领域广泛使用定义为防抱死或防滑系统的装置。机器人的牵引和制动控制装置也必须要考虑这一现象。为此,有可能去检测车轮的负加速度,当其达到一个预设值时,减小制动力矩以避免锁住车轮。防抱死装置可以分别作用在每

---

① SAE文献J670所定义的滑动速度为$\Omega - \Omega_0$,也就是,实际角速度和自由滚动轮胎的角速度之差。此处的定义是基于线性速度而不是角速度:$v = R_e(\Omega - \Omega_0)$。

② 实际对应滚动阻尼力,自由滚动的特征是存在微小的负值滑动量。但是这在绘制曲线$F_x = C_\sigma \sigma$时通常是可以被忽略的。

个车轮上,或更常见地作用在一个轴的两个车轮上。

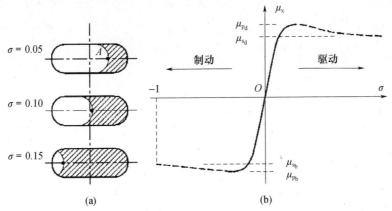

图 4.19 (a)对于不同的纵向滑动 σ 值,车轮 – 路面接触处的滑动区域;
(b)纵向力系数 μ_x 的定量趋势,是纵向滑动 σ 的函数

(引自 G. Genta, L. Morello, *The Automotive Chassis*, Springer, New York, 2009)

　　同样地,为了避免在有驱动力矩施加作用的情况下产生车轮滑动,当车轮加速度超过某一设定值时,防滑装置就会对驱动力矩限制(或施加一个制动力矩)。

　　该曲线在制动和驱动条件下通常会表现为某种程度上的对称性,常假设最大制动和驱动力是相等的。函数 $\mu_x(\sigma)$ 的值决定于很多参数,如车轮类型、地面条件、速度、轮胎施加的侧向力 F_y 的幅值以及其他一些参数。另外,由不同的实验者在无法准确比较的条件下所获得的曲线会存在很大差别。

　　纵向力的最大值会随速度的增加而减小,但这种减小受操作条件的影响很大。一般来说,在干燥坚硬的表面上影响不是很明显,而在潮湿或恶劣的道路上影响则比较大。另外,相比这些情况,最大值和与滑动有关的值之间的区别更加显著。

　　备注 4.19　高性能轮胎在坚硬表面上的 μ_x 峰值可以高达 1.5 ~ 1.8,但即便这样的轮胎,也达不到在滑动条件下的纵向力系数那样高的值。

　　备注 4.20　在坚硬的表面上胎面磨损对纵向力有很大的影响,尤其是在高速时。已磨损的轮胎在干燥路面上具有很大的牵引系数。

　　液体膜的出现会大大地改变这些结果。如果液体膜比较厚,轮胎在水力托浮(湿路滑胎)下会被托离地面。液体膜会在轮胎和地面之间滑动,因而减小了接触区域。随着速度的增加接触区域进一步减小,直到轮胎被完全托起。可以说在这种情况下存在水力润滑条件,因而该力系数或更准确地说是摩擦系数会降到很低的值,会低至 0.05,因为在该条件下通常会出现滑动。

　　备注 4.21　这就是在受压下冰面温度升高融化时牵引力如此低的原因所在。

　　备注 4.22　在太阳系中(除了地球)可能会存在湿路滑胎危险的就是土卫六,因为存在碳氢化合物。

在纵向力系数的定义中所暗含的假设是,纵向力与作用在车轮上的法向力只是一种粗略地近似。实际上,纵向力系数是随着路面法向力的增加而减小的,如图4.20所示。

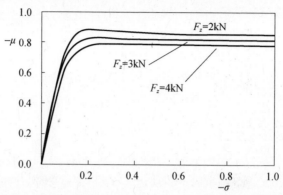

图4.20　法向力对曲线 $\mu_x(\sigma)$ 的影响, $p=170\text{kPa}$, $V=100\text{km/h}$

（引自 G. Genta, L. Morello, *The Automotive Chassis*, Springer, New York, 2009）

曲线 $\mu_x(\sigma)$ 可以通过解析表达式进行近似。其中一个可以用于 $-1<\sigma<1$ 范围内的表达式为

$$\mu_x = A(1-\mathrm{e}^{-B\sigma}) + C\sigma^2 - D\sigma \tag{4.115}$$

其中:

$$B = \left(\frac{K}{\alpha+d}\right)^{1/n}$$

为考虑了纵向滑动 σ 和侧向滑动 α（见第4.3.6节）之间相互作用的一个因子。原点处的导数为

$$\left(\frac{\partial \mu_x}{\partial \sigma}\right)_{\sigma=0} = AB - D \tag{4.116}$$

系数 A、C、D、K、d 和 n 必须通过经验曲线获得,并没有物理意义。它们既取决于地面条件也取决于负载。通过式(4.115)所得到的曲线 $\mu_x(\sigma)$ 见图4.21。曲线 B 指赛车轮胎,其牵引力非常高。

作为滑动量 σ 的函数的纵向力 F_x 的一种很好的近似可以由 Pacejka[1] 所介绍的经验方程获得,被称为魔术公式。这一数学表达式不但可以使 F_x 表示为法向力 F_z 和纵向滑动 σ 的函数,而且还可以使侧向力 F_y 和回正力矩表示为各种参数的函数:

---

[1]　E. Bakker, L. Lidner, H. B. Pacejka. *Tire Modelling for Use in Vehicle Dynamics Studies*, SAE Paper 870421; E. Bakker, H. B. Pacejka, L. Lidner. *A New Tire Model with an Application in Vehicle Dynamics Studies*, SAE Paper 890087.

$$F_x = D\sin(C\arctan\{B(1-E)(\sigma + S_h) + E\arctan[B(\sigma + S_h)]\}) + S_v$$

$$(4.117)$$

式中:B、C、D、E、S_v 和 S_h 为 6 个依赖于负载 F_z 的系数。它们一定要通过试验测得,没有任何直接的物理意义。特别地,引入 S_v 和 S_h 是为了当 $\sigma = 0$ 时 F_x 的值不为零。

除了 S_v 的作用,系数 D 直接给出了 F_x 的最大值。BCD 的乘积给出了 $\sigma + S_h = 0$ 曲线的斜率 C_σ。这些系数可以表示为一些系数 b_i 的函数,系数 b_i 可以考虑为任意具体轮胎的特性,而且依赖于地面条件和速度。

$$C = b_0, D = \mu_p F_z$$

其中,对于 b_0 一个建议值为 1.65,且

$$\mu_p = b_1 F_z + b_2$$
$$BCD = (b_3 F_z^2 + b_4 F_z)e^{-b_5 F_z}$$
$$E = b_6 F_z^2 + b_7 F_z + b_8$$
$$S_h = b_9 F_z + b_{10}, S_v = 0$$

如果对于力 X 的正值和负值来说是对称的,则该模型既可以用于制动过程也可以用于驱动过程。该曲线通常延伸至 $\sigma = -1$ 点以外的制动过程,以模拟车轮朝后的转动过程,而移动是朝前的。

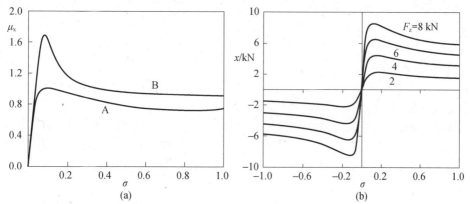

图 4.21 (a)由式(4.115)所得 145/80 R 13 4.5J 型充气轮胎的 $\mu_x(\sigma)$ 曲线(曲线 A),和由式(4.117)所得 245/65 R 22.5 型充气轮胎的 $\mu_x(\sigma)$ 曲线(曲线 B)。
(b)对于 205/60 VR 15 6J 型子午线轮胎,由式(4.117)所得对不同负载值的曲线 $F_x(\sigma)$(引自 G. Genta, L. Morello, *The Automotive Chassis*, Springer, New York, 2009)

对于 205/60 VR 15 6J 型子午线轮胎,垂直负载为 $F_z = 2$、4、6 和 8kN 时可以得到一组曲线 $F_x(\sigma)$,如图 4.21(b)所示。

备注 4.23 式(4.117)所引入的系数及其结果通常表示为不同的单位:力 F_z 的单位是 kN,纵向滑动表示为百分比,力 F_x 的单位是 N。

备注 4.24 由式(4.117)所表示的模型的重要性是与这样一个事实联系在一起的,即轮胎制造厂商越来越以这些引入的系数来给出它们的轮胎的性能,对回正力和回正力矩也采用类似的表示。对于轮胎特性来说魔术公式是一个简单的而又精确的模型,它对于数据已知的轮胎特性来说更为重要。

当牵引或制动力矩作用于车轮上时,也可以对滚动阻尼力进行定义。这种情况下滚动阻尼力引起的功耗 $F_r V$ 可以表示为

$$|F_r|V = \begin{cases} |F_b|V - |M_b|\Omega\,(制动) \\ |M_t|\Omega - |F_t|V\,(牵引) \end{cases} \tag{4.118}$$

式中:F_b、F_t、M_b 和 M_t 分别为制动、牵引力和力矩。式(4.118)只能应用于恒速运动中,因为它们不包括转动部件加速(减速)所需的牵引(制动)力矩。

一般地,滚动阻尼力会随牵引或制动纵向力 F_x 的增加而增大,该效用在纵向力很大时是不可以忽略的,尤其是在制动过程中。这主要是由于纵向力的产生至少在接触区域的一部分内总会伴随有滑动出现。然而最小滚动阻尼力可能出现在车轮施加了一个很小的牵引力时,而不是车轮没有施加驱动力时。

侧向(或回正)力

纯滚动条件的特征是没有纵向滑动,且车轮中心的速度 V 维持在车轮的中面上。这种情况下存在没有滑动的滚动。如前所述,为了产生纵向力必须存在纵向滑动。同样地,为了产生侧向力必须存在侧向滑动,也就是车轮中心的速度必须与车轮的中面(图4.12中的 XZ 平面)成一夹角。平面 XZ 和车轮中心速度方向的夹角为车轮的侧偏角。另外一个特征角是 XZ 平面和车轮中面之间的夹角,称为车轮倾角(或外倾角①),表示符号为 γ。

车轮有侧偏角,也就是说处于非纯滚动中,并不意味着轮胎在接触区域内在地面上有滑动。另外在此情况下,正如对纵向力一样所看到的,轮胎的柔性使得胎面相对车轮中心在移动,其速度与地面的一样。由此在刚性地面 – 车轮接触中切向力的产生与轮胎的柔性是就直接联系起来了。然而,车轮与路面间的可能会出现局部滑动,而且侧偏角越来越大,它们变得越来越重要,直到车轮处于实际的宏观滑动中。

如果车轮中心速度不在其中面内,也就是说,如果车轮行进时存在侧偏角,接触区域的形状就是扭曲的(图4.22)。考虑胎面上属于中面内的一点。在接近接触区域的过程中,它倾向于相对于车轮中心沿与速度 V 平行的方向移动,结果会脱离该平面。

在 A 点接触地面以后,它继续跟随速度的 V 的方向(对于地面上不动的观测者来说,它保持静止),直到它到达 B 点。在该点,将其向中面拉动的弹性力是足

---

① 倾角的符号经常通过坐标系 XYZ 来定义,而外倾角的符号取决于轮胎位于车的左侧还是右侧。本书使用坐标系 XYZ 来定义。

够大的,从而可以克服摩擦力,摩擦力使其在地面上滑动并偏离其路径。对于接触区域的其他部分这种滑动一直持续着,直到到达 C 点。接触区域由此可以分为两部分:没有滑动的前导部分和胎面朝中面滑动的拖尾部分。第二部分随着侧偏角的增大而变大(图 4.22(b)),直到它包含整个接触区域,且车轮在地面上实际发生滑动。

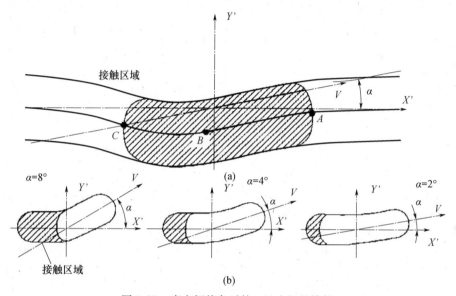

图 4.22　当有侧偏角时轮 – 地之间的接触

(a)接触区域和胎面上属于中面内一点的路径。(b)各种侧偏角 σ 的接触与滑动区域

(引自 G. Genta, L. Morello, *The Automotive Chassis*, Springer, New York, 2009)

轮胎侧向变形、单位面积上的法向力和切向力分布 σ_z 和 τ_y,以及侧向速度的定量绘制图如图 4.23 所示。侧向力分布的合力 F_y 没有作用在接触区域的中心点上,而是在其后距离为 t 的一点上。该距离定义为轮胎拖距。

力矩

$$M_z = F_y t$$

是回正力矩,因为它倾向于使得车轮的中面朝向速度 V 的方向。开始侧向力 F_y 的绝对值几乎是随线性 σ 变大的,然后当接近滑动的限定条件时缓慢变大。最后当达到滑动条件时它保持不变或稍微降低一点。

对于子午线和斜交轮胎,侧向力作为 σ 的函数曲线如图 4.24(a)所示。对侧向力而言,子午线轮胎的曲线比斜交轮胎的曲线要陡一点,因为要产生相同的侧向力它们所需的侧偏角较小。

随着侧偏角的增大,τ_y 分布得更平坦一些,且轮胎拖距变小。回正力矩由此即为随 α 增大的一个力和变小的一个距离的乘积;其趋势即为图 4.24(b)所示的类型。在较高的 α 值处, M_z 会改变方向。

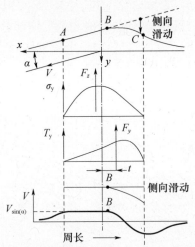

图 4.23　侧向变形, 压力分布 σ_z 和 τ_y, 车轮滚动时的滑动
和侧向速度, 侧偏角为 α (引自 G. Genta, L. Morello,
The Automotive Chassis, Springer, New York, 2009)

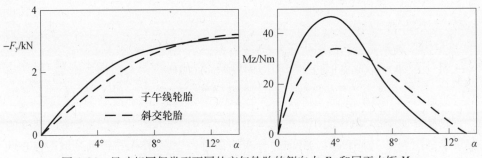

图 4.24　尺寸相同但类型不同的充气轮胎的侧向力 F_y 和回正力矩 M_z。
5.60 – 13 型轮胎; $F_z = 3\text{kN}, p = 170\text{kPa}; V = 40\text{km/h}$

(引自 G. Genta, L. Morello, *The Automotive Chassis*, Springer, New York, 2009)

侧向力系数

$$\mu_y = \frac{F_y}{F_z}$$

通常用于侧向力。其最大值 μ_{y_p} 通常定义为侧向牵引系数, 而在滑动条件下侧向牵引系数的值则为 μ_{y_s}。

对于较小的侧偏角, 侧向力是与 α 线性增加的。曲线在原点处的斜率 $\partial F_x / \partial \alpha$ 通常定义为侧偏刚度, 表示为 C。因为侧向刚度表示为正数, 而导数 $\partial F_x / \partial \alpha$ 至少在曲线 $F_y(\alpha)$ 开始的部分总是负的, 对于较小的 α 值侧向力可以表示为

$$F_y = -C\alpha \qquad\qquad (4.119)$$

式(4.119)对于假设侧偏角较小时的车体动力学特性研究是非常有用的,因为它实际上在正常的驱动条件下是会发生的。尤其是,它在研究线性化模型的稳定性时是非常重要的。

回正力矩也可以表示为线性式:

$$M_z = (M_z)_{,\alpha}\alpha \qquad\qquad (4.120)$$

其中:$(M_z)_{,\alpha}\alpha$ 为 α 较小时的导数 $\partial F_z/\partial\alpha$,定义为回正刚度系数或简单地为回正系数。相比侧偏力,该线性关系式对于侧偏角有更大的限制范围。

备注 4.25 除了角度 α,F_y 和 M_z 还依赖于很多因素,如法向力 F_z、速度、压力 p、地面条件等。

速度增加时,曲线 $F_y(\alpha)$ 在较大的侧偏角所对应的部分会减小。线性部分几乎保持不变。轮胎拖距 t 随着速度的增加也会减小,结果回正力矩减小,比侧向力的减小更为显著。

在恶劣的地面条件下,F_y、t 和 M_z 的减小更为显著。只要考虑水动升力(湿路打滑),则对纵向力 F_x 相同的考虑也适用于侧向力 F_y。

如果车轮的中面不垂直于地面,也就是,如果出现倾角或外倾角 γ(图 4.25(a)),车轮就会产生一个侧向力,即便没有侧偏角出现。通常认为外倾推力或外倾力与侧偏力是不同的,后者仅是由侧偏角引起的。总的侧向力是由外倾力加上侧偏力而得到的。外倾力通常比侧偏力要小很多,至少是在 α 和 γ 相等时。外倾力取决于负载 F_z,实际上与其成线性关系)(图 4.25),外倾力还与所考虑的轮胎类型有很大关系。

备注 4.26 如果车轮向弯曲的内侧倾斜,外倾和侧滑力作用于同一方向(也就是说,外倾力有助于产生使轨迹弯曲所需的侧向力),如在摩托车中。如果车轮向外倾斜,外倾推力会减损侧偏力。

外倾推力通常作用于接触区域中心前面的一点上,产生一个通常可以被忽略的力矩 M_{z_γ},因为它的值比较小。斜交轮胎通常会比子午线轮胎产生更大的外倾推力和力矩。

通常侧滑和外倾都是同时存在的。理想地,当侧滑角和外倾角都等于零时,侧向力和回转扭矩应该会变为零。在充气轮胎中,实际情况并不如此,这有许多原因。首先,轮胎的侧向特性都存在一定的滞后,即当从一个力施加在某个方向上的条件到达零侧滑角条件时,相同方向上仍维持有一个较小的残余力。这可能会给人一种转向系统缺乏精确度的感觉,或迫使驾驶员或控制系统作出连续不断的纠正。

另外,滞后周期的中心点不在角度和力都为零的点处:由于几何不对称性,在对称条件下工作的轮胎会产生一个侧向力。第一个效用是因为轮胎外表面可能存在一个锥度:锥鼓在圆形路径上滚动,圆形路径的中心与圆锥的顶点相同。锥度是因为在制造过程中缺乏精度,因而与制造质量控制有关:其方向是随机的,对相同的模型其数量随轮胎的不同而改变。如果轮胎是在车轮的轮圈上转动,则锥度方向是相反的,如同当轮胎沿直线路径滚动时它所引起的作用力。

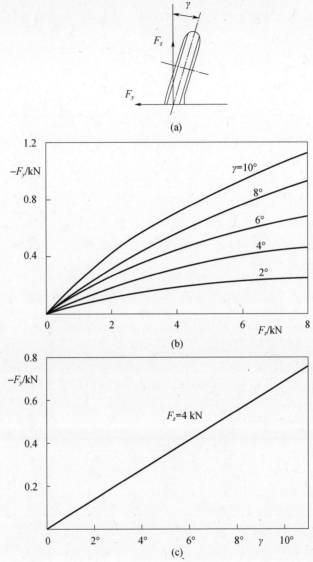

图 4.25 外倾推力。(a)示意图,注意:力 F_y 是负的,因而其指向与所示方向相反。
该力为法向负载(b)和外倾角(c)的函数。轮胎型号为 6.40 − 13, $p = 200$ kPa
(引自 G. Genta, L. Morello, *The Automotive Chassis*, Springer, New York, 2009)

在充气轮胎中,不对称性不可避免的另一个原因是与各种帘布的角度和其堆积次序有关,它所引起的效用叫角度效应。如果车轮自由滚动,角度效应使其沿一直线滚动,该直线与对平面成一夹角。如果车轮滚动没有侧滑角,结果会产生侧向力。如果轮胎是在轮圈上转动,由角度效应引起的力的方向则不会颠倒。因为它是由轮胎设计中的一个因素所引起的,不像锥度效应,同一模型的轮胎间的角度效应是一致的。

一般来说,侧向力偏移分为两部分:当车轮在轮圈上滚动时不会发生符号改变的部分,称为角度效应力;而符号发生改变的部分称为锥度力。

锥度效应也可能会出现在非充气轮胎中,而伪侧偏由于过于依赖车轮的结构,所以在准确的设计确定之前都不好说。锥度只能用统计的方式包含在轮胎模型中,而角度效应则是每个轮胎的特性之一,可以和精度一起包含在轮胎模型中。

备注 4.27 这些效应通常被认为是一种损害,因此某一给定轴上的车轮的反向角度效应可用于代替前轮内倾或外倾。内倾或外倾会增加滚动阻尼力,而前者则不会。

回转刚度和法向力之比通常被称作回转刚度系数(也用术语刚度系数,但为清晰起见 SAE 推荐书 J670 建议避免使用该术语)。对于斜交轮胎其值为 0.12/(°) = 6.9/rad,对于子午线轮胎则为 0.15/(°) = 8.6/rad。

同样地外倾刚度可以定义为曲线 $F_y(\gamma)$ 在 $\gamma = 0°$ 处的斜率:

$$C_\gamma = \frac{\partial F_y}{\partial \gamma} \tag{4.121}$$

正的外倾角所产生的外倾推力是负的,因而外倾刚度是负的。外倾刚度和法向力之比通常称作外倾刚度系数。斜交轮胎的该系数值比子午线轮胎的要大一些。第一种情形下的平均值为 0.021/(°) = 1.2/rad,第二种情形为 0.01/(°) = 0.6/rad。

车轮在有横向斜坡的路面上滚动时其中面保持垂直的情况下,外倾刚度是非常重要的。这种情况下,重力的一个分力指向沿斜坡朝下的方向,外倾推力沿斜坡向上。合力的方向取决于外倾刚度系数的大小。重力沿斜坡向下的分力为

$$W\sin(\alpha_t) \approx W\alpha_t$$

其中:α_t 为路面的横向倾角,外倾推力等于重力乘以外倾刚度系数及该角度。很明显如果外倾广度系数的值大于 1(单位为 rad^{-1}),斜交轮胎会出现这种情况,则合力方向沿斜坡向上;对于子午线轮胎则相反。这种情形会出现在当路面存在车辙时。子午线轮胎倾向于沿车辙底部而行,而斜交轮胎则倾向于爬出车辙。

为了将外倾推力包含于该线性化模型,式(4.119)可以简化为

$$F_y = -C\alpha + C_\gamma\gamma \tag{4.122}$$

该式的有效范围是 α 高达 4°,γ 高达 10°。

通过修改式(4.120),外倾角较硬可以包含在回正力矩的线性化表达式中,得

$$M_z = (M_z)_{,\alpha}\alpha + (M_z)_{,\gamma}\gamma \tag{4.123}$$

其中$(M_z)_{,\gamma}\gamma$ 为导数$\partial M_z/\partial \gamma$ 当 α 和 γ 较小时的值,但如前所述,第二个效应非常小,通常可以忽略。

对于相比式(4.119)中的 α 更有限的范围来说,式(4.123)给回正力矩提供了

一种很好的近似,然而,必须注意在研究车体特性中,回正力矩的重要性是有限的,因而较侧向力所需的更低的精度是可以接受的。实际上,只有在研究转向机构时回正力矩的较好的近似才比较重要。

对于斜交轮胎来说由侧滑角引起的侧偏刚度系数大约为 $0.01\mathrm{m}/(°)(\mathrm{N}\cdot\mathrm{m}/\mathrm{N}(°))$,对于子午线轮其值大约为 $0.013\mathrm{m}/(°)$,而对于斜交轮胎来说由外倾引起的侧偏外倾刚度系数接近 $0.001\mathrm{m}/(°)$,对于子午线轮胎来说其值接近 $0.0003\mathrm{m}/(°)$。

较小的回正力矩是由路径的曲率引起的,即使侧滑角等于零。但是只有当轨迹半径非常小时,大约为数米量级,该效用才可以忽略,因而它只会出现在低速机动中。对于在所述条件下确定转向系统的尺寸来说它可能是比较重要的。

侧偏系数的定义暗含着侧偏刚度与法向力是呈线性关系的。实际上侧偏刚度只有在 F_z 较低时才有如此表现,继而增加较少(图4.26)。当达到极限值时它保持不变或略微下降。通常用两条直线将侧偏刚度近似为负载的函数是比较有利的,第二条直线是水平的。注意图中对应侧滑角为 $2°$ 的直线是指真正的侧偏刚度,而其他的曲线($\alpha=10°$)则与一种"正割"刚度有关。

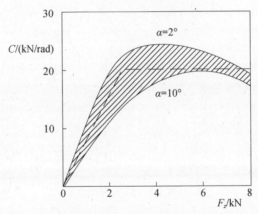

图4.26　用负载 F_z 的函数来表示侧偏刚度(图中 $\alpha=10°$ 的曲线与一种"正割"刚度有关)(引自 G. Genta,L. Morello,*The Automotive Chassis*,Springer,New York,2009)

当需要轮胎侧向特性更为详细的数值描述时,对函数 $F_y(\alpha,\gamma,F_z,p,V,\cdots)$ 使用数值分析中常用的算法进行近似,至少在理论上是没有困难的,对回正力矩的关系式类似。该方法在轮胎特性的数值仿真中可以成功应用,尽管数据准备和计算所需的时间开销比较大。像很多数值方法中普遍遇到的一个问题就是需要大量的经验数据,这些数据经常很难得到,或者花费较大。

可以利用含有滑动角 α 三次幂的多项式进行近似。

如前所述,也可以将侧偏力和回正力矩利用式(4.117)表示为多个参数的函数。

对于侧向力,魔术公式为

$$F_y = D\sin(C\arctan\{B(1-E)(a+S_h) + E\arctan[B(\alpha+S_h)]\}) + S_v$$

$$(4.124)$$

式中:系数 B、C 和 D 的乘积直接可以得到侧偏刚度。系数的值为

$$C = a_0, D = \mu_{y_p} F_z$$

其中: a_0 的一个建议值为 1. 30,

$$\mu_{y_p} = a_1 F_z + a_2$$
$$E = a_6 F_z + a_7$$
$$BCD = a_3 \sin\left[2\arctan\left(\frac{F_z}{a_4}\right)\right](1 - a_5|\gamma|)$$
$$S_h = a_8\gamma + a_0 F_z + a_{10}$$
$$S_v = a_{11}\gamma F_z + a_{12} F_z + a_{13}$$

为了更好地描述外倾推力,常数 a_{11} 通常替代为线性式:

$$a_{11} = a_{111} F_z + a_{112}$$

系数 S_h 和 S_v 用于说明角度效应和锥度力。

同样地,回正力矩为

$$M_z = D\sin(C\arctan\{B(1-E)(a+S_h) + E\arctan[B(\alpha+S_h)]\}) + S_v$$

$$(4.125)$$

$$C = c_0, D = c_1 F_z^2 + c_2 F_z$$

其中: c_0 的一个建议值为 2. 40,

$$E = (c_7 F_z^2 + c_8 F_z + c_9)(1 - c_{10}|\gamma|)$$
$$BCD = (c_3 F_z^2 + c_4 F_z)(1 - c_6|\gamma|)e^{-c_5 F_z}$$
$$S_h = c_{11}\gamma + c_{12} F_z + c_{13}$$
$$S_v = (c_{14} F_z^2 + c_{15} F_z)\gamma + c_{16} F_z + c_{17}$$

另外,此例中魔术公式(4. 124)和(4. 125)所引入的单位通常都不一致:负载 F_z 用 kN 表示, F_y 和 M_z 分别用 N 和 N·m 表示。

垂直负载 F_z 等于 2、4、6 和 8kN 时,对于 205/60 VR 15 6J 型子午线轮胎,曲线 $Y(\alpha)$ 和 $N_\alpha(\alpha)$ 如图 4. 27 所示。

还有可能建立轮胎的结构模型,以表示考虑变形及其结构所受应力后它所施加的力。非常复杂的数值模型,主要基于有限元方法,这使得可以计算所需的特性,但是模型过于复杂以至于在车体动力学计算中用处很小,有可能可以诉诸简单的模型,把胎面当作横梁或弹性基座上的一根弦[1]。以这些模型可以获得感兴趣

---

① 例如可参见,J. R. Ellis, Vehicle Dynamics, Business Books Ltd. , London, 1969; G. Genta, *Meccanica dell' autoveicolo*, Levrotto&Bella, Torino, 1993. 在弹性非充气车轮的情形中该模型可能比充气轮胎更为精确。

的结果,尤其是从定性的角度来看,因为它们将轮胎的特性与其结构参数联系在一起,但其定量精度通常比经验模型的要差一些,尤其是相比于那些基于魔术公式的模型,这类模型是轮胎建模的标准。

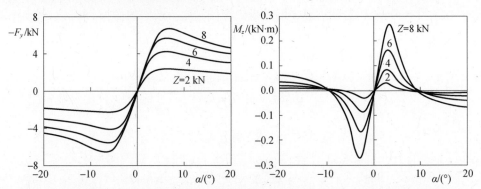

图 4.27 利用式(4.124)和式(4.125)得到的曲线 $F_y(\alpha)$ 和 $M_z(\alpha)$。205/60 VR 15 6J 型轮胎(引自 G. Genta, L. Morello, *The Automotive Chassis*, Springer, New York, 2009)

如果车轮行进时的侧滑角为 α,就像任何时候它施加一个侧向力 F_y 的情形,则可预料滚动阻尼力会急剧增加。车轮中面内的力变大,但是最重要的是横向力 F_y 有一个使滚动阻尼力增大的分力(图 4.28)。根据定义滚动阻尼力是由路面 - 轮胎接触而引起的力的分力,指向速度 V,因而可以表示为

$$F_r = F_x\cos(\alpha) + F_y\sin(\alpha) \tag{4.126}$$

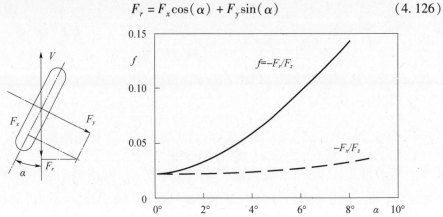

图 4.28 滚动阻尼力是滑动角 α 的函数。7.50 - 14 型充气轮胎, $F_z = 4\text{kN}$, $p = 170\text{kPa}$
(引自 G. Genta, L. Morello, *The Automotive Chassis*, Springer, New York, 2009)

如果车轮对称面内的分力 F_x 与侧滑角无关,而且回正力 F_y 与它成正比,式(4.119),则对于较小的 α 值,滚动阻尼力为一个二次方程式:

$$F_r = F_x - C\alpha^2 \tag{4.127}$$

如果车轮中面不垂直于地面,回正力矩的一个分量会产生一部分滚动阻尼力。

180

式(4.93)变为

$$F_r = \frac{-F_z \Delta x \cos(\gamma) - M_z \sin(\gamma)}{R_l} \tag{4.128}$$

备注 4.28 该效应通常非常小,因为 γ 通常比较小。但是通过回正力矩 M_z,侧滑角 α 对该效应起决定作用。

纵向力和侧向力之间的相互作用

前面章节中所作的考虑仅适用于纵向力和侧向力的产生不相关时。如果轮胎在纵向和侧向同时有力产生,则情况就不同了,因为一个方向上所用的牵引力会限制另外一个方向上可用的牵引力。

通过在一个以某一侧滑角滚动的轮胎上施加一个驱动或制动力,回正力会减小,这同样适用于轮胎所施加的纵向力,如果它还需施加一个侧向力。

有可能获得如图 4.29(a)所示类型的极坐标图,其中给出了对于任意给定大小的侧滑角 α,Y 方向上的力和 X 方向上的力的关系图。曲线上的每一个点都对应一个不同的纵向滑动角 σ。同样地,有可能绘制出在常数 σ 处的曲线 $F_y(F_x)$。

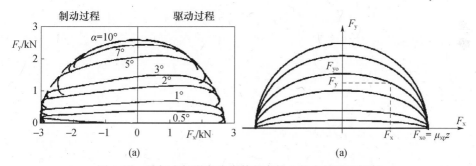

图 4.29　施加在侧滑角为常数的车轮上的力的极坐标图

(a)实验曲线;(b)椭圆近似(引自 G. Genta,L. Morello,*The Automotive Chassis*,Springer,New York,2009)

备注 4.29 该曲线不是关于 F_y 轴完全对称的。通常轮胎在施加一个较小的纵向力时可以达到最大的力 F_y,尤其是在合适的侧滑角处。

如果 F 是施加在车轮上总的力,F_x 和 F_y 是其分力,则合力系数为

$$\mu = \frac{F}{F_z} = \sqrt{\mu_x^2 + \mu_y^2} \tag{4.129}$$

轮胎可以施加的最大的力的极坐标图将不同 α 值的各条曲线包络起来。如果它是一个圆,所谓的牵引圆,就像在简单的模型中它所假定的一样,则最大的力系数将与其方向无关。

实际上,不但是 μ_x 的值大于 μ_y 的值,而且,如前所述,在纵向上在驱动和制动条件之间还存在一些差别。包络线和整个图是很多参数的函数。除了已经提到的依赖于轮胎类型和路面条件,力 F 的最大值会随速度的增加而急剧减小,尤其是在低牵引条件下更为剧烈。

允许在常值 α 处用简单的函数来近似曲线 $F_y(F_x)$ 的模型是非常有用的。这可以通过利用椭圆近似(图 4.29(b))获得：

$$\left(\frac{F_y}{F_{y_0}}\right)^2 + \left(\frac{F_x}{F_{x_0}}\right)^2 = 1 \qquad (4.130)$$

式中：力 F_{y_0} 和 F_{x_0} 分别为当没有力 F_x 时在给定的侧滑角施加的力 F_y 和在零侧滑角施加的最大纵向力。包络线为椭圆形，即牵引椭圆。

如果式(4.130)用于表示函数 $F_y(F_x)$，则施加纵向力 F_x 的轮胎的侧偏刚度可以表示为侧偏刚度 C_0 的函数(也就是说，没有纵向力产生时的侧偏刚度)：

$$C = C_0\sqrt{1 - \left(\frac{F_x}{\mu_p F_z}\right)^2} \qquad (4.131)$$

式中：力 F_{x_0} 已替代为 $\mu_p F_z$。

尽管是比较粗略的近似，尤其是对于纵向力接近其最大值时的情形(图 4.29(a)和图 4.29(b)中曲线的差别很明显)，椭圆近似用于侧偏刚度的概念是比较有用的方法。

可以对式(4.117)和式(4.124)所表示的经验模型进行修改，使得纵向力与侧向力的相互作用比分开计算这两个力再使用椭圆近似好一些。

4.3.7 切向力：刚性车轮在柔性地面上

车轮在非人工地面上滚动时的情形类似于上述情况，但是纵向和侧向滑动较大，且能够获得的最大力通常较小。

考虑一个刚性车轮在柔性地面上滚动，或有时会出现这种情形，一个柔性车轮在非常柔软的地面上滚动以至于车轮没有发生变形。这种情况下变形和滑动出现在地面中而不是车轮中，此情形如图 4.11(a)所示。

如果驱动或制动力矩作用于车轮上，在接触区域车轮在地面上施加一个纵向剪切应力 τ_x，而在有侧滑角 α 出现的情况下会施加有侧向剪切应力 τ_y。

车轮可以承受的最大剪切应力可通过土壤的具体剪切阻尼力来表示：

$$\tau_0 = c + \sigma_z\tan(\phi)$$

其中：压力 σ_z 通常在接触区域内不是常值。这些剪切应力的合力所产生的推力，必须加上在轮周可能会出现的应力，该力的表达式为式(4.31)。

如式(4.17)[1]纵向滑动可以定义为

$$\sigma = \frac{\Omega R - V}{\Omega R} = 1 - \frac{V}{\Omega R} \qquad (4.132)$$

点 P 处的滑动速度(如图 4.30，忽略了弹复)为

---

[1] 如前所述，该定义是等价的，但与 SAE 所提出的不同。然而车轮速度 V 或圆周速度 ΩR 都可用于分母。

$$V = \Omega R - V\cos(\theta) = \Omega R [1 - (1-\sigma)\cos(\theta)] \qquad (4.133)$$

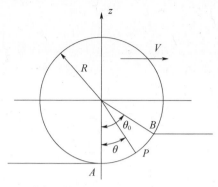

图 4.30 在没有弹复的情况下刚性车轮在柔性地面上的几何定义

点 P 的后移量,也就是土壤的变形为

$$d = \int_0^l v_g \mathrm{d}t = R\int_\theta^{\theta_0} [1 - (1-\sigma)\cos(\theta)]\mathrm{d}\theta \qquad (4.134)$$

即

$$d = R(\theta_0 - \theta) - R(1-\sigma)[\sin(\theta_0) - \sin(\theta)] \qquad (4.135)$$

使用 Wong 提出的式(4.20),点 P 处的剪切应力为

$$\tau_x(\theta) = [c + \sigma_z \tan(\phi)][1 - e^{-\frac{R}{K_x}\{(\theta_0 - \theta) - (1-\sigma)[\sin(\theta_0) - \sin(\theta)]\}}] \qquad (4.136)$$

考虑到 x 方向上的剪切变形不同于 y 方向上的剪切变形这一事实,使用纵向剪切变形系数 K_x 以替代 K。

压力是 θ 的函数,例如可以表示为式(4.48):

$$\sigma_r = R^n\left(\frac{k_c}{b} + k_\phi\right)[\cos(\theta) - \cos(\theta_0)]^n \qquad (4.137)$$

可以使用更为复杂的式(4.54)作为替代。

x 方向和 z 方向上的力可以通过进行如下的积分获得:

$$F_z = Rb\int_{\theta_r}^{\theta_0}[\sigma_z(\theta)\cos(\theta) + \tau_x(\theta)\sin(\theta)]\mathrm{d}\theta \qquad (4.138)$$

$$F_x = Rb\int_{\theta_r}^{\theta_0}[-\sigma_z(\theta)\sin(\theta) + \tau_x(\theta)\cos(\theta)]\mathrm{d}\theta \qquad (4.139)$$

车轮扭矩为

$$M_w = R^2 b\int_{\theta_r}^{\theta_0}\tau(\theta)\mathrm{d}\theta \qquad (4.140)$$

这些积分必须通过数值方法进行计算。法向力 F_z 通常是已知的,式(4.138)可以用于计算车轮的下陷深度,也就是计算 θ_0,它是 F_z 和纵向滑动 σ 的函数。这暗含着要计算对不同的 z_0 值也就是不同 θ_0 和 θ_r 值的积分,然后找出对应于给定力 F_z 的值。一旦获得了车轮下陷深度,就可以通过其他两个方程来计算作为滑动量函数的纵向力和力矩。

备注 4.30 这样获得的纵向力是总的纵向力,是由驱动轮施加的,已经包含了压实阻力。纵向力净值通常称为挂钩牵引力。

进行该计算是假定车轮是处于驱动过程中的,其条件不同于从动轮的条件,尤其是在整个接触区域中剪切应力指向不同时的从动轮的情形中。

如果 θ_0 很小,则切向力的法向分力可以忽略,假定垂直力不受纵向滑动的影响。下陷深度的计算则可以参见 4.3.3 节。

为了计算纵向力,接触区域内的压强可以认为是一个常数,可以由法向力除以接触面积获得。假定地面是理想滞弹的($\theta_r = 0$),F_x 的表达式简化为

$$F_x \approx Rb\Big[c + \frac{F_z}{A}\tan(\phi)\Big]\int_{\theta_r}^{\theta_0}\Big[1 - e^{-\frac{R\sigma}{K}(\theta_0-\theta)}\Big]\mathrm{d}\theta \tag{4.141}$$

由此可得

$$F_x \approx bR\theta_0\Big[c + \frac{F_z}{A}\tan(\phi)\Big]\Big[1 - \frac{K}{R\theta_0\sigma}(1 - e^{-\frac{R\sigma}{K}\theta_0})\Big] \tag{4.142}$$

这与式(4.27)是一致的。

备注 4.31 为了获得挂钩牵引力,应该从计算出的力中减去压实阻力,但是该方法进一步引入了误差,因为前者的获得是假定轮子是被牵引的。

在柔性地面上,其表征通常是滚动阻力较大而可用牵引力较低,多数情形下只有当所有车轮都是驱动轮时才可能有前进运动。如果部分车轮不是驱动轮,则驱动轮的牵引力可能不足以克服从动轮的阻力(多数是压实阻力,还有推土阻力),即便在平路上可能也不会有前进运动。

如果车轮工作时的侧滑角不能忽略,则会有侧向力。因为车轮陷入地面一定深度,作用在车轮侧面的推土力必须加在由于侧向切向应力 τ_y 而施加在圆柱表面上的力上面。

因而总的侧向力为

$$F_y = Rb\int_{\theta_r}^{\theta_0}\tau_y(\theta)\mathrm{d}\theta + \int_{\theta_r}^{\theta_0}F_{yb}\big[R - h\cos(\theta)\big]\mathrm{d}\theta \tag{4.143}$$

侧向切向应力 τ_y 可以由类似于式(4.136)的关系式来表示,在该式中侧向位移为

$$d = R(1 - \sigma)(\theta_0 - \theta)\tan(\alpha) \tag{4.144}$$

引入后用于代替纵向位移:

$$\tau_y(\theta) = \big[c + \sigma_z\tan(\phi)\big]\big[1 - e^{-\frac{R}{K_y}(1-\sigma)(\theta_0-\theta)\tan(\alpha)}\big] \tag{4.145}$$

侧向力表达式的第二部分是推土力,表达式按 Ishigami 等人的文献[①],其中 h

---

① G. Ishigami, A. Miwa, K. Nagatani, K. Yoshida, Terramechanics – Based Model for Steering Maneuver of Planetary Exploration Rovers on Loose Soil, Journal of Field Robotics, Vol. 24, No. 3, pp. 233 – 250, 2007.

为下陷深度：

$$h(\theta) = R\left[\cos(\theta) - \cos(\theta_0)\right]$$

F_{yb} 为单位宽度上的推土力：

$$F_{yb} = D_1\left[ch(\theta) + D_2\frac{\rho h^2(\theta)}{2}\right] \qquad (4.146)$$

其中：ρ 为地面密度，且

$$D_1 = \cot\left(45° - \frac{\phi}{2}\right) + \tan\left(45° + \frac{\phi}{2}\right) \qquad (4.147)$$

$$D_2 = \cot\left(45° - \frac{\phi}{2}\right) + \tan(\phi)\cot^2\left(45° - \frac{\phi}{2}\right) \qquad (4.148)$$

该变形依赖于与 Bekker 在推土力公式(4.74)中给出的破裂角相同的近似方法。

侧向力的推土分力不依赖于侧滑角，如果没有后者的话它为零，且如果 $\alpha \neq 0$ 它为上述值。实际条件中可以期望其表现更为平滑，但该缺陷不是很重要，不管怎样推土分力是非常小的，甚至在有较大下陷的情况下是可以被忽略的，尤其是在摩擦性土壤中。

另外一点必须考虑，侧向力依赖于纵向滑动，而纵向力和垂直力与侧滑角无关。纵向力和侧向力的这种相互作用类型是有争议的。

例 4.6 考虑在例 4.4 中已经研究过的带有 6 个刚性轮的火星漫游车。它在相同的地面上作业，其地面特性与月球风化层类似。数据如下：

总体：$m = 150\text{kg}$，$g = 3.77\text{m/s}^2$；车轮：$R = 150\text{mm}$；$b = 80\text{mm}$；土壤：$n = 1$，$c = 200\text{Pa}$，$\phi = 35°$，$k_c = 1400\text{N/m}^2$，$k_\phi = 820000\text{N/m}^3$。$K_x = K_y = 18\text{mm}$，$a_0 = 0.4$，$a_1 = 0.1$，$\rho = 1700\text{kg/m}^3$。假设土壤要么是理想滞弹的($\lambda = 0$)，要么有微弱弹复($\lambda = 0.2$)。

绘制作为纵向滑动的函数的纵向力和驱动力矩曲线，并将其与使用简单模型时获得的曲线进行比较，同时绘制作为侧滑角函数的侧向力曲线。

假设负载均匀地分散在 6 个车轮上，在前面的例子中所得到的刚性轮在滞弹地面上的结果为 $F_z = 94.25N$，$z_0 = 25\text{mm}$，$p_{max} = 20.6\text{kPa}$。每个车轮上的压实阻力为 $F_x = 20.2N$。对应于 25mm 下陷深度的 θ_0 的值为

$$\theta_0 = \arccos\left(1 - \frac{z_0}{R}\right) = 0.586\text{rad} = 33.26°$$

通过对式(4.138)进行数值积分得到垂直力。因为垂直力的值是已知的，对每个滑动值则可以得到 θ_0 的值，也就是车轮的下陷深度。

结果如图 4.31(a)所示，在现在的情形中下陷深度几乎是与 σ 无关的，而在多数例子中它是随纵向滑动的增加而减小的，表明了当施加一个驱动力时车轮漂移得更好。

该结果较多地依赖于所假定的压力分布，尤其依赖于是系数 a_1 的值。用现在

的公式(对于 $\lambda = 0$)所计算出的下陷深度比例 4.4 中的结果更大一些,因为那里假定压力是以不同的方式在地面上分布的。

式(4.139)和式(4.140)对不同的滑动值进行积分,以得到纵向力和力矩。结果绘制为滑动量的函数曲线,如图 4.31(b)所示。当滑动很小时,纵向力是挂钩牵引力,因此是负定的,也就是,车轮正在施加一个抗力,即压实阻力,不是一个实际的牵引力。

通过将挂钩牵引力除以法向力而得到的净牵引力系数,是滑动量的函数,曲线如图 4.31(c)所示。尽管下陷深度很大,净牵引系数不是太低。

压力和切向应力为角 θ 的函数,见图 4.31(d),计算是在 $\sigma = 0.2$ 条件下进行的。

侧向力是通过对不同的 σ 和 α 的值进行式(4.143)的积分计算而得到的,结果如图 4.32 所示。从图中可以清楚看到在现在的例子中推土力对结果的影响是很微小的,可以忽略。

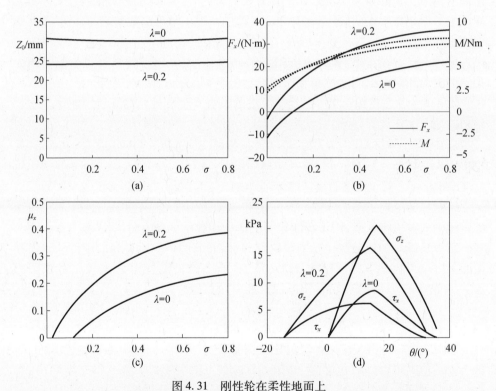

图 4.31　刚性轮在柔性地面上
(a)对不同值的弹复地面的下陷深度;(b)作为纵向滑动函数的纵向力和力矩;
(c)作为纵向滑动函数的纵向牵引系数;(d)对于滑动量 $\sigma = 0.2$ 与地面接触处的压力分布。

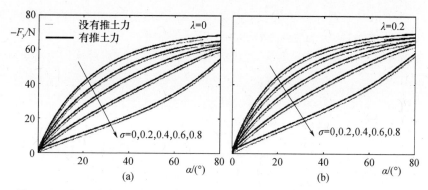

图 4.32　对于不同的系数 λ 和纵向滑动 σ 值,作为侧滑角函数的回正力矩曲线

4.3.8　切向力:柔性轮在柔性地面上

已经研究了两种情况,柔性轮在刚性地面上以及刚性轮在柔性地面上,都是比较受限的情形。如果都是柔性的,有些滑动在二者中都会出现,情况就变得更为复杂了。一个非常简单的模型是假定滑动只出现在地面中,这里所谈的是地面上轮胎在纵向和侧向上的刚度比径向刚度大很多。

结果是,轮周(也就是胎面)在圆周方向和轴向上表现为一个刚体,而在车轮平面内弯曲,其每个点都以常值速度 ΩR 前进。

该情形可以按图 4.15 进行建模,可以假定压力为常数,等于 $p_i + p_c$,使得弹性车轮在接触的第二部分发生屈服。第一部分的压力通常由下式给出:

$$\sigma_r = \left(\frac{k_c}{b} + k_\phi\right)h^n = R^n\left(\frac{k_c}{b} + k_\phi\right)\cos(\theta) - \cos(\theta_0)^n$$

如前所述,如果角度 θ_1 足够小,可以假定其余弦接近等于 1,点 A 由以下方程获得:

$$\sigma_{rA} = \left(\frac{k_c}{b} + k_\phi\right)h_1^n = p_i + p_c$$

得

$$h_1 = \left(b\,\frac{p_i + p_c}{k_c + bk_\phi}\right)^{1/n}$$

该方法的优点是所得到的压力在接触结束点处不会为零。点 A 的 x 坐标为

$$x_A = R\sin(\theta_1) \tag{4.149}$$

纵向滑动长度为

$$d = (\theta_0 - \theta) - (1 - \sigma)\left[\sin(\theta_0) - \sin(\theta)\right] \tag{4.150}$$

沿弧 AB(也就是,对于 $\theta_1 \leqslant \theta \leqslant \theta_0$),

$$d = \sigma(\theta_1 - \theta) + (\theta_0 - \theta_1) - (1 - \sigma)\left[\sin(\theta_0) - \sin(\theta_1)\right] \tag{4.151}$$

沿直线 $A'A$(也就是,对于 $-\theta_1 \leqslant \theta \leqslant \theta_1$)。

如果 θ 足够小其三角函数可以线性化($\sin(\theta) \approx \theta$),则接触区域内一点的纵向剪切应力为

$$\tau_x(\theta) = \left[c + \sigma_z \tan(\phi)\right]\left[1 - e^{-\frac{R_\sigma}{K_x}(\theta_0 - \theta)}\right] \tag{4.152}$$

同样地,侧向剪切应力为

$$\tau_y(\theta) = \left[c + \sigma_z \tan(\phi)\right]\left[1 - e^{-\frac{R_\sigma}{K_x}(1 - \sigma)(\theta_0 - \theta)\tan(\alpha)}\right] \tag{4.153}$$

因而这些力可以通过对接触区域内的压力进行积分得到

$$F_z = Rb \int_{\theta_1}^{\theta_0}\left[\sigma_r(\theta)\cos(\theta) + \tau_x(\theta)\sin(\theta)\right]\mathrm{d}\theta + 2Rbx_A(p_i + p_c) \tag{4.154}$$

$$F_x = Rb \int_{\theta_1}^{\theta_0}\left[-\sigma_r(\theta)\sin(\theta) + \tau_x(\theta)\cos(\theta)\right]\mathrm{d}\theta + Rb \int_{-\theta_1}^{\theta_1}\tau_x(\theta)\mathrm{d}\theta \tag{4.155}$$

$$F_y = Rb \int_{-\theta_1}^{\theta_1}\tau_y(\theta)\mathrm{d}\theta \tag{4.156}$$

在最后一个方程中省略了推土力。

第一个方程使得可以根据已知的法向力 F_z 值计算 θ_0 的值,而其他两个方程可以计算纵向和横向力 $F_x(\sigma)$ 和 $F_x(\alpha, \sigma)$。

这种情况下车轮的下陷深度 h_1 几乎与 σ 无关的,可以考虑为常数,而 θ_0 尽管依赖于负载,但几乎不受滑动的影响。

但是该模型只是一个近似,其结果只能看作是参考性的。

备注 4.32 一般来说,当一个柔性轮在松软的地面上行进时,土壤变形会导致侧滑,且侧偏刚度降低。有可能存在侧向力的推土分力,这样情况更为复杂。后面的考虑尤其是会出现在刚性车轮在非常松软的地面上的情形中。

例 4.7 考虑与例 4.5 中相同的火星漫游车的弹性车轮,且假设车体数据相同(车轮和土壤):车轮数量 $n = 6$,$m = 150\mathrm{kg}$,$g = 3.77\mathrm{m/s}^2$,$R = 150\mathrm{mm}$;$b = 80\mathrm{mm}$,$p_c = 5\mathrm{kPa}$,$n = 1$,$c = 200\mathrm{Pa}$,$\phi = 35°$,$k_c = 1400\mathrm{N/m}^2$,$k_\phi = 820000\mathrm{N/m}^3$。假设胎压 $p_i = 5\mathrm{kPa}$,且剪切变形模量 $K_x = K_y = 18\mathrm{mm}$。

计算作为纵向滑动函数的纵向力,以及作为侧滑角函数的侧向力。

因为每个车轮上的作用力为 $F_z = 94.25\mathrm{N}$,例 4.5 中计算出的刚性轮(也就是说,车轮胎压大于 15.6kPa)的下陷深度为 $z_0 = 25\mathrm{mm}$。压力为 $p_i = 5\mathrm{kPa}$ 时,可以得到下陷深度为 11.9mm。

对于刚性轮($p_i > 15.6\mathrm{kPa}$),所得结果与例 4.6 是不同的,因为在那个例子中假定垂直压力分布是不一样的。

对于 $p_i = 5\mathrm{kPa}$ 的结果曲线如图 4.33 所示。

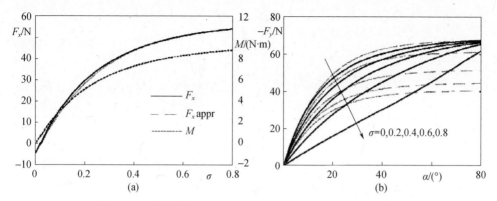

图 4.33 柔性轮在柔性地面上滚动时的切向力和回正力矩
（a）作为纵向滑动的函数的纵向力和回正力矩曲线；（b）对于不同的纵向滑动 σ 值，
作为侧滑角的函数的侧偏力曲线。同时给出近似的经验公式结果（虚线）

4.3.9　切向力：经验模型

上面看到的关于柔性地面的模型依赖于地面力学方法，且基于很多粗略的假设。这种类型的模型需要在与实际情况尽可能接近的仿真条件下进行经验性验证。

一旦测得轮–地之间的作用力，就可以计算魔术公式类型的方程中所引入的系数，从而总结可以包含在车体模型中的几个方程的经验性结论。

我们知道可以利用魔术公式得到准确结果，但是需要很多经验数据，由这些数据计算有关的十几个系数。

一个简单的尽管是不太准确的方法是利用下面的指数表达式：

- 纵向力（挂钩牵引力）：

$$F_x(\sigma) = \mathrm{sgn}(\sigma)\mu_{x_p}F_z\left[1 - \mathrm{e}^{-\frac{C_\sigma}{\mu_{x_p}F_z}|\sigma|}\right] - |F_{x_r}| \qquad (4.157)$$

式中：C_σ 为纵向力刚度，可以由曲线在 $\sigma = 0$ 点处的斜率计算得到；$|F_{x_r}|$ 为 $\sigma = 0$ 处运动阻尼力；$\mu_{x_p}F_z$ 为水平渐近线处的力。它可以由纵向力 F_{x1} 的实验值和下面方程得到的对应的滑动 σ_1 值计算而得到

$$\mathrm{sgn}(\sigma_1)\mu_{x_p}F_z\left[1 - \mathrm{e}^{-\frac{C_\sigma}{\mu_{x_p}F_z}|\sigma_1|}\right] - F_{x1} - |F_{x_r}| = 0 \qquad (4.158)$$

- 侧向力（$\sigma = 0$）：

$$F_y(\alpha) = -\mathrm{sgn}(\alpha)\mu_{y_p}F_z\left[1 - \mathrm{e}^{-\frac{C}{\mu_{y_p}F_z}|\alpha|}\right] \qquad (4.159)$$

式中：C 为侧偏刚度，由曲线在 $\alpha = 0$（符号有改变）点处的斜率计算而得；$\mu_{x_p}F_z$ 为水平渐近线处的力。它可以由侧偏力 F_{y1} 的实验值和下面方程得到的对应的侧滑

角 α_1 值计算而得到

$$- \text{sgn}(\alpha_1) \mu_{x_p} F_z \left[1 - e^{-\frac{C}{\mu_{y_p} F_z} |\alpha_1|} \right] - F_{y1} = 0 \tag{4.160}$$

- 回正力矩：

$$M_z(\alpha) = \text{sgn}(\alpha_1) M_{z0} e^{-C_1 |\alpha_1|} \left[1 - e^{-\frac{C}{\mu_{y_p} F_z} |\alpha_1|} \right] \tag{4.161}$$

其中, C 是上面计算得到的侧偏刚度, 参数 M_{z0} 可以由以下方程在原点处的斜率计算而得

$$M_{z0} = \frac{\mu_{y_p} F_z}{C} \left(\frac{\mathrm{d} M_z}{\mathrm{d} \alpha} \right) \tag{4.162}$$

C_1 可以由一组实验值 M_{z0} 和 α 计算而得。

然而回正力矩更难预测, 最后一个表达式只能给出一个参考。柔性轮在刚性路面上的情形中, M_{z0} 可以近似为

$$M_{z0} = \frac{1}{6} \mu_{y_p} F_z a \tag{4.163}$$

式中: a 为接触区域的长度。该表达式来自假设在侧滑角较小时侧向应力分布是三角形的。如果地面是柔性的, 接触区域向前位移(在一些简化模型中, 它都位于 z 轴在地面的截面内朝前), 回正力矩即便对于较小的侧滑角都是负的。

- 纵向 – 侧向力相互作用

解释该相互作用的一种简单的方式就是已经提到的椭圆近似, 得

$$(F_y)_{\sigma \neq 0} = (F_y)_{\sigma = 0} \sqrt{1 - \left(\frac{F_x}{\mu_{y_p} F_z} \right)^2} \tag{4.164}$$

该方法只给出了第一次近似计算。

例 4.8 用指数函数对例 4.7 中所见到的弹性车轮的纵向和侧向力进行近似, 得到关于纵向滑动和侧滑角的函数。

由前面的例子所给出的图中, 可以得到

挂钩牵引力: $c_\sigma = 240\text{N}, \mu_{y_p} F_z = 61.8\text{N}$(即 $\mu_{y_p} = 0.66$), $|F_{x_r}| = 4.68\text{N}$。

侧偏力: $C = 254\text{N/rad}, F_z = 68.0\text{N}$(即 $\mu_{y_p} = 0.72$)。

通过这些近似公式得到的结果曲线如图 4.33 所示(虚线)。这些结果与前面得到的非常接近, 尤其是对于纵向力。

在同一张图中还给出了使用椭圆近似得到的纵向和侧向力之间的相互作用。此处的结果很明显不是很准确, 尤其是对于 σ 大于 0.2 的值。

4.3.10 轮胎动力学行为

弹性车轮易于振动, 其动力学行为对于确定转移到车体上的力来说很重要。特别地, 动态条件下车轮与地面所交换的力不同于稳态情形。如果在运动过

程中几何参数(滑动,滑动角和外倾角)或 X 和 Z 方向上的力是变化的,则任意瞬时纵向和侧向力以及回正力矩的值通常低于各个参数在同样取值时静态条件下的值。例如,一个轮胎关于垂直轴倾斜静止,然后使其滚动,则侧向只有在一定时间内,滚动了一段距离以后,才能达到稳态值,通常称为松弛长度。该效应在正常行驶过程中通常不是很明显,因为时间延迟非常小,但是在侧滑角设置与力的生成之间存在一个时延这一事实在动力学条件中是非常重要的。

如果侧滑角按谐波律即时变化,侧向力和回正力矩以一定的时延跟随侧滑角,则频率及其大小比准静态条件下所得到的要低一些,也就是说,频率很低。

如果频率不是很高,在正常行驶车速下其平均值不会比静态条件下的值低很多,但是在侧滑角和力 F_y 之间会存在相位滞后。实际应用中更为关注的是车轮作用在地面上的负载 F_z 的变化,就像在不平坦地面上滚动的情形(图 4.34)。如果速度足够高且由于动态效用引起的侧向力减小幅度很大,则频率可能会比较高。图中车轮轮毂的垂直位移函数 $z(t)$ 是大约为 7Hz 频率的谐波,而响应 $F_y(t)$ 的时间曲线更为复杂,甚至在每个周期内都会出现符号的改变。随频率的增加侧向力的平均值减少的曲线如图 4.34(b)所示。

与轮胎动力学行为严格有关联的是车轮和整个转向机构的自激振动,即为人们所知的车轮摆振。这种振动在现在主要是一种历史意义,因为现代汽车没有这一问题,在一个世纪以前当它带来汽车和航空领域的实际危险时该问题是非常重要的。

备注 4.33　如果在将来的漫游车上,弹性非充气车轮的使用速度较高,则车轮摆振可能会再次成为一种实际的危险。

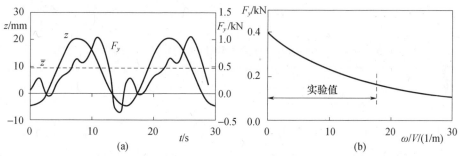

图 4.34　(a)充气轮胎工作在常值滑动角所产生的侧向力,但轮毂按谐波律 $z(t)$ 垂直运动;
(b)函数 $\alpha(t)$ 的圆周频率 ω 与速度 V 的比值的侧向力函数 F_y 的平均值
(引自 G. Genta, L. Morello, *The Automotive Chassis*, Springer, New York, 2009)

4.3.11　全向轮

设计出双向自由滚动车轮是有可能的,即全向车轮。最简单的实现方式是在车轮外围安装一些辊子,如图 4.35 所示的例子,以便通过车轮的旋转来实现旋转平面内的运动,因为通过辊子实现了轴向运动。全向轮或许可以看作是侧偏刚度为零的车轮。

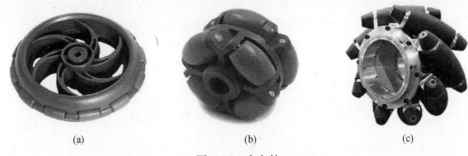

图 4.35　全向轮
(a)带有一排辊子的车轮(VEX 机器人项目);(b)带有两排辊子的车轮
(North America Roller Products 公司)。在这两种情形中辊轴位于车轮的
旋转平面内;(c)带有斜置辊子的车轮(Airtrax 公司)。

车轮可以有单排辊子(图 4.35(a))或两排(图 4.35(b)),因而在任意位置至少有一个辊子与地面接触。

通常全向轮受纵向驱动,而辊子则是自由滚动的。如果车的轮子是这一类型,则它们的中面设置一定不能相互平行,否则垂直于它们中面方向上的运动是不可控的。类似地,车轮中面的垂线不能通过一点,否则绕该点的转动是不可控的。

另外一种可能性是使辊轴的方向与车轮的对称面成一角度(图 4.35(c))。这种情况下车轮的中面可能都是平行的,且有可能通过差分车轮的转动而产生侧向运动。

全向车轮有很苛刻的条件。第一,辊子的直径要小(至少是与车轮的直径相比),会引起作用在地面上的压强的增大,并限制其在不平坦地面上的可动性。另外,很难保护辊子机构免于灰尘和污垢。全向轮仅适合在坚硬平整且可能水平的表面上运动,因而它们很少被考虑用于行星探测车或机器人。后述不再涉及。

4.4　履带

在野地移动中车轮的主要劣势是其施加在地面上的压强相对较高。为了降低作用在地面上的压强可以增大车轮直径和轴向厚度,或使用一些非传统的布局,如球形轮。然而,相比行星探测车,在地球上的应用中这更感觉是一个劣势,主要有两个原因:

• 如前所述,可以作为目标去探测的太阳系中所有天体的特征都是重力很低。即便是重量很大的车子相比在地球上来说也很轻,因而行走机构施加在地面上的压力也较小。

● 地球上的土壤非常潮湿且富含有机物质时,所遭遇到的条件最差。但是在其他行星的表面上没有泥土,风化层的承受能力远高于在我们星球上所遇到的糟糕条件下的承受能力。

为了减小作用在地面上的压强,可以使用履带代替车轮。履带式车子的本质是在自己的轮子下面铺一层坚硬的表面,将压力分散在地面上的较大区域,然后再去掉它。

地面上的压力分布取决于很多参数,如履带的松紧度和灵活性、轮子或辊子之间的距离以及土壤特性。牵引力分布取决于同样的参数,以及垂直于地面方向上的踏面的存在。

相对于车轮来说,履带通常更重一些,在机械上也更复杂,所产生的运动阻力也更大,至少在具有良好承载力的土壤上面。只有当承载力较差会引起车轮下陷时它们才会变得比较方便。

由于这些原因,在行星探测车中很少考虑使用履带,除了当使用车轮时探测车的特殊性质会导致无法接受的较高接触压强。

备注4.34 在月球或火星上总可以发现一些承载力较低的很精细的风化层,尤其是在一些陨石坑的边缘处。对于轮式车子来说它们会引起严重的移动性问题。在这些小块风化层上可以证明履带比轮子更适合。

履带还有一个劣势是机构保护比较困难,尤其是在轮子被履带支撑的地方,很难免于沙子和灰尘。这在地球上已经是一个很严重的问题了,但是在行星上会变得更加严重,通常来说行星上的灰尘更细,环境也更为干燥。

履带可以由刚性金属板互相铰接或通过一个类似皮带的柔性元件连接而成。第一种情况中履带非常重,会引起很大的能量消耗,在灰尘环境中磨损更快。

所设计和制造出的履带式漫游车(但从未在实际任务中使用过)的例子是Nanokhod 微型漫游车(图4.36)。

图4.36 履带式微型漫游车 Nanokhod

因为履带看起来并不适用于有关行星探测和利用的机器上面，所以后续不再进一步涉及它们。所需细节可以从很多关于野地移动、农业机械和军事车辆的书籍中获得。

4.5 腿式移动

腿式移动是在我们星球的表面上被各种动物所使用的最为普遍的一种移动方式。连续的旋转运动在自然界中是未知的，除了对于一些由纤毛或鞭毛的连续旋转运动所驱动的微观动物[①]，在进化中也未发展出类似轮子的运动方式。动物在行走过程中支撑其体重的腿的数量在进化过程中减少了，假定其布局是由一些圆柱或球形铰链连接起来的一串刚性的分段结构——从环节动物（如倍足纲节动物）的细丝（疣足）到节肢动物的带关节的腿。在后者中其腿的数量（甲壳纲动物是 10 足，节肢类动物是 8 足，昆虫是 6 足）在不断减少。对于地球上脊椎动物，腿的数量减少为 4 条。

腿的数量较多，加上质心位置较低（也就是，相比于腿的"履带"来说质心的高度较低）使得动物在行走的各个阶段都很容易维持静平衡条件。一个四足动物，尤其是如果其质心比较高，通常会通过一些不平衡点，因而相比六足或八足动物，其协调运动的精度一定要更高且反应要更快。另外，动物越大且行星引力越低，则越容易通过更少数量的腿来维持平衡，从某种意义上说为了避免翻倒，神经系统所作出的反应可能就没那么迅速。从这一点来看，低重力简化了与运动相关联的操作。

然而另一方面，对于每一动物都存在一个最大行走速度。为了走得快一些，动物必须要改变其步态，并且要进行从走到跑或跳的转换动作。该速度取决于动物的大小及它所在行星的引力。这种依赖关系可以表示为 Froude 数[②]：

$$F_r = \frac{V}{\sqrt{gL}} \tag{4.165}$$

式中：V、g 和 L 分别为速度、重力加速度和一个特征长度，在本例中为腿的长度[③]。

[①] A. Azuma. *The Biokinetics of Flying and Swimming*, Springer, Tokyo, 1992。

[②] Froude 数也可以定义为 $F_r = \frac{V^2}{gL}$，即上面所定义的平方。有了该定义它就可解释为惯性力和重力的比值。

[③] G. A. Cavagna, P. A. Willems, N. C. Heglund, *Walking on Mars*, Nature, Vol. 393, p. 636, June 1998; *Invariant Aspects of Human Locomotion in Different Gravitational Environments*, Acta Astronautica, Vol. 39, No3 – 10, pp. 191 – 198, 2001。

当 Froude 数达到 0.7 的值时,步态发生变化,动物开始跑动(有些情形是跳动),表明跑动变得比走动更为有效。另外一个重要的值是 1:当 Froude 数等于 1 时就不再可能是走动了。这些考虑来自于将腿建模为钟摆或倒立摆:当速度达到等于 $\sqrt{gL}$ 的值时,即 $F_r = 1$,长度为 L 的倒立摆的离心加速度 V^2/L 等于重力加速度,且该钟摆举离地面,这与走动是矛盾的。这意味着对于腿长为 0.8m 的人来说在地球表面上其移动和最大走动速度分别为 2m/s 和 2.8m/s(7.1km/h 和 10.1km/h)。

对于运动来说能量需求是一个重要的参数,从这一点来看在坚硬的表面上移动要比在飞行及在水中游动花费更大。在平坦地面上移动所需的能量理想地应该是可以补偿空气动态阻力和脚 - 地接触处的能量损耗,该损耗主要是由于接触体的不可逆变形。这两种损耗都很小,至少是在坚硬表面上的低速走动中。大多数能量都损失在内部摩擦以及系统的一些部件(主要是腿,还有机体,因为通常一个走动的动物或机器都不会以恒定的速度移动)的连续加速或减速中。从能量的观点来看,腿的动能恢复因而比较重要,可以通过其钟摆运动来实现。从这点来看可以证明最优速度对应于 $F_r = 0.5$。对于地球上的人来说该速度大约为 1.4m/s(5km/h)。

对于行走中的车子来说运动所消耗的能量与地面的不可逆变形相关,该变形是受到脚的压缩。如果土壤柔性比较强,则它相对于轮式车子有很明确的优势:行走机器只是在其放脚的地方有一些小块的压缩区域,而轮式机器则会压缩地面上的连续条带。另外一个优势是脚所施加的牵引力会大于在松软且打滑的地面上的轮子所施加的牵引力。由于脚的下陷而引起的推土力会远大于轮子所施加的牵引力。

还有一个优势是有可能可以充分选择将脚放在哪儿:只需一些"好"的位置而不是一个连续的条带。类似地,越障能力也更好。

这些优势通常需要更为复杂的机械设计和控制系统,这严格依赖于准确的运动学。当讨论行走机器的机构时会涉及这些话题。

另外一个腿式移动的弱点是需要作动器提供支撑机器重量的力,即便当不移动时或移动很慢时。对于这一点自然作动器(肌肉)的效率比较高,而多数人工作动器,如电动发动机在这种情况下的效率则很低(甚至为零)。

腿式移动常被考虑用于行星漫游车,但是很少用于原型机,而且从未用于实际任务中。这是合理的,考虑到了轮式车子不需要匹配其他配置,而且设计师可以依赖很好的成熟技术,而不需要诉诸仿真、试验测试和其他一些研究,而这些都会减缓设计过程且增加成本。但它不仅仅是成熟设计实践的问题。腿式车子通常应力较大,存在往复部件,会经受大量的疲劳循环,需要复杂的控制系统,有些情况下在实际工作中会有更高的能量消耗,尽管理论效率较高。

4.6 流体静力支撑

如果天体的固体表面覆盖有一层流体,为液体或气体,则可以利用流体静力来支撑车子。在我们的星球上,轮船、气球和软式小型飞船都是流体静力车的例子。

流体施加在任意沉浸其中的机体上的力就是所谓的阿基米德力:

$$F = \rho g V \tag{4.166}$$

式中:ρ 为流体的密度;V 为物体的体积,或更确切地是被置换的流体的体积。该力指向垂直向上,式(4.166)只有在物体所占的所有区域内重力加速度都为常数时才有效。

在这种情况下,该力作用于被置换流体体积的几何中心或浮心。如果物体只是部分浸入流体,就像水面舰船的情形,当物体滚动时浮心位置会发生改变。假设物体有一个对称面,且在正常条件下其浮动时对称面垂直。为了针对较小的滚动运动评估该平衡点的稳定性,即在舰船技术中被称为稳心的一个点,被定义为垂线的交点,该垂线在一个以小滚动角与对称面为表征的位置穿过浮心。如果稳心高于质心则船体是稳定的。

备注 4.35 由式(4.166)可以很清楚地看到,在液体中即便相对体积较小也有可能获得较大的力,因为其密度较高,而在气体中空气静力支撑则需要置换很大体积的流体。

太阳系中其大量表面覆盖有液体的天体非常少,因而很少考虑流体静力支撑。两个例外是土卫六和木卫二。在土卫六上有液态烃湖(甲烷和乙烷),有可能可以考虑使用机器船货潜艇去探索它们。但是在木卫二上探测潜艇可能会更有用,如果在冰面下存在海洋,那里可能有机会发现生命。

人们已提出将空气静力机器人用于火星和土卫六。如果发送机器人去探测气态巨行星的大气上层,则它们可能会是空气静力飞行器。

空气静力飞行器通常划分为气球和软式小型船(飞艇)。前者没有推进力,只是由大气产生的风来推进,而第二个则具有推进装置,可以维持一条给定的路线。

通常假设大气是由纯气体混合物所组成。压强 p 和密度 ρ 由以下关系式关联起来:

$$\frac{p}{\rho} = R^* T \tag{4.167}$$

式中:T 为绝对温度;R^* 为一常数表征了所给定的气体或气体混合物。它是普适气体常数 $R = 8.314 \mathrm{J/(mol\ K)}$ 和气体平均分子质量的比值。地球平均分子质量是29,因而 $R^* = 287 \mathrm{m^2/s^2 K}$。例如在火星上,大气主要是由二氧化碳所组成,分子质量为44,因而 $R^* = 188 \mathrm{m^2/s^2 K}$。

考虑一个充满了分子质量为 M_1 的气体的航空器在由平均分子质量为 M_2 的气体所组成的大气中飞行。假设航空器内外的气体压力相等,且温度也相等,则升力为空气静力与气体重力之差:

$$F = \rho g V (\rho_o - \rho_i) = \frac{\rho g V}{RT} (M_o - M_i) \qquad (4.168)$$

其中:下标 o 和 i 分别是指航空器内外的气体。

备注 4.36 高空气球已被提出用于大气很稀薄的行星上,这看起来好像比较奇怪,但是低温和大气组分可以产生足够高的密度以支撑飞行器,行星越冷分子质量和大气压力就越高,所产生的升力就越大。

例 4.9 计算火星上充满氢气或氦气能浮起 100kg 载荷(包括气球结构重量)的气球的体积。假设压力为 600Pa,温度为 $-50℃ = 223K$。

因为 $g = 3.77 m/s^2$,所能浮起的重力为 377N。体积为

$$V = \frac{FRT}{\rho g (M_o - M_i)}$$

也就是如果充满氦气(分子质量为 4)的话体积为 $7721 m^3$,如果充满氢气的话体积为 $7354 m^3$。如果气球是球形的,则对于氦气来说直径为 24.5m,对于氢气来说直径为 24.1m。

这两种情况的差别很微小。

上述公式假设气球是处于和周围大气的压力和温度相平衡的状态中的。如果气体受热则升力会增大,因而它会膨胀。要么气球体积增大,要么其中部分体积的气体会排出去,气球变轻。一种有趣的可能性是,气球在白天受热较强而膨胀,在大气中上升,在晚上凉下来之后下降着陆。

不可能在火星或其他行星上使用热气球。热气球使用的是加热的和大气相同的气体,因而密度较低。在地球上这种办法很简单,因为空气通过燃烧来加热的(早期的气球使用稻草作为燃料,现代气球使用丙烷),但是在非氧化的大气中一切都更加困难。在土卫六上的一种可能是通过混入氧气来燃烧大气中存在的甲烷。外面的低温使得可能达到一个较好的温度差,从而产生较好的升力,但是大气中的甲烷量较低,必须找到一种方式来浓缩该气体。

气球和飞艇都有较长的技术发展历史。这一古老的技术对于行星探索可能会比较有用。

4.7 流体动力学支撑

在地球上流体动力和空气动力被用于运输中。

一般来说,作用于在流体中运动的物体上的流体动力正比于相对速度的平方、流体的密度和物体线性大小的平方:

$$F = \frac{1}{2}\rho V^2 S C_f \qquad (4.169)$$

式中:系数 1/2 只是由于历史原因;S 为一个参考平面;C_f 为一个取决于物体形状及其在相对速度方向上的位置的系数。然而,C_f 还取决于两个无量纲参数,雷诺数和马赫数:

$$Re = \frac{VL}{\nu}, Ma = \frac{V}{V_S}$$

其中:ν 为流体的运动黏度;L 为参考长度;V_S 为声音在流体中的速度。第一个是在确定空气动力过程中表示黏性和惯性效用的相对重要性的一个参数。如果其值较低则前者的重要性较大,而如果它较高则空气动力主要是由于流体的惯性所引起。

马赫数表示了由于流体的压缩性效用的重要性。

参考表面 S 和长度 L 是任意的,在有些情况中会用到物理上不存在的表面,例如在飞艇的情形中 S 是位移的 2/3 次方。然而很清楚的是,系数的数值取决于 S 和 L 的选择,它们必须明确说明。对于飞艇翼来说,S 为艇翼的表面积,L 为平均翼弦 c,也就是艇翼的平均宽度。艇翼面积则为

$$S = bc$$

式中:b 为艇翼跨度。

空气动力研究使用固连于物体上的并随之一起运动的参考坐标系 $Gxyz$(图 4.37)。它以质心 G 为中心,x 轴的指向为物体相对于大气的合成空气速度向量 V_r 的方向。z 轴包含于垂直于 x 轴的物体的对称面中(如果它存在的话),y 轴正交于另外两个轴。角 α 称为攻角,是 x 轴和对称面中某一参考方向之间的夹角,通常定义为当 $\alpha = 0°$ 时升力为零。另外一个角度通常定义为侧滑角 δ,是 x 轴和对称面之间的夹角;如果没有对称面,它定义为:如果 $\delta = 0°$ 则侧向力为零。

如果空气动力沿坐标系 $Oxyz$ 的各轴进行分解,分力称为阻力 D、侧向力 S 和升力 L。图中阻力向后,物理上也是如此;然而,它更应该与符号惯例一致,将其指向画为朝前,并规定它为负值。

空气动力的分力表达式与式(4.169)相同,其中引入阻力系数 C_D、升力系数 C_L 和侧向力系数 C_S 以代替总的力系数 C_f。作为一次近似,对于较小的 α 和 δ 角,可以认为升力正比于 α,侧向力正比于 δ。

备注 4.37 参考情形常常出现在风洞中,物体静止,空气冲向它,就会显示出空气相对于物体的速度,而不是物体的速度。

空气动力是流体施加在表面的垂直方向上的力(压力)和施加在其切向上的力的合力。如果物体和流体之间没有相对速度则后者为零。

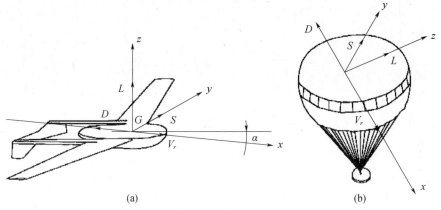

图 4.37　空气动力:参考坐标系及组成

(a)飞行器(该草图是 NASA 原计划在 2003 年在火星上发射的无人机);(b)降落伞。

如果流体是非黏滞性的,即如果其黏性为零,则没有切向力作用在物体的表面上,并且可以证明在任何的相对速度下除了空气静力物体和流体之间没有力的交换,因为同样压力分布的合力总是为零。该结果归功于 D'Alembert,发表于 1744年[1],并于 1768 年再次发表[2]。它就是著名的 D'Alembert 原理。

在没有黏滞性的流体中,压力 p 和速度 V 可以由伯努利方程关联起来:

$$p + \frac{1}{2}\rho V^2 = 常数 = p_0 + \frac{1}{2}\rho V_0^2 \tag{4.170}$$

式中:p_0 和 V_0 分别为周围压力值和物体足够远处的上游速度值。

伯努利方程,沿任意流线都成立,已有表达式但没有重力项,它与空气静力是关联起来的。它只是沿任意流线都守恒的简单的总能量。

没有任何流体实际是零黏滞性的,且该原理不是对任何实际流体都适用。黏滞性有两重效用:它引起了所谓摩擦阻力的切向力,并改变了压力分布,其合力不再等于零;后者的效用,对于低黏滞性流体一般来说比前者更重要,它产生了升力、侧向力和压实阻力。黏滞性的直接效用(即切向力)通常可以被忽略,但必须考虑其对空气动力场的改变。

由于黏滞性,流体层在与表面的瞬时接触中趋于黏附在它上面,也就是说,其相对速度为零,物体被一个有较强速度梯度的区域所包围着。该区域通常称为边界层(图 4.38),所有黏滞性效用都集中在上面。边界层之外的流体的黏滞性通常可以忽略,且伯努利方程可以在这个区域内使用。

边界层的厚度随着其中的流体因为黏滞性损失能量并变慢而增大。如果边界

---

① 　D'Alembert,*Traité de l'équilibre et du moment des fluids pour server de traité de dynamique*,1774.

② 　D'Alembert,*Paradoxe proposé aux geometres sur la résistance des fluids*,1768.

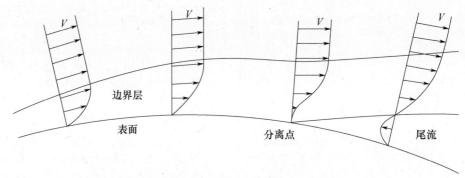

图 4.38　边界层:速度分布图(方向垂直于表面)以及分离点
(引自 G. Genta, L, Morello, *The Automotive Chassis*, Springer, New York, 2009)

层外的流体速度增加,则在外部气流和边界层之间沿分割线会产生一个负的压力梯度,压力的这种减小在某种程度上有助于边界层内部的气流与其变慢形成对比。相反地,如果外部气流变慢,则压力梯度为正且边界层内部的气流受阻。

在某一点处,边界层内的气流会停止,在物体的临界范围内引起停滞空气区域的形成。该气流与可能激发该停滞空气区域开始形成的表面发生分离。当它发生在艇翼上时这点尤为重要,随攻角的增大,升力开始是按线性方式增大的,并且伴随着阻力的缓慢增大。继而升力增加变慢,阻力显著变大。最后,当攻角达到临界值时,气流与上层表面发生分离,艇翼脱流。升力突然下降并且甚至会发生更加显著的阻力增加。

艇翼的升力和阻力系数绘制为攻角的函数曲线,如图 4.39(a)所示。在同一张图上还给出了艇翼效率:

$$E = \frac{L}{D} = \frac{C_L}{C_D} \tag{4.171}$$

这些曲线是针对给定艇翼的,但具有典型性。

备注 4.38　曲线 $C_L(\alpha)$ 和 $C_D(\alpha)$ 受艇翼的很多特性影响,如翼面和平面图。特别是达到脱流之后,升力的下跌或多或少都很突然。

可以增大升力系数,尽管牺牲了阻力系数的增大,这可以通过使用位于尾缘(襟翼)或前缘(缝翼)的合适的运动表面来实现,它改变了翼面特性。这些用于所有现代航行器的起飞和着陆中的高升力装置,在大气密度较低的行星(如火星)上甚至会更加重要。

物体的空气动力学特性对攻角的依赖关系可以总结在极坐标图中,即升力系数作为阻力系数的函数曲线图。飞行器的极坐标图如图 4.39(b)所示。

在离地面有一定距离的流体中运行的航行器和贴近表面上方运行的航行器之间还存在一些差别。近表面处升力急剧增大,而且整个空气动力学特性都会发生改变(地面效用)。在近地处利用合适的螺旋桨还可能会产生气垫,螺旋桨可以用

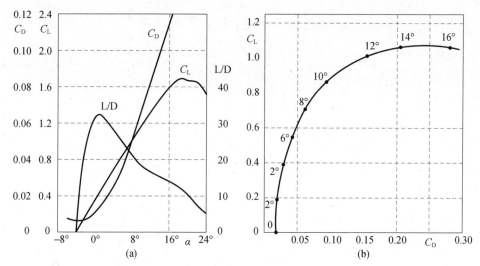

图 4.39 (a)升力、阻力系数和翼效率是攻角的函数;(b)飞机的极坐标图

于漂浮航行器(气垫船)。

最普通的航行器类型是固定翼(飞机)和旋翼(旋翼飞机和直升机)飞行器。这两种都已被考虑用于行星探测机器人和飞行器。

由重力和空气动力学升力的等式很容易计算出固定翼航行器维持自身飞行的必要速度:

$$mg = \frac{1}{2}\rho V^2 S C_L \tag{4.172}$$

由此可得飞行速度:

$$V = \sqrt{\frac{2mg}{\rho S C_L}} \tag{4.173}$$

通过在式(4.173)中引入升力系数的最大值可以计算出最小的起飞速度。速度较高时航行器可以用较低的升力系数进行飞行。

该飞行速度下的阻力为

$$D = \frac{1}{2}\rho V^2 S C_D = mg \frac{C_D}{C_L} = \frac{mg}{E} \tag{4.174}$$

即等于重力除以空气动力效率。

备注 4.39 该系数的倒数是一种摩擦系数,即除以重力的一个数给出了与运动方向相反的力。

备注 4.40 使阻力最小的航行器姿态(即攻角)是由最大空气动力效率所表征的。

飞行所需要的功率是阻力与速度的乘积:

$$P = DV = mg \frac{C_D}{C_L} \sqrt{\frac{2mg}{\rho S C_L}} = \sqrt{\frac{2m^3 g^3 C_D^2}{\rho S C_L^3}} \qquad (4.175)$$

备注 4.41 下式中的积最小时得到使运动所需功率最小的航行器姿态

$$\sqrt{\frac{C_L^3}{C_D^2}} = \sqrt{C_L} E$$

该姿态也使在机体上一定量的能源下可以达到最大续航。

滑翔机飞行高度差为 Δz（Δz 必须足够小，从而可以将密度 ρ 考虑为常数），所需要的时间 t 可以由势能损失与时间 t 内的飞行所需能量的等式计算得到：

$$mg\Delta z = Pt \qquad (4.176)$$

即

$$t = \frac{mg\Delta z}{P} = \Delta z = \sqrt{\frac{\rho S C_L^3}{2mg C_D^2}} \qquad (4.177)$$

使飞行时间最长的姿态和使飞行所需功耗最小的姿态是相同的。如果将滑翔机在行星高层大气中释放，则它到达表面所花的时间可以由式（4.177）积分而得，积分时要考虑大气密度随高度而发生变化。

另一种在行星大气中使用的空气动力装置是降落伞。一个半球形降落伞的阻力系数大约为 1.5，此外还有其他类型的形状不同的降落伞。人们已提出将降落伞和气球的工作方式相结合的充气装置，它们通常称为 Ballute 减速装置。

很少考虑使用旋翼航行器（直升机或旋翼飞机）作为行星探测飞行器。这可以由在火星的低密度大气中飞行这种机器的难度得以印证，但是起飞和着陆滑行距离很短（旋翼飞机）甚至是垂直地，且飞行不需要向前移动（直升机）是一个重要的优势。它们完全适合于金星的浓厚大气和土卫六的低重力和稠密的空气。无人旋翼飞机现在非常流行的一种配置是所谓的四旋翼飞行器或四轴飞行器，通常由十字形结构组成，四臂中每个臂的末端都有一个转子。四轴无人飞行器（UAV）或靶机通常有固定的俯仰轴，在最简单的模型中通常简化为四个螺旋桨绕垂直轴旋转。其控制比单轴或两轴直升机要简单得多，后者的旋翼俯仰是变化的，有协同循环俯仰控制。一个微型四轴飞行器的实物图如图 4.40（a）所示（该机器的横向尺寸只有几厘米），一个较大的机器（Parrot AR 靶机）如图 4.40（b）所示。

四轴飞行器的控制是通过改变每个主轴的旋转速度从而改变推力来实现的，如果使用电动机的话这是比较容易的。在图 4.40（a）中，主轴 1 和 4 按一个方向旋转，而主轴 2 和 3 则按相反的方向旋转，所以反作用力矩就被平衡掉了，不像单旋翼直升机那样还需要一个尾桨。通过：

降低主轴 1 和 3 的速度并增加主轴 2 和 4 的速度，就可以实现向左的滚动（绕 x 轴旋转），而力矩仍处于平衡状态。

降低主轴 1 和 2 的速度并增加主轴 3 和 4 的速度，可以实现俯仰转动（绕 y 轴

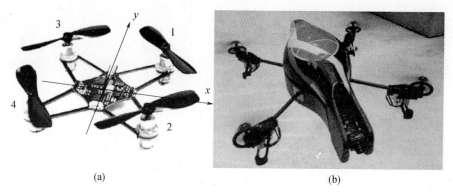

图 4.40　（a）微型四轴无人飞行器；（b）Parrot AR 一种商业四轴无人飞行器

旋转），而力矩仍处于平衡状态。

降低主轴 1 和 4 的速度并增加主轴 2 和 3 的速度，可以实现偏航转动（绕 z 轴旋转）。偏航转动的方向取决于主轴旋转的方向。

利用简单的控制电子和传感器（一般是速率陀螺）就可以比较容易地控制四轴飞行器，实现较好的操控性，可以往任何方向飞行并返回。它们的尺寸可以从微型机到大型机。即便在空气稀薄的火星上，也可以设想制造一个由轮式漫游车所携带的小型四轴飞行器，它可以垂直起飞并能在地面机器上方数米高处悬停，通过一个脐带进行供电和控制。飞行机器上不必携带电池和控制器，从而足够轻以便能飞行。四轴飞行器可以举起相机和天线，所以漫游车可以看得更远，可以在更远的距离与固定天线保持联系。

例 4.10　考虑为在火星大气中较低高度上飞行而设计的无人飞行器。

如前例，假设压强为 600Pa，温度为 −50℃（223K）。飞行器翼展为 10m，平均翼弦为 1.5m，飞行质量为 150kg。假设起飞（有扩展襟翼）时的升力系数 $C_L = 1.4$，响应的阻力系数为 $C_D = 0.15$，计算最小起飞速度和起飞所需功率。

在前例中计算的大气密度为

$$\rho = \frac{p}{R*T} = 0.0142 \text{kg/m}^3$$

机翼面积为 $S = 15\text{m}^2$。最小起飞速度为

$$V = \sqrt{\frac{2mg}{\rho S C_L}}$$

因此 $V_{min} = 61.6\text{m/s} = 221\text{km/h}$。

该速度下的阻力为

$$D = \frac{1}{2}\rho V^2 S C_D = 60.58\text{N}$$

因此功率为

$$P = VD = 3.73\text{kW}$$

该值不包含加速时所需的功率,以更高的安全速度飞行所需的功率至少会更大一些。

例 4.11 计算可以将 100kg 的质量以 5m/s 的垂直速度在火星上着陆的降落伞的最小直径。假设火星大气的数据和前面的相同。

当阻力等于重力时,系统以恒速下降,即

$$mg = \frac{1}{2}\rho V^2 S C_D$$

降落伞的面积因此为

$$S = \frac{2mg}{\rho V^2 C_D} = 1416\text{m}^2$$

直径为 42.4m。所计算的速度是在稳态条件下所达到的渐进速度,在下降过程中速度会更高,因为大气密度随高度的增加而减小。

4.8 其他类型的支撑

人们还提出了一些其他类型的行星探测器,尽管它们很少在实际项目中被认真考虑过。它们中的很多工作原理与前面所描述的类似,例如,利用地面-机器接触力的跳跃机器人与行走机器人并不相似,不同之处并不在于接触力的类型不同,而是提供推进力和控制轨迹的机构不同。另外一个例子是蛇形机器人,它与地面的接触面积类似于履带,差别在于其运动是通过使身体变形并改变接触区域内一些选定点的压强来实现的。

液体静力航行器、舰船和潜艇一般都是在螺旋桨或液力喷射机构的作用下前进的,而游动机器人则是通过像鱼一样的身体波动而推进的,它们已被设计出来并进行了测试。

但是也可以构想按完全不同的原理工作的探测器。

例如磁悬浮通常仅被考虑用于导轨式机器,需要构建固定基座。它是在低重力情况下支撑机器的最好方式,其磁场强度较低,最重要的是相比低重力下其他的支撑原理,它可以施加更大的牵引力、制动力和回转力。但是,可以想象得到所需基座的建造只能在其他天体的殖民化达到很高的程度之后才可行。

其他装置使用喷气式发动机。喷气跳跃机器人可以用于月球或低重力天体,尽管需要使用火箭。低重力可以使这一运动方式比较方便,磁性材料的发展使得有可能利用某种类型的电磁发射器来推动跳跃机器人。

第5章
轮式探测车

5.1 概述

目前可登陆火星的轮式探测车非常少,而登陆月球的探测车更是少到仅有一例(尽管该任务与其他登月任务有所不同):最后一次"阿波罗"登月任务中的月球探测车 LRV。

备注 5.1 迄今为止所有成功用于行星探测的机构都是轮式装置。

火星探测车有三辆,即"旅居者"号火星车(微型探测车飞行试验,简称 MFEX,如图 5.1(a))和另外两辆火星车(简称 MER),分别是"勇气"号和"机遇"号。后两辆火星车仍处于运行阶段(截止到 2011 年;实际上,现在它们中的一台已无法移动),并且它们的运行寿命已经超过预期好几倍。早期火星车基于滑雪橇设计,由俄罗斯"火星"2 号和 3 号探测器于 1971 年送上火星,其机动性有限(着陆后行进大概 15m)并且无法在移动模式下进行测试,这是由于"火星"2 号紧急着陆与"火星"3 号着陆 20s 后即停止发送信号所致。

(a)   (b)

图 5.1 火星探测器(NASA 图片)
(a)"旅居者"号火星车;(b)"勇气"号火星车

上述火星探测车具有相似的结构,即它们都具有刚性轮,未采用柔性悬架,而且使用摇臂转向架(NASA 具有知识产权)。而且它们尺寸不同,MFEX 比 MER 要小得多,它们的特征见表5.1。

仅有的用于月球的机器人探测车是俄罗斯无人驾驶月面自动车(图5.2)。

仅有的曾用于外星球的载人探测器是月球探测车 LRV,它曾经运载宇航员完成最后三次"阿波罗"月面移动任务。LRV 整合同时代顶级汽车技术和宇航技术而开发。它是一项杰出的成就,并且为未来用于天体上的载人探测器提供了参考,但是相比目前的机动车,它的技术已经落后。LRV 将在 5.7 节详细介绍。

表 5.1　火星和月球探测机器人主要参数

参数	火星		月球 无人驾驶月面自动车1号和2号
	"旅居者"号	"勇气"号和"机遇"号	
年份	1997	2004	1970—1973
质量/kg	11.5	185	840
尺寸($L \times W \times H$)/m	$0.68 \times 0.48 \times 0.28$	$1.6 \times 2.3 \times 1.5$	$1.7 \times 1.6 \times 1.35$
最高速度/(km/h)	0.0036	0.018	2
移动方式	轮式(6)	轮式(6)	轮式(8)
悬架	摇臂转向架	摇臂转向架	非独立悬架
动力源	GaAs/Ge 太阳能电池	GaAs/Ge 太阳能电池	太阳电池板
功率/w	16.5	140	—
电池	不可充电锂电池	可充电锂离子电池	可再充电电池

图 5.2　俄罗斯无人驾驶月面自动车

实际进行空间探测的探测器很少,但是设计方案很多,其中很多处于理论研究阶段,一部分研制了工程模型或样机。对于理论研究中的设计案例,各种形式变化繁多,并且每种移动装置都曾被采用。工程模型或样机大多数基于轮式或腿式。

所有类型的探测器都会用到两种基本函数:推进控制和轨迹控制。通常讨论的轮式设备假定轮子和地面产生接触,如前面章节所述,由于轮子与地面之间的接触力会导致轮子与地面产生形变,因此,车轮会始终存在侧滑和纵滑,而不会是纯滚动。

5.2 轮式探测车运动方程解耦

考虑探测车[①]的本体为一个刚体。假定探测车车轮和地面均为刚体且地面是平的,如果车轮以刚性方式连接到探测车上,则探测车的运动为平面运动,探测车可看作三自由度系统。

令 Gxy 为固连在探测车上的参考坐标系,x 轴和 y 轴平行于地面,且通过质心 G。惯性参考坐标系[②] XY 如图 5.3 所示,探测车质心 G 在惯性参考坐标系下的坐标为 X 和 Y,X 轴与广义坐标下的 x 轴形成偏航角 ψ。

本体固连坐标系下的速度分量 u 和 v 可表示为绝对速度函数,即

$$\begin{Bmatrix} u \\ v \end{Bmatrix} = \begin{bmatrix} \cos(\psi) & -\sin(\psi) \\ \sin(\psi) & \cos(\psi) \end{bmatrix} \begin{Bmatrix} \dot{X} \\ \dot{Y} \end{Bmatrix} \tag{5.1}$$

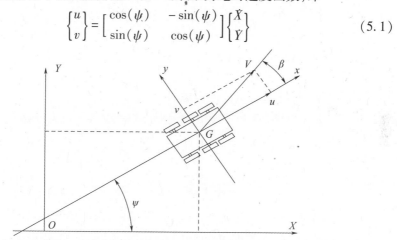

图 5.3　用于刚性探测车运动研究的参考坐标系。探测车有三个自由度,且质心 G 的
坐标轴 X 和 Y 以及偏航角 ψ 可看作广义坐标系

---

① 后面章节"探测车"表示任何移动机构,如载人车、行星探测飞行器、移动机器人等。

② 严格来说该参考系并不是惯性的,它固定在地面上因此随行星运动。然而此处看作"惯性"便于研究,并不会在本书深入讨论惯性问题。

不讨论惯性参考坐标系下的运动方程,而是研究本体坐标系下的运动方程:速度 u 和 v 并不是实际坐标轴的微分,但是方程可用伪坐标系的形式表示,不会出现其他问题(见附录 A)。

在探测车的大多数工况下,特别是高速行驶下,由于车轮的侧滑角 α 和 β 很小,可以线性化三角函数,而偏航角 ψ 可取 $0° \sim 360°$ 的任何值。

在这种情况下,很明显三个运动方程可解耦为两个独立的方程组[1]:

- 前向速度 u 作为一个独立方程用于描述纵向运动。
- 侧向速度 v 和偏航角 ψ 两个方程用于描述横向运动,或通常提到的操控。

如果具有柔性悬架,则需要考虑车轮的柔性。探测车本体假定为刚体,并可在三个方向运动,具有 6 个自由度,其中三个自由度为平动,相关广义坐标为惯性参考坐标系下的探测车质心坐标;另外三个旋转自由度可用 Tait – Brain 角表示(见 3.6 节)。

由 3.6 节可知,定义偏航角为 ψ,俯仰角为 θ,滚动角为 ϕ。

可将探测车运动方程写成用非惯性系 $x^* y^* Z$ 表示的形式(图 3.10(b)),代替用探测车质心坐标 X、Y 和 Z 以及三个欧拉角 ψ、θ 和 ϕ 表示的形式。速度 u 和 v 沿轴 x^* 和 y^* 的方向,是伪坐标的微分。

通常,不仅侧滑角很小,俯仰角 θ 和滚动角 ϕ 也被认为是很小的角度。因此,如果探测车相对平面 xz 对称,则六个运动方程可分解为三个解耦方程组:

- 前向速度 u 作为一个独立方程用于描述纵向运动。
- 侧向速度 v,偏航角 ψ 和滚动角 ϕ 三个方程用于描述横向运动,或通常提到的操控。
- 垂直位移 Z,俯仰角 θ 两个方程用于描述探测车的悬架运动,通常指乘坐特性(或者表示载人探测车的舒适性)。

第二种假设是对所有柔性和阻尼单元进行完全线性化。如果假定振幅足够小,那么弹簧和车轮的弹性特性线性化假设对于任何平衡运动都是可接受的。相反,如果力 – 速度特性不对称,大多数探测车的振动吸收器在运动中的非线性都不能忽略,因为在颠簸和回弹运动中,它们表现出不同的阻尼系数,即使运动幅度趋于零。

第三种假设是认为除偏航角 ψ 以外,其他所有角度均足够小使其三角函数可线性化。该假设仅针对平衡位置发生的小位移有效,且取决于探测车的特性——悬架越硬,解耦假设范围越宽。通常提到的角度均足够小,除了可在大滚动角下工作的两轮探测车。

与上相反,严格意义上,车轮-地面接触的线性化对于解耦来说并不十分必要,

---

[1] G. Genta, *Motor Vehicle Dynamic, Modelling and Simulation*, World Scientific, Singapore, 2005; G. Genta, L. Morello, *The Automotive Chassis*, Springer, New York, 2009.

即使车轮和地面的力传递在发生侧滑和倾斜时并不是线性的,三个方程组也会保持解耦,尽管是非线性的。最后一点非常重要,因为轮胎特性的线性模型仅和 α、γ 角度值相关,这两个角非常小它们的三角函数值可以线性化。

解耦具有更多的一般性,并且可扩展到非刚体车身的探测车。如果探测车具有对称平面,振动模式可分解为对称和斜对称模式。柔性探测车的动力学可根据振动模式表示,包括对称模式的动力学与乘坐特性耦合,也包括斜对称模式的动力学与侧向动力学耦合。相似地,动力传动系统和牵引控制(如果存在的话)动力学与纵向运动耦合。

这样的考虑可应用于完全不同形式的探测车。由于没有对支撑探测车的力特性做特别的假设,相同的解耦力也适用支撑探测车的流体静力、空气静力或者空气动力。由于结构变形导致的空气动力并不会影响整体特性,假定它们与模型坐标系线性相关。

备注 5.2　横向和乘坐特性耦合的主要原因是大滚动角。例如,两轮探测车或者飞行器,滚动角可能太大从而无法线性化它的三角函数。

5.3　纵向运动特性

5.3.1　作用于地面的力

带有三个车轮以上的刚性车就像一个平面上多于三点支撑的刚体,它是静不定结构,除非车轮通过柔性悬架或合适的摆动装置与车体连接,并且可将载荷传递到地面。一台四轮探测车带有两个相对 xz 平面[①]对称的轮轴,可以把四轮探测车看作具有两个支撑的横梁,轮轴上的法向力 F_{z_1} 和 F_{z_2} 很容易确定。

由于对称性,对于前面和后面的车轮,在每个轮上的载荷分别是 $F_{z_1}/2$ 和 $F_{z_2}/2$。为简化方程,z 轴假定与地面垂直(x 轴与其平行)。

当探测车静止在水平路面时,法向力为

$$\begin{cases} F_{z_1} = mg\epsilon_{01}, \\ F_{z_2} = mg\epsilon_{02}, \end{cases} \quad \begin{cases} \epsilon_{01} = \dfrac{b}{l} \\ \epsilon_{02} = \dfrac{a}{l} \end{cases} \tag{5.2}$$

通过简单测试地面上两轮轴载荷,式(5.2)也可用于计算探测车质心位置:

$$a = \frac{lF_{z_2}}{mg}$$

---

① 　在当前章节研究纵向动力学时,假定相对 xz 平面完全对称。

一辆两轴探测车在与水平地面成 α 角的坡道上行进,图5.4为作用于该探测车上的力的分解图。

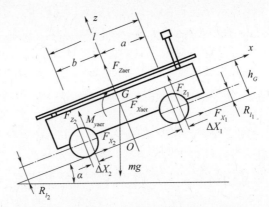

图5.4 在坡道上行进的探测车的力分解图

考虑质心 x 方向作用的空气动力[①]、力矩、惯性力 $-m\dot{V}$,在 x 和 z 方向平移和绕点 O 旋转的动力学平衡方程为

$$\begin{cases} F_{x_1} + F_{x_2} + F_{x_{aer}} - mg\sin(\alpha) = m\dot{V} \\ F_{z_1} + F_{z_2} + F_{z_{aer}} - mg\cos(\alpha) = 0 \\ F_{z_1}(a + \Delta x_1) - F_{z_2}(b - \Delta x_2) + mgh_G\sin(\alpha) - M_{aer} + \left| F_{x_{aer}} \right| h_G = -mh_G\dot{V} \end{cases} \tag{5.3}$$

如果探测车在刚性地面移动,且所有滚动阻力均归结于接触应力 σ_z 的合力 F_{z_i} 导致的前向形变,则距离 Δx_i 很容易由滚动系数(4.95)求出:

$$\Delta x_i = R_{l_i} f = R_{l_i}(f_0 + KV^2) \tag{5.4}$$

除了具有不同轮轴不同车轮的探测车外,Δx_i 的值都是相同的。

F_{x1} 和 F_{x2} 表示作用在车轮上的牵引力和阻力的差,所以是不同轮轴的挂钩牵引力。它们的和是整个探测车的挂钩牵引力。

由式(5.3)的第二和第三个方程可解出轮轴上的法向力,即

$$\begin{cases} F_{z_1} = mg\dfrac{(b - \Delta x_2)\cos(\alpha) - h_G\sin(\alpha) - K_1V^2 - \dfrac{h_G\dot{V}}{g}}{l + \Delta x_1 - \Delta x_2} \\[4mm] F_{z_2} = mg\dfrac{(a + \Delta x_1)\cos(\alpha) + h_G\sin(\alpha) - K_2V^2 + \dfrac{h_G\dot{V}}{g}}{l + \Delta x_1 - \Delta x_2} \end{cases} \tag{5.5}$$

---

① 图中用正向(x 轴正向)直接标出所有阻力(气动阻力与滚动阻力),但其值是负定的。

210

其中:

$$\begin{cases} K_1 = \dfrac{\rho S}{2mg}\left[C_x h_G - l C_{My} + (b - \Delta x_2) C_z \right] \\ K_2 = \dfrac{\rho S}{2mg}\left[-C_x h_G + l C_{My} + (a + \Delta x_1) C_z \right] \end{cases}$$

Δx_i 的值通常都很小(特别是它们的差通常等于零),可以忽略。它们与垂直载荷具有很弱的相关性,垂直载荷与速度的平方有关,其归结于滚动阻力的 KV^2 项。

如果忽略空气动力,或者由于速度很小或环境无大气,则 Δx_i 可忽略,作用于地面的力简化为

$$\begin{cases} F_{z_1} = \dfrac{mg}{l}\left[b\cos(\alpha) - h_G\sin(\alpha) - \dfrac{h_G}{g}\dot{V} \right] \\ F_{z_2} = \dfrac{mg}{l}\left[a\cos(\alpha) + h_G\sin(\alpha) + \dfrac{h_G}{g}\dot{V} \right] \end{cases} \tag{5.6}$$

如果多于两个轮轴,即使在对称条件下,系统也会不确定,并且有必要考虑车轮悬架精确的几何和弹性参数。

5.3.2 行驶阻力

考虑探测车在水平地面以直线轨迹匀速行驶的情况。驱动力必须克服滚动阻力和(如果有大气环境)气动阻力,以维持匀速运动。前者通常是低速下最主要的阻力,而后者仅在高速行驶时很重要,除非流体浓度很高,在太阳系,这仅可能发生在火星(如果轮式探测车在那里应用)或者一些海底环境。

如果地面不是水平的,平行于速度 V 方向的重力分量,如斜坡力,给探测车的行驶增加了阻力,即使是缓和坡度,也可能比其他阻力更大(图5.4)。

总的行驶阻力,或道路载荷,通常写成如下形式:

$$R = F_{xr} + \frac{1}{2}\rho V^2 S C_x + mg\sin(\alpha) \tag{5.7}$$

式中: F_{xr} 为滚动阻力,包括压紧力和推进阻力。在柔性地面,必须慎重使用该方程,因为通常无法从滚动阻力中分解出牵引力,最好根据挂钩牵引力推导出牵引力。匀速行驶的条件是探测车挂钩牵引力 F_{DB} 等于阻力的其他项:

$$F_{DB} = \frac{1}{2}\rho V^2 S C_x + mg\sin(\alpha) \tag{5.8}$$

如果采用式(4.95)的滚动系数,并考虑气动升力,则道路载荷为

$$R = \left[mg\cos(\alpha) - \frac{1}{2}\rho V^2 S C_L \right](f_0 + KV^2) + \frac{1}{2}\rho V^2 S C_x + mg\sin(\alpha) \tag{5.9}$$

211

即

$$R = A + BV^2 + CV^4 \tag{5.10}$$

其中：

$$A = mg[f_0\cos(\alpha) + \sin(\alpha)]$$

$$B = mgK\cos(\alpha) + \frac{1}{2}\rho S[C_D - C_L f_0]$$

$$C = -\frac{1}{2}\rho SKC_L$$

本节常见的,用于表示气动阻力和气动升力的空气动力公式:

$$F_{x_{aer}} = \frac{1}{2}\rho V^2 SC_D, \qquad F_{z_{aer}} = \frac{1}{2}\rho V^2 SC_L$$

上式与常规道路汽车动力学并不一致,认为空气动力沿车体轴分量,并不沿"风向轴"(x 轴沿相对速度方向的坐标系)。因为本书中空气动力并不是主要内容,所以不会详细讨论。

如果地面倾角很小,可以假设 $\cos(\alpha) \approx 1$ 和 $\sin(\alpha) \approx \tan(\alpha) = i$,其中,$i$ 是道路倾角。系数 B 不依赖于道路倾角,而是与 A 线性相关:

$$A \approx mg(f_0 + i)$$

匀速行驶需用功率可由速度值与式(5.10)给出的道路载荷相乘简化得到:

$$P_r = VR = AV + BV^3 + CV^5 \tag{5.11}$$

通常最后一项可忽略,即使在大气环境下。对于慢速车,如大多数行星探测车,仅保留第一项,行驶需用功率被简化为

$$P_r = mgV[f_0\cos(\alpha) + \sin(\alpha)] \approx mgV(f_0 + i) \tag{5.12}$$

车轮可用功率至少等于式(5.11)给出的需用功率,探测车才可能匀速行驶,这意味着发动机必须提供足够功率,同时还需要考虑传动损耗,并且通过路面和车轮接触传递功率。

在大多数情况下发动机通过包含大量齿轮,很可能还有关节以及其他机械、机电设备的传动系统连接到车轮。必须考虑传动效率,发动机功率为

$$P_m = \frac{P_r}{\eta_t} \tag{5.13}$$

例 5.1 计算月球表面斜坡上移动的轮式探测车需用功率,假设车轮不会下沉到地表内,并且采用滚动系数的概念进行分析。并假设 $f_0 = 0.05$ 且 $\eta_t = 0.9$。已知月球上 $g = 1.62\,\mathrm{m/s^2}$,根据式(5.12)得出结果,如图 5.5 所示。

采用坡度 20% 的简化表达式。

从图 5.5 可知,例如,2kW 功率允许 1t 重探测车在水平路面以 50km/h 以上的速度移动,而行驶在 35% 坡度上,则只能达到 10km/h 的速度。

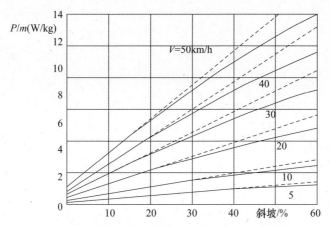

图 5.5　以不同速度在月球表面斜坡移动时所需的功率系数,其中 $f_0 = 0.05$
且 $\eta_t = 0.9$(实线:非简化形式;虚线:简化形式)

5.3.3　动力传动系统模型

探测车纵向运动特性与发动机和动力传动系统的特性紧密相关。

行星探测车采用的最常见类型发动机是电机。一种很有意思的设计是每个车轮采用一个电机驱动,无需传动轴与差速器(一台电机驱动一个传动轴上两个或以上的车轮所需的)。然而大多数情况下不可能将车轮直接连接到电机轴,因为探测车转向时车轮的转速比电机最佳工作状态的转速低得多。减速齿轮通常置于电机和车轮之间。如果探测车的速度范围很大,就不可能让电机在全速范围内都工作在良好状态,此时需要变速传动(CVT,即无级变速)或不同传动比。减速齿轮应用于低速、高力矩电机(称为力矩电机)是一个很好的备选方案。

电机和探测车惯量建模最简单的方式是把它们看作以某一给定速度旋转的转动惯量(惯性飞轮)。例如,如果电机角速度 Ω_m 作为参考值,车轮和电机的传动比定义为

$$\tau = \frac{\Omega_\omega}{\Omega_m}$$

不考虑纵向滑动,探测车动能可表示为

$$T_\nu = \frac{1}{2}mV^2 = \frac{1}{2}mR_e^2\tau^2\Omega_m^2 \qquad (5.14)$$

式中: R_e 为车轮滚动半径。

因此,车体惯量可以通过电机以某一速度旋转时的等效转动惯量来建模:

$$J_{eq} = mR_e^2\tau^{*2} \qquad (5.15)$$

如果忽略传动系统扭力柔度,电动机 n_m \ 车轮 n_ω 和探测车的等效总惯量为

$$J_{\text{eq}_t} = mR_e^2\tau^2 + n_\omega J_\omega \tau^2 + n_\omega J_m \qquad (5.16)$$

如果车轮半径、传动比、电机的转动惯量都不同,则等效转动惯量可写为如下形式:

$$J_{\text{eq}_t} = mR_e^2\tau^2 + \sum_{j=1}^{n_\omega} J_{\omega_j}\left(\frac{R_e}{R_{e_j}}\right)^2\tau^2 + \sum_{j=1}^{n_m} J_{m_j}\left(\frac{R_e\tau}{R_{e_j}\tau_j}\right)^2 \qquad (5.17)$$

其中:R_e 和 τ 为参考值,与车轮和发动机相关,并且需要考虑发动机转速。

总行驶阻力(路面载荷)F_r 可以被建模为一个阻力矩 M_r,即

$$M_r = F_r R_e \tau \qquad (5.18)$$

系统动力学模型为

$$\sum_{j=1}^{n_m} M_{m_j} - M_r = J_{\text{eq}_t}\ddot{\Omega}_m \qquad (5.19)$$

其中,电机力矩 M_{m_j} 可根据电机特性、转速和以上所有控制参数(可通过合适的电机模型得到)计算得到(见7.3.1节)。

该模型可通过增加现有系统里所有单元(如电机轴、关节、齿轮轮系以及动力传动系统可变单元的转动惯量)的扭转柔性而更接近实际情况。整个动力传动系统模型可得到,包括电机模型和末端带有惯性飞轮的探测车模型。通常,具有系统弹性属性的无质量轴构成集中参数测量系统,该系统也集中了对惯性属性建模的转动惯量参数。

弹簧用于为不同的轴和零件建模,系统阻尼可全部忽略或通过合适的平行于弹簧的粘性阻尼器建模。

如上,需要说明不同速度下的不同动力传动系统的单元。如图5.6(a)所示,两轴通过一对齿轮连接,传动比为 τ。为研究系统扭转振动,采用合适的等效系统替代实际系统,系统的一个或两个轴被另一个轴的延伸轴代替,如图5.6(b)所示。

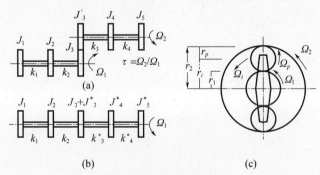

图 5.6 齿轮传动系统

(a)实际系统示意图;(b)等效系统示意图;(c)行星轮系。

假设齿轮形变可忽略,等效转角 ϕ_i^* 可简单的通过实际转角 ϕ_i 除以传动比得到 $\tau = \Omega_2/\Omega_1$,

$$\phi_i^* = \frac{\phi_i}{\tau} \tag{5.20}$$

第 i 个惯性轮的转动惯量为 J_i,其动能和第 i 个跨度轴弹性势能分别为

$$T = \frac{1}{2}J_i\dot{\phi}_i^2 = \frac{1}{2}J_i^*\dot{\phi}_i^{*2}$$
$$U = \frac{1}{2}k_i(\phi_{i+1}^2 - \phi_i^2) = \frac{1}{2}k_i^*(\phi_{i+1}^{*2} - \phi_i^{*2}) \tag{5.21}$$

其中,等效转动惯量和刚度分别为

$$J_i^* = \tau^2 J_i, \qquad k_i^* = \tau^2 k_i \tag{5.22}$$

齿轮系统不同单元的转动惯量和抗扭刚度可通过乘以传动比的平方简化到主系统。

采用同样的方式,如果轴的阻尼通过并联到弹簧的阻尼器表示,阻尼系数也必须乘以传动比的平方。

$$c_i^* = \tau^2 c_i \tag{5.23}$$

如果系统包括行星轮系,并无计算难点:等效刚度可通过总传动比和必须考虑的回转部件总动能得到。太阳轮、行星轮、系杆、中心轮角速度分别表示为 Ω_1、Ω_2、Ω_i、Ω_p(图 5.6(c)),其关系如下:

$$\frac{\Omega_1 - \Omega_i}{\Omega_2 - \Omega_i} = -\frac{r_2}{r_1}, \qquad \Omega_p = (\Omega_1 - \Omega_i)\frac{r_1}{r_p} - \Omega_i \tag{5.24}$$

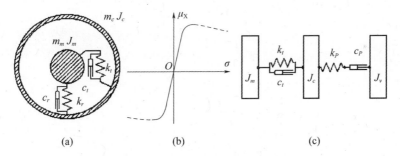

图 5.7　车轮和车轮 – 地面接触模型

(a)车轮动力学模型;(b)车轮的力 – 纵向滑动特性;(c)车轮 – 地面接触模型
(转动惯量和扭转特性通过质量和移动特性来表示)(引自 G. Genta, L. Morello,
The Automotive Chassis, Springer, New York, 2009)

系统包括内齿轮(转动惯量为 J_1)、齿圈(转动惯量为 J_2),系杆(转动惯量为 J_i),n 个中心轮(每个的质量为 m_p,转动惯量为 J_p),系统相对内齿轮轴的等效转动惯量为

$$J_{ep} = J_1 + J_2 \left(\frac{\Omega_2}{\Omega_1} \right)^2 + \left(J_i + n m_p r_i^2 \right) \left(\frac{\Omega_i}{\Omega_1} \right)^2 + n J_p \left(\frac{\Omega_p}{\Omega_1} \right)^2 \qquad (5.25)$$

如果需要考虑啮合齿的形变,可将两个啮合齿轮建立成两个独立的具有不同自由度及惯量的模型,用啮合齿轮轴的柔性仿真传动系统的柔性。用带状或柔性传动系统代替刚性齿轮显得尤为重要。在动力传动系统中可能有几个轴彼此通过不同传动比的齿轮串联或并联连接。

等效系统是指一条传动轴和其他部件的等效惯量与刚度都可以通过相关部件与参考轴间的速度比计算出来。然后等效系统遵循实际的系统配置由一组串联或并联的、转动关系均一致的部件组成。

备注 5.3 如果详细考虑齿轮柔性,则必须考虑啮合齿与啮合间隙间接触所导致的非线性特性。

5.3.4 考虑纵向滑动的模型

前述章节均忽略了车轮的纵向滑动,当进行初始近似研究时通常如此。为进行更加详细的分析,车轮柔性和车轮 – 地面接触的纵向滑动一定要考虑。前者最简单的建模方法是将轮胎看成刚性环,其质量为 m_c,转动惯量为 J_c。轮毂质量和转动惯量分别为 m_m 和 J_m,柔性系统的半径和扭转刚度为 k_r 和 k_t。

轮缘和轮毂也假设为刚体。黏性阻尼器的系数为 c_r 和 c_t(图 5.7(a)),其与弹簧并联配置。质量、径向刚度和径向阻尼均包括在乘坐舒适度模型中(看下面章节),转动惯量、扭转刚度和扭转阻尼包括在动力传动系统和纵向模型中。

车轮 – 地面接触可通过纵向力系数相对纵向滑动 $\mu_x(\sigma)$ 的图形来表示(图 5.7(b))。通常曲线的第一部分(近似为直线)用于研究动力传动系统动力学。由前面章节的模型容易得到系统斜率 C_σ,或者假设采用充气轮胎,由魔术方程的系数以及 BCD 的乘积也能得出斜率。

纵向滑动 σ 由 S. A. E(式(4.112))定义:

$$\sigma = \frac{R\Omega - V}{V}$$

上式可写成转动惯量的速度项 Ω_v 的形式来模拟探测车。使半径 R_e 等于 R,可写成如下形式:

$$\sigma = \frac{\Omega_c - \Omega_v}{\Omega_v} = \frac{\Omega_c}{\Omega_v} - 1 \qquad (5.26)$$

车轮施加的纵向力为

$$F_x = F_z \mu_x = C_\sigma F_z \sigma = C_\sigma F_z \left(\frac{(\Omega_c - \Omega_v)}{\Omega_v} \right) \qquad (5.27)$$

纵向滑动导致的施加在车轮上的力矩为

216

$$M = R_e F_x = C_\sigma F_z R_e \frac{(\Omega_c - \Omega_v)}{\Omega_v} \qquad (5.28)$$

车轮－地面接触可通过扭转的黏性阻尼器建模,阻尼系数为

$$c_p = \frac{C_\sigma F_z R_e}{\Omega_v} = \frac{C_\sigma F_z R_e^2}{V} \qquad (5.29)$$

系数 c_p 首先取决于探测车速度,其次是运动变量 Ω_v:运动方程是非线性的。对于小速度变化,可通过采用 c_p 表达式中的速度平均值来线性化方程。当速度趋于零时,阻尼系数趋于无穷大:探测车静止状态下,在起步的瞬间,该线性化模型不适用,因为该状态下纵向滑动很大或者趋于无穷大。

轮胎模型通常采用弹簧串联阻尼器的形式,其刚度为

$$k_p = \frac{2C_\sigma F_z R_e^2}{a} \qquad (5.30)$$

式中:a 为接触区域的长度。

可适当修改刚度 k_p 以满足驱动轮的悬架纵向柔性。

车轮可用两个具有转动惯量的彼此并联的弹簧和阻尼建模,并且连接到惯性轮,通过串联弹簧和阻尼仿真探测车。模型简图如图 5.7(c)所示,扭转弹簧和转动惯量分别用弹簧模型和质量表示。

例 5.2 建立一个简单的"阿波罗"LRV 动力传动系统的线性扭力模型(在构型与状态空间范围内)。LRV 有四个柔性轮,每个都采用电机驱动,电机配置在轮毂中,并通过谐波传动连接到车轮。

如果忽略传动柔性,每个轮可被建模出来,如图 5.7(c)所示,J_c 是等效到电机轴的轮缘转动惯量,J_m 是电机转子和传动装置加车轮内部零件的转动惯量。采用单独的转动惯量是因为假设传动系统在扭转方向是刚性的。由于传动比很小(约为 1/80),因此电机转子惯量可能比车轮的惯量大得多,即使算上车体的等效惯量。

四个驱动力矩 M_{mi} 作用在电机转子上,阻力矩 M_v 作用在仿真探测车的惯性轮上。

模型如图 5.8 所示,它有 13 个自由度。因为其中 4 个自由度具有零附加质量,所以仅有 22 个状态变量。广义坐标对应不同转动惯量的旋转,可通过分离节点(把一个有质量节点从那些无质量节点中分离出来)为它们排序。因此

$$\boldsymbol{x} = \begin{bmatrix} \boldsymbol{x}_1^{\mathrm{T}} & \boldsymbol{x}_2^{\mathrm{T}} \end{bmatrix}^{\mathrm{T}}$$

其中:

$$\boldsymbol{x}_1 = \begin{bmatrix} \theta_{m1} & \theta_{c1} & \theta_{m2} & \theta_{c2} & \theta_{m3} & \theta_{c3} & \theta_{m4} & \theta_{c4} & \theta_v \end{bmatrix}^{\mathrm{T}}$$

$$\boldsymbol{x}_2 = \begin{bmatrix} \theta_{p1} & \theta_{p2} & \theta_{p3} & \theta_{p4} \end{bmatrix}^{\mathrm{T}}$$

其中,下标 m、v、c 和 p 分别表示电机和轮毂转动惯量、探测车转动惯量、轮缘转动惯量、仿真车轮－地面接触的阻尼和弹簧之间的无质点转动惯量。

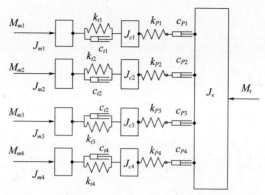

图 5.8 "阿波罗"LRV 动力传动系统的线性化模型

系统质量矩阵分解为四部分：

$$M = \begin{bmatrix} M_{11} & M_{12} \\ M_{21} & M_{22} \end{bmatrix}$$

其中：

$$M_{11} = \mathrm{diag}\begin{bmatrix} J_{m1} & J_{c1} & J_{m2} & J_{c2} & J_{m3} & J_{c3} & J_{m4} & J_{c4} & J_v \end{bmatrix}$$

其他子矩阵为零。

刚度矩阵以同样方式分解：

$$K_{11} = \begin{bmatrix}
k_{t1} & -k_{t1} & 0 & 0 & 0 & 0 & 0 & 0 & 0 \\
-k_{t1} & k_{t1}+k_{p1} & 0 & 0 & 0 & 0 & 0 & 0 & 0 \\
0 & 0 & k_{t2} & -k_{t2} & 0 & 0 & 0 & 0 & 0 \\
0 & 0 & -k_{t2} & k_{t2}+k_{p2} & 0 & 0 & 0 & 0 & 0 \\
0 & 0 & 0 & 0 & k_{t3} & -k_{t3} & 0 & 0 & 0 \\
0 & 0 & 0 & 0 & -k_{t3} & k_{t3}+k_{p3} & 0 & 0 & 0 \\
0 & 0 & 0 & 0 & 0 & 0 & k_{t4} & -k_{t4} & 0 \\
0 & 0 & 0 & 0 & 0 & 0 & -k_{t4} & k_{t4}+k_{p4} & 0 \\
0 & 0 & 0 & 0 & 0 & 0 & 0 & 0 & 0
\end{bmatrix}$$

$$K_{21} = \begin{bmatrix}
0 & -k_{p1} & 0 & 0 & 0 & 0 & 0 & 0 & 0 \\
0 & 0 & 0 & -k_{p2} & 0 & 0 & 0 & 0 & 0 \\
0 & 0 & 0 & 0 & 0 & -k_{p3} & 0 & 0 & 0 \\
0 & 0 & 0 & 0 & 0 & 0 & 0 & -k_{p4} & 0
\end{bmatrix}$$

$$K_{22} = \mathrm{diag}\begin{bmatrix} k_{p1} & k_{p2} & k_{p3} & k_{p4} \end{bmatrix}, \qquad K_{12} = K_{21}^{\mathrm{T}}$$

阻尼矩阵的下标采用相同方式表示：

218

$$C_{11} = \begin{bmatrix} c_{t1} & -c_{t1} & 0 & 0 & 0 & 0 & 0 & 0 & 0 \\ -c_{t1} & c_{t1} & 0 & 0 & 0 & 0 & 0 & 0 & 0 \\ 0 & 0 & c_{t2} & -c_{t2} & 0 & 0 & 0 & 0 & 0 \\ 0 & 0 & -c_{t2} & c_{t2} & 0 & 0 & 0 & 0 & 0 \\ 0 & 0 & 0 & 0 & c_{t3} & -c_{t3} & 0 & 0 & 0 \\ 0 & 0 & 0 & 0 & -c_{t3} & c_{t3} & 0 & 0 & 0 \\ 0 & 0 & 0 & 0 & 0 & 0 & c_{t4} & -c_{t4} & 0 \\ 0 & 0 & 0 & 0 & 0 & 0 & -c_{t4} & c_{t4} & 0 \\ 0 & 0 & 0 & 0 & 0 & 0 & 0 & 0 & c_{vt} \end{bmatrix}$$

其中：

$$c_{vt} = c_{p1} + c_{p2} + c_{p3} + c_{p4}$$

$$C_{21} = \begin{bmatrix} \mathbf{0}_{4 \times 9} & \begin{bmatrix} -c_{p1} \\ -c_{p2} \\ -c_{p3} \\ -c_{p4} \end{bmatrix} \end{bmatrix}$$

$$C_{22} = \mathrm{diag}\begin{bmatrix} c_{p1} & c_{p2} & c_{p3} & c_{p4} \end{bmatrix}, \qquad C_{12} = C_{21}^{\mathrm{T}}$$

力向量分解如下：

$$F_1 = \begin{bmatrix} M_{m1} & 0 & M_{m2} & 0 & M_{m3} & 0 & M_{m4} & 0 & M_v \end{bmatrix}^{\mathrm{T}}$$

且 $F_2 = 0$。

状态向量可写为如下形式：

$$\mathbf{z} = \begin{bmatrix} \mathbf{v}_1^{\mathrm{T}} & \mathbf{x}_1^{\mathrm{T}} & \mathbf{x}_2^{\mathrm{T}} \end{bmatrix}^{\mathrm{T}} \tag{5.31}$$

其中 v_1 是坐标 x_1 的微分。

状态方程为

$$\begin{bmatrix} M_{11} & 0 & C_{12} \\ 0 & 0 & C_{22} \\ 0 & I & 0 \end{bmatrix} \dot{\mathbf{z}} = -\begin{bmatrix} C_{11} & K_{11} & K_{12} \\ C_{21} & K_{21} & K_{22} \\ -I & 0 & 0 \end{bmatrix} \mathbf{z} + \begin{Bmatrix} F_1 \\ 0 \\ 0 \end{Bmatrix} \tag{5.32}$$

系统动力学矩阵如下：

$$A = -\begin{bmatrix} M_{11} & 0 & C_{12} \\ 0 & 0 & C_{22} \\ 0 & I & 0 \end{bmatrix}^{-1} \begin{bmatrix} C_{11} & K_{11} & K_{12} \\ C_{21} & K_{21} & K_{22} \\ -I & 0 & 0 \end{bmatrix} \tag{5.33}$$

一个完整的动力传动系统模型应该由以上各部分模型构成。示例是典型的四轮探测车模型，它在轮毂上配置电机，在转动方向是刚性传动。典型汽车手动变速箱包括摩擦离合器、齿轮箱和驱动两个探测车轮的差动齿轮，其模型如图5.9(a)所示。

如果考虑低频振动,则建模时认为发动机具有单一转动惯量。两个车轮轴分别建模,如果仅仅需要初步研究低频动力学,可合并动力传动系统的两个分支,如图5.9(b)所示。方法是使惯量与刚度等于单个分支的和。

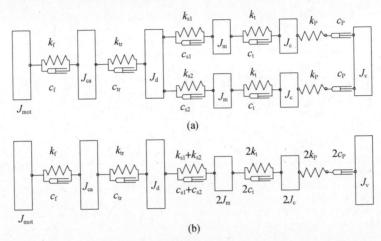

(a)

(b)

图5.9　(a)有一个电机和两个驱动轮的探测车(和常见汽车一样)的动力传动系统模型,用于低频动力学研究的模型;(b)忽略两个单独车轮轴的模型。
(引自 G. Genta, L. Morello, *The Automotive Chassis*, Springer, New York)

如图5.9(a)所示模型有10个自由度。因为其中两个具有零附加质量,因此只有18个状态变量。

动力传动系统各部件阻尼可建模为黏性的这一假设仅仅是粗略的,无论怎样都不能把其建模为迟滞阻尼(对各部件来说建模为迟滞阻尼并不好,如离合器阻尼弹簧),因为不能进行时域数值仿真。然而,如果在确定频率下,可用等效黏性阻尼近似迟滞阻尼:

$$c_{eq} = \frac{\eta k}{\omega} \tag{5.34}$$

式中:η 和 k 为相关部件损耗系数和刚度;ω 为动力传动系统的振动频率。首先进行自由振动频率下无阻尼(除非用于仿真轮胎滑动)计算,之后进行包含等效阻尼的计算。

5.3.5　传递到地面的最大转矩

需要克服行驶阻力的驱动力矩必须通过地面-车轮接触传递到地面。因为道路载荷随着速度和坡度的增加而增加,因此所能达到的最大速度以及最大坡度(受限于探测车最大驱动力)一定有一个极限,即便电机提供的动力没有限制。

备注5.4　如果极小速度下的行驶阻力比最大可用牵引力大,则速度可能变为零。这意味着探测车不能移动。

牵引力和行驶阻力的差是挂钩牵引力 F_{DB}。在下式成立的情况下探测车才可能行驶。

$$F_{DB} > 0 \qquad\qquad (5.35)$$

如果上式条件成立,挂钩牵引力可用来为探测车加速或驱动其爬坡。如果地面有纵向坡度 α(例如,一个纵向斜坡 $i = \tan(\alpha)$),则探测车所能通过的最大坡度可通过爬坡力等于挂钩牵引力的公式求解。

$$F_{DB} = mg\sin(\alpha_{max}) \qquad\qquad (5.36)$$

即

$$\alpha_{max} = \arcsin\left(\frac{F_{DB}}{mg}\right) \qquad\qquad (5.37)$$

假定车轮全部驱动,在地面 – 车轮接触时滚动阻力仅由法向力 F_z 的前向位移所致(忽略压实力与推土阻力,因此滚动阻力可通过发动机的驱动力矩直接克服,低速下必须克服的车轮 – 地面接触路面载荷是斜坡力。可通过的最大坡度根据最大牵引力等于车轮所能施加爬坡力计算得到。

$$\sum_{\forall i} F_{z_i} \mu_{i_p} = mg\sin(\alpha_{max}) \qquad\qquad (5.38)$$

假设所有车轮的牵引系数最大值均相同,则有

$$\mu_{x_p} \sum_{\forall i} F_{z_i} = \mu_{x_p} mg\cos(\alpha_{max}) = mg\sin(\alpha_{max}) \qquad\qquad (5.39)$$

即

$$\tan(\alpha_{max}) = i_{max} = \mu_{x_p} \qquad\qquad (5.40)$$

备注 5.5 最大坡度表达式中没有重力加速度项,在低重力、可用牵引力和行驶阻力很小的情况下,这两种作用互相补偿。至少在第一次近似时,低重力不会影响斜坡机动性。相反,在软地面下,低重力可能是一个优势,因为它减小下沉。

如果地面能够支撑探测车使其达到高速,则探测车可达到牵引力允许的最高速度。最高功率可通过探测车 – 地面相互作用传递。

$$P_{max} = V \sum_{\forall i} F_{z_i} \mu_{i_p} \qquad\qquad (5.41)$$

其中,求和项可扩展到所有驱动轮。

如果最大纵向力系数 μ_{i_p} 和作用在驱动轮上的载荷独立于速度,则最大功率会随 V 线性增长。具有固定传动比变速箱的探测车最适宜的电机特性 $P_m(\Omega_m)$ 是线性特性,但是,实际达不到理想状态,因为条件复杂得多。

首先考虑车轮全驱的探测车,假定所有车轮具有相同的纵向滑动,即 μ_i 的值都相同。该条件将作为"理想驱动力"被参考。

再考虑气动升力,可传递到路面的最大功率为

$$P_{max} = V\mu_p \left[mg\cos(\alpha) - \frac{1}{2}\rho V^2 SC_L \right] \qquad\qquad (5.42)$$

最后一项归结于气动升力,通常可被忽略。为简化建模认为速度增加则驱动力减小,按照线性规律有

$$\mu_{i_p} = c_1 - c_2 V \tag{5.43}$$

将匀速行驶所需功率(克服滚动阻力)等于式(5.42),并用式(5.43)表示可用驱动力随速度减小,可以得到最高速度的三次方程。

$$C_L c_2 V^3 + (C_L c_1 + C_D) V^2 - \frac{2mg}{\rho S}[(c_1 - c_2 V)\cos(\alpha) - \sin(\alpha)] = 0 \tag{5.44}$$

忽略气动效应,可得

$$V_{\max} = \frac{c_1 - \tan(\alpha)}{c_2} \tag{5.45}$$

备注 5.6 最高速度独立于重力加速度,并且受控于随速度变化的可用牵引力的减小。由于式(5.43)是近似的,根据该式得到的最高速度值仅是一个粗略近似。
坡度和速度值仅是理想参考值,因为它们是在假定所有车轮的纵向滑动相同的条件下得到。然而,如果每个车轮具有自己的电机,则通过将牵引力分布在不同车轮上得到接近于最佳条件的方式控制电机力矩是有可能的。

5.3.6 电机允许的最大性能

平地上且给定额定功率,探测车所能达到最高速度可通过作用于车轮的可用功率等于匀速行驶所需功率表达式求解:

$$AV + BV^3 + CV^5 = P_{m_{\max}} \eta_t \tag{5.46}$$

由上式的解直接求出速度最大值。

如果忽略气动升力(实际上是忽略由升力造成的滚动阻力的作用,滚动阻力与速度平方成比例),方程是三次的且可得到封闭解。

$$V_{\max} = A^*(\sqrt[3]{B^* + 1} - \sqrt[3]{B^* - 1}) \tag{5.47}$$

其中:

$$A^* = \sqrt[3]{\frac{P_{e_{\max}} \eta_t}{2mgK + \rho S C_X}}$$

$$B^* = \sqrt{1 + \frac{8m^3 g^3 f_0^3}{27 P_{e_{\max}}^2 \eta_t^2 (2mgK + \rho S C_X)}}$$

备注 5.7 然而,求得的速度只是一个可能的最高速度,因为实际上要想得到它,电机必须在探测车最高速时达到最大功率。
这意味着一个合适的变速箱传动比为

$$\tau = \frac{V_{\max}}{R_e(\Omega_m)_{P_{\max}}} \tag{5.48}$$

式中:$(\Omega_m)_{P_{max}}$ 为峰值功率下的电机速度。

然而,最高速度值仅在假设条件下可达到,因为载荷、滚动阻力系数甚至空气密度也会影响行驶阻力。

先画出不同坡度值下所需功率曲线,再找到可用功率曲线的切线从而得到给定传动比条件下可行驶最大坡度。这样得到的坡度仅仅是一个理论结果,因为它通过单一的速度值求解。这个条件可能并不稳定,取决于电机的功率曲线形状。

为了能安全地得到一个给定坡度,在整个速度范围内(从足以确保在坡道上能够起步的最低速度值开始),可用功率曲线必须在所需功率曲线上方。假设起步时的电机力矩 M_m(或者在最低速度下,如果电机在载荷下不能起步,那么就必须用离合器起步)已知,并且在小速度范围保持恒定,那么就有可能计算出低速度下的发动机功率:

$$P_m = M_m \Omega_m$$

所需功率通过低速度下忽略行驶阻力的 B、C 项得到。

$$P_r = \frac{mgV}{\eta_t}[f_0\cos(\alpha) + \sin(\alpha)]$$

已知电机速度和探测车速度有以下关系

$$\Omega_m = \frac{V}{R_e\tau} \tag{5.49}$$

并且

$$M_m = \frac{mgR_e\tau}{\eta_t}[f_0\cos(\alpha) + \sin(\alpha)] \tag{5.50}$$

以上几个等式可用来求解非常低的速度下、给定电机和传动比时的最大坡度,或者计算给定坡度时起步所需传动比。

通常,如果使用一个给定电机,至少需要两个不同传动比来优化性能:一个用于得到最大速度,另一个适应所需坡度。为了简化驱动系统的配置,通常牺牲探测车速度性能并使用一个固定传动比,使探测车具有所需的爬坡能力(在斜坡地面上的性能),即

$$\tau = \frac{M_m\eta_t}{mgR_e[f_0\cos(\alpha) + \sin(\alpha)]} \tag{5.51}$$

5.3.7 匀速能耗

在时间 t 内,恒定速度下行驶所需能量可通过匀速驱动所需功率乘以时间直接计算出来。

$$E = P_r t = \frac{P_r d}{V} \tag{5.52}$$

式中:d 为行驶距离。式(5.52)给出车轮所需能量:为了得到实际运动所需能量,该表达式必须除以各个效率(传动系统、电机等):

$$E = d \frac{A + BV^2 + CV^4}{\eta_t \eta_m} \tag{5.53}$$

如果忽略气动升力,电机效率可认为是常数,从式(5.53)得到的能耗是速度平方的函数。实际上所有种类的电机效率都取决于速度,并且在低速时会非常低。这可能导致运动所需能量在低速时很高,为了降低能耗,使其达到最小值,则需要增大给定速度。

备注 5.8 当探测车在非常低的速度下行驶时,效率或者电机转速会减小到几乎为零,这将导致能耗的增加。这就必须采用低传动比,以便使得电机以合适的速度转动,该速度能确保即便在探测车速度较低时,电机效率不至于过低。

5.3.8 加速度

如果在某一特定速度下,所需功率低于车轮可用功率,它们的差就是可用来加速探测车的功率。

在加速期间,许多转动部件(车轮、变速箱、电机)必须增加它们的角速度。电机供给功率和探测车动能 T 之间的关系式为

$$\eta_t P_m - P_r = \frac{\mathrm{d}T}{\mathrm{d}t} \tag{5.54}$$

式中:P_m 为非稳态运行条件下的功率,但是由于产生电机机械功率与产生探测车加速度的现象之间的时间标度不同,所以使用由稳态电机特性得出的值所产生的误差将忽略不计。此外,在求解加速电机惯量所需功率时,不应考虑传动效率,因为电机惯量直接由引擎扭矩加速。但是,该方法产生的误差通常忽略不计。

如果变速箱有一个固定传动比,电机转速和探测车其他部件转动与探测车的速度具有比例关系,可通过传动比和滚动半径计算。一旦选定了变速箱传动比,通过式(5.49)可解出探测车速度和电机旋转速度之间的关系。该关系式同样适用于探测车加速时必须被加速的其他转动部件。

探测车动能可表示为

$$T = \frac{1}{2}mV^2 + \frac{1}{2}\sum_{\forall i} J_i \Omega_i^2 = \frac{1}{2}m_e V^2 \tag{5.55}$$

其中,求和式中包括所有当探测车加速时需要加速的转动部件。m_e 为探测车的等效或表观质量,也就是说,一个物体与探测车具有相同的行驶速度和相同的总动能,则其质量为探测车的等效质量。仅考虑车轮和电机的转动惯量,m_e 可写成如下形式:

$$m_e = m + n_w \frac{J_w}{R_e^2} + n_m \frac{J_m}{R_e^2 \tau^2} \tag{5.56}$$

224

式中:J_w 为每个车轮和所有与其转速相同的转动部件的转动惯量,假设车轮具有相同半径,因此转动速度相同;J_m 为每个电机和所有与其一起转动的部件的转动惯量。以一种近似的方式考虑电机直接加速的实际情况,最后一项有时会乘以 η_t。考虑不同车轮、不同电机和变速箱传动比,式(5.56)可进行明显地修正。

最后两项中第一项通常很小,而如果减速齿轮具有很低的传动比,第二项则很重要。

因为等效质量是常数,一旦选定齿轮比,式(5.54)变为

$$\eta_t P_m - P_r = m_e \frac{\mathrm{d}V}{\mathrm{d}t} \tag{5.57}$$

式(5.57)仅在恒定等效质量的情况下成立。如果采用无极变速箱,那么总传动比以及等效质量随时间变化,等式可修改为

$$\eta_t P_m - P_r = m_e V \frac{\mathrm{d}V}{\mathrm{d}t} + \frac{1}{2} V^2 \frac{\mathrm{d}m_e}{\mathrm{d}t} \tag{5.58}$$

但是,式(5.58)的改动通常很小,因为等效质量变化不快。

由式(5.57),用速度函数式马上得出探测车的最大加速度:

$$\left(\frac{\mathrm{d}V}{\mathrm{d}t} \right)_{\max} = \frac{\eta_t P_m - P_r}{m_e V} \tag{5.59}$$

式中:功率 P_m 为电机在速度 Ω_m(对应探测车速度 V)时所能传递的最大功率。

探测车从 V_1 加速到 V_2 的最小时间可通过分离式(5.59)的变量,并积分得到:

$$t_{V_1 \to V_2} = \int_{V_1}^{V_2} \frac{m_e}{\eta_t P_e - P_r} V \mathrm{d}V \tag{5.60}$$

如果有不同的传动比,必须对每个速度区间单独积分,在此区间内等效质量为常数,即,在每个速度区间内使用给定的传动比:

通过进一步的积分可得到速度加速到任何值所需的距离:

$$S_{V_1 \to V_2} = \int_{t_1}^{t_2} V \mathrm{d}t \tag{5.61}$$

有时,探测车被建模为链接到电机上的等效转动惯量,而不将其建模为一个沿路面加速的等效质量:

$$J_e = m R_e^2 \tau^2 + J_w \tau^2 + J_m \tag{5.62}$$

在低重力条件下,可用加速度的最低限制并不是来自电机的可用功率,而是来自车轮 – 地面接触的可用牵引力。

如果所有车轮都靠自身电机加速,忽略压实与推土阻力,那么仅有探测车质量加速所需的力通过车轮 – 地面接触传递到地面。使用式(5.42)表示可传递的最大功率,忽略气动阻力,加速度最大值为

$$a_{\max} = \mu_{x_p} g \tag{5.63}$$

使用传动系统模型也能对加速中探测车的运动进行研究,该方法将探测车建

模为通过传动系统连接到电机的转动惯量(见5.3.3节和下文)。计算引擎扭矩与给定时间关系响应,可得到探测车速度与时间的关系。

5.3.9 制动

制动对于所有探测车都是一个重要功能,随着探测车速度的增加,其变得越来越重要。很慢的探测车对制动几乎没有要求,因此无需安装制动系统,使用不可逆变速箱就可以了。制动器不仅用于减慢探测车速度,也用于使探测车固定在斜坡地面上,大多数探测车都有驻车制动。

不同种类制动设备的制动功能不尽相同,以下是几种不同的制动设备:

* 不可逆变速箱
* 再生制动系统
* 耗散制动系统

如前所述,对于很慢的探测车,避免使用制动器,而是采取不可逆变速箱达到制动的目的。然而,这种方式有几个缺点:第一,变速箱的效率很低,一个不可逆变速箱的效率大概低于50%,因为效率取决于很多参数,为了确保变速箱不可逆,必须采用更低的效率。低效率还可能导致冷却问题,特别是当不能采用冷却液时;另一个缺点是如果电机不施加力矩,变速箱会反向制动。因此,不可逆变速箱仅能用在低速探测车上,低速探测车的惯性力很小,车轮的制动不会导致危险。

不可逆传动装置的典型例子是蜗杆驱动,它有高减速比,如果蜗杆具有单向螺纹,装置不可能逆向驱动。

如果探测车通过电机驱动,且变速箱是可逆的,则制动可通过让电机工作在发电机模式从而存储探测车的动能。能量存储系统必须能够接受这种能量,而且如果探测车很快,并具有一个很强的减速系统,那么能量存储系统就必须可以接受很高的电功率。这种方法的优点是显而易见的:驱动系统可作为制动装置(尽管驱动电机的尺寸不可能大到像制动器一样),并且可再生部分能量——再生能量的数量取决于系统效率。如果所有的车轮都具有驱动电机,可再生制动是最好的应用,因为制动可以作用在所有车轮上。缺点是需要单独的驻车制动,并且如果车速很快,还需要紧急制动系统。

耗散制动通常通过摩擦将探测车动能转换为热能。系统所有动能都会损失,但是系统简单,且可工作在零速度下。

当没有冷却液,且不通风环境下,散热成为很大问题。

所有提到的制动设备都是作用在车轮上,通过车轮–地面接触来施加探测车所需要的减速力。在低重力环境下,这种方式产生的减速是有限的。

总的制动力为

$$F_x = \sum_{\forall i} \mu_{x_i} F_{z_i} \qquad (5.64)$$

其中,求和项包括所有车轮。探测车纵向运动方程为

$$\frac{dV}{dt} = \frac{\sum_{\forall i} \mu_{x_i} F_{z_i} - \frac{1}{2}\rho V^2 S C_D - f \sum_{\forall i} F_{z_i} - mg\sin(\alpha)}{m} \quad (5.65)$$

式中:m 为探测车实际质量,而不是等效质量,对于上坡阶段 α 是正的。探测车的转动部件直接被制动器减速,因此并没有估计探测车和路面的力交换。当评估制动器所需制动功率和耗散的能量时,必须考虑力交换。

为简化研究制动,忽略气动升力和滚动阻力,因为它们通常远小于制动力。但是,如果车轮发生下陷,需要考虑滚动阻力,因为它对车轮产生制动力矩,而不是直接作用于地面的制动力。

理想的制动应该是所有车轮均具有相同的纵向力系数 μ_x。在理想制动情况下,所有的力系数 μ_{x_i} 都假定相同,则加速度为

$$\frac{dV}{dt} = \mu_x \left[g\cos(\alpha) - \frac{1}{2m}\rho V^2 S C_z \right] - g\sin(\alpha) \quad (5.66)$$

在水平地面上,对于没有气动升力的探测车,式(5.66)简化为

$$\frac{dV}{dt} = \mu_x g \quad (5.67)$$

理想条件下最大减速度可通过将 μ_x 的最大负值代入式(5.66)或式(5.67)得到。

理想制动的假设表明,如果车轮半径都相等,那么施加到不同车轮的制动力矩与力 F_z 成正比。如果使用电机来运行再生制动器,那么可通过电机控制器实现制动。

为计算车轮进行一个理想的制动必须施加的力 F_x,必须先计算车轮上的力 F_z,这可由 5.3.1 节的公式求得。具有两个轮轴的探测车,忽略气动力,公式简化为

$$F_{z_1} = \frac{m}{l} \left[gb\cos(\alpha) - gh_G\sin(\alpha) - h_G \frac{dV}{dt} \right] \quad (5.68)$$

$$F_{z_2} = \frac{m}{l} \left[ga\cos(\alpha) + gh_G\sin(\alpha) + h_G \frac{dV}{dt} \right] \quad (5.69)$$

由式(5.65)可得

$$\frac{dV}{dt} = \frac{\mu_{x_1} F_{z_1} + \mu_{x_2} F_{z_2}}{m} - g\sin(\alpha) \quad (5.70)$$

因为理想制动时 μ_x 都是相等的,纵向力 F_x 的值为

$$F_{x_1} = \mu_x F_{z_1} = \mu_x \frac{mg}{l} [b\cos(\alpha) - h_G \mu_x] \quad (5.71)$$

$$F_{x_2} = \mu_x F_{z_2} = \mu_x \frac{mg}{l} [a\cos(\alpha) + h_G \mu_x] \quad (5.72)$$

通过式(5.71)和式(5.72)消去 μ_x,容易得到 F_{x_1} 和 F_{x_2} 的关系:

$$(F_{x_1} + F_{x_2})^2 + mg\cos^2(\alpha) \left(F_{x_1} \frac{a}{h_G} - F_{x_2} \frac{b}{h_G} \right) = 0 \quad (5.73)$$

式(5.73)在 F_{x_1} 和 F_{x_2} 平面内的图是一条抛物线(图5.10),如果 $a=b$,那么抛物线的轴平行于第二和第四象限的二等分线。抛物线是实现理想制动的所有 F_{x_1} 和 F_{x_2} 值的轨迹。

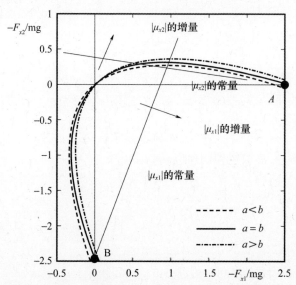

图5.10 理想状态下的制动(探测车质心分别在中轴距、前轴距、后轴距时力 F_{x_1} 和 F_{x_2} 之间的无量纲关系。图中曲线是在 $l/h_G = 5$ 以及水平地面条件下获得的)

实际上,只有图中的一个部分是值得关注的:力的负值(前进时制动)以及实际可达到的制动力,即 μ_x 的合理值(图5.11)。

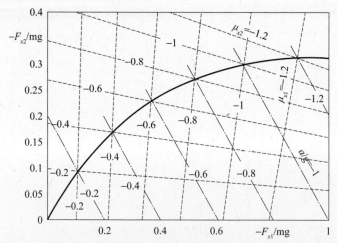

图5.11 图5.10的有用区域放大版,并增加了常数 μ_{x_1}、μ_{x_2} 和加速度
(引自 G. Genta, L. Morello, *The Automotive Chassis*, Springer, New York)

在同一张图上,可以画出带有常数 μ_{x_1}、μ_{x_2} 和加速度的曲线。在水平地面上,前两个常数用直线表示,分别通过点 B 和点 A,而带有恒定加速度的曲线是并行于第二象限等分线的直线。

备注 5.9 这样得到的力与每个轮轴相关,与每个车轮无关:对于带有两个车轮的轮轴,它们的值是一个车轮的值的两倍。

施加到每个车轮的力矩大致等于制动力乘以车轮的负载半径:如果车轮具有相同的半径,则同一张图上可以画出制动力矩。如果此条件不满足,需要对两个不同的系数乘以比例系数,尽管图中曲线会变形,但基本不变。

为了实现更精确的计算,应该考虑滚动阻力,这是一个较小的修正,并且也应该加上减小转动惯量所需力矩。这个修正对于高传动比和带有大转子惯量的电机至关重要。

如果后轮与前轮的制动力矩之间关系不同于前述的理想制动的条件,那么减速就取决于一个给定的牵引力系数。摩擦制动可通过简单的液压、气动或机械系统控制,比如"阿波罗"LRV 的例子,它是根据实际的制动系统参数来执行制动的。将制动效率定义为实际状态下和在理想状态下的加速度(负定的)之比,很明显在各车轮系数 μ_x 相等的条件下,各车轮的纵向力系数更高。

$$\eta_b = \frac{(\mathrm{d}V/\mathrm{d}t)_{\text{actual}}}{(\mathrm{d}V/\mathrm{d}t)_{\text{ideal}}} = \frac{(\mathrm{d}V/\mathrm{d}t)_{\text{actual}}}{\mu_x g} \tag{5.74}$$

式(5.74)仅适用于忽略气动载荷,且探测车在水平地面上的情况。通过简单的计算,可得后者的制动效率为

$$\eta_b = \min\left\{\frac{a(K_B + 1)}{l - \mu_p h_G(K_B + 1)}, \frac{b(K_B + 1)}{lK_B + \mu_p h_G(K_B + 1)}\right\} \tag{5.75}$$

式中:K_B 为前轮轴制动力和后轮轴制动力之比。第一个值表示后轮先制动,第二个值表示有限条件下前轮先制动。

图 5.12 是具有代表性的峰值制动力系数相对应的制动效率图。

当条件 $\eta_b = 1$ 满足时,最大纵向力系数 μ_p 可确定,并且 K_B 的值容易计算得到。对于 $|\mu_p|$ 的值低于取值时,后轮先制动,而高于取值时,前轮先制动。已知 K_B,制动系统很容易设计。

可画出 $\eta_b(\mu_x)$ 随制动力增加的曲线,可计算出 μ_x 和 η_b 相对于前轮和后轮的值。结果如图 5.12 所示。

当路况良好时,采用后轮制动的方式。可利用 K_B 值延迟后轮制动,K_B 值可导致 $\eta_b = 1$,从而牵引系数值更高,但是在路况不好时将会降低效率。

当 μ_x 值较小时,为在不降低制动效率前提下避免后轮锁死,在速度进一步下降并超过某个特定值时可以采用减小后轮制动力的装置。

这种制动控制是一种前馈控制:制动力通过 K_B 参数变化预测法来实现所需的制动效率。防抱死制动系统(ABS)则相反,是一种反馈方法,当车轮发生滑动时,

即纵向滑动系数 σ 达到 $|\mu_x|$ 的最大值,直接减小制动力。通常基于车轮速度传感,可比较车轮瞬时速度和车轮相对于探测车的速度。如果发生滑动,即检测出超过允许界限值,装置会减小制动力矩,并恢复合适的工作状态。然而,一旦车轮恢复低滑动状态,装置会允许制动力矩再次增加到之前的值,进行初始的制动。

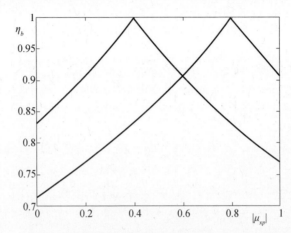

图 5.12　对于两个不同的常数 K_B 值,制动效率 η_b 是有限值 μ_x 的函数。

图示通过 $a = b$ 和 $a/h_C = 2$ 得到。(引自 G. Genta,L. Morello,

The Automotive Chassis,Springer,New York)

　　带有 ABS 系统的制动器会工作在循环状态,保持纵向力系数在最大值附近(图 4.19)。不同装置工作方式不同,与硬件特性和控制算法都相关。[①]

　　制动器消耗的瞬时功率为

$$|P| = |F_x| V = V \left| \frac{\mathrm{d}V}{\mathrm{d}t} m_e + mg\sin(\alpha) \right| \tag{5.76}$$

上式忽略所有阻力项。

　　制动器不能直接耗散能量;它们通常作为一个热接收器,存储一些热能,并在正常时间内耗散掉。显然需要仔细设计制动器,使它们能够存储一定的能量,保证制动器不会温度太高,并可进行适当的冷却。任何情况下,制动功率的平均值必须低于制动耗散的热能。

　　备注 5.10　当探测车在无大气环境的星球表面行驶,制动器冷却是非常重要的一件事。或许更准确地说是制动热控制而不是冷却,因为很多情况下必须防止制动器过于冷却。

　　本节所述制动对于低重力环境下运行的探测车或许有所帮助,但仅是间接方式。给定速度的探测车减速所涉及的能量也是一样,独立于重力加速度,但是低重

---

① 见 G. Genta,L. Morello,*The Automotive Chassis*,Springer,New York。

力下通常会限制探测车最高速度,并且制动更加缓和,因为最大减速度更小,从而减小了制动功率,使制动力更容易恢复(如果事先设计再生制动系统),或者使制动力耗散(如果没有能量可以恢复)。

5.4　横向运动特性

5.4.1　轨迹控制

所有探测车面临的第二个主要问题是轨迹控制。从这一点来看,所有的探测车可以分成两类:

(1)自动制导探测车,或者更好一点,运动制导探测车,其轨迹通过一组运动学约束固定。

(2)有人驾驶探测车,其轨迹是三维或平面曲线,由制导系统确定,通常由驾驶员或机电设备控制。制导系统通过施加在探测车上的力来改变其轨迹。

第一种情况,运动学约束施加所需的力,这些力用于修正轨迹且不会产生变形,即假定探测车具有无限刚度以及无限强度。一个完美的运动制导仅仅是一个抽象概念,尽管实际情况下它能较好的近似。

第二种情况,力随着探测车姿态的改变而改变,制导设备依次通过力和力矩改变探测车的方向。这些探测车可动态制导。

除了直接通过推进器(通常是火箭)施加力来改变轨迹的情况,大角度姿态变化的动态制导也可通过领航员或驾驶员凭借经验直接实现,而小角度转向则可忽略。第一种情况通过空气动力或流体动力控制探测车,领航员通过在控制台操作来提供修改轨迹的力从而改变探测车的行驶方向。通常在探测车姿态的改变和实际产生的力之间会有延迟,驾驶员可以清晰地感受到动态控制,即通过施加力产生的控制。

轮式探测车的情况相对简单,但是驾驶员会有完全不同的感觉:驾驶员或者自动化轨迹控制系统驱动探测车转向时会使某些车轮工作异常从而导致侧滑现象,并产生侧向力。侧向力导致探测车姿态改变(姿态或侧滑角度 β 定义为探测车纵向和速度向量的夹角),并使所有车轮发生侧滑:侧滑导致探测车轨迹改变。然而,轮胎的线性化特性,至少对于小侧滑角而言,高刚度和短时延迟(车轮对侧滑和倾角的改变做出的响应)给驾驶员一种运动学而非动力学的转向体验。车轮像是纯滚动,轨迹由车轮中平面方向确定。

在很长一段时间,这种转向体验会对关于轮式探测车和上述所有轮式机器人转向的研究产生影响,并由此产生了运动转向的概念,在某种意义上,隐藏了该现象的真实含义。实际上,运动转向的概念首次应用在四轮马车上:阿克曼在1818

年为此概念申请了专利,即与经过地面的各个接触点的车轮中面正交的直线应汇聚于探测车的瞬心[1]。这个概念很好地应用在钢轮胎的马车轮上,后来又应用在电动探测车上。直到 20 世纪 30 年代,一些实验才表明侧滑角产生侧向力的重要性,并且这个概念最终由奥利在 1937 年确定下来。

驾驶员的这种转向体验与运动学方法一致,至少与轮胎的线性化特性相符合。当侧滑角达到较大值时,驾驶员通常都会有探测车失控的感觉,如果突然侧滑角增大,则失控的感觉更大。这种转向体验基于正常路面状态,特别是如果使用子午线轮胎,当接近侧向力极限时侧滑角会变得更大。

这种控制轮式探测车的方式适合典型的电动探测车在硬质路面行驶情况,但是还有另一种可能性。z 轴力矩导致探测车旋转,并且假设通过施加在同一轮轴车轮上的差分牵引力产生所需的姿态,而不是通过对车轮的操控。这种情况通常称为侧滑操控,而不是传统意义上的车轮操控。

这种轨迹控制方式可以同其他更常见的方式一起实施,比如在很多 VDC(探测车动态控制)系统中,驾驶员通过操控前轮选择轨迹,设备则利用合适的控制算法通过差分驱动左、右轮让探测车位置保持在所需轨迹上。另一种情况则是轨迹控制的主要方式,比如一些地面移动机构和以上所有的轨道探测车,很多三轮小型机器人也是以这种方式运动,但是第三个轮是一个全方位或者一个转动轮。

备注 5.11 如果有一个全方位轮,则探测车无法承受侧向力,并且如果全方位轮在前轮轴上,当其在斜坡上滚动时,将会有向下滚动的趋势。

运动学和动力学制导探测车的区分仅是一个粗略的区分,因为有带有变形约束的运动学制导或磁力悬浮探测车的一些情况。这个区别的定量程度要多于定性程度,并且最大程度取决于更大或更小的刚度,该刚度是指探测车对由于制导设备操控产生的姿态变化作出的响应。

轮式探测车和探测车机器人的推进力通常是通过车轮 – 地面接触实现。推进力和轨迹控制通过车轮施加到地面上的力来实现,这个力由车轮和地面的变形导致。因此,车轮总会产生一些侧滑和纵向滑动,而不是纯滚动。

转向可通过以下方式实现:
- 侧滑转向(图 5.13(a))[2]。尽管没有特殊的转向机构,但是驱动轮能在探测车的两侧产生差分牵引力,这可通过每个车轮配置独立电动机,两个电动机独立驱动两侧车轮来实现,或者通过差速器实现。制动器通过差分模式实现滑动控制。非常小的轨迹曲率半径可通过以相等和反向的旋转速

---

[1] 实际上,早在 1758 年,Erasmus Darwin 就已经有了这个想法,但是首先应用它的是一个德国马车设计者,他在英格兰的一个代理人 Rudolph Ackermann 于 1818 年申请了专利,即现在的 Ackermann 转向几何学。

[2] 有时制动转向模式用来代替侧滑转向。不过应该避免它,因为这种转向方式取决于车轮的纵向和侧向滑动,仅在极端情况下才产生实际的车轮相对于地面的制动(即全车滑动)。

度向后旋转一侧的车轮实现,也可进行无运动学转向。

- 铰接转向(图5.13(b))。一个或更多轮轴用来承载两侧的每个车轮,轮轴被铰接在一起并且可用一个或更多驱动器来控制转向。车身由两个或多个子单元构成,每个单元承载一个或多个车轴,或者车轮通过转向架承载,转向架可在车体下回转。通过合适的控制可进行运动学转向。作为一种替代方式不用依靠驱动器让探测车的一个部件相对另一个部件发生旋转,而是采用差分纵向力,就像侧滑转向一样。这样,车轮的侧滑角越小则越容易转向。

- 协同转向(图5.13(c))。同一轮轴的两个车轮通过两个不同的转向轴(主轴)驱动,但是它们的转向角通过机械连接协同控制。如果连接满足Ackermann条件,就能实现Ackermann转向,从而保证运动学转向。并没有实际的转向连杆能够实现精确的Ackermann转向,就像使用很多的Jean-taud连杆机构。如果多个轴在转向,不同轴的转向角可能是独立的或者被另一个机械连杆机构协同控制(这种情况很少见)。大多数自动探测车采用这种转向方法。

- 独立转向(图5.13(d))。每个单轴或多轴的车轮都能利用传动装置并通过一个转向轴(主轴)独立驱动。是否满足Ackermann条件(即进行运动学转向)取决于传动装置的控制系统。如果具有很大的转向角,并且控制系统足够柔性化,任何轨迹都能实现,包括原地转弯、侧向移动等。这种转向方法应用于"阿波罗"LRV。

还有其他的转向策略,比如全方位车轮使得探测车甚至可以通过反向旋转特定轴的车轮而横向移动。

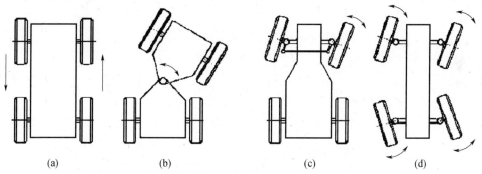

图5.13　(a)侧滑转向;(b)铰接转向;(c)协同转向;(d)独立转向

5.4.2　低速或运动学转向控制

低速或运动学转向控制定义为探测车的车轮运动时为纯滚动。所有车轮的中心速度处于中平面,即侧滑角 α 小到难以察觉。在这些条件下,车轮不能施加转向力来平衡因轨迹曲率所导致的离心力。

备注 5.12 仅在速度很小的时候可实现运动学转向。

考虑一个四轮探测车,其中两个车轮(前面车轮)可转向。证明运动学转向的关系很容易,通过前面车轮的中平面的垂线在同一点与后面车轮的中平面垂线相交:

$$\tan(\delta_1) = \frac{l}{R_1 - \frac{t}{2}}, \quad \tan(\delta_2) = \frac{l}{R_1 + \frac{t}{2}} \tag{5.77}$$

除了轨迹 t,式(5.77)还应该包括车轮主轴之间距离,或者更进一步是包括它们和地面交点之间的距离。通过减小两个方程的 R_1,容易得到 δ_1 和 δ_2 的直接关系:

$$\cot(\delta_1) - \cot(\delta_2) = \frac{t}{l} \tag{5.78}$$

精确满足式(5.78)操控车轮转向的探测车通常称为 Ackermann 转向或 Ackermann 几何学。实际上,并没有一种转向机构精确满足该定律,转向误差可通过 δ_1 的函数得到,其定义为 δ_2 实际值和从式(5.78)得到的值之间的差。

例如一台基于铰接四连杆(Jeantaud 连杆机构)的探测车,如图 5.15(a)所示。δ_1 和 δ_2 的关系为[①]

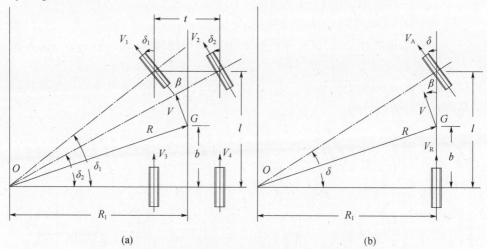

(a)   (b)

图 5.14 四轮车和两轮车的运动学转向(引自 G. Genta, L. Morello, *The Automotive Chassis*, Springer, New York, 2009)

$$\sin(\gamma - \delta_2) + \sin(\gamma + \delta_1) = \sqrt{\left[\frac{l_1}{l_2} - 2\sin(\gamma)\right]^2 - \left[\cos(\gamma - \delta_2) - \cos(\gamma - \delta_1)\right]^2} \tag{5.79}$$

---

①   G. Genta, L. Morello, *The Automotive Chassis*, Springer, New York。

转向误差为

$$\Delta\delta_2 = \delta_2 - \delta_1$$

即 δ_2 实际值和通过 δ_1 的函数得到的运动学修正值之间的差,如图 5.15(b)。角度 γ 的值分别为 16°、18°和 20°;当转向角很小时,γ 的值越大,误差越小。然而,转向角很小时的小误差也伴随着转向角很大时的大误差,因此需要进行平衡:如图,18°的情况下误差和转向角达到很好的平衡。

许多研究工作都致力于设计能使该误差最小化的装置;但是,从探测车方向探控响应的观点来看,其重要性被夸大了,事实是:

- 侧滑角始终存在;
- 大多数悬架机构可以一定程度地滚动转向;
- 大多数情况下有意将转向轮配置为不完全平行,而是形成一定程度的前束(内倾);
- 悬架的变形导致小转向角,该转向角取决于车轮施加到路面上的力。

反之,不同于铰接转向,运动学转向对于四轮探测车总是可能的。当采用独立转向,Ackermann 条件的实现仅取决于转向传动装置的控制,并且对于具有任何车轮数量的探测车都如此。例如,火星车具有 6 个车轮:中间的两轮固定或在特殊情况下可转向,比如向侧面滚动时,而前轮与后轮具有独立转向机构,按照设定好的程序满足运动学转向操控条件。

四轮探测车质心的轨迹半径为

$$R = \sqrt{b^2 + R_1^2} = \sqrt{b^2 + l^2 \cot^2(\delta)} \tag{5.80}$$

式中:δ 等价于两轮探测车的转向角(图 5.14(b))。它由两个车轮转向角的余切均值求得,即

$$\cot(\delta) = \frac{R_1}{l} = \frac{\cot(\delta_1) + \cot(\delta_2)}{2} \tag{5.81}$$

它非常接近转向角的平均值。考虑如图 5.15 所示的探测车,质心在中轴距上,其曲线转向半径很小,为 $R = 10\text{m}$。转向角的修正值为 $\delta_1 = 15.090°$ 和 $\delta_2 = 13.305°$,以及 $\delta = 14.142°$。通过车轮转向角的平均值,转向角应该为 $\delta = 14.197°$,误差仅为 0.36%。

相较于探测车轴距,为了防止出现轨迹半径过大,式(5.80)可简化为

$$R \approx l\cot(\delta) \approx \frac{l}{\delta} \tag{5.82}$$

式(5.82)可改写为

$$\frac{1}{R\delta} \approx \frac{1}{l} \tag{5.83}$$

表达式 $1/R\delta$ 具有重要的物理含义:它是探测车根据轨迹曲率 $1/R$ 的响应与探测车转向导致的输入之间的比率,因此它是一种方向控制的传递函数,可称为轨

迹曲率增益,在运动学转向时,它大概等于轴距的倒数。

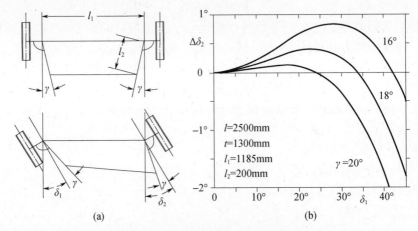

图 5.15   基于铰接四连杆的转向机构

(a)示意图;(b)转向误差 $\Delta\delta_2 = \delta_1 - \delta_2$ 是 δ_2 的函数

(引自 G. Genta, L. Morello, *The Automotive Chassis*, Springer, New York, 2009)

如果探测车的所有车轮都能转向和控制来满足运动学转向条件,可得到更大的轨迹曲率增益,其最大值为

$$\left(\frac{1}{R\delta}\right)_{\max} \approx \frac{1}{2l} \tag{5.84}$$

四轮驱动(4WS)探测车低速转向的最适条件是转向角大小相等,方向相反,并实现上述定义的最大增益。

另一个最重要的传递函数是比率 β/δ。探测车质心的侧滑角可表示为轨迹 R 的函数:

$$\beta = \arctan\left(\frac{b}{\sqrt{R^2 + b^2}}\right) \tag{5.85}$$

将式(5.85)线性化,并且代入式(5.83),得到

$$\frac{\beta}{\delta} = \frac{b}{l} \tag{5.86}$$

比率 β/δ 可参考作为侧滑角增益。

如果探测车多于两个轮轴,只有当几个车轴的车轮(除一个车轴之外的所有车轴)都能转向并且转向角与式(5.77)的条件匹配,才有可能进行真正的运动学转向。

对于探测车很长的特殊情况,则轨迹偏离的距离,即前轮与后轮轨迹半径的差是一个重要参数。如果 R_f 是前面车轮的轨迹半径,轨迹偏离距离为

$$R_f - R_1 = R_f \left\{ 1 - \cos\left[\arctan\left(\frac{l}{R_1} \right) \right] \right\}$$ (5.87)

相较于轴距,如果轨迹半径过大,式(5.87)则简化为

$$R_f - R_1 \approx R\left[1 - \cos\left(\frac{l}{R} \right) \right] \approx \frac{l^2}{2R}$$ (5.88)

例 5.3 考虑一个六轮火星车,中间车轮定位在轴距中心。计算执行 Ackermann 转向操控的车轮转向角,即利用轨迹半径的函数式来计算,并且将通过完整方程得到的结果与通过简化的线性模型得到的结果进行比较。

数据:轴距 $l = 1.4\text{m}$,轨迹 $t = 1.9\text{m}$。

当向右转向时,转向角 δ_{ij}(其中,$i = 1$ 表示前面,$i = 2$ 表示中间,$i = 3$ 表示尾部,$j = 1$ 表示左边,$j = 2$ 表示右边)为

$$\delta_{11} = -\delta_{31} = \text{atan}\left(\frac{l}{2R - t} \right)$$

$$\delta_{21} = \delta_{22} = 0$$

$$\delta_{12} = -\delta_{32} = \text{atan}\left(\frac{l}{2R + t} \right)$$

线性化计算的结果为

$$\delta_{11} = \delta_{12} = -\delta_{31} = -\delta_{32} = \frac{l}{2R}$$

半径在 $1.8 \sim 10\text{m}$ 之间的结果如图 5.16(a)所示,半径在 $10 \sim 100\text{m}$ 之间的结果如图 5.16(b)所示。

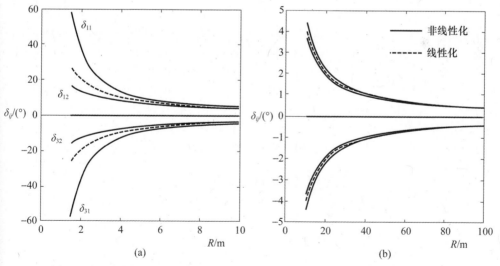

图 5.16 六轮探测车的转向角,用轨迹曲率半径函数来表示(中间车轮不转向)

237

5.4.3 理想转向操控

如果速度并不是特别小,那么车轮就必须以适当的侧滑角移动来产生转向力。可以对高速或动力学[①]转向操控条件下的探测车的稳态操控进行一个简单的估算,过程如下。考虑刚性探测车在一个坡度角为 α_t 的平坦地面上移动,空气动力忽略不计。定义 η 轴与地面平行并穿过探测车质心,与轨迹中心垂线相交,轨迹在稳态条件下是圆周形的(图 5.17)。在图 5.17 中给出了四轮探测车示意图,但是这个简单模型可用于四轮或更多轮的探测车。如果滚转条件有一些变化,则该模型也能用于三轮探测车。

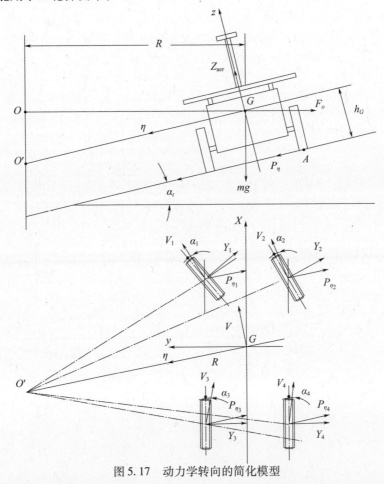

图 5.17 动力学转向的简化模型

---

① 这里,动力学转向操控的轨迹由施加在探测车的力平衡决定,运动学转向操控则不同,轨迹由车轮的中平面方向决定。而且,动力学转向操控既适用于稳态转向也适用于非稳态转向。

η 轴并不与 y 轴重合,除非在特定速度下。

令车轮分量重力 mg 与离心力 mV^2/R 的和等于力 P_η,马上可以写出 η 轴方向的平衡方程:

$$\frac{mV^2}{R}\cos(\alpha_t) - mg\sin(\alpha_t) = \sum_{\forall i} P_{\eta i} \qquad (5.89)$$

首先采用近似法,力 P_η 可以与轮胎转向力 F_y 看成一个量,并假设同侧力系数为 μ_y。最后一个假设条件与理想条件下制动相似,该方法叫做理想转向。通过这两个假设,可以用 $\mu_y F_z$ 取代表达式 $\sum_{\forall i} P_{\eta i}$。

忽略空气动力,力 $F_z = \sum F_{zi}$,则探测车施加到地面上的力为

$$F_z = mg\cos(\alpha_t) + \frac{mV^2}{R}\sin(\alpha_t) \qquad (5.90)$$

将式(5.90)代入式(5.89),则侧向加速度和重力加速度 g 的比为

$$\frac{V^2}{Rg} = \frac{\tan(\alpha_t) + \mu_y}{1 - \mu_y\tan(\alpha_t)} \qquad (5.91)$$

通过将侧向力系数 μ_{y_p} 的最大值代入式(5.91)可以得到侧向加速度的最大值:

$$\left(\frac{V^2}{R}\right)_{\max} = gf_s \qquad (5.92)$$

其中,可定义侧滑系数 f_s[①] 为

$$f_s = \frac{\tan(\alpha_t) + \mu_{y_p}}{1 - \mu_{y_p}\tan(\alpha_t)} \qquad (5.93)$$

针对不同坡度角,侧滑系数与 μ_{y_p} 的关系如图 5.18 所示。注意,如果地面是平的,侧滑系数即为侧向力系数 μ_{y_p} 的最大值。

以半径 R 转弯的最大速度为

$$V_{\max} = \sqrt{Rg}\sqrt{\frac{\tan(\alpha_t) + \mu_{y_p}}{1 - \mu_{y_p}\tan(\alpha_t)}} \qquad (5.94)$$

从理论上来说,最大侧向加速度不只受限于轮胎能够施加的转向力,探测车滚翻的危险也是其受限的一个原因,即如果出现 yz 面中的合力穿过包络面外侧点 A 的情形时(图 5.17)。

翻滚的限制条件为

$$\left(\frac{V^2}{R}\right)_{\max} = gf_r \qquad (5.95)$$

---

① 侧滑系数更常见的是被定义为该系数的平方根。而这里的定义是指给定半径条件下的侧向加速度,而不是速度,因为在特殊条件下该系数简化为侧向力系数。

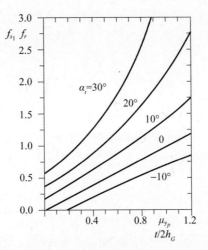

图 5.18   用函数 μ_{y_p} 和 $t/2h_G$ 来表示的不同坡度角的
侧滑与翻滚系数

翻滚系数定义为

$$f_r = \frac{\tan(\alpha_t) + \dfrac{t}{2h_G}}{1 - \dfrac{t}{2h_G}\tan(\alpha_t)} \tag{5.96}$$

如果比率 $t/2h_G$ 用 μ_{y_p} 代替，翻滚系数表达式与侧滑系数是相同的（图 5.18）。最大的转向加速度为

$$\left(\frac{V^2}{R}\right)_{max} = g\min\{f_s, f_r\} \tag{5.97}$$

首先达到的限制条件与侧滑（再下去将会发生探测车打转失控）或与滚翻是否相关取决于 f_s 和 f_r 的相对值。如果 $f_s < f_r$，这是经常出现的，那么探测车就会打转失控。该条件可重写为如下形式：

$$\mu_{y_p} < \frac{t}{2h_G}$$

当前模型仅仅是实际情况的粗略近似，因为它基于所有车轮的侧向力系数 μ_y 均相等的假设，这意味着所有车轮均有相同的侧滑角 α。当前模型忽略了不同车轮转向力在不同方向的影响，实际上不同方向应该是与车轮中平面垂直的，而不是直接沿 η 轴。同轴车轮和悬架之间的载荷传递也被忽略，其他假设都使得该模型精度下降。

如果在转向测试中测量出探测车圆周轨迹的最大速度并且由式（5.93）计算出侧向力系数，那么就可以求得 μ_{y_p}，该值远小于轮胎测试中获得的值。这种方式

240

得到的转向力系数是将探测车作为一个整体,其值与根据轮胎给出的测试的不同能够解释车轮的侧向特性。

整车上测得的侧向力系数也取决于轨迹半径,其在窄弯呈现显著下降。大多数探测车仅能够利用轮胎潜在转向力的 50% ~ 80% 的摩擦力。侧向力的减小使得翻滚的危险减小。实际上,对于大多数探测车来说,准静态条件下的翻滚是不可能的,但是翻滚的发生或许应归结于非稳态状态下的动力学现象或者归结于侧向力,这是由于侧向接触,排除了侧向滑动的可能性,并且导致施加在车轮上的侧向力过大。悬架也可能导致翻滚。

两轮探测车的动力学本质上不同于具有三轮或以上车轮的探测车,此处不进行详细讨论,因为那对于机器人或行星探测车而言不是一种常见配置。

例 5.4 计算月面行驶的探测车的侧向性能。假定车轮侧向力系数的最大值在 0.1 ~ 0.5 之间变化,并且滑动系数是侧向力系数的 70%。

结果如图 5.19 所示,给出了轨迹最小半径与速度的关系。

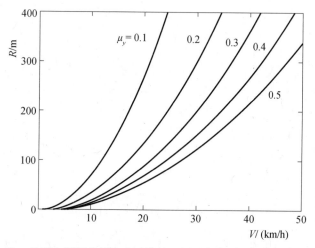

图 5.19　月面上探测车侧向力系数的不同最大值下的轨迹最小半径和
最大速度之间的关系。假设侧滑系数为车轮侧向力系数的 70%

备注 5.13　横向载荷传递独立于重力加速度。在月球上,尽管行驶性能欠佳,但是在力系数值相同条件下,该传递并不比在地球上少。

低重力的主要影响是:轮胎尺寸有可能由于低载荷而过大,这样它们可能在与载荷曲线相对的一部分侧偏刚度范围内工作,此时载荷传递不那么重要,参见以下线性化模型。当使用现代稳定增强系统(ESP,即电子稳定系统;VDC,即车辆动态控制系统;等等)时,很低的可用侧向力会使情况变糟,它们可能在低重力环境下比在地球表面更有用。如果在全局线缆架构中使用电子转向控制,它们很容易集成在探测车控制系统中。

5.4.4　非完整约束下地面 – 车轮接触

一种研究轮式移动机器人的传统方式是将车轮 – 地面接触作为非完整约束建模。这种方法有很大的缺点，在本节将详细讨论。

对于具有 n 个车轴的机器人，每个车轴具有两个车轮，通过独立转向控制。探测车假定为一个刚体，其质量为 m，z 轴转动惯量为 J_z，在相对水平面坡度角为 α 的斜面上行驶（图 5.20(a) 和 (b)）。惯性参考系建立在地面上，X 轴水平，Y 轴沿斜面向上。不考虑由于轨迹控制产生的约束，探测车具有三个自由度，质心 G 的坐标 X 和 Y 以及偏航角 ψ 作为广义坐标。

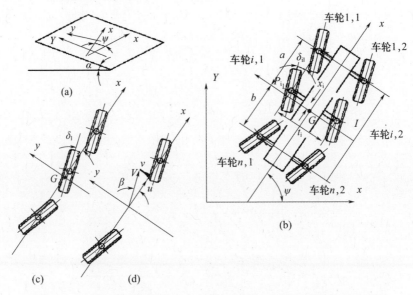

图 5.20　n 个车轴的探测车，每个车轴具有两个车轮，在倾斜平面上行驶
(a) 参考坐标系；(b) 探测车示意图；(c) 单轨迹模型，用于计算运动学转向条件；
(d) 具有两个车轴的单轨迹模型，用于在满足运动学条件的条件下定义非完整约束。

为了定义轨迹，必须定义两个约束方程，表示所有车轮的速度都包含在对称平面内。

在探测车参考坐标系中，第 i 个车轴（$i = 1, 2, \cdots, n$）的第 j 个车轮（$j = 1, 2$）的接触区域中心 P_i 的一般速度位于点 P_i，其坐标用 x_i 与 y_{ij} 表示，即

$$\mathbf{V}_{\mathrm{P}_{ij}} = \mathbf{V}_G + \dot{\psi}\Lambda\,\overline{(\mathbf{P}_{i,j} - \mathbf{G})} \tag{5.98}$$

即

$$\mathbf{V}_{\mathrm{P}_i} = \begin{Bmatrix} u - \dot{\psi}y_{ij} \\ v + \dot{\psi}x_i \end{Bmatrix} \tag{5.99}$$

如果第 i 个车轮的转向角为 δ_i，则纯滚动的条件为

$$\tan(\delta_{ij}) = \frac{v + \dot{\psi}x_i}{u - \dot{\psi}y_{ij}} \qquad (5.100)$$

约束方程为

$$v + \dot{\psi}x_i - \tan(\delta_{ij})(u - \dot{\psi}y_{ij}) = 0, i = 1, 2, \cdots, n; j = 1, 2 \qquad (5.101)$$

在满足运动学转向操控的条件下，式(5.101)2n 个方程中的 2n 个角度 δ_{ij} 彼此联系。

已知：

$$y_{i1} = \frac{t_i}{2}, \qquad y_{i2} = -\frac{t_i}{2} \qquad (5.102)$$

其中：t_i 为第 i 个车轴的轨迹，每个车轴的两个车轮的约束方程为

$$\begin{cases} v + \dot{\psi}x_i - \tan(\delta_{i1})\left(u - \dot{\psi}\dfrac{t}{2}\right) = 0 \\[2mm] v + \dot{\psi}x_i - \tan(\delta_{i2})\left(u + \dot{\psi}\dfrac{t}{2}\right) = 0 \end{cases} \qquad (5.103)$$

满足运动学转向可能性的首要关系如下：

$$\tan(\delta_{i1})\left(u - \dot{\psi}\frac{t}{2}\right) = \tan(\delta_{i2})\left(u + \dot{\psi}\frac{t}{2}\right) = u\tan(\delta_i) \qquad (5.104)$$

式中：δ_i 为第 i 个车轴的平均转向角。

车轮转向角与车轴平均转向角有如下关系：

$$\tan(\delta_{ij}) = \frac{u}{u \mp \dot{\psi}\dfrac{t}{2}}\tan(\delta_i) \qquad (5.105)$$

其中：上面的减号($-$)表示 $j = 1$ (左车轮)，下面的加号($+$)表示 $j = 2$ (右车轮)。

运动学转向的关系为

$$v + \dot{\psi}x_i - u\tan(\delta_i) = 0, i = 1, \cdots, n \qquad (5.106)$$

仅有两个 δ_i 角度是独立的，即 δ_1 和 δ_n。第一个、最后一个以及中间轴的角度有如下关系：

$$v = -\dot{\psi}a + u\tan(\delta_1) = \dot{\psi}b + u\tan(\delta_n) = -\dot{\psi}x_i + u\tan(\delta_i) \qquad (5.107)$$

其中：$a = x_1; b = -x_n$。

根据式(5.107)，有

$$\tan(\delta_i) = \frac{1}{2}\left[\tan(\delta_1) + \tan(\delta_n) + \frac{\dot{\psi}}{u}(b - a + 2x_i)\right], i = 2, \cdots, n-1。 \qquad (5.108)$$

一旦规定 δ_1 和 δ_n，所有的转向角 δ_{ij} 都能计算出来。通过这种方式，探测车的模型简化为单轴模型，利用单个车轮代替具有两个或多个车轮的车轴。

如前述，轨迹半径时最小化

$$\delta_n = -\delta_1 \qquad (5.109)$$

因此

$$\tan(\delta_i) = \frac{\dot{\psi}}{2u}(b - a + 2x_i), i = 2, \cdots, n - 1。 \qquad (5.110)$$

两个约束方程为

$$\begin{cases} f_1(\boldsymbol{x}, \dot{\boldsymbol{x}}) = v + \dot{\psi}a - u\tan(\delta_1) = 0 \\ f_2(\boldsymbol{x}, \dot{\boldsymbol{x}}) = v - \dot{\psi}b - u\tan(\delta_n) = 0 \end{cases} \qquad (5.111)$$

式(5.111)与图5.20(d)所示两轮单轴探测车非完整约束相符合。

重力势能为

$$U = mgY\sin(\alpha) \qquad (5.112)$$

为建立运动方程,根据车体固连坐标系的速度项,则系统拉格朗日函数可写为

$$L = \frac{1}{2}m(u^2 + v^2) + \frac{1}{2}J_z\dot{\psi}^2 - mgY\sin(\alpha) \qquad (5.113)$$

车体固连坐标系速度项与广义坐标导数的关系为

$$\begin{Bmatrix} u \\ v \\ \dot{\psi} \end{Bmatrix} = \begin{bmatrix} \cos(\psi) & \sin(\psi) & 0 \\ -\sin(\psi) & \cos(\psi) & 0 \\ 0 & 0 & 1 \end{bmatrix} \begin{Bmatrix} \dot{X} \\ \dot{Y} \\ \dot{\psi} \end{Bmatrix} \qquad (5.114)$$

由于约束是非完整的,且函数f_1和f_2的Jacobian矩阵的秩为2,则所有约束都是非完整和独立的,则运动方程为(见附录A)

$$\frac{\mathrm{d}}{\mathrm{d}t}\left(\frac{\partial L}{\partial \dot{x}_i}\right) - \frac{\partial L}{\partial x_i} + \sum_{j=1}^{2} \lambda_j \frac{\partial f_j}{\partial x_i} = Q_i \qquad (5.115)$$

式中:λ_i为拉格朗日乘子。

对作用于系统δW上的虚功求虚位移δx_i的导数,可以很容易计算出广义力Q_i。

作用于系统的力是净牵引力,即施加到单个车轮上的"挂钩牵引力",该力的方向为中平面的方向。对于第i个车轴的第j个普通车轮,该力可沿轴x和y分解为

$$F_{xij} = \begin{Bmatrix} F_{xij}\cos(\delta_{ij}) \\ F_{xij}\sin(\delta_{ij}) \end{Bmatrix} \qquad (5.116)$$

第ij个车轮的接触区域中心的虚位移为

$$\delta x_{\mathrm{P}ij} = \begin{Bmatrix} \delta x - y_{ij}\delta\psi \\ \delta y + x_{ij}\delta\psi \end{Bmatrix} = \begin{Bmatrix} \delta X\cos(\psi) + \delta Y\sin(\psi) - y_{ij}\delta\psi \\ -\delta X\sin(\psi) + \delta Y\cos(\psi) + x_i\delta\psi \end{Bmatrix} \qquad (5.117)$$

虚功为

$$\delta W_{\mathrm{P}ij} = F_{xij}\cos(\delta_{ij})[\delta X\cos(\psi) + \delta Y\sin(\psi) - y_{ij}\delta\psi] +$$
$$F_{xij}\sin(\delta_{ij})[-\delta X\sin(\psi) + \delta Y\cos(\psi) + x_i\delta\psi] \qquad (5.118)$$

通过微分可得

$$\left(\frac{\partial L}{\partial \dot{X}}\right) = \frac{\partial L}{\partial u}\frac{\partial u}{\partial \dot{X}} + \frac{\partial L}{\partial v}\frac{\partial v}{\partial \dot{X}} + \frac{\partial L}{\partial \dot{\psi}}\frac{\partial \dot{\psi}}{\partial \dot{X}} = \frac{\partial L}{\partial u}\cos(\psi) + \frac{\partial L}{\partial v}\cos(\psi)$$

约束函数微分有

$$\frac{\partial f_1(\boldsymbol{x},\dot{\boldsymbol{x}})}{\partial \dot{X}} = \frac{\partial f_1}{\partial u}\frac{\partial u}{\partial \dot{X}} + \frac{\partial f_1}{\partial v}\frac{\partial v}{\partial \dot{X}} + \frac{\partial f_1}{\partial \dot{\psi}}\frac{\partial \dot{\psi}}{\partial \dot{X}} = \frac{\partial f_1}{\partial u}\cos(\psi) + \frac{\partial f_1}{\partial v}\cos(\psi)$$

运动方程为

$$\begin{cases} \left[m(\dot{u} - v\dot{\psi}) + \lambda_1\sin(\delta_1) + \lambda_2\sin(\delta_n)\right]\cos(\psi) - \\ \left[m(\dot{v} + u\dot{\psi}) + \lambda_1\cos(\delta_1) + \lambda_2\cos(\delta_n)\right]\sin(\psi) \\ = \sum_{i=1}^{n} \sum_{j=1}^{2} F_{xij}\cos(\psi + \delta_{ij}) \\ \left[m(\dot{u} - v\dot{\psi}) + \lambda_1\sin(\delta_1) + \lambda_2\sin(\delta_n)\right]\sin(\psi) + \\ \left[m(\dot{v} + u\dot{\psi}) + \lambda_1\cos(\delta_1) + \lambda_2\cos(\delta_n)\right]\cos(\psi) \\ = \sum_{i=1}^{n} \sum_{j=1}^{2} F_{xij}\sin(\psi + \delta_{ij}) - mg\sin(\alpha) \\ J_z\ddot{\psi} + \lambda_1 a\cos(\delta_1) - \lambda_2 b\cos(\delta_n) \\ = \sum_{i=1}^{n} \sum_{j=1}^{2} F_{xij}\left[-y_{ij}\cos(\delta_{ij}) + x_i\sin(\delta_{ij})\right] \end{cases} \qquad (5.119)$$

上述方程的左右两侧乘以式(5.114)的矩阵,并且增加约束方程,得到以下一组方程,包括 5 个方程,即

$$\begin{cases} m(\dot{u} - v\dot{\psi}) + \lambda_1\sin(\delta_1) + \lambda_2\sin(\delta_n) \\ = \sum_{i=1}^{n} \sum_{j=1}^{2} F_{xij}\cos(\delta_{ij}) - mg\sin(\alpha)\sin(\psi) \\ m(\dot{v} + u\dot{\psi}) + \lambda_1\cos(\delta_1) + \lambda_2\cos(\delta_n) \\ = \sum_{i=1}^{n} \sum_{j=1}^{2} F_{xij}\sin(\delta_{ij}) - mg\sin(\alpha)\cos(\psi) \\ J_z\ddot{\psi} + \lambda_1 a\cos(\delta_1) - \lambda_2 b\cos(\delta_n) \\ = \sum_{i=1}^{n} \sum_{j=1}^{2} F_{xij}\left[-y_{ij}\cos(\delta_{ij}) + x_i\sin(\delta_{ij})\right] \\ v = \frac{u}{l}\left[b\tan(\delta_1) + a\tan(\delta_n)\right] \\ \dot{\psi} = \frac{u}{l}\left[\tan(\delta_1) - \tan(\delta_n)\right] \end{cases} \qquad (5.120)$$

将偏航速度作为辅助变量,即 $r = \dot{\psi}$,可以求得状态空间中的解:

$$\begin{cases} \dot{u} = vr - \dfrac{\lambda_1}{m}\sin(\delta_1) - \dfrac{\lambda_2}{m}\sin(\delta_n) - g\sin(\alpha)\sin(\psi) + \\ \quad \displaystyle\sum_{i=1}^{n}\sum_{j=1}^{2}\dfrac{F_{xij}}{m}\cos(\delta_{ij}) \\ \dot{\psi} = r \\ \dot{v} = -ur - \dfrac{\lambda_1}{m}\cos(\delta_1) - \dfrac{\lambda_2}{m}\cos(\delta_n) - g\sin(\alpha)\cos(\psi) + \\ \quad \displaystyle\sum_{i=1}^{n}\sum_{j=1}^{2}\dfrac{F_{xij}}{m}\sin(\delta_{ij}) \\ \dot{r} = -\lambda_1\dfrac{a}{J_z}\cos(\delta_1) + \lambda_2\dfrac{b}{J_z}\cos(\delta_n) + \\ \quad \displaystyle\sum_{i=1}^{n}\sum_{j=1}^{2}\dfrac{F_{xij}}{J_z}\big[-y_{ij}\cos(\delta_{ij}) + x_i\sin(\delta_{ij})\big] \\ v = \dfrac{u}{l}\big[b\tan(\delta_1) + a\tan(\delta_n)\big] \\ r = \dfrac{u}{l}\big[\tan(\delta_1) - \tan(\delta_n)\big] \end{cases} \tag{5.121}$$

通过积分该方程容易得到轨迹：

$$\begin{Bmatrix} \dot{X} \\ \dot{Y} \end{Bmatrix} = \begin{bmatrix} \cos(\psi) & -\sin(\psi) \\ \sin(\psi) & \cos(\psi) \end{bmatrix} \begin{Bmatrix} u \\ v \end{Bmatrix} \tag{5.122}$$

容易验证稳态条件为 $\dot{u} = \dot{v} = \ddot{\psi} = 0$，此时探测车速度为

$$V = R\dot{\psi}$$

其中：R 为轨迹曲率半径，该轨迹是循环的，因为稳定状态下半径为常数。

通过第 5 个方程，可得

$$u^2 + v^2 = V^2 \tag{5.123}$$

稳态条件很容易求得，一旦确定轨迹速度 V 以及转向角 δ_1 和 δ_2，沿 x 轴和 y 轴的速度分量为

$$u = V\frac{l}{\sqrt{l^2 + \big[b\tan(\delta_1) + a\tan(\delta_n)\big]^2}} \tag{5.124}$$

$$v = V\frac{b\tan(\delta_1) + a\tan(\delta_n)}{\sqrt{l^2 + \big[b\tan(\delta_1) + a\tan(\delta_n)\big]^2}} \tag{5.125}$$

通过最后一个方程，可得角速度 r 为

$$r = V\frac{\tan(\delta_1) - \tan(\delta_n)}{\sqrt{l^2 + \big[b\tan(\delta_1) + a\tan(\delta_n)\big]^2}} \tag{5.126}$$

轨迹半径为

$$R = \frac{V}{r} = \frac{\sqrt{l^2 + [\,b\tan(\delta_1) + a\tan(\delta_n)\,]^2}}{\tan(\delta_1) - \tan(\delta_n)} \tag{5.127}$$

这些值与 5.4.2 节的数值相符合。

拉格朗日乘子的值和纵向力的值均可通过前三个方程得到。稳态轨迹是圆形的，并且角 ψ 是关于时间的线性函数：仅仅当坡度 α 等于零时，才可能存在稳定状态解。

综上所述，该方法忽略了侧滑角（并且忽略了在侧向滑动时不太重要的纵向滑动），从而在预测高速轨迹时会导致较大的误差，因为它完全忽略了探测车的过度转向或转向不足的情况。然而，当地面有侧向坡度，探测车低速运动时（有一个极限，即便速度趋于零），该方法也是不精确的。模型基于车轮非完整约束的假设，因此仅可用于结构化环境中，即探测机器人以极低的速度在完全平坦的地形上行驶，而在非结构化环境中（如行星探测），该模型几乎完全不可用。

5.4.5 高速转向模型

运动方程

高速和运动学转向的区别是前者模型中考虑了侧滑角。

使用与图 5.20(b) 相同的模型，通过式 (5.99)，第 ij 个车轮速度和 x 轴之间角度为

$$\beta_{ij} = \arctan\left(\frac{v_{ij}}{u_{ij}}\right) = \arctan\left(\frac{v + \dot{\psi}x_i}{u - \dot{\psi}y_{ij}}\right) \tag{5.128}$$

如果第 ij 个车轮的转向角为 δ_{ij}，则侧滑角为

$$\alpha_{ij} = \beta_{ij} - \delta_{ij} = \arctan\left(\frac{v + \dot{\psi}x_i}{u - \dot{\psi}y_{ij}}\right) - \delta_{ij} \tag{5.129}$$

忽略外倾角[①]的影响，施加在第 ij 个车轮上仅取决于侧滑角的侧向力为

$$F_{yij} = f_1(\alpha_{ij}) \tag{5.130}$$

施加在系统上的力是挂钩牵引力和施加在车轮上的侧向力的总和。沿着车体 x 轴和 y 轴对施加在第 ij 个车轮上的力进行分解，即

$$\boldsymbol{F}_{xij} = \begin{Bmatrix} F_{xij}\cos(\delta_{ij}) - F_{yij}\sin(\delta_{ij}) \\ F_{xij}\sin(\delta_{ij}) + F_{yij}\cos(\delta_{ij}) \end{Bmatrix} \tag{5.131}$$

第 ij 个车轮的接触区域中心的虚位移见式 (5.117)。

在每个车轮上，还有一个通过地面施加的力矩，即回正力矩。按照上文同样假

---

① 当前模型并未考虑悬架，仅把探测车假定为一个刚体。由于对称的原因，同一车轴上的两个车轮的外倾角假定数值相等，方向相反，因此在每个车轴上无车轮外倾轴向力：这只是一个近似假定，对于小外倾角非常适合。

设,侧滑角函数式为

$$M_{zij} = f_2(\alpha_{ij}) \tag{5.132}$$

施加在每个车轮上的虚功为

$$\delta W_{Pij} = \left[F_{xij}\cos(\delta_{ij}) - F_{yij}\sin(\delta_{ij}) \right]\left[\delta X\cos(\psi) + \delta Y\sin(\psi) - y_{ij}\delta\psi \right] +$$
$$\left[F_{xij}\sin(\delta_{ij}) + F_{yij}\cos(\delta_{ij}) \right]\left[-\delta X\sin(\psi) + \delta Y\cos(\psi) + x_i\delta\psi \right] + \tag{5.133}$$
$$M_{zij}\delta\psi$$

运动方程可通过和前面一样的方式得到,仅有的不同就是没有非完整约束,而且还必须考虑侧向力和回正力矩。

因此,运动方程就是式(5.120),但没有这些项(等号左侧):

$$\begin{cases} \lambda_1\sin(\delta_1) + \lambda_2\sin(\delta_n) \\ \lambda_1\cos(\delta_1) + \lambda_2\cos(\delta_n) \\ \lambda_1 a\cos(\delta_1) - \lambda_2 b\cos(\delta_n) \end{cases}$$

而在等号右侧有附加项,即

$$\begin{cases} -\displaystyle\sum_{i=1}^{n}\sum_{j=1}^{2} F_{yij}\sin(\delta_{ij}) \\ \displaystyle\sum_{i=1}^{n}\sum_{j=1}^{2} F_{yij}\sin(\delta_{ij}) \\ \displaystyle\sum_{i=1}^{n}\sum_{j=1}^{2}\left\{ F_{yij}\left[y_{ij}\sin(\delta_{ij}) + x_i\cos(\delta_{ij}) \right] + M_{zij} \right\} \end{cases}$$

很明显,上式已经省略约束方程。

将施加在车轮上的侧向力代入拉格朗日乘子,显然侧向力的物理意义是由于非完整约束产生的力。

式(5.121)的状态空间模型变为

$$\begin{cases} \dot{u} = vr - g\sin(\alpha)\sin(\psi) + \dfrac{1}{m}\displaystyle\sum_{i=1}^{n}\sum_{j=1}^{2}\left[F_{xij}\cos(\delta_{ij}) - F_{yij}\sin(\delta_{ij}) \right] \\[2mm] \dot{\psi} = r \\[2mm] \dot{v} = -ur - g\sin(\alpha)\cos(\psi) + \dfrac{1}{m}\displaystyle\sum_{i=1}^{n}\sum_{j=1}^{2}\left[F_{xij}\sin(\delta_{ij}) + F_{yij}\cos(\delta_{ij}) \right] \\[2mm] \dot{r} = \dfrac{1}{J_z}\displaystyle\sum_{i=1}^{n}\sum_{j=1}^{2}\left\{ F_{xij}\left[-y_{ij}\cos(\delta_{ij}) + x_i\sin(\delta_{ij}) \right] \right. \\[2mm] \left. + F_{yij}\left[y_{ij}\sin(\delta_{ij}) + x_i\cos(\delta_{ij}) \right] + M_{zij} \right\} \end{cases}$$

$$\tag{5.134}$$

备注5.14 状态空间模型由4个而不是6个一阶方程构成,因为它被示成看作一个3自由度系统,即结构空间模型由一个二阶微分方程(关于偏航旋转)加上两个一阶方程(关于位移自由度)构成。

要计算轨迹,必须再加上两个一阶方程:

$$\begin{Bmatrix} \dot{X} \\ \dot{Y} \end{Bmatrix} = \begin{bmatrix} \cos(\psi) & -\sin(\psi) \\ \sin(\psi) & \cos(\psi) \end{bmatrix} \begin{Bmatrix} u \\ v \end{Bmatrix} \tag{5.135}$$

另外再加上一组 $6n$ 个代数方程。它们是式(5.129)、式(5.130)、式(5.132),其中,式(5.129)是侧滑角 α_{ij} 关于 u、v、ψ 和 δ_{ij} 的函数,式(5.130)和式(5.132)是力和力矩关于侧滑角 α_{ij} 的函数。转向角和纵向力假定为已知的时间函数,而它们是探测车控制系统模型方程的输出。

稳态解

稳态解以速度 u、v、ψ,转向角 δ_{ij},侧滑角 α_{ij} 和力的常数值表示。轨迹半径是恒定的,因此轨迹是圆形的。如果考虑地面的侧向坡度,则不能满足这些条件,所以必须假定 α 为零。

运动方程简化为

$$\begin{cases} mvr + \sum_{i=1}^{n} \sum_{j=1}^{2} \left[F_{xij}\cos(\delta_{ij}) - F_{yij}\sin(\delta_{ij}) \right] = 0 \\ -mur + \sum_{i=1}^{n} \sum_{j=1}^{2} \left[F_{xij}\sin(\delta_{ij}) + F_{yij}\cos(\delta_{ij}) \right] = 0 \\ \sum_{i=1}^{n} \sum_{j=1}^{2} \{ F_{xij}\left[-y_{ij}\cos(\delta_{ij}) + x_i\sin(\delta_{ij}) \right] \\ \quad + F_{yij}\left[y_{ij}\sin(\delta_{ij}) + x_i\cos(\delta_{ij}) \right] + M_{zij} \} = 0 \end{cases} \tag{5.136}$$

上式中三个方程加上 $6n$ 个方程(5.129)、(5.130)和(5.132)都是非线性的。

基于 Newton – Raphson 方法求解探测车稳态动力学,通过一个包含三个方程的方程组简化求解流程:

$$p_k(u, v, \psi) = 0 \tag{5.137}$$

其中,p_k 表示式(5.136)的等式左边。

函数中用到的侧滑角、侧向力和回正力矩都可通过式(5.129)、式(5.130)和式(5.132)计算,不需要在方程组(5.137)中引入特定未知量和方程。

假设一组未知量的值,如使用从运动学转向模型中得到的值。由第 l 次迭代获得的值来求解第($l+1$)次迭代的未知量的值 $x^{(l+1)}$ 的常见方程如下:

$$x^{(l+1)} = x^{(l)} - S^{-1}p \tag{5.138}$$

矩阵 S 是函数 p_k 相对未知量 x_m 的 Jacobian 矩阵。由于各参数的表达式非常复杂(其中一些仅能通过实验方法得到),所以 Jacobian 矩阵只能通过数值法得到,每次用小增量依次迭代每个未知量,计算各参数三次。增量比率为

$$\frac{\Delta p_k}{\Delta x_m}$$

上式用来代替导数。

不采用速度 u 的分量作为未知量,而是把沿着轨迹的速度 V 假设为关联纵向力的一个未知量来描述。

5.4.6 高速转向线性模型

运动方程

式(5.134)关于速度 u、v 和 $\dot{\psi}$ 是非线性的,但是很容易线性化来得到封闭形式解,以便进行探测车操控的一般研究,特别是其局部稳定性研究。仅当忽略地面的侧向坡度(即 $\alpha = 0$)时才能进行线性化,否则的话,就必须考虑由角度 ψ 的三角函数值导致的非线性化,因为通常 ψ 并不是一个小角度。

首先假设角度 β 值(图 5.3)很小,那么其三角函数可以线性化:

$$\begin{cases} u = V\cos(\beta) \approx V \\ v = V\sin(\beta) \approx V\beta \end{cases} \tag{5.139}$$

在大多数假设条件下,还可以把转向角与偏航速度看成小量。

因为角 ψ 并没有显式地出现在运动方程中,因此它不必为一个小角度。方程简化为

$$\begin{cases} \dot{V} = vr + \dfrac{1}{m} \sum_{i=1}^{n} \sum_{j=1}^{2} \left(F_{xij} - F_{yij}\delta_{ij} \right) \\[2mm] \dot{v} = -Vr + \dfrac{1}{m} \sum_{i=1}^{n} \sum_{j=1}^{2} \left(F_{xij}\delta_{ij} + F_{yij} \right) \\[2mm] \dot{r} = \dfrac{1}{J_z} \sum_{i=1}^{n} \sum_{j=1}^{2} \left[F_{xij}\left(-y_{ij} + x_i\delta_{ij} \right) + F_{yij}\left(y_{ij}\delta_{ij} + x_i \right) + M_{zij} \right] \end{cases} \tag{5.140}$$

如果速度 V 是一个已知的时间函数(通常研究定速下的动力学特性,在其他情况下表述为 $V(t)$),那么由第一个方程,解耦最后两个方程,以便研究探测车的横向运动特性。

侧滑角表达式很容易线性化。需要注意 $y_i\dot{\psi}$ 远小于速度 V,那么

$$\alpha_i = \frac{v + rx_i}{V} - \delta_i = \beta + \frac{x_i}{V}r - \delta_i \tag{5.141}$$

车轮接触区域中心坐标 y_i 并未出现在侧滑角 α_i 表达式中。如果忽略同一车轴上车轮的转向角 δ_i 之间的差,可认为侧滑角度值相等。这样可用车轴代替单个车轮,即用图 5.20(d)模型代替图 5.20(c)模型。

转向力可通过侧滑角与转向刚度的乘积进行线性化:

$$F_{yi} = -C_i\alpha_i = -C_i\left(\beta + \frac{x_i}{V}r - \delta_i \right) \tag{5.142}$$

备注 5.15 式(5.142)被写成车轴的形式。转向刚度是车轴的而不是单个车轮的。综上所述,由于假定探测车为刚性,所以不允许有车轮外倾轴向力,

不考虑滚动,任何车轴的车轮都有相反的外倾,所以车轮外倾轴向力可互相抵消。

回正力矩的简化表达式为

$$M_{zi} = (M_{zi})_{,\alpha} \alpha_i = (M_{zi})_{,\alpha} \left(\beta + \frac{x_i}{V} r - \delta_i \right) \qquad (5.143)$$

各车轴的转向角为

$$\delta_i = K_i' \delta \qquad (5.144)$$

式中:参数 K_i' 通常被看作常数,并且 δ 是来自方向控制系统的控制输入。当探测车仅有一个转向轴(前轴)时,所有的 K_i' 成为零除非 $K_i' = 1$。其他情况下,它可能是很多参数的函数。如果方程还引入运动变量 β 或 r 来定义变量 K_i',那么模型就不再是线性的。

在式(5.140)的第二个方程中引入总的侧向力,那么该方程可简化为线性表达式,即

$$F_y = Y_\beta \beta + Y_r r + Y_\delta \delta + F_{y_e} \qquad (5.145)$$

其中:

$$\begin{cases} Y_\beta = -\sum_{\forall i} C_i + \frac{1}{2} \rho V_r^2 S (C_y)_{,\beta} \\ Y_r = -\frac{1}{V} \sum_{\forall i} x_i C_i \\ Y_\delta = \sum_{\forall i} (K_i' C_i + F_{xi}) \end{cases} \qquad (5.146)$$

在式(5.146)的第一个方程中,还增加了空气动力学项。这是由于侧向力,并且包含了相对于探测车侧向力系数 C_y 的侧滑角 β 的导数 $(C_y)_{,\beta}$。空气动力学项仅当环境中大气密度不是很低且高速时才变得重要。通常研究行星探测车时忽略该项。

利用式(5.140)的第三个方程,质心处总偏航力矩的线性表达式为

$$M_z = N_\beta \beta + N_r r + N_\delta \delta + M_{z_e} \qquad (5.147)$$

其中:

$$\begin{cases} N_\beta = \sum_{\forall i} [-x_i C_i + (M_{z_i})_{,\alpha}] + \frac{1}{2} \rho V_r^2 Sl (C_{M_z})_{,\beta} \\ N_r = \frac{1}{V} \sum_{\forall i} [-x_i^2 C_i + (M_{z_i})_{,\alpha} x_i] \\ N_\delta = \sum_{\forall i} K_i' [C_i x_i - (M_{z_i})_{,\alpha} + F_{xi} x_i] \end{cases} \qquad (5.148)$$

上式包含了空气动力学项(偏航气动力矩),在研究行星探测车的运动时通常不考虑该项。

Y_β、Y_r、Y_δ、N_β、N_r 和 N_δ 是导数 $\partial F_y / \partial \beta$、$\partial F_y / \partial r$ 等。它们通常涉及稳定性导数。N_r 有时涉及偏航阻尼,偏航阻尼作为系数乘以角速度产生力矩,类似阻尼系数。

备注 5.16 如果忽略气动升力,那么 Y_β、Y_δ、N_β 和 N_δ 就都是常数,而 Y_r 和 N_r 与 $1/V$ 成正比。载荷与地面条件通过轮胎的侧偏刚度对这些参数产生了很大的影响。

在很多情况下,也忽略自回正力矩和纵向力,并且稳定性导数仅取决于车轮的侧偏刚度。

$$\begin{cases} Y_\beta = - \sum_{\forall i} C_i \\[2mm] Y_r = - \dfrac{1}{V} \sum_{\forall i} x_i C_i \\[2mm] Y_\delta = \sum_{\forall i} K'_i C_i \end{cases} \qquad \begin{cases} N_\beta = - \sum_{\forall i} - x_i C_i = V Y_r \\[2mm] N_r = - \dfrac{1}{V} \sum_{\forall i} - x_i^2 C_i \\[2mm] N_\delta = \sum_{\forall i} K'_i C_i x_i \end{cases} \tag{5.149}$$

通过增加额外的侧向力和额外的作用在探测车上的偏航力矩,操控模型的线性化运动方程的最终表达式如下:

$$\begin{cases} m\dot{v} + mVr = Y_\beta \beta + Y_r r + Y_\delta \delta + F_{y_e} \\ J_z \dot{r} = N_\beta \beta + N_r r + N_\delta \delta + M_{z_e} \end{cases} \tag{5.150}$$

它们经常被写成侧滑角 β 而不是侧向速度 v 的形式:

$$\begin{cases} mV(\dot{\beta} + r) + m\dot{V}\beta = Y_\beta \beta + Y_r r + Y_\delta \delta + F_{y_e} \\ J_z \dot{r} = N_\beta \beta + N_r r + N_\delta \delta + M_{z_e} \end{cases} \tag{5.151}$$

它们是两个具有两个未知量 v 和 r(或者 β 和 r)的一阶微分方程。

转向角 δ 连同外力及力矩 F_{ye} 和 M_{ze} 作为系统输入,这种处理方式通常被称为锁定控制方式;也可选择研究自由控制方式,在这种方式中,转向角 δ 是运动变量之一,并且再增加一个表示转向系统动力学的方程。

运动方程写成状态方程的形式:

$$\dot{z} = [A]\{z\} + [B_c]\{u_c\} + [B_e]\{u_e\} \tag{5.152}$$

其中:状态和输入(控制和外部)向量 $\{z\}$ 和 $\{u\}$ 为

$$z = \begin{Bmatrix} \beta \\ r \end{Bmatrix}, \qquad \{u_c\} = \delta \qquad \{u_e\} = \begin{Bmatrix} F_{y_e} \\ M_{z_e} \end{Bmatrix}$$

动力学矩阵为

$$[A] = \begin{bmatrix} \dfrac{Y_\beta}{mV} - \dfrac{\dot{V}}{V} & \dfrac{Y_r}{mV} - 1 \\[4mm] \dfrac{N_\beta}{J_z} & \dfrac{N_r}{J_z} \end{bmatrix}$$

输入增益矩阵为

$$[B_c] = \begin{bmatrix} \dfrac{Y_\delta}{mV} \\[2mm] \dfrac{N_\delta}{J_z} \end{bmatrix}, \qquad [B_e] = \begin{bmatrix} \dfrac{1}{mV} & 0 \\[2mm] 0 & \dfrac{1}{J_z} \end{bmatrix}$$

系统研究是很浅显易懂的:通过动力学矩阵特征值可迅速判断系统稳定与否,通过对解的研究,给定输入常数,就可得出对一个转向输入或外部力与力矩的稳态响应。

弹簧 – 质量 – 阻尼分析

可使用一种有趣的类推方法,如果速度保持恒定,稳定性关于时间的导数是常数,那么由式(5.151)的第一个方程求得 r 并没有难度,然后将它代入第二个方程,将得到一个关于 β 的二阶微分方程。相似的,求解关于 β 的第二个方程,并将其代入第一个方程,可得到关于 r 的方程。结果是:

$$P\ddot{\beta} + Q\dot{\beta} + U\beta = S'\delta + T'\dot{\delta} - N_r F_{y_e} + J_z \dot{F}_{y_e} - (mV - Y_r) M_{z_e} \qquad (5.153)$$

或

$$P\ddot{r} + Q\dot{r} + Ur = S''\delta + T''\dot{\delta} + N_\beta F_{y_e} - Y_\beta M_{z_e} + mV\dot{M}_{z_e} \qquad (5.154)$$

其中:

$$\begin{cases} P = J_z mV \\ Q = -J_z Y_\beta - mV N_r \\ U = N_\beta (mV - Y_r) + N_r Y_\beta \end{cases} \qquad \begin{cases} S' = -N_\delta (mV - Y_r) - N_r Y_\delta \\ S'' = Y_\delta N_\beta - N_\delta Y_\beta \\ T' = J_z Y_\delta \\ T'' = mV N_\delta \end{cases}$$

如果采用稳定性导数的简化表达式,则 P、Q 等表达式简化为

$$\begin{cases} P = J_z mV \\ Q = J_z \sum_{\forall i} C_i + m \sum_{\forall i} x_i^2 C_i \\ U = \dfrac{1}{V} \Big[\sum_{\forall i} C_i \sum_{\forall i} x_i^2 C_i - \sum_{\forall i} (x_i C_i)^2 \Big] - mV \sum_{\forall i} x_i C_i \end{cases}$$

$$\begin{cases} S' = -mV \sum_{\forall i} K_i' C_i - \dfrac{1}{V} \Big[\sum_{\forall i} K_i' x_i C_i \sum_{\forall i} x_i C_i - \sum_{\forall i} K_i' C_i \sum_{\forall i} x_i^2 C_i \Big] \\ S'' = \sum_{\forall i} C_i \sum_{\forall i} K_i' x_i C_i - \sum_{\forall i} K_i' C_i \sum_{\forall i} x_i C_i \\ T' = J_z \sum_{\forall i} K_i' C_i \\ T'' = mV \sum_{\forall i} K_i' x_i C_i \end{cases}$$

而且,如果探测车有两个车轴,前轴可转向,则上式可进一步简化为

$$\begin{cases} P = J_z m V \\ Q = J_z (C_1 + C_2) + m(a^2 C_1 + b^2 C_2) \\ U = mV(-aC_1 + bC_2) + C_1 C_2 \dfrac{l^2}{V} \end{cases} \qquad \begin{cases} S' = C_1 \left(-amV + C_2 \dfrac{bl}{V} \right) \\ S'' = l C_1 C_2 \\ T' = J_z C_1 \\ T'' = mVaC_1 \end{cases}$$

式(5.153)和式(5.154)中的每个方程对于探测车动力学特性研究都是足够的。它们与弹簧 – 质量 – 阻尼系统的运动方程在形式上是一致的。

备注 5.17 以恒定速度运动的刚性探测车线性化特性,与悬挂于刚度为 U 的弹簧的一个质量为 P、阻尼为 Q 的阻尼器的线性化特性一致,都是由上述提及的不同的激励函数激励的。

这里建议的类推方法仅仅是形式上的:状态变量 β 和 r 在量极上是一个角速度(r)或与速度相关(引入 β 表示侧向速度 v),与位移无关,因此 P、U 和 Q 在量级上与质量、阻尼系数和刚度相差很远。

转向输入的稳态响应

稳态驱动下,轨迹半径是常数,即路径是圆形的,那么 r 与轨迹半径 R 的关系为

$$r = \frac{V}{R} \tag{5.155}$$

计算稳态响应与计算在恒定力 $S'\delta$ 或 $S''\delta$ 作用下等效质量 – 弹簧 – 阻尼系统的平衡位置是相同的,在稳定运动状态下 $\dot{\delta} = 0$,有

$$\begin{cases} \beta = \dfrac{S'}{U}\delta = \dfrac{-N_\delta (mV - Y_r) - N_r Y_\delta}{N_\beta (mV - Y_r) + N_r Y_\beta}\delta \\ r = \dfrac{S''}{U}\delta = \dfrac{Y_\delta N_\beta - N_\delta Y_\beta}{N_\beta (mV - Y_r) + N_r Y_\beta}\delta \end{cases} \tag{5.156}$$

所以,探测车传递函数是轨迹曲率增益:

$$\frac{1}{R\delta} = \frac{Y_\delta N_\beta - N_\delta Y_\beta}{V[N_\beta (mV - Y_r) + N_r Y_\beta]} \tag{5.157}$$

上式表示轨迹曲率和操控输入之间的比率,侧向加速度增益为

$$\frac{V}{R\delta} = \frac{V^2[Y_\delta N_\beta - N_\delta Y_\beta]}{N_\beta (mV - Y_r) + N_r Y_\beta} \tag{5.158}$$

上式表示离心加速度和操控输入之间的比率,侧滑角增益为

$$\frac{\beta}{\delta} = \frac{-N_\delta (mV - Y_r) - N_r Y_\delta}{N_\beta (mV - Y_r) + N_r Y_\beta} \tag{5.159}$$

上式表示侧滑角与转向角之间的比率,偏航速度增益为

$$\frac{r}{\delta} = \frac{Y_\delta N_\beta - N_\delta Y_\beta}{N_\beta (mV - Y_r) + N_r Y_\beta} \tag{5.160}$$

上式表示偏航速度和转向角之间的比率。

假设：

- 探测车仅有两个车轴，且仅前轮转向；
- 采用仅考虑轮胎横向力的稳定性导数简化表达式；
- 由于纵向载荷转移导致的与速度相关的轮胎转向刚度是独立的。

在这种情况下，可以定义一个常数稳定性系数 K 或者一个转向不足梯度 K^*，即

$$K = \frac{m}{l^2}\left(\frac{b}{C_1} - \frac{a}{C_2}\right), \qquad K^* = \frac{mg}{l}\left(\frac{b}{C_1} - \frac{a}{C_2}\right) \tag{5.161}$$

上述定义的增益表达式可以简化为

- 轨迹曲率增益：

$$\frac{1}{R\delta} = \frac{1}{l}\frac{1}{1+KV^2} \tag{5.162}$$

- 侧向加速度增益：

$$\frac{V^2}{R\delta} = \frac{V^2}{l}\frac{1}{1+KV^2} \tag{5.163}$$

- 侧滑角增益：

$$\frac{\beta}{\delta} = \frac{b}{l}\left(1 - \frac{maV^2}{blC_2}\right)\frac{1}{1+KV^2} \tag{5.164}$$

- 偏航速度增益：

$$\frac{r}{\delta} = \frac{V}{l}\frac{1}{1+KV^2} \tag{5.165}$$

在所提及的条件下，运动学轨迹曲率增益为

$$\left(\frac{1}{R\delta}\right)_c = \frac{1}{l}$$

所以，表达式 $1+KV^2$ 可作为一个修正系数，提供探测车的动力学响应，即在探测车运动学条件下的响应。对于依赖于速度的滑动角增益之外的其他，所有提及的增益都是如此，有下式

$$1+KV^2 = 1$$

也就是，如果 $K=0$，式（5.161）成立，即如果仅考虑轮胎转向力，那么 K 是常数。

如果 $K=0$，那么 $1/R\delta$ 的值是常数并且等于运动学转向的特征值，即在任何速度下，对一个转向输入的探测车响应等于探测车的运动学响应。然而，这并不意味着探测车处于运动学条件下，因为侧滑角的值不等于其运动学的值，并且也不等于零。这种方式下的探测车转向称为中性转向，如图 5.21（a）所示。

如果 $K>0$，$1/R\delta$ 的值随速度增加而减小。在轨迹半径相等时，探测车响应比在运动学条件下要小，转向角随速度增加而增加。这种方式下的探测车转向称为

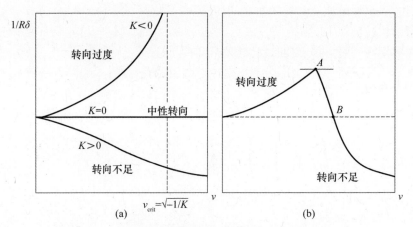

图 5.21　转向输入的稳态响应(引自 G. Genta，L. Morello，
The Automotive Chassis，Springer，New York，2009)

转向不足。特征速度下，给出了探测车转向不足的大量测试，并且定义需要转向时的转向角为 Ackermann 角两倍时的速度为特征速度，即轨迹曲率半径等于

$$\frac{1}{2l}$$

采用上述简化方法，特征速度为

$$V_{char} = \sqrt{\frac{1}{K}} \tag{5.166}$$

如果 $K < 0$，特征速度为：

$$V_{crit} = \sqrt{-\frac{1}{K}} \tag{5.167}$$

$1/R\delta$ 的值随速度增加而增加，直到响应趋向无穷大，即系统进入非稳定状态。这种方式下的探测车特性称为转向过度，式(5.167)给出的速度称为临界速度。任何转向过度的探测车临界速度至少在普通路面条件下必须适当地超过它所能达到的最高速度。

β 值或者 β/δ 值随着速度运动学值的增加而减小，直到 $\beta = 0$。

$$(V)_{\beta=0} = \sqrt{\frac{blC_2}{am}} \tag{5.168}$$

更高的速度下，它会变成负值，当接近探测车转向过度的临界速度时，该值将趋于 $-\infty$。而探测车转向不足的速度趋于无穷大时，该值趋于下式：

$$\frac{aC_1}{aC_1 - bC_2}$$

探测车中性转向时前轮和后轮侧滑角相等。探测车转向过度时后轮侧滑角更

256

大(以绝对值表示,因为当轨迹半径为正时,侧滑角是负定的),而当探测车转向不足时情况相反。即便当前模型不能应用在临近极限的条件下,它依然能令转向过度时探测车的后轮以及转向不足时探测车的前轮达到极限条件。

以上叙述仅满足具有两个车轴的探测车情况,这种情况下,忽略所有导致稳定性导数与速度相关性的影响(对于 Y_r 和 N_r,与 $1/V$ 的相关性不同)。如果上述假设不成立,那么稳定性系数 K 不是常数,探测车在不同速度下会有不同的行驶特性。

由气动偏航力矩导致的影响很大。如果式

$$(C_{Mz})_{,\beta} = \frac{\partial C_{Mz}}{\partial \beta}$$

为负值(侧向力 F_y 作用在质心前面),那么随着速度的增加,其影响是增加转向过度或减小转向不足。该影响随着 $(C_{Mz})_{,\beta}$ 的绝对值增加而增加,并且将会失稳并导致临界速度减小。如果 $(C_{Mz})_{,\beta}$ 是正值,情况则相反。

另一个重要影响是纵向载荷转移导致的。如果在尾部车轴上增加或减少的载荷大于或小于在前车轴上的载荷,则转向不足会随着速度增加而增加。

探测车低速下的转向过度和高速下的转向不足,都可能由 $(C_{Mz})_{,\beta}$ 的正值导致,如图 5.21(b)所示。由以上定义,中性转向的速度通过点 B 得到。

如果不采用稳定性导数的简化表达式,可引入中性转向、转向不足和转向过度的新定义,代替所述条件:

$$\frac{1}{R\delta} = \frac{1}{l}$$

中性转向可通过以下关系定义:

$$\frac{\mathrm{d}}{\mathrm{d}V}\left(\frac{1}{R\delta}\right) = 0 \tag{5.169}$$

很明显,如果稳定性导数是常数(Y_r 和 N_r 与 $1/V$ 成正比),那么第一个定义(可以称为绝对的)与第二个定义(可以称为增量的)是相同的。

图 5.21(b)中,中性转向(根据增量定义)的速度可由点 A 得到,在该点曲线达到最大值。增量定义更关注驾驶员感受,如果速度增加伴随轨迹半径的减小,驾驶员会感觉到探测车处于转向过度,反之亦然。驾驶员不会明显感觉到轨迹半径的运动学值,因此绝对定义对驾驶员来说没有任何意义。

从运动方程来看则相反,绝对定义更有意义。

中性转向点和静稳定度

探测车中性转向点通常定义为,该点位于对称平面上,由于轮胎造成的转向力的合力施加在对称平面上,从而产生一个侧滑角 β,很明显,这时 $\delta = 0$ 和 $r = 0$。在这些条件下,由线性模型计算出的转向力为 $-C_i\beta$,中性点的 x 轴坐标为

$$x_N = \frac{\sum_{\forall i} x_i C_i}{\sum_{\forall i} C_i} \tag{5.170}$$

下面介绍中性转向点更合理的定义。如果在 $\delta = 0$ 和 $r = 0$ 的条件下,考虑所有的由侧滑角 β 导致的力和力矩,那么合力和合力矩则分别简化为 $Y_\beta \beta$ 和 $N_\beta \beta$。[①] 所以中性转向点的坐标 x,定义为所有横向力合力的施加位置,表达式如下

$$x_N = \frac{N_\beta}{Y_\beta} \tag{5.171}$$

静稳定度 M_s 是中性转向点坐标 x 与轴距之比:

$$M_s = \frac{x_N}{l} \tag{5.172}$$

对于外部力和力矩响应的处理,如果外部力施加在中性转向点,那么它不会导致任何稳态偏航速度。由于本章采用数学模型,所以不能定义高于中性转向点高度的位置。

备注 5.18 得到中性转向响应的条件是中性转向点与质心重合,即 $x_N = 0$,$M_s = 0$,$N_\beta = 0$。如果它们是正的,那么探测车是转向过度的[②](重心在中性点后面);探测车转向不足时情况则相反。

与转向过度、转向不足、中性转向特性相对应的参数 K、K^*、M_s、$|\alpha_1| - |\alpha_2|$ 和 N_β 的符号见表 5.2。

表 5.2 不同特性相对应的参数

特性	K	K^*	M_s	x_N	$\|\alpha_1\| - \|\alpha_2\|$	N_β
转向不足	>0	>0	<0	<0	>0	>0
中性转向	0	0	0	0	0	0
转向过度	<0	<0	>0	>0	<0	<0

外力和外力矩的稳态响应

通过等价质量 – 弹簧 – 阻尼模型,可迅速得到外力 F_{y_e} 或外力矩 M_{z_e} 的稳态响应。相关增益为

$$
\begin{cases}
\dfrac{1}{RF_{y_e}} = \dfrac{N_\beta}{VU} \\[2mm]
\dfrac{V^2}{RF_{y_e}} = \dfrac{VN_\beta}{U} \\[2mm]
\dfrac{\beta}{F_{y_e}} = \dfrac{-N_r}{U}
\end{cases}
\qquad
\begin{cases}
\dfrac{1}{RM_{z_e}} = \dfrac{-Y_\beta}{VU} \\[2mm]
\dfrac{V^2}{RM_{z_e}} = \dfrac{-VY_\beta}{U} \\[2mm]
\dfrac{\beta}{M_{z_e}} = \dfrac{-mV + Y_r}{U}
\end{cases}
\tag{5.173}
$$

---

① Y_β 为探测车转向刚度。

② 有时中性转向点和静稳定度的位置定义采用不同的符号习惯:不是指中性转向点相对于质心的位置,而是相对于前者,给出后者的位置。在这种情况下,x_N 和 M_s 的符号发生改变,并且转向不足探测车具有正的静稳定度。

如果探测车中性转向,且 $N_\beta = 0$,则有

$$\frac{1}{RF_{y_e}} = 0$$

在外力影响下轨迹保持直线。然而,轨迹在前述的力 F_{y_e} 作用下改变:偏差等于角度 β,即等于 $-F_{y_e}/Y_\beta$。探测车侧向速度可简化为

$$v = V\beta = -\frac{VF_{y_e}}{Y\beta}$$

Y_β 必须尽可能大以避免大的侧向速度,特别是对于快速探测车而言。如果中性转向点位于质心处,即位于外力施加的点上,那么容易理解轨迹保持直线。

备注 5.19 该条件可用来把中性转向点定义为外力施加点,该外力不会导致探测车偏航旋转。如果考虑悬架,那么就有可能把一条中性转向线(不是中性转向点)定义为 xz 面中点的轨迹,在该平面内,以 y 方向施加的外力不会导致任何偏航旋转。

侧向力施加到质心最常见的情况是:该力是探测车重量在地面的一个分量,此时探测车行驶在具有横向坡度的地面上。

线性化模型讨论

线性化模型通常用于汽车领域,因为动力学研究针对高速驾驶,通常涉及在具有大曲率半径的道路上行驶,这会导致小转向和侧滑角以及很低的偏航速度。如果远未达到极限条件,那么车轮侧滑角通常也很小。

如果行星探测器速度很低,那轨迹半径就很小;这或许会使线性化模型的应用出现问题。在低重力条件下,即便在低速时,侧向力也是有可能接近极限条件的,这限制了探测车侧滑角的小角度可能性。

此处模型中(包括线性化之前)都假定探测车为刚体。因此,如果车轮数量大于3,则施加到路面法向的力是不确定的。然而,通过考虑悬架的存在可突破这个限制,即在研究探测车动力学时忽略力的计算。

已经得到对称条件下作用于不同车轴的力。当在曲线轨迹上行驶时,作用在每个车轮上的力不能简单认为是车轴所受合力的 1/2(或者 1/4,对于带有四个车轮的车轴)。

作用在第 i 个车轴上左车轮和右车轮的力 F_{z_l} 和 F_{z_r} 可表示为

$$\begin{cases} F_{z_{il}} = \dfrac{F_{z_i}}{2} + \Delta F_{z_i} \\[3mm] F_{z_{ir}} = \dfrac{F_{z_i}}{2} - \Delta F_{z_i} \end{cases} \tag{5.174}$$

其中:F_{z_i} 和 ΔF_{z_i} 分别为相应车轴上的总载荷和横向载荷转移(或载荷传递)。

如果转向刚度与载荷 F_z 为线性关系,那么负载更多的车轮的转向刚度的增加恰好能补偿另一个车轮转向刚度的减小,因此无论怎样都不会影响横向的载荷转

移。但是实际情况不完全是这样,因为随着侧向加速度增加,载荷传递导致每个车轴的转向刚度减小。在探测车动力学中,如果侧向加速度不是很大,通常低于$0.5g$[1],常见的做法是忽略载荷的横向传递。

对于行星探测器和探测车动力学,这个条件也很关键,因为重力加速度很小。

一旦式(5.140)的第二和第三个方程求解出来,式(5.140)的第一个方程就能用来研究纵向特性。因为速度V假定为已知量,第一个方程可求解出纵向力。

这种解耦是近似的,因为纵向力包含在稳定性导数表达式中。这种相关关系很弱,至少在开始的横向特性概略研究中可以忽略。

纵向力和载荷平移的影响

如上所述,车轮和地面之间的纵向力对方向特性影响很大。任何纵向力都会导致转向刚度的减小:对于两车轴探测车,如果纵向力施加在前车轴,那么将减小C_1的值,结果导致探测车出现更大的转向不足或更小的过度转向。纵向力施加在后轴将会产生相反效果。

利用式(4.131)的椭圆近似很容易线性化模型,对于轮胎特性进行完全线性化假设,椭圆近似可直接应用在每个车轴上:

$$C_i = C_{0_i} \sqrt{1 - \left(\frac{F_{x_i}}{\mu_p F_{x_i}}\right)^2}$$

注意,力和转向刚度都是相对整个车轴的。

保持探测车匀速所必需的驱动随着后者增加而增加,因此,驱动车轴的轮胎的转向刚度减小。如果地面条件不好或者重力很小,这种效果会比较显著,因为存在实际驱动力与最大驱动力的比率。

在后轮驱动探测车的情况中,驱动力会增加转向过度特性或减小转向不足特性。临界速度(如果存在的话)会减小或趋于零。在路面条件不好的情况下,后轮驱动探测车的临界速度可能较低,驾驶员就需要限制速度以保持探测车稳定,避免翻覆。启动和加速探测车可能很困难,尤其进行加速时必须特别小心,这种状况下防滑转装置很有用。

前轮驱动探测车情况相反,会使其转向不足,并且随着速度增加或μ_p的减小稳定性增加,并且需要逐渐增加的大转向角来维持探测车在给定轨迹上。临界条件是无限稳定的探测车,即探测车只能在直线上行驶。

如果探测车有一个以上驱动轴以及制动系统,那么操控效果取决于纵向力在各轴之间如何分配。如果前车轴比后车轴有更大的纵向力系数μ_x,这并不意味着力F_x更大,而是前轮比F_x/F_z大于后轮比,那么探测车会更加转向不足并且在某种

---

[1] L. Segel, *Theoretical Prediction and Experimental of the Response of the Automobile to Steering Control*, Cornell Aer. Lab., Buffalo, N. Y.

意义上更稳定。当达到临界条件时,前轮发生滑动(制动锁死或者牵引自旋),从而导致探测车不能转向并开始直线行驶。后轮比 F_x/F_z 越大,探测车转向过度越加严重,并且更容易达到临界速度。

不应允许载荷横向转移。假设载荷的单一车轮转向刚度由如图 5.22 所示类型确定,如果载荷转移 ΔF_z 很小,低于图示的 $(\Delta F_z)_{\lim}$,那么就不会有误差产生。

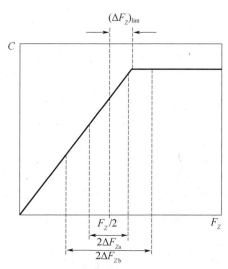

图 5.22　载荷转移对转向刚度的影响
(*The Automotive Chassis*,Springer,New York)

如果载荷转移很大,即 ΔF_{zb} 很大,那么负载更多的车轮的转向刚度的增加就不能补偿另一个转向刚度的减小,且车轴的转向刚度也减小,从而导致了探测车的非线性特性。

纵向力和载荷转移的同时出现使问题更复杂。即使图 5.22 中横向刚度仍然是线性的,即载荷转移小于 $(\Delta F_z)_{\lim}$,但是组合效应会导致非线性特性。假定纵向力平均分布在两个车轮上,那么通过椭圆近似可以计算出车轴的转向刚度,即

$$
\begin{aligned}
C = &\frac{1}{2}\left(C_0 + \Delta F_z \frac{\partial C}{\partial F_z}\right)\sqrt{1 - \left[\frac{F_x}{\mu_p(F_z + 2\Delta F_z)}\right]^2} \\
&+ \frac{1}{2}\left(C_0 - \Delta F_z \frac{\partial C}{\partial F_z}\right)\sqrt{1 - \left[\frac{F_x}{\mu_p(F_z - 2\Delta F_z)}\right]^2}
\end{aligned} \tag{5.175}
$$

其中,力 F_x 和 F_z 是相对于整个车轴(而言的)。

由于平方根的出现,特别是如果 μ_x 很小,那么负载少的车轮的转向刚度的减小幅度将会大于另一个车轮转向刚度的增加幅度。

驱动轴上的载荷转移会增加纵向力的作用,通过在另一个车轴上引入防滚条,可以减小这种组合作用。通过这种方式,在非驱动轴上,增加的载荷转移也会减小其转向刚度,同时减小纵向力对操控的整体影响。

开环稳定性

如果由人类驾驶探测车,或者遥控探测车或电子机械控制设备,那么动力学制导的探测车就必须通过控制系统来引导。对正确操作具有实际影响的就是受控探测车的闭环稳定性。

但是,通常的做法是单独验证探测车的开环稳定性,因为如果探测车在这种方式下是稳定的,控制系统就必须执行选择轨迹和控制探测车的工作以便进行高性能控制,而不仅仅是确保轨迹上行驶的探测车的姿态正确(低水平控制)。

探测车本质上是非线性系统,其通常可实现的稳定性仅仅是局部稳定性,即状态空间每个平衡点附近的状态变量值仅可小范围变化。这里所探讨的线性模型非常适合局部线性化研究。

前文提到的稳定性是指操控模型具有两个自由度的情况下的系统状态,状态变量为 β 和 r(或者 v 和 r)。当探测车在给定 β 和 r 的值 β_0 和 r_0 的条件下运动,且受到小的外部扰动之后,如果下式成立,那探测车就是稳定的。

$$\beta(t) \to \beta_0, \qquad r(t) \to r_0$$

轨迹并不设定参考值:在扰动之后,探测车不能回到预定轨迹,并且为了让探测车保持在所要求的路径上,要求驾驶员或者自动控制系统进行修正。

如果转向角 δ 一直保持在给定值或者遵循既定控制律,则称运动处于锁定控制状态。此处仅讨论锁定控制的稳定性。

通过齐次运动方程可进行稳定性研究:

$$\dot{z} = [A]\{z\}$$

很容易得到动态矩阵 $[A]$ 的特征值,稳定性可通过它们的实部符号来判定,即必定为负号。如果虚部非零,则特性为振荡;这并不意味轨迹是振荡的,而仅仅表示时间曲线 $\beta(t)$ 和 $r(t)$ 是振荡曲线。

与弹簧–质量–阻尼系统相比,这为匀速下稳定性的研究提供了一种更为简单的方法:

- 要确保静态稳定性,刚度 U 必须是正的;
- 要确保动态稳定性,阻尼系数 Q 必须是正的;
- 要进行自由振荡,Q 必须小于临界阻尼 $2\sqrt{PU}$。

通过检验相关数学表达式,很容易验证对于探测车转向不足和中性转向,U 总是正的,并且后者当速度趋于无穷大时,U 趋于零。对于探测车转向过度,U 是正的,直到达到临界速度,在更高速度下,它会变为零甚至变为负值。因此,临界速度对于探测车转向过度是不稳定的阈值。如果采用关于稳定性微分的全部表达式也能得到相似结果。

很容易验证 Q 总是正的:如果探测车是静态稳定的,那么它也是动态稳定的。通过第一次近似,探测车中性转向是临界阻尼的,而探测车转向不足和转向过度分别是欠阻尼和过阻尼的:前者的自由行为可认为是振荡的。必须注意,无论给定的探测车是否具有振荡行为,利用当前的刚体模型都不能获得令人满意的结果,因为在考虑 β 和 r 的条件下,滚动运动(这里忽略不计,这些运动几乎总是欠阻尼的,从而产生振荡)也会引起振荡行为。对于悬架能呈现出滚动转向的探测车而言,尤其如此。

非稳定运动

一旦参数 $\delta(t)$、$F_{y_e}(t)$、$M_{z_e}(t)$ 和 $V(t)$ 确定,不难对运动方程(5.152)或者完全非线性方程(5.134)进行数值积分。一旦得到 $r(t)$,就能对其积分得出偏航角:

$$\psi(t) = \int_0^t r(u)\,\mathrm{d}u \tag{5.176}$$

可直接得到惯性坐标 X 和 Y 下的轨迹。速度 $\dot{X}$ 和 $\dot{Y}$ 可表示成角度 β 和 ψ 的表达式:

$$\begin{Bmatrix} \dot{X} \\ \dot{Y} \end{Bmatrix} = V \begin{bmatrix} \cos(\psi) & -\sin(\psi) \\ \sin(\psi) & \cos(\psi) \end{bmatrix} \begin{Bmatrix} \cos(\psi) \\ \sin(\psi) \end{Bmatrix} \tag{5.177}$$

通过积分方程(5.177)容易得到

$$\begin{cases} X = \int_0^t V[\cos(\beta)\cos(\psi) - \sin(\beta)\sin(\psi)]\,\mathrm{d}u \\ Y = \int_0^t V[\cos(\beta)\sin(\psi) + \sin(\beta)\cos(\psi)]\,\mathrm{d}u \end{cases} \tag{5.178}$$

备注 5.20 线性化模型中也必须进行数值积分,因为角度 ψ 太大以致于不能对其三角函数进行线性化。

带有多个转向轴的探测车

在大多数两轴探测车中,仅有前车轮带有转向系统。然而,也可以采用几个或者全部车轮转向,主要目的是增加低速和高速转向下的机动性和操控特性。

就两轴探测车而言,要在低速(运动学)条件下减少轨迹半径,后轴与前轴的转向必须相反;如果转向角绝对值相等,那么就把轨迹半径二等分且后轴转向半径之差减小为零。采用前述章节介绍的符号运算,该情形的特征条件为

$$K_1' = 1, \quad K_2' = -1$$

(以下将始终假定 $K_1' = 1$)。实际上该值太高,因为如果开始运动时车轮处于转向位置,那么后车轴将会从初始位置,即车轮中心连线向外移动太多。

月面探测车具有4WS系统,仅可反向转向,K_2' 的值接近 -1。很明显设计者采用了运动学转向,即便实际使用的探测车是在大侧滑角的条件下运行的,至少根据从月球带回的视频来判断是这样的。

假定 $K_1' = 1$，K_2' 为常数，在运动学转向中，轨迹曲率增益和轨迹偏移距离为

$$\frac{1}{R\delta} \approx \frac{1 - K_2'}{l}, \qquad R_f - R_1 \approx \frac{l^2(1 - K_2')}{2R(1 + K_2')} \tag{5.179}$$

在高速转向时，条件是不同的：所有车轮都具有侧滑角，而整车并未发生转向，这样转向输入响应快得多。在这种情况下，后车轮必须施加与前车轮相同方向的转向力，因此转向角必须在同一方向。对于中性转向点在轴距中心的探测车，限制情况是转角相等，即满足 $K_1' = K_2' = 1$。这也是一个不实用的结果，因为探测车在路线改变过程中反应相当快，只是作简单的侧向移动，而无法通过弯道：探测车会侧向加速，而不是转弯。

转向机构必须使 K_2' 的值适应外部条件和驾驶员需求。最简单的策略是使用一个机械设备，连接具有不同传动比的车轴的转向器：当角度 δ 很小时，即具有典型意义的高速驱动出现时，K_2' 是正值并且转向角具有相同方向，而当角度 δ 很大时，即低速机动出现时，K_2' 是负值。然而，为了充分开发多轮转向的潜在优点，必须执行更复杂的控制律。该控制律包括的参数有很多，如速度 V、侧向加速度、侧滑角 α_i 等。

从数学模型角度看，至少在原理上，该情形很简单。将合适的函数 $K_2'(V, \delta, \cdots)$ 代入方程（实际上它仅会出现在稳定性 Y_δ 和 N_δ 的导数中）并且根据前述刚体模型方程进行修正是十分容易的。如果函数 K_2' 包括一些状态变量，那么修正可能较大，但并没有概念上的难度提升。

备注 5.21 除了后一种情况，4WS 并不会影响锁定控制的稳定性，而自由控制稳定性会受其影响。

一般来说，带有多个转向轴的探测车的优势主要是对转向输入的快速响应，但这并不适用于所有形式的控制策略，所有以相同方向转向的车轴能使探测车在路线改变机动中反应更加迅速，而获得既定偏航速度却慢得多。至少在初始阶段，驾驶员的感觉可能会很奇怪并且不舒服。或许有一个解决方案，即在初始阶段令后轮作短时反向操控，以生成一个偏航旋转，然后令后轮以与前轮相同的方向操控以生成转向力。这需要更复杂的控制逻辑，可能要依赖微处理器。

实际上，在动力学转向中，轨迹受控于垂直于它的力，如果探测车的侧滑角 β 很小，那么力几乎垂直于 xz 平面。然而，动力学驾驶的产生有两个阶段：初始阶段，驾驶员操作一些控制设备，施加力（主要是力矩）来改变探测车的位姿，然后由于位姿改变，产生了所需的侧向力。在两轮和多轮转向中，改变探测车位姿的力是由于某些轮转向而产生的侧向力，但是纵向力也可产生偏航力矩，用于修正探测车位姿。

逐渐增多的探测车动力学控制（VDC）系统的输入是探测车状态变量，比如偏航速度 r 和侧滑角 β。合理的控制理念应该是通过规定转向车轮角度（偏航角速度控制）使前者保持在驾驶员所要求的值处，结果是第三个必须获得的变量应该

是转向车轮角 δ，即该角度忽略转向器传动比。r、β 和 δ 是前面章节描述的刚体操控模型中的参数，因此同样很容易将 VDC 应用于上述模型。

偏航速度很容易通过速率陀螺获得，而侧滑角则很难测量。相反，侧向加速度 $\dot{v}$ 容易测量，并且与操控所达到的临界条件的关联更为直接，而在稳定状态下转向时，侧向加速度和偏航速度通过关系式 $\dot{v} = Vr$ 相关联（把垂直于轨迹的加速度分量看作是探测车沿着 y 轴轨迹的加速度分量），在打滑失控时，偏航速度增加，而侧向加速度并没有相应增加。

执行 VDC 系统中纵向力（制动或驱动）的使用对于控制作用的快速响应、集成现今已有的用于防抱死以及防翻滚系统的硬件的可能性是特别令人感兴趣的。主要转向控制仍然通过操控一些车轮来完成，并且直接由驾驶员控制，而快速修正可由 VDC 系统来完成，该系统采用了对纵向力进行差分的方法。

例 5.5 考虑例 5.3 曾讨论的六轮火星探测车。

假定悬架分配相等的垂直力通过所有车轮到地面，由于惯性力，没有载荷转移。

已知：质量 $m = 180\mathrm{kg}$，重力加速度 $g = 3.77\mathrm{m/s^2}$，轴距 $l = 1.4\mathrm{m}$，车轴位置 $x = [0.6 \ -0.1 \ -0.8]\mathrm{m}$（质心位于中轮稍前一点的位置），轮距（所有车轴）$t = 1.9\mathrm{m}$。

假设车轮侧向特性为以下简单表达式：由式（4.159）中的侧向力，可得

$$F_y(\alpha) = -\mathrm{sgn}(\alpha)\mu_{y_p}F_z\left[1 - \mathrm{e}^{-\frac{C}{\mu_{y_p}F_z}|\alpha|}\right]$$

由式（4.161）的回正力矩，可得

$$M_z(\alpha) = \mathrm{sgn}(\alpha_1)M_{z0}\mathrm{e}^{-C_1|\alpha_1|}\left[1 - \mathrm{e}^{-\frac{C}{\mu_{y_p}F_z}|\alpha_1|}\right]$$

假定以下参数值：$\mu_{y_p} = 0.6$，$C = 1100\mathrm{N/rad}$，$M_{z0} = 1.1\mathrm{Nm}$ 和 $C_1 = 20$。力和力矩是侧滑角的函数，如图 5.23 所示。

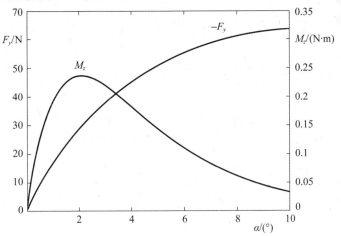

图 5.23　转向力和回正力矩作为侧滑角的函数

质心并不在中心轴上,前者的轨迹半径为

$$R = \sqrt{R_2^2 + \left(\frac{a-b}{2}\right)^2}$$

第一个车轴和最后一个车轴的平均转向角假定为

$$\delta_1 = -\delta_2 = \mathrm{atan}\left[\frac{l}{\sqrt{4R^2-(a-b)^2}}\right]$$

线性化研究简单易懂。轨迹曲率增益作为速度函数的结果如图5.24(a)所示。从图中的动力学值和运动学值可知:探测车明显转向不足,从质心位置可以推断出来。在速度低至2m/s时仍然可以感觉到动力学效应。

探测车行驶在曲率半径为5m的轨迹上,车轮侧滑角作为速度函数如图5.24(b)所示。由于半径很小,采用非线性稳态解。即使速度很低,侧滑角也很大(2°的侧滑角已经很大了),这是由于小轨迹半径和低重力的组合效应。

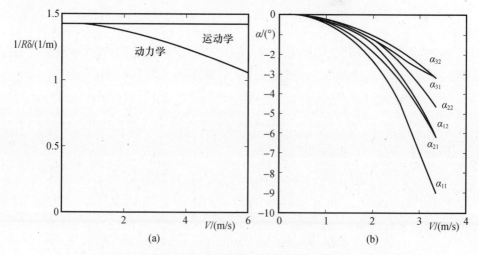

图5.24 (a)线性解:轨迹曲率增益作为速度的函数;(b)非线性解:
探测车行驶在半径为5m的轨迹上,车轮侧滑角作为速度函数

在最高为6m/s的速度范围内运动学和动力学转向的区别如图5.25所示。曲线以速度为横坐标进行计算,且离心加速度低于理想最大值$\mu_{yp}g$。

从轨迹曲率半径可以看出,很明显探测车处于转向不足,且考虑非线性项:动力学半径随速度增加。对于运动学转向,侧向速度v和偏航角速度r随速度线性增加,而对于动力学转向,它们以非线性形式变化。

在运动学转向中,侧滑角β和轨迹曲率半径与速度无关,而动力学条件下则是速度的函数。侧滑角在动力学条件下是正值,其随着速度而减小,在高速时变为负值。当速度趋于零时,趋于运动学条件。

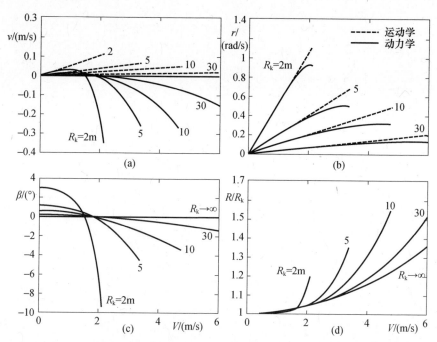

图5.25 （a）和（b）不同轨迹运动学曲率半径值，侧向速度v和偏航速度r关于速度的函数；（c）和（d）侧滑角β和动力学轨迹半径与运动学轨迹半径之比关于速度的函数

例5.6 假定一个很轻的载人非承压探测车，与最后三次"阿波罗"任务中的LRV（月面探测车）相似。

假定悬架分配相等的垂直力通过所有车轮到地面，由于惯性力，没有发生载荷转移。

已知：质量（全部载荷）$m = 660\text{kg}$，重力加速度$g = 1.62\text{m/s}^2$，轴距$l = 2.3\text{m}$，车轴位置$x = [1.2 \ -1.1]\text{m}$（质心位于轴距中点稍后位置），轮距（所有车轴）$t = 1.8\text{m}$。

对于车轮侧向特性，采用与前例（即式（4.157）和式（4.161））同样的方程。车轮数据：$\mu_{y_p} = 0.6$，$C = 5000\text{N/rad}$，$M_{z0} = 20\text{N}$、m与$C_1 = 20$。

假设第一个车轴和最后一个车轴的平均转向角为

$$\delta_1 = -\delta_2 = \arctan\left(\frac{l}{2R}\right)$$

通过线性化研究得到的轨迹曲率增益作为速度的函数，如图5.26（a）所示。从图中的动力学值和运动学值可知：探测车明显为过度转向，从质心位置可以推断出来。

探测车行驶在半径为5m的轨迹上，车轮侧滑角作为速度函数如图5.26（b）所示。

267

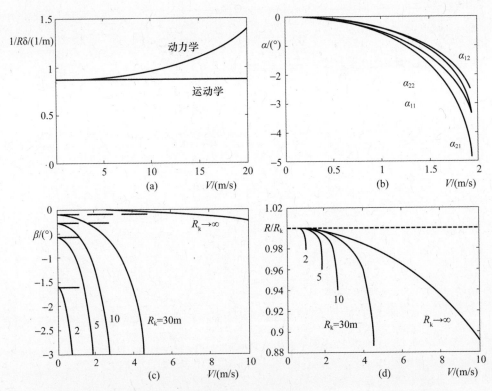

图 5.26　(a)线性解:轨迹曲率增益作为速度的函数;(b)、(c)和(d)为非线性解。
四个车轮的转向角关于轨迹曲率半径的函数。侧滑角 β 和动力学轨迹半径与
运动学轨迹半径之比关于速度的函数

在最高为 10m/s 的速度范围内,根据侧滑角 β 与轨迹曲率半径,运动学转向和动力学转向的区别如图 5.26(c)和 5.26(d)所示。曲线以速度为横坐标进行计算,且离心加速度低于理想最大值 $\mu_{yp}g$。

5.4.7　侧滑转向操控

运动方程

有一种结构,有时既应用于地球上轮式移动机械也应用于机器人,它是一种无转向轮的探测车,其轨迹仅通过左、右轮差分制动和驱动控制。

一个轮轴(如后轮轴)可能通过这种方式控制轨迹,而另一个轮轴可能有单独的转动轮——这常用于飞机(起降过程中主要机轮的差分制动)和某些机器人上。然而,这种方法导致抗侧向力的能力很弱。

仍然利用式(5.134)中的多轴探测车的侧滑转向操控数学模型,其中转向角

δ_{ij}设为零：

$$\begin{cases} \dot{u} = vr - g\sin(\alpha)\sin(\psi) + \sum_{i=1}^{n}\sum_{j=1}^{2}\dfrac{F_{xij}}{m} \\[2mm] \dot{\psi} = r \\[2mm] \dot{v} = -ur - g\sin(\alpha)\cos(\psi) + \sum_{i=1}^{n}\sum_{j=1}^{2}\dfrac{F_{yij}}{m} \\[2mm] \dot{r} = \sum_{i=1}^{n}\sum_{j=1}^{2}\left(-\dfrac{F_{xij}}{J_z}y_{ij} + \dfrac{F_{yij}}{J_z}x_i + M_{zij}\right) \end{cases} \qquad (5.180)$$

转向控制现由纵向力提供，可以写成

$$F_{xij} = F_{xi} \mp \Delta F_{xi} \qquad (5.181)$$

式中：(−)号在 $j=1$ 时成立。最简单的控制律是规定所有车轴都提供相同的平均纵向力与微分纵向力，即所有 F_{xi} 和 ΔF_{xi} 相等。在这种情况下，运动方程归纳为

$$\begin{cases} \dot{u} = vr - g\sin(\alpha)\sin(\psi) + \dfrac{2nF_x}{m} \\[2mm] \dot{\psi} = r \\[2mm] \dot{v} = -ur - g\sin(\alpha)\cos(\psi) + \sum_{i=1}^{n}\sum_{j=1}^{2}\dfrac{F_{yij}}{m} \\[2mm] \dot{r} = \sum_{i=1}^{n}t_i\dfrac{\Delta F_{xi}}{J_z} + \dfrac{1}{J_z}\sum_{i=1}^{n}\sum_{j=1}^{2}(F_{yij}x_i + M_{zij}) \end{cases} \qquad (5.182)$$

未知项 F_x 只出现在第一个方程中，它可以从其他方程中分离并解出。如果考虑 x 和 y 方向的力的相互作用，那么这种解耦是不完整的，但它可以在每个迭代循环中使用。

稳态响应

运动的稳态方程，可以写成如下一般形式，其中不包括与地面坡度相关联的项：

$$p_k(u,v,r) = 0 \qquad (5.183)$$

其中函数 p_k 如下：

$$P = \left\{ \begin{array}{l} mvr + 2nF_x \\[2mm] -mur + \sum_{i=1}^{n}\sum_{j=1}^{2}F_{yij} \\[2mm] \sum_{i=1}^{n}t_i\Delta F_x + \sum_{i=1}^{n}\sum_{j=1}^{2}(F_{yij}x_i + M_{zij}) \end{array} \right\} \qquad (5.184)$$

由式(5.129)的函数 u、v 和 ψ 求出侧滑角 α_{ij}，然后由式(5.130)和式(5.132)的侧滑角 α_{ij} 求出力与力矩。

一个更简单的求解方法是假设探测车的速度和轨迹的半径(偏航速度为 $r =$

V/R)是已知的。从而第二、第三个方程可以分开求解,

$$p_k(v, \Delta F_x) = 0 \tag{5.185}$$

这里:

$$P = \left\{ \begin{array}{c} -mr\sqrt{V^2 - v^2} + \sum_{i=1}^{n} \sum_{j=1}^{2} F_{y_{ij}} \\ \sum_{i=1}^{n} t_i \Delta F_x + \sum_{i=1}^{n} \sum_{j=1}^{2} (F_{y_{ij}} x_i + M_{z_{ij}}) \end{array} \right\} \tag{5.186}$$

在每次 Newton – Raphson 迭代中计算力 $F_{y_{ij}}$ 时,由第一个方程计算出纵向力,有可能把纵向力和侧向力的相互作用考虑在内。

$$F_x = -\frac{mvr}{2n} \tag{5.187}$$

线性解法

在这种情况下,当假设轴距远小于轨道半径且所有的角度都很小时,也有可能获得一个线性化的方案。由于侧滑转向操控中的侧滑角通常比传统的转向操控中的角度大,线性化方案只在轨道半径非常大时有效。

探测车的运动方程如下:

$$\begin{cases} J_z \dot{r} = N_\beta \beta + N_r r + M_{Z_e} + M_{Z_c} \\ mV(\dot{\beta} + r) + m\dot{V}\beta = Y_\beta \beta + Y_r r + Y_e \end{cases} \tag{5.188}$$

式中:在施加于探测车的偏航力矩 M_{Z_e} 之后又加上了偏航控制力矩 M_{Z_c}。控制力矩是由施加在左右车轮上的差动制动或驱动力产生的。

当控制力矩 M_{Z_c} 被替换为外力矩 M_{Z_e} 时,不同增益所呈现出的定向特性可由式(5.173)表示,此时外力矩设为 0。相关方程再次表达为

轨迹曲率增益:

$$\frac{1}{RM_{Z_c}} = \frac{-Y_\beta}{VU} \tag{5.189}$$

侧向加速度增益:

$$\frac{V^2}{RM_{Z_c}} = \frac{-VY_\beta}{U} \tag{5.190}$$

侧滑角增益:

$$\frac{\beta}{M_{Z_c}} = \frac{-mV + Y_r}{U} \tag{5.191}$$

例 5.7 中研究的火星探测车,是通过侧滑转向代替传统的转向实现控制的。

由于在急弯处需要执行侧滑转向的差动纵向力可能很大所以纵向力和侧偏力间的相互作用必须考虑在内。由于车轮的具体特点未知,所以利用简单的椭圆近似:

$$F_{y_{ij}}^* = F_{y_{ij}} \sqrt{1 - \left(\frac{F_{x_{ij}}}{\mu_{x_p} F_z}\right)^2}$$

通过在忽略纵向力和侧偏力间相互作用的条件下求得的 F_y 来计算实际的侧向力 F_y^*。由于对结果的影响较小，所以与回正力矩的相互作用不考虑在内。

非线性运动方程的稳态解的结果如图 5.27（侧向速度 v 和偏航速度 r，侧滑角 β 和控制力微分 ΔF 关于速度的函数）和图 5.28（不同轨迹半径条件下的侧滑角关于速度的函数）所示。

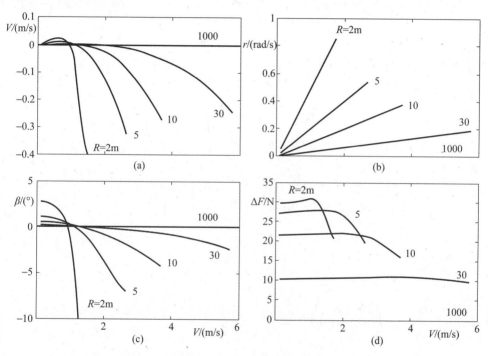

图 5.27　（a）和（b）在不同的轨道半径下的侧向速度 v 和偏航速度 r 与
速度的函数关系；（c）和（d）每个车轮施加的侧滑角 β 和
微分纵向力与速度的函数关系

由图 5.27（d）可以清楚地看到，微分力随着轨迹曲率的增加而增大。然而，当曲线变得非常陡峭时，侧滑角变得相当大，且车轮工作在侧向力和侧滑角几乎恒定的区域。由于以上原因，加上纵向力和侧偏力间的相互作用，使探测车保持在其轨道上的微分纵向力不会进一步增加。

如图 5.28 所示，在半径为 2m 的范围内前轮的侧滑角保持为正，即前轮产生一个力，与其他车轮所产生的力相反。当在一个半径为 2m 的曲线上时，侧滑角达到 50°以上，曲线半径为 30m 或更大时侧滑角的值小于 2°，处于低速。

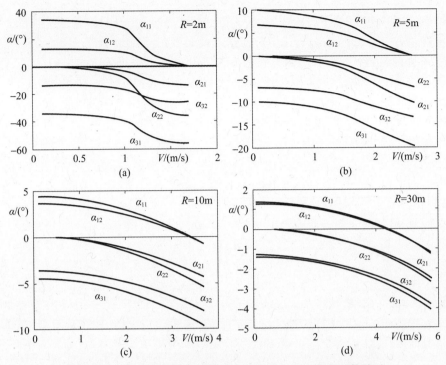

图 5.28 车轮的侧滑角在不同半径的轨迹上与速度的函数关系

侧滑转向控制的探测车中特别重要的一个参数是轮距与轴距之比 t/l。在标准车辆中这个比例通常小于 1,而且在大型工业车辆中可能相当小(降至 0.2 以下)。侧滑转向要求该比率 t/l 比一般情况大,可能要接近于 1[①]。因此侧滑转向操控导致车辆变得很宽,尤其在大型车辆中更是如此。由于车辆的宽度受限于目前的基础设施,因此这会对在地球上使用该种操控方式的大型车辆构成阻碍。由于行星表面上目前没有基础设施,因此对使用大型增压探测车没有任何阻碍,这就使得侧滑转向操控方式也适用于该类探测车。

5.4.8 铰接转向操控

带有铰接转向的车辆(图 5.13)是由两个或多个子单元或者模块组成的,其中每一个承载一个或多个轴,以便通过使这些子单元相对旋转来实现转向操控。另外,车轮可以由转向架支撑着,在主车身下转动。如果每个子单元至多携带一个轴,那么在不对转向角施加任何附加约束的情况下实现运动转向是

---

① G. Genta. *Study of the Lateral Dynamics of a Large Pressurized Lunar Rover: Comparison Between Conventional and Slip – Steering*, blst, 61st Int. Astronautical Congress. Prague, Sept. 2010.

272

可能的。

如果各车体之间的所有关节除了其中一个其余都是球形铰链,并且在狭窄的空间机动,则铰接转向具有许多优点,尤其是利用该种操控方式在应对车身适应地形面临各种可能性时。图5.29(a)所示为NASA为火星样本返回任务设计的探测车。车体由三段刚性部件组成,彼此间由两个关节连接。图5.29(b)所示为另一辆由NASA制造的现陈列在Huntsville的美国空间与火箭中心的探测车。

在汽车应用中,铰接转向常见于拖车,其中前轴连接到挂钩总成,同样能使车轴转向。双轴全挂车可以看作是双体车,第一个通过挂钩总成与前轴(桥)连接,第二个是与后轴(桥)连接的车身。这种情况下,没有转向装置,系统是完全被动的。相反地,它很少被用在单体车中;只有一些施工机器才使用该种结构。

尽管在实际的太空任务中从未使用过铰接转向探测车,但是仍然有许多设计方案被提了出来并且在一些实例中还建造了相关概念车。许多基于铰接转向的设计被提出并在一些情况中建立了范例,尽管它们在实际的航天任务中还从未被使用。这些设计从一个简单的双体铰接车开始,到如图5.29(a)所示的三体结构,再到蛇形多体结构,如由东京工业大学开发的玄武机器人。[①]

(a)   (b)

图5.29　(a)铰接式火星车的效果图(图像来自NASA);(b)NASA制造的
铰接式概念车,现在陈列在Huntsville的美国空间与火箭中心

备注5.22　这些多体装置,虽然被定义为蛇形机器,但与真正的蛇形(节足动物形)机器人没有任何关系,后者是由身体与地面摩擦力推动的,不是由车轮驱动。

多体车可分为四类,这取决于车轮和车身之间的关节是否受到驱动。

---

①　H·Kimura,K. Shimizu,S. Hirose,*Development of Genbu:Active - Wheel Passive - Joint Snake - Like Mobile Robot*,Journal of Robotics and Mechatronics,Vol. 16,No. 3,2004

- 从动轮 – 从动关节式(PW – PJ)车是无动力车,不能自行移动,只能由牵引车牵引。全挂车都是这种类型,还有多个拖车组成的公路列车,这种列车在欧洲不符合道路法规,但可以在一些欧洲以外的国家使用。
- 从动轮 – 主动关节式(PW – AJ)车通过身体的运动来进行驱动,这种驱动方式让人想到蛇的爬行,尽管真正的蛇显然没有轮子。因为它们采用车身的蛇形运动作为推进力,所以不能直线行驶,并且需要大量的关节。它们有许多由作动器控制的自由度。
- 主动轮 – 从动关节式(AW – PJ)车由车轮的运动进行驱动和操纵。操控动作类似于侧滑转向操控,因为作用在至少一个模块上的微分牵引力产生一个偏航力矩,使该模块相对于其他模块发生转向,但是车轮是在侧滑角很小(远比采用侧滑转向操控方式的车辆的侧滑角小得多)的情况下运行的。作为一种极限情况,它们可以执行运动转向,这对于带有采用侧滑转向操控的车辆来说是不可能的。车身的数量可以很少,最少为2。
- 主动轮 – 主动关节式(AW – AJ)车由车轮作动器进行驱动,由关节作动器进行操纵。它们可以直线行驶,并由数目很少的模块(最少为2)组成。

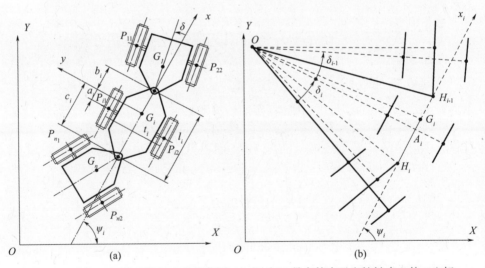

图 5.30 (a)$n = 3$,即三体月球车的草图。a_i、b_i 和 c_i 是车轮中心和铰链中心的 x 坐标。a_i 可以是正的(轴在质心前),也可以是负的(轴在质心后)或者为0(质心在轴上),图中为负数。b_i 通常为正数,c_i 通常为负数。(b)稳态运动转向操控

当在平坦的表面上行驶时,关节可被认为是圆柱形关节(其轴线垂直于地面)。如果它们是主动的,其单个自由度由单个作动器控制。当在非平坦的地形上移动时,关节必须允许平面外运动,这意味着,围绕俯仰轴关节至少还有一

个自由度。如果这个自由度是可控的,越障能力会大大提高。如果所有的模块都具有偏航和俯仰机动性,那么围绕俯仰轴,至少有一个关节必须被锁定或被控制以确保运行稳定。在各关节处,围绕纵向(滚动)轴的第三个自由度是可以有的,以便为各模块的相对运动提供便利,从而令车辆能够沿着不规则的地形运动。

无论如何,最终的轨迹控制是利用车轮施加的侧向力(转向力)实现的,该力使轨迹弯曲,同时也补偿任何施加在车辆上的侧向力,这在所有轮式车辆和机器人中都是非常典型的。

图 5.30(a)所示为一辆多体车草图,由 n 个车体构成,每一个车体带有一轴两轮,质量为 m_i 且绕 z 轴的惯性矩为 J_{zi}。探测车受转向角 δ 或者受施加于车轮的微分纵向力控制,在平坦的地形上以相对于水平面成 α 角度移动(图 5.20(a))。惯性参考系有水平轴 X 和向上倾斜的 Y 轴。因此刚体的自由度总数为 $3n$,质心 G_i、偏航角 ψ_i 的坐标为 X_i 和 Y_i,可以看作广义坐标。

稳态运动转向操控

在稳态运动转向操控中,到车轮中平面的垂线相交于一个单点,即轨迹的曲率中心(图 5.30(b))。各轨迹的半径可能不同,但都是常数,即轨迹为圆形。由于系统的配置不改变,各车体的角速度都是相等的,即 $\dot{\psi} = r = r_i \, \forall \, i$。

各车体的速度和其质心的轨迹半径之间的关系式如下:

$$\frac{V_i}{R_i} = r \tag{5.192}$$

下文中,车辆的速度 V 和轨迹的曲率半径 R 与第二节车身质心的速度和半径相同。

通过引入各车体的侧滑角 β_i,速度的分量为

$$u_i = V_i \cos(\beta_i), v_i = V_i \sin(\beta_i) \tag{5.193}$$

第 i 个轴和第 i 个铰链(第 i 节车体的后铰链,即第 i 节车体与第 $i+1$ 节车体之间的铰链)的中心的轨迹半径 R_i^* 和 R_{hi} 分别为

$$R_i^* = \sqrt{R_i^{*2} - a_i}, \quad R_{hi} = \sqrt{R_i^{*2} + c_i^2} = \sqrt{R_i^2 + c_i^2 - a_i^2} \tag{5.194}$$

第 i 节车体的前铰链的轨迹半径 $R_{h(i-1)}$ 与 R_i 的关系式如下:

$$R_{h(i-1)} = \sqrt{R_i^{*2} + b_i^2} = \sqrt{R_i^2 + b_i^2 - a_i^2} \tag{5.195}$$

因此,各铰链的轨迹半径之间的关系为

$$R_{hi} = \sqrt{R_{h(i-1)}^2 + c_i^2 - b_i^2} \tag{5.196}$$

由上式可以计算出各车体所有的轨迹半径,只要其中一节车体的轨迹半径是已知的。如果轴与两个铰链的距离相等($c_i = -b_i$),则所有铰链的轨迹半径都相等。

各车体的侧滑角为

$$\beta_i = \mathrm{atan}\left(\frac{-a_i}{R_i^*}\right) \tag{5.197}$$

当 a_i 为正(车轴处于质心的前部),那么 β_i 为负(速度指向轨迹的外侧)。

曲率半径与转向角 δ_i 的关系为

$$\delta_i = \psi_i - \psi_{(i+1)} = \mathrm{asin}\left(\frac{b_{(i+1)}}{R_{hi}}\right) - \mathrm{asin}\left(\frac{c_i}{R_{hi}}\right) \tag{5.198}$$

如果各点的轨迹相对于车辆尺寸而言较大,那么转向角 δ_i 和侧滑角 β_i 则较小且它们的三角函数可以被线性化。各点的轨迹半径和它们的速度几乎相等,即

$$\delta_i = \psi_i - \psi_{(i+1)} \approx \frac{b_{(i+1)} - c_i}{R_{hi}} \approx \frac{b_{(i+1)} - c_i}{R_{hi}} \tag{5.199}$$

$$\beta_i \approx \frac{-a_i}{R} \tag{5.200}$$

因此,根据第一节与第二节车体间的转向角,运动学条件下的轨迹曲率增益可写成

$$\frac{1}{R\delta_1} \approx \frac{1}{b_2 - c_1} \tag{5.201}$$

各车体的速度分量为

$$u_i \approx V, v_i \approx V\beta_i \tag{5.202}$$

运动方程

如果假设是运动学转向控制,那么就将车轮建模为非完整约束。相反地,如果假设是动力学转向操控,那么作用在车轮上的转向力就是侧偏角的函数。

质心 G_i 的速度分量 u_i 与 v_i 在固连于第 i 节车体的坐标系中的表达式为

$$\begin{Bmatrix} u_i \\ v_i \end{Bmatrix} = \begin{bmatrix} \cos(\psi_i) & \sin(\psi_i) \\ -\sin(\psi_i) & \cos(\psi_i) \end{bmatrix} \begin{Bmatrix} \dot{X}_i \\ \dot{Y}_i \end{Bmatrix} \tag{5.203}$$

第 i 个轴上第 j 个轮子的接触面的中心 P_{ij} 的速度为

$$V_{P_{ij}} = V_{Gi} + \dot{\psi}_i \wedge (\overline{P_{ij} - G_i}) = \begin{Bmatrix} u_i \mp \dot{\psi}_i \dfrac{t_i}{2} \\ v_i + \dot{\psi}_i a_i \end{Bmatrix} \tag{5.204}$$

式中: $i = 1, \cdots, n$;符号($\mp$)的($-$)号在 $j = 1$(左轮)时成立。

在运动学转向操控中,纯滚动的条件为

$$f_{ni}(v_i, \dot{\psi}_i) = v_i + \dot{\psi}_i a_i = 0 \tag{5.205}$$

对同一轴上两个轮子的速度的约束条件是相同的,这意味着恰好有 n 个非完整约束方程。

如果是动力学转向操控,那第 i 节车体的车轮侧滑角为

$$\alpha_{ij} = \mathrm{atan}\left(\frac{v_i + \dot{\psi}_i a_i}{u_i \mp \dot{\psi}_i \dfrac{t_i}{2}}\right) \tag{5.206}$$

在两种情况中,另有 $2(n-1)$ 个约束方程说明在任意两节顺序排列的车体之间的各铰接点是共用的:

$$\begin{Bmatrix} X_i + c_i\cos(\psi_i) \\ Y_i + c_i\sin(\psi_i) \end{Bmatrix} = \begin{Bmatrix} X_{i+1} + b_{i+1}\cos(\psi_{i+1}) \\ Y_{i+1} + b_{i+1}\sin(\psi_{i+1}) \end{Bmatrix} \tag{5.207}$$

式中: $i = 1, 2, \cdots, n$。这些约束条件是完整的,可以写成以下形式:

$$\begin{cases} f_{hxi}(X_i, X_{i+1}, \psi_i, \psi_{i+1}) \\ = X_i + c_i\cos(\psi_i) - X_{i+1} - b_{i+1}\cos(\psi_{i+1}) = 0 \\ f_{hyi}(Y_i, Y_{i+1}, \psi_i, \psi_{i+1}) \\ = Y_i + c_i\sin(\psi_i) - Y_{i+1} - b_{i+1}\sin(\psi_{i+1}) = 0 \end{cases} \tag{5.208}$$

如果是运动学转向操控,那么就有 $3n$ 个动力学方程、$2n-2$ 个完整的约束方程和 n 个非完整的约束方程,因此系统具有两个自由度。只有一种控制系统的方式符合运动学转向控制的假设条件——施加一个转向角 δ。这可以定义为对主动轮 – 主动关节式车的一个锁定控制策略(δ 可以是常数也可以是一个设定的时间函数),因此可以进一步加入如下关系:

$$\psi_1 - \psi_2 = \delta \tag{5.209}$$

转向角 δ 可以看作控制变量,由描述控制系统特性的方程求得。只剩下一个自由的广义坐标,该坐标表示车辆沿着轨迹的运动,该轨迹仅由转向角决定。

运动学转向操控将不做进一步处理。

如果是动力学转向操控,那么就有 $3n$ 个动力学方程和 $2n-2$ 个完整约束方程:因此系统有 $n+2$ 个自由度。在这种情况下可以应用 AW – AJ 或者 AW – PJ 策略。在第一种情况下 δ 可以是常数也可以是一个设定的时间函数,加上式(5.209),自由度的数目减少到 $n+1$。

为了写出运动方程,根据车体固连坐标系中的速度函数,系统的拉格朗日方程可以写成

$$L = \sum_{i=1}^{n} \left[\frac{1}{2}m_i(u_i^2 + v_i^2) + \frac{1}{2}J_{zi}\dot{\psi}_i^2 - m_i g Y_i \sin(\alpha) \right] \tag{5.210}$$

车轮的转动动能被忽略了——用这种方法无法获得车轮的陀螺效应。

由于约束条件是完整的,所以可以将这些条件引入拉格朗日函数,得

$$\begin{aligned} L^* &= \sum_{i=1}^{n} \left[\frac{1}{2}m_i(u_i^2 + v_i^2) + \frac{1}{2}J_{zi}\dot{\psi}_i^2 - m_i g Y_i \sin(\alpha) \right] \\ &+ \sum_{i=1}^{n-1} (\lambda_{xi}f_{hxi} + \lambda_{yi}f_{hyi}) \end{aligned} \tag{5.211}$$

第 ij 个车轮接触面的中心的虚位移在车体固连坐标系中可以表达为

$$\delta_{q_{pij^*}} = \begin{Bmatrix} \delta X_i \cos(\psi_i) + \delta Y_i \sin(\psi_i) \mp \delta\psi \dfrac{t_i}{2} \\ -\delta X_i \sin(\psi_i) + \delta Y_i \cos(\psi_i) \mp \delta\psi a_i \end{Bmatrix} \tag{5.212}$$

式中：$i = 1, 2, \cdots, n$。同样，式中符号（∓）的（−）号在 $j = 1$ 时成立。

力 F_{xij} 和 F_{yij} 分别在 x_i 轴和 y_i 轴方向上作用于接触面的中心。此外，由于车轮运动时有一侧滑角，所以应该加上回正力矩 M_{zij}。因此虚功是力和力矩乘以虚位移和旋转角的积。

$$\delta w_{P_{ij}} = F_{xij}\left[\delta X_i \cos(\psi_i) + \delta Y_i \sin(\psi_i) - y_{ij}\delta\psi_i\right]$$
$$+ F_{yij}\left[-\delta X_i \sin(\psi_i) + \delta Y_i \cos(\psi_i) + x_i\delta\psi_i\right] + M_{zij}\delta\psi_i \tag{5.213}$$

因此，由拉格朗日方程得到的 $3n$ 个微分方程可以很容易地写成如下形式：

$$\begin{cases} m_i(\dot{u}_i - v_i\dot{\psi}_i) + (\lambda_{x(i-1)} - \lambda_{xi})\cos(\psi_i) \\ \quad + \left[m_i g\sin(\alpha) + \lambda_{y(i-1)} - \lambda_{yi}\right]\sin(\psi_i) = F_{xi1} + F_{xi2} \\ m_i(\dot{v}_i + u_i\dot{\psi}_i) + (\lambda_{x(i-1)} - \lambda_{xi})\sin(\psi_i) \\ \quad + \left[m_i g\sin(\alpha) + \lambda_{y(i-1)} - \lambda_{yi}\right]\cos(\psi_i) = F_{yi1} + F_{yi2} \\ J_{zi}\ddot{\psi}_i - (b_i\lambda_{x(i-1)} - c_i\lambda_{xi})\sin(\psi_i) + \cos(\psi_i) \\ \quad = a_i(F_{yi1} + F_{yi2}) + \dfrac{t_i}{2}(F_{xi2} - F_{xi1}) + M_{zi1} + M_{zi2} \end{cases} \tag{5.214}$$

式中：下标为 0 和 n 的拉格朗日乘子必须设置为 0。

式(5.208)的 $2(n-1)$ 个约束方程可以通过求时间的导数写成参考坐标系中各个车体速度之间的关系式。结果为

$$\begin{cases} u_i\cos(\psi_i) - (v_i + c_i\dot{\psi}_i)\sin(\psi_i) - u_{i+1}\cos(\psi_{i+1}) \\ \quad + (v_{i+1} + b_{i+1}\dot{\psi}_{i+1})\sin(\psi_{i+1}) = 0 \\ u_i\sin(\psi_i) + (v_i + c_i\dot{\psi}_i)\cos(\psi_i) - u_{i+1}\sin(\psi_{i+1}) \\ \quad - (v_{i+1} + b_{i+1}\dot{\psi}_{i+1})\cos(\psi_{i+1}) = 0 \end{cases} \tag{5.215}$$

如果控制参数是纵向力，那么纵向力可以被表达出来，而由侧滑角可以求得侧向力，即由式(5.206)中的速度依次得出。

如果车辆是通过利用作动器对一些关节施加一个扭矩来实现控制，那么由第 i 个作动器上的力矩产生的虚功位于第 i 个车体与第 $i-1$ 个车体之间，即

$$\delta W_{T_i} = T_i(\delta\psi_i - \delta\psi_{i-1})$$

式中：当 $i = 1, \cdots, n-1$ 时，显然 $\psi_0 = 0$。

从而第二个方程式(5.214)变为

$$J_{zi}\ddot{\psi}_i - (b_i\lambda_{x(i-1)} - c_i\lambda_{xi})\sin(\psi_i) + (b_i\lambda_{y(i-1)} - c_i\lambda_{yi})\cos(\psi_i)$$
$$= a_i(F_{yi1} + F_{yi2}) + \dfrac{t_i}{2}(F_{xi2} - F_{xi1}) + M_{zi1} + M_{zi2} + T_i - T_{i-1} \tag{5.216}$$

稳态解

稳态运行时，u_i、v_i 和 r_i 是恒定的。由于角度 ψ_i 随时间而变化，所以沿着斜坡

由重力分量产生的力也随时间变化。只有在水平地面上运动的情况与稳态假设一致,因此此时假设 $\alpha = 0$。

此外,各点轨迹的曲率是恒定的,即轨迹为圆形。因为车辆围绕轨迹的曲率中心旋转而不随时间变化,所以所有的角速度都相等,从而有可能定义单个角速度。因此偏航角为

$$\psi_i = \psi_{i0} + rt \tag{5.217}$$

式中:$r = r_i \ \forall i$。

车辆的位姿可以在任何时刻计算出,即当 $t = 0$ 时,由于在稳态条件下,所以位姿总保持不变。假设车辆由纵向力控制,那一瞬间的运动方程可简化为

$$
\begin{cases}
- m_i v_i r + (\lambda_{x(i-1)} - \lambda_{xi})\cos(\psi_{i0}) + (\lambda_{y(i-1)} - \lambda_{yi})\sin(\psi_{i0}) \\
= F_{xi1} + F_{xi2} \\
m_i u_i r - (\lambda_{x(i-1)} - \lambda_{xi})\sin(\psi_{i0}) + (\lambda_{y(i-1)} - \lambda_{yi})\cos(\psi_{i0}) \\
= F_{yi1} + F_{yi2} \\
- (b_i \lambda_{x(i-1)} - c_i \lambda_{xi})\sin(\psi_{i0}) + (b_i \lambda_{y(i-1)} - c_i \lambda_{yi})\cos(\psi_{i0}) \\
= a_i (F_{yi1} + F_{yi2}) + \dfrac{t_i}{2}(F_{xi2} - F_{xi1}) + M_{zi1} + M_{zi2}
\end{cases}
\tag{5.218}
$$

为了得到输入变量之间的关系,即 AW – PJ 式车轮的微分牵引力或 AW – AJ 式车作动器的转矩与输出以及轨迹曲率之间的关系,设任一车体,比如第二个车体的轨迹半径为 R_i,质心速度为 V_i。

联结驱动力 F_{xij} 彼此之间的关系,即不同功率驱动器的控制律,需要进行表述。施加在同一个轴上的车轮的力可以写为

$$F_{xij} = F_{xi} \pm \Delta F_{xi} \tag{5.219}$$

式中:F_{xi} 为平均力;ΔF_{xi} 为引起转向的微分力。

以下的控制律规定所有的 F_{xi} 等于力 F_x,并且所有的微分力都为零,除了第一个等于 ΔF_x。也可以有其他控制策略,如规定平均力与加在轴上的载荷成正比,且微分力适当地分布,以获得所要求的车辆外形。

如果是 AW – AJ 式车,还可以加上与控制力矩联结在一起的控制律。例如,只有施加在第一个和第二个车体间的第一个力矩可以不为零。

因此,未知数有 $5n$ 个,即 v_i、u_i、ψ_{i0}、λ_{xi}、λ_{yi}(这些值只有 $n-2$ 个),以及 F_x 和 ΔF_x。

方程数也有 $5n$ 个:式(5.218)的 $3n$ 个方程,式(5.215)的 $2n-2$ 个约束方程,在加上以第二个车体作为参考(车体选择是任意的)的关系式。必须列出更多的方程以计算出力 F_{yi1}、F_{yi2} 和回正力矩。它们是式(5.206)中求解侧滑角的 $2n$ 个方程,以及呈现车轮各项特性的方程,即用侧滑角的函数方程来求出侧向力与回正力矩。事实上,如上所述,只有 $5n$ 个方程可以用来求解侧滑角。力和回正力矩的的

方程可以离线使用。因此可以设计一种 Newton – Raphson 方案,计算出雅克比矩阵的数值解。从参数的运动值开始计算,易得出解集为

$$u_2^2 + v_2^2 = V^2 \quad \text{且} \quad \psi_{20} = 0 \tag{5.220}$$

如果是 AW – AJ 式车,那么微分力 ΔF_x 为零,作动器产生的作用在关节上的扭矩变为未知数。

如果一个线性解是可以接受的,那么有可能出现这种情况,在角 ψ_{i0} 设为零且其他角都很小的条件下,即车辆行驶轨迹的半径远大于车辆长度时会出现这种情况,同一轴上两个车轮的侧滑角(几乎)相等,因而式(5.206)可简化为

$$\alpha_{ij} = \frac{v_i + ra_i}{V} \tag{5.221}$$

通过引入侧偏刚度 C_i 与回正刚度 $M_{zi,\alpha}$,对第二组和第三组的 n 个方程进行解耦,方程简化为

$$\begin{cases} 2C_i v_i + V\lambda_{y(i-1)} - V\lambda_{yi} = -2C_i ra_i - m_i V^2 r \\ 2(C_i a_i - M_{zi,a})v_i + b_i V\lambda_{y(i-1)} - c_i V\lambda_{yi} + Vt_i \Delta F_{xi} \\ = 2(-C_i a_i + M_{zi,a})ra_i \end{cases} \tag{5.222}$$

通过上述方程可以计算出 v_i、λ_{yi} 和 ΔF_x(或者扭矩 T_1)。

第一组的 n 个方程:

$$-m_i v_i r + \lambda_{x(i-1)} - \lambda_{xi} - 2F_{xi} = 0 \tag{5.223}$$

可以用来计算 λ_{xi} 和 F_{xi}。

因为 ψ_{20} 被假定为 0,那么通过第二个约束方程可以计算出 ψ_{10}:

$$\psi_{10} = \frac{v_2 - v_1 + (b_2 - c_1)r}{V} \tag{5.224}$$

可以很容易地计算出其他所有的 ψ_{i0}:

$$\psi_{(i+1)0} = \psi_{i0} \frac{v_i - v_{i+1} + (c_i - b_{i+1})r}{V} \tag{5.225}$$

式中: $i = 2, \cdots, n-2$。

因此可以计算出轨迹曲率增益和侧滑角增益,如果是 AW – PJ 式车,那么

$$\frac{1}{R\Delta F_x} \text{且} \frac{\beta_i}{\Delta F_x} = \frac{v_i}{V\Delta F_x}$$

或者如果是由锁定控制策略控制的 AW – AJ 式车,那么

$$\frac{1}{R\delta} \text{且} \frac{\beta_i}{\delta} = \frac{v_i}{V\delta}$$

很明显,在一个线性化系统中的增益值是恒定不变的,尽管它们是速度的函数。

如果质心在轴上($a_i = 0$)而且忽略回正力矩,则车辆是中性转向的,即轨迹曲率增益与速度无关。求解侧向特性的方程简化为

$$\begin{cases} 2C_iv_i + V\lambda_{y(i-1)} - V\lambda_{yi} = -m_iV^2r \\ b_i\lambda_{y(i-1)} - c_i\lambda_{yi} + t_i\Delta F_{xi} = 0 \end{cases} \tag{5.226}$$

例5.8 假定一个在火星上运行的由完全相同的九节刚体组成的且每节带有两个轮子的蛇形机器人。参数如下：$m_i = 3\text{kg}$，$g = 3.77\text{m}/s^2$，$a_i = 10\text{mm}$，$b_i = 100\text{mm}$，$c_i = -100\text{mm}$，轮距（轴距）$t = 300\text{mm}$。

车轮的侧向特性，使用前例中方程式，即式（4.157）与式（4.161），且不考虑纵向力与转向力之间的相互作用。车轮的参数为：$\mu_{yp} = 0.6$，$C = 100$ N/rad，$M_{z0} = 0.005\text{N} \cdot \text{m}$ 以及 $C_1 = 20$。

控制是通过在第一节与第二节车体之间的关节处施加一个控制力矩来执行的。

首先求解线性化稳态解。假定半径值为 $R = 1000\text{m}$，那么就能计算出每个速度值所对应的角速度。轨迹曲率增益以及不同轨迹非线性模型的解，如图5.31（a）所示。

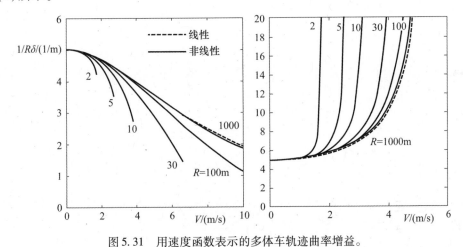

图5.31　用速度函数表示的多体车轨迹曲率增益。
（a）9节车体车；（b）10节车体车

从图中可以清晰地看出车辆转向不足，这与车的每段质心在车轮后的事实是明显矛盾的。

事实上，如果对每节车体都使用相同的数据且车体缩减为两节，就能获得一个很强的转向过度的响应。带有不同车体数的不同模型显示出，如果车体数为奇数，就会获得一个转向不足的响应；如果车体数为偶数，则会导致一个转向过度的响应。图5.31（b）所示为10节车体车的轨迹曲率增益，其响应是转向过度的且临界速度值低。

图5.32所示为侧滑角增益 β_i/δ 与偏航角增益 ψ_i/δ。

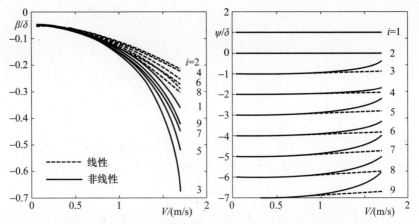

图 5.32　9 节车体车的(a)侧滑角增益 β_i/δ;(b)偏航角增益 ψ_i/δ

5.4.9　轨迹定义

到目前为止,问题可以表述如下:给定一个运动轨迹,如何确保机器人能准确地遵循这个轨迹? 对于目前用于地球或者外星体(LRV)上的车辆和遥控装置而言,操控工作都是由人类完成的。

首先必须定义一个理想的轨迹。当由人类操作者负责时,几乎不需要刻意的操作就能实现:通常观察一下地形和道路状况就足以确定一条合意的轨迹,并且对于同一道路尝试多次就可寻找到最优轨迹。如果超出了人类视线范围,那么有必要在规划轨迹路径时仔细研究地图。

如果是半自治装置,轨迹可由监控人员确定,方法与机械臂中运用的方法相同,或许也可以通过定义路径点然后运用各种插值法估算出路径的方式确定路径。

众所周知的定义路径的一个方法是产生一个势场,即吸引探测车驶向目的地以及途中避障[1]。这通常需要探测车周围区域的地图是已知的,以便制导系统有一个全球模型作为参考,但如果仅凭反射作用进行制导也可以工作。在后者的情况下,最初位势函数的建立是基于所掌握的目的地的信息,然后通过增加探测车沿路径行进途中所发现的各种障碍对该函数进行修正。

一个可能的势场函数为[2]

$$U = U_0 + \sum_{\forall i} U_i, \quad \text{或更好地} \quad U = U_0 + \max\{U_i\} \tag{5.227}$$

①　A. Ellery, An Introduction to Space Rotatics. Springer Praxis, Chichester. 2000.

②　Y. K. Huang, N. Ahuja. A *Potential Field Approach to Path Planning*, IEEE Trans. on Robotics and Automation, Vol. 8, No. 1, 1992.

式中：

- U_0 为目的地的位势,定义为

$$U_0 = G_0 d_0 \tag{5.228}$$

式中：G_0 为增益；d_0 为目的地与漫游车之间的距离。

- U_i 为第 i 个障碍物的位势,影响范围是半径为 S_i 的球体,r_i 为在漫游车轨迹半径基础上增加的半径,是为了安全留出的距离。

$$\begin{cases} U_i = \infty, & d_i \leqslant r_i \\ U_i = G_i \dfrac{S_i - d_i}{S_i - r_i}, & r_i < d_i \leqslant S_i \\ U_i = 0, & d_i > S_i \end{cases} \tag{5.229}$$

在第一种情况中(实际上 U_i 是一个很大的值),漫游车与障碍物发生碰撞,而在最后一种情况中漫游车在障碍物影响范围之外。

吸引漫游车的势场可能有局部极小值。为避免这个问题,可以给势场引入一个任意摄动,以避免漫游车的势场出现局部极小值的情况。

一旦确定了运动轨迹,最简单的制导算法可能是设转向角与实际偏航角和所要求偏航角之差成正比：

$$\delta = -K(\psi - \psi_0) \tag{5.230}$$

ψ_0 由势场函数得出,它是势场面沿最速降线方向在 xy 平面上的投影与 x 轴的夹角。

各种更复杂而且更有效的制导算法已经投入使用,但这超出了本书讨论的范围。

例 5.9 考虑一个四轮的漫游车行驶在 Titan[①] 的平坦表面,需要从位于参考坐标系原点处的出发点到达坐标为(850,900)的终点。七个圆形的障碍物分别位于横坐标为 350、500、680、770、820、750 和 680m,纵坐标为 680、700、670、580、450、200 和 60m 处。计算势场的参数为 $G_0 = -500 \; 1/\text{m}$,$G_i = 2$,$r_i = 80\text{m}$,$S_i = 500\text{m}$。每个障碍物势场的极限值设为 10。

计算到终点的轨迹,实际的轨迹通过模拟漫游车以 1m/s 匀速运动来获得。利用式(5.152)中的线性化模型来建模,漫游车的数据为：质量 $m = 40\text{kg}$,惯性力矩 $J_z = 12\text{kg} \cdot \text{m}^2$,轴的纵向位置 $x_1 = 0.4255\text{m}$ 和 $x_2 = -0.4255\text{m}$,最优运动控制情况下 $K_1' = 1$,$K_2' = -1$ 大小相等,转向角的值相等或相反,轴的侧偏刚度为 $C_1 = C_2 = 194 \; \text{N/rad}$,轨迹比例控制的增益 $K = 0.5$,转向角的最大绝对值为 $5°$,初始偏航角等于 0。

利用式(5.227)求得的势场如图 5.33 所示。图中还标示了在假设直线段为

---

① G. Genta, A. Genta, *Preliminary Assessment of a Small Robotic Rover for Titan Exploration*, Acta Astronautica, Vol. 68, No. 5 – 6, 556 – 566, March – April 2011.

5m 的条件下计算出的一个标称轨迹。由于它的计算方法,轨迹为锯齿状的线,如图 5.33(b)所示的障碍附近的放大区域。

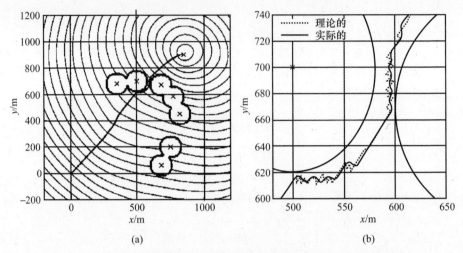

(a) (b)

图 5.33 (a)由七个障碍,一个终点和从原点到终点的轨迹构成的势场;
(b)障碍间运动轨迹区域的放大图

通过对运动方程的数值积分进行仿真。起初,漫游车向 X 方向移动且第一次机动是向左转 45°。数值积分的结果也显示在了图中,说明此控制策略能保证漫游车以高精度循迹。施加给最大转向角的低值产生了一个相对于理论值的平滑路径。

5.4.10 转向机动性

为了评估在漫游车的运动过程中有多少转向控制受到驱动,引入一个名为转向机动性的指数。它可以被定义为内轮差与漫游车中心运动距离之比,即

$$S_a = \frac{\int_{t_1}^{t_2} |V_L - V_R| \mathrm{d}t}{\int_{t_1}^{t_2} |V| \mathrm{d}t} = d \frac{\int_{t_1}^{t_2} |\dot{\psi}| \mathrm{d}t}{\int_{t_1}^{t_2} |V| \mathrm{d}t} \tag{5.231}$$

式中:下标 R 和 L 表示左轮和右轮,而 d 为轴距。在第二个表达式中车轮的速度由位于 y 轴上与轮同侧的两个点的速度表示。

当匀速在半径为 R 的轨迹上行驶时,得到

$$S_a = \frac{d}{R} \tag{5.232}$$

当转向时,转向机动性趋于无穷大,而在直线行驶时它趋于零。

284

如果转向机动性是基于连接相同点的不同轨迹求得的,则轨迹越光滑 S_a 的值越小。

5.5 悬架动力学

正如前面章节中所述,如果车轮的数量大于三,则刚性车辆(单体车)是一个静不定系统。车辆的结构要么足够柔性,要么在车轮和车身之间有一个柔性连接。

悬架有两个主要功能:
- 在静态与准静态载荷的作用下(车辆处于静止条件),能以一种与设计目标相对应的方式把载荷分布在地面上,并使车辆以合适的位姿就位。
- 使车轮能在不向车身转移过度负荷和加速度的情况下沿不平坦的道路行驶。

当车辆被设计为在布满大大小小障碍物的未知路面行驶时,相对于车轮的半径而言,这些障碍物的尺寸不容忽视,下一步的工作,即所谓的障碍管理工作,是与悬架密切相关的。

对于第一项工作,悬架可能是一个没有任何柔性的铰接系统或是一个线性或非线性的弹性系统,对于第二项工作,这些悬架还必须能产生阻尼,最起码要能够避免共振的发生。第二项工作非常重要,以至于这些悬架还能被用在两轮或三轮车中,为了以一种可预测的方式把载荷分布在地面上,这两种车辆不需要悬架。

备注 5.23 理论上这两项工作都可以由车轮完成,如果车轮足够柔性,即便是单车身车也是如此,但是车轮柔性通常是不够的,而且它们的阻尼太小不能有效地完成这项工作。无论如何,阻尼应该与非旋转部件相关联,否则会增加滚动阻力。

理想情况下,悬架应该能够容许车轮相对于车体在垂直于地面方向(z 轴)移动,保持车轮平面平行于自身并将所有运动约束在 x 轴和 y 轴方向上:单轮的悬架应是一个具有单自由度的系统,即在 z 轴方向上的位移。

然而,目前使用的系统都不能做到上述理想状态,而且每一个系统都有一个特定的行为;在给定任意特定车辆自身的一个特性的条件下,悬架执行的工作大致是约束轮毂其他五个自由度,这很重要。因为当车身在垂直方向上移动(位移 z)或绕它的 x 轴旋转(滚转角 ϕ)时,车轮的位置发生改变,所以可绘制出外倾角 γ、轴距 t、转向系统的特性角、转向角 δ 等,这些参数是 z 和 ϕ 的函数。这些函数通常是强非线性的但是可以在任意平衡位置附近被线性化,且导数 $\partial t/\partial z$、$\partial t/\partial \phi$、$\partial \gamma/\partial z$、$\partial \gamma/\partial \phi$、$\partial \delta/\partial z$、$\partial \delta/\partial \phi$ 等[①]可以很容易地求得。它们在平衡位置附近的微小运动

---

① 后面会用到 $(t)_z$、$(t)_\phi$ 等符号。

中,可被视为常数,从而可以由此定义悬架的特性。

除了悬架的这些运动特性,车轮相对于车身和地面的位置会受到关节柔性的影响,这些关节通常是非球形或圆柱形的,但它们是柔性的,或是受悬架其他部件柔性的影响。如果考虑柔性的影响,那么由于变形产生的位移就不只是由车体的位置来确定,而且也不可能引入相关导数。必须指出的是在车辆悬架设计中趋向用弹性铰链或柔性部件来替代关节,它们在运动学意义上同样能够以正确的方式工作,并且趋向于把悬架设计与连杆机构的定向功能和弹簧的弹性作用融为一体。因此定义悬架的运动参数变得越来越困难。

弹性悬架上的车辆可以被建模为一个带有刚性体的多体系统,簧上质量,即与包括车轮在内的许多质量连接;簧下质量,即通过无质量弹簧与阻尼器来模拟悬架。簧下质量与路面的关联是通过无质量弹簧与阻尼器来模拟轮胎的方式实现的。这个模型显然是一个近似模型,因为各种链接、弹簧和轮胎有自己的质量和固有频率,而且车身和连杆机构都不是刚体。然而,通过把车体建模成一个弹性体,这类模型的复杂度与精度会增加,这对于研究车辆的动态特性非常有用。

可以将一个四轮车建模为一个具有 10 自由度的系统,车身 6 个自由度,每个车轮各有 1 个自由度。这对于任何类型的悬架都适用,因为每一个轴上的车轮都可以有独立悬架或者整体悬架,但它们的自由度总数都是一样的。为考虑纵向侧滑或转向系统的柔性,可以在模型中引入额外的自由度,如车轮绕轴或绕主销轴[①]的旋转。

因此每个悬架的特性是通过其质量、刚度、悬架和轮胎的阻尼参数来表现的。后者可以是强非线性的,但如果对平衡位置附近的微小运动进行研究,通常是可以进行线性化的,特别是在考虑刚度的情况下。

5.5.1　非柔性悬架

对于高度略小于轮半径的障碍物,低速运行的车轮是可以克服的,而且可以穿越宽度不大于车轮直径70%的沟渠,除非车辆的构造允许在一些车轮脱离地面的条件下继续运行。

火星车没有弹性和阻尼悬架,并且有时车轮是刚性的。众所周知,弹性悬架只有在速度大于给定值时有用,这取决于许多因素,尤其是整个车辆的固有频率、轮胎刚度以及地面不规则物的大小。由于没有提到使用弹性悬架,所以使用一种连杆机构,使载荷均匀地分布在地面上:NASA 的实验性火星车 Rocky Ⅲ 和目前实际应用的所有火星车都使用一种摇臂转向架连杆机构,该机构把载荷均匀分布在六个轮子上。其他类型的连杆机构允许更大的行驶车轮,但没有使用

---

① 主销轴是转向时轮毂绕着转动的那个轴。

任何柔性部件,比如俄罗斯月球机器人探测车(Lunokhod)。后者的最大时速为2km/h,而火星车的最大时速更低,小于0.02km/h。在这样的速度下并不需要弹性悬架。作为额外的考虑,机器人探测车上的所有设备必须经可承受高加速度,特别是如果应用了气囊着陆技术。在不平路面行驶时以减小加速度为目标的悬架就没有用了。

多体车

让一个四轮车辆具有静定结构的最简单的设计是将车体细分为两节,并使得其中一节绕一纵轴相对于另一节旋转。铰接的车体可以设计成具有任意数量的轮子:前两个轴需要一个内自由度;对于任意附加轴必须多加两个自由度。比如,在图5.29(a)中所示的NASA为火星样品返回任务设计的火星车,车体分为三节,中间通过两个关节链接。为了提高克服前方障碍的能力,关节可以通过作动器来控制。

摇臂悬架:四轮

图5.34展示了一种两轴车辆可能的解决方案:每一侧的两个轮子连接一个摇臂,该摇臂通过一个圆柱铰链连接在车身上。通过耳轴之间的差动齿轮或者松开铰链的方法,车身与水平面可以保持一个角度,该角度是两个摇臂之间角度的平均值,且车身可以在横向方向上运用另外的摇臂,如图5.34(b)所示。

当在平坦的地面上时,加在前轮和后轮上的作用力为

$$F_{z_1} = mg\frac{b}{2l}, F_{z_2} = mg\frac{a}{2l} \tag{5.233}$$

备注 5.24 铰链的位置并不重要:如果铰链在质心的位置,则耳轴不带任何力矩或者横向摇臂无载荷,但是如果质心相对于铰链产生了位移,则上面提到的载荷分配也是成立的。

承载车轮的摇臂可以通过电动铰链装在车体上,这样车体的位置就可以控制了;例如车体可以在纵坡上行驶时保持水平,只要系统的几何结构允许。

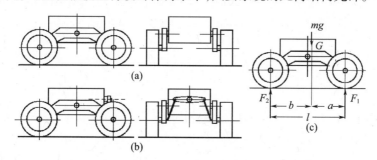

图5.34 四轮探测车的摇臂悬架;(a)车体由差动齿轮支撑;
(b)车体由一个横悬臂连接;(c)地面作用力

在这类解决方案中最好的方案是每个轮子都配备一台电机来驱动。方向控制可以用差分牵引实现,即侧滑转向控制,即通过让两侧车轮以不同的方向转弯或利

用作动器控制两轮或四轮转向来实现车辆转向控制。为了使车辆能够立刻转向，转向作动器必须能使轮子转到约90°。

如果转向轮大于两个，那就使用一种基于运动转向的策略，即车轮一直以相反的方向操控。这对于这类低速车辆是非常适用的。

车辆克服障碍的能力是有限的，但该系统无论从机械还是从控制角度来看都非常简单。

摇臂悬架:六轮

摇臂悬架也适用于三轴车辆。如图5.35所示，每侧的两个轮子都连接在一个摇臂上，而其余两个轮子，一侧一个，连接到一个横向摇臂。该结构为静定结构且车轮可以在不规则地表行驶，至少在摇臂的几何构造约束范围内可以做到。

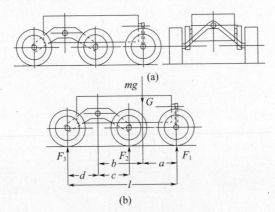

图 5.35　六轮探测车的悬架

(a)悬架系统示意图;(b)地面作用力。

作用在地面上的力是容易计算的:当停在平坦路面上时,作用于每个前轮的力(如果横向摇臂在车的前部)以及作用于连接车体与后摇臂的铰链上的力为

$$F_{z_1} = mg\frac{b}{2(a+b)}, \quad F_r = mg\frac{a}{2(a+b)} \tag{5.234}$$

作用在后轮上的力为

$$F_{z_2} = mg\frac{ad}{2(a+b)(c+d)}, \quad F_{z_3} = mg\frac{ac}{2(a+b)(c+d)} \tag{5.235}$$

如果

$$a = 2b, \quad c = d \tag{5.236}$$

那么每个车轮都承载探测车重量的1/6。

备注 5.25　假如所有车轮都采用电机驱动,那么这一计算方法不仅对于在水平地面上静止的车辆成立,对于在水平地面上匀速行驶的车辆也成立:如果作用在每个车轮上的转矩与滚动阻力精确平衡,情况相同。

摇臂转向悬架:六轮

NASA 的所有火星车如"勇气"号和"机遇"号以及 1997 年的"火星探路者号"都用了摇臂悬架。摇臂系统允许每个轮子独立地适应不平坦的地形,理论上能使火星车穿越高于轮子直径的障碍。摇臂系统还可以在火星车工作在陡峭的斜面上时提供良好的稳定性。摇臂悬架系统是由 Don Bickler 发明的,并于 2000 年和 2001 年由美国国家航空航天局/喷气推进实验室(NASA/JPL)申请了专利。

六轮摇臂转向悬架似乎是在摇臂这个概念上进一步发展起来的。每侧的三个轮子都连接到一个独立的连杆机构,该机构由一个带前轮的前摇臂、连接车轮与车体的耳轴和一个后补圆柱形铰链组成。后者带有一个后摇臂连接中轮和后轮,如图 5.36(a)所示。

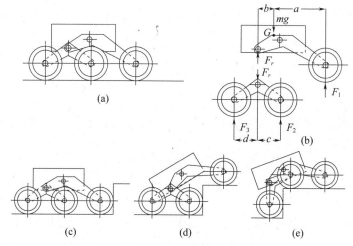

(a)

(b)

(c)　(d)　(e)

图 5.36　六轮摇臂转向架装置
(a)车辆示意图;(b)在水平地面上时的受力情况;
(c)－(e)越过一个高于车轮直径的台阶

折叠或者减小系统尺寸(如伸缩臂)通常包括在着陆器的载荷容积设计中,但这对于理解设备如何工作并不重要。

车身与两个摇臂转向架连接的方式与之前见到的图 5.34 所示装置上的摇杆臂的连接方式相同。

在水平平面上时作用在每一个前轮上和连接前后臂的铰链上的力为

$$F_{z_1} = mg \frac{b}{2(a+b)}, F_r = mg \frac{a}{2(a+b)} \qquad (5.237)$$

作用在后轮上的力为

$$F_{z_2} = mg \frac{ad}{2(a+b)(c+d)}, F_{z_3} = mg \frac{ac}{2(a+b)(c+d)} \qquad (5.238)$$

而且,主铰链在四轮摇臂悬架上的位置并不重要。

与之前的情况相同,如果

$$a = 2b , \qquad c = d$$

每个车轮承载探测车重量的1/6。如果 a 大于 $2b$,则前轮载荷比其他车轮要小,因此这可能有助于克服障碍。

探测器跨越一个台阶的顺序如图5.36(c) – (e)所示。首先前轮受后轮的推动与台阶产生相互作用力,然后前轮旋转使车的前部抬起并跨越障碍。

假设车辆在平地上,后轮所施加的推动前轮跨过障碍的力为

$$F_x = 2\mu_x (F_{z2} + F_{z3}) \tag{5.239}$$

假设前轮刚刚离地去攀爬障碍物。前轮在与后轮接触时在垂直方向上施加的力为

$$F_x \mu_{x1} = 2\mu_{x1}\mu_x (F_{z2} + F_{z3})$$

式中:μ_{x1} 为台阶垂直面上的牵引系数,该系数不等于 μ_x。为能越过障碍,这个力必须大于作用于前轮的力 $2F_{z1}$。这意味着摩擦系数的乘积必须足够高:

$$\mu_{x1}\mu_x > \frac{F_{z1}}{F_{z2} + F_{z3}} \tag{5.240}$$

或,如果 $\mu_{x1} = \mu_x$,那么

$$\mu_x > \sqrt{\frac{F_{z1}}{F_{z2} + F_{z3}}} \tag{5.241}$$

如果载荷均匀地分布在轮子上,那么越过障碍的牵引系数为

$$\mu_x > \frac{1}{\sqrt{2}} \approx 0.7 \tag{5.242}$$

车轮开始爬坡之后,情况变得更简单,因为一些载荷向后轮转移,尤其是在质心很高的情况下。

从图5.36(d)很清楚地看到第二个轮子遇到一个更困难的情况:质心的后移减轻了前轮的载荷,但是加重了后面两个轮子的载荷,因此要求牵引系数增大。最后一个轮子的情况与此相同。

在克服障碍的过程中,车辆同时减速或停止。这不是车辆的运行速度快慢的问题,而是需要很好地控制电机,以避免车轮陷进松软的地面。

结论是,在运动学意义上,摇臂转向架车辆可以跨过高于车轮直径的障碍,但受限于可利用的牵引力,在实际中可能较难实现。然而,台阶是最难跨越的障碍,而车辆在斜坡上的机动性好得多。

如果质心可以移动,这很难做到,或者作动器在摇臂的铰链上施加扭矩以改变地面上的载荷分布,那么应对前方的障碍会更容易一些。

具有这种结构的火星探测车能承受任何方向上45°的倾斜而不倾翻,因此这种火星车的最大速度很低是合情合理的。

通常转向是通过使用合适的转向作动器使每个轮子绕一纵轴旋转实现的。通常是前轮和后轮一起转向,而中间的轮子是固定的,从而进行运动转向。要原地转向,必须达到将近90°的转向角。如果中间的轮子也可以转向,那么可以进行侧移,这是一种可以增加在狭窄地带机动性的方法。

摇臂转向悬架:八轮

摇臂转向悬架也可以用在轮子数更多的车辆上。图 5.37 所示为一个八轮车辆的布局。在这种情况下车辆可能是对称的,因此它可以驶向两个方向,没有任何不同。

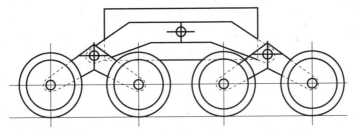

图 5.37   八轮探测车摇臂悬挂转向架

其他非弹性悬架

对于非弹性悬架,可能的运动布局多种多样。如图 5.38 所示的由洛桑理工大学(EPFL)制造的六轮探测车。它有一个菱形结构(第一个和最后一个轴只有一个轮子,其他轴有两个轮子)。第一个轮子安装在弹簧前叉上,侧面的轮子安装在两个转向架上(呈平行四边形结构),而后轮直接安装在车体上。

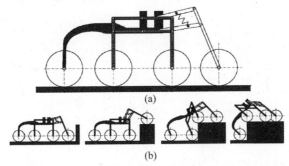

(a)

(b)

图 5.38   由洛桑理工大学(EPFL)制造的六轮探测车(前后轴各有一个轮子)

如图 5.38(b),它具有很好的越障能力(图中所示为跨越高度为其轮子直径 1.5 倍的台阶时的情景),无论是在结构化环境还是在非结构化环境中。前叉结构能使前轮在被推向后方时抬起,从而使其更容易爬上台阶。

在很多情况下,连接车轮与车体的铰接式连杆机构是由作动器驱动的,或许可以把它称为腿:在轮 – 腿混合动力汽车研究中将会考虑这些情况。

5.5.2 弹性悬架

具有摇臂转向悬架的机器所能达到的速度太低,无法提供给宇航员需要的机动性,因此载人行星探测车必须要更快。由于探测车是载人的,因此减震的要求更为重要,这些车辆必须配备弹性和阻尼悬架。例如,用于"阿波罗"任务中的月球车的最大速度为 18km/h,且它的四个轮子安装在横向四边形布局的带有弹簧与阻尼器的独立悬架上,这是非常传统的汽车布局。

当将达到更高速度时,机器人探测车也可能需要使用弹性悬架,如探索任务中用于协助宇航员的机器人或遥控装置。这些装置的速度至少要达到人类的步速,相比地球重力条件下,宇航员在低重力条件下的步速可能更快,这一点也需要考虑。因此,这些装置的速度应至少达到 3m/s(约 10km/h),这意味需要使用真正的悬架,如许多快速的军用探索微型机器人上应用的那些悬架。

整体式悬架/车桥

最简单的一类悬架是,悬架上同一轴的两个轮子通过一个刚性梁连接,这类整体式悬架/车桥必须有两个自由度,即垂直方向的平移和滚转。

最简单的结构用于早期的汽车中,也通常用于现代工业车辆:以刚性梁为基础,用刚性梁做底架,还包括最终传动机构(整体式传动机构或或者驱动轴,如图5.39(a)所示),并直接通过弹簧引导。通常后者是如图 5.39 所示的半椭圆形钢板弹簧,其并不代表减震器。

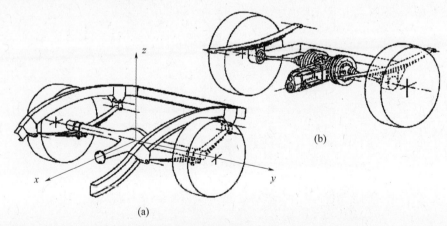

图 5.39　用在后轴上的典型刚性悬架:钢板弹簧也作为约束部件引导悬架运动中的车轴
(引自 *The Automotive Chassis*,Springer,New York,2009)

图 5.39(a)所示解决方案,通常称为 Hotchkiss 车桥,其缺点是在模拟正确的运动特性时,即车轴只能沿 z 轴坐标移动以及绕滚动轴旋转,表现不佳。与绕 y 轴

旋转的刚度相比,在 x 轴和 y 轴方向上的刚度仍不够高,尽管比 z 轴方向上的高很多,最重要的是,任何滚转运动都与整个轴的转向有关(滚转)。换句话说,导数 $\partial\delta/\partial\phi$ 的值会非常高。后者的特点是基于一个事实,即车轴与弹簧连接的点的运动不完全垂直:当一个轮子朝着车体运动而另一个轮子背着车体运动时,它们的运动方向在纵向上相反,从而令车轴转向。

图 5.39(b)所示的车轴通常被称为 De Dion 车桥。它被广泛应用于略有不同的车辆中,这种车桥中出现了导向元件且用螺旋弹簧代替了钢板弹簧。

图 5.40 为用于控制车轴运动的一些不同类型的连杆机构的解决方案。车轴横向导轨由一个瓦特四边形(a)、一个反应杆(g)、一个带有两个连接车体(c)或车轴(e)的关节的三角形铰链或一根直导轨构成。对于其他情况(b,c),在钢板弹簧或纵向连杆的 xy 平面上的弯曲刚度用来作为横向约束。只有在(a)和(f)两种情况中,车轴以一种几乎运动学正确的方式横向运动的。

车轴纵向导轨由一个约束绕 y 轴旋转的铰接四边形(a,f)、一个连接绕 y 轴旋转与 z 轴上平移的瓦特四边形或弹簧的纵向刚度构成。解决方案(b)(包含一个柔性部件)、(d)和(e)在运动学上相似于(f),因此可以把它们同化为一个四边形。只有方案(c)准确地解耦了位移 z 和在 x 方向上产生位移的滚转侧倾以及绕 z 轴的旋转,完全避免了侧倾转向。

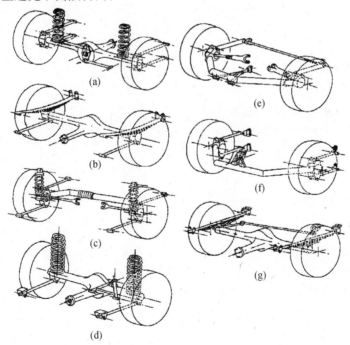

图 5.40 具有不同几何结构的连杆机构的整体式悬架/车桥
(引自 The Automotive Chassis,Springer,New York,2009)

在(c)结构中车轴的扭转刚度必须很低,或更好地,一个圆柱铰链必须分离车轴的两部分的旋转,这两部分在任何旋转运动中都互不相同。如果该分离是通过车轴的变形得到的,那么悬架是不可能以正确运动学方式工作的,因为这一结构是靠一些部件的变形来产生所需的位移。

带有一些柔性部件的装置为减少零件的数量和系统的成本提供了条件。对于基于钢板弹簧作为导向部件的传统悬架来说也是同样的道理,而利用不同类型的弹簧可以得到更好的性能,尤其是在金属零件之间的摩擦(发生在弹簧的金属薄片之间)能够避免的情况下。

导向部件的类型的选择取决于各部件的应力和变形系数,应尽量避免某些情况中导致运动锁死的接触力,如在(f)中出现的情况。

在所有情况下,轴距与车轮外倾角是常数,至少在忽略车轮柔性的条件下。由此得出$(t)_z = (t)$,$\phi = (\gamma)_z = (\gamma)$,$\phi = 0$。

悬架研究中的一个重要参数是悬架滚动中心 RC 的位置。车辆的滚动轴是在对称条件下车辆滚转的瞬时轴(滚动角 $\phi = 0°$)。

备注 5.26 滚动轴是瞬时轴,因为大角度滚动运动并不是单纯的绕定义明确的轴的旋转,而是只有在绕一给定位置的小角度旋转时才能被定义,这个给定的位置称为对称平衡位置。

在两轴车辆中,滚动轴从垂直于地面的平面穿过,该平面由给定悬架的车轮中心点所决定,穿越点是悬架的滚动中心。由于对称的原因,滚动轴必须位于车辆的对称平面内(xz 平面),因此悬架的滚动中心也必须在该平面内。需要注意的是,在两轴车辆的情况下,每个悬架的滚动中心可以仅由相关悬架的特性来确定,而滚动轴可以被定义为连接两个悬架滚动中心的一条线。如果车辆的轴数大于 2,则悬架的滚动中心不必成一直线:滚动轴仍然存在,但它并不穿过那些单个悬架的滚动中心,可以认为它是被隔离开的。

每个悬架的滚动中心也可以被定义为垂直于地面以及对称面的一点,在该对称面上,施加在车体上的侧向力 F_y 不会导致任何滚动。这两种定义很明显是一致的。

图 5.41 所示为一个四连杆悬架。为了得到滚动中心的位置,首先要找到连杆 $1-1'$ 和 $2-2'$ 的轴的交叉点 A 和 B。它们位于车辆的中平面上。滚动中心为 AB 的交义点,AB 位于垂直于地面且包含车轮中心的平面上。如果两个连杆是平行的(假设为连杆 1 和 1'),则永不交叉且直线 AB 平行于相关连杆在对称平面上的投影。

独立车轮悬架

如果车轮独立悬挂,那么连杆机构必须能约束车轮 6 个自由度中的 5 个(或更准确地说是轮毂的自由度,因为车轮也绕轴自由旋转)。不受约束的自由度应该是在垂直于地面方向上的位移。正如已经提到的,目前使用的装置无一能精确地满足这一要求。

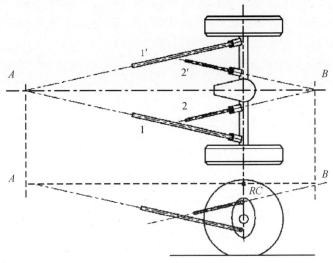

图 5.41 四连杆式整体式悬架/车桥以及滚动中心 RC 的位置
（引自 *The Automotive Chassis*, Springer, New York, 2009）

由于悬架必须能够限制 5 个自由度, 因此可以将悬架物化为一个由 5 个末端带有球形铰链的杆组成的系统, 如图 5.42 所示。这种布局, 通常被称为多连杆悬架, 其优点是通过拧紧或拧松关节连接改变杆的长度实现大自由度的调整。它的复杂性使得它在赛车领域外很少得到应用, 虽然更为简单的多连杆悬架在今天已较为普遍。

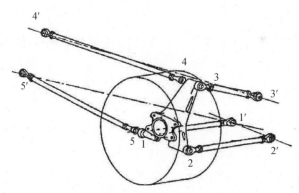

图 5.42 基于五连杆机构的通用悬架, 用于约束车轮的 5 个自由度
（引自 *The Automotive Chassis*, Springer, New York, 2009）

现今赛车的悬架类似于这里描述的多连杆悬架, 但是用弹性铰链代替了球形铰链。这是一个非常适合空间应用的解决方案, 因为金属弹性铰链比球形关节或弹性部件更能忍受恶劣的都空间环境。

几乎所有的独立悬架可以通过用不同方式组合五连杆悬架来得到。

总体来说车轮的运动是非平面的,因而对运动特性的研究并不容易。现在这个难题通过用计算机生成运动轨迹可以很容易解决。

如果点 1、点 2 与点 3、点 4 互相重合,那么它们所对应的杆就成为三角形部件:得到的悬架是一个横向四边形悬架,通常被称为 SLA(长短臂)悬架或者 A 形摆臂悬架(图 5.43)。如果直线 1'2' 与 3'4' 平行,那么车轮的运动就在一个垂直于 1'2' 的平面中,而且该机构在这个平面上的投影是一个铰接的四边形,该四边形的边 1'3' 由车体组成。

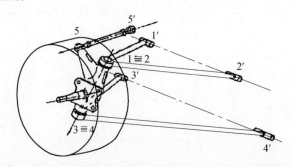

图 5.43　基于横向铰接四边形的悬架(长短臂 SLA 或 A 形摆臂悬架 A – arm)
(引自 *The Automotive Chassis*,Springer,New York,2009)

备注 5.27　作为月球上唯一使用过的车辆,"阿波罗"号月球车共有四个轮子,每个轮子都由这种连杆机构悬挂。

选择这一结构的一个主要原因是它为机械部件和有效载荷留下许多自由空间,如图 5.44 所示。

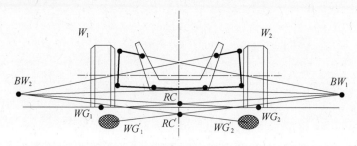

图 5.44　前悬架的滚动中心 RC 的位置,悬架建立在以平行于 x 轴的轴 1'2' 和 3'4' 构成的横向铰接四边形上。RC:刚性轮胎的位置;RC':考虑轮胎柔性所获得的位置
(引自 *The Automotive Chassis*,Springer,New York)

图中也显示了获得滚动中心的结构。首先定位车轮相对于地面(在悬架运动中)的旋转中心 WG_1 和 WG_2。如果车轮为刚性圆盘,那么它们将在车轮与地面接触

区域的中心(WG_1 和 WG_2)。如果还要考虑车轮的柔性,那么它们是在地面下隐形区域处(WG'_1 和 WG'_2),位于相对于接触区的中心稍内侧。因此轮子相对于车体的旋转中心BW_1 和 BW_2 位于上下连杆方向的交叉点,该点朝车的外部方向收敛(图 5.45(a),负摆臂悬架)或朝中平面方向收敛(图 5.44,正摆臂悬架)。由位于地面上的点BW_1 和 BW_2(图 5.45b),有可能获得

$$\frac{\partial t}{\partial z} = 0$$

但该条件只能在一个或两个载荷值已知的情况下得到。如果$\partial \gamma / \partial \phi$ 必须也为零,那么点BW_1、BW_2 和 RC 必须位于地面并在对称平面中(图 5.45(c))。

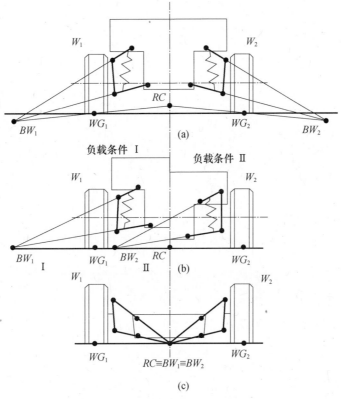

图 5.45　不同的横向铰接四边形悬架方案
(引自 *The Automotive Chassis*,Springer,New York,2009)

连接点BW_1 和 WG_1 以及点BW_2 和 WG_2,然后使这两条线交叉,就能获得位于对称平面中的滚动中心 RC。在横向铰接四边形的情况下,它通常靠近地面,或者如果考虑轮胎的变形甚至会在地面下。如果两个三角形连杆机构的铰链的轴不水平或者不平行(图 5.46),那么确定滚动中心以及后一种情况的运动是很复杂的。

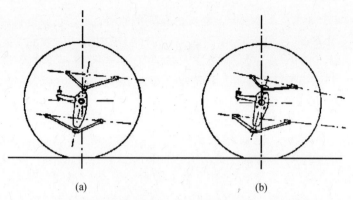

(a)
(b)

图 5.46　基于铰接四边形的悬架,其铰接轴不水平(a)以及不平行(b)
（引自 *The Automotive Chassis*,Springer,New York,2009）

如果上面的三角形被一个菱形导轨取代,那么就得到了 MacPherson 悬架(图
5.47)。这是一个非常简单的解决方案,为车辆的机械部件留下了许多自由的空
间,对于车的前轴非常普遍,尤其是小型车辆。然而事实上,减震器作为一个菱形
导轨是一个结构性部件,这对于一些如行星探测车等苛刻的应用来说可能是一项
限制因素。

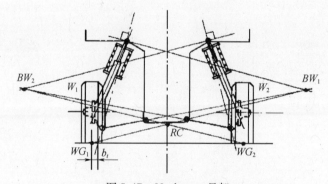

图 5.47　Mcpherson 悬架
（引自 *The Automotive Chassis*,Springer,New York,2009）

一种不同的非常适用行星车的方法,是使用拖曳臂悬架(图 5.48)。悬臂可以
铰接在一个轴上,该轴垂直于车辆的对称面,但不总是这种情况。在第一种情况下
轴距保持恒定:

$$\frac{\partial t}{\partial z} = \frac{\partial t}{\partial \phi} = 0$$

并且在垂直运动中外倾角不变且等于滚转角:

$$\frac{\partial \gamma}{\partial z} = 0, \quad \frac{\partial \gamma}{\partial \phi} = 1$$

如果忽略轮胎的柔性,那么滚动中心在地面上(图5.48(a))或者轻微陷于地面下(图5.48(b))。

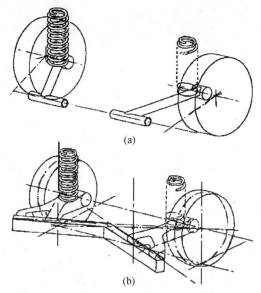

(a)

(b)

图5.48　基于拖拽臂的悬架,铰接轴平行于 y 轴(a)以及铰接轴倾斜(b)
(引自 *The Automotive Chassis*,Springer,New York,2009)

如果这种类型的悬架用于转向轴中,主销轴(转向运动出现时所围绕的轴)的方向在垂直运动和滚动运动中都发生了变化。

拖拽臂多用于后轴。当这种解决方案用于前轴,那么摆臂是向前而不是向后的,通常用推臂这个术语。以前有汽车将推臂用于前轴,将拖拽臂用于后轴,这个解决方案现在已经很罕见了。拖拽臂的一个优点是当车轮遇到障碍而被迫向后时,该臂升起,使车辆更容易跨过障碍。相反地,当推臂悬架遇到障碍,且车轮被向后推,车轮下降,抵住障碍,随后将一个很大的力传递给车体。在低速星探测车上该缺陷并不重要,因此拖拽臂和推臂的组合是一个可行且有趣的解决方案。

另一种解决方案是基于横向摆动臂。悬臂的铰链可以位于不同点(图5.49(a))也可以重合(图5.49(b))。相对于路面,滚动中心可以很高,且 $\partial t/\partial z$ 和 $\partial t/\partial \phi$ 的值可能并不小。

另一种很少考虑到的可能的选择,是使用垂直的棱柱形导轨。虽然这似乎是最简单的而且是运动学上更正确的解决方法,但是横向力产生的摩擦,在某些情况下值很大,可能会使悬架锁住或至少不能自由移动。所有基于棱柱形导轨的解决方案都有这个问题,在 MacPherson 悬架中通常是通过设置负载方向而并不是支柱方向的弹簧来解决,以便从中释放所有横向力。

同一车轴上的两个悬架可以用机械弹簧(作为防滚杆)或气动或液压装置互

相连接(作为防侧倾杆)。除了这个"横向"互连,有时同一侧的两个轮子彼此互连,从而导致"纵向"互连。

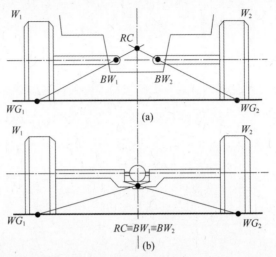

图 5.49　基于横摆臂的悬架,由位于两个不同点的铰链连接(a)以及有位于对称面中的铰链连接(b)(引自 *The Automotive Chassis*,Springer,New York,2009)

以下条件:

$$\frac{\partial \gamma}{\partial \phi} = 1$$

通常认为是一些悬架不必要的特性,如横向平行四边形或纵向摆动臂。当车辆正在转弯,车体向外滚动(即曲线左边的车体滚动到右边),如果车轮与车体平行,那么车轮就产生了一个外倾推力,其方向与由于侧滑角产生的转向力的方向相反。这削弱了车辆的操控性能。

相反的情况发生在摩托车上,即相对于弯曲方向向内侧滚动,产生在转弯力基础上的外倾推力。由于这在带有四轮或更多轮子的车辆上是不可能的,通常的方法是尽量得到一个尽可能小的导数$(\gamma)_{,\phi}$。在横向四边形悬架中,由于上臂比下臂短(由短臂悬架和长臂悬架的定义得出),所以该方法是可以做到的。外倾角和翻滚角之间的差通常被称为外倾角恢复。

备注 5.28　显然,这似乎看起来与空间机器人和探测车几乎没有关系,因为它们的速度较低。然而,为使车轮尽可能多的利用低侧向力,低重力加速度很重要,而一个良好的外倾角恢复可能是一个悬架的重要需求。

5.5.3　抗制动点头与抗加速翘头设计

当车辆加速或刹车时载荷在前后轮之间转移。这会导致车体上仰(抬起或翘头)或车体下扎(点头)。很显然,在两轴车辆的情况下,作用在前后轴上的力 F_{z1} 和 F_{z2} 可以近似为

$$\begin{cases} F_{z_1} = F_{z_1}^* - m \dfrac{h_G}{l} \dot{V} \\[3mm] F_{z_2} = F_{z_2}^* + m \dfrac{h_G}{l} \dot{V} \end{cases} \tag{5.243}$$

式中:F_{zi}^* 为那些在车辆不加速时产生的力。因此,车体前部和后部的升力分别为

$$\Delta z_1 = m \frac{h_G}{l K_f} \dot{V}, \Delta z_2 = -m \frac{h_G}{l K_r} \dot{V}$$

式中:K_f 和 K_r 为前后悬架的垂直刚度。因此,由于加速度产生的俯仰角为

$$\theta = \frac{1}{l}(-\Delta z_1 + \Delta z_2) = -m \frac{h_G}{l^2} \dot{V} \left(\frac{1}{K_f} + \frac{1}{K_r} \right) \tag{5.244}$$

车辆制动点头时产生一个值为正数的角 θ,因为此时加速度是负的,所以公式中带有负号。

然而,这个表达式是过度简化的,因为以下两点:首先因驱动轮或制动轮产生的纵向力会使车轮自身产生一个俯仰力矩,该力矩是因悬架耦合产生的;其次,驱动力矩和制动力矩的反作用力,至少一部分施加于悬架而不是车体,从而引起进一步的俯仰。两种因素导致了即使在匀速行驶中也会产生俯仰动作。当每个车轮在轮毂中都有它自己的电机时,对于驱动力矩而言,该影响更强,如在月球车中或多轮探测车中的情况。

如果悬架允许车轮在 x 方向上移动,即如果 $\partial x / \partial z$ 并没有小到可以忽略,那么作用于路面与车轮之间的力 F_x 的一部分作用在悬架上,即

$$F_x \frac{\partial x}{\partial z}$$

从而引起俯仰。

因此式(5.243)变为

$$\begin{cases} F_{z_1} = F_{z_1}^* - m \dfrac{h_G}{l} \dot{V} - \left(\dfrac{\partial x}{\partial z} \right)_1 F_{x1} \\[3mm] F_{z_2} = F_{z_2}^* + m \dfrac{h_G}{l} \dot{V} - \left(\dfrac{\partial x}{\partial z} \right)_2 F_{x2} \end{cases} \tag{5.245}$$

从而式(5.244)转化为

$$\theta = -m \frac{h_G}{l^2} \dot{V} \left(\frac{1}{K_f} + \frac{1}{K_r} \right) - \left(\frac{\partial x}{\partial z} \right)_1 \frac{F_{x1}}{l K_f} + \left(\frac{\partial x}{\partial z} \right)_2 \frac{F_{x2}}{l K_r} \tag{5.246}$$

如果只考虑加速或制动车辆所需的纵向力,以及分配到前轴的纵向力的百分比 k_l,则

$$F_{x_1} = k_l m \dot{V}, F_{x_2} = (1 - k_l) m \dot{V}$$

因此式(5.244)为

$$\theta = -\mathrm{m}\frac{\dot{V}}{l}\Big[\frac{h_G}{lK_f}+\frac{h_G}{lK_r}+\frac{k_l}{K_f}\Big(\frac{\partial x}{\partial z}\Big)_1 - \frac{(1-k_l)}{K_r}\Big(\frac{\partial x}{\partial z}\Big)_2\Big] \qquad (5.247)$$

如果$\dot{V}$的符号是正确的并且选取了合适的k_l值,那么很显然,在加速与制动的情况中,式(5.247)同样成立。

考虑图5.50(a)所示的拖拽臂悬架的例子。经过简单的几何推理很容易得出

$$\Big(\frac{\partial x}{\partial z}\Big) = \frac{e}{d} \qquad (5.248)$$

对于图5.50(b)中的悬架,类似的方程也成立。如果力矩M_y施加在簧上质量上,则它会使作用于弹簧上的力增大,该力等于$\dfrac{M_y}{d}$。

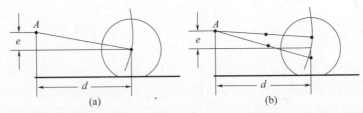

图5.50 在带有一个(a)或两个(b)拖拽臂的悬架几何结构与∂_x/∂_z之间的关系图。注意,前提是双臂平行$d\to\infty$(引自 *The Automotive Chassis*,Springer,New York,2009)

由于与驱动力或制动力的产生有关的力矩等于$-F_x R_l$,所以施加在悬架上的制动力矩可以通过$\Big(\dfrac{\partial x}{\partial z}\Big)_i + \Big(\dfrac{R_l}{d}\Big)_i$代替$\Big(\dfrac{\partial x}{\partial z}\Big)_i$得到。

注意,点A在车轮前面时d为正值,其他情况下为负值。

如果是断开式车桥,而且特别是当发动机位于轮毂中时,驱动力矩被施加在簧下质量上。而在 De Dion 车桥与独立悬架中,驱动力矩被直接施加在车体上,并且无需修正。相反地,制动力矩通常被施加在簧下质量上,所以必须始终考虑项R_l/d。然而,如果在簧上质量和簧下质量之间传递的力矩由连杆机构提供,该连杆机构防止任何围绕y轴的相对旋转,那么这些影响会最小化,因为d趋于无穷大。

上述关系式为设计一个悬架来补偿(通常是部分补偿)翘头或点头提供了有利条件。当式(5.246)中的$\theta = 0°$时,就会出现全补偿。如果

$$\frac{h_G}{lK_f}+\frac{k_l}{K_f}\Big(\frac{\partial x}{\partial z}\Big)_1 = 0 \qquad (5.249)$$

那么在加速时汽车不会翘头,制动时也不会点头,而如果

$$\frac{h_G}{lK_f}-\frac{(1-k_l)}{K_r}\Big(\frac{\partial x}{\partial z}\Big)_2 = 0 \qquad (5.250)$$

那么在加速时汽车尾部不会下倾,制动时也不会翘尾。

302

值得注意的是,在单驱动轴的情况下,在 $k_l = 0$ 或 $k_l = 1$ 时,都不能同时进行前后补偿。为了获得完全补偿,式(5.246)方括号中的项必须消掉,并且在前驱动的情况下车辆前部必定会点头,或在后驱动的情况下必定会翘尾,以补偿后轴的下倾。

制动时,前轴全补偿的条件为

$$\frac{k_l}{K_f}\Big[\Big(\frac{\partial x}{\partial z}\Big)_1 + \Big(\frac{R_l}{d}\Big)_1\Big] = -\frac{h_G}{lK_f},\ \text{即}\ \frac{k_l}{K_f}\Big(\frac{e + R_l}{d}\Big)_1 = -\frac{h_G}{lK_f} \tag{5.251}$$

而后轴全补偿的条件为

$$\frac{(1 - k_l)}{K_r}\Big[\Big(\frac{\partial x}{\partial z}\Big)_2 + \Big(\frac{R_l}{d}\Big)_2\Big] = \frac{h_G}{lK_r},\ \text{即}\ \frac{(1 - k_l)}{K_r}\Big(\frac{e + R_l}{d}\Big)_2 = \frac{h_G}{lK_r} \tag{5.252}$$

5.5.4　四分之一车辆模型

研究悬架动力学的最简单的模型是所谓四分之一车辆模型,由单轮、悬架和车体部分组成。在刚性轴悬架的情况下,可用同样的模型研究它的垂直运动,但只涉及车轴(即设计车轴的所有质量、刚度和阻尼系数都是双数)。三种可能的四分之一车辆模型如图5.51所示。

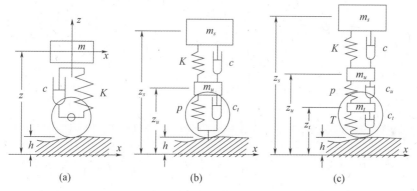

图5.51　具有一个(a)、两个(b)和三个(c)自由度的 1/4 车模型
(引自 *The Automotive Chassis*,Springer,New York,2009)

第一种模型只有一个自由度。车轮被视为刚体,唯一考虑的质量是簧上质量。这个模型在低频时运动状况良好,其频率范围的上限稍大于簧上质量的固有频率(在大多数情况下,载人车辆的固有频率最高到 3~5Hz)。

第二种模型有两个自由度。车轮被视为无质量的弹簧并且同时考虑簧下质量和簧上质量。这个模型在频率略高于簧下质量的固有频率时运动状况良好(在多数情况下,固有频率最高到 30~50Hz)。

第三种模型有三个自由度。车轮被建模为一个弹簧 - 质量 - 阻尼器系统,这代表了它们在最低模式下的动态特性。在该模式下可以研究发生在频率超出车轮的第一固有频率范围时的运动(对于充气轮胎,固有频率为120~150Hz)。

如果必须考虑更高频率,那么通过插入其他质量来引入车轮的一些模式是可能的。这些模式,本质上是基于对悬架 - 车轮系统的模态分析,显然是近似的结果,因为车轮的运动行为通常是非线性的。

具有单自由度的四分之一车辆

考虑如图5.51(a)所示的最简单的四分之一车辆模型。运用图中所示的符号,系统的运动方程为

$$m\ddot{z} + c\dot{z} + Kz = c\dot{h} + Kh \tag{5.253}$$

式中:z为相对于静态平衡位置处的位移。

图5.52(a)所示为四分之一车辆的频率响应;它可以通过设定下式中的一个谐波输入简单地得到

$$h = h_0 e^{i\omega t}$$

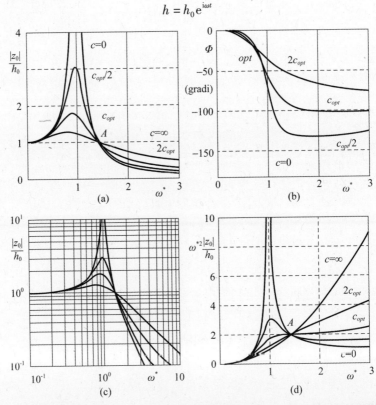

图5.52 具有单自由度的四分之一车辆,对谐波激励的响应。对于不同的减震器阻尼值,(a)、(c)位移的幅值之比,(d)簧上质量的加速度幅值与相对于地面的位移幅值之比,以及(b)相位图。响应曲线绘制为无量纲频率的函数 $\omega^* = \omega \sqrt{m/K}$

(引自 *The Automotive Chassis*, Springer, New York, 2009)

输出是谐波本身,可以表达为

$$z = z_0 e^{i\omega t}$$

式中:幅值 h_0 和 z_0 都是复数,借以说明不同的相位响应和激励。放大系数,即响应幅度的绝对值和激励幅度的绝对值之比以及两者相位之比,可以很容易地表示成

$$
\begin{cases}
\dfrac{|z_0|}{|h_0|} = \sqrt{\dfrac{K^2 + c^2\omega^2}{(K - m\omega^2)^2 + c^2\omega^2}} \\
\Phi = \arctan\left(\dfrac{-cm\omega^3}{K(K - m\omega^2) + c^2\omega^2}\right)
\end{cases}
\tag{5.254}
$$

除了用响应幅度和激励幅度之比来表达频率响应,对车辆悬架来说重要的是惯性,即簧上质量加速度的幅值和支撑点位移的幅值之比。因为在谐波运动中加速度的幅值等于位移的幅值乘以频率的平方,所以惯性为

$$\frac{|(\ddot{z})_0|}{|h_0|} = \omega^2 \frac{|z_0|}{|h_0|}$$

两种频率响应在减震器阻尼的不同值下的曲线都绘制在图 5.52 中,同时绘制的还有相位 Φ。响应曲线被绘制为无量纲频率的函数曲线:

$$\omega^* = \omega\sqrt{\frac{m}{K}}$$

所有的曲线都通过点 A,频率为 $\sqrt{2K/m}$。为了得到一个良好的驾乘舒适性,簧上质量的加速度必须保持在最小值,因此优化悬架的一个合理的方法是选择一个减震器的相对最大阻尼值,或至少是稳定点的阻尼值,即曲线中与加速度相关的 A 点。对以下表达式的 ω 进行微分:

$$\omega^2 \frac{|z_0|}{|h_0|}$$

以及使 A 点的导数为零,可以求得阻尼值,即

$$c_{opt} = \sqrt{\frac{Km}{2}} = c_{cr}\frac{1}{2\sqrt{2}}
\tag{5.255}$$

式中:$c_{cr} = 2\sqrt{Km}$ 为悬架的临界阻尼。

对于载人车辆来说驾乘的舒适性是一项重要标准,但在机器人或其他无人驾驶车辆中垂直加速度也必须保持很低,至少要避免探测车或有效载荷损坏,并能使后者在最佳状态下完成任务。

尽管这种优化悬架的方式很容易被挑出漏洞,因为悬架的舒适性是一个比减小垂直加速度(所谓的加加速度,即加速度相对于时间的三阶导数 $\mathrm{d}^3z/\mathrm{d}t^3$ 也起着重要作用)复杂得多的概念,但它已经给出了重要提示。

车轮施加在地面上的力的动态分量为

$$F_z = c(\dot{z} - \dot{h}) + K(z - h) = -m\ddot{z} \tag{5.256}$$

为了使作用于车轮上的垂直载荷的动态分量最小化,就要令垂直加速度最小化,因为其不利于车辆施加纵向力或转向力。那么,实现最佳驾乘舒适性的条件等同于实现最佳操控性能的条件。

通过式(5.255),选定一个阻尼值 c。对于刚度值 K 没有这样的优化:为了使加速度和力的动态分量都最小化,K 应该尽可能低,对于弹簧柔软度的唯一限制来自于对可用空间的考虑:弹簧越软,簧上质量的振荡越大。

备注 5.29 这个结论由一过度简化的模型得出,并且仅仅大体上适用于实际车辆。

最后考虑一点,式(5.255)表达的最佳阻尼低于临界阻尼。尽管四分之一车模型受到的阻尼很强,但模型仍是欠阻尼的并且可以承受自由震荡,这是因为阻尼比 $\zeta = \dfrac{c}{c_{cr}}$ 非常高,即 $1/2\sqrt{2} \approx 0.354$。

例 5.10 用四分之一车模型计算"阿波罗"月球车悬架的固有频率。如前面所述,该悬架有一个相当标准的平行四边形布局,上下臂几乎平行。

运用单自由度模型,并假设质量(210kg 加上一个 450kg 的载荷)在车轮上均匀分布,从测得的地面间隙(满载情况下与卸载情况下分别为 356mm 与 432mm)可以得到悬架 – 轮胎总成的垂直刚度:$K = 2.40$kN/m。

这个值很低,由此得出悬架在满载或空载条件下的弹性固有频率分别只有 0.6Hz 或 1.1Hz。

具有双自由度的四分之一车辆模型

下面所述模型如图 5.51(b)所示:它由两部分质量组成,即簧上质量和簧下质量,分别由弹簧和阻尼器连接,分别模拟悬架和轮胎。这个模型非常适合研究在一个超出簧下质量固有频率的频率范围内的车辆悬架的特性。

参照图 5.51(b),模型的运动方程为

$$\begin{bmatrix} m_s & 0 \\ 0 & m_u \end{bmatrix} \begin{Bmatrix} \ddot{z}_s \\ \ddot{z}_u \end{Bmatrix} + \begin{bmatrix} c & -c \\ -c & c+c_t \end{bmatrix} \begin{Bmatrix} \dot{z}_s \\ \dot{z}_u \end{Bmatrix} + \begin{bmatrix} K & -K \\ -K & K+P \end{bmatrix} \begin{Bmatrix} z_s \\ z_u \end{Bmatrix} = \begin{Bmatrix} 0 \\ c_t \dot{h} + Ph \end{Bmatrix} \tag{5.257}$$

式中:z_s 和 z_u 为在惯性坐标系中相对于静态平衡位置的位移。

利用与之前模型中同样的方法很容易求得对谐波激励的响应。忽略轮胎的阻尼值 c_t,因为其值通常很小,可得

$$\begin{cases} \dfrac{|z_{s_0}|}{|h_0|} = P\sqrt{\dfrac{K^2 + c^2\omega^2}{f^2(\omega) + c^2\omega^2 g^2(\omega)}} \\[4mm] \dfrac{|z_{n_0}|}{|h_0|} = P\sqrt{\dfrac{(K - m\omega^2)^2 + c^2\omega^2}{f^2(\omega) + c^2\omega^2 g^2(\omega)}} \end{cases} \tag{5.258}$$

式中：

$$\begin{cases} f(\omega) = m_s m_u \omega^4 - [Pm_s + K(m_s + m_u)]\omega^2 + KP \\ g(\omega) = (m_s + m_u)\omega^2 - P \end{cases}$$

利用之前单自由度模型中同样的方法，容易计算出由地面上的轮胎在 z 方向上施加的力的动态分量，从而得到

$$\frac{|F_{z_0}|}{|h_0|} = P\omega^2 \sqrt{\frac{[K(m_s + m_u) - m_s m_u \omega^2]^2 + c^2(m_s + m_u)\omega^2}{f^2(\omega) + c^2 \omega^2 g^2(\omega)}} \qquad (5.259)$$

图 5.53(a)和 5.53(b)中绘制的是：一个 $P = 4K$ 且 $m_s = 10m_u$ 的系统中，与簧上质量和簧下质量有关的频率响应曲线。曲线采用无量纲频率绘制：

$$\omega^* = \omega \sqrt{\frac{m}{K}} \qquad (5.260)$$

得出了不同阻尼值 c 条件下的曲线；所有的曲线都位于图中的非阴影区域。

如果 $c = 0$，则固有频率为 2 且峰值为无限大。$c \to \infty$ 时，整个系统(刚性系统，通过弹簧来模拟轮胎)固有频率所对应的峰值趋于无穷大。

图 5.53(a)(簧上质量)和图 5.53(b)(簧下质量)的频率响应乘以 ω^{*2}，结果如图 5.53(c)和图 5.53(d)所示；它们给出了两部分质量的加速度之比和支撑点位移。所有曲线都经过点 O、A、B 和 C。O 和 A 之间、B 和 C 之间簧上质量的最大加速度随着阻尼的减小而增大，而在 A 和 B 之间以及从 C 点向上最大加速度随阻尼的增大而增大。

阻尼的最佳值可通过在一个大范围内(上限为簧下质量的固有频率)使加速度保持尽可能小的方式得到，即通过寻找一条在 A 点具有相对最大值或一个平稳点的曲线得到。进行与前面的模型相同的操作得到

$$c_{opt} = \sqrt{\frac{Km}{2}} \sqrt{\frac{P + 2K}{P}} \qquad (5.261)$$

由于 P 要比 K 大得多，所以 $\sqrt{(P + 2K)/P}$ 的值近似 1，并且最优阻尼仅比式(5.255)单自由度模型中计算出的值稍大一点。在图 5.53 的情况中：

$$\sqrt{\frac{P + 2K}{P}} = 1.22$$

从图 5.53(c)很容易看出该阻尼值对于在较宽的频率范围内保持加速度为低值有效。

式(5.261)表达的力的动态分量 F_z 的幅值被绘制成无量纲形式(除以 $P|h_0|$)的曲线，即图 5.54 所示的无量纲频率函数曲线。式(5.261)表达的最优阻尼值在使力的动态分量 F_z 的最大值至少在低频率条件下保持尽可能小的过程中也是有效的。在频率较高时，稍高一点的阻尼值可能同样是有效的，即便它会导致簧上质量的加速度更大。

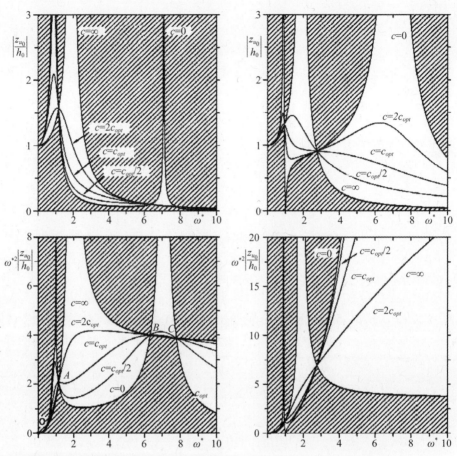

图 5.53 二自由度的四分之一车辆,对谐波激励的响应。对于不同的减震器阻尼值,簧上质量和簧下质量的位移幅值之比(a)、(b),相对于地面位移幅值的加速度幅值之比(c)、(d)。

响应曲线绘制为无量纲频率的函数 $\omega^* = \omega \sqrt{m/K}$(引自 *The Automotive Chassis*,Springer,New York,2009)

例 5.11 考虑一个具有如下数据的四分之一车模型:簧上质量 240kg,簧下质量 38kg,车轮刚度 135 kN/m,弹簧刚度 15.7 kN/m,阻尼系数为最佳阻尼(1.52 kN·s/m)。计算在作用于地面上的力 $F_{st} - F$ 为最小值的条件下对月球上 0~12Hz 的频率范围内的一个谐波输入的响应,并与在地球上获得的结果进行比较。静态力为 450 N 而在地球上该力为 2.73 kN。对激励幅值为 2、3 和 10mm 的响应如图 5.55 所示。

当最小垂直力为零时曲线停止,因为当车轮脱离地面时线性化模型失去意义。在月球上时这发生在激励幅值小到 $h_0 = 2mm$ 时,并且导致车轮以约 9 Hz 的频率弹跳。如果幅值更大,那么车轮与地面的接触情况非常不确定,并伴随牵引力与转向力进一步衰减。相反地,在地球上时即使幅值在 10mm 左右,车轮与地面的接触仍能得到保证。

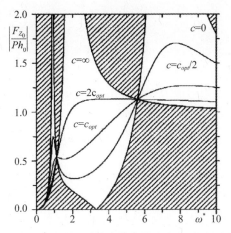

图 5.54 二自由度四分之一车辆,对谐波激励的响应。对于不同的减震器阻尼值,轮胎与地面之间的力的动态分量 F_z 的幅值与相对于地面的位移之比,通过除以轮胎刚度 P 使其无量纲化。响应被绘制为无量纲频率函数 $\omega^* = \omega \sqrt{m/K}$ 的曲线
（引自 *The Automotive Chassis*, Springer, New York）

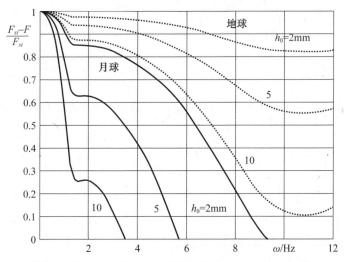

图 5.55 用频率函数曲线来描绘在地球(虚线)和在月球(实线)路面上行驶时地面上的最小垂直力与四分之一车辆模型的静态力之比。谐波幅值给定为 h_0

由于低重力环境,所以会导致车轮有从地面上抬起的趋势,如在"阿波罗"任务中拍摄的视频那样。

综上可以得出结论,式(5.261)中阻尼系数的值从舒适和操控两个角度来看

都是最优的,因为它减小了作用于地面上的力的变化幅度。然而,一个稍高的阻尼只能略微改善车辆的操控性能。从一个高度简化的模型得出的这一结论,并不能与实验结果很好地保持一致,实验表明优化驾乘舒适度的阻尼值比优化操控能力的阻尼值低。

在考虑一个随机的速度输入(功率谱在 0.1 ~ 100Hz 的频率范围内是一个白噪声)的条件下获得的曲线图可以加深对这一问题的理解。系统输出的功率谱密度 S_o 通过将输入的功率谱密度 S_i 乘以频率响应 $H(\omega)$ 的平方很容易能得出

$$S_o = H^2(\omega)S_i \tag{5.262}$$

如果输入是 ω_1 到 ω_2 频率范围内的白噪声,那么输出的均方根的求解公式很简单,即

$$O_{r.m.s} = \sqrt{\int_{\omega_1}^{\omega_2} S_o \mathrm{d}\omega} = \sqrt{S_i}\sqrt{\int_{\omega_1}^{\omega_2} H^2(\omega)\mathrm{d}\omega} \tag{5.263}$$

加速度的均方根很容易计算:由于输出是簧上质量的加速度并且输入是接触点的垂直速度,所以频率响应为式(5.258)中的第一个方程乘以 ω。力的动态分量 F_z 同样很容易得到,即用式(5.259)中的频率响应除以 ω。通过绘制不同减震器阻尼值条件下加速度与力的均方根值的对比图可以得到一个有趣的结果(图5.56)。

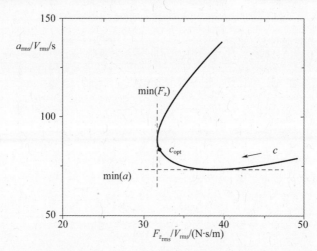

图5.56 对于不同的减震器阻尼值 c,簧上质量的加速度的均方根与速度输入的均方根和力的动态分量 F_z 的均方根与速度输入的均方根的比值。白噪声速度输入的频率范围为0.1到100Hz。二自由度四分之一车辆模型的数据为:$m_s = 238\mathrm{kg}$; $m_u = 38\mathrm{kg}$; $K = 15.7\ \mathrm{kN/m}$; $P = 135\ \mathrm{kN/m}$(引自 *The Automotive Chassis*, Springer, New York, 2009)

实现最佳舒适度的条件(最小加速度)和实现最佳操控的条件(力的变化幅度最小)很容易区分:前者是在阻尼值低于上述定义的最佳阻尼值的条件下获得的,而后者是在阻尼值高于最佳阻尼值的条件下获得的。与之前的结论相比,该结论

更符合实验结论。

如上所述,在低频条件下,车轮的柔性对频率响应的影响可以忽略不计,而在高频条件下,则必须考虑这一影响。单自由度四分之一车辆模型与二自由度四分之一车辆模型的比较结果如图 5.57 所示。

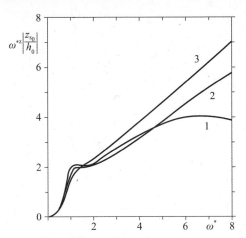

图 5.57 用一个单位位移输入的频率函数来表示簧上质量的加速度。单自由度与二自由度四分之一车辆模型的比较(后者情况下 $P = 4K, m_s = 10m_u$)。1—2 自由度;2—1 自由度,阻尼由式(5.261)给出;3—1 自由度,阻尼由式(5.255)给出
(引自 *The Automotive Chassis*,Springer,New York,2009)

5.5.5 弹跳和俯仰运动

可以用如 5.58(a)所示模型研究两轴车辆的悬架动力学。值得注意的是,同样的模型可以拓展到带有任意轴数的车辆上,只需在第二个轴的基础上给每个轴另加一个簧下质量即可。

注意:

- 该模型不考虑空气动力学效应,这些效应在地球上是微小的,在真空环境中是不存在的。
- 由重量产生的力矩也忽略不计,因为其值通常很小,只有在俯仰中心确定已知时才能引入该量。考虑重量的情况也忽略掉了,因为它的值很小,而且必须知道悬架的几何中心位置才能引入该量。只要完整地定义了悬架的几何结构,就可以在任意特定车辆的研究中引入该量。
- 在刚体车辆中引入了纵向、侧向、悬架动力学之间的解耦,但在带有弹性悬架的车辆中该解耦也同样成立。如果悬架建立在刚性轴上,那么在悬架动力学中引入用于车轴垂直位移的自由度(在这里定义为 Z_1 和 Z_2),并在侧

311

向动力学中引入与轴的滚转相关的自由度(角 Φ_1 和 Φ_2,连同车体滚转角 Φ)是很简单的。如果一个以上悬架为独立悬架,那么仍然可能将方程解耦,即通过引入第 i 个悬架的平均垂直位移的方法:

$$Z_i = \frac{Z_{ir} + Z_{il}}{2}$$

式中:下标 r 和 l 代表右轮和左轮,因此车轴的滚动角为

$$\phi_i = \frac{Z_{il} - Z_{ir}}{d}$$

式中:d 为一个合适的长度。在悬架动力学中引入第一个变量,而在侧向动力学中引入第二个变量。

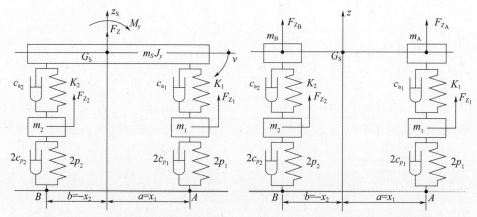

图 5.58　(a)两轴车悬架动力学模型。(b)把模型分成两个四分之一车辆模型
(引自 *The Automotive Chassis*,Springer,New York,2009)

显然质量 m_j 和悬架的其他特性构成了整个车轴的特性,而不是单个独立悬架的那些特性。

运动方程可以写成如下形式:

$$
\begin{bmatrix} m_s & 0 & 0 & 0 \\ 0 & J_y & 0 & 0 \\ 0 & 0 & m_1 & 0 \\ 0 & 0 & 0 & m_2 \end{bmatrix}
\begin{Bmatrix} \ddot{Z}_s \\ \ddot{\theta} \\ \ddot{Z}_1 \\ \ddot{Z}_2 \end{Bmatrix}
+
\begin{bmatrix} c_1 + c_2 & -ac_1 + bc_2 & -c_1 & -c_2 \\ & a^2 c_1 + b^2 c_2 & ac_1 & -bc_2 \\ & & c_1 + 2c_{t1} & 0 \\ \text{symm} & & & c_2 + 2c_{t2} \end{bmatrix}
\begin{Bmatrix} \dot{Z}_s \\ \dot{\theta} \\ \dot{Z}_1 \\ \dot{Z}_2 \end{Bmatrix}
$$

$$
+
\begin{bmatrix} K_1 + K_2 & -aK_1 + bK_2 & -K_1 & -K_2 \\ & a^2 K_1 + b^2 K_2 & aK_1 & -bK_2 \\ & & K_1 + 2P_1 & 0 \\ \text{symm} & & & K_2 + 2P_2 \end{bmatrix}
\begin{Bmatrix} Z_s \\ \theta \\ Z_1 \\ Z_2 \end{Bmatrix}
$$

$$= 2 \begin{Bmatrix} 0 \\ 0 \\ c_{t1} \dot{h}_A + P_1 h_A \\ c_{t2} \dot{h}_B + P_1 h_B \end{Bmatrix} \tag{5.264}$$

在只考虑由于点 A 和点 B 的垂直运动产生的激励函数并忽略路面 - 车轮界面处的纵向力的条件下,写出激励向量。如果悬架的垂直运动与水平运动之间存在耦合,那么车轮惯性的影响和动力传动系统对驾乘舒适性的影响也可忽略不计。

式(5.264)为研究车轮悬挂质量的弹跳和俯仰运动以及簧下质量的相应运动提供了有利条件。

在两轴车的情况下,一个重要的参数是动态系数,即

$$I_d = \frac{J_y}{mab} = \frac{r^2}{ab} \tag{5.265}$$

式中:r 为簧上质量绕 y 轴的回转半径。

如果动态系数等于 1,那么簧上质量的自由振荡为围绕悬架连接点的旋转:图 5.58(a)所示的模型等同于图 5.58(b)所示的模型,所以确定弹跳和俯仰模式是不可能的,但就前振荡和后振荡而言自由运动更容易描述。

为了验证这一特性,运动方程可以写成坐标 Z_A 和 Z_B 的形式,而不是 Z_s 和 θ 的形式。坐标变换可以表示为

$$\begin{Bmatrix} Z_s \\ \theta \\ Z_1 \\ Z_2 \end{Bmatrix} = \frac{1}{l} \begin{bmatrix} b & 0 & a & 0 \\ -1 & 0 & 1 & 0 \\ 0 & l & 0 & 0 \\ 0 & 0 & 0 & l \end{bmatrix} \begin{Bmatrix} Z_A \\ Z_1 \\ Z_B \\ Z_2 \end{Bmatrix} \tag{5.266}$$

可以得到在新坐标下的惯性矩阵

$$M' = T^{\mathrm{T}} M T$$

式中:T 为由式(5.266)定义的变换矩阵。其他所有矩阵可以用同样的方式得到。式(5.264)变为

$$\begin{bmatrix} m_s \dfrac{b^2 + r^2}{l^2} & 0 & m_s \dfrac{ab - r^2}{l^2} & 0 \\ 0 & m_1 & 0 & 0 \\ 0 & 0 & m_s \dfrac{a^2 + r^2}{l^2} & 0 \\ \mathrm{symm} & 0 & 0 & m_2 \end{bmatrix} \begin{Bmatrix} \ddot{Z}_A \\ \ddot{Z}_1 \\ \ddot{Z}_B \\ \ddot{Z}_2 \end{Bmatrix}$$

$$+\begin{bmatrix} c_1 & -c_1 & 0 & 0 \\ & c_1+2c_{t_1} & 0 & 0 \\ & & c_2 & -c_2 \\ \text{symm} & & & c_2+2c_{t_2} \end{bmatrix}\begin{Bmatrix} \dot{Z}_A \\ \dot{Z}_1 \\ \dot{Z}_B \\ \dot{Z}_2 \end{Bmatrix}$$

$$+\begin{bmatrix} K_1 & -K_1 & 0 & 0 \\ & K_1+2P_1 & 0 & 0 \\ & & K_2 & -K_2 \\ \text{symm} & & & K_2+2P_2 \end{bmatrix}\begin{Bmatrix} Z_A \\ Z_1 \\ Z_B \\ Z_2 \end{Bmatrix}$$

$$=2\begin{Bmatrix} 0 \\ c_{t1}\dot{h}_A+p_1h_A \\ 0 \\ c_{t1}\dot{h}_B+p_2h_B \end{Bmatrix} \tag{5.267}$$

如果

$$r^2=ab$$

那么显然,前两个方程从另两个方程解耦得到,从而分别得出带有簧上质量的独立的四分之一车辆的运动方程:

$$ms\frac{b}{l}\text{和}ms\frac{a}{l}$$

在对簧上质量的低频模式的研究中车轮可视为刚体。可以采用这样一个模型,在该模型中簧上质量是通过悬挂弹簧和阻尼器直接悬于地面的一根梁。它的运动方程简化成

$$\begin{bmatrix} m_s & 0 \\ 0 & J_y \end{bmatrix}\begin{Bmatrix} \ddot{Z}_s \\ \ddot{\theta} \end{Bmatrix} + \begin{bmatrix} c_1+c_2 & -ac_1+bc_2 \\ -ac_1+bc_2 & a^2c_1+b^2c_2 \end{bmatrix}\begin{Bmatrix} \dot{Z}_s \\ \dot{\theta} \end{Bmatrix}$$

$$+\begin{bmatrix} K_1+K_2 & -aK_1+bK_2 \\ -aK_1+bK_2 & a^2K_1+b^2K_2 \end{bmatrix}\begin{Bmatrix} Z_s \\ \theta \end{Bmatrix} \tag{5.268}$$

$$=\frac{1}{l}\begin{Bmatrix} bc_1\,h_A+ac_2\,h_B+bK_1h_A+aK_2h_B \\ -c_1\,\dot{h}_A+c_2\,\dot{h}_B-K_1h_A+K_2h_B \end{Bmatrix}$$

无阻尼系统的振荡模式可以通过研究没有阻尼项的齐次方程得到。如果

$$aK_1=bK_2$$

那么显然,弹跳模式从俯仰模式中解耦得到——第一个变量是簧上质量的垂直位移,而第二个变量是绕其质心的旋转。

314

通常这样的条件不能得到满足,而且两种模式都涉及质心的平移与俯仰旋转,即两种模式均为绕其各自中心的旋转,两中心都不与质心重合。如果动力学指数等于1,则它们与悬挂点重合。否则质心的位置取决于两个值,即

$$- aK_1 + bK_2$$

和动力学指数。通常,两点中有一点在质心的前面,另一点在质心的后面,一点在轴距内而另一点在轴距外。旋转中心在轴距外的模型主要为平移运动且被视为一个弹跳模式,而另一个主要为旋转运动且被视为一个俯仰模式。

无阻尼系统的固有频率 ω 可以从以下方程得到

$$\omega^4 - \omega^2 \frac{K_1(r^2+d_1^2)+K_2(r^2+d_2^2)}{m_s r^2} + K_1 K_2 \frac{l^2}{m_s^2 r^2} = 0 \qquad (5.269)$$

式中一个与重量相关的项再一次忽略不计。

如果把弹跳模式和俯仰模式分开,利用 $aK_1 = bK_2$,那么固有频率分别为

$$\begin{cases} \omega_1 = \sqrt{\dfrac{lK_1}{bm_s}} \ (\text{弹跳模式}) \\[3mm] \omega_1 = \sqrt{\dfrac{laK_1}{r^2 m_s}} = \omega_1 \sqrt{\dfrac{ab}{r^2}} \ (\text{俯仰模式}) \end{cases} \qquad (5.270)$$

由式(5.270)可得,当动力学指数为单位值时,则两个固有频率相同。这解决了一个明显的不一致:如果 $aK_1 = bK_2$,则旋转中心一个在质心上(俯仰模式),一个在无穷远处(弹跳模式),而当动力学指数为 1 时旋转中心在悬挂点处。当同时应用两个条件时,那么两种模式的固有频率相同,而当两个特征值相同的情况出现时,则任意特征向量的线性组合本身也是一个特征向量。这意味着,当研究刚性梁时,梁上的任何一点都可以作为旋转中心。

悬挂质量的弹跳与俯仰动力学彼此之间是密切相关的。质心的弹跳和俯仰运动是密切相关的。一些选择相关参数经验准则,可追溯到 20 世纪 30 年代,如下所述:[①]

- 前悬架的垂直刚度必须比后悬架垂直刚度低 30%;
- 俯仰和弹跳的频率必须互相接近;弹跳频率应该小于俯仰频率的 1.2 倍;
- 两个频率都应该小于 1.3 Hz;
- 滚动频率应该与弹跳频率和俯仰频率大致相等。

第一条规则说明后悬架的固有频率高于前悬架的固有频率,至少在后轮没有承担比前轮大得多的载荷的情况下是这样的。前悬架有一个较低的固有频率的重要性可以通过观察任意道路输入信号加以解释,道路输入信号首先到达前悬架,仅相隔一段时间后到达后悬架。如果后者的固有频率较高,当车辆行驶在颠簸的路况下,车辆后部迅速跟上前部的运动,并且在第一次振荡后车体以弹跳模式前进而

---

① T. D. Gillespie, *Fundamentals of Vehicle Dynamics*, SAE, Warrendale, 1992.

不是以俯仰模式前进,这对于驾乘舒适性是有利的。接着车后部应该引导车的运动,而同时阻尼也使振幅衰减了。

第二条规则说明必须避免俯仰频率比弹跳频率大得多,这种情况可能出现在动力学指数小于1的情况下(轴距长且前/后外悬短的车辆)。一般来说,接近1的动力学指数对于驾乘舒适性来说是一个理想的条件,但是在 $aK_1 = aK_2$ 时,会发生弹跳-驾驶的完全脱离,这是有害的。当车辆有避免强烈的俯仰振荡的趋向时,那就说明弹跳和俯仰之间的耦合良好。

固有频率低会导致悬架偏软和行程加大。与弹跳运动的固有频率相比,如果俯仰运动的固有频率太高,那就会影响驾乘舒适性。为了独立地控制俯仰和弹跳运动的固有频率,在不改变车轮位置和车体惯性特性的条件下,悬架之间可以互联。如果前后轮通过一个抗俯仰运动的弹簧相连,类似于滚动运动中的防滚杆,那么就可以在不增加弹跳频率的情况下提高俯仰频率,同时减小了俯仰运动的阻尼。然而,通常的情况恰恰相反。

不同类型的机械、液压或气动的互联机构都可以使用,特别是后者与气动或液压弹簧一起使用。

5.5.6 轴距滤波

然而,单纯对自由弹跳和俯仰振荡的研究并不能给出车辆驾驶特性的全貌。施加在前后轮上的激励并不是独立的,且后轮受到与前轮相同的激励函数激励,只是有一个时间延迟,即行驶一个轴距长度的距离所需的时间:

$$\tau = \frac{l}{V}$$

考虑一个两轴车辆行驶在具有谐波形起伏的路面上。如果路面的波长很长,即激励函数的频率很小,那么前后轮受到的激励几乎同相,其结果大多是弹跳模式。一个波长等于轴距或等于其全部约数的路面输入信号会以同相的方式激励两轴,然后在激发弹跳模式而不是俯仰模式。一个波长两倍于轴距(或轴距的一个奇数约数)的输入信号会激励两轴产生 $180°$ 的相位差,激发俯仰模式而非跳跃模式。最后一种情况只在质心位于轴距中间时成立;然而,即便俯仰运动和弹跳运动没有解耦且存在轴距滤波,这种情况在性质上也成立,此时悬架的类型和系统的自由响应现在并不重要。

轴距滤波引入了一个依赖于速度的系统响应。举个例子,如果轴距是 2m,速度是 20m/s,延时 τ 为 0.1s。最大俯仰和趋于零的弹跳响应在波长为两倍轴距或为轴距的奇数约数 4、4/3、4/5…m 时出现。当速度为 20m/s 时,弹跳响应被消除时所对应的频率为 5、15、25…Hz。如果与簧上质量的弹跳固有频率相比,轴距滤波出现时的最低频率非常高:如果一些频率的响应在高频段被过滤掉了,那么车辆

316

的响应与四分之一车辆模型的响应相似。速度越高,轴距滤波出现时的频率范围就越高。

在同一个例子中,最大弹跳响应和俯仰响应的消除在波长等于轴距或等于其约数 2、1、0.5…m 时出现。当速度为 20m/s 时,消除俯仰响应时所对应的频率为 10、20、30…Hz,甚至比消除弹跳响应时的频率还要高。然而,在频率很低时不会出现俯仰激励,如上所述,而且一般来说在平地上行驶时几乎不会出现俯仰现象。

如果是大型车辆,像大型增压探测车,其轴距长、速度低,而且弹簧刚度高,那么情况会有所不同:轴距滤波会导致高俯仰响应和低弹跳响应。这种现象在高车身车辆中会进一步加剧,因为在重心以上的位置会明显感觉到俯仰振荡,而水平振荡会影响驾乘舒适性。

乘坐舒适性的主观感觉还受到乘客所在位置的影响;质心附近几乎感受不到俯仰振荡,离质心越远乘坐舒适性越低。

备注 5.30 这在大型增压探测车中可能是个问题,车辆中的乘客可能位于很高的位置,离质心很远。

由于悬架几何结构产生的水平运动与垂直运动的耦合会严重降低舒适性。对于平衡位置附近的小幅震荡,可以用类似于识别滚动中心的方法识别出俯仰中心。该位置有助于研究垂直动力学和水平动力学之间的耦合特别是俯仰振荡与纵向振荡之间的耦合。

5.5.7 滚转运动

控制滚转运动的方程与控制操控的方程相耦合,与驾乘舒适性的方程无关。然而,滚转会强烈影响驾乘舒适性的主观感觉也是事实。

如果假设滚转轴为惯性重心主轴,而且忽略气动力和力矩,那么可以通过以下方程研究滚转运动:

$$
\begin{bmatrix} J_x & 0 & 0 \\ 0 & J_{x_1} & 0 \\ 0 & 0 & J_{x_2} \end{bmatrix} \begin{Bmatrix} \ddot{\phi} \\ \ddot{\phi}_1 \\ \ddot{\phi}_2 \end{Bmatrix} + \begin{bmatrix} \Gamma_1 + \Gamma_2 & -\Gamma_1 & \Gamma_2 \\ -\Gamma_1 & \Gamma_1 + \Gamma_{t_1} & 0 \\ -\Gamma_2 & 0 & \Gamma_2 + \Gamma_{t_2} \end{bmatrix} \begin{Bmatrix} \dot{\phi} \\ \dot{\phi}_1 \\ \dot{\phi}_2 \end{Bmatrix}
$$

$$
+ \begin{bmatrix} \chi_1 + \chi_2 & -\chi_1 & \chi_2 \\ -\chi_1 & \chi_1 + \chi_{t_1} & 0 \\ -\chi_2 & 0 & \chi_2 + \chi_{t_2} \end{bmatrix} \begin{Bmatrix} \phi \\ \phi_1 \\ \phi_2 \end{Bmatrix} = 2 \begin{Bmatrix} 0 \\ \Gamma_{t_1} \dot{\alpha}_{t_1} + \chi_{t_1} \alpha_{t_1} \\ \Gamma_{t_2} \dot{\alpha}_{t_2} + \chi_{t_2} \alpha_{t_2} \end{Bmatrix} \tag{5.271}
$$

式中 χ_i、χ_{t_i}、Γ_i、Γ_{t_i} 分别为第 i 个悬架和相应轮胎的扭转刚度和阻尼。激励通过前后悬架相对于路面的横向坡度 α_{t_1} 和 α_{t_2} 给出。

式(5.271)可以求出数值解,且可以计算出滚转振荡的固有频率。然而,对方程进一步化简能得到一些有趣的信息:如果忽略簧下质量的惯性力矩,并且假设加在前后轮上的激励相等,那么两个簧下质量可以被视为是一体的,而运动方程化简为

$$\begin{bmatrix} J_x & 0 \\ 0 & 0 \end{bmatrix}\begin{Bmatrix} \ddot{\phi} \\ \ddot{\phi}_u \end{Bmatrix} + \begin{bmatrix} \Gamma & -\Gamma \\ -\Gamma & \Gamma \end{bmatrix}\begin{Bmatrix} \dot{\phi} \\ \dot{\phi}_u \end{Bmatrix} + \begin{bmatrix} \chi & -\chi \\ -\chi & \chi+\chi_t \end{bmatrix}\begin{Bmatrix} \phi \\ \phi_u \end{Bmatrix} = 2\begin{Bmatrix} 0 \\ \chi_t\alpha_t \end{Bmatrix} \quad (5.272)$$

式中:

$$\chi = \chi_1 + \chi_2, \chi_t = \chi_{t_1} + \chi_{t_2}, \Gamma = \Gamma_1 + \Gamma_2$$

Φ_u 为簧下质量的旋转角,建模为一个单体,轮胎的阻尼已经被忽略。

运动方程在形式上与二自由度四分之一车模型的方程相同,除了这里簧下质量小到可以忽略。

由式(5.261)可以得到阻尼的最佳值:

$$\Gamma_{opt} = \sqrt{\frac{\chi}{J_x}}\sqrt{\frac{2\chi+\chi_t}{\chi_t}} \quad (5.273)$$

通常该条件是不能满足的,尤其是存在防滚杆时。悬架的扭转阻尼由相同的减震器提供,这通常是为了优化弹跳特性,而且在滚转运动中产生的阻尼通常低于最优阻尼。如果存在防滚杆,则刚度不随阻尼的增大而增大,这导致了固有频率的增大和阻尼比的减小。如果通过使用防滚杆来增加刚度,那么扭转中的悬架越硬,滚转特性就越是欠阻尼的。尽管防滚杆在稳态条件下减少了滚转运动,但实际上在动态条件下却会增加滚转运动,特别是它们会引起一个强烈的上跳来作为对一个阶跃输入信号的响应,该输入发生在一个转向输入信号或其他原因突然施加一个滚转力矩时。动态条件下的高速滚转很可能是一个导致翻车的原因。

5.5.8 地面激励

因在不平路面上运动而产生的激励对于驾乘舒适性、对于轮胎在 x 轴和 y 轴方向上施加力的能力(因为该能力会导致一个可变的法向载荷 F_z)、对结构部件的应力都很重要。这样的激励不能用确定性方法研究,而必须采用随机振动中的方法。

当运动发生在人造表面上,可以选取为路面轮廓设计的众多模型中的一个。如果是自然表面,其特性更多变,因此不同情况中的特性都必须通过实验来确定。无论如何,可以将路面剖面表示为 $h(x)$,并通过谐波分析得到它的功率谱密度。

路面剖面是一个空间函数而非时间函数,与空间有关的频率 $\bar{\omega}$ 用 rad/m 或周/m 表示而不是用 rad/s 或者 Hz。因此 $h(x)$ 的功率谱密度 $\bar{S}$ 用 $m^2/(rad/m)$ 或 $m^2/(周/m)$ 表示。

最简单的近似是把 $\bar{S}(\bar{\omega})$ 表达成对数图上的一条直线,即

$$\bar{S} = c\bar{\omega}^{-n} \quad (5.274)$$

式中:n 为一个无量纲常数,而 c 的维数取决于 n。

318

通常假设 $n=2$：这符合 ISO 国际标准对路面剖面的规定。这种情况下 c 用 m^2（周/m）表示。

如果车辆的行驶速度为 V，那么可以将 $h(x)$ 转化成 $h(t)$，然后根据相关空间所确定的 $\overline{\omega}$ 和 $\overline{S}$，计算出关于时间的频率 ω 和功率谱密 S（单位是 $m^2(rad/s)$ 或 m^2/Hz）：

$$\begin{cases} \omega = V\overline{\omega} \\ S = \dfrac{\overline{S}}{V} \end{cases} \tag{5.275}$$

因此 ω 和 S 之间的依存关系为

$$S = cV^{n-1}\omega^{-n} \tag{5.276}$$

注意，如果 $n=2$，位移的功率谱密度与 ω^{-2} 成正比，且垂直速度的功率谱密度为常数：因此根据接触点的垂直速度，路面激励等效于一个白噪声。这证明图 5.56 中的这类输入是有用的。垂直加速度的功率谱密度与 ω^2 成正比，这表明高频干扰会被强烈感受到，就像加速度一样。

一旦激励的功率谱密度 $S(\omega)$（称为 $h(t)$ 的函数）和车辆的频率响应 $H(\omega)$ 已知，那么可以很容易计算出响应的功率谱密度 $S_r(\omega)$

$$S_r(\omega) = H^2(\omega)S(\omega) \tag{5.277}$$

如果频率响应 $H(\omega)$ 是簧上质量加速度的幅值与接触点位移的幅值之比，那么功率谱密度 $S_r(\omega)$ 就是簧上质量的加速度。例如，根据给定的频率范围，加速度的均方根的求值公式很简单，即

$$a_{r.m.s} = \sqrt{\int_{\omega_1}^{\omega_2} S_a(\omega)\,d\omega} \tag{5.278}$$

自 20 世纪 40 年代开始，为了准确定义不同路面的质量，引入了一个指数，即国际平整度指数（IRI），并且从 1982 年开始被世界银行用于比较不同国家的道路条件。事实已经证明，该指数与垂直加速度以及作用于路面上的力的变化都存在良好的相关性，通过该性质可以预测车辆的驾乘舒适性和性能。

可以用类似的方法预测以不同速度行驶的轮式车辆或探测车穿越自然路面时的适用性。

IRI 是参考按一定速度行驶的二自由度四分之一车模型定义的，行驶速度通常为 80km/h。该模型通常被定义为黄金车，数据为

$$\frac{K}{m_s} += 63.3s^{-2}, \frac{P}{m_s} = 653s^{-2}, \frac{m_u}{m_s} = 60.15, \frac{c}{m_s} = 6s^{-1}$$

最佳阻尼值为

$$\frac{c_{opt}}{m_s} = 6.147s^{-1}$$

因此该模型阻尼近似于最佳阻尼。

为了定义给定路况的平整度指数，需要模拟四分之一车模型的运动，并计算簧上质

量相对于簧下质量随时间累积的竖向位移。该指数为总位移量除以车辆行驶距离:

$$IRI = \frac{1}{VT}\int_{VT}^{T}|\dot{z}_s - \dot{z}_u|\,dt \tag{5.279}$$

该指数为一个无量纲的量,但通常测量时使用的单位不一致,即 m/km 或 in/mi。如果速度趋近于 0 则 IRI 也趋近于 0:在某种意义上该指数表示衡量车辆在一个给定平面上行驶时受到的垂直于地面方向的动态影响。

平整度指数也可以被阐释为簧上质量与簧下质量的相对速度的绝对平均值除以车辆速度。

使用四分之一车辆模型的数值以及使用与典型的行星探测车或漫游车相同的速度值,可以比较在不同的行星环境中遇到的表面,从而评估在这些表面上以一定速度行驶的可能性。

5.5.9 振动对人体的影响

悬架已通过将簧上质量的垂直加速度最小化进行了优化。如果驾乘不适感是由加速度直接造成的,那么这么做可能是正确的,所以此时的频率并不重要。

人体承受变化的能力和解决相关的不适感一直是许多研究的目标,并针对其制订了几项标准。这里只给出图 5.59,引自国际标准化组织 2631 标准。

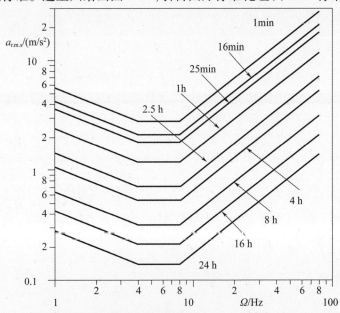

图 5.59　导致驾乘时机能降低的垂直加速度的均方根值与频率的函数关系,
图中给出了不同测试时间所对应的曲线(ISO 2631 标准)
(引自 *The Automotive Chassis*,Springer,New York,2009)

该标准说明:加速度的均方值在一个给定的时间内会导致体能的降低。图中的值乘以 2 可以得到人体承受极限,而"减少的舒适度界限"通过同样的值除以 3.15 得到(即通过将均方根值降低 10dB)。由图可以清晰地看到,人类更易受振动影响的频率范围为 4 ~ 8Hz。

低于 1Hz 的频率会产生称为晕车的感觉。这些抵御 1Hz 的频率依赖于除加速度以外的许多参数而且这些参数因人而异。80Hz 以上振动的影响取决于身体的相关部位和皮肤状况,因为此时局部振动成为控制因素并且很难给出一般的指导。在身体的某些部位特别是以大幅度振动时还存在共振场。例如,胸 - 腹系统的谐振频率约为 3 ~ 6Hz,尽管所有的谐振频率值在很大程度上都取决于个体特征。头 - 颈 - 肩系统的谐振频率约为 20 ~ 30Hz,而且身体的其他许多器官都或多或少存在谐振频率(如眼球为 60 ~ 90Hz,下颚骨系统为 100 ~ 220 Hz,等等)。

对数平面上的低频曲线是向下倾斜的直线,而高频曲线是平行于第一象限角平分线的直线:低频时加速度相对于时间的导数,即急动度(即加加速度,描述加速度变化快慢的物理量,是由加速度的变化量和时间决定的)d^3z/dt^3,与加速度具有同样的重要性,而在高频时速度的幅值是常数。这说明造成驾乘不适的真正原因是垂直方向的急动度或加速度或速度,它们取决于频率范围而不仅仅是加速度。

在增压探测车中,为了提高舒适性,可以将座舱通过弹性悬架直接与车辆的底盘相连。在小型探测车中宇航员用他们的太空服驾驶,如"阿波罗"月球车,太空服可以提供进一步的隔振,这点在研究车辆的舒适性时必须考虑到。

5.5.10 对驾乘舒适性的总结

对悬架运动的线性化研究,大多基于四分之一车模型,以说明优化舒适性的减震器的阻尼值等同于通过将施加在地面上的力的动态分量最小化来优化操控性能的阻尼值。然而,考虑加速度以及力的动态分量的均方根值得到的一些结果显示,即使使用简化的线性化模型,优化驾乘舒适性的值也要比优化操作性能的值低。

其他的考虑因素也证实了最后一个结论。首先,为了优化操作性能,减小力并不是唯一的目标,簧上质量相对于簧下质量的位移也很重要。每种类型的悬架相对于完美的运动导航都有一些偏差,而这导致了车轮设置在一个与名义上不同的位置(如外倾角的变化、侧倾转向的变化等);这给车辆的操纵性能带来了消极的影响。簧上质量的位移越大,这个问题就越严重。

利用使加速度最小化相同的方法,可得令位移最小化的阻尼值:

$$c = \sqrt{\frac{m(P+K)(P+2K)}{2P}} \qquad (5.280)$$

其值要大于之前所计算出的最佳值。

备注 5.31 这也表明了悬架刚度的增大,并与单独考虑垂直加速度时得出的"刚度越小越好"的标准相违背。

将簧下质量的值尽可能减到最小是比较重要的一点。这在快速车辆的情况下尤其重要,并且会同时影响操作性能和舒适度。这点考虑限制了直接在车轮上安装电机的可能性,尤其对直驱式电机而言,该种电机的重量通常大于通过减速器来传动的、对应转速更高的电机。

对于快速车辆,把发动机安装在车身上通常是有利的,通过连接车身和悬架的传动轴来驱动车轮,而密封式电动轮装置更适用于慢速车辆中,尤其是在一个尘土飞扬并且严苛的环境中运行时。低重量力矩电机的进步在未来可能会使后一种解决方案的适用性更为广泛。

再有一点与滚动振荡有关。通常减震器的阻尼的取值的主要考虑因素是弹力;弹力会导致滚转运动在大多数情况下是过度欠阻尼的。使用防滚杆时情况会更加糟糕:在不增加相应的阻尼的情况下增大滚转刚度的条件下,防滚杆会导致更显著的欠阻尼特性以及滚转运动动态稳定性的下降。这不仅增大了滚转运动的幅度,还减小了稳态条件下的滚转角,而且动态载荷传递也会使动态条件下的车辆更易翻覆。

通过增加减振器的阻尼值并令其大于前述定义的最佳值,可以有效降低这些效应,这些效应对操控性能的影响大于对舒适性的影响。

相反地,减少急动度以增加舒适性的重要性与之相反。使急动度最小化的阻尼值比使加速度最小化的阻尼值小;这会导致阻尼值下降的同时增加舒适性。

从某种程度上说,弹簧刚度对舒适性的影响是相互矛盾的:一方面,如前所述,为了减小加速度需要尽可能地降低刚度,但这会导致固有频率很低,从而导致晕动病以及类似的不适。

如前所述,减震器的特性通常不是线性的。而且,减震器施加的力不只是速度的函数,还是位移和其他参数比如温度的函数(通常忽略),而仅把力 F 看作垂直速度的函数($F = F(v_z)$),但这个函数图像几乎总是不对称的,因为回弹行程中的阻尼性能高于颠簸行程中的阻尼性能。如果力与速度成正比,$F(v_z)$ 图像至多是过原点的两条直线。因此上述的线性模型似乎并不适用,即使在小幅震荡。

可以将任意一个 $F(vz)$ 视为一个奇函数和一个偶函数之和。可以验证[1]偶函数在动态条件下导致振荡中心偏离静态平衡位置并产生一个位移,该位移对系统响应几乎毫无影响。如果忽略 $F(vz)$ 中的偶数部分,那么可以在原点处将减震器的特性线性化,并可以将等效线性阻尼用于系统小幅振荡的研究:这充分说明线性化模型是适用的,即便非线性效应在所有工作条件中似乎都很重要。

---

① G. Genta,P. Campanile,*An Approximated Approach to the Study of Motor Vehicle Suspensions with Nonlinear Shock Absorbers*,Meccanica,Vol. 24,pp. 47 – 57,1989.

干摩擦,类似于板簧中出现的情况,在低振幅运动中导致了滞后以及刚度的显著增强。如果平衡位置附近产生小幅振荡,那么表观刚度很大程度上取决于振幅,振幅趋于零时表观刚度趋于无穷大。该特性是典型的干摩擦,会导致弹簧在小幅运动时锁死。出现小幅振荡是行驶中的一种典型特性,此时的刚度会远远大于弹簧的整体刚度。

干摩擦的存在使线性模型变得不适用,或者至少使它们的结果非常不准确,并导致了悬架的各项特性变差。

上述所有基于舒适性的考虑因素几乎不受车辆所在行星引力的影响:通常为地球上的车辆所制定的有关弹跳与俯仰运动的标准同样是适用的。甚至还有一个优势:即降低在车辆悬架中,弹簧柔软性受限于载荷变化对悬架行程限制的要求。在低重力条件下,如果弹簧的设计考虑了动力学,那么载荷作用下的静载挠度很小,并且对悬架的柔软度没有这类的限制。

这方面唯一的限制是必须避免弹跳频率和俯仰频率过低,这会导致晕动病。这种差异可能来自于人本身:我们对于人在适应了几天的太空旅行和一段时间的低重力条件后,对振动的反应情况知之甚少。通常的准则或许不会像在地球上那样有很好的适用性:例如,月球车在满载条件下的弹跳频率对于驾乘舒适性来说太低了,但车辆在月球上行驶时宇航员所遭受的晕动病是未知的。我们需要进一步的研究,但这些研究必须在现场进行,因为在地球上不能正确模拟出低重力环境。

然而,低重力对弹跳和俯仰运动造成了一个不利的影响:如前所述,车轮倾向于从地面上抬起,这一影响也可以在"阿波罗"任务拍摄的视频中明显地看出。

这个问题可以通过增大减震器的阻尼值和减小弹簧刚度来缓解,但这样反而会削弱舒适性。这就意味着要使用至少是半主动悬架,甚至是全主动的悬架。

一个有趣的可能性是使用电磁阻尼,这是因为在真空环境中(月球)或在十分稀薄的空气环境中(火星)很难对标准减震器进行冷却。

基于舒适性的考虑主要用于载人运载工具上。机器人和遥控装置不必对垂直和俯仰加速度控制得这么严格。然而,即使探测车上并没有人,也必须控制悬架的运动特性,因为它会强烈地影响到车辆与地面的相互作用力,从而影响其纵向和横向性能,并且在极端情况下会破坏探测车结构的完整性和有效载荷。

5.6　耦合的纵向、侧向与悬架模型

前面章节中看到的对轮式车辆和机器人动态特性研究的数学模型都是基于纵向、侧向与悬架动力学之间的解耦建立的。这个方法的局限性见 5.2 节。

数学模型为在不依赖近似法的条件下研究轮式车辆的动态特性提供了便利,

所以常被用于汽车技术,并在许多商业规范/标准中采用。这些规范标准基本上分两类:通用多体规范,特别适用于那些在轮式车辆中使用的零部件,以及专门为车辆仿真而设计的规范。比如,第一类规范中采用 ADAMS® CAR,而在第二类规范中则采用 CarSim®。在汽车教材中可以找到对两种方法优缺点的讨论,和对两种方法基础的综合描述①。

一旦引入重力加速度的正确值,悬架的不同运动学特性以及车轮–地面相互作用的不同模型所对应的变化,那么使用这些规范对为行星探测设计的轮式探测车进行动态仿真并不困难。对于后者,魔术方程或者 Pacejka 轮胎模型足够柔性以至于可以扩展到在未知路面上滚动的非充气轮胎。

然而,行星车的工作条件与在地球上行驶的公路汽车那些具有典型意义的工作条件很不一样:除了重力减小之外,无论如何这是一个重要因素,行驶速度更低,且在未知且粗糙的地面上的操作必须作为常规或者惯例来考虑而不是当作一个例外。此外,机器人探测车的速度通常也很低,以至于与因地面不平整而导致的悬架运动有关的惯性力相比,由前进速度导致的惯性力可能也很小(甚至可以忽略不计)。

可以使用对轮式行星车耦合动力学进行仿真的专用模型,该模型采用专业规范中的形式。例如,模型的目标是:

- 模拟车辆对给定地面剖面的响应,控制输入信号如电机转矩或传统转向操控中转向控制输入;
- 评估悬架的控制策略,以及在主动和半主动悬架中,设计相关的控制系统;
- 模拟机器人探测车的高水平轨迹控制策略;
- 训练操作员,如果是遥控装置。

在后一种情况中,简化模型或许更适用,因为这个任务要求对模型进行实时操控,但对模拟的精度要求并不高。

如果探测车的数学模型基于如下假设,假设探测车除了轮子以外的所有部件都是刚体,而且轮子可以建模为无质量的或许带有阻尼的弹簧,那么可以使用少量的广义坐标。车体有 6 个自由度,而对应的广义坐标可以是车身质心在惯性参考系中的坐标,且三个 Tait – Brian 角为通常意义上的一组偏航 – 俯仰 – 滚转角。广义坐标的数量取决于悬架的类型:例如,如果使用图 5.34 中所示的摇杆臂,那么需要一个额外的自由度。如果是图 5.35 和图 5.36 中的解决方案,则需要三个额外的自由度,而在独立悬架中,自由度数必须等于车轮数。② 即使自由度的数量不多,对在崎岖地形上的运动进行仿真所需的计算时间也可能很长。

---

① G. Genta, L. Morello, *The Automotive Chassis*, Springer, New York, 2009.

② G. Genta, *Dynamic Modelling of a weeled lunar Microrover*, 61st International Astronautical Congress, Prague, Oct. 2010.

5.7 "阿波罗"月球车

月球车(LRV,图5.60)是唯一载人并由人操纵的行星探测车,也是唯一能在相对较短的时间内行驶有效距离的探测车。大约40年后,对其设计及细节进行分析是一件有趣的事情,因为它是集那个时代汽车高科技的代表,并且在某种意义上可以视为如今汽车工业中广泛讨论的全电动、电子线控方法的先驱。

近年来,许多其他类型的行星探测车被开发了出来(例如,由LunaCorp和卡内基·梅隆大学研发的六轮车,或者北京清华大学目前研究的机器人探测车),但它们仍然停留在设计阶段。

月球车的基本约束条件是登月舱(LEM)上可用的质量和空间。它们迫使设计师采用折叠结构并决定了许多设计选择。在如此严格的约束下建造出一辆成功的探测车是一项了不起的壮举。

月球车的主要特点如下[①]:

- 质量 + 有效载荷:210 + 450 = 660kg
- 长度(总长):3099mm
- 轴距:2286mm
- 轨迹:1829mm
- 最大速度:18km/h
- 最大应对坡度:25°
- 最高应对障碍:300mm
- 最宽应对裂隙:700mm
- 范围:120 km 四个来回总距离
- 工作寿命:78h

对各个子系统的简短的分析和关于在今天是否可行的一些考虑会在接下来的章节中介绍。

5.7.1 车轮和轮胎

不用气动或实心橡胶轮胎主要是为了减小车的质量。轮胎由开口钢丝网制成,并用一些钛合金板作为与地面接触区域的胎面。在轮胎内部,有一个次小的更坚固的轮框来充当止动器以防止轮胎在高冲击载荷下过度变形。轮胎外径是818mm(图4.9(a)和图5.61)。

---

① A. Ellery,*An Introduction to space Robotics*,Springer Praxis,Chicherster,2000; A. Ellery,*Lunar Roving Vehicle Operations Hand book*,http://www. hq. nasa. gov/office/pao/History/alsj/Irvhand. html

月球车使用的轮胎背离了传统意义上的汽车技术,这也是与传统意义上的轮胎最大的区别之一。

图 5.60　载有宇航员 Eugene Cernan 的月球车(RLV)图像,拍摄于
"阿波罗"17 号任务中第三次舱外活动(图像来自 NASA)

图 5.61　在亨茨维尔美国太空与火箭中心展示的月球探测车的前悬架的照片

5.7.2　驱动和制动系统

月球车是四轮驱动电动车,轮毂上安装了四个独立并串联的绕线式直流有刷电机。每台电机额定功率为 180W,最高转速为 17000r/min,并用一个齿轮比为 1/80 的谐波传动减速器连接到相应的车轮上。额定输入电压为 36V,由来自电

子控制单元的 PWM（脉宽调制信号）控制。驱动装置是密封的，内部保持约 0.5bar 的压力，以便能进行适当的润滑和电刷运行。

四个通过电缆驱动的鼓式制动器直接安装在车轮上。未来的行星车可能仍然使用鼓式制动器，因为制动力矩足够低，不需要使用盘式制动器，而且鼓式制动器可以解决盘式制动器中的月尘产生的潜在问题。低速和低减速性能使得制动器的发热问题变得不那么重要，尽管空气的缺乏使得制动器的冷却更加困难。布线的现代制动器，即位于轮毂的电机直接驱动制动器，是电缆控制一个非常好的替代品，从而在未来的设计中值得考虑。此外，与低速度、低重力加速度相关的低制动功率可能会使牵引电机产生再生制动，这很有趣，这样既能回收能量（扩大运行范围）也能使制动器更易冷却。月球车上并没有使用再生制动，主要是因为使用了原电池。

纵向控制的驱动接口是一个 T 形手柄，也用于执行转向操控。推进操纵杆驱动电机向前，拉回操纵杆反向驱动电机，但只有反向开关接通时才能实现。要驱动制动器，手柄就必须以制动支点为中心向后转。

在驱动系统发生故障的情况下，车轮可以脱离驱动－制动系统进入惯性滑行状态。

5.7.3 悬架

悬架有一个相当标准的横向四边形布局，上下臂几乎平行。显然它们不包括抗制动点头和抗加速翘尾装置。弹簧是适用于双臂的扭杆弹簧，沿四边形的对角线安装了一个常规减震器（图 5.61）。地面间隙在满负荷时为 356mm，在空载时为 432mm。通过这些值得出悬架－轮胎总成的垂直刚度为 2.40 kN/m，这个值很低。假设轮胎比悬架硬得多，则弹跳的固有频率在满载时仅有 0.6Hz，在空载时为 1.1Hz。如果考虑轮胎的柔性，该值会更低。

5.7.4 转向操控

转向操控作用于所有车轮且是由电力驱动的（线控转向）。几何结构是基于运动学转向设计的：Ackermann 转向作用于所有车轴，而后车轴的转向操控是反向的，前后轮的转角相等。运动学转向半径为 3.1m。每个转向机构通过电机的减速齿轮和直齿圆柱齿轮进行驱动；如果两个转向装置中的一个发生故障，那么对应车轴的转向或许会失效锁死，从而使车辆仅由一个转向轴驱动。

控制电机和制动器的 T 形手柄通过侧向位移也能进行转向操控。反馈回路确保车轮转动角度与手柄的侧向位移成正比，但除了一个回复力之外没有其他的力反馈，该回复力在手柄角不大于 9°时随转向角线性增大，接着进一步增大，然后随刚度的增大再次线性增大。

转向控制或许是月球车中最过时的部分。在某种意义上它是四轮转向(4WS)和目前发展的线控转向系统的先驱,但与它们有很大的不同。四轮转向只适合于(低速)运动学转向。极速低证明了选择四轮转向是合情合理的,但只针对一种情况:在给定轨迹和速度的条件下,月球的低重力加速度意味着侧滑角比在地球上高,所以运动学转向的概念只在速度远远低于在地球上的速度的条件下是适用的。因为离心加速度与速度的平方成正比,所以从这个角度看,极速 $V_{max} = 18km/h$ 等于开始出现动态效应时的速度。

四轮转向车没有如此大的后轮转向角,最重要的是,即便在最简单的全车轮转向公路车中也出现了更复杂的后轮转向策略。

第二点不同是,今天的线控转向系统都是可逆的,从某种意义上来说驱动程序的界面是触觉反馈的,即有一个作动器提供一个反馈以便使司机感觉到车轮的反应,就像传统的机械式转向系统。无线电遥控(R/C)模型车可操控这个事实可以证明不带反馈的车辆也是可以驾驶的(月球车的控制与R/C模型车的控制惊人地相似),但用这种方法控制一辆全尺寸车被认为是不安全且困难的。"阿波罗"宇航员需要更多的训练才能操控月球车,还必须制造模拟月球车性能的专门设计的训练装置(使用传统的充气轮胎),因为不可能在地球上操作月球车。

对于未来的行星探测车,设计中必须吸收借鉴线控四轮转向应用中得到的专门技术。

5.7.5　电力系统

电力由两个主要的银锌电池提供,额定电压为36V,每个电池的容量为115 A·h(4.14 kW·h)。除了月球车和其他机器按照预先计划使用极短的时间之外,可用的电力是行星车的一个主要限制因素。月球车被设计用来执行短时间的单一任务,因此可能会使用主电池。

5.8　轮式车辆总结

如前所述,未来执行月球和其他行星任务的载人车辆可能会采用车辆技术的最新进展。一个基于"四活动角"理念的模块化方法可能是最好的选择。每个角应包括:
- 一个带轮胎的车轮。重量轻、刚度低、非气动弹性轮胎可能是最好的选择。
- 一个电驱动单元,由安装在轮毂上的无刷电机组成。力矩发动机不通过减速齿轮直接与车轮相连似乎是一个很好的解决方案,特别是如果车速低时,簧下质量的减少并不重要。

- 一个线控制动单元,用于刹车和紧急制动,而正常的减速通过电机的再生制动实现。虽然压电的方案或许更合适,但一个轻型的盘式制动器似乎是最简单的方案,该制动器带有一个电动卡钳,可能由一个电动发动机通过滚珠丝杠进行操控。
- 一个线控转向单元,由一个小电机供电,该电机可能是无刷电机,使轮毂通过减速齿轮绕主销轴转动,减速齿轮可能为涡轮。
- 车轮悬架,可能是 SLA 型或 Mc Pherson 型,可能使用其他类型的悬架如纵臂式悬架,这取决于约束条件和可用空间。需为悬架提供相关的弹簧和阻尼系统。该阻尼器可以是一个标准减震器,但电磁装置,可能是 MEMD(动生电磁阻尼器)或者 TEMD(变压器电磁阻尼器)似乎更适合。它可能以完全被动、半主动或全主动的方式工作。
- 所有的传感器需要将相关信息提供给控制系统:大多是轮速和转向角,但像转向力矩、制动和驱动力矩、悬架行程和加速度等许多其他信息对于充分控制车辆也很重要。

四个角可以完全相同(或更好地,一些组件是镜面对称的),也可能有例外情况,如果再生制动由电机实现,制动系统可能只安装在前轴。转向装置也可能只安装在前轴,但采用四轮转向更恰当。

车体没有机械部件,而且可能只是一个搭载宇航员及其个人维生系统的平台或一个不需要穿特殊服装的真实的环境。

电力系统(可能是二次蓄电池或是更复杂的发电系统),控制系统和人机界面可能是车体的一部分或是车载的各个单独的子系统。

每个角与车身的接口组成如下:

- 一个机械接口,包括一些将角与车体(可能用螺栓)相连的连接点。
- 一个电源接口,为电机提供所需的电力。功率放大器可能跟控制系统一起安装在车体中,以便角直接接收经过调制的功率输入。
- 传感器接口,将角传感器与控制系统相连。

人机界面有不同的类型,这取决于有多少功能交给人工控制。在不远的将来,车辆的实际行驶很可能由车上的工作人员完成,因此可以预见将来会有车载式接口。然而,线控驱动结构允许驱动接口可移动甚至与车身脱离,因此驾驶可能通过车载宇航员和车外宇航员利用电缆或无线电(或激光)链接来共同完成。主要的控制可能通过使用一些类似于在电子线控原型中看到过的操纵杆或旋钮实现,而不是通过标准的方向盘。无论如何,采用触觉反馈界面是十分明智的。

尽管以上建议的模块化结构适用于载人车辆,但该结构可能不适用于机器人。机器人探测车具有更广泛的应用,而且将它们的配置简化为一些标准的组件可能很难。一些机器人可能需要真正的悬架系统,而对另外一些机器人,则适合用由刚体组成的简单的连杆机构,如摇臂转向架结构。然而对于在不太崎岖的地形上运行的快速探测车,四轮结构可能是最好的选择,对于那些必须能克服非常崎岖地形的机器人,尤其当它们小且慢时,最好装有 6 个或者 8 个轮子。

慢速机器,特别是那些进行建设工作或其他重型操作的装置,可能没有方向盘,即通过控制左右轮的转速来控制这些机器的运动轨迹。侧滑转向可以使用更简单的坚固的结构,它较低的能量转换效率在低重力情况下可能并不那么重要。

为了确定一小部分的基本配置并将零件标准化,可能需要付出一些努力。除了摇臂转向架装置之外,这种情况下也可以定义许多角(如果用更多的车轮,它们的数量可能大于 4),将移动系统(主要是活动角)从主车体以及其他系统如机械手、科学装备中独立出来。

模块化的方法可能不仅有助于降低成本和研发时间,而且,如果建立了人类前哨战,可以使保养和维修容易得多。与计算机领域普遍采用的"即插即用"相似的方法或许会发展出来,那时宇航员利用最低限度的工具与备件就能完成维护工作与升级操作。

第6章
非轮式机器人和行星车

现已提出的用于在行星固体表面探索的非轮式移动机器人的结构类型太广泛了,因此面面俱到是不可能的。

由于基于某种形式的腿式机器人是最常见的,所以本章主要致力于研究行走机器。除了腿式机器人以外,本章还简要介绍了一些其他形式的机器人:轮-腿混合式、履带-腿混合式、跳跃式、滑板式(雪橇式)以及无腿式等。

6.1   行走机器

6.1.1   总体布局

腿式机器人是适合在不平地面上运动的载具,因为轮式机器人甚至履带式机器人在应对障碍和保持良好的机动性方面可能有许多困难。并且从能量的角度来看,至少理论上,在崎岖的路面上腿比轮子更有效。在过去,人们已经提出和测试过的行走机器结构非常多,在这里不可能一一列举。

图6.1所示为一些行走装置的图像。

行走机器的大多数结构是要尝试模仿自然行走系统,至少模仿其中的部分功能,这导致了大量的内部自由度数和一个复杂的控制系统。与腿的数量无关,腿的结构(图6.2)可以定义为:模拟哺乳动物类(图6.1(b)、(c)、(e)、(g)、(h)),模拟爬虫类(图6.1(i))或模拟昆虫类(图6.1(f))——所有类型名称都显示了这些结构是动物形状的。后面两种结构中腿的步态主要是由于在水平面内出现的某一运动而产生的,而第一种结构中主要是在垂直(矢状)面内的运动。只有选择了哺乳动物类结构的腿,腿才能恢复摆动所需的功能,而且只有对这种结构形式的腿才需要考虑采用弗劳德数进行分析。

图 6.1　一些行走装置图像

(a)步行马;(b)铁骡队;(c)通用电气公司的行走卡车;(d)Odeics Functionoid;(e)俄亥俄州立大学的自适应悬架车;(f)卡尔斯鲁厄大学的 Lauron II;(g)Plustech;(h)卡尔斯鲁厄大学的 Bisam;(i)东京工业大学的 Titan Ⅷ;(j)Martin Marietta 公司的行走梁;(h)Carnegie Mellon 大学的 Hopper(跳跃式机器人);(l)本田公司的仿生机器人。

无论选择何种腿结构为了使机器人能够在不平坦的地面上以正确的运动学方式沿任意轨迹运动，每个脚至少要有三个自由度(图6.2)。因此受控自由度数很大，特别是六腿或八腿的行走机器。大多数情况下，腿的第一段(近端)，即大腿有两个自由度，而第二段(远端)，即小腿只有一个自由度。因此膝关节是一个圆柱形关节，而髋关节是一个球形关节。通常动物的腿的自由度更多，因为在许多情况下，腿由两段以上组成，更为重要的是身体铰接在腿上，从而在行走时可以改变腿的形状。一些带有铰接机构的行走机器已经被造了出来，但这增加了机械和控制的复杂度。使用较少自由度的想法时不时被提了出来，但这通常会导致运动不精确，进而导致脚在地面上打滑并且产生较大的力，或者会限制行走机器遵循正确轨迹以及在崎岖地形上行走的能力。

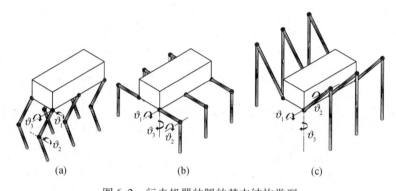

图6.2　行走机器的腿的基本结构类型

(a)模拟哺乳动物类；(b)模拟爬虫类；(c)模拟昆虫类。第一个结构中，脚的运动
主要由关节角 θ_1 和 θ_2 产生；第二个结构中脚的运动主要由关节角 θ_1 和 θ_3 产生。

　　另一方面，也可以采用冗余自由度：例如，一条动物形腿至少有三个自由度，但在某些情况下可以增加第四个自由度，比如在脚踝处。在脚踝处增加一个甚至两个自由度可以使行走机器更好地适应崎岖地形，但同时，这也增加了系统的复杂性，和腿末端处的质量，从而导致运动的增大。一个可用的解决方案是给脚踝处增加一个或两个被动自由度，如使用弹簧铰链。这样行走机器就能够更好地适应不规则地面，但又几乎没有增加系统复杂度与质量。

　　所有动物腿的另一特征是两侧对称，有偶数条；因为尾巴起到一个额外的支撑作用，从而导致奇数个支撑结构。这里所讲的大多数行走机器都是动物形的，即便有些机器是放射对称的甚至有奇数条腿。也许有一个很好的理由来解释，因为两侧对称比放射对称更适合沿直线运动(真正的放射对称意味着所有腿都是同等的，对身体而言，没有前或后之分)。

　　行走机器的机械结构深深地影响了控制系统。早期建造行走机器的种种尝试,比如在 19 世纪前①设计建造的自动机器,以及 20 世纪上半叶设计建造的机器(图 6.1(a)和(b))为了产生正确的脚的运动轨迹,这些机器依赖各种机械装置,如齿轮、凸轮轴、控制杆等。不用说,以这种方式造出的机器几乎不会有任何柔性,并且在崎岖路面上行走是相当困难的。

其他的解决方案(图 6.1(c))依赖于人在机器上控制脚的运动,如通用公司的行走卡车。行走卡车的腿就像操纵器,它可以模拟驾驶员的腿和手臂的动作来驱动机器。因此,机器可以完成各种复杂的动作。实践证明该方案是成功的但是操作困难,因为该方案虽然可以让机器令人满意地履行职责,但是需要控制者付出很大的努力来操控它。

当前的发展趋势是把所有低水平的控制工作交由机器来完成,而控制者的唯一工作是选择运行轨迹,就像在驾驶常规的机动车辆时那样,甚至把所有工作都交由机器来完成。这可以对行走机器或载具(由人控制)以及行走机器人作出区分,即便这种区分并不十分明确。

每种结构都有各自的优缺点,在给指定的任务定制机器时,必须仔细加以权衡。所提出的行走机器的性能也必须与传统的轮式或履带式机器的性能做权衡。这种权衡的结果在过去已经相当明确:除了极少数情况下,人们总是选择轮式机器人,并且其在商业表现上更加成功,而行走机器至今仍处于实验阶段,短期内还无法进入普遍使用阶段。

尽管其他的方案有各种优点,但是出于各种原因,通常人们还是选用轮式机器人。轮式机器人有一个其他结构无法比拟的传统优势,设计师只需按照现有的技术方案设计,不需要再做仿真、实验测试和其他研究,从而缩短了设计过程,减少了成本。但它不仅仅是一个综合设计实践:如第 4 章中所讲的那样,腿式机器人通常承受的应力很高,有许多部件需要经受大量的疲劳循环的往复运动,并且需要复杂的控制系统;在某些情况下,尽管轮式机器人有较大的理论效率,但是在实际工作中需要消耗更多的能源。其他非传统结构布局,也有同样的上述问题甚至更加严重。

6.1.2 脚的运动轨迹的形成

机械腿类似于机械臂,可以设计成各种各样的布局。一旦运动结构确定了,就可以定义一个工作空间,来获得正、逆运动学。总之,对机械腿的运动精度要求通常低于对机械臂的运动精度要求,这一点必须记住:相比机械臂的确切定位而言,脚接触地面的确切位置并不重要,尽管对于移动机器人,脚的运动轨迹必须足够精

---

① See M. E. Roseheim, *Robot Evolution: The Development of Anthrorobotic*, Wiley, New York, 1994; F. Junko, *Enchanting Gadgets and Engaging Contraptions*, Japanese Mechanical Dolls, The East, Vol. VIII, No. 4, April 1972; C. Singer, E. J. Holmyard, A. R. Hall(editors), *A History of Technology*, Clarendon Press, Oxford, 1954.

确,以避免较大的滑动,但一些小的滑动是可以接受的。当施加纵向力或横向力时,脚都会有某种滑动(见4.2.2节),因此与获得一个完美的 Ackermann 车轮转向相比,获得一个精确的运动学不是那么重要。

备注6.1 许多行走机器都有铰接机构以使脚在整个支撑行走过程中沿着直线移动,轨迹生成中无需控制器与作动器(图6.1(d)、(e))。

然而,在过去几年中,人们对计算机控制装置的信心越来越大,使许多人认为机械布局可以非常简单,即利用控制系统就可以控制两根铰接梁式腿产生正确的脚的运动轨迹。(图6.1(f)~(i))。

图6.2中的腿可以类比为转动臂。对于哺乳动物类结构而言(图6.1(a)与6.2(a)),关节角 θ_i 与脚相对于髋关节的坐标之间的关系式为

$$\begin{Bmatrix} x \\ y \\ z \end{Bmatrix} = \begin{Bmatrix} l_1\sin(\theta_1) - l_2\sin(\theta_2) \\ [l_1\cos(\theta_1) + l_2\cos(\theta_2)]\sin(\theta_3) \\ [l_1\cos(\theta_1) + l_2\cos(\theta_2)]\cos(\theta_3) \end{Bmatrix}, \tag{6.1}$$

式中:l_1 和 l_2 为腿的两段长度。可以由关系式(6.1),求得脚在所设定位置的关节角:

$$\begin{cases} \theta_3 = \text{artg}\left(\dfrac{y}{z}\right) \\ \theta_1 = \text{asin}\left[\dfrac{\alpha\delta + \gamma\sqrt{4\alpha^2 + 4\gamma^2 - \delta^2}}{2(\alpha^2 + \gamma^2)}\right] \\ \theta_2 = \text{asin}\left[\dfrac{\sin(\theta_1) - \alpha}{\varepsilon}\right] \end{cases} \tag{6.2}$$

式中:

$$\alpha = \frac{x}{l_1}, \quad \varepsilon = \frac{l_1}{l_2}, \quad \gamma = \frac{z}{l_1\cos(\theta_3)}, \quad \delta = 1 + \alpha^2 + \gamma^2 - \varepsilon^2$$

对于爬虫类或昆虫类结构的行走机器(图6.2(b)、(c)和图6.3(b))有相同的关系式:

$$\begin{Bmatrix} x \\ y \\ z \end{Bmatrix} = \begin{Bmatrix} [l_1\cos(\theta_1) + l_2\sin(\theta_2)]\sin(\theta_3) \\ [l_1\cos(\theta_1) + l_2\sin(\theta_2)]\cos(\theta_3) \\ l_1\sin(\theta_1) - l_2\cos(\theta_2) \end{Bmatrix} \tag{6.3}$$

本例中也能容易得到运动学逆解:

$$\begin{cases} \theta_3 = \text{artg}\left(\dfrac{x}{y}\right) \\ \theta_1 = a\sin\left[\dfrac{\alpha\delta + \gamma\sqrt{4\alpha^2 + 4\gamma^2 - \delta^2}}{2(\alpha^2 + \gamma^2)}\right] \\ \theta_2 = a\sin\left[\dfrac{\gamma - \cos(\theta_1)}{\varepsilon}\right] \end{cases} \tag{6.4}$$

式中:

$$\alpha = \frac{z}{l_1}, \quad \varepsilon = \frac{l_1}{l_2}, \quad \gamma = \frac{y}{l_1\cos(\theta_3)}, \quad \delta = 1 + \alpha^2 + \gamma^2 - \varepsilon^2$$

在直线行走过程中的支撑阶段,假定脚相对于身体的运动轨迹为一条直线,即当脚接触地面(运动学意义上正确的运动)时,在摆动和返回阶段,$x(t)$ 和 $h(t)$ 满足正弦定律。因此脚的运动轨迹,如图 6.3(c) 所示,由一条直线加三段椭圆弧构成。假定身体的运动速度是恒定的,图 6.4 与 6.5 所示为两种典型的关节角 θ_1、θ_2 和 θ_3 时间曲线。

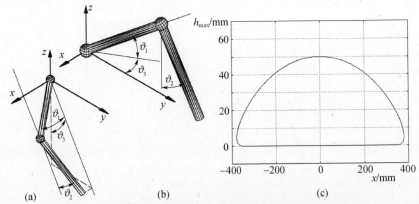

图 6.3 (a)和(b)分别定义了哺乳动物类和爬虫类腿结构的
关节角 θ_1 和 θ_2($\theta_3 = 0$)。(c)脚相对于身体的运动轨迹。
参数:步长 $L = 700\text{mm}$,水平地面上的最大脚间距 $h_{\max} = 50\text{mm}$

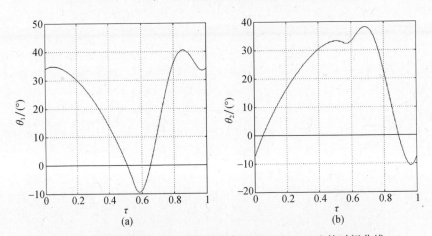

图 6.4 哺乳动物类腿直行时的关节角 θ_1 和 θ_3($\theta_2 = 0°$)的时间曲线;
参数为 $l_1 = 500\text{mm}$,$l_2 = 500\text{mm}$,步长 $L = 700\text{mm}$。脚在地面停留的时间
约占每步耗时的 0.55%。无量纲时间参数 τ 是参照每步耗时
定义的。支撑阶段:$0 < \tau < 0.55$,摆动阶段:$0.55 < \tau < 1$

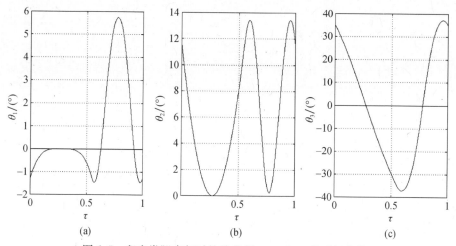

图 6.5　爬虫类腿直行时的关节角 θ_1，θ_2 和 θ_3 的时间曲线；
除 $h=500\text{mm}$ 和脚的侧向距离 $y_0=500\text{mm}$ 外，其他参数同图 6.4

由图 6.4 可以看出，在支撑阶段，如果是哺乳类动物结构的腿，作动器必须在移动关节的同时能承受整个机器人的重量。这意味着，如果每个关节由一个单独的作动器驱动，即便机器人在水平面上行走时，作动器也要工作。实际上只有一部分作动器执行驱动工作，其他作动器提供制动，而实践中从作动器回收能量是相当困难的。摆动阶段中的特性会有不同，因为当腿从地面抬起，只要不接触地面或其他障碍物，那么对腿的运动轨迹就没有严格的约束。

图 6.5 显示，爬虫类（或昆虫类）腿结构中也是如此，作动器不断调整自己的位置，但支撑机器人大部分重量的是关节角 θ_1 的作动器（至少在腿的第二段几乎垂直的条件下，如本例中，即 θ_2 接近于 0），而且在支撑阶段，其运动幅度很小。

在斜坡上行走时有两种可能的策略：身体保持水平或平行于斜坡。在第一种策略下：行走机器水平步行时，关节角 θ_1、θ_2 完成几乎所有的工作，而 θ_3 不做任何有用的工作，即 θ_3 不承载机器的任何重量。

由图可知，建造一个真正的动物形行走机器的实际困难是，腿的每一段由不同的作动器驱动，要么直接作用于结构部件（即"骨"），要么通过肌腱来运行。虽然轨迹的生成不涉及复杂的现代控制系统问题，但是在低频运动阶段，作动器必须在行走过程中的某些特定阶段提供一个力矩以使其非常缓慢地运动；而在其他阶段，作动器则必须快速运动。采用气动或液压作动器是可行的（在空间应用中通常不用气动或液压作动器，因为它们体积和质量庞大——除了一些庞大笨重的行走机器），但是采用电作动器非常困难。由于工作周期中摩擦力很大，电机和电子元件都必须在高电流下工作，这导致了低功效和发热问题。因此，设计功率放大器是一项艰巨的任务。

爬虫类或昆虫类结构的腿的一个可能的解决方案是对脚的运动轨迹进行修正,一旦脚接触地面,就采取制动锁死关节角 θ_1 的作动器,同时对另两个关节角进行修正以补偿轨迹(图6.6)。然而,由于不可能进行完全补偿,所以也就不可能达到正确的运动学。在整个始发阶段,机器人的重量完全由制动器支撑,这大大减小了能量消耗。关节角 θ_2 的作动器需要消耗一些能量,即在站立阶段并不会锁死;但是如果小腿接近垂直,那么消耗的能量就非常小。如图可知,如果在脚离开地面时,脚的侧向移动是可以接受的,那么在摆动阶段中作动器会被锁死,利用惯性力来减少能量消耗。

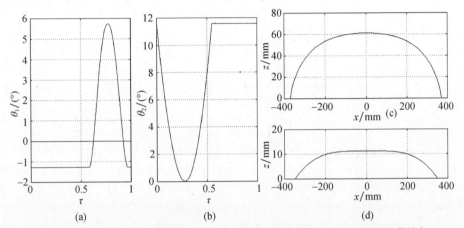

图6.6 关节角 θ_1 的时间曲线(a)与 θ_2 的时间曲线(b)(由于 θ_3 的时间曲线与
图6.5中的几乎一样,所以不具代表性),条件与图6.5相同,
除了髋关节与膝关节被锁死。脚与髋部的运动轨迹如图(c)与(d)

因为在始发阶段中,脚相对于髋关节的运动轨迹并不是一条直线,所以髋关节也不是沿水平直线运动的。图6.6(c)为脚在 xz 平面的运动轨迹,是地面与 z 轴的交点的轨迹。图6.6(d)为当脚接触地面时,髋部在其高度上相对于参考坐标系的水平运动轨迹。身体的运动不是完全水平的,也可能发生微小的横滚和俯仰运动。这个例子表明,即使在一个行程很长的情况下(几乎达到步长 $l_1 = 500\text{mm}$,行程为800mm),运动误差都很小;该误差可能小于其他因素造成的误差,如地面柔性和控制动力学模型造成的误差。在始发阶段的开始和结束时刻也可能发生轻微的横移。

6.1.3 非动物形结构

至此,已计算得到符合运动学规律的运动轨迹。这有利于在腿提供支撑和推进时,允许机体以恒定的速度运动。但是,这对控制与机械性能的要求是现今机器不能达到的,而且迄今为止,还从未成功设计制造出高速低能耗的动物形行走机器。

甚至动物的运动也常常不完全符合运动学规律,特别当动物低速运动时。

机电作动器的最大的局限性之一是当移动很小时,无法像肌肉那样提供力矩。爬虫类和昆虫类以及上述类似的结构可以避免在整个始发阶段使用作动器来承担载荷的工作,而哺乳动物类结构则无法做到这点。在这种情况下,使用一个机械连杆机构来分离脚的水平运动和垂直运动,这样哺乳动物类结构所使用的作动器在始发阶段会被锁死。最常见连杆机构是二维(如图6.7①,特别适合哺乳动物类结构的腿)和三维的缩放装置。

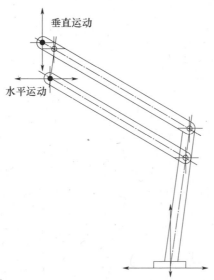

图6.7　俄亥俄州立大学设计的自适应悬架机器人的腿的缩放装置

该解决方案,即第一个非动物形结构,以及其他大多数出于同样目的提出的方案都存在缺陷。在垂直于运动的方向上,连接处和关节处的力通常都很大,而且导向机构(驱动连杆机构产生所要求的轨迹)的载荷很大。

另一个与动物形结构的不同之处是使用线性运动关节代替转动关节。比如,笛卡尔腿,如果它类似图3.1中3自由度笛卡尔臂,那它就能以正确的运动学方式工作。一个混合解决方案,如图3.1中所示的球形臂那样,也是一个很好的折中方案。腿的第一段(大腿)只有一个自由度,等同于爬虫类结构的腿的关节角 θ_3,而膝关节提供第二个自由度。第三个自由度由腿的第二段(小腿)提供,小腿由一个线性作动器组成。

---

① S. M. Song, K. J. Waldron, *Machines that Walk：The Adaptive Suspension Vehicle*, MIT Press, Cambridge, 1989.

除了一些特殊应用,动物形结构行走机器几乎没有优点,即便在理论上该结构更好,但在实际应用中并非如此。比如,动物形结构的大多数优点都与其速度能力相关,即行走速度高于其他类型结构的行走速度,但是实际上至今为止所建造的所有行走机器的运动速度都很慢。至今,人们不仅尚未造出奔跑机器人,而且很少有行走机器的速度能够介于行走速度和奔跑速度之间。当然,人们已经造出一些像Carnegie Mellon 那样的跳跃机器人(图 6.1(k)和图 6.25(b))来取代奔跑机器人;不过,目前并没有一款这种类型的跳跃机器人进入实用阶段。至今为止,除了 Aibo 机器狗,唯一进入实用阶段的动物形行走机器为 Plustech 六足林业机器人(图 6.1(g))。

然而,对于大多数行星探测机器人来说,是否能达到高速并不重要,空间环境下,速度极大地受限于其他因素,如可用动力、人类处于控制环路中的不可能性或传感器扫描地面精确性的要求等严格的限制因素。因此在行星探测应用中使用简化的非动物形结构或许更有利。

刚性框架结构

在非动物形结构中,最有趣的结构之一就是基于双刚性框架的结构(图 6.8)。这两个框架(图 6.8 中的框架 A 和框架 B),既可以在一个方向上(机器的纵向上)相对运动,也可以绕同一个垂直轴旋转。每一个框架可以有任意条腿(平衡起见至少三条腿);由于两个框架不必有相同数量的腿,所以腿的总数可能为奇数。每条腿只有一个自由度,即垂直平移。这样,如果框架保持水平,那么在运动学意义上,脚相对于身体的运动总是正确的,而且水平运动与垂直运动是完全非耦合的。

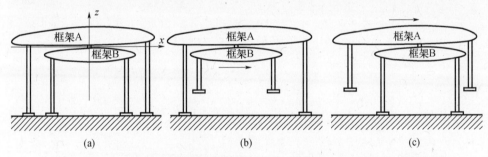

图 6.8　(a)双刚架结构行走机器示意图;(b)第二阶段中框架 B 的一个跳跃运动;
(c)第五阶段中框架 A 的一个跳跃运动

每一步(向前或向后)都可以细分为 6 个阶段:
(1) 框架 B 的脚抬起;
(2) 使框架 B 向前移动(图 6.8(b));
(3) 框架 B 的脚放下,直至每个脚都接触地面;
(4) 框架 A 的脚抬起;
(5) 使框架 A 向前移动(图 6.8(c));
(6) 框架 B 的脚放下。

如果要转向,可在每一步的第二阶段或第五阶段,使一个框架相对另一个框架旋转,而不是纵向运动。

作动器不需要控制速度或精确同步:一个简单的开关控制器就足够了。每条腿只需要一个触控传感器(即感应脚何时接触地面)以及一个位置传感器,这样,控制器就能在任何瞬间掌握机器的位形。还有一些令身体移动(纵向平移和绕垂直轴旋转)的作动器也只需要一个触控传感器和一个位置传感器。这样,机器就能感知何时遇到了障碍。如果采用电作动器,对作动电流进行检测已被证明是一种侦测行走机器的脚或身体何时触碰障碍物的有效方式,至少在地球的重力环境下如此。

这种结构的机器的总自由度是 $2 + n_A + n_B$,其中 n_A 是框架 A 的腿数,n_B 是框架 B 的腿数:对于一个六足机来说,自由度数最小为 8。一些方案提出把自由度数减少到 4 个[①],即每个框架结构都使用单个作动器来操控所有的腿,但是这种方案的机器只能在一个非常平坦的地形上运行,因此在实际应用中没有使用价值(当轮式载具是最好的选择时,为什么还要选用行走机器?)。这种结构的行走机器的另一个劣势是:在斜坡上行走时,行走机器的身体无法保持水平,而且负责纵向运动的作动器的载荷很大。

上面描述的运行模式有一个缺点:每个框架的每一步都需要一个起停循环。缓慢行走时,启停循环几乎不会带来任何不便,但是需要高速运动时,这就成了一个限制因素。为了提高速度,以及减少加速框架所耗的能量,行走机器的行程必须尽可能长;任意双框架结构行走机器的一个重要的参数就是行程 t 和总长 $l_{\max}$ 的比值,即 $t/l_{\max}$。

图 6.8 只是一个工作原理草图。由于实践的原因,通常采用的腿实际上是由单个部件,即可伸缩的作动器来制成的。为了避免机械结构过于复杂,一个框架的某条腿在一步中的某个阶段相对另一个框架的腿是内部的,而在该步的另一阶段的那些腿是外部的,这是行不通的。

双刚架行走机器因此可分为两种类型,可被称为内部机器和外部机器。图 6.9(a)中一个框架的所有腿都在另一个框架腿的内部,而图 6.9(b)中一个框架的一些腿在另一个框架腿的内部,一些在其他框架腿的外部。

备注 6.2　内部和外部的区别不是绝对的,因为可以设想不同的结构,但是没有其他结构的例子,因为这些构想是不切实际的。

在第一种情况下,行程的上界为

$$t < l_A - l_B$$

而第二种情况下,行程的上界为

$$t < \min(l_A, l_B)$$

---

①　J. Peabody, H. B. Gurocak, *Design of a Robot that Walks in Any Direction*, Journal of Robotic System, pp. 78 – 83, 1998.

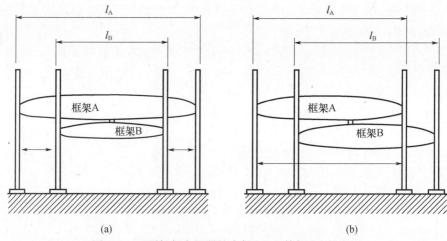

(a)   (b)

图 6.9 双刚架行走机器的内部(a)和外部(b)示意图

因此,外部机器的行程会更长,两倍于内部机器的行程。行程对行走机器的平衡的影响很大,因此这是各种影响因素之间权衡的结果。影响行走机器平衡的因素有框架之间的质量分布,可能会发生的质心变化,每个框架腿的数量以及在不平坦或倾斜地面上保持身体水平过程中控制系统的精度等[①]。

首例成功的刚性框架行走机器是日本小松公司制造的 RECUS(遥控水下探测机器人)[②]和 Martin Marietta 公司的梁式行走机器(图 6.1(j))[③]。第一台刚架行走机器是一个十分笨重且行动缓慢的八足机器,现用于民用水下工程。第二台行走机器是 Martin Marietta 公司为火星探测设计的名为 Eptapod 的探测车。这两台都是"内部"机器。最近,意大利都灵理工大学机电一体化实验室,已经做出了多个版本的基于双框架六足结构的微型行星探测车,第一个版本被称为 Algen,第二个版本称为 WALKIE 6(图 6.10)[④]。WALKIE 6 有一个"外部"结构。

在多个版本的 WALKIE 6 的设计和长时间的运行中积累的经验证明,这种方法能够克服一些可靠性问题,同时降低了控制复杂度,而又不对性能造成过多不利

---

① G. Genta, M. Chiaberge, N. Amati, *Non Zoomorphic Rigid Frame Walking Micro-Rover for Uneven Ground*: *From a Demonstrator to an Engineering Prototype*, International Conference on Smart Technology Demonstrators & Devices, Edimbourgh, Dec. 2001.

② D. J. Todd, *Walking Machines*: *An Introduction to Legged Robots*, Kogan Page Ltd. , London, 1985.

③ M. E. Roseheim, *Robot Evolution*: *The Development of Anthrorobotic*, Wiley, New York, 1994.

④ L. Bussolino, D. Del Corso, G. Genta, M. A. Perino, R. Somma, *ALGEN—A Walking Robotic Rover for Planetary Exploration*, Int. Conf. on Mobile Planetary Robots & Rover Roundup, Santa Monica, 1997; N. Amati, M. Chiaberge, G. Genta, E. Miranda, L. M. Reyneri, *Twin Rigid-Frames Walking Microrovers*: *A Perspective for Miniaturization*, Journal of the British Interplanetary Society, Vol. 52, No. 7/8, pp. 301 – 304, 1999; N. Amati, M. Chiaberge, G. Genta, E. Miranda, L. M. Reyneri, *WALKIE 6—A Walking Demonstrator for Planetary Exploration*, Space Forum, Vol. 5, No. 4, pp. 259 – 277, 2000.

影响。事实上,WALKIE 6.2 是为数不多的有能力长时间自主运行(机器内有电源和控制系统,而不需要外部连接)的行走机器人。虽然 WALKIE 6.2 的速度等同于甚至高于微型轮式行星探测车,但其低功耗(52m/h 时小于 3W)是无与伦比的。

图 6.10　在埃特纳火山(模拟火星表面)测试时的 WALKIE 6.2

虽然,刚架机器人只适用于低速运行,这是很显然的,但是它们能够达到多大的速度仍未确定。特别是,实践中刚架式行走机器是否真的比动物形行走机器慢(理论上毫无疑问是慢于动物形行走机器的)这一点仍有争议。这类行走机器的平均速度约为

$$V = \frac{V_f}{2(1+\alpha)} \tag{6.5}$$

式中:
$$\alpha = \frac{2h_z V_f}{t V_z}$$

V_f 为一个框架相对于另一个框架的平均速度;V_z 为腿的作动器的平均速度;h_z 为腿的垂直落差。速度主要受以下因素限制,即框架每移动一步都要有一个加速和停止的过程,并且最大加速受限于可用功率、有效载荷承受加速度的能力、地面上的可用牵引力和重力加速度。框架行程 t 的增加起到了双重的作用:减小参数 α,并且允许框架在相同的加速度下达到更高的速度。随着速度的增大耗能急剧增加,除非采用一些方法来回收加速框架所耗的能量。

为了提高速度,令第三个框架尽可能多地承载探测车的质量,第三个框架可以独立于另两个有腿的框架运动①。如果第三个框架也是由驱动其他两个框架的作

---

① G. Genta, N. Amati, L. M. Reyneri, *Three Rigid Frames Walking Planetary Rovers: A New Concept*, 50th Int. Astronautical Congress, Amsterdam, Oct. 1999.

动器驱动,或至少是非独立控制的,那么增加的复杂性是非常有限的,并且不会影响自由度的数量。优点是,在相同的速度下,质量的最大部分和所有的有效载荷的加速度通常仅为框架加速度的一半。

如果第三个框架的独立控制是可行的,那么就能设计出一个更聪明的策略。第三个框架以恒定的速度向前移动,而另两个框架循环往复运动,这是为了使机器的大部分质量不受频繁启停循环的影响。这就是动物形布局最为显著的特点之一,同时保留一个非常简单的机械布局。然而,控制系统要复杂得多:虽然在最简单的刚架行走机器中,电机的传动器能够运行,但是在采用开关模式中,要实现这一较为复杂的控制,就必须控制作动器的速度,因此就必须引入某种形式来预测各种地面条件——就像在动物形机器中做的那样。

平面运动行走机器

另一个非动物形布局的设想是:有类似于刚架行走机器的腿,并通过某种运动连杆机构可以纵向移动,而不是直接刚性连接到行走机器身体的两个框架上的腿。使腿纵向运动的最简单方式是在水平面内使用缩放机构,而不像俄亥俄州立大学设计的自适应悬架车是在垂直面内使用缩放机构(图 6.1(e)和图 6.7)。

因此,每条腿都由位于水平面内的一个单自由度缩放机构构成(图 6.11)[①]。

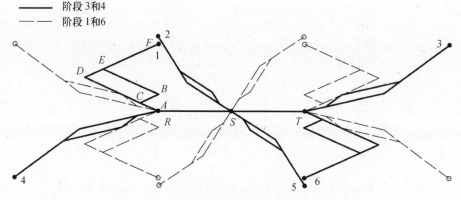

图 6.11　六足平面运动行走机器,腿位于其端部

点 A(指腿 1)是一个圆柱铰链,把腿和身体铰接在一起,当点 B 纵向移动时,点 A 的运动方向为沿直线方向。脚由一个位于点 F 的垂直线性作动器承载,这和刚架行走机器相同。像刚架行走机器那样,每个脚的垂直运动与水平运动是相互分离的,因此,如果在斜坡上行走时身体始终能保持水平,那么线性作动器的方向也始终是垂直的,虽然所有的缩放机构的运动都在一个水平面内(因此,称为平面

---

① G. Genta, N. Amati, *Planar Motion Hexapod Walking Machines: A New Configuration*, CLAWAR 2001, Professional Engineering Publishing, London, October 2001.

运动行走机器)。

因为没有力(低速行走时的惯性力忽略不计)作用在水平面,所以点 B 沿直线运动时就必须在垂直于运动的方向上不受力。用于移动点 B 的作动器必须提供克服摩擦力所需的动力(忽略惯性力)。所有的载荷都作用在垂直于缩放机构的平面的方向上,引起梁产生弯矩,关节处产生力矩,然而,弯矩与力矩的矢量总垂直于铰链的轴。

可以采用这种方式设计腿,即由梁 AD 与梁 DF 来承载所有的载荷(如在点 C 和点 E 处使用球形关节),这样杆 BC 和 BE 仅作为推拉杆,而不负担弯矩。这样点 D 处的弯矩就只是脚上的负荷乘以 DF 的长度,同理,点 A 处的弯矩就是脚上的负荷乘以 AF 的长度。因为在行走过程中,脚上的负荷并不恒定,所以弯矩也不恒定,但这些变化不大且不快,就像各类行走机器的许多元部件上的载荷所出现的那样。

如果以这种方式建造的腿用于六足行走机器,那么 6 个缩放机构可以由单个作动器驱动,从而实现与刚架行走机器完全一样的那种运动和步态(交替三角步态,见下文)。作为一种替代方法,可以采用 6 个独立的作动器,使其能像更为复杂的动物形行走机器那样以任何步态行走,并且允许身体以恒定的速度移动。

这种类型的六足行走机器的基本布局如图 6.11 所示。假定采用交替三角步态,那么可以用和刚架行走机器相同的控制结构。每一步可分为 6 个阶段。假设在开始时所有的脚都在地面上,腿 1、3、5 在前,腿 2、4、6 在后(图 6.11 中的虚线)。

(1) 腿 2、4、6 抬起(由腿 1、3、5 支撑机器人);

(2) 腿 2、4、6 向前移,腿 1、3、5 向后移(相对于身体),身体向前移动;

(3) 腿 2、4、6 降低到地面;

(4) 腿 1、3、5 抬起(由腿 2、4、6 支撑机器人);

(5) 腿 1、3、5 向前移,腿 2、4、6 向后移(相对于身体),身体向前移动;

(6) 腿 1、3、5 降低到地面。

只在第 2 和第 4 阶段身体向前移动,而在其他所有阶段只有垂向作动器工作。

备注 6.3 考虑到静态平衡,这种类型的步态和控制策略是最差的选择。但这种步态和控制策略允许使用简单的开关来控制机器人,而且作动器不需控制速度。

平面运动行走机器的总自由度为 8(第八个自由度用于旋转),即使 6 个缩放机构由 6 个独立的电机控制,它们也可以由一个单独的驱动器控制:这种平面运动行走机器相当于双框架行走机器,所不同的是平面运动行走机器只采用圆柱铰链,而不用滑轨承担负载,而且行程可能更长,因此机器可以运动得更快。在相同加速度下,平面运动行走机器的最大速度约为双框架行走机器的两倍。如果各个电机独立控制,可以得到一个具有 13 个自由度的平面运动行走机器,那么身体有可能连续运动,不再需要加速 - 减速过程,且能以典型六足机器人的任意步态运动。

转向可以用不同的方法实现,最简单的方法是在不同的行程中腿向不同的方向移动:一种滑动转向方式。这也许是不明智的,因为腿部可能会承受很大的压力并且脚可能会发生大的滑动。最好的方法是使脚按弯曲轨迹移动,但这引入了机械复杂性和控制复杂性。一个简单的解决方案是把身体分成两个部分,互相铰接在一起,每一部分有三个腿,这与双框架行走机器采用了相同的策略,并需要一个额外的自由度。当行走路径为一条直线时,机器人就必须在改变行进方向时停下来。

对于具有 n 条腿的平面运动行走机器,如果使用的策略是所有的缩放机构一起移动,那么其总自由度数为 $n+2$;如果每条腿独立控制,那么其总自由度数就是 $2n+1$。平面运动行走机器的大部分优缺点都类似于刚性框架行走机器,但这种结构的柔性更大,或许可被看成是一种介于简单的刚性框架行走机器和复杂的动物形行走机器之间的布局结构。

6.1.4 步态和腿的协调性

一条腿的运动可以分为两个阶段:支撑阶段,腿用于支撑身体的重量;转换、摆动或返回阶段,即在行程结束时,腿再次从地面抬起,并准备开始下一个循环。

一条腿的周期是指支撑和返回两个阶段所花的时间之和。

在图中,从前向后给腿编号,左侧的腿编号为奇数(图6.12(a))。六足行走机器的腿的编号为:1—左前;2—右前;3—中左;4—中右;5—左后;6—右后。

定义步态最重要的参数是每条腿的占空系数 β:

$$\beta_i = \frac{t_{si}}{t_{ci}} \tag{6.6}$$

式中:t_{si} 为第 i 条腿的支撑阶段的时长;t_{ci} 为第 i 条腿的周期时间。

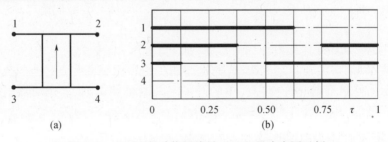

图6.12 (a)四足动物腿编号;(b)四足步态图示例

所有腿的占空系数值相同的步态被定义为规则步态。

占空系数定义为一个小于1的数字;占空系数越高,腿在地面上停留的时间越长。当 $\beta = 0.5$ 时,脚在支撑阶段和返回阶段相对于身体的平均速度是相同的;否则,相对速度之比为

$$\frac{V_{ri}}{V_{si}} = \frac{\beta_i}{1 - \beta_i} \tag{6.7}$$

用无量纲时间

$$\tau = \frac{t}{t_{ci}} \tag{6.8}$$

来代替标准时间。通常假设#1 腿在 $\tau = 0$ 时接触地面,因此其支撑阶段的无量纲时间范围为 $0 < \tau < \beta$;返回阶段为 $\beta < \tau < 1$。

腿的相位是第 i 条腿接触地面时相对于腿 1 的延迟量。

步态的一个常见的表示方法为步态图,如图 6.12(b) 所示的四足动物步态图。水平轴为无量纲时间,在一个完整的周期内,值通常在 0 ~ 1 之间。一条腿由一条水平线表示,粗线表示腿处于支撑阶段,细线表示其处于转换阶段。

图中画了一个规则步态,其占空系数 $\beta = 5/8 = 0.625$,表示每条腿花 62.5% 的时间停留地面。一般而言,脚向前移动的速度 V_r 是其向后移动速度 V_s 的 5/3 倍。在 $t = 0$ 时,腿 1 才开始支撑阶段,腿 4 处于返回阶段时,腿 2 和腿 3 接触地面。在 $\tau = 0.125$ 时,腿 2 已经到达向后极限位置并开始返回。在 $\tau = 0.25$ 时,腿 4 已经到了向前极限位置,然后落地,准备开始支持阶段。接下来腿 3 抬起,腿 2 放下,腿 1 抬起,腿 3 放下,最后腿 4 抬起。

腿的相位是等间隔的:0、180°、270°、90°。

其他定义:步幅,即在一个完整的运动周期中机器人质心移动的距离;腿的行程长度,即在支撑期内,脚相对于身体运动的距离。

如果一个周期内发生的事在接下来的周期内重复发生,那么这个步态就是周期性的,否则就是非周期性的。

步态是多种多样的。一般而言,当行走在规则地面时,使用一个周期性的步态是很方便的。一类特殊的周期步态是波形步态:每侧腿间隔一定的时间回到地面上,从最后面那条腿开始。向后时,波形步态的顺序正好是相反的,回到地面的第一条腿是前面那条。

六足行走机器在不同占空系数条件下的波形步态如图 6.13 所示。

第一幅图的步态通常称为交替三角步态,是六足行走机器最简单的步态:腿分为两组,三条一组交替触地。它也是上一节中描述的双刚架六足行走机器的步态。每次总有三条腿不在地上。

在第二幅图中,任何时候都有两条腿离地;而第三幅图中,离地的腿的数目有时是一条,有时两条。

从第四张图开始,至少有五条腿在地面上。这提高了稳定性,但需要加快腿的速度,以确保其快速返回。

另一类规则步态是等相步态(图 6.14):各腿的周期在时间上是等间隔的。对于一台有 n 条腿的行走机器,这意味着相位角为:

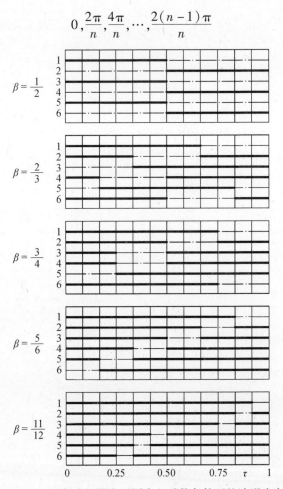

$$0, \frac{2\pi}{n}, \frac{4\pi}{n}, \cdots, \frac{2(n-1)\pi}{n}$$

图 6.13　六足行走机器在不同占空系数条件下的波形步态图

每侧腿的相位以 $2\pi/n$ 为间隔(半周期步态,图中左侧所示,相位为 0、300°、240°;右侧相位为 180°、120°、60°)或 $4\pi/n$ 为间隔(全周期步态,图中右侧所示,左侧相位为 0、240°、120°,右侧相位为 180°、60°、300°)。等相步态的步态也可以逆过来。

备注 6.4　占空系数取某些值时,等相步态和波形步态的步态相同。

等相位步态的优点是,相比于波形步态需要更为恒定的输入功率,把短期能量存储需求降到最低。

周期步态十分适合脚可以随意放置的地形,或者至少高水平控制器可以通过操控轨迹来防止行走机器踏入"坏"地点。如果某地形不适合放脚的点很多,那么高水平控制器还必须规定各立足点的位置,这时采用非周期步态是明智的选择。一种通常称为跟随者的策略是指:确定前脚位置的各个点,紧接着低水平控制器把其他脚放到这些相同的点上,中间的脚跟着前脚,后脚跟着中间的脚。

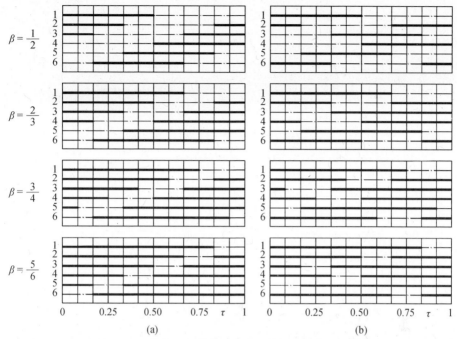

$\beta = \dfrac{1}{2}$

$\beta = \dfrac{2}{3}$

$\beta = \dfrac{3}{4}$

$\beta = \dfrac{5}{6}$

(a)

(b)

图 6.14　不同占空系数条件下的六足行走机器,同相位,
半周期步态图(a);同相位,全周期步态图(b)

在适度恶劣条件下,可定义一个周期跟随步态。其他的策略是那些所谓的大障碍步态,这就需要高水平控制器来精确设定立足点或精准步态以避开沟渠及其他大障碍物。周期和非周期步态的对比见表6.1。

表 6.1　周期步态与非周期步态比较

步态	稳定性	适宜地形	控制	功率恒定性	运行平顺性
周期性的					
波形	好	完美	容易	不恒定	好
等相	好	完美	容易	恒定	好
BWD 波形	一般	完美	容易	不恒定	好
BWB 等相	一般	完美	容易	恒定	好
灵巧周期	好/一般	一般	一般	恒定/不恒定	好
连续跟随性	一般	一般/崎岖	一般	不恒定	好
非周期性的					
非连续跟随性	非常好	崎岖	困难	不恒定	差
大障碍	一般	有障碍物	一般	不恒定	差
精确立足点	非常好	有障碍物且崎岖	非常困难	不恒定	差
自由	好	崎岖	困难	不恒定	一般

6.1.5 平衡

任何行走机器的运动都能在静平衡或动平衡条件下完成。在第一种情况下，运动可以被视为一系列的静态平衡点，惯性力在运动中的作用很小。理想情况下，该运动可以在任意时刻停止。

备注 6.5 只有当机器的速度趋于零时，这种情况才成立，而大多数的人造行走机器的运行速度很慢，因此它们接近这种情况。

在静平衡条件下，为了达到稳定，任意时刻，处于支撑阶段的腿至少为三条。

大多数动物都能在惯性力的控制条件下移动：在大多数时刻，并不满足静平衡条件而且运动不能在任意瞬间停止。在这种情况下，处于支撑阶段的腿并没有最低数量限制：奔跑时，有些瞬间所有腿都是腾空的。

从占空系数的角度而言，动平衡运行过程中，占空系数可能会很低。大多数动物在缓慢移动时，步态的占空系数值以很高的占空因子步态慢慢移动；加速时，它们的步态会发生改变，占空系数也将变小，接着从行走速度过渡到奔跑速度（即超过某个特定的速度，或更准确地表达，正如已经讲过的，当弗劳德数超过给定值时）。

在微重力条件下，并在速度远低于正常速度（即一个重力加速度条件下的速度）的条件下，惯性力会成为一个主导因素，因此，与地球相比，行星探测中（特别是小行星和彗星探测中），动平衡条件或许更为重要。

必须明确指出，大多数行走机器都能在静平衡条件下工作，不过从来没有尝试过在动态条件下工作，而且即便能造出在平地上奔跑的机器人，设计建造出一个能在崎岖地面上奔跑的机器人也仍然是一项艰巨的挑战。

少数能够实现真正的动态稳定行走机器的之一是大狗(Big Dog)，即一条四足机器狗，由波士顿 Foster – Miller 动力实验室、NASA 喷气推进实验室和哈佛大学，在美国国防部高级研究计划局(DARPA)资助下，于 2005 年建造(图 6.15)。这是一种小型的"人造骡子"，主要用于军事用途，长约 910mm，高约 760mm，质量约为 110kg，能够携带 150kg 的载荷。大狗由一个 11kW 的二冲程单缸内燃机驱动，通过液压传动驱动腿的 16 个作动器，它能够以 8km/h 的速度在复杂的地形上运动。

由于出众的性能及令人印象深刻的稳定性，大狗或许可以成为行星探测中宇航员助手的原型。在微重力环境中，或许可以进一步降低其结构质量，并提高其承载能力，即使需要一个完全不同的电源系统。

这里只涉及静态稳定性。

假设一个行走机器处于运动的某个瞬间。由于不考虑惯性力，所以机器在该瞬间的位置无关紧要，因为它要么正站在那个位置上，要么正要通过那个位置。此外，假定地面是水平的。

至少需要三条腿支撑(图 6.16 所示的行走机器由四条腿支撑)。假定脚在点

F_i,该点可被看作是脚的压力中心。形成的支撑图形是以点 F_i 为顶点的最大凸多边形。点 G 为质心在地面上的投影。

瞬时稳定裕度为质心投影到支撑图形边界的最小距离,即

$$S_m = \min\{d_1, d_2, \cdots, d_n\} \tag{6.9}$$

图 6.15　大狗(Big Dog),少数能够实现真正动态稳定的行走机器之一

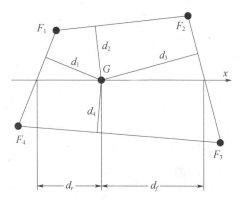

图 6.16　某一瞬间的支撑图形,此时四条腿都处于支撑阶段(脚印的编号规则与之前腿的编号规则不同)

因为质心随支撑图形移动,并且在脚接触地面或脚离开地面(如果脚的轨迹在运动学上不正确,脚也有可能在地上运动,即在地上打滑)的瞬间,支撑图形本身也发生变化,所以稳定裕度可以用一个时间函数来表示: $S_m = S_m(t)$。

类似地,可以定义一个前向瞬时稳定裕度和一个后向瞬时稳定裕度(在图中被表示为 d_f 和 d_r),从而得出一个纵向瞬时稳定裕度,即

$$S_l = \min\{d_f, d_r\} \tag{6.10}$$

由于稳定裕度是时间的函数,所以稳定裕度被定义为一个周期内瞬时稳定裕度所需时间的最小值,即

$$S = \min\{S_m(t)\} \tag{6.11}$$

如果稳定裕度大于 0,则保证了静态平衡。如果稳定裕度不大于 0,那么在某个位置行走机器是不稳定的且可能跌到。考虑到动态平衡,在这种情况下,必须注明运动是否可能。同样,纵向稳定裕度可以定义为瞬时纵向稳定裕度所取的最小值。

备注 6.6　腿的数量和占空系数的值 β 越大,行走机器就越稳定[①]。

---

①　对于行走机器的静态平衡的详细分析,请参考 S. M. Song, K. J. Waldron, *Machines that Walk:The Adaptive Suspension Vehicle*, MIT Press, Cambridge, 1989.

6.1.6 双足机器人

双足行走机器存在特殊的问题,特别是关于平衡的问题。在动物世界里这也是一个事实,双足行走的动物比多腿行走动物出现得晚得多,必须等到进化出一个更强大的大脑,才能够控制平衡,该平衡总是处于不稳定或者完全不稳定的边缘[1]。许多人类学家把人脑的进化和双足运动联系起来,认为后者不仅要依赖前者的进化进程,而且人类大脑至少部分是用于控制行走的。

除了一个更发达的控制器,以两条腿行走也需要复杂的传感器,来确定万有引力场的方向:人类的内耳平衡器官在动物世界里是独一无二的。

行走时,双足动物很长一段时间需要用单脚保持平衡(通常 $\beta = 0.5$),因此支撑图形为一个单脚的外形。在其他情况下,脚可以被假定为一个点,与一个消失区域,没有这点会导致支撑区域消失。许多多腿行走机器的脚简化为下肢末端的小垫。对于双足动物来说这是不可能的,它们的脚必须有一个较大的区域,并且更为重要的是,脚必须通过一个二自由度的踝关节铰接到腿的最后一段上。

如果想在崎岖的地形上行走,那么这种关节通常是一个真正的活动关节,以便所有的脚都接触地面,关节把需要保持身体平衡的支撑力和力矩,都传递给身体。人类的脚是一个复杂的、微妙的和高承载的结构,有许多额外的自由度,这有助于把载荷适当地分配在地面上,例如,脚趾关节对于实现正确的行走是很重要的。

脚所占面积越大,越容易保持平衡。特别是,早期的双足机器,它试图模仿人类的外形和步态,有超大号的脚,往往提供附肢以增加脚面积(19世纪末期出现的蒸汽机器人以及许多其他类似装置均具有从脚的内侧伸出的侧向梁)。

为了防止踩到自己的脚,机器人的脚都具有侧向联锁形状,但这也严重限制了其步态,除此之外,机器人还必须侧向移动其身体,以使穿过质心的垂线始终落在支撑脚的轮廓内。通过侧向移动髋关节,或使胸部侧向倾斜,或移动手臂,或者侧向移动安装于肩部导轨上的配重块(尽管该方式不那么像人)是可以做到这一点的。通常这几种方式同时进行。

因此,双足行走机器的腿的自由度数目,大于所看到的其他类型的行走机器自由度的最小数目(3个自由度)。双足行走机器的腿的自由度通常是5(包括踝关节的自由度)或6(髋关节的一个额外自由度)。对双足行走机器来说,必须加上脚的内部自由度和移动质心所需的自由度。

---

[1] 这里没有考虑鸟类:走路只是它们的次要运动形式,它们也可以用它们的翅膀产生升力,来保持平衡,并且它们的身体在水平方向延伸而不是在垂直方向上,导致其质心较低。

图 6.17(a)所示是一个由慕尼黑工业大学建造的实验性双足机器人,称为
Johnnie 2。它不仅商业化更强且更像人类的双足机器人,其内部结构也相当复杂。
作为一个实验装置,头部连接了一条安全线以防止其跌倒,并通过一个脐带式连接
来获得信号。

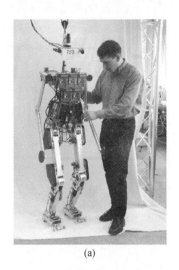 

      (a)   (b)

图 6.17　(a)一个研究型人形机器人,由慕尼黑工业大学建造,称为 Johnnie 2;
(b)哈迪曼,通用电气公司(GE)于 20 世纪 60 年代末建造的人类放大外骨骼

    建造人形机器人是否值得还不清楚。但可以肯定的是,人形机器人在科学上
是有用的,并在特定市场中可被广泛接受,比如所谓的教育娱乐行业,不过对通用
型人形机器人的需求尚不确定。一个经常被提及的原因是,所有的人工环境都是
按人类的思想设计的,因此,如果一个机器人(或更恰当地说,一台机器,假设它是
通过自主操控、遥控甚至是程控来进行简单工作的)拥有人的外形,可以两条腿走
路,会使用附在两臂端部的手(也许有四条胳膊四只手就更好了),并且通过两个
位于头部的摄像头实现立体视觉,那么它的工作效率就更高。

    毫无疑问,在住宅、办公室或医院等那些通常复杂的空间里,双足机器人可以
爬楼梯,进入小升降梯,穿过小门,到处走动,在这些方面优于轮式或多腿行走机
器。人形机器人可以通过声音和简单的人类手势与人交流,这有助于其与工人的
合作,接收那些并不擅长使用人机界面的客户的指令,并且使用安装于手臂上的手
可以操作那些供人类使用的工具。这些机器人可以在住宅、医院、商店、办公室和
其他地方做一些卑微的工作,目前这些工作都是由人来做的。其他的应用,如提供
远程会议,在条件艰苦的或者遥远的地方进行简单的远程办公,随着性能的提高,
人形机器人将可以执行一些更加复杂的任务。

一个关于人形遥控机器人更受质疑的也是常被提及的应用是在危险或令人难受的环境中使用它,如建筑机械、采矿机械和水下设备等。问题是在人类完全可以直接遥控的条件下,建造一个由人类操作员控制的带有驾驶座舱的遥控机器人是否值得。

这些应用的可行性,不仅取决于建造具有各项操作特性的人形机器人的可能性,而且取决于人类的外形尺寸和质量,以便能够安全有效地与人类互动,还取决于这类复杂机器的成本。从长远来看大规模生产或许会降低成本,就像现在的个人计算机那样,但目前看来,通过规模化来降低成本似乎是不可能的。

然而,是否还记得在20世纪80年代许多知名科技史学者在其著作中曾经有这样的断言:个人计算机永远不会有市场,不仅是因为它们将来不会变得便宜,而且最重要的是,正常人永远不会有兴趣购买它们。"每个家庭有一台个人机器人"在未来很可能成为现实。而且,它们一定会是人形机器人。

以上所述也能应用于空间机器人学吗? 第一点,到目前为止,太空中还没有太多的人工环境需要人形机器人。目前,人形机器人唯一可能有用的地方是国际空间站。然而,在国际空间站中,由于是微重力环境,腿的用处是值得怀疑的,并且狭窄的空间也预示应建造尽可能小的机器人助手。从月球基地和火星基地到大型探测飞船的其他人工环境还必须设计出来,而且这些人工环境的空间能够容纳半人马式或其他轮式、多腿式机器人。设计这样的环境对于未来预先建造出各类宇航员助手提供了便利,同时也会对环境设计产生积极影响。

如果个人(人形)机器人在地球上广泛应用,那么其可用性将影响空间环境的设计,而且空间人形机器人也将会出现。或许可以从科幻小说中得到一种启示:在星球大战传奇系列中,在行星上使用的许多机器人是人形的,但用于空间中的机器人并不是人形的。

如图6.18所示,美国国家航空航天局(NASA)的宇航员助手Robonaut 2,目前在国际空间站工作。Robonaut 2是在2011年2月的STS-133任务中搭载"发现"号航天飞机发射升空的,它将永久工作在国际空间站。从图中可以清楚地看到,Robonaut 2的上半部分是人形的,但它没有移动装置,特别是没有腿。它是一个实验装置,目的是测试在实际的太空任务中,使用机器人作为宇航员助理的可能性;而且准备了许多改进方案,用来增加其自主性并赋予其机动性。目前它还不适合在空间站外工作,但在未来,这一功能有望实现。几种移动装置,特别是基于轮式的机器,已经在地面上进行了测试,而且也研究出了人形腿的数个版本。

外骨骼是独特的双足机器:它们是一种可穿戴式机器人,可以穿在人身上来增强身体力量,以保护身体免遭恶劣环境的影响或补偿其运动缺陷。空间使用的一种有趣的外骨骼是机动宇航服。

第一个外骨骼机器人称为哈迪曼,由美国通用电气公司在20世纪60年代末期建造(图6.17(b))。虽然功能尚未完善,但是它验证了建造一个人类放大装置

图 6.18 宇航员凯瑟琳·科尔曼和 Robonaut 2
在国际空间站的合影（图像来自 NASA）

的可能性。从 20 世纪 90 年代初开始，外骨骼的后续研究主要是面向军事应用，如皮特曼，美国洛斯阿拉莫斯国家实验室研发的一种防弹盔甲（BAP）。机器人内部的人类操作员与外部环境完全隔绝，从而防止了可能的化学和细菌的攻击，多多少少有点像穿着宇航服。

机动宇航服可以沿着这些思路开发，以降低舱外活动的困难为目标；该种宇航服与研发不那么僵硬的更适合穿戴的宇航服展开了竞争。特别有趣的一点是，机动宇航服可以用一个模块化的方法开发：将要开发的宇航服的第一部分可能是手套，因为当前的宇航服手套很僵硬，这妨碍了宇航员用手指做精细工作的能力。未来可能在月球和火星上使用机动宇航服，同时也可以想象在一个非常遥远的将来，人类穿着机动宇航服在高重力环境的行星上工作。

严格来说，外骨骼更像是遥控机器人：位于内部的操作员仅需简单的移动就能控制它们，就好像人机一体，不受束缚：该装置通过复制和放大人的运动来产生相同的输出。因此，该人机界面可能由位于人体和机器人的内表面之间的压力传感器组成。一个更复杂的方法是解读驱动人体肌肉的神经信号甚至大脑活动的信号，从而使外骨骼执行宇航员"想"执行的动作。为了实现这些策略，许多研究工作正在进行。

在某种意义上，外骨骼的控制比双足机器人更容易，因为保持平衡的任务可以委托给外骨骼内的人类操作员；但是，在没有赋予人类操作员太多任务负担的条件下，实践中这样做是否可行以及由谁来充当低水平控制器还不确定。

6.1.7 结论

动物形行走机器的控制要求十分严格。产生正确的脚的轨迹的复杂性和选择最合适的步态只是行走机器控制系统的设计者必须解决的众多问题中的两个。

如果使用许多条腿,那么自由度的数目就很高。作动器的运动必须协调,控制系统必须确保腿以良好的精度沿确定的轨迹行走。即便精度要求低于典型的工业机器人,机器人的自由度越大,控制任务就会越复杂。腿的数目的减少伴随着控制系统所需性能的增加,即使控制较小数量的自由度,也必须处理这种布局结构的内在不稳定性。六足行走机器可以用一种步态,即所有后续的位置都是静态平衡位置,而四足行走机器只有额外增加某个自由度才可以这么做,即使身体变形或移动配重来移动质心。对于双足动物来说,情况更糟糕,在进化过程中,随着大脑质量和复杂度的增加,腿的数目减少了,这一事实清楚地表明控制难度大大增加了。

步态的选择和脚轨迹的调整受地形的影响很大,并且在不得不应付障碍物之前,大多数动物依靠视觉信息来预测地面的不规则性并进行调整。这可以通过使用雷达、超声波传感器或图像识别装置处理,但目前并没有可用的和成熟的技术。一些人试图简化布局避免闭环控制,并给出了很有前景的结果,但只适用于机器很小并且地面较光滑的情况。没有复杂的控制系统,是否能建造出比昆虫机器人大得多的行走机器是值得怀疑的。

以动物形结构建造的行走机器的许多元部件常常承受很高的应力,生物通过骨骼重塑自身的能力能够适应这种高应力,并在承受应力最高的区域变得更加强大。相比机器使用的材质,生物材料,从骨骼到肌腱到肌肉,仍具有无法比拟的特性;这也解释了为什么动物可以承受行走机器人所遭遇的极高应力,而人造机器人却无法承受。

除了材料和控制的问题还需考虑:自然行走机器的可靠性,这个可靠性对于人工机械来说低得难以接受。所有的生物都是进化形成的,因为这关系到一个物种而不是一个个体,因此可靠性是次要因素。生物材料具有自我修复能力:骨骼和肌肉可以以某种方式重塑和修复自己,这种能力对于机械材料来说是不可能的。

由于这些困难,许多行走机器原型很少有车载电源和控制系统。如果电源和控制信号通过一个脐带结构(对于控制系统,可以使用无线链路;据作者所知,在行走机器上还从没尝试过微波链路供电)从外部提供,则电源系统和控制计算机的质量就可以远远超出机器的承载能力。

从外部供应能量,使得使用气动或液压作动器成为可能,或电作动器使用电机来支撑机器的重量。一些行走机器受一台大型主机的控制,因此在计算能力上不受严格限制。显然,对于一台验证机或一些专门的应用,这是可以接受的,但如果必须建造出一个切实可行的、可以与标准的轮式或履带式载具或机器人相匹敌的机器人,那么所有系统都必须内置。

至少在设计制造出的材料与机器能够代替自然的材料与形态之前,对在机器中运用生物模拟与生物形态主义的概念是有一些怀疑的。金属不同于骨骼,电机不同于肌肉,这些也许是微不足道的,但是最大的不同也许不在于它们的属性,而在于它们的建造方式。生物是通过自下而上的方式构建的,把分子组成起来,以这种方式产生了一个非常复杂的机构,一个能够按照编码指令建造自己的机构。用建造机电装置的标准工艺来加工制造各个部件的方式并以自上而下的规程来复制这种复杂性的尝试很可能是一个失败的策略,因为其制造成本高得难以承受且性能很差。

微纳米技术可能允许这种类似于生物的自下向上的建造方法,也许在未来,用这样的方法可建成具有生物形态的仿生机器。二十世纪是物理学的时代,这可能是老生常谈;然而说二十一世纪将成为生物学的时代,这很可能会是真的,二十一世纪也将是移动机器人的时代。

6.2 轮－腿混合机器人

在过去提出的众多行走机器的结构中,有相当一部分建议采用同时有轮子和腿的结构,或一个既能像轮子一样旋转又类似腿的附属结构。实际上很少有这种结构的机器人被建造出来以及得到广泛测试;但是无论如何,在许多应用中,这种结构是有优势的,至少理论上是这样,在水平地面行驶时用车轮,在遇到障碍时用腿。从平均速度的角度来看确实有优势,也增加了机器的可靠性。腿机构通常承受很高的压力,这是导致疲劳与磨损的重要原因,因此腿机构只有在必要时才会用到,而在较易应对的条件下由车轮提供机动。

实际上,有许多解决方案可以增加轮－腿机构的机动性。最常见的类型是使用常规车轮和长行程拖臂悬架的车辆(军用车辆或露天采矿、建筑工程用车等),通常是主动式悬架或至少配备有载荷平衡装置。它们基本属于轮式车,即便悬架可用两根铰接的杠杆制造,它也比拖曳臂更像腿。该类轮式车的行走能力取决于所使用的作动器以及控制系统。

该类装置中最简单的结构是纵向摆臂悬架结构,该悬架配备一个作动器,能够改变其参考位置(图 6.19(a))。如果该悬架具有不可逆性,那么只有在角度 ϑ_{0i} 需要改变时,才需要对作动器供电。如果探测车速度慢,那么角度 ϑ_{0i} 的变化速率也会很慢,同时传动比也会很高,以至于使用超小超轻型电动机就足够了。此外,控制系统只能处理非常低的频率。驱动悬架所需的总功率可能只占运动所需功率的很小一部分(通常称为半主动悬架)。

假设一台带有摆臂悬架的四轮探测车,具有侧滑转向操控系统。一个简单比例微分(PD)策略就可以使车体保持在水平位置。在时间间隔固定的条件下(比如 0.1s,如果探测车很慢,间隔则会更长),分别测量俯仰角、滚转角、俯仰角速度和滚转角速度(θ、φ、$\dot{\theta}$ 和 $\dot{\varphi}$),角度 ϑ_{0i} 就被修正为

$$\theta_{0\text{new}} = \theta_{0\text{old}} + (K_{p1}\vartheta + K_{d1}\dot{\vartheta})\begin{bmatrix} 1 & 1 & 1 & 1 \end{bmatrix}^{\text{T}} + (K_{p2}\varphi + K_{d2}\dot{\varphi})\begin{bmatrix} -1 & 1 & 1 & -1 \end{bmatrix}^{\text{T}}$$

式中：K_{pi} 为比例增益；K_{di} 为微分增益。每一步，都要验证是否达到悬架角度 ϑ_{0i} 的最小值或最大值。在极值约束情况下，某些滚动或俯仰是可以被接受的。

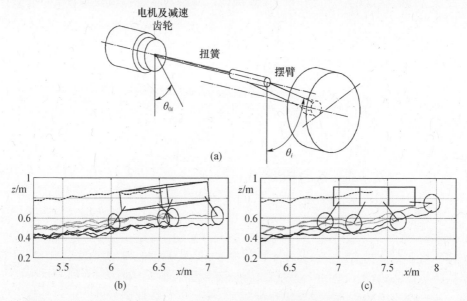

图 6.19　(a)主动摆臂悬架的示意图；(b)使用被动悬架的探测车的动态仿真结果；
(c)使用主动悬架的探测车的动态仿真结果

这一类型的探测车的仿真结果[①]，如图 6.19(b)和(c)所示(分别为被动和主动悬架)，从中可以发现进一步的细节。这个仿真是在一段崎岖地形上进行的，前一米很平坦，接下来是一段平均坡度约 8% 的上坡路。利用一台随机数发生器得到其剖面图。速度参考值为 0.05m/s(180m/h)，尽管地面不平整，但是利用比例控制策略，电机尽力使该值保持不变，而当右侧的电机提供的扭矩比左侧电机提供的扭矩高 0.2N·m 时，探测车实现了左转弯。

从图中可以清楚的看到，悬架控制器，不仅成功地使探测车保持水平(滚转角和俯仰角总是远小于 1°)，使轨迹更流畅并使探测车呈现出更易操控，同时悬架能够以一种"腿"的特性对不规则的地形作出反应。这样就大大增强了探测车穿越崎岖地形的能力。如图 6.20 所示为 ATHLETE(全地形六腿外星探测器)的图片，它是由 NASA 建造的一种轮 – 腿混合机器人。这台机器的一个不寻常的特点是它具有径向对称性。

Workpartner 是一个具有哺乳动物结构并且脚部带有大轮子的四足行走机器

①　G. Genta, *Simplified Model of a Small Planetary Roverw with Active Suspensions*, VII IAA Symposium on Near Term Advanced Space Missions, Aosta, July 2011.

(a)   (b)

图 6.20   ATHLETE(全地形六腿外星探测器),由 NASA
建造的一种轮 – 腿混合机器人(图像来自 NASA)

人,由 Helsinky 科技大学建造。这台半人马形的机器曾被设想在地球上应用,但后来发现这种结构的行走机器可以作为宇航员在行星表面上舱外活动时的助手。欧洲航天局已经在研究一个空间版的 Workpartner。

另一方面,在腿的末端或身体下装有小轮子的那些行走机器可以通过抬高腿来使轮子放在地面上。轮子位于腿的末端(图 6.21)有一个优点,能使车身高于地面以便避开障碍;但是不管是要求腿起到主动式悬架的作用还是在脚上安装一种弹性阻尼悬架——除非根本不使用悬架,车辆只可能以非常低的速度运动。身体下的轮子,使得使用常规悬架更容易,但是身体离地面较近,所以腿必须能够摆脱某个多少有点不自然的位置,但在某些情况下特别是使用哺乳动物类结构时,或许无法办到。

图 6.21   轮 – 腿混合机器人

一般而言,一个性能良好的行走机器,其脚的质量必须越轻越好,因此,在腿的末端使用大型车轮表明行走仅作为一种辅助运动方式,从而扩展轮式车在粗糙地面运动的能力。相反,使用非常小的车轮表明行走是主要的运动模式。在任何情况下,车轮不仅可以提高行走机器在水平地面的速度,简化其运动方式,而且允许在某些作动器或控制系统发生故障的情况下还能保持有限的性能。

刚性框架机器特别适用于构建轮-腿混合机器。轮子可以置于身体之下,所有的轮子都可以安装在一个框架上(需要一个转向器)或两个轮子安在一个框架上,两个(或一个)轮子安在另一个框架上,因此,转向可由框架相对旋转实现。轮子很容易安装在悬架系统上,但是会舍弃一些腿。作为一种替代方法,车轮可以位于腿的下部。

就刚架行走机器来说,车轮可以位于一个框架的两条腿下面,因此,没必要专门设计转向系统。然而,要么速度很低并且腿作为一个负载平衡架,要么脚和轮子有一个柔性连接。对于在水平地面上低速运转的机器人,如果使用三个轮子,就可以不需要悬架系统,甚至可以不使用腿作为主动悬架系统。由于有许多可能的布局(车轮的数量和位置,是否存在一个专用悬架和转向系统,滚动时,身体和腿的控制策略),这种类型的载具需要根据它的任务——地形和其他操作约束设计。

作为例子,一个双刚架昆虫行走机器,在腿下有四个轮子,如图6.22所示。车轮用拖曳臂悬架与腿的固定部分连接起来,这样当腿处于完全缩回的位置时载具由车轮支撑(图6.22(a))。每个车轮都有自己的电机。当载具越过障碍时车轮从地面抬起(图6.22(b))。转向由已经存在的载具转向自由度实现(图6.22(c))。

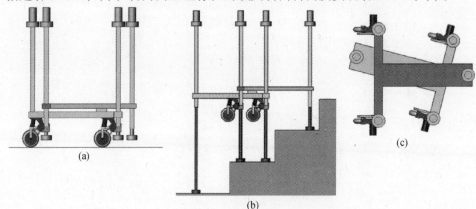

图6.22 双刚架昆虫机器人,腿下有四个轮子
(a)滚动;(b)行走;(c)转向。

另一种不同类型的轮-腿式行走机器使用一种辐条车轮,有时简称Whegs(图6.23(a))。有一些旋转辐条位于车轮的边缘,或者仅有一个弯曲的旋转部件,就像图6.23(b)所示的RHex的图片。Whegs上有一排机器人,即RHex(一些原型也有车轮或用于游动的鳍),该行走机器是在DARPA资助下,由一批高校所建。

即使在相当恶劣的地形条件下,使用Whegs的机器人的机动性通常都很好,但其运动非常没有规律,可控性差。即便如此但它们的速度仍比类似的使用标准腿运动的行走机器快。

另一个解决方案是使用多轮结构,这些轮子位于旋转多边形的边缘,如图6.23(c)所示。图中,每一组由三个车轮组成,车轮位于等边三角形的顶点。这类装置常用于结构化环境中,如具有规则台阶的楼梯,但它们是否可用于不规则的自然地面是值得怀疑的。

6.3 履带-腿混合机器人

如图6.23(d)所示的方案中,细腿位于履带的边缘,有些类似于前面提到的Whegs行走机器。该解决方案实际上类似于一个带着超大轨道板的普通履带。

履带-腿混合机器人的设计方案实际上是基于履带几何形状的变化,一个或多个履带可以相对于载具身体运动,例如用履带作为腿(图6.23(e))。其他解决方案如图6.23(f)、(g)和图6.24所示。

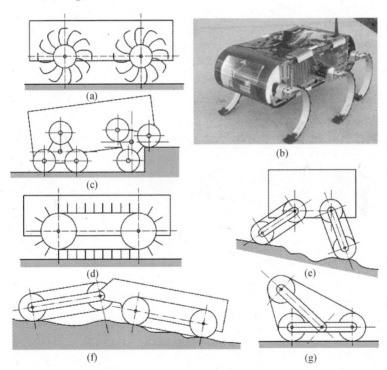

图6.23 (a)、(b)Whegs:旋转腿;辐条式车轮载具和RHex,一个有6条Whegs的机器人,每条Whegs有一根柔性旋转梁。(c)一种基于多轮的装置,轮子位于旋转三角形边缘。(d)、(e)、(f)、(g)履带-腿混合机器人。一种类似Whegs的解决方案,通过变化履带的不同几何形状代替腿

(a)   (b)

图 6.24　履带 – 腿混合机器人

　　基于履带的混合解决方案,在空间应用中有明显的缺点,因此很少考虑这种方案。

6.4　跳跃式机器人

　　在微重力环境的应用中,人们对跳跃机器人①非常感兴趣。跳跃机器人第一次被用于行星探测任务,是俄罗斯于 1988 年 7 月 12 日发射的火卫二探测卫星。该机器人计划于 1989 年 4 月登陆火卫二,但在飞船快接近目标时,飞船与地球失去了联系。跳跃机器人是一个小球形物体,能够在地面上跳跃(图 6.25(a))。

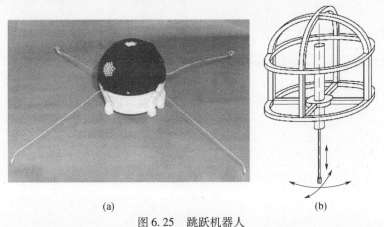

(a)   (b)

图 6.25　跳跃机器人

(a)火卫二的跳跃机器人,在 1988 年未能达到目标;(b)由卡内基梅隆大学建的跳跃机器人

(引自 D. J. Todd, *Walking Machines:An Introduction to Legged Robots*, Kogan Page, London, 1985)。

―――――――――――

①　在这里,跳跃机器人通过施加在地面上的力推进,而不是喷气式(或火箭式)推进的机器人。而且由于不涉及不平衡转子,跳跃机器人由惯性力驱动。

最近，日本的"隼鸟"号飞船搭载一个名叫"密涅瓦"的小型跳跃机器人(应用于小行星探测的微/纳米实验机器人)，用来探索系川小行星。同样由于飞船未能到达行星表面，跳跃机器人也没有得到测试。"密涅瓦"是一个10cm高的机器人，能够在一个600m长的小行星上跳来跳去，并携有三台摄像机进行近距离拍摄以及测量地表温度。

跳跃机器人有两种不同的运行方式：单跳，每一跳使用一定的能量，然后在落地时消能；或连续跳数次，每一跳后尽可能的回收能源(图6.25(b))。理想方式是对这两种方式进行折中，即单跳方式加上能在落地时回收并储存一些能量。

如果在落地过程中不使用喷气方式减速，那么落地速度就相当于下落速度。如果能量没有回收，那么为了确保机器人在跌倒时能够结构完整，就必须采取预备措施(如气囊)。如果回收能量，那么能量回收装置就会使机器人以事先设计的加速度减速。

如果没有能量回收，该跳跃机器人可以以任何姿态落地，然后恢复到一个舒适的姿态，并准备下一跳。在腾空过程中，并不要求精确的姿态控制，甚至可以用简单的机械方式完成。

能量通常储存在一个弹簧中，它可以通过机械方式或机电方式慢慢蓄积。替代方法是将电能储存在一个电容器中，通过电磁体放电，产生机械脉冲，使机器人起跳腾空。

为了在落地时储存能量，腾空姿态必须精确地控制，以便在落地时储能装置能够有效工作。如果是连续跳跃，姿态控制必须更精确，而且要在极短时间内完成能量储存。

为了对一个由弹簧驱动的跳跃机器人可以达到的性能进行评估，设弹簧可以存储的弹性势能为

$$U_e = \alpha K m \frac{\sigma^2}{\rho E} \tag{6.12}$$

式中：σ 为弹簧材料在运行条件下能承受的最大应力；E 为材料的弹性模量；m 为机器人的质量；α 为弹簧的质量和机器人质量的比值；K 为弹簧的弹性系数。一些类型的弹簧的弹性系数见表6.2。

表6.2 弹簧的弹性系数

类型	K
梁、等截面	1/18
梁、等厚度、线性锥度	1/6
扭力杆、圆形截面	$\varepsilon/4 \approx 5/16$
扭力杆、矩形截面	$\approx (0.13 \sim 0.15)\varepsilon \approx 0.16 \sim 0.18$
螺旋、圆形截面	$\varepsilon/4 \approx 5/16$
螺旋、矩形截面	$\approx (0.13 \sim 0.15)\varepsilon \approx 0.16 \sim 0.18$

其中：

$$\varepsilon = \frac{\tau^2 E}{\sigma^2 G} \tag{6.13}$$

是材料参数。钢的该参数值约为5/4。

在发力阶段,弹簧的势能转化为机器人的动能。假设转换效率等于1,即忽略了弹簧支撑重量这部分的力(即假设发力阶段无限短),那么机器人在开始跳跃时的速度为

$$V = \sqrt{\frac{2U_e}{m}} = \sqrt{2\alpha K \frac{\sigma^2}{\rho E}} \tag{6.14}$$

假定跳跃方向垂直于天体表面,并且忽略空气阻力。若一个半径为R、重力加速度为g的行星,距其表面h处有一个质量为m的物体,那么该物体的重力势能为

$$U_g = -m \frac{gR^2}{R+h} \tag{6.15}$$

假定物体的所有能量都位于星球表面,以速度V为初始速度垂直起跳,到其速度为0时,物体的高度为h,此时

$$\frac{1}{2}mV^2 - mgR = -m \frac{gR^2}{R+h} \tag{6.16}$$

该跳跃能达到的高度为

$$h = \frac{V^2}{2g - \frac{V^2}{R}} \tag{6.17}$$

除非常小的天体之外,$V^2 \ll 2gR$,此时最大跳跃高度表达式可简写为

$$h \approx \frac{V^2}{2g} \tag{6.18}$$

已知$K = 5/16$,$\sigma = 1\mathrm{Gpa}$,$E = 2100\mathrm{Gpa}$,$\rho = 7810\mathrm{kg/m}^3$,螺旋状钢制弹簧驱动机器人的速度可表达为$\alpha$的函数,如图6.26(a)所示。图中也给出了从不同行星表面垂直起跳能够达到的高度,地球($g = 9.81\mathrm{m/s}^2$,$R = 6350\mathrm{km}$),火星($g = 3.77\mathrm{m/s}^2$,$R = 3400\mathrm{km}$),月球($g = 1.62\mathrm{m/s}^2$,$R = 1700\mathrm{km}$),土卫六($g = 1.35\mathrm{m/s}^2$,$R = 2580\mathrm{km}$),海王星($g = 0.78\mathrm{m/s}^2$,$R = 1350\mathrm{km}$),智神星($g = 0.18\mathrm{m/s}^2$,$R = 262\mathrm{km}$),谷神星($g = 0.26\mathrm{m/s}^2$,$R = 460\mathrm{km}$),朱诺星($g = 0.12\mathrm{m/s}^2$,$R = 120\mathrm{km}$)和爱神星($g = 0.04\mathrm{m/s}^2$,$R = 20\mathrm{km}$)。

注意,除爱神星外,行星半径其实并不重要,因为简化式(6.18)后得到的结果与式(6.17)的结果相同。爱神星的数据可来自于其表面上任意一点,因为这颗小行星是不规则的。

如果可以用式(6.18)代替式(6.17),那么就可以用抛物线近似方法来表达该运动。表达式为

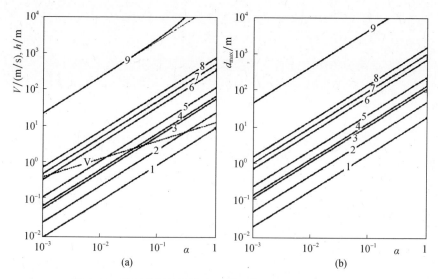

图 6.26　跳跃装置的性能在不同天体上是质量比 α 的函数

(a)垂直起跳,速度和高度的关系;(b)以 45°角起跳。

1—地球;2—火星;3—月球;4—土卫六;5—海王星;6—智神星;7—谷神星;8—朱诺星;
9—爱神星。在爱神星的情况下,虚线表示的是用简化的公式计算的高度;
在其他所有情况下,简化公式和完整公式给出的结果相同。

$$d = \frac{V^2}{g}\sin(2\theta) \tag{6.19}$$

式中:θ 为起跳时速度方向与当地水平面的夹角。

当初始速度的方向与起跳点水平方向的夹角为 45°时,跳跃距离最大。最大距离为

$$d_{\max} = \frac{V^2}{g} \tag{6.20}$$

如图 6.26(b)所示。

备注 6.7　在爱神星上,一个质量比为 0.05 的物体的轨迹是椭圆弧而不是抛物线。

跳跃机器人的性能,对行星和大卫星来说并没有多大意义,但在小行星上使用则性能卓越,特别是小行星和彗星来说,而其他形式的运动是有问题的。

图 6.27 基于钢材质弹簧的数据,如果采用其他材料的弹簧(如高强度碳纤维增强塑料)会得到更好的性能。

上述公式过于简单化,因为它们基于这样一种假设:弹簧瞬间把能量传递给跳跃机器人。换句话说,这意味着弹簧的刚度和机器人的初始加速度是无限大的,而弹簧的压缩量是无限小的。

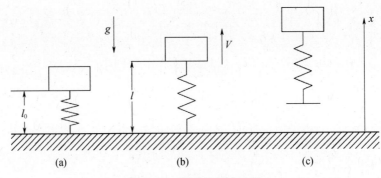

图 6.27　跳跃的起跳过程

(a)弹簧压缩状态下的起始位置;(b)离开地面瞬间;(c)飞行过程。

考虑一个更现实的情况:一个质量为 m 的物体,由一个质量忽略不计、刚度系数为 k 的弹簧加速。自由状态下弹簧的长度为 l;开始时,弹簧被压缩后的长度为 l_0(图 6.27(a))。此时弹簧的弹性势能为

$$U_e = \frac{1}{2}k\,(l - l_0)^2 \tag{6.21}$$

在弹簧释放的瞬间,作用在质量 m 上的合力为

$$F_0 = k(l - l_0) - mg \tag{6.22}$$

如果

$$k(l - l_0) > mg \tag{6.23}$$

那么弹簧就能把质量为 m 的物体向上推起。弹簧释放后的运动方程为

$$\ddot{x} = \frac{k}{m}(l - x) - g \tag{6.24}$$

即

$$\ddot{x} + \frac{k}{m}x = \frac{k}{m}l - g \tag{6.25}$$

解为

$$x = l - \frac{mg}{k} - x_1 \cos\left(\sqrt{\frac{k}{m}}t\right) \tag{6.26}$$

式中:积分常数 x_1 可在 $t = 0$ 时刻计算出来,此时 x 的值为 l_0,速度也为 0。因此,位移和速度的表达式为

$$x = l - \frac{mg}{k} - (l - l_0)(1 - \xi)\cos\left(\sqrt{\frac{k}{m}}t\right) \tag{6.27}$$

$$\dot{x} = (l - l_0)(1 - \xi)\sqrt{\frac{k}{m}}\sin\left(\sqrt{\frac{k}{m}}t\right) \tag{6.28}$$

式中的无量纲参数为

$$\xi = \frac{mg}{k(l - l_0)} \tag{6.29}$$

即物体的重力与弹簧完全压缩状态下的力的比值。之前简化分析时,其值为 0。在起跳的瞬间(图 6.27(b))$x = l$。然后起跳开始,时间为

$$t_1 = \sqrt{\frac{k}{m}} \arccos\left(\frac{\xi}{1 - \xi}\right) \tag{6.30}$$

起跳时跳跃机器人的速度为

$$V = (l - l_0) \sqrt{1 - 2\xi} \sqrt{\frac{k}{m}} \tag{6.31}$$

因此起跳时跳跃机器人的动能为

$$T = \frac{1}{2}k (l - l_0)^2 (1 - 2\xi) = e_p (1 - 2\xi) \tag{6.32}$$

事实上,弹簧的刚度值是有极限的,劲度系数是个有限值,这就导致了起跳时动能的减小,相对于简化条件下的动能减小了$(1 - 2\xi)$。

起跳所需的 ξ 最大值为 0.5。

当运动开始时,弹簧处于完全压缩状态,此时加速度最大:

$$a_{max} = \frac{k(l - l_0)}{m} - g \tag{6.33}$$

即

$$a_{max} = g \frac{1 - \xi}{\xi} \tag{6.34}$$

跳起所需最大加速度至少等于 g,并且跳跃机器人能够承受的总加速度至少为 $2g$。

6.5 雪橇板式机器人

通常认为最早送上火星的探测车采用雪橇板方式运动,但实际上这里采用雪橇板这个词在某种意义上与通常认为的完全不同。真正的雪橇板是指在柔软的表面上滑行的装置,柔软的表面通常指雪地,也可能是坚硬但平坦的表面,如冰面。而这里的雪橇板是指在表面承载车身重量的细长的支撑板。与其说是雪橇板,倒不如说是加长的脚。

俄罗斯火星 2 号和火星 3 号探测器于 1971 年登陆火星,携带了两个小火星车(图 6.28),活动范围为着陆器周围 15m。火星车利用曲柄驱动侧面滑板来完成运动。火星车路径上的障碍可以由前面的两根细杆检测到。车辆可以确定障碍物位于车的哪一边,后退,改变方向,并且试着绕过它。

由于火星 2 号着陆时坠毁,火星 3 号在着陆 20s 后便停止传输数据,这些火星

图 6.28　雪橇板式探测车,如俄罗斯 1971 年发射的
火星 2 号和火星 3 号探测器携带的火星车

车未能运行并完成测试。

采用图 6.29 所示的装置是这种雪橇板式运动的最简单的方式。火星车两侧各有一个雪橇板。图中,火星车位于雪橇板上。通过旋转曲柄使车体降到地面,然后提起雪橇板,一步一步向前移动。如果 $d_1 = d_2$,那么雪橇板与车体的运动就是相等的。车辆转弯,通过以不同速度向不同的方向转动两侧的曲柄实现,但是这样做导致了在车辆和地面的交界处有太多的滑动和车体的不规则运动。

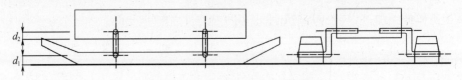

图 6.29　双雪橇板探测车示意图

如果用四个雪橇板,每侧两个,就可能保证有一个或一对雪橇板在地上,那样的话,车体总能从地面抬起。

然而,这种装置更多的是历史价值,而不是实用的价值。它们的唯一优势就是非常简易,但这并不能掩盖其诸多缺点。

6.6　无足机器人

在动物世界里,无足动物通过它们的身体在地面上滑动来实现运动,比如虫子和蛇。

无足车通常也称为主动蛇形车,一种蛇形设备。然而,该类车往往使用小车轮或履带(参见5.4.8节)。然而,真正用身体接触地面来运动的蛇形装置也已经建出来了。

蛇的运动是通过沿着其身长不断调节施加在地面上的压力来实现的,如果要抬起身体,那蛇身体的某些部分施加高摩擦力而其他部分施加很少的力甚至不施力。因此,蛇的运动是一个三维变形的结果,在某种意义上说,蛇的运动轴可以采用三维线的形式。蛇的步态有四种(图6.30)。

最常见的步态即所谓的横向波动(图6.30(a))。身体的各个部分保持一个类似正弦模式横向移动,并且在垂直于地面的方向以类似的方式运动。与地面接触的点如图中箭头所示,至少有三个。一般来说,这种推进方式的蛇需要良好的附着摩擦力,而对于短而重的蛇来说,这种方式效率不高。

图6.30(b)所示的是直线运动步态,即身体的所有横截面都沿身体的轴线方向移动,交替拉伸和压缩身体各部分。蛇通过皮肤与地面的摩擦将某些点固定在地面上(静态点),然后在这些点之间施力推动各个点向前移动,再固定其他点,周而往复。

蜿蜒运动(图6.30(c))是最复杂的蛇形步态。蛇采用侧向波动移动,只保持两个与地面接触不断变化的点。这种步态非常适合于在低摩擦和松散的地面运动,如沙地,实际上蜿蜒运动是沙漠蛇的主要步态。它还具有防止皮肤过热的优点,因为它最大限度地减少了与热沙的接触。

最后一种步态,简称伸缩运动(图6.30(d))。蛇先固定一个点在地面上,然后使身体伸缩前进,接着固定其他点,再向前推进之前固定的点因此这种步态与直线运动步态类似。不同的是,在直线运动步态中,身体沿轴向收缩和释放,而在伸缩运动步态中身体是弯曲的。这种步态也可以用于低摩擦地形。

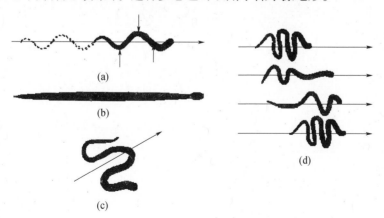

图6.30　蛇的运动步态
(a)横向波动;(b)直线运动;(c)蜿蜒运动;(d)伸缩运动。

蠕虫还可以使用另一种类型的步态，即在垂直平面内弯曲身体。

正如已经说过的，人造蛇，或主动蛇形机构，经常使用车轮或履带与地面接触。

图 6.31(a)所示的蛇形机器人(GMD – snke2,1999 年建于德国国家研究中心)在每一段都有一些小轮子，由每一节上的直流电机驱动。

图 6.31(b)所示机器人(Omni Tread OT – 8)，2005 年建于密歇根大学移动机器人实验室。每一段都有两个自由度和一组电动履带。

图 6.31(c)所示为马德里自治大学于 2004 年研制的魔方机器人，称为旋转立方体。每一段都有一个自由度，但它们可以组装起来，以便在垂直面或水平面发生旋转。如果所有的关节都是以同样的方式组装的话，那么其运动就更像蠕虫而不是蛇。

另一个蛇形机器人如图 6.31(d)所示。该机器人是一种真正的蛇形设计方案，作为未来蛇形行星探测车的验证车，由 NASA 艾姆斯研究中心研制。

图 6.31　主动蛇形机器人(图像来自 NASA)
(a)GMD – snke2;(b)Omni Tread OT – 8;(c)立方体革命;
(d)由 NASA 艾姆斯研究中心研制的蛇形机器人，作为未来蛇形探测车的验证车。

蛇形机器人可用于一些特殊任务，如探索小型洞穴，并且对于探索月球或火星上可能存在的熔岩管，蛇形机器人或许是一个很好的解决方案。蛇形机器人的主要缺点是速度慢和安装有效载荷比较困难。

主动蛇形机器人正朝可重构机器人的方向发展，它可以有不同的形状，如蛇形机器人、有腿机器人，如果把头部与尾部相连进行翻滚动作甚至有轮式机器人。

第7章
作动器和传感器

7.1　空间机器人的作动机构

　　机器人是主动系统,需要能量源供给能量以驱动其所有的功能。运行所需的能量必须分配到各个功能模块,并且通过能量转换器适时调整,这些能量转换器由一个合适的低电平控制器管理。能量转换器给变换器供能,变换器把电源供给的能量转换成执行各种任务需要的机械能:这些能量变换器通常被称为作动器。

　　作动器作用于机器人的机体,赋予它"生命"。在大多数主动系统中,特别是在机器人系统中,开环控制不足以确保正确运行,所以控制回路必须是闭环的。机械系统的一些能量,通常是一个很小的部分,必须通过合适的变换器以某种形式进行转换,以提供给控制器,让控制器获得系统的状态。这些变换器就是传感器。

　　这个能量链以框图的形式展示,如图 7.1 所示。

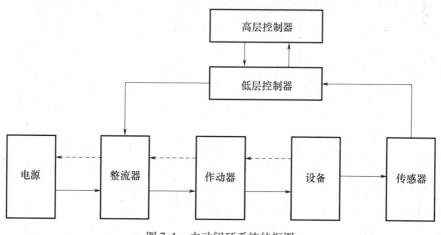

图 7.1　主动闭环系统的框图

图中的方框图是一种简化流程,就机器人而言尤其如此。可能有几个电源,串联或并联,每一个电源有一个控制器,并且还有一个控制器作为能量管理器。作动器可能是不同类型,需要不同的能量转换器。

该控制器可以看成两级装置,在作动器上有一个包含低级控制器的闭环回路,以及一个高级控制器,在简单遥控机械装置中或直接由回路中的人充当高级控制器,为低级控制器确定设定值。实际上,机器人可能有几个层次的控制,互相嵌套在一起,如果这样的机器人存在,那么通过人机界面(HIM),人类只需与上层控制器进行交互。

该作动器如果是可逆的,即当机械部件产生能量而不是消耗能量时(机械臂降低载荷或移动中的机器人减速等),那么有些能量就会倒流回来(图7.1中虚线箭头)。

如果作动器是不可逆的,则能量必须由机械系统直接消耗(如制动器)。而对于可逆作动器,能量则会在能量转换器中耗散(例如,通过电阻把电能转换成热能),或者传递给某种蓄能器,以供后来使用。一个能够双向管理能量流的能量转换器通常被称为四象限转换器。

生命有机体内的作动器是肌肉,可以预见,肌肉的一些特性仍是人工作动器无法比拟的。

在机器人中使用的最常见的作动器是电磁作动器、液压作动器或气动作动器,即它们可以将电能或加压流体的能量转换为机械能。虽然在工业机器人中广泛采用液压作动器和气动作动器,但是由于各种原因,在移动机器人中大多数的作动器是电动作动器。首先,大部分能源主要以电能的形式储存在移动机器人上,而使用某种电动压缩机或泵来运行气动作动器或液压作动器的效率一般都很低。其他原因是使用电动作动器可以有更紧凑的系统布局;相比于控制其他类型的作动器,机器人的主控制器控制电动作动器更容易。

电液传动器是一个例外,但是在这种情况下,液压传动是不可控的,所有的控制都由系统的电气部分执行。

对空间机器人来说,电动作动器比流体作动器更具优势,因为在恶劣的环境中使用流体作动器十分困难。例外的是,在一个工作流体几乎无限供应的地方,气动作动机构是非常适合的,但在其他地方,工作流体必须自行携带并能无限循环使用。

尽管如此,在某些应用中,紧凑、轻便的液压电机可能会令液压或电液系统更具吸引力。

可用于驱动一个主动系统的另一些装置必须归到"传统"作动器。它们通常被称为固态作动器或智能材料作动器,因为它们的材质能在电场或磁场作用下或温度变化条件下改变性质。这类作动器包括压电型、磁致伸缩型、电致伸缩型、形状记忆型作动器。固体的热膨胀作用也可为作动器提供动力,尽管该装置的效率不高。所有的固态作动器共有的优点是,没有移动部件,因此无须维护且非常可靠。

作动器通常被细分成线性作动器和旋转作动器。线性作动器的特点是它们所施加的力和它们引起的冲程。线性作动器所作的功等于力和冲程的乘积(假设在运动过程中,力是恒定的)。

旋转作动器的特点在于它们施加的是转矩和旋转;功等于转矩和旋转的乘积。

备注 7.1　旋转作动器的一种特殊类型是,在连续旋转时能够提供一个转矩,如电动电机、液压电机或气动电机。因此,它们的冲程是不确定的。

通过多种机制,如杠杆、螺丝、支架、滑轮等,线性作动器的输出可以被转换成旋转运动,或旋转作动器的输出转换为线性运动。

设计电动电机或液压电机、齿轮等是一项专业工作,需要经验和专业知识。通常作动器是现成组件,由机器人设计者咨询制造商后从目录中选择。

因此,本章的目的不是介绍作动器的详细设计,而是简单介绍一下各种类型的作动器。读者必须参考由厂家编写的手册和产品目录,手册里有选型需要的所有相关信息。

在一些更先进的应用中,如空间机器人,市场上几乎找不到一款合适的作动器,设计师可以针对特定的应用,向制造商定制。

7.2　线性作动器

7.2.1　性能指标

不仅仅是力和冲程,线性作动器的性能指标还包括应力 σ,定义为力除以横截面积,以及应变 ε,定义为冲程除以作动器的长度。它们的乘积是作动器每单位体积的功[1]。

备注 7.2　对于流体(液压和气动)作动器,应力等于流体的压力(如果作动器的截面面积约等于活塞的面积),因而应力取决于系统的设计,而不仅仅是作动器本身。

通常性能指标[2]用来比较基于不同原理的作动器。以下是几个相关性能指标:
- 最大应变(无量纲)。
- 最大应力(Pa)。
- 单位体积最大功(J/m^3)。它可以表示为最大应力和最大应变的乘积;等同于体积能量密度。

---

[1]　这些定义是基于假设作动器是圆柱形或棱柱形的作出的。

[2]　J. E. Huber, N. A. Fleck, M. F. Asby, *The Selection of Mechanical Actuators Based on Performance Indice*, Proc. Royal Soc., London, 453, pp. 2185 – 2205, 1997.

- 密度(kg/m³)。作动器的质量和体积的比值。通常是指单独的作动器,不包括电源转换器、冷却系统、固定装置等。
- 作动器模量(N/m²)。当控制信号保持不变时,它是应力的小增量与应变的小增量的比值。
- 应变分辨率(无量纲)。它是应变增量的最小步长。
- 体积功率密度(W/m³)。它是持续运行中的作动器所能提供的功率与作动器初始体积的比值。
- 质量功率密度(W/kg)。它是持续运行中的作动器所能提供的功率与作动器的质量的比;它可以由体积功率密度除以密度来计算。

另一个重要的性能指标是作动器的能量转换效率。通过绘制不同作动器施加的最大应力与最大应变,可以进行最简单的比较。这种类型的图表通常有一个统计基础:设定每种作动器的数量,图中每个点代表一个作动器。图中 $\sigma_{max} - \varepsilon_{max}$ 平面内一个区域的点云分布代表一种类型的作动器。在某些情况下,大多是固态作动器,可以用一个简单的数学模型来确定所需的区域。[1]

如图7.2所示,图表主要关于线性作动器,作动机构原理为:电磁作动器(移动线圈和电磁线圈),气动作动器,液压作动器,压电作动器(低应变、高应变、聚合物),磁致伸缩作动器和形状记忆合金作动器。图中也绘制了热膨胀作动器(温度差为10K和100K)和人工肌肉。该尺度是对数的,所以图中的应力与应变都有几个数量级。

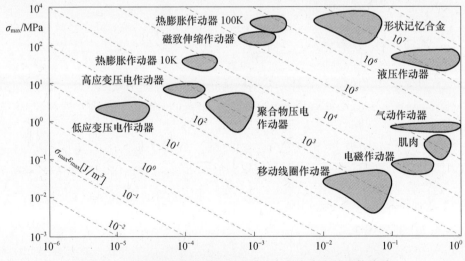

图7.2　不同类型的作动器的最大应力与最大应变的函数关系

---

① 作动器的性能指标详见:O. Gomis – Bellmunt, L. F. Campanile, *Design Rules for Actuators in Active Mechanical Systems*, Springer, London, 2010.

应力和应变的值为作动器本身的值,并且如果使用机械传动,其值可以改变。由于理想状态下,传动是在能量恒定时工作的(实际上所有的传动装置都会有能量损失),所以作动器的特征点会沿着常量 $\sigma\epsilon$ 表示的直线移动,即倾斜角为 $-45°$ 的直线(从左上角到右下角)。不管怎样,由于传动装置体积庞大,而且很重,尤其是当传动比很大时,效率会很低,所以应尽量避免使用该装置。

乘积 $\sigma_{max}\epsilon_{max}$ 给出了作动器所能提供的单位体积的功的最大值。它只是一个理想值,因为在实际运行中,沿着行程方向,应力不可能是不变的,而且 σ 和 ϵ 或许都取决于作用在作动器上的外力。

通过图 7.2 可以比较各种类型的作动器,即从静态条件下各种作动器所能施加的力以及所能达到的行程的角度来进行比较,但并未涉及作动器的移动速度。图 7.3 对作动器的速度进行了描述,即作动器所能达到的最大频率被绘制为同类作动器应变的函数。

但是,一般来说,频率不单单由作动器决定:所有热驱动作动器,如形状记忆作动器,或热膨胀作动器,频率主要取决于冷却系统的可能性。在电作动器中,频率受控制器和功率调节系统的带宽的影响很大,液压作动器和气动作动器也类似。从图 7.3 中得出的结论只是数量级的评估,必须根据系统的架构调整以适用于不同的应用。

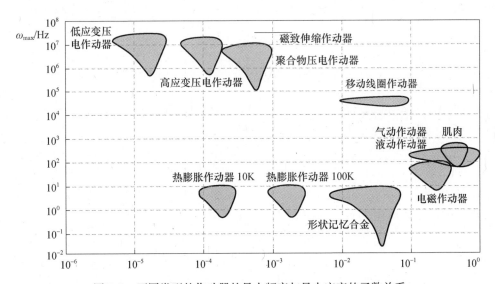

图 7.3 不同类型的作动器的最大频率与最大应变的函数关系

另一个重要的参数是作动器将初始能转换成机械能的效率。各种类型的作动器的效率、分辨率和密度,见表 7.1。

表 7.1 一些作动器的最大效率、密度和分辨率

作动器	效率	分辨率	密度/(kg/m³)
低应变压电作动器	> 0.9999	$10^{-9} \sim 10^{-8}$	2600 ~ 4700
高应变压电作动器	0.90 ~ 0.99	$10^{-8} \sim 10^{-7}$	7500 ~ 7800
液压作动器	0.90 ~ 0.98	$10^{-5} \sim 10^{-4}$	600 ~ 2000
压电聚合物作动器	0.90 ~ 0.95	$10^{-8} \sim 10^{-7}$	1750 ~ 1900
磁致伸缩作动器	0.80 ~ 0.99	$10^{-7} \sim 10^{-6}$	6500 ~ 9100
移动线圈式作动器	0.50 ~ 0.80	$10^{-6} \sim 10^{-5}$	7000 ~ 7600
电磁作动器	0.50 ~ 0.80	$10^{-4} \sim 10^{-2}$	3800 ~ 4400
气动作动器	0.30 ~ 0.40	$10^{-5} \sim 10^{-4}$	180 ~ 250
人工肌肉式作动器	0.20 ~ 0.25	$10^{-4} \sim 10^{-2}$	1000 ~ 1100
形状记忆合金作动器	0.01 ~ 0.02	$10^{-5} \sim 10^{-4}$	6400 ~ 6600
热膨胀作动器(100K)	$2 \times 10^{-4} \sim 3 \times 10^{-3}$	$10^{-5} \sim 10^{-4}$	3900 ~ 7800
热膨胀作动器(10K)	$2 \times 10^{-5} \sim 3 \times 10^{-4}$	$10^{-5} \sim 10^{-4}$	3900 ~ 7800

从这些图表中可以明显看出,气动作动器和液压作动器能够提供大的力给大的冲程,特别是液压作动器。在液压缸或气动缸的情况下,它们能以一个相当高的频率高效地工作。作动器的性能和肌肉没有什么不同。这些特性解释了作动器为什么被广泛用于工业机器人领域。

然而,这些图绘制的只有作动器。如果考虑功率转换器的质量(和效率),图形或许会不同。特别地,如果初始能是电能,那么完成电 – 液与电 – 气转换的装置就会很笨重,体积也很大,而且效率很低。

虽然电动作动器供给的冲程更小,力也更小,但它们的频率和效率都很高。因而在需要短冲程的情况下,它们被广泛使用。

热膨胀作动器和记忆合金作动器因其频率低与效率低而受到限制。由于这个原因,加之空间中加热和冷却物体的种种困难,空间机器人中很少考虑使用这些类型的作动器。

压电作动器的特点是冲程非常短,但可以提供相当大的力,而且更为重要的是可以达到很高的频率并且工作效率很高。在所有需要小冲程的情况中,它们是一个很好的选择。

对于线性运动的空间机器人,电动作动器也是最常见的选择,该种作动器以一种所谓的电动缸的形式,即电机驱动,通过减速齿轮、螺杆或齿条和齿轮系统,将旋转运动转换成一个线性运动。它们的基本装置是一个电机,这将在后文中进行描述。另一种可供选择的是线性电机,但它们在机器人领域的应用很少:它们在高速时提供的力很小,这与机器人作动器所要求的完全相反。

7.2.2 液压缸

液压缸的示意图如7.4(a)所示。如果以压强 p_1 和 p_2 给液压缸的两室供给流体,并且两侧活塞的面积为 A_1 和 A_2,那么在静态条件下,液压缸施加在载荷上的力为

$$F = p_1 A_1 - p_2 A_2 = \frac{\pi}{4}(p_1 - p_2)d_1^2 - \frac{\pi}{4}p_2 d_2^2 \tag{7.1}$$

如果气缸的结构如图7.4(b)所示,那么活塞两头的压力作用在相等的面积上。然而,这种结构有很大的缺点,即在关闭位置的总长度更长,并且泄漏的可能性也更大。

液压缸的冲程可能相当大,对于图7.4(a)的结构,它的冲程接近作动器的长度(ϵ 小于1),对于图7.4(b)的结构,它的冲程接近作动器长度的一半(ϵ 小于0.5)。为了进一步增加冲程,可以考虑使用伸缩结构的作动器,但是为了避免产生机械问题,很少考虑使用这种结构。

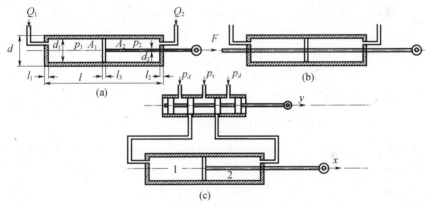

图7.4 液压作动器

(a)和(b)液压缸的示意图;(c)作动器的示意图。

当力作用在右侧,图7.4(a)中标记为1的管子由压强为 p_s 的流体提供,标记为2的管子以压强 $p_d \approx 0$ 排出流体(图7.4(c)中控制阀被推向左侧),那么右侧的力为

$$F = \frac{\pi}{4}p_s d_1^2 \tag{7.2}$$

在相反的情况下,作用在左侧的力为

$$F = -\frac{\pi}{4}p_s(d_2^2 - d_1^2) \tag{7.3}$$

作动器可以提供的力的最大值取决于装置能够承受的最大压强。压强的极限取决于气缸壁、整个液压回路承受应力以及杆承受合力的能力,还取决于缸防止泄

漏的密封性,压强越大,密封的要求也就越高。当力作用在左侧时,杆受的是拉伸力,在相反方向上时,力是压缩力,此时必须考虑弹性稳定性。

备注7.3 这些方程仅在静态条件下成立,但也可以用于非常缓慢的运动,即由于流体的运动,管道中压力下降的速度和所有惯性力都可以忽略不计的情况。

在恒压条件下,冲程为 s_{max} 时,产生的最大功为

$$W = F s_{max} = \left[\frac{\pi}{4}(p_1 - p_2)d_1^2 - \frac{\pi}{4}p_2 d_2^2 \right](l - l_1 - l_2 - l_3) \tag{7.4}$$

设液压缸受阀控制,如图 7.4(c)所示。y 为阀柱塞的位移,x 为活塞的位移。如果 $y = 0$,那么两孔都关闭,活塞锁定。如果 $y < 0$,那么左室 1 与供应管连接,右室 2 与排出管连接:活塞向右边运动。当 $y > 0$ 时,情况正好相反。

在动态条件下,流体进入腔室 1 和 2 的流量为

$$Q_i = A_i \dot{x}, i = 1, 2 \tag{7.5}$$

通过孔的流量 Q_0 与压强损失 Δp 的关系可用下式表示:

$$Q_0 = \alpha_0 A_0 \sqrt{\frac{2\Delta p}{\rho}} \tag{7.6}$$

式中:ρ 为流体密度,α_0 是无量纲系数,取决于系统的几何形状。如果是图 7.4(c)所示的阀,那么通常 $\alpha_0 = 0.6 \sim 0.8$。

如果阀孔的宽度为 ω_0 且长度为 l_0,并且忽略管道中的压力损失,则进入气缸室的流量如下:

- 当 $y = 0$,有

$$Q_1 = Q_2 = 0 \tag{7.7}$$

- 当 $-l_0 < y < 0$,有

$$Q_1 = \alpha_0 y \omega_0 \sqrt{\frac{2(p_s - p_1)}{\rho_1}}, Q_2 = -\alpha_0 y \omega_0 \sqrt{\frac{2(p_2 - p_d)}{\rho_2}} \tag{7.8}$$

- 当 $0 < y < l_0$,有

$$Q_1 = \alpha_0 y \omega_0 \sqrt{\frac{2(p_1 - p_d)}{\rho_1}}, Q_2 = -\alpha_0 y \omega_0 \sqrt{\frac{2(p_s - p_2)}{\rho_2}} \tag{7.9}$$

如果 y 小于 $-l_0$ 或者大于 l_0,用 l_0 代替 y,这些等式仍然成立。理论上,流体密度应为常数。

一旦指令 $y(t)$ 的时间曲线已知,那么这些方程可以研究作动器的动力学或驱动系统即研究其输入输出关系。如果在输入输出之间有一个反馈环节,那么就可以研究它的闭环动力学。

例7.1 图 7.4(c)所示的作动器对弹簧–阻尼系统起相反作用。设运动系统的质量为 m,刚度和载荷阻尼分别为 k、c,并且:$\alpha_0 = 0.6, w_0 = 10mm, l_0 = 10mm$, $d_1 = 25mm, d_2 = 5mm, p_s = 10MPa, p_d = 0, m = 0.2kg, k = 100kN/m, c = 8kN \cdot s/m$, $\rho = 850kg/m^3$。

在 $t = 0$ 时刻之前,柱塞位于左侧 $y = -l_0$ 处,系统处于平衡位置;在 $t = 0$ 时刻,柱塞瞬间向右侧 $y = l_0$ 处运动,随后,柱塞周期性每隔 1s,左右来回运动。

计算静态平衡位置和时间曲线 $x(t)$。

静态平衡,平衡方程为

$$kx = p_s A_1 - p_d A_2$$

即

$$x = \frac{p_s A_1}{k} = 49.1\,\text{mm}$$

动态研究,运动方程为

$$m\ddot{x} + c\dot{x} + kx = p_s A_1 - p_d A_2$$

式中:压力 p_1、p_2 为流量的函数,可以通过流量计算,流量可以通过求解式(7.8)和式(7.9)得到。运动方程的数值积分结果如图 7.5 所示。

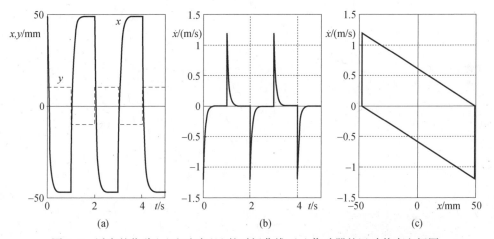

图 7.5   活塞的位移(a)和速度(b)的时间曲线;(c)作动器的运动状态空间图

然而,这种方法过于简单化。实际的流体压缩性是有限的,特别是当它们含有少量的溶解气体时。管道和气缸本身都不是刚体,在流体的压力下,也会膨胀。这种膨胀,虽然小,但是和液压流体的可压缩性具有相同的作用;在许多情况下,该作用对系统的运行相当重要。

所有这些因素,加上不可避免的泄漏以及由于流体通过管道的压力损失,都会降低液压系统的性能,特别是与效率相关的性能。在设计阶段,必须把这些因素考虑在内。

7.2.3 气动作动器

气动作动器与液压作动器的区别主要在于前者的工作流体是一种气体,是一

379

种高度压缩的介质,而在后者的工作流体是液体,这种液体理论上是不可压缩的。工作流体压缩性的重要性对于气动作动器变得更加重要,气动作动器中压缩性是一种控制现象,而不是寄生效应。气体的高压缩性导致了系统的低刚度和效率的总体下降,以及发热问题,这些问题在空间应用中是非常严重的。

然而,压缩性也有其优点:液压作动器刚度很强,需要精确的控制;而气体的压缩性使得刚度较低,从而允许控制不精确。这有时也被用在步行机中,以更好地适应不规则地面,获得一种弹性悬架效应。通常情况下,这也不足以克服气动作动器在空间机器人应用中的缺点。

正如已经指出的,气动作动器最适合用在这些地方,即它们可以使用周围空气作为工作流体,可以在大气中直接排放低压流体的地方,也许会经过过滤器后再排放,以防止油雾污染环境。在空间应用中很少能满足这种条件,这是空间机器人不使用气动作动器的另一个原因。

7.2.4 电磁作动器

电磁作动器(图7.6(a))主要是由一个线圈和可移动的铁磁柱塞组成。磁路由一个外部的铁①管和两个磁极板组成。这种结构不是唯一的,但是,它是最常见的,这里仅考虑这种结构。

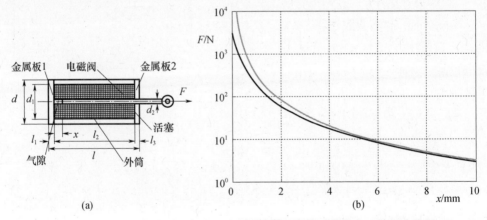

图7.6 (a)电磁作动器示意图;(b)例子中使用的作动器的力 – 冲程曲线图
(实线代表力的完整表达式,虚线代表的是忽略铁磁阻抗之后的力的表达式)

磁路由五个器件串联而成:板1、板2、外缸、柱塞和气隙。前四个器件由铁磁性材料制成,因此它们的磁阻很低,相反,气隙具有相当高的磁阻,而且磁阻随着长

---

① 铁指的是一个通用的铁磁材料,如铜指的是一个通用的电导体。

度 x 的增加而增大,即当活塞向右移动时,长度增加。从而,总的磁阻,随着气隙的位置的改变而变化:这种作动器有时被称为可变磁阻作动器或麦克斯韦作动器。

由于系统往往期望达到磁阻最小的配置(即 $x=0$,如果外部约束允许的话),当电磁线圈通电时,它倾向于把活塞向左吸,在柱塞上施加一个力 F,在图中是负的。

磁路中的磁通量为

$$\Phi = \frac{Ni}{R} \qquad (7.10)$$

式中:线圈的圈数 N 和电流 i 的乘积是磁通势;R 为总磁阻。并且:

$$R = R_{p11} + R_{cy1} + R_{p12} + R_{plung} + R_{airgap} \qquad (7.11)$$

存储在电磁线圈中的磁能,可以通过对磁通势关于磁通量积分计算得到:

$$W_m = \int Ni\mathrm{d}\Phi \qquad (7.12)$$

由于在简化的线性理论中磁通量是线性的,所以积分很容易得到:

$$W_m = \frac{1}{2}Ni\Phi = \frac{N^2 i^2}{2R} \qquad (7.13)$$

作动器施加在柱塞上的力,通过对磁能求关于气隙长度的导数,得到

$$F = \frac{\partial W}{\partial x} \qquad (7.14)$$

为了得到力的方程,磁阻必须直接写成关于变量 x 的表达式。

对于气隙,忽略杂散磁通,一个近似的表达式为

$$R_{airgap} = \frac{x}{\mu_0 S_{airgap}} = \frac{4x}{\mu_0 \pi d_2^2} \qquad (7.15)$$

式中:S_{airgap} 为气隙的横截面积;μ_0 为真空磁导率。

类似地,外缸和柱塞的表达式为

$$R_{cy1} = \frac{l_2}{\mu_0 \mu_r S_{cy1}} = \frac{4l_2}{\mu_0 \mu_r \pi (d^2 - d_1^2)} \qquad (7.16)$$

$$R_{plung} = \frac{l_2 - x}{\mu_0 \mu_r S_{plung}} = \frac{4(l_2 - x)}{\mu_0 \mu_r \pi d_2^2} \qquad (7.17)$$

式中:μ_r 为铁件材料的相对磁导率。

备注 7.4 铁磁性材料的相对磁导率不是恒定的,而是随磁通密度和温度的变化而变化的。只有当磁通密度足够低,以避免接近饱和时,这里的方程才成立。

对于极板来说,情况更复杂。每块板可以认为是由无限多的同轴圆柱状薄壳构成,轴长为 l,厚度为 $\mathrm{d}r$,半径为 r。当磁通从内径流到外径时,每层薄壳的磁阻为

$$\mathrm{d}R = \frac{\mathrm{d}r}{2\mu_0 \mu_r \pi r l} \qquad (7.18)$$

由于各层都是串联的,通过将式(7.18)从内径到外径积分得

$$R_{\text{plate}} = \frac{1}{2\mu_0\mu_r\pi l}\int_{ri}^{ro}\frac{\mathrm{d}r}{r} = \frac{1}{2\mu_0\mu_r\pi l}\ln\left(\frac{ro}{ri}\right) \tag{7.19}$$

假设磁通量在直径 d_2 处进入板,在直径 d_1 处流出板,那么

$$R_{\text{plate1}} = \frac{1}{2\mu_0\mu_r\pi l_1}\ln\left(\frac{d_1}{d_2}\right) \tag{7.20}$$

$$R_{\text{plate2}} = \frac{1}{2\mu_0\mu_r\pi l_3}\ln\left(\frac{d_1}{d_2}\right) \tag{7.21}$$

由极板和外缸组成的磁路部分的总磁阻为

$$R_{\text{p11}} + R_{\text{cyl}} + R_{\text{p12}} = \frac{1}{\mu_0\mu_r\pi}\left[\frac{1}{2}\left(\frac{1}{l_1} + \frac{1}{l_3}\right)\ln\left(\frac{d_1}{d_2}\right) + \frac{4l_2}{d^2 - d_1^2}\right] \tag{7.22}$$

引入等效长度:

$$l_{\text{eq}} = \frac{d_2^2}{8}\left(\frac{1}{l_1} + \frac{1}{l_3}\right)\ln\left(\frac{d_1}{d_2}\right) + l_2\frac{d_2^2 + d^2 - d_1^2}{d^2 - d_1^2} \tag{7.23}$$

那么,磁路的总磁阻就可以写为

$$R = \frac{x(\mu_r - 1) + l_{\text{eq}}}{\mu_0\mu_r S_{\text{airgap}}} \tag{7.24}$$

因此,磁能为

$$W_m = \frac{N^2 i^2 \mu_0 \mu_r S_{\text{airgap}}}{2[x(\mu_r - 1) + l_{\text{eq}}]} \tag{7.25}$$

对磁能求导,可以得到作用在柱塞上的磁力为

$$F = \frac{\partial W}{\partial x} = -\frac{N^2 i^2 \mu_0 \mu_r S_{\text{airgap}}(\mu_r - 1)}{2[x(\mu_r - 1) + l_{\text{eq}}]^2} \tag{7.26}$$

通常可以用 μ_r 代替 $\mu_r - 1$ 来简化式(7.26),对于磁性材料来说,这个简化是可接受的。如果 x 不是非常小,与气隙的磁阻相比整个磁路的磁阻可以忽略,则

$$F \approx -\frac{N^2 i^2 \mu_0 S_{\text{airgap}}}{2x^2} \tag{7.27}$$

只有在稳态条件下,式(7.27)中力的值才成立。

电磁作动器的力的限制,主要来自于焦耳效应产生的热。焦耳效应耗散的功率为

$$P_g = Ri^2 \tag{7.28}$$

式中:R 为导线的阻抗,其表达式为

$$R = \delta_w\frac{l_w}{S_w} = \delta_{w0}(1 + \gamma\Delta T)\frac{l_w}{S_w} \tag{7.29}$$

其中:δ_w 为导线材料在参考温度下的电阻率;l_w 为导线的长度;S_w 为导线的横截面积。式(7.29)中的第二个式子,考虑了材料的电阻率随温度的变化,这个变化接近线性变化:γ 为温度系数,即 $\delta_w(T)$ 曲线的斜率;ΔT 为温度相对于参考温度的变化。

某些导体的电阻率和温度系数的值,见表7.2。

表7.2　某些导体的电阻率和温度系数

导体	$\delta(\Omega\cdot m)$	$\gamma(1/K)$
银	1.59×10^{-8}	0.0038
铜	1.68×10^{-8}	0.0039
金	2.44×10^{-8}	0.0034
铝	2.82×10^{-8}	0.0039

绕组的横截面积为

$$S_{wind}=\frac{l_2}{2}(d_1-d_2) \tag{7.30}$$

导线的截面面积与导线的匝数有关:

$$S_w=\frac{S_{wind}}{N}k_{ff} \tag{7.31}$$

式中:填充系数 k_{ff} 为一个小于1的数,说明有多少绕组的有效面积被导线占用。在圆形截面导线的情况下,其最大值为 $\pi/4$,但通常小于该值。

导线的长度大约为

$$l_w=\frac{N\pi}{2}(d_1+d_2) \tag{7.32}$$

式(7.26)、式(7.27)和式(7.28)可以重写,以明确说明某些参数在作动器设计中所起到的重要作用,这些参数包括电流密度 i/S_w、绕组的面积 S_{wind} 和填充系数 k_{ff}。通过将电流密度和式(7.31)代入式(7.26)得

$$F=-\left(\frac{i}{S_w}\right)^2 S_{wind}^2 k_{ff}^2\frac{\mu_0\mu_r S_{airgap}(\mu_r-1)}{2\left[x(\mu_r-1)+l_{eq}\right]^2} \tag{7.33}$$

如果忽略式(7.27)铁磁阻,则得到

$$F=-\left(\frac{i}{S_w}\right)^2 S_{wind}^2 k_{ff}^2\frac{\mu_0 S_{airgap}}{2x^2} \tag{7.34}$$

把电流密度和式(7.32)代入式(7.28),得

$$P_g=\left(\frac{i}{S_w}\right)^2 S_{wind}k_{ff}\frac{\pi}{2}(d_1+d_2)\delta_w \tag{7.35}$$

如果因外表面上的对流导致的只有冷却效应,那么能够提取的热功率可以写为

$$P_d=\frac{\Delta T}{\theta_{conv}+\theta_{cond}} \tag{7.36}$$

式中:θ_{conv} 和 θ_{cond} 为因对流与传导穿过外部铁质缸体造成的热电阻,且它们是串联的,即

$$\theta_{conv}=\frac{1}{\pi ldh_c},\theta_{cond}=\frac{1}{2\pi l\lambda_{ir}}\ln\left(\frac{d}{d_1}\right) \tag{7.37}$$

热传导取决于铁的热传导率 λ_{ir}，而对流主要受控于作动器的外表面和空气间的对流系数 h_c，此外，还取决于很多因素，像无量纲努塞尔数 N_u，它表示对流和热传导的比值。

一个简化表达式为

$$h_c = \frac{N_u \lambda_{air}}{l} \tag{7.38}$$

式中：λ_{air} 为空气的热传导率。

令热产生功率等于热扩散功率，得到长时间能承受的最大电流值为

$$i_{max} = \sqrt{\frac{\Delta T}{R(\theta_{conv} + \theta_{cond})}} \tag{7.39}$$

由电流密度得

$$\left(\frac{i}{S_w}\right)_{max} = \sqrt{\frac{2\Delta T}{\pi S_{wind} k_{ff}(d_1 + d_2)(\theta_{conv} + \theta_{cond})}} \tag{7.40}$$

如果线圈仅通电很短一段时间，那么电流值或者电流密度值可以忽略。在这种情况下，如果在到达危险温度之前就将线圈断开，则作动器的热惯性可以允许使用更高的电流。提供小脉冲的电磁线圈可以产生很大的力，同时又非常轻小便捷。

由于线圈材料电阻必须很小，因此通常使用铜线。然而，在航天应用中，特别是当作动器的质量而非尺寸更为重要时，使用铝线圈可能更为有利。铝材料的电阻率较高，可能需要线圈具有更大的横截面积，但由于密度更小，所以铝线质量仍然比铜线更小。事实上真正重要的并不是低电阻率本身，而应该是单位密度下电阻率的值越低越好。对于铜来说，这个值为 $1.5 \times 10^{-4} \Omega \cdot kg/m^2$，而铝为 $7.6 \times 10^{-5} \Omega \cdot kg/m^2$，因此铝几乎具有将近两倍于铜的优势。但这也需要具体情况具体分析，因为更大体积的作动器会导致需要更大质量的铁部件。

备注7.5 由于力与 Ni 的平方成正比，所以从静态力的角度上，低电流时匝数的多少并不重要，反之亦然。在考虑电流密度时，匝数并没有出现在力与耗散功率的方程中，之前结论通过这个过程也是易见的。

在设计线圈的过程中，必须考虑整个作动系统，作动器，功率放大器以及控制器等，同时也要考虑动力学平衡问题。此时线圈的电感系数而不仅仅是其电阻率也变得非常重要[1]。

Gomis – Bellmunt 与 Campanile[2] 所著的书中对优化作动器结构进行了尝试，得到了下列无量纲参数的值，以最优化作动器所产生的力：$\dfrac{d_1}{d} = 0.78$，$\dfrac{d_2}{d} = 0.29$，$\dfrac{l_1}{l} =$

① A. Tonoli, N. Amati, M. Silvagni, *Transformer Eddy Current Dampers for the Vibration Control*, Journal of Dynamic Systems, Measurement and Control, Vol. 130. May 2008.

② O. Gomis – Bellmunt, L. F. Campanile, *Design Rules for Actuators in Active Mechanical Systems*, Springer, London, 2010.

$\dfrac{l_2}{l}=0.25$，$\dfrac{l_2}{l}=0.50$，$\dfrac{l}{d}=0.35$。如果对单位体积的功而非对力进行最优化，则得到无量纲参数的值为：$\dfrac{d_1}{d}=0.86$，$\dfrac{d_2}{d}=0.39$，$\dfrac{l_1}{l}=\dfrac{l_2}{l}=0.125$，$\dfrac{l_2}{l}=0.75$，$\dfrac{l}{d}=0.505$。

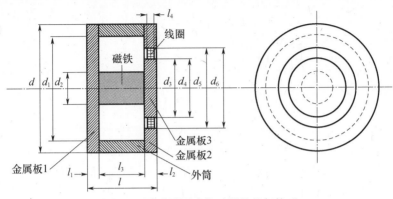

图 7.7　移动线圈式作动器的几何构型

例 7.2　假设一个电磁作动器,其外径为 60mm,计算其力 – 冲程特征,可以得到一个电流的极限值,这个电流会导致温度升高 50K,即 $\Delta T=50K$。

为了对单位体积的功进行最优化,将上述的无量纲参数近似为 0.1mm,可以得到：$d_1=61.6$mm,$d_2=23.4$mm,$l=30.3$mm,$l_1=l_3=3.8$mm,$l_2=22.7$mm。

材料的相关数据为：铜 $\delta_0=1.68\times10^{-8}\Omega\cdot m$,$\gamma=\dfrac{0.00681}{K}$；铁 $\mu_r=200$,$\lambda_{ir}=\dfrac{80W}{K\cdot m}$；空气 $\mu_0=4\pi\times\dfrac{10^{-4}H}{m}$,$\lambda_{air}=\dfrac{0.0257W}{K\cdot m}$；$Nu=60$。假设线圈匝数为 $N=500$ 匝,$k_{ff}=0.7$。

为了得到 500 匝的线圈,导线的面积和长度分别为 $S_w=0.45$mm^2 以及 $l_w=58.9$m。因此最终温度下线圈的电阻为 $R=2.96\Omega$。

由式(7.39)计算出最大电流为：$i_{max}=2.21$A,电磁线圈的力 – 冲程特征,如图 7.6(b)所示。

7.2.5　移动线圈式作动器

移动线圈式作动器通常被称为洛伦兹作动器,因为该种作动器产生的力为洛伦兹力,即磁场中的导线会有电流通过,这时导线会施加洛伦兹力。这种作动器中最常见的构型之一如图 7.7 所示。磁场由永磁体提供,且由磁回路传导并将磁场汇聚到线圈的气隙中。若线圈带电,则线圈可以获得一个力,而这个力可以通过线圈的支持部件来进行收集。

运用式(7.19)求环形板的磁阻,并假设铜的相对磁导率为1,这时磁回路阻值的一级近似为

$$R = \frac{1}{2\mu_0\mu_r\pi d_2^2}\Big[8\,l_{eq} + \frac{\mu_r d_2^2}{l_2}\ln\Big(\frac{d_6}{d_3}\Big) + \frac{8\mu_r}{\mu_m}l_3 \Big] \qquad (7.41)$$

其中:

$$l_{eq} = l_3\frac{d_2^2}{d^2-d_1^2} + 2\Big[\frac{1}{l_1}\ln\Big(\frac{d_1}{d_2}\Big) + \frac{1}{l_2}\ln\Big(\frac{d_1}{d_6}\Big) + \frac{1}{l_2}\ln\Big(\frac{d_3}{d_2}\Big) \Big] \qquad (7.42)$$

μ_r 和 μ_m 分别为铁和永磁体的相对磁导率。

如果永磁体的相对磁导率为1,忽略磁回路中含铁部分的磁阻(因为这种情况,相较于之前的情形,永磁体的阻值远大于该被忽略的电阻),可以得到

$$R \approx \frac{1}{2\mu_0\pi}\Big[\frac{1}{l_2}\ln\Big(\frac{d_6}{d_3}\Big) + \frac{8}{d_2^2}l_3 \Big] \qquad (7.43)$$

回路中由永磁体产生的磁通量为

$$\Phi = \frac{F_{mm}}{R} = \frac{H_c l_3}{R} \qquad (7.44)$$

其中:F_{mm} 为磁动势;H_c 为永磁体的矫顽磁场强度。

表 7.3 总结了一些磁性材料的基本性质(剩磁 B_r、矫顽磁力 H_c、用来衡量磁场能量密度的能量积 $(BH)_{max}$ 以及居里温度 T_c)。

表 7.3　一些磁性物质的主要性质

磁性物质	B_r/T	$H_c/(kA/m)$	$(BH)_{max}/(kJ/m^3)$	$T_c/(°)$
铁氧体	0.23 ~ 0.43	148 ~ 288	10 ~ 35	450
铝镍钴磁铁(Alnico 9)	1.05	112	72	860
钕铁硼磁铁($Nd_2Fe_{14}B$)	1.0 ~ 1.4	750 ~ 2000	200 ~ 440	310 ~ 400
钐钴磁铁($Sm\,Co_5$)	0.8 ~ 1.1	600 ~ 2000	120 ~ 200	720
稀土永磁 $Sm(Co,Fe,Cu,Zr)_7$	0.9 ~ 1.15	450 ~ 1300	150 ~ 240	800

作用在线圈上的洛仑兹力为

$$F = Bl_w i \qquad (7.45)$$

其中:l_w 为磁场中,也就是气隙中的导线的总长。

假设线圈总在气隙之内,这时线的总长度为

$$l_w = \pi N\frac{d_4+d_5}{2} \qquad (7.46)$$

式中:N 为线的总匝数。

气隙中磁场并不是恒磁场,因为面积会向外径向扩展。在线圈的中心处磁感应强度为

$$B = \frac{\Phi}{S} = \frac{2H_c l_3}{R l_4 \pi (d_4 + d_5)} \tag{7.47}$$

稳态条件下作用力的最终表达式为

$$F = Ni \frac{H_c l_3}{R l_4} \tag{7.48}$$

尽管在电磁作动器中力与 Ni 乘积的平方成正比,但在移动线圈式作动器中力与 Ni 的一次方成正比。

同时在这种情形下,极限值通常受制于热因素,通过计算可以得到线圈不过热条件下的最大允许电流。

为了使力最大化,几何无量纲参数的值分别为:$\frac{d_2}{d} = \frac{d_3}{d} = \frac{d_4}{d} = 0.72, \frac{d_1}{d} = \frac{d_5}{d} =$

$\frac{d_6}{d} = 0.94, \frac{l_1}{l} = \frac{l_2}{l} = \frac{l_4}{l} = 0.50, \frac{l_2}{l} = 0.75, \frac{l}{d} = 1.04$。这些数值是通过一些稍微不同的构型得到的,其中永磁体的长度为 l 而非 l_3。

7.2.6 压电作动器

压电材料使用电场中会产生机械形变以及机械形变会产生电场的材料。

在非压电材料中,力学特性与电学特性是相互不耦合的。在一次近似下,由胡克定律得到前者的表达式为[①]

$$S_{6 \times 1} = s_{E6 \times 6} T_{6 \times 1} \tag{7.49}$$

式中:S 为机械应变向量(在力学中通常用 ϵ 来表示);s_E 为材料的柔度矩阵(力学中为 E^{-1});T 为力学应力(力学中为 σ)。

在一次近似下,通过线性法则,得到电学特性的表达式:

$$D_{3 \times 1} = \epsilon_{T_{3 \times 3}} E_{3 \times 1} \tag{7.50}$$

其中:D 为电荷密度位移向量;ϵ_T 为介电常数矩阵;E 为电场强度向量。

当材料为压电材料时,这两组关系相互耦合的形式为

$$\begin{Bmatrix} S \\ D \end{Bmatrix} = \begin{bmatrix} s_E & d \\ d^T & \epsilon_T \end{bmatrix} \begin{Bmatrix} T \\ E \end{Bmatrix} \tag{7.51}$$

这里 s_E 为恒电场中的柔度矩阵,ϵ_T 为恒应力下的介电常数矩阵。耦合矩阵 $d_{3 \times 6}$ 被定义为直接压电矩阵。它的转置 d^T 为逆压电矩阵。

备注 7.6 式(7.49)中的量为张量,用一定"人为"的方式通过向量和矩阵符号来写出(这也就是为什么 S 和 T 有 6 个分量的原因,即便它们指代的是三维空

---

① 参见 IEEE 标准 176—1987。

间）。反之,式(7.50)中的量是真矩阵和真向量。

这几种矩阵都有特殊的结构:

$$
\boldsymbol{s}_E = \begin{bmatrix}
s_{11} & s_{12} & s_{13} & 0 & 0 & 0 \\
 & s_{22} & s_{23} & 0 & 0 & 0 \\
 & & s_{33} & 0 & 0 & 0 \\
 & & & s_{44} & 0 & 0 \\
 & & & & s_{55} & 0 \\
\text{symm} & & & & & s_{66}
\end{bmatrix}
$$

$$
\boldsymbol{\epsilon}_T = \begin{bmatrix}
\epsilon_{11} & 0 & 0 \\
0 & \epsilon_{22} & 0 \\
0 & 0 & \epsilon_{33}
\end{bmatrix} \tag{7.52}
$$

$$
\boldsymbol{d}^{\mathrm{T}} = \begin{bmatrix}
0 & 0 & 0 & 0 & d_{15} & 0 \\
0 & 0 & 0 & d_{15} & 0 & 0 \\
d_{31} & d_{31} & d_{33} & 0 & 0 & 0
\end{bmatrix}
$$

上述的矩阵 $\boldsymbol{s}_E$ 的结构体现为正交各向异性材料的特性。

叠层(纵向)作动器

压电作动器可以细分为不同的类型,如图 7.8 所示。第一类探索了压电材料薄片在电场作用下厚度的变化。由于薄片厚度很薄(通常小于 1mm),每个作动器的位移也非常小,因此在叠层中安排使用了很多层薄片(图 7.8(a))。这些薄层的力学性能是串联的(即叠层位移为各层位移之和),但电学性能为并联的(即所有叠层的工作电压都是一致的)。在低频状态下,该作动器相当于一个电容器。

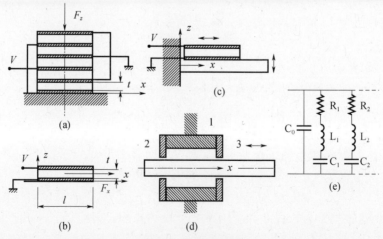

图 7.8 压电作动器

(a)叠层作动器;(b)横向作动器;(c)弯曲作动器;(d)尺蠖作动器;(e)等效回路。

如果作用在叠层上的力仅有轴向力 F_z,那么应力向量中只有第三个分量不为 0($T_3 = F_z/A$)。由于电场也为轴向的,所以也只有 z 方向上的分量:

$$E_3 = \frac{V}{t}$$

这里: V 为电压; t 为叠层中每个单元的厚度,且不为零。这时每层的轴向位移 Δz 可以由式(7.51)得到:

$$\Delta z = t S_3 = t s_{33} T_3 + t d_{33} E_3 = s_{33} t \frac{F_z}{A} + d_{33} V \tag{7.53}$$

令 $F_z = 0$,可得到 N 层叠层的无载荷位移为

$$\Delta z_0 = N \Delta z = N d_{33} V \tag{7.54}$$

如果作动器被夹紧固定,则令 $\Delta z = 0$ 可以计算得到没有外力时,作动器受到的力(阻滞力)为

$$F_{z_0} = -\frac{d_{33} V A}{s_{33} t} \tag{7.55}$$

令作动器挤压一个刚度为 k 的弹簧,这时位移和力之间显然有

$$F_z = -k N \Delta z \tag{7.56}$$

这时位移和力与电压之间的关系式为

$$N \Delta z = \frac{A N d_{33} V}{A + s_{33} t k N}, F_z = \frac{-k A N d_{33} V}{A + s_{33} t k N} \tag{7.57}$$

如果 $k \to 0$,则位移趋向于 Δz_0,若 $k \to \infty$ 则力趋向于 F_{z0}。

位移与力的求解方程可以写成无量纲的形式:

$$N \Delta z^* = N \frac{1}{1 + k^*}, F_z^* = \frac{-k^*}{1 + k^*} \tag{7.58}$$

式中:

$$k^* = k \frac{s_{33} t N}{A}, \Delta z^* = \frac{\Delta z}{d_{33} V}, F_z^* = F_z \frac{s_{33} t}{A d_{33} V} \tag{7.59}$$

乘积 $F_z N \Delta z$ 与作用在叠层上的功成正比。很容易计算得到

$$F_z N \Delta z = -k \left(\frac{A N d_{33} V}{A + s_{33} t k N} \right)^2 \tag{7.60}$$

当 $k = 0$ 以及 $k \to \infty$ 该乘积均为 0,因此在 $k = 0$ 和正无穷之间存在着一个特定的值,使得该乘积取最大值。式(7.60)的无量纲形式为

$$N F_z^* \Delta z^* = -N \frac{k^*}{(1 + k^*)^2} \tag{7.61}$$

乘积 $F_z^* \Delta z^*$ 关于 k^* 的函数如图 7.9 所示,当 $k^* = 1$ 时系数取最大值 0.25。

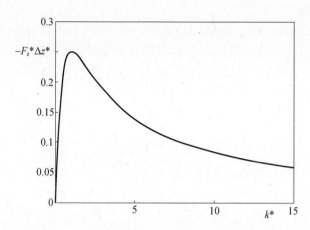

图 7.9　无量纲乘积 $F_z^*\Delta z^*$ 关于 $k*$ 的函数关系

横向作动器

横向作动器与纵向制动器的工作原理相似,但用到了横向变形(泊松效应),如图 7.8(b)所示,位移 Δx 为

$$\Delta x = lS_1 = ls_{11}T_1 + ld_{31}E_3 = \frac{s_{33}}{h}F_x + d_{31}\frac{l}{t}V \tag{7.62}$$

其中:h 为作动器的宽度。

令 $F_x = 0$,则可以得到无载荷位移:

$$\Delta x_0 = d_{31}\frac{l}{t}V \tag{7.63}$$

如果作动器被夹紧固定(无位移力),令 $\Delta x = 0$,解方程后可以得到夹具对作动器作用的力为

$$F_{x_0} = -\frac{d_{31}hl}{ts_{11}}V \tag{7.64}$$

如果作动器挤压一个刚度为 k 的弹簧,则位移和力与电压之间的关系式为

$$N\Delta x = \frac{lhd_{31}V}{th + s_{11}kt},\ F_x = \frac{-klh\ d_{31}V}{th + s_{11}kt} \tag{7.65}$$

同时在这种情况下,也可以将位移和力以无量纲的形式写出,同时也能够写出乘积 $N\Delta x\ F_x$:它也是 k 的函数,并且可以从类似于图 7.9 中找到一个最大值。

弯曲作动器

尽管横向和纵向作动器能够提供很短的冲程,但是会产生很大的力。弯曲作动器则可以花费小得多的力达到毫米级的位移。如图 7.8(c)就是一例,其中梁的一端连着一个横向作动器,当作动器的长度在 x 方向上发生改变时,梁就会受力弯曲,导致其尖端在 z 方向上有一个位移。压电材料就会受到剪切应力。

尺蠖作动器

尺蠖作动器更加复杂,需要更复杂的控制。如图 7.8(d)所示:一个圆柱体作动器 1 在 x 方向可以改变长度,比如当电场为放射状的时候,与横向作动器的工作方式相似。外部表面受到约束,因此它不能移动。在作动器的末端有另外两个压电作动器 2 和 3,通电时,它们的内径会减小,并夹紧一个金属杆使杆能在 x 方向上移动。

假设作动器 3 通电,然后作动器 1 伸展。则杆向右移动。然后作动器 3 释放并给作动器 2 通电,这时作动器 1 则实现压缩。杆还是向右移动。如果需要,这个循环可以重复多次,以使杆一直向右移动(冲程可以达几百毫米),尽管每次的步长很小,一般为几纳米的数量级。但由于其运行非常迅速,因此可以得到几毫米每秒的速度。

等效电路

在低频下,压电器件可以看作为一个电容器(图 7.8(e)中的 C_0)。由式(7.51)可得:

$$C_0 = \epsilon_{ij} \frac{A}{l} \qquad (7.66)$$

式中:系数 ϵ_{ij}、面积 A 和长度 l 的取值取决于作动器的类型(比如在纵向作动器中,$\epsilon_{ij} = \epsilon_{33}$,$A$ 为电极的面积,l 为薄层的厚度)。

在动力学条件下,某些 LRC 分支必须添加到等效回路中,如图 7.8(e)所示。电阻 R_i 代表机械损失,而电容 C_i 代表机械系统的惯性性质,而电感 L_i 的倒数代表刚度性质。每个分支代表一个振动模态,所以若考虑的频率越高,那么模型中的分支数也就越多。

例 7.3 设一个压电叠层作动器,层数为:$N = 10$。横截面为正方形,边长为:$l = 10\text{mm}$,每层的厚度为:$t = 0.2\text{mm}$。材料相关的压电特性为:$\epsilon_{33} = 1.15 \times 10^{-8}\text{F/m}$,$d_{33} = 300 \times 10^{-12}\text{C/N}$,$s_{33} = 15 \times 10^{-12}\text{m}^2/\text{N}$。

当作动器被夹紧时,利用电压函数的关系式,计算叠层的等效电容、无载荷位移以及所施加的力。绘制出不同电压下力 - 位移的特性关系以及作动器推挤时机械系统的刚度。

由于所有的器件均为平行的,所以叠层的总电容为

$$C_0 = N\epsilon_{33} \frac{l^2}{t} = 57.5\text{nF}$$

十层叠层的无载荷位移 Δz_0 以及夹具施加的力为

$$\Delta z_0 = Nd_{33}V = 6 \times 10^{-9}V$$

$$|F_{z0}| = -d_{33}\frac{|V|A}{s_{33}t} = 10|V|$$

叠层的力 - 位移特性如图 7.10 所示。

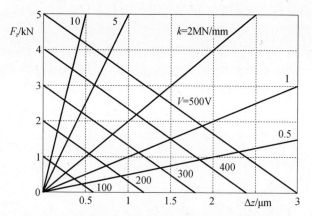

图 7.10 不同电压下叠层作动器的力 – 位移特性图

7.3 旋转作动器

7.3.1 电机

机器人中最常用的旋转作动器为电机。它们不仅是用于产生旋转运动,而且用于直线运动,这时就需要有一个合适的传动系统(参见 7.4 节)。通常机器人上的电机都要求高转矩以及低速度,不管是轮式还是履带式机器人或探测车上的牵引电机,或是活动手臂或腿的关节上的电机。大多数的电机非常适合高速度传输额定功率,因此转矩也就很低:通常在电机和移动器件之间还会有一个机械传动装置。还可以使用那些能在低速条件下提供高转矩的电机。这些电机统称为转矩电机。

电机的类型广泛多样,但是在空间机器人中最常见的是无刷直流电机。有刷电机更为便宜,尤其在考虑控制器的情况下,但是它们不能在真空环境下或是稀薄大气环境下运行,如火星环境,它们的寿命受限于有刷电机的磨损。由于这个原因,以及无刷电机因其具有更低的电磁干扰、更好的功率/质量比以及更高的清洁度正在逐步替代标准直流电机,尤其是在空间应用中。在某些情形下步进电机也在机器人中使用。

无刷直流电机本质为同步交流电机,由一个控制器供电,该控制器将输入直流功率转变为波形为正弦或者是不规则四边形的脉冲三相电流。其定子是由一个嵌有线圈的层压铁芯组成,电极对的数量可能不尽相同,从一对到数十对。电极的数量越少,那么在给定传输频率条件下电机的速度也就越高。

392

转子上的永磁体提供磁场。由于在转子中没有绕组,因此并无必要将电流传递到旋转部件。在 20 世纪高性能永磁体(稀土永磁)的引入以及接下来几年成本的下降使得基于电机的作动器得到越来越广的应用。

无刷电机通常比有刷直流电机更为有效率,尤其适用于小尺寸的情况。

最通常的构型为转子在定子之中(图 7.11(a)),但在很多情形下都把转子置于定子外(图 7.11(b))。

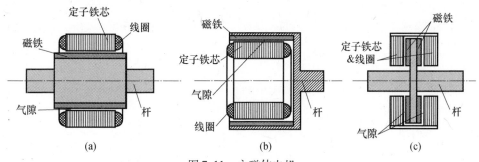

图 7.11 永磁体电机

(a)内部转子(内转式);(b)外部转子(外转式);(c)轴向磁通量(薄饼状)。

对于给定尺寸的电机,由于气隙的半径较大,相较于内转定子电机,外转式电机能提供更大的转矩,因此该结构经常用于转矩电机。然而它们也有缺点,比如实现充分冷却有一定难度:由于定子中的铁和铜均会发生损耗,几乎所有的热量均在铜中产生,所以对于外转子电机则更难克服产生的热量。

图 7.12 为嵌在小型探测车轮子中的外转式电机。

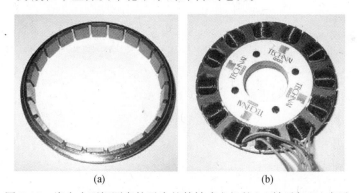

图 7.12 嵌在小型探测车轮子中的外转式电机的(a)转子与(b)定子。
该电机由意大利公司 Technai Team 设计

在这两种构型中,径向磁场穿过气隙。另外一种可能的构型为磁场沿着轴向穿过气隙(图 7.11(c))。在给定质量下,相比于径向磁场电机,这种轴向磁场电机通常较薄,半径较大,因此它们能够提供更大的转矩和更低的速度。由于大而且薄,通常称它们为薄饼式电机。

控制器必须探测转子的角度位置。完成这个任务的传感器可以是一个光学编码器、电磁传感器或者磁传感器,如霍尔传感器。然而,可以通过测量线圈中的反电动势来推测转子的位置,也就不必分离传感器:这种安排通常称为无传感器式布局。霍尔效应和无传感器布局在低速运行下存在着一些困难,因此在使用转矩电机时要避免使用机械传动装置,而采用直接驱动轮子或铰接式机械系统的关节,这尤为重要。

控制器通常使用一个微处理器来运行三个双向驱动器以提供绕组的不同相位。微处理器的计算能力在控制速度、加速度以及转子位置(如果需要)方面通常很强。在各种运行条件下,使用控制器对相关参数精调以达到最佳效率也是有可能的。

从输入－输出关系的角度,无刷电机与一个永磁体传统直流电机是一样的。它的等效电路如图 7.13(a),其中 R 和 L 为等效输入电阻和电感,V 为终端电压,V_B 为反电动势(EMF),它们均称为主动换相。

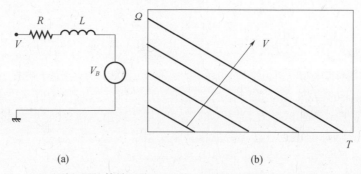

图 7.13　(a)无刷电机的等效回路;(b)同一电机在不同电压下的速度－转矩特性

后者与电机的角速度 Ω 成正比,比例系数为反电动势常数 K_B:

$$V_B = K_B\Omega \tag{7.67}$$

由电机产生的转矩与电流 i 成正比,比例系数为转矩常数 K_T:

$$T = K_T i \tag{7.68}$$

备注 7.7　如果单位一致,即 K_B 为 V/(rad/s),K_T 为 N·m/A,则在数值上两个常数是相等的。

在稳态条件下,由图 7.13(a)可得电压 V 与转矩和速度之间的关系式为

$$V = iR + V_B = \frac{TR}{K_T} + K_B\Omega \tag{7.69}$$

式中第一项为产生转矩所需的电压,第二项为克服反电动势所需的电压。解出 Ω 后得到恒定电压下电机的速度－转矩特性:

$$\Omega = \frac{V}{K_B} - \frac{TR}{K_T K_B} \tag{7.70}$$

394

速度－转矩特性在图 7.13(b)中已定量地画出：它为一条直线。在不提供转矩时，电机能够达到的无载荷最大速度为

$$\Omega_{\max} = \frac{V}{K_B} \qquad (7.71)$$

当电机停转也就是速度降为零的时候获得的最大转矩为

$$T_{nl} = \frac{K_T V}{R} \qquad (7.72)$$

一旦计算得到速度－转矩特性，就能够得到机械功率、电机的电功率以及效率

$$P_m = \Omega T, P_e = Vi, \eta = \frac{P_m}{P_e} \qquad (7.73)$$

在上述的计算中并没考虑到电机中机械能的耗散问题，如轴承和密封阻力。如果不使用近似，那么由电流 i 提供的转矩 T 可以写为

$$T = K_T i = T_u + T_D \qquad (7.74)$$

式中：T_u 为电机产生的有效转矩；T_D 为阻力矩。

在这种情况下产生的机械功率为

$$P_m = \Omega T_u = \Omega(T - T_D) \qquad (7.75)$$

然而，图 7.13(b)仅仅是理想状态：右半边的部分对应电机在大转矩大电流低效率的条件下工作。因此大部分的电功率没有用来产生机械能而是用来发热，因此这些运行条件只能维持很短的一段时间。由于热产生，电机所能承受的最大电流被限定在一个值，该值远小于对应转矩 T_{nl} 的值 V/R。因此最大的连续转矩为

$$T_{\max} = K_T i_{\max} \qquad (7.76)$$

通常还存在着另一个极限值：在低转矩高速度条件（该条件下性能受限于电压）与高转矩低速度条件（该条件下性能受限于电流）之间有一个极限值，即该值受限于最大功率。在 $\Omega(T)$ 平面内，恒定功率条件下曲线为双曲线型。

在动力学状态下，式(7.69)变为

$$V = iR + L\frac{\mathrm{d}i}{\mathrm{d}t} + V_B \qquad (7.77)$$

因此转矩和速度之间的关系为

$$T = (J_M + J_L)\frac{\mathrm{d}\Omega}{\mathrm{d}t} + T_D + T_e \qquad (7.78)$$

式中：J_M 和 J_L 分别为电机和载荷的惯性力矩（后者简化为作用在电机轴上）；T_D 为总机械阻滞转矩；T_e 为作用在载荷上的阻止运动的转矩，也同样简化为作用在电机轴上。

引入总惯性力矩和总阻滞转矩，后者为 Ω 的函数（比如在黏性阻滞转矩中，与 Ω 成线性关系）：

$$J_{\mathrm{tot}} = (J_M + J_L), T_{\mathrm{tot}}(\Omega) = T_D + T_e \qquad (7.79)$$

由式(7.68)及式(7.77)得到

$$\frac{R}{K_T}T + \frac{L}{K_T}\frac{\mathrm{d}T}{\mathrm{d}t} + K_B\Omega - V = 0 \qquad (7.80)$$

由式(7.78)中的转矩值,可得

$$\frac{LJ_{\text{tot}}}{K_T}\frac{\mathrm{d}^2\Omega}{\mathrm{d}t^2} + \frac{1}{K_T}\left(RJ_{\text{tot}} + L\frac{\mathrm{d}T_{\text{tot}}}{\mathrm{d}\Omega}\right)\frac{\mathrm{d}\Omega}{\mathrm{d}t} + \frac{R}{K_T}T_{\text{tot}}(\Omega) + K_B\Omega - V = 0 \qquad (7.81)$$

例 7.4 设一个微型探测车使用一个无刷转矩牵引电机。该电机的主要特征参数为:最大电压 $V_p = 12\mathrm{V}$,绕组电阻(两端之间)为 $R = 4.9\Omega$,转矩常数为 $K_T = 0.52\mathrm{N}\cdot\mathrm{m/A}$,反电动势常数为 $K_B = 0.52\mathrm{V/(rad/s)}$。

画出电机的特征曲线(角速度对应转矩,机械功率对应转矩,电功率对应转矩以及效率对应转矩),条件为:电压在 $1\sim12\mathrm{V}$ 取不同值,同时忽略黏滞转矩并假设作用在电机轴上的阻滞转矩为 $T_D = 10\mathrm{mN}\cdot\mathrm{m}$。

电压为 12V 时,最大转矩和最大速度分别:

$$T_p = 1.28\mathrm{N}\cdot\mathrm{m}, \Omega_{\max} = 23.08\mathrm{rad/s} = 220\mathrm{r/min}$$

首先忽略摩擦转矩。最终结果如图 7.14 所示。

因为假设没有摩擦转矩,当转矩趋于 0,速度趋于无载荷速度时效率为 100%。然而在该速度下效率实为 0,因为转矩为 0 所以并没有产生有用功。

假设阻滞转矩为 $10\mathrm{mN}\cdot\mathrm{m}$,电机的特性曲线修正为如图 7.15 所示。很显然在特性曲线的低速高转矩区域中小摩擦转矩造成的影响很小,但是当电机运行产生低转矩时,效率则更低。

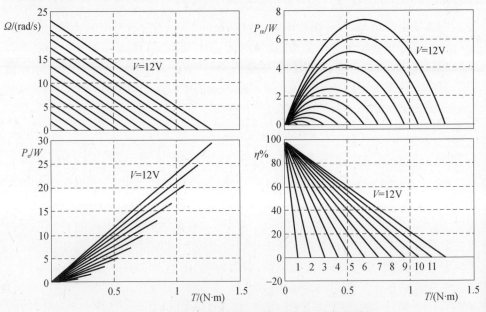

图 7.14 在不同电压值下电机的特性曲线(无摩擦转矩)

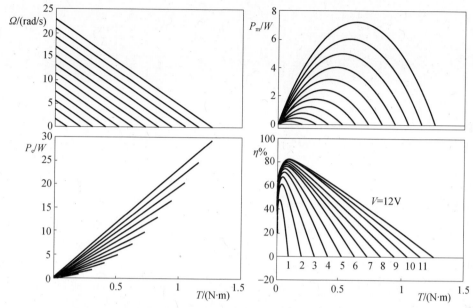

图 7.15　在不同电压值下电机的特性曲线(摩擦转矩为 10mN·m)

　　如上所述,在机器人中有时会使用步进电机。其主要优点是通常不需要反馈控制:步行前进,且每次在控制器的控制下以一个固定的角度前进。除了发生滑动的情况,步进电机的转子位置总是可知的,无须测量。

　　与无刷电机类似,步进电机的转子也没有绕组,因而它没有电刷。转子可含永磁体(永磁步进电机)或仅含软铁芯,由定子上的线圈磁化(变磁阻步进电机)。

　　变磁阻步进电机有一个齿状软铁转子,转子外由一个绕组定子包裹,如图 7.16(a)所示。图中定子有 $n_{ps} = 4$ 对电极,而转子有 $n_{pr} = 3$ 对齿。图中的位置是通过对定子的电极 1 与 1′通电获得。若停止对电极 1 和 1′的通电,对电极 2 与 2′通电,则转子移动一步,转过的角度为:

$$\theta = 360\left(\frac{1}{2n_{pr}} - \frac{1}{2n_{ps}}\right) = 15°$$

　　含有 12 极对数定子的变磁阻电机驱动的步长为 1.3636°,即每次旋转完成 264 步。转子也可实现半步长,例如同时对电极 1、1′、2 和 2′通电,此时的转角为 7.5°。

　　通过对两对相邻电极以不同的电流通电,能完成微小步进,此时转子处于一个中间位置,即处于下两个极对(与对应的齿对齐)的中间位置。

　　永磁步进电机不含有齿轮结构,但有 N、S 磁极,如图 7.16(b)中所示。这仅仅是基本结构图,还有许多实际的结构,有不同的几何结构、轴向或径向的磁场、不同的相数和极数。

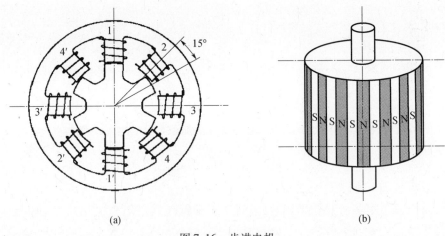

图 7.16 步进电机

(a)变磁阻电机;(b)永磁体转子。

通常步进电机在不转时提供最大的力矩。电机可提供的最大力矩称为保持转矩;超过该转矩,电机发生滑差,转子的位置变为未知,除非用传感器进行测量。当力矩施加在转子上时,它相对理论位置转过一个小角度;这一误差随着保持转矩的增大而减小。保持转矩越大,电机保持在理论位置的刚度越强。

通过依次适当地激励电极,电机可实现连续转动,当提供的力矩随着转速的增大而减小。

总体而言,步进电机在给定质量和体积的条件下,提供的力矩远小于无刷电机,且更容易发生振动,转速上更加受限。因此,它更适合要求以极小转矩进行控制的旋转,如绘图机、打印机和其他电脑外设,而不适于机器人的重载应用。同时,步进电机因其简单机电结构以及无需传感器的简易控制成为低成本装置的良好解决方案。

高性能的稀土磁体,例如钕铁硼磁体,为建造高功率密度永磁无刷电机提供了有利条件。它因其能在真空中运行而非常适合空间应用,其主要受限因素是在高温下运行。所有的永磁体在特定的温度(居里温度)下都会发生消磁,而稀土磁体只有在低于此温度下才开始出现各项性能下降。这一点上,钐钴磁体的性能远优于钕铁硼磁体(表7.3)。

7.3.2 液压电机和气动电机

液压和气动旋转作动器,大部分使用变量电机,常常用于地球应用机器人中,而很少用于空间机器人。类似地,液压电机就像地面移动设备中的牵引电机一样常用,在行星探测车以及未来建造外太空基地或行星基地中,通常不考虑使用这类电机。

最常见的液压电机类型有：

- 齿轮电机；
- 旋叶式电机
- 轴向活塞电机；
- 径向活塞式电机。

在很小或者无改动的情况下，这些电机都能被转化为象泵一样的工作。

轴向和径向活塞式电机的排量可以改变。它是重载应用中最常用的类型，如地面移动机械装置、机车等，尤其是当配合同类型的泵使用时。排量可变使得对输出轴的速度控制变得简单，无须改变泵动力的速度。

旋叶式电机的排量是可调的，但通常其排量是固定的。它通常应用于低压或中压条件。

齿轮电机的排量是恒定的，且可以在高压条件下运行。它有不同的齿轮类型（外齿轮、内齿轮，有时用特殊齿形），而且可以针对不同的应用需求建造不同尺寸的电机。

前文提及液压电机不适于作为空间机器人的转动作动器，可能存在的例外是：若电动静液系统用于驱动探测车的轮子或机器人的臂或足，那么定排量液压电机就能在空间系统中广泛应用。因此，这种机器将在电动静液传动的章节中做简单分析。

气动电机很难应用于空间机器人，主要由于其效率低，且当需要携带气动液存储装置时使用气动装置存在困难。可能的例外（尽管可能性不大）是用于在大气充足的行星上运行的系统。那么我们能在土卫六（Titan）表面看到由气动作动器（其导管中流动的是氮气与甲烷的混合物）驱动的机器人吗？

7.3.3 内燃机

目前没有任何内燃机应用于太空，而且直到最近，普遍的观点认为今后依然会如此。然而，内燃机的功率密度很高，且使用的化学燃料的能量密度更高，这使得内燃机自然成为行星上大型探测车动力的可选方案，这些车辆用于就地取材就地应用（ISRU）。

如第8章中所述，在一个有含氧大气的行星上，将能量以化学能的形式进行储存是十分有效的，而且只需搭载燃料，但太阳系中具有游离氧的行星只有地球。

相反地，具有还原气层的星球可以提供燃料，但必须搭载氧化剂，这有点不方便，因为燃烧所需的氧化剂质量远大于常用燃料的质量。例如，当氢气在氧气中燃烧产生水时，氧气的质量是氢气的8倍；类似的，当甲烷在氧气中燃烧产生水和二氧化碳时，氧化剂的质量是燃料质量的4倍。这种情况可能会发生在土卫六上，其大气中含有 1.6% 的甲烷,其余全部为氮气。ISRU 系统可以利用水冰产生氧气,因此利用氧气和甲烷的机器可以使用。

更加不利的情况是需要使用的氧化剂和燃料都必须搭载。比如利用火星上的甲烷和氧气,或者从水中获得的氢气和氧气以及二氧化碳就是这种情况。

除了极高的能量密度和功率密度,往复式内燃机的最大优点是上百年积累的不同型号与尺寸的大规模生产经验,这使得这种内燃机能以适中的价格取得很好的效率、高可靠性和用户亲和性。最后需要考虑的是必须使内燃机适应特殊的环境条件和燃料方面的性能。

近期,汽车工业在内燃机使用氢气、甲烷或其他燃料方面积累了大量经验:现有的内燃机可以采用 ISRU 的方式获得燃料。

唯一一个仍需研究的方面是使用纯氧作为氧化剂:现有的内燃机都利用空气,因此注入燃烧室的气体含有大量的惰性氮,这就限制了燃烧气体可以达到的最大温度,这类热机中气体也充当工作流体。在具有大气的行星上,解决这一问题的最简单方法是使用惰性气体,如火星上的二氧化碳或土卫六上的氮气,以稀释进入缸体的新鲜气体。也可以设计一种能在更高温的条件下工作的内燃机,这也有利于提高其效率。

显然,不可能简单地将以氢气或甲烷作为燃料的汽车发动机用于火星或土卫六探测车;必须先解决发动机在低温低气压条件下运行的问题。而这种内燃机的诸多优点使得这一选择值得考虑。

往复式内燃机,包括电火花点火式和柴油式,功率从几十瓦的小发动机到 1000kW 的大发动机。内燃机的性能通常总结在机器的性能图中,即速度 - 功率(速度 - 力矩)图:图中的一条线代表最大输出功率和速度的函数关系,连接各点的几条曲线代表在不同内燃机效率下的工作条件。效率的定义是稳态运行时固定时间内提供的机械能同燃料化学能之间的比值:

$$\eta_e = \frac{E_{\text{mech}}}{E_{\text{chem}}} = \frac{T\Omega}{H\dot{m}} \tag{7.82}$$

式中:T 为力矩;Ω 为内燃机转速;H 为燃料(燃料 - 氧化剂混合)的热值,$\dot{m}$ 为燃料(燃料 - 氧化剂混合)的燃烧速率。

还可以使用燃料消耗率 q 来代替效率。燃料消耗率的定义是单位时间内产生单位能量所消耗的燃料质量。燃料消耗率 q 与燃料热值和内燃机效率有如下关系:

$$q = \frac{1}{H\eta_e} \tag{7.83}$$

燃料消耗率的单位是 kg/J,即便如 g/kWh 的非一致单位更为常用。

图 7.17 为额定功率为 51kW 的汽车电火花式内燃机的性能图;图中的性能是内燃机在空气中的运行性能,以汽油为燃料,采用的水冷系统基于标准地表温度和

压力(288K,101kPa)下与空气进行热交换的散热器。更先进的内燃机具有更高的效率,但最大效率点很少超过40%。功率密度很高,通常在0.3~1kW/kg范围内,一些高性能且短寿命的内燃机除外。

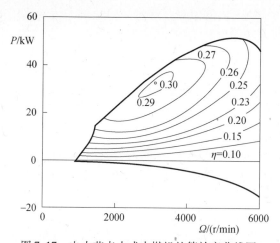

图 7.17   电火花点火式内燃机的等效率曲线图
(引自 G. Genta, L. Morello, *The Automotive Chassis*, Springer, New York, 2009)

众所周知,内燃机在低于最小运转速度的转速下无法供能:连接内燃机与整个装置的使用机械能的动力传动系统必须在低转速时脱开,而且内燃机必须在一个启动电机的作用下转动,直到其启动。传动装置必须有摩擦离合器或转矩变换器,二者均为现成、低成本的部件。此外,多数情况下,传动装置必须要有一个可变传动比。

除了往复式内燃机,还有许多类型的热机可用于驱动行星探测车,如旋转式内燃机、蒸汽发动机、蒸汽与燃气涡轮发动机和外燃往复式发动机等。

旋转式内燃机因其运行平顺以及小型化实现相对简单尤其适用于小型机器,但同时失去了往复式发动机的主要优点,即高技术成熟度、高可靠性与低成本。

涡轮机广泛用于重量轻、结构紧凑的组件,但其尺寸远大于目前所有可预见的行星探测器。尺寸变小时,它的效率、寿命和可靠性也随之下降。

7.4   机械传动

7.4.1   旋转传动

除了液压电机和气动电机,大部分旋转作动器都在高转速、低力矩下达到最佳运转性能。机器人的应用中,包括机器人的轮或臂和足的驱动,通常要求低转速和大转矩。例如,10W 功率的小型电机可能在 $3000\text{rad/s} \approx 29000\text{r/min}$ 的转速以及 $0.0033\text{N}\cdot\text{m}$ 的转矩下达到最佳性能,然而它驱动的机械臂却要求 $0.5\text{rad/s} \approx 4.8\text{r/min}$ 的转速下 $20\text{N}\cdot\text{m}$ 的力矩。这就必须使用大传动比的机械传动装置,传动比定义为输出转速和输入转速的比值:

$$\tau = \frac{\Omega_{\text{out}}}{\Omega_{\text{in}}} \tag{7.84}$$

上面的例子中,传动比为 $1/6000 \approx 0.000167$。

例 7.5 设一个探测器的轮子直径为 200mm,最大移动速度为 30m/h。由安装在轮子中的小型无刷电机驱动,电机的最高转速为 10000r/min。假设当电机达到其最高转速时,探测器达到其最大移动速度,忽略纵向滑移,计算所需的传动比。

探测器轮子的最高转速为 $0.833\text{rad/s} = 7.98\text{r/min}$,因此传动比为 $1/1256 = 0.000796$。

齿数比适中时,即不小于 1/4 或 1/5,可使用一对简单的齿轮。一对齿轮的传动比等于齿轮齿数 z 比值的倒数,或等于节圆半径比的倒数。由于任何齿轮的齿数都必须大于一个最小值,这取决于几个设计系数,对于标准直齿轮,通常不小于 16 或 17,小传动比意味着更大的齿轮(速度更慢)与更多的齿数。例如,若齿数的最小值 $z_{\text{min}} = 17$,那么传动比为 1/5,则大齿轮的齿数为 85。

当用于驱动车轮时,传动比用长或短来描述发动机转过固定角度时车走过的距离是长(大传动比)还是短(小传动比)。

齿轮上齿的尺寸由齿轮传递的力矩决定:重载下的多齿齿轮的轮齿大而重。齿轮的设计是高度专业化的工作,对于简单的应用,在与使用寿命和可靠性相关的种种约束条件下,机器人的设计者根据输出力矩和转速,从制造商的目录中选择减速齿轮和电机。当这种方法还不够时,有些制造商可以提供用户定制的齿轮。

如果转速必须进一步降低,可以使用串联的两对或三对齿轮。显然,齿轮组的传动比是每对齿轮传动比的乘积,串联的三对齿轮可以得到约 1/100 的传动比。

机器人中,作动器施加的力矩尤其是臂和足的情况下,可能非常大,齿的尺寸必须仔细设计。它们通常很大,齿轮相应地也比较大且部件比较重。从这一点看,通常使用具有更多齿数的齿轮以使每一级的速度下降更低,即每一级的传动比变大。

每对圆柱形齿轮的效率很高,在 90% ~ 99% 范围内,这取决于齿轮尺寸、精度、应用以及最重要的润滑。典型的高功率传动装置的大齿轮对应高效率值,而机器人使用的小齿轮的效率则更接近于上述区间的下限。

严格来说,可以估计出齿轮传动的一个效率常值。即便运转条件已经确定,效率依然取决于传动过程中的功率传递:总体而言,效率随着负载的增大而增大,但存在上界点,因为过载会导致效率降低。这通常是每对齿轮效率估值的平均值。

为了得到更高的精度,需要确定工作周期,从而可以即时地计算出效率,继而估计出周期内的平均效率。

圆锥齿轮的效率较低,而斜齿轮的效率通常比直齿轮高。如果设定了串联的减速级的数量,那么总的效率是各对齿轮效率的乘积。

使用谐波齿轮传动(图7.18)可获得单级 1/200~1/50 的传动比。谐波齿轮传动被专门开发用于机器人和空间应用,也用于 LRV 的轮子中。谐波齿轮驱动的基础是一个柔性内齿轮与一个具有内齿组的刚性外齿轮(外花键)啮合。柔性齿轮通过偏心部件与外花键啮合,偏心部件即波形发生器,以速度 Ω_1 旋转。由于外花键的齿数多于柔性齿轮,后者以转速 Ω_2 缓慢向后运动。如图7.18(b)所示,为了避免波形发生器和柔性齿轮间产生大的摩擦,前者采用可变形滚珠轴承。

若外刚度齿轮齿数为 z_o,内柔性齿轮齿数为 z_i,则总传动比为

$$\tau = \frac{\Omega_2}{\Omega_1} = \frac{z_o - z_i}{z_i} \qquad (7.85)$$

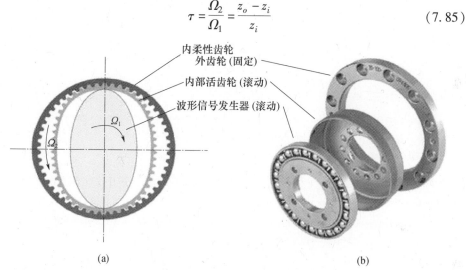

图 7.18　谐波齿轮传动(a)示意图(b)三个主要部件图,
外齿轮(外花键)、内柔性齿轮和波形发生器

若齿数差仅为1,则传动比为 $1/z_i$。但此时波形发生器不可能是椭圆形的,因此内柔性齿轮与外齿轮啮合的两个区域不可能方向相反。

谐波齿轮传动构型紧凑且效率很高,但它比标准齿轮价格高很多。它通常是可反转的。它的主要优点是在任意时刻实现多齿啮合,这能分担载荷,从而可以使用尺寸更小的齿。

"阿波罗"号的 LRV 在轮子中安装了四个发动机,每一个都配备齿数比 1∶80 的谐波齿轮减速器,因此当 186W 序列的直流电机达到最大转速 17000r/min 时,车轮的转速达到 213r/min。电机 - 谐波复合驱动组件被封装在低压大气中以使有刷电机能准确运转。

涡轮(图 7.19(a))的减速比从 1/300 ~ 1/20。它是可逆的(通常在小减速比,即大传动比时)也可以是不可逆的。它的效率比标准减速齿轮低,尤其当减速比很大时。效率可低至 70% 甚至更低。

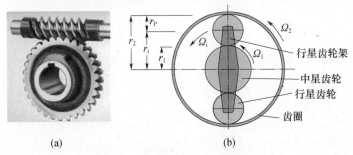

图 7.19   (a)涡轮;(b)行星齿轮

涡杆可以是单线程或多线程(通常不多于 3 或 4),齿数比为

$$\tau = \frac{z_w}{z_g} \tag{7.86}$$

式中:z_w 为涡杆的线程数;z_g 为涡轮的齿数。

行星齿轮也常用于大传送比,尤其当传递高力矩时。如图 7.19(b)所示,行星齿轮有三根轴可用于输入或输出:一根连接外齿圈,一根连接中心齿轮,一根连接到行星齿轮架,它们互相啮合,自由旋转。中心齿轮的转速为 Ω_1,行星齿轮架的转速为 Ω_i,齿圈转速为 Ω_2,中心齿轮与齿圈的节圆半径为 r_1 和 r_2,或者说中心齿轮齿数为 z_1,齿圈齿数为 z_2,则齿数、节圆半径和转速的关系为

$$\frac{\Omega_1 - \Omega_i}{\Omega_2 - \Omega_i} = \frac{r_2}{r_1} = \frac{z_2}{z_1} \tag{7.87}$$

当其中一个齿轮锁住时,它们起到减速齿轮的作用:例如,若齿圈锁住,输入轴连接到中心齿轮,输出轴连接到行星齿轮架,则传动比为

$$\tau = \frac{\Omega_i}{\Omega_1} = \frac{z_1}{z_1 + z_2} \tag{7.88}$$

若没有齿轮锁住,行星差动齿轮可以实现更多复杂的功能,就像在汽车差动齿轮中一样,行星齿轮架与传动轴连接,中心齿轮、齿圈(这种情况下两个齿轮没有区别,都是中心齿轮)与车轮连接。

传动是可逆的,也可以是不可逆的。第一种情况是两个轴都可用于输入或输出,传动装置可用作减速器或增速器。第二种情况是功率只可单向传递,通常从转速高的齿轮传到低速齿轮。

当在车轮中运行时,可逆传动更为常用,因为当电机未通电或供给的功率远低于电机起动所需的功率时,不可逆齿轮会导致车轮锁死。但当用合适的控制系统且电机始终通电时,不可逆齿轮传动具有在斜坡上无需制动即可保持静止的优点。

404

类似地,不可逆齿轮传动在臂或足的关节中更为常用,不然就必须安装制动器或使用能量来保持臂和足稳定,即便没有做任何有用的工作。

近似条件下,通常如果减速齿轮的效率低于50%,那它就是不可逆的。基于普通的齿轮、行星齿轮或谐波齿轮的传动系统通常是可逆的,除非传动比非常小。涡轮则有所不同,当涡杆单线程时,涡轮传动通常是不可逆的,而当涡杆是多线程时,传动系统是可逆的。

许多应用中,尤其是同牵引力相关的应用,不可能找到一个适用于所有运行条件的传动比,因此必须使用变传动比。可通过使用可交替啮合的不同齿轮对或用无级变速(CVT)来实现。第一种方法中,必须在传动系统空负荷时进行换挡操作,而基于行星齿轮与离合器(通过与不同的传动轴啮合或脱开)的传动系统可以在有负载的情况下变换齿数比(动力换挡)。动力换挡传动系统在汽车自动传动系统中很常见。

也可用带传动或链传动等不同的传动形式来代替齿轮。带传动或链传动在空间应用中使用不多,齿轮传动更为常用。带传动可用于实现大传动比范围内的无级变速(如从 $1/3 \sim 3$)。

如上所述,多数情况下作动器需要在低速下提供大的转矩;尤其当驱动机械臂和机械足时。齿轮可用于这一情况,代价是大的转矩导致轮齿上的大应力,因此齿轮的轮齿需要相应地设计。当使用多级传动时,第一级的负载较小,通常可用轻型齿轮。而后续传动级的转速越来越低,转矩越来越大。此时,第一级可用小传动比,后续级用较大的传动比。解决方法包括用更多齿数进行负载分配,比如用谐波齿轮;用多齿齿轮将负载进行分配以缓解这一问题,比如用行星齿轮。但是用来驱动重载机械臂或机械足的转动传动系统必然很庞大。

若装置的转动角度受限,在机械臂或足中常见,那么线性作动器比旋转作动器更实用:这是在生物的旋转关节中常见的驱动方式,肌肉与骨骼的连接处与关节铰接轴之间有一定的距离。关节轴和线性作动器的作用点之间的距离在运动过程中发生变化,使得传动比不定常,这一点需要详细研究。

生物中肌肉通过肌腱连接到骨骼,即通过只能牵引而不能压缩的肌索进行连接。这使得作动器的位置能与移动部件有一定距离,特别要防止重的组件被安装在可能发生大位移的位置。在机器人本身的设计上也需要减小机械臂和机械足中移动部件的惯量。

例 7.6 设一辆增压探测车的轮数 $n_w = 6$,设计用于在月球($g = 1.62\text{m/s}^2$)上运行。车轮上安装了带机械传动的无刷电机。探测车的相关参数为:质量 $m = 2500\text{kg}$,车轮半径 $R = 400\text{mm}$,最大滚动系数 $f = 0.1$。电机的参数为:$K_B = 72 \times 10^{-3}\text{V} \cdot \text{s/rad}$,$K_T = 72 \times 10^{-3}\text{N} \cdot \text{m/A}$,$R_a = 0.177\Omega$,最大电压 $V_{\max} = 36\text{V}$,最大电流 $i_{\max} = 40\text{A}$,额定转速 $\Omega = 4000\text{r/min}$。假设车轮中的机械传动效率为 $\eta_t = 0.9$,车轮的有效滚动半径约等于 R,电机的损耗忽略。

研究传动系统使车在平地上能达到最大速度$v_{max}=36km/h$,并且可以在45°斜面上以至少1km/h的速度行驶。

在平地上车轮的转矩和速度为

$$T_w = \frac{mgRf}{n_w} = 27N \cdot m$$

$$\Omega_w = \frac{v_{max}}{R} = 25rad/s = 239r/min$$

使电机能在额定速度下工作的传动比为

$$\tau = 0.0597 = 1/16.8$$

考虑传动效率,则电极转矩为$T_{mot} = 1.79N \cdot m$。因此,电机的电压为

$$V = \frac{TR}{K_T} + K_B\Omega = 34.56V$$

并且瞬时电流为$i = 24.9A$。因此电机是足够的。电机获得的电功率为

$$P_{el} = Vi = 859.5W$$

同时产生的机械功率为

$$P_{mec} = T_{mot}\Omega_{mot} = 750W$$

电机工作效率$\eta_m = 87.3\%$。

如果车辆在一个45°斜坡上行驶,则车轮转矩为

$$T_w = \frac{mgR}{n_w}[f\cos(\alpha) + \sin(\alpha)] = 210N \cdot m$$

运算如上所述,现在的速度为1km/h,会得到如下数据:轮速$\Omega_w = 0.694rad/s = 6.63r/min$,电机转矩$T_{mot} = 13.93N \cdot m$,电机两端电压$V = 35.1V$,电流$i = 193.4A$,电功率$P_{el} = 6.78kW$,机械功率$P_{mec} = 162.05W$。

电机的工作效率则为$\eta_m = 2.4\%$。

显然电机无法在这样的工作条件下工作,因为远远超出最大额定值,而且效率太低。

在斜坡上行驶需要更小的传动比。传动比为$0.003 \sim 0.06$时,电机的电压、电流和效率如图7.20所示。显然传动比越低,电流和电压值越小(后者仅限一个特定的点),而效率越高。图形是由假设传输效率总是0.9得到的,而在实际情况中效率会随着传动比的减小而降低;这削弱了使用低传动比的优势。

作为折中,在电机工作电流不大于40A的条件下选择"最大"的传动比。

假设$\tau = 0.0123 = 1/81.3$,那么有:电机转矩$T_{mot} = 2.78N \cdot m$,电机两端电压$V = 11.12V$,电流$i = 39.9A$,电功率$P_{el} = 443.3W$,机械功率$P_{mec} = 162.05W$,电机效率$\eta_m = 36.6\%$。

传动比1/16.8和1/81.3可以满足在平地和在最大坡度上行驶的要求。

设计好传动系统后,应该用齿轮效率的真实值重新进行整体研究。

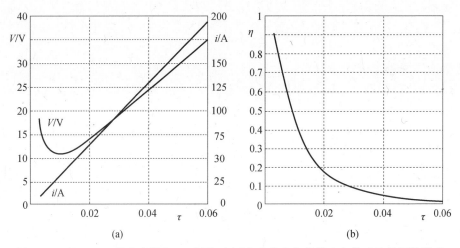

图 7.20　以 1km/h 的速度攀爬 45°斜坡时电压、电流和电机效率与传动比的函数关系

7.4.2　从旋转运动到线性运动

电机的旋转运动可以通过丝杠转化为直线运动。由于液压缸的外部相似性，由一个电机和一个螺旋传动机构组成的作动器常被称为电动缸。

通常电机转动螺杆，同时螺母连接到作动元件，但在有些情况下螺杆是固定的，电机驱动螺母。

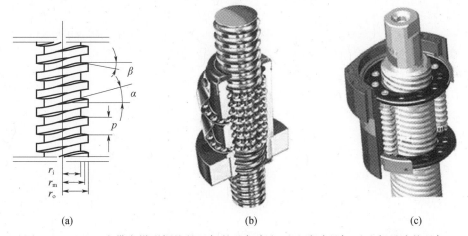

图 7.21　（a）一个带有梯形螺纹的丝杠的几何定义；（b）滚珠丝杠；（c）行星滚柱丝杠

可以使用标准螺杆，尽管它的螺纹轮廓通常是梯形的（图 7.21），不同于用在紧固件上的螺丝。螺杆可以有一个或若干螺纹。螺纹平均半径为 r_m 时的螺旋角 α

与螺距 p 的关系式为

$$\tan(\alpha) = \frac{n_t p}{2\pi r_m} \tag{7.89}$$

式中: n_t 是螺杆的螺纹数。

如果用每弧度长度单位来测量(如果用每圈长度单位来测量,那就省去 2π),则螺杆的传动比,现在不再是一个无量纲数,为

$$\tau = \frac{V}{\Omega} = \frac{n_t p}{2\pi} = r_m \tan(\alpha) \tag{7.90}$$

由于螺杆和螺母之间的摩擦,丝杠传动效率通常很低。磨损往往是一个问题,因此需要良好的润滑。效率的简便计算如下:假设施加在螺杆上的轴向力为 F,一次旋转产生的有用功为

$$W = n_t F p \tag{7.91}$$

两个接触面互相挤压的力为

$$F_n = \frac{F}{\cos(\alpha)\cos(\beta)} \tag{7.92}$$

假设两个接触面之间的摩擦系数是 $f = \tan(\phi)$,其中 ϕ 是摩擦角,那么一次旋转中由于摩擦损耗的功为

$$W_l = f F_n \frac{n_t p}{\sin(\alpha)} = \frac{n_t f p F}{\sin(\alpha)\cos(\alpha)\cos(\beta)} \tag{7.93}$$

因此效率为

$$\eta = \frac{W}{W + W_l} = \frac{\sin(\alpha)\cos(\alpha)\cos(\beta)}{\sin(\alpha)\cos(\alpha)\cos(\beta) + f} \tag{7.94}$$

通过增大 α(即通过增大传动比)或减小角 β 来提高效率,后者的影响要小一些。

如果 α 和 β 都是小角,那么效率的表达式简化为

$$\eta \approx \frac{\alpha}{\alpha + f} = \frac{1}{1 + \dfrac{r_m f}{\tau}} \tag{7.95}$$

例 7.7 一个带有一个螺纹的钢制丝杠,平均直径为 20mm,螺距为 4mm,润滑良好(摩擦系数 $f = 0.16$),丝杠上有一个钢制螺母与之相连。计算传动效率。

传动比 $\tau = 0.637$ mm/rad,螺旋角 $\alpha = 3.64°$,这个值很小,所以可以把螺旋角视为小角。把 β 也视为小角,则效率为 $\eta = 0.28$。

如果 $\alpha \leqslant \phi$,则传动是不可逆的,否则就是可逆的。用 $\tan(\alpha)$ 代替式(7.94)中的 f 可以写出不可逆的条件。因为 α 通常是小角,该条件可以写成

$$\eta \approx \frac{\cos(\beta)}{1 + \cos(\beta)} \tag{7.96}$$

而且,当 β 也是小角时,有

$$\eta \approx \frac{1}{2} \qquad\qquad (7.97)$$

因此上例中的丝杠是不可逆的。然而,如果螺杆的表面涂有特氟龙且摩擦系数降低到 0.04,则效率增大到 0.61 且传动变为可逆的。特氟龙涂层丝杠很普遍并可以提高螺杆作动器的效率,这样就不需要使用下面会讲到的更昂贵的一些类型的螺杆。

备注 7.8 有些情况下,不可逆传动被看作一个优点而非缺点,尽管传动效率很低。例如,在一个双框架行走机器的腿部作动器中,不可逆性简化了机器的整体布局,无需制动系统以及相关的控制装置。

为了减少摩擦和磨损,丝杠可能会有若干螺纹,但这样会增大传动比。

滚珠丝杠(图 7.21(b))是解决摩擦和磨损问题的一种方法,代价是更大的复杂性和更高的成本。

它们可以承受大载荷,并能精确定位;但是,它们对横向载荷更敏感,必须设计整个装置以确保螺杆和螺母之间的负载没有(或至少非常小)横向分量。可能还需要导向元件避免产生横向荷载。

进一步的方法是使用行星滚柱丝杠(图 7.21(c))。载荷由一组旋转的螺纹辊通过螺杆传递给螺母,所以没有像滚珠丝杠里的滑动接触,并且负载的施力面更大,从而减小了接触压强。行星滚柱丝杠通常比滚珠丝杠更紧凑高效,因此它们在很多太空应用中是首选。

当螺杆高速旋转时,可能会出现动力学问题,特别是当螺杆很长时。在螺母的运动过程中,螺杆的临界转速一定会改变,在最不利的情况下必须进行动力学分析。

在许多情况下,为了进一步降低传动比或避免产生动力学问题,在电机与丝杠之间插入减速齿轮,这样丝杠旋转速度低于电机。

7.5 液压传动

液压传动常见于许多技术领域,特别是在车辆和施工机械方面。

最简单的液压传动装置是液力耦合器或液力变矩器。输入轴控制一个泵,驱动涡轮机中的液体,然后作用于输出轴。传动比是不固定的:当输出轴上施加了大扭矩时速度会降低,但当需要的输出转矩很低时速度会加快。这样就有可能定义速度比 τ 与变矩比 ν,它们的积既不等于 1 也不是常量,因为传动效率是变量且相当低,至少在某些条件下如此。图 7.22 绘制了汽车液力变矩器的效率、变矩比与转速比的函数关系。

液力变矩器的优点是它的转速比会随负载变化而调整,但效率非常低,特别是当滑动较大时(τ 值低)。在图的另一端,当转速比接近于 1 时可以直接使用离合器而无需通过转换器,从而避开了效率低的其他区域。液力变矩器的低成本和简单的结构,使它们成为汽车自动变速器的标准,但在机器人中很少考虑它们。

静液压传动装置在重型应用中很常见,如施工和土方机械。它们以液压泵为基础,连接到原动机,为与操作者相连的液压电机提供高压液体。在某些情况下,当输出为线性运动而不是旋转运动,会用液压缸代替电机。

泵和电机有几种不同的类型,如叶轮泵、轴向或径向柱塞泵,或齿轮泵。相比液力变矩器,静液压传动能在较高的压力以及较低的流速条件下工作,而且泵和电机往往位于不同的位置,且与管道连接。

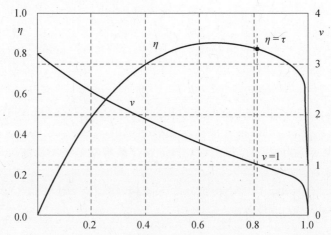

图 7.22 汽车液力变矩器的效率 η、变矩比 ν 与转速比 τ 的函数关系

理论传动比等于泵的排量与电机的排量之比:

$$\tau = \frac{\Omega_m}{\Omega_p} = \frac{D_p}{D_m} \tag{7.98}$$

如果使用变量泵或者电机,那么传动比是可变的。液压回路通常包括液压流体储层、液压蓄能器和流量控制阀。传动装置是通过控制阀门和变量装置的排量来控制的。

替代这种比较传统方法的一种方法是使用静液压机(泵、电机、气缸)作为传动装置,就像在机械传动中的情况一样,对带动泵的电机进行控制来实现对系统的控制。这种方法尽量简化液压回路,通常被称为电动液压。泵和电机有固定的排量,理论上没有阀门,需要蓄能器和储液罐,尽管在实践中需要有某个装置来处理无法避免的泄漏、液体的压缩和其他影响。

泵的理论流量为排量与角速度的积。

410

备注7.9 如果排量单位为 m^3/rev，速度单位为 rev/s，那么流量为 m^3/s；为了使单位一致，排量应表示为 m^3/rad，这样角速度可以表示为 rad/s。

实际的流量会稍小，因为泵从高压腔到低压腔时不可能没有泄漏，且液压机中的液体不是完全不可压缩的。因此流量为

$$Q = \eta_{vp} D_p \Omega_p \qquad (7.99)$$

式中：η_{vp} 为泵的容积效率。

回路中的液压功率为

$$P_h = Qp \qquad (7.100)$$

式中：p 为流体的压力。液压传动（装置）中的压力可以达到很高，高达30MPa或20MPa，这样很小的流量可以传输高功率，这意味着只需要小而轻的液压机器和管道。额定功率相同的液压电机大概要比电机轻且小，约为1/10。

使用高压的第一个限制是基于整个工厂，从机器到管道的压力考虑的。另外要考虑的一点是容积效率随着压力的增大而减小，因为泄漏和压缩损失随之增大。

泵的输入功率为

$$P_i = \frac{P_h}{\eta_{tp}} = \frac{Qp}{\eta_{tp}} = \frac{\eta_{vp} D_p \Omega_p P}{\eta_{tp}} = \frac{D_p \Omega_p P}{\eta_{hmp}} \qquad (7.101)$$

式中：$\eta_{tp} = \eta_{vp} \eta_{hmp}$ 为泵的总效率；η_{hmp} 为泵的液压机械效率。

因此输入转矩为

$$T_i = \frac{P_i}{\Omega_p} = \frac{D_p P}{\eta_{hmp}} \qquad (7.102)$$

式中：排量的单位为 m^3/rad。

如果泵直接连接到液压电机上，那么流量和电机速度的关系式如下：

$$Q = \frac{D_m \Omega_m}{\eta_{vm}} \qquad (7.103)$$

式中：η_{vm} 为电机的容积效率。

由于两个机器的流量相等，因此传动比为

$$\tau = \frac{\Omega_m}{\Omega_p} = \eta_{vp} \eta_{vm} \frac{D_p}{D_m} \qquad (7.104)$$

假设电机上的压力与泵上的压力相同，则输出功率为

$$P_o = \eta_{tm} Qp = \eta_{tp} \eta_{tm} P_i \qquad (7.105)$$

输出转矩为

$$T_o = T_i \eta_{tm} \eta_{tp} \frac{\Omega_p}{\Omega_m} = T_i \eta_{hmp} \eta_{hmm} \frac{D_m}{D_p} \qquad (7.106)$$

其他损失是由于管道中的压力下降，增大了流量，减小了管道的横截面积。如果把这些考虑在内，那么电机上的压力必须小于泵上的压力，上面的方程必须进一步引入效率。

即使使用固定排量的液压机,通过使用两个或者多个电机驱动的泵也可以得到一个变速比传动装置。以两个泵为例,通过把其中一个或者另一个连接到液压电机上可以获得两个不同的传动比,将两个泵平行连接到液压电机上可以得到第三个传动比。一些制造商制造的带两个转子的泵,可以仅用一个组件实现这一功能。

例7.8 使用例7.7中的月球车。对基于齿轮泵和电机的液压传动装置进行第一次粗略研究。

液压电机必须提供的最大转矩为 $T_{max} = 210\text{N} \cdot \text{m}$,此时转速为 $\Omega_m = 6.63\text{r/min}$。液压齿轮电机的排量为 $D_m = 156\text{cm}^3/\text{rev}$。主要参数数据来自制造商数据表:最大电机转矩245N·m,最高转速370r/min,最大压力 12.5MPa(这些参数都是在不间断运行条件下获得的)。设低速、高压运行下的容积效率为 $\eta_{vm} = 0.70$,在高速、低压下上升到 $\eta_{vm} = 0.85$。设液压机械效率为 $\eta_{hmm} = 0.80$。电机为小型电机,能够安装于轮毂中。

以 1km/h 的速度在45°斜面上运行时的流量为

$$Q = \frac{D_m \Omega_m}{\eta_{vm}} = 1480 \ \text{cm}^3/\text{min}$$

达到所要求转矩的压力为

$$p = \frac{T_{max}}{D_m \eta_{hmm}}$$

电机的排量为 $156 \times 10^{-6}/2\pi = 2.48 \times 10^{-5} \text{m}^3/\text{rad}$。因此压力为 $p = 10.6\text{MPa}$。最高速度下运行时的流量为 $Q = 46600\text{cm}^3/\text{min} = 46.6l/\text{min}$,压力为 $p = 1.36\text{MPa}$。在第一个条件中,传动比为 1/81.3。泵的排量为

$$D_p = \tau \frac{D_m}{\eta_{vp} \eta_{vm}}$$

设泵的容积效率为 $\eta_{vp} = 0.75$,求得 $D_p = 3.65 \ \text{cm}^3/\text{rev}$。

设齿轮泵的排量为 3.5 cm³/rev,最大压力29MPa,最高速度为5000r/min。设其容积效率在低速、高压时为 0.86,高速、低压时上升到 0.95。

因此实际的传动比为 $\tau = 1/74$,略大于需要的传动比。

假设液压机械效率为 $\eta_{hmp} = 0.85$,在泵轴上的扭矩为

$$T_i = \frac{D_p P}{\eta_{hmp}} = 6.95\text{N} \cdot \text{m}$$

由于电机转速为539r/min,电机必须提供的功率为392W,远高于计算出的机械传动功率(162W)。这是因为机械传动效率为 0.9 是假设的,而这里总的效率只有0.357。这其实是一样的,只是电机的工作条件不同,因为 162 × 0.9/0.357 = 408。

对于高速的情况,必须选择一个较大的泵。传动比为 1/16.8,并假设泵的容积效率是 0.95,其排量为

$$D_p = \tau \frac{D_m}{\eta_{vp}\eta_{vm}} = 11.5 \text{ cm}^3/\text{rev}$$

由于探测器以最高速度行驶时两个泵同时运行,所以高排量泵会小一点,容量为 $D_p = 11.5 - 3.5 = 8 \text{cm}^3/\text{rev}$。设一台泵的排量为 $7.6 \text{cm}^3/\text{rev}$,最大压力为22MPa以及最高转速为4000r/min。它在低速、高压时的容积效率假设为0.85,而在高速、低压时的容积效率升为0.95。

因此实际的传动比为 $\tau = 1/17.4$,接近理论值 $1/16.8$。而电机转速为4159r/min。

假设两个泵的液压机械效率相同,电机轴上的转矩为2.83N·m。电机须提供的总功率为1225W,比机械传动方案中的总功率(750W)高,这是由于较低的总效率(0.55而不是0.9)。

这项研究应该反复进行,因为电机在不同的点中运行,可能的话,应该选择更高功率更大尺寸的电机。然而,优化必须是全方位的。除了可能高估了机械传动效率,尤其以最小传动比运行时,静液压传动机构可能更小且更轻,其优点为:电机 – 泵组合可以安装在车体中,而液压电机则位于车轮中,使得总体设计时具有更大的灵活性。

另一个优点是,电静液传动有可能实现小型化。由一台微型无刷电机 – 齿轮泵构成的小型组件就可以使微型液压缸或齿轮液压电机工作。可实现的高传动比为在车轮中或微型探测车/机器人的其他部件中使用快速且轻型组件提供了有利条件。

7.6　传感器

机器人用许多传感器来关闭控制回路,如图7.1中的框图所示。

传感器(如作动器)是由专家设计的专用设备,而机器人的设计人员通常把它们看成现成的组件。当无法找到具有所需特性的传感器时,唯一合理的做法是让设计传感器的专门人员提供定制的组件。因此本节只给出关于各种类型传感器的简要的概述。

像大多数生物一样,机器人需要与环境互动并获取关于自身状态的信息,因此传感器相应地可以分为两类:获取环境信息的为外感受器,以及获取机器人内部参数的为本体感受器。

7.6.1　外感受器

主要用于使机器人完成工作的第一类传感器可以被看作是机器人本身的一部

分,如果传感器的主要目的是为机器人携带的仪器提供信息,则把它们看作有效载荷的一部分。有些传感器可以执行这两项工作,如发送探测器周边环境图像的摄像机,人工操控人员利用这些信息来驱动机器人。但是大多数情况下,这两个任务的要求是不同的,以至于要使用不同的传感器组,比如提供科学家图像的摄像机要求高分辨率、低帧率,而控制探测器路径时则要求低分辨率高帧率。

在人类和大多数动物中,遵循亚里士多德分类法,外传感器被细分为五种传统感觉。类似的细分也适用于机器人,至少机器臂、腿、腕等使用的就是拟人化称谓。

视力可以被定义为获取外界图像的能力,但广义上可以指探测电磁波的能力。许多空间机器人上都有摄像机,完成与生物的眼睛相同的任务。如前所述,摄像机作为科学有效载荷的一部分,对它的要求可能与为控制系统提供图像的摄像机的要求不同。在后一种情况中常用"机器视觉"这一术语来描述,因为其不仅包括摄像机而且还包括用于从图像中提取所需信息的软件和硬件,以及把摄像机对准兴趣点的设备。

虽然视力往往仅指电磁频谱的可见部分,但它可以被推广为光谱中的红外光(如在夜视仪和热跟踪装置中),紫外线或者甚至 X 射线或者 γ 射线。

大多数机器人航天器都用星敏感器确定航天器姿态。星敏感器基于摄像机,或基于光电池来测量一颗或多颗恒星的位置,然后使用星表获取航天器的姿态。太阳敏感器还可以使用光学信息。

当我们需要得到机器人附近一个对象的距离信息时,可以比较在已知位置的两个摄像机拍摄的照片。这种立体图像技术是大多数动物获取近距离对象位置信息的方法,但在机器人上实现完全不是一件容易的事。机器视觉还用于识别物体,为移动机器人的导航控制提供信息或为用来收集样品或执行其他操作的机械臂控制提供信息。

摄像机的特性取决于要完成的任务,特别是涉及分辨率、颜色区分、帧速率和光学的特性时。一些任务需要广角镜头,而在另外一些任务中需要小望远镜。

一般来说,机器视觉是一个活跃的研究领域,常见于工业和空间机器人、机床和自动导航装置。这通常需要强大的计算能力。

听觉被定义为检测身体周围通过流体介质传播的声波的能力。它可以被概括为是检测环境压力变化的能力。显然听觉受限于大气或液体环境下感官对身体的作用。一般用于检测高频(对于人来说频率为 20~20000Hz)压力变化的传感器是麦克风。命运多舛的火星极地着陆器用麦克风记录火星表面的声音,并计划在未来的火星探测器上仍然使用麦克风。机器听觉可以用在与人类合作的机器人中,使得人类无需使用键盘、操纵杆或类似的其他设备就可以发出命令。在这种情况下,语音识别可能需要强大的计算能力,而相关技术已经达到了良好的成熟度。

嗅觉是识别周围环境中物质化学性质的能力。执行这一功能的设备常被称为人工鼻,有时由移动机器人携带执行探测爆炸物或扫雷等任务。这一领域的研究很活跃,但还没有用这类设备控制空间机器人的先例。

味觉是一种生命体侦测食物的化学性质的能力。因此,除了一些旨在制造由营养物质供能的仿生机器人的实验之外,它几乎没有应用于机器人。

触觉是一个描述侦测施加在身体上的力和压力的能力的通用术语;力传感在机器人中也很重要,因为它是力量控制的基础。机器人利用其身体任意部分施加的力可以用几种方法测量,如提供一些具有力或力矩传感器的关节,通过测量为电动作动器提供电力的电流或液压作动器中的压力,或使用更加拟人化的方法,即利用安装在机器人外表面("皮肤")上的压力传感器,如压电传感器。用来抓住物体的机器人手臂必须具有触摸传感器,特别在要抓住的物体易损时,许多研究工作致力于这类设备的开发。

然而,外感受器五种感觉的分类是有问题的,无论是对于机器人来说还是是人类和动物。以温度传感器为例,尽管它们可以包括在触觉中,但也可以被视为另外一种感官。它们在一些空间机器人中,对于提供环境的信息和控制机器人都很重要。

平衡感,依据对加速度方向的测量来保持,对于生物和机器人都很重要。所有移动机器人都需要侦测方向,许多情况下还要侦测加速度的值。由于测量重力加速度和测量由于机器人的运动产生的加速度并没有区别,两种情况的加速度的数据无法区分。

在具有全球性磁场的行星上,测量磁场的方向,有时还要测量磁场强度的值,这对路径规划可能很重要。在地球上可以使用磁罗盘,这对自动导航很重要,但在空间机器人操作的环境中缺少全球性的磁场,这使得探测磁场对导航没有帮助。相反,磁强计作为科学有效载荷的一个部件,在许多探测仪中非常常见。

在地球上,GPS 越来越多地用于各种类型的机器人探测器的导航中,如 UAV、UGV 等。当我们对月球或火星展开探索时,GPS 卫星将被放置在环月或环火星轨道上,这是可以预见的;当我们这样做时,基于 GPS 的导航系统将被安装在探测器和其他移动机器人上。

7.6.2　本体感受器

本体感受器用来监测机器人的状态,因此大多数情况下常属于机器人自身而不属于科学有效载荷。

位置传感器用于测量机器人的广义坐标。在移动机器人中,确定机器人位置的坐标必须区别于确定机器人各部分相对位置的坐标。只有后者才是严格意义上由本体感受器测量。机器人相对于地面的位置可以用几种方法测量。如果没有全球性磁场,也没有 GPS,摄像机(机器视觉)或远程接近传感器可以测量位置和与地面上位置已知的物体的距离。如果机器人不在地面上,摄像机、接近传感器甚至压力传感器(如果存在大气,那么就可得到气压与高度的函数式)可以用于测量距离地面的高度。在降落的最后时刻,着陆前的瞬间,甚至可以使用机械传感器。

远程接近传感器可以基于雷达、激光甚至声纳(如果存在大气)原理。也可以使用光学传感器,无论是被动的还是主动的。

里程计,即测量行驶距离的工具,也是一种监测机器人当前相对于已知初始值的位置的方法。然而,里程计通常用来测量车轮的旋转,纵向滑移的存在使得这种测量的准确性不能保证。驱动轮里程表的读数预计会受到大误差的影响。精确测距可以通过轮子来实现,该轮子既不驱动也不制动,而且不承担车的重量。这种情况下滑动可以忽略不计,里程计可以提供行驶距离的准确值。

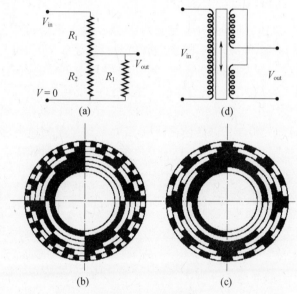

图 7.23 位置传感器
(a)电位器示意图;(b)和(c)二进制码和格雷码绝对式编码器;
(d)线性差动变压器示意图。

在太空中监测机器人的姿态通常使用如星敏感器或太阳敏感器等光学设备。当机器人在星球表面上时,俯仰角和横滚角可以通过加速度计得到,而偏航角可以通过 GPS 或指南针(如果可用)或视觉系统得到。惯性平台可以提供姿态的精确测量。

真正的本体感受器往往通过测量角度实现测量机器人各部分的相对位置。测量角度最简单的方法是使用旋转电位器。电位器是一个通过测量电压获取位置的设备。例如,线性电位器,如图 7.23(a)所示,包括一个电阻,阻值 $R_1 + R_2$ 已知,上面的滑动触点(滑块)可以移动。如果输入电压已知,R_1 或 R_2 的阻值可以通过测量输出电压并利用其与输入电压的关系求得

$$V_{\text{out}} = V_{\text{in}} \frac{R_2 R_L}{(R_1 + R_2)R_L + R_1 R_2} \qquad (7.107)$$

如果R_L比$R_1 + R_2$大得多,那么由式(7.107)可知

$$R_2 = (R_1 + R_2) \frac{V_{\text{out}}}{V_{\text{in}}} \qquad (7.108)$$

电阻$R_1 + R_2$可以由线绕成,这样可以逐步得出滑块的位置,也可以由一条导电聚合物制成。第二种情况中位置信号是连续的。如果电阻是由圆弧构成且滑块被安装在旋转臂的末端,那么电位器也可以用于测量角度。多圈旋转电位器可以测量大于360°的角。

电位器是旋转作动器中提供位置反馈的一种简单的方法,但它们的主要缺点是存在滑动触点,因此在真空中工作可能产生磨损和其他的问题。它们产生一个模拟信号,通常将其转化为数字信号。

编码器是一种旋转位置传感器,由带有透明和不透明扇形区交替的圆盘的环形部分组成。圆盘的两端分别安装有一个光源和一个光检测器(一个发光二极管和一个光敏三极管),检测它们中间不透明和透明扇区段。

增量编码器是由等分环形轨道中的一段组成的。每段扇形区域越小,圆盘旋转角度的读数越准确:典型值为512或1024个扇区,读取旋转角度的增量为0.7°或0.35°。增量编码器可以检测旋转角度的增量,但检测出的不是实际值,除非初始值已知(通过另一个传感器得到)而且信号及时得到综合。此外,增量编码器不能检测到逆向的旋转。

测量旋转角的值必须使用绝对值编码器。绝对值编码器具有许多由透明和不透明材料制成的同心轨道(图7.23(b)和(c)),每一个轨道上都有一个传感器。最里面的轨道有两个扇区,一个透明一个不透明,接下来的轨道有四个扇区,之后依次为8个、16个、32个等。一个有n条轨道的编码器的最外层有2^n个扇区,因此可以把一个角度$360/2^n$等分。图7.23(b)所示的编码器是带有6个轨道的二进制编码器,因此它的分辨率是5.625°。从内部轨道开始,没有敏感到光的传感器置0,敏感到光的传感器置1。扇区和角度(最大90°)的关系见表7.4。

二进制代码的缺点是有几个位置有多个数位同时变化,这种情况最好能避免。图7.23(c)"格雷码"编码器没有这个缺点,见表7.4。

另一个测量旋转的传感器为旋转可变差动变压器(RVDT)。线性可变差动变压器的示意图如图7.23(d)所示,它的工作原理完全一样,但测量的是直线位移而不是角位移。

如果铁芯完全插入变压器,则磁通量最大,且两个次级线圈的输出电压都是标称电压,可以通过匝数之比得到。然而,如果输出线圈像图中那样相连,则$V_{\text{out}} = 0$,因为两个线圈产生数值相等但方向相反的电压。如果铁芯被拉起来,下层线圈中的磁通减小,V_{out}沿上层线圈产生的电压方向增加。铁芯从变压器中拔出一半时

会得到最大电压值,此时下层线圈无磁通。铁芯向下移动时情况相反。电压与铁芯的位移呈线性关系。

表7.4 二进制码或格雷码的绝对编码器的度数与
角度的对应关系。只列出了 0°~90° 的角

角度	二进制码	格雷码	角度	二进制码	格雷码
0°~5.625°	000000	000000	45°~50.625°	001000	001100
5.625°~11.25°	000001	000001	50.625°~56.25°	001001	001101
11.25°~16.875°	000010	000011	56.25°~61.875°	001010	001111
16.875°~22.5°	000011	000010	61.875°~67.5°	001011	001110
22.5°~28.125°	000100	000110	67.5°~73.125°	001100	001010
28.125°~33.75°	000101	000111	73.125°~78.75°	001101	001011
33.75°~39.375°	000110	000101	78.75°~84.375°	001110	001001
39.375°~45°	000111	000100	84.375°~90°	001111	001000

旋转变压器是类似于 RVDT 的传感器,但更复杂,因为驱动线圈在旋转部件上,同时有两个非旋转线圈互相成 90°。旋转线圈穿过滑动环或旋转变压器。旋转变压器的优点是两线圈的电压与旋转角的正弦值和余弦值成正比,因此之后不必计算三角函数。

霍尔效应传感器输出电压取决于传感器所在的磁场,因此可以用于侦测永磁体或通电线圈的位置。它们也常用于测量无刷电机转子的位置。

如果需要测量线性位移,可以使用线性电位器或线性可变差动变压器(LVDT)。

为了测量速度,可以对位置传感器的输出进行微分,但要记住数值微分会产生误差。相反地,也可以对加速度传感器的输出进行积分,数值积分产生的误差通常比微分误差小。

转速计是直接测量角速度的仪器;它们基于几个不同的原理,但通常更适用于测量不太低的速度。测速电机是小型电机,产生的电压与角速度成正比。转速计的应用相当广泛,如磁性、光学和激光转速计。

增量编码器的输出频率与旋转速度和圆盘等分数成正比。测量低速时需要等分数大的增量编码器。

加速度计是小型化的简单装置,一个单芯片就可以同时包含传感器和相关电子元件。它们的低成本和可靠性使得它们应用广泛,包括空间机器人。

测量机器人的各部件相互作用时,可以作为本体感受器的其他传感器有力和力矩传感器:它们也可以做成各种各样的结构。

机器人有许多传感器,可以对这些传感器的输出进行组合以更好地表述外部

世界或机器人的状态,这种行为通常称为多传感器融合。所有生物都在大规模地使用多传感器融合而且没有明显的困难(我们甚至没有意识到识别一个简单的物体或是感知环境时,我们有多依赖各种感官的输出),这一事实并不意味着这在机械控制中也是一项简单的操作。相反地,多传感器融合是另一个活跃的研究领域,并且在把不同的异构传感器的输出信号进行组合得到一个切实的物体状态图景以供不同信号参考之前,还要做很多工作。

第8章
动力系统

在移动机器人中,提供所需的动力是一个开放的问题,在空间机器人中也是如此。实验机器人常常通过脐带连接获得移动和执行任务所需的能量,但这在实际运行的装置中是不可能的。在一些机动性低的探测器中有一些例外情况,这些探测器的目标是探测着陆地周围范围很小的区域,探测器可以从着陆器获得能量。对于短期运行采用这样的方式或许可以,尽管不是很可取,但对于长期运行而言,这种方式会造成不能解决的可靠性和移动性问题。

另一种可能是通过微波束给移动机器供能。用这种方式可以将能量从一个固定的供能装置传递到移动机器上,但这样有很多缺点。首先技术问题尚未完全解决。再者,用这种方式能量只能以直线传输,因此在探测那些地平线很近且地形崎岖的小天体时,移动机器的范围会大大减小。最后,非常强的微波束会造成与其他通信或电子设备的严重的电磁兼容性问题。可能唯一的应用是建设道路和土木工程结构、或是用于露天开采的机器,尤其是在空气稀薄的环境中。

总的来说,探测车或是机器人身上必须有自己的能量来源。

当为某个特定的应用选择电源时,有两个参数最为重要:电源的能量密度(单位是 J/kg 或常用 W·h/kg)和功率密度(单位是 W/kg)。

通常来说电源有功率限制或者能源限制,这取决于最苛刻的限制是源于功率密度还是能量密度。

一些能源和蓄电池的能量密度如图 8.1 所示,图中对核能(裂变)和化学储能与电化学蓄电池的各项性能参数进行了比较。

8.1 太阳能

8.1.1 光伏发电机

光伏发电机是太空应用中最常见的能源之一。它们是典型的功率受限能源,因为它们具有较低的功率密度,但能量密度几乎为无穷大,因为它们从太阳直接获得能量,太阳能是不受限能源,这点是我们感兴趣的地方。实际上它们也有能量限制,因为它们的持续时间受限,所以它们在使用寿命期间能产生的能量也是有限制的。

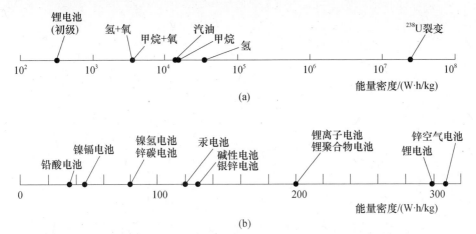

图 8.1 (a)一些能源和蓄电池的能量密度,以 Wh/kg 为单位(对数刻度)。
(b)电化学蓄电池能量密度所在区域(平均值,线性刻度)

因为太阳能电池的效率非常低,太阳能只有很小一部分能转化成电能,其余部分或是被反射掉,或是转化成热量,在太空中必须通过散热把它消耗掉。由于早期电池的效率只有几个百分点,研究设备已经达到了 42% 的效率,而且目前的目标是效率达到 50%。表 8.1 概括了一些类型的太阳能电池的效率。

电池的成本差别很大,先进类型的电池的成本要比传统电池高得多。一般而言,在太空中使用的电池的效率要比地球上使用的低,但这一缺陷可以得到补偿,由于不受大气阻挡,太空中的电池能够吸收到更高的能量。

太阳能电池组装成板形,通常是平面式的,作为航天器的附件,但有时电池直接安装在它的外表面上。当机器人在行星表面工作时,面板可以安装在机器人身体顶部的平面上,如火星探测器,或安装时使电池板始终面向太阳。

在前一种情况下,能量随着电池表面法向与太阳方向之间的夹角的余弦值的增大而进一步减小。

表 8.1 各种类型光伏电池的效率

类型	效率
非晶硅	6%
多晶硅	14% ~ 19%
单节砷化镓	25%
多节砷化镓	40%
现今性能最佳的电池	42.7%

电池的效率随时间衰减,这是由于自然衰变,辐射造成的损害以及微流星体和空间碎片的撞击,或是受行星表面灰尘积累的影响。因此可用的电池必须比要求的要多得多,这样才能保证当其中一些不能工作时仍然能产生足够的能源。

当取地球与太阳距离的平均值(一个天文单位)时,太阳常数,即太阳电磁辐射的功率,大约为 $1.4kW/m^2$;效率为 18% 时,垂直于太阳方向的面上单位表面的能量为 $250W/m^2$。讲清楚太空光伏发电机的功率很难,因为它的质量取决于许多结构上的细节。引用的值一般为 $80 \sim 150W/kg$,在不远的将来可能会超过 $200W/kg$。

可用能源根据与太阳距离的平方而变化。在火星轨道上,功率密度为在地球轨道上的一半,虽然这个值随火星年的变化很大,因为该行星的轨道非常近似于椭圆。在太阳到金星的距离或者到水星的距离上(表8.2),太阳能电池接收的能量会高得多。然而,接近太阳时太阳能电池板在高温下工作,工作效率会降低。

表8.2　太空中,太阳位于行星的近地点和远地点时,
辐射通量的值,以 W/m^2 为单位

行星	近日点	远日点
水星	14466	6272
金星	2647	2576
地球	1413	1321
火星	715	492
木星	55.8	45.9
土星	16.7	13.4
天王星	4.04	3.39
海王星	1.54	1.47

太阳能电池功率密度降低的另一个原因是存在一种能够吸收一部分太阳能量的大气。这可能是因为该大气能携带气体或灰尘。特别是在火星上,面板上灰尘的积累降低了太阳能发电机的功率输出。如果运气好的话,面板可能会随着时间的推移被风清干净,就像在"勇气"号和"机遇"号探测器上发生过的情况一样。

MER 的太阳能电池板总面积 $1.3m^2$,由三层电池组成:铟镓磷、砷化镓和锗,其效率在 $23\% \sim 25\%$ 之间。在任务开始时,面板可以在 1 火星日或 sol(火星自转的日照时间,即24h39min35s)中产生约 $900W \cdot h$ 的功率,用于给电子盒中的两个锂离子电池充电。工作完成 90 个火星日之后,产生的能量降低到每火星日 $600W \cdot h$,这是因为季节变化和性能降低的结果。

火星轨道外使用太阳能电池是有问题的,在离太阳这么远的距离下当然需要使用其他能源。

虽然大的太阳能电池板可用于太空中,在装置固定的情况下甚至可以在行星表面上使用,但除非机器速度很慢,需要的能量小,且以有限的加速度移动,否则在移动的车辆或机器人上使用大的面板是有问题的。

为了减小太阳能光伏板的尺寸,可以用镜子把阳光集中在较小的板上。这种方法尤其适用于与太阳的距离大于与地球的距离时,但这样就失去了太阳能光伏发电的主要优点之一,即它的简便性。需要两个面板,一个聚光板加一个光伏阵列,尽管后者比非集中式系统小。这两个面板必须这样控制:第二个面板要保持在第一个面板的中心,同时跟踪太阳的运动。尤其是在太空应用中,如果用到集中式设备,使用热发电机比光伏发电机更方便。

例8.1 一个 $2m^2$ 的太阳能电池板水平放置在环月轨道上时,效率为22%。计算电池板提供的最大功率,以及一个月球日的时间内提供的平均功率和总能量,在这一个月球日内太阳经过月球的极点。

地月系统与太阳距离取平均值时太阳常数是 $W_s = 1367\text{W}/\text{m}^2$。电池板产生的最大功率是 602W。

一个月球日是 29d12h44min3s,即 2551443s。如果 θ 是太阳的位置与水平方向的夹角,那么电池板提供的通用即时功率为

$$W = \eta S\, W_s \sin(\theta) = \eta S\, W_s \sin(\Omega_m t)$$

式中:S 为电池板的表面积;Ω_m 为在月球表面上太阳视运动的角速度。

一天产生的总能量为

$$E = \int_0^{T/2} W \mathrm{d}t = \frac{\eta S W_s}{\Omega_m} \int_0^{\pi} \sin(\theta)\, \mathrm{d}\theta$$

式中:$T = 2\pi/\Omega_m$ 为一天的时长。

整理后,可得

$$E = \frac{\eta S W_s T}{\pi} = 4.885 \times 10^8 \text{J} = 135.7 \text{kW} \cdot \text{h}$$

因此白天的平均功率 $\overline{W} = 383\text{W}$。

需要注意的是,这样计算仅仅是初步近似的估计,因为在光照强度变化如此大的情况下,太阳能电池的效率不能被视为常数。

8.1.2 太阳能-热发电机

虽然在小型设备中使用光伏阵列有若干优点,但在大型设备中使用太阳能集热系统可能更有利。在太阳能集热系统中能量是由一个热发动机产生的,例如汽轮机,靠来自太阳的热量进行操作。用镜子将太阳光集中到热水器上,从而达到足够高的温度。优点是这样效率更高,然而高效率总是受到热力学因素的限制,另一个优点是在太空中制造大型轻量的镜子成为可能。

正如在处理核反应堆时所看到的那样，在空间有效使用热能并不容易，而这一点严重限制了在太空中使用太阳能集热装置发电的可能性。对于月球甚至火星也有类似的顾虑。

无论如何，必须控制镜子使锅炉保持在它的焦点，且太阳能集热系统的复杂性要大于光伏系统。因此，使用比太阳能电池板更复杂的系统并没有多大的优势，至少对于中小型航天器是这样，对于月球或其他行星表面上的大型太阳能发电站可能也是如此。最优配置取决于应用类型和需要产生的功率。

8.2 核能

目前，核能发电有两种选择：空间放射性同位素发电机和核裂变反应堆。

核装置的广泛应用，如航天器的推进和发电，以及行星前哨和基地的发电，对于空间探索很重要。即使在月球表面，有来自太阳的充足的能量，而且没有空气降低太阳能系统的效率，也只有核能系统可以保证在长时间寒冷的夜晚生存下去，尤其是对于不能休眠但需要始终保持运行的系统。

过去，许多顾虑主要集中于太空中核能设备安全性。使用放射性同位素热电发电机（RTG）的忧虑被严重地放大了，因为迄今关于核动力飞船的几次事故证实了这一点。第一次事故出现在 1964 年，Transit 5B – N3 号卫星未能到达它的轨道。那时发电机设计为在高空中解体，SNAP – 9ARTG 成功做到了，同时并没有检测到超标的放射物。第二次事故发生在 1968 年，Nimbus B1 号卫星发射失败。这次设计的 SNAP 19 号发电机保持完好，并在五个月后在海洋中被发现，没有任何故障。第三次事故是，当"阿波罗"13 号任务中的登月舱水瓶座在地球大气层中解体时，它的核电池完整地落入海洋，没有任何可检测到的放射性污染。同样的事情发生在火星 96 号探测器发射失败时。最严重的一次事故，也是唯一造成核污染的一次，发生在俄罗斯的 Cosmos 954 号在加拿大北部一个无人居住的区域上空解体。它巨大的核反应堆（不是核电池，而是一个完全成熟的反应堆）发生解体，地面上找到了它的许多放射性碎片。苏联政府支付了 800 万美元的净化操作费用。随后的 Cosmos 号卫星规定放弃核反应堆，该反应堆在再入轨道前被放置到了一个更高的安全的轨道。

无论如何，这些顾虑导致了对太空中核能利用的研究资金的减少，而建立由核反应堆供能的大型空间站完全是可行的。美国建造了若干个 SNAP 级（核辅助动力系统）反应堆，但到目前为止最大的太空核反应堆为 Russian Topaz。对应用于行星前哨和基地的核动力发电机的研究的复兴是切实需要的：只有广泛使用核能，我们才能发展航天文明。

8.2.1　裂变反应堆

如图 8.1 所示,裂变核能在目前可用的能源中具有最高的能量密度。[①] 功率密度不取决于能源本身(即不取决于核燃料),而是取决于反应堆和功率转换装置的质量。

反应堆产生热能,热能被转化为另一种形式,通常是电能,用于执行所要求的工作。在太空中,能量的有效转化是困难的,主要是因为效率取决于温度,而热量通过转化装置耗散。地球上使用的动力装置使用大量的冷却剂(通常是水)来保持低温,但在太空,没有一种冷却剂是可行的。

热量必须通过辐射到太空中消耗掉,但可从一个给定表面耗散掉的热量取决于温度的第四功率,这样就必须使用大型散热器,要么能在相当高的温度下排出热量。就功率密度而言,使设备性能最大化的温度值要比地球上使用的动力装置的温度高得多,从而导致效率要低得多。

高温材料的技术进步能够提高热力循环的最高温度,但是太空中大量能量的产生使得即使已经有核电站仍需要大型和重型的发电站。

月球或是像火星这种行星表面的情况无疑会好一点,但也不会好太多,因为那里同样没有冷却液。如果火星上的永久冻土可以用来做散热片,同时可以获得液态水,情况肯定会好一些,但技术仍有待发展。

无论如何,核反应堆可以用于给前哨基地供电,给电池供电,以及为车辆和机器人提供燃料,但直接供电是不可能的。建造小型紧凑的核反应堆的技术仍然需要提高,即便这是无法想象的,而且无疑在可预见的未来是无法实现的。

8.2.2　放射性同位素发电机

如果太空中需要一种紧凑型,而且首要的是持续时间长的能源,那么放射性同位素热电发电机(RTG)是一个很好的选择,它基于良好的综合技术。它们是一些小容器,内有像钚-238 这样的放射性元素,被许多热电发生器包围着,外面围一层散热器。由于放射性衰变,放射性同位素达到比散热器高的温度,这种温度差使电流在热点材料中流动。这种设备的效率很低,但它们紧凑、可靠且持续时间长。

过去,RTG 对于探索外太阳系的空间探测器是一种非常方便而且必要的能源,如卡西尼号探测器。在太空运行差不多 40 年后,"旅行者"号探测器上的发电机还能从冥王星轨道外向地球发送信息。

---

① 如果核聚变反应可控的话,那么一个更强大的能源将变得可用,这将对太空探索的各个方面产生巨大的影响。

425

放射性同位素发电机的缺点是它的弱放射性(它们不能用于非常接近人类宇航员的地方或是在宇航员周围需要将其屏蔽)且功率密度相当低。所以比起在行星表面的机器人，它们更适用于在太空中操作的机器人，而且用于载人工具上时需要将其屏蔽。

在发电机中使用的放射性同位素必须辐射出大量容易被吸收并转化为热量的能量。在这方面，α 衰变要比 β 或 γ 衰变好得多。它也需要轻微的防护。放射性物质也产生大量中子。它的半衰期必须足够长，为整个任务执行期间提供大量的能量。半衰期必须慎重选择，因为半衰期长的放射性核素释放的能量低。

最好的选择有钚-238、锔-242 和锔-244、镅-241、锶-90 和钋-210，也可能用到其他核素。钚-238 的防护要求最低(小于 2.5mm 的铅)，而且半衰期很长(87.7 年)。在许多实例中，机器外壳本身就提供了足够的防护作用，不需要专门设计的屏蔽设施。通常使用钚氧化物 PuO_2。

太空中使用的所有放射性同位素热电式发电机都是用钚-238 作燃料，也有一些用于地球应用的装置采用锶-90，它的半衰期更短，功率密度更低，γ 辐射更高但成本更低。钚是战略性的敏感材料，钚的供应短缺可能很快会成为一个问题，使得给用于深空探测的探测器供能变得困难。

寿命短的钋-210 具有很高的功率密度，但它的半衰期只有 138 天：它已被应用于一些放射性同位素热电式发电机的雏形中。

锔-242 和锔-244 产生 γ 辐射和中子，因此需要更厚的防护。

镅-241 是一个潜在的候选同位素，半衰期为 432 年，比钚-238 更长，但它的功率密度只有钚的 1/4，需要更厚的防护——18mm 的铅。最后的数据并不那么糟糕，因为，在这方面，镅仅次于钚，居第二位。它的主要优点是可用性，因为它广泛应用于烟雾检测器，这对于钚难于采购可能是一种解决办法。欧洲航天局决定建造放射性同位素热电式发电机时考虑了这个元素。

放射性同位素主要产生热量，必须被转化为一些可用能源的形式，主要是电能。过去研究的转换方法主要有四种：热电、热离子、热光伏直接转换和使用某种热发动机进行热动力发电。

过去在太空中使用的放射性同位素发电机都是热电发电机，主要是因为这种发电机的结构的简易性和可靠性。然而，它的转换效率非常低，在各种应用中通常只有 3% ~ 7%。使用的热电材料包括硅锗合金、碲化铅、碲化锑、锗和银。

不仅热电转换效率低，热电材料也会随时间降解，效率降低。例如，2001 年"旅行者"1 号和 2 号探测器三个放射性同位素热电式发电机产生的总能量从最初的 480W 降低到了 315W 和 319W。由于执行任务的 23 年间放射性同位素的衰变了 16.6%，因此必须假设转换器性能降低了 20%。

表 8.3 列出了 NASA 使用的用于给放射性同位素热电式发电机提供燃料的钚-238(自 1961 年以来 28 项使用一个或多个放射性同位素热电式发电机的美国太空任

务被发射)。

热离子转换器的效率高于热电转换器,要高出 10% ~ 20%。然而,这种设备与常用的放射性同位素发电机相比需要更高的温度。由钋-210 提供燃料的发电机以及一些用于太空应用的核反应堆都有热离子转换器。

表 8.3 NASA 以钚-238 为燃料的放射性同位素热电式发电机的主要特性
(电功率 P_{el}、热功率 P_{th}、燃料质量 m_f 和总质量 m)

型号	空间飞行器	P_{el}/W	P_{th}/W	m_f/kg	m/kg
GPHS - RTG	Cassini、New Horizons、Galileo、Ulysses	300	4400	9	60
MHW - RTG	LES - 8 和 9、Voyager 1 和 2	160	2400	4.8	37.7
SNAP - 3B	Transit - 4A	2.7	52.5	0.12	2.1
SNAP - 9A	Transit 5BN1 和 2	25	525	1.23	12.3
SNAP - 19	Nimbus - 3、Pioneer 10、Pioneer 11	40.3	525	1.23	13.6
SNAP - 19mod	Viking 1 和 2	42.7	525	1.23	15.2
SNAP - 27	Apollo 12 至 17 ALSEP	73	1480	3.8	20

热光电转换器基于光伏电池,这些电池依靠发热体产生的红外辐射工作,该转换器称为放射性同位素容器。其效率高于热电转换器:已经证明效率可以达到 20%,目标是达到 30%。组合转换器,其中第一阶段为热光伏发电,随后第二阶段是热电发电,为进一步提高效率提供了便利条件。

动能转换可以达到更高的效率,理论上在 40% 以上。理论上任何热发动机都可以使用,例如靠放射性同位素产生的蒸汽工作的蒸汽轮机或往复式发动机,或热空气发动机。考虑到效率,最好的选择之一是斯特灵自由活塞发动机,与一个线性发电机相连。这类放射性同位素发电机(SRG)的一个雏形是由美国国家航空航天局和美国能源部开发的:它的效率是 23%,也就是说它的效率是传统 RTG 的三倍。它的燃料是钚 - 238,1kg 钚产生 116W 的电(约 500W 热),质量约为 34kg。任务刚开始时它的比功率为 3.4W/kg。热力循环的低温和高温分别为 65℃ 和 120℃。即使现在,SRG 的比功率与 RTG 相比也具备竞争力,它们产生的热量少得多,需要的散热器较小,而且不那么笨重。

对于给定的输出功率,更高的效率、更小的质量和体积是以增加系统的复杂性为代价的。然而,一些测试显示,即使它们有移动部件存在,也可以达到更好的可靠性和更长的操作寿命。动态问题也可以圆满解决:因此 SRG 或其他动态放射性同位素发电机是个很好的选择,尤其是对于较大的装置。

通过提高发动机冷热两端的温度比可以提高效率。从这个角度看,在有大气的天体表面上应用或是在可以获得冷却液的一般应用中,尤其在这种液体是冷的情况下,可能会比太空中的应用效率更高。

8.2.3 放射性同位素供热装置

与 RTG 类似,但由于小得多,所以危险性更小的是放射性同位素热发电机(RHG)或放射性同位素供热装置(RHU)。这些都是微小的放射性同位素容器,里面通常是包含在铂铑合金覆层里的钚-238,给航天器的一些关键部位供暖,否则这些部位温度过低会影响它们的正常运行。放射性同位素的质量只有几克,而容器的总质量可能约为 40g。

放射性同位素加热器使航天器热控制变得更容易,因为它可以省掉很多电加热器,降低了功率需求。它们对距离太阳很遥远的探测器和在火星上航行的探测器尤其有用,甚至在更为寒冷的地方,如土卫六上。它们在月表也很重要,如果设备在漫长而寒冷的月球夜晚必须保持运行,或是在水星这样的行星表面,尽管白天炽热难当,夜晚却极端寒冷。

土星的卡西尼-惠更斯号探测器有 82 个 RHU(除了用于发电的三个主要的RTG)。RHU 和一些电热器通常装在一个电暖盒(WEB)中,里面有温度敏感电子元件和其他的组件,以控制这些部件的温度。

8.3 化学能(燃烧)

储存在燃料氧化剂中的化学能具有高能量密度,而且功率密度可能非常高,这取决于转换装置的功率。无论如何,在太空或是行星上这种无氧环境中,能量密度要比在地球上低,因为必须携载燃料和氧化剂。如果设备运行的时间必须持续一段不短的时间,那么必须考虑燃料供应的问题。

燃烧反应通常发生在氢和氧之间或碳和氧之间。最活跃的反应是含氢的反应,该反应可以以分子氢或更复杂含氢和碳的分子(碳氢化合物)或其他元素的形式储存。对于存储,以液体的形式储存燃料比气体的形式更方便,这样就缩小了燃料箱的尺寸和质量。

以气体形式存在的氢密度很低(在地球的环境温度和压力下为 $0.0899 kg/m^3$),为了对它进行有效的储存,必须把它放在合适的高压燃料箱中。例如,在某些汽车的应用中用到了七百倍大气压的加压瓶。然而,在这种情况下,燃料箱的质量比所装气体的质量要大得多。目前的目标是建造一种燃料箱,其所装氢气的质量是燃料箱总质量 6.5%,这个目标可能有点过于乐观。氢气质量和燃料箱总体积之比约为 $70.6 kg/m^3$。

液态氢在大气压下的气化温度为 20.6K。在这些条件下它的密度只有 $71 kg/m^3$,

是水密度的1/14。大多数应用都需要低温储罐,而且在计算能源损耗时必须考虑汽化损耗率。主动的汽化控制是一种可能,但即使这样也需要能量。

备注8.1 储存在加压罐中显然需要与液态氢近似的密度,这样才没有汽化的问题,尽管把储罐的质量考虑在内时质量能量密度要低很多。

另一种方案是以金属氢化物的形式储存氢,如 MgH_2、$NaAlH_4$、$LiNH_2$、$NaBH_4$ 等。它们是液态或是固态的,具有良好的体积能量密度,但它们的质量能量密度通常比碳氢化合物要低。氢元素在氢化物中紧密相连,可能需要一个重要的能量释放它。

甲烷是地球表面的一种气体;它在0℃时的密度是 $0.717kg/m^3$。它在大气压下的沸点是112K(-162℃),液态甲烷的密度是 $415kg/m^3$。它比氢气更容易储存。

其他碳氢化合物,如乙烷、丙烷和丁烷在地球环境下仍然是气态的,除了密度较高,能量密度较低于甲烷之外,其他方面都与甲烷类似。

较重的碳氢化合物是液态的。通常的液体燃料是不同的液态碳氢化合物的混合物,密度在 $650 \sim 750kg/m^3$ 左右。它们很容易被装在轻量的储罐中,尽管在月球表面较高的温度下可能会发生一些汽化。

如果基于氢和氧的燃料被用在没有现成的氧化剂的地点,最简单的解决办法是把氧气带在飞船上。氧气的问题与氢气的问题没有什么不同,因为它是低温液体(在大气压下的沸点是90.18K 或 -183℃),虽然它的密度要大得多($1.141kg/m^3$),从而需要小得多的储罐。

为了避免使用低温氧化剂,可以使用硝酸(HNO_3)或过氧化氢(H_2O_2)或其他氧化剂。然而,虽然把这种危险的液体用于火箭推进剂具有很好的经验,但它们很少(或从来没有)被使用在热发动机上。

在短程任务,如"双子座""阿波罗"和航天飞机任务中,都使用燃料电池发电,氢氧燃料氧化剂是直接从地球带来的,存储在飞船上供整个任务期间使用。在长期任务中化学能可以用作中间储能:月球或其他星体上使用的探测器可能依靠化学能工作,燃料在加油站添加,加油站中的燃料是利用太阳能或核能发电厂的能量产生的。

给探测器或机器人供能有两种可能:使用燃料电池直接将化学能转化为电能,或使用某种热发动机获得机械功率。

8.3.1 热发动机

用于行星探测的探测器可以或多或少地使用标准内燃机,它们用不同的燃料氧化剂运转,在线工作。内燃机的效率稍低,在15% ~ 40%之间,但可以达到大功率密度,这得益于完善的技术。它可以直接用氢、甲烷或甲醇工作,相关的技术已经可以使用。内燃机的尺寸从小于1kW到几百千瓦,廉价并且可靠。

导致它们不能在地球上使用的缺点在其他行星上并不那么严重:因为它们是闭环工作,回收废气产生新的燃料,所以没有污染的问题。而且如果燃料是使用核反应堆的发电产生的,可以得到大量的能源供应,那么它们效率低也许并不是一个主要问题。

这种选择已经在7.3.3节中详细地讨论过。

8.3.2 燃料电池

燃料电池在太空应用中有着悠久的历史,它们是从双子座任务中发展起来的。

燃料电池中燃料和氧化剂之间的反应不是产生热量随后转化成机械能或电能的燃烧过程,而是一个电化学反应,与蓄电池中发生的反应类似,直接产生电能。因此,燃料电池的效率远高于基于热发动机的设备。

燃料电池中发生的基本反应是氢气和氧气之间的反应,其中由于催化剂的存在,氢气在阳极被分解成正的氢离子和电子,而氧气在阴极被电离成负离子,随着把电极分开的电解质迁移。

催化剂、电解质和分离电极的薄膜可能有不同的类型,导致燃料电池类型的不同,每种燃料电池对于不用的应用都存在独特的优点和缺点。

• 碱性燃料电池(AFC)。使用液态、具有腐蚀性物的电解质,且必须用纯氢和纯氧作为燃料,因为燃料中的杂质会污染电池。它们的效率约为50%,有时会更高。自从为了双子座任务研发出之后,它们就被用于太空应用中,它们的制造和操作成本相当低,并且不需要复杂的辅助设备,但有些笨重。

• 质子交换膜燃料电池(PEMFC)。使用聚合物电解质并需要纯氢气作为燃料。像硫化合物和一氧化碳这样的污染物会污染电池。由于其结构紧凑、能量密度高,它们适用于汽车和机器人应用,但需要复杂昂贵的设备,如压缩机和泵,这会消耗掉30%产生的能量。尽管如此,它们的效率仍有30%。它们在低温下操作,温度约为80℃。

• 熔融碳酸盐燃料电池(MCFC)。使用由熔融碳酸盐混合物组成的电解质,悬浮在多孔介质中,该介质为具有化学惰性的陶瓷基体。它们允许燃料中有杂质存在,并且可以在一氧化碳中操作。因此可以使用不同的碳氢化合物,如可以转化为氢气和碳氧化合物的天然气或煤气。它们在高温下工作(650℃),这降低了它们的使用寿命。它们的效率大约为60%,但如果余热可以被再利用,那么效率可以提高到85%。

• 磷酸燃料电池(PAFC)。用液磷酸做电解质。它们不会受到燃料中一氧化碳杂质的影响。它们的工作温度为150~200℃。它们的效率很低(37%~42%),但如果余热被再利用,效率可以再提高。它们使用寿命有限,而且使用的催化剂昂贵。

- 固体氧化物燃料电池(SOFC)。使用固体氧化物作为电解质材料。它们不受有毒的一氧化碳的影响,并且不需要高成本,以铂类为基础的催化剂,但会被有毒的硫杂质影响。工作温度非常高,500~1000℃。由于高温,它们可以使用甲烷、丁烷甚至是外部重组过的液体燃料。它们的效率可以达到60%,可以用于热电联产。

- 直接甲醇燃料电池(DMFC,它们类似于PEMFC,但直接用甲醇做燃料。它们的工作温度在50~120℃之间,但效率低时,可能只有20%。

如果用氧氢燃料电池,反应产物是水,可以被储存和带回前哨基地,在那里通过电解剂重新转化成氧气和氢气。这种燃料电池和电解剂的组合通常称为再生燃料电池,并在实际中作为可充电电池。这种电池无材料消耗(除了一些损耗之外),而且这个系统只需要能量。

如果还使用甲烷或其他碳氢化合物,那还会产生二氧化碳和水。

在火星上,利用大气中的二氧化碳、水中的氢气可以产生氧气和甲烷,其中水来自于行星的永冻土。随后二氧化碳会排到大气中,而水将被回收。

用于太空的氢-氧碱性燃料电池是一项成熟的技术,不需要专门研究。目前许多研究致力于车辆应用的燃料电池,目的在于降低成本和使用不同类型的燃料。燃料的选择相当有限:我们感兴趣的氢气的替代物是甲烷,它更容易储存。如果较低的能量密度不是问题,那么甲醇或甲酸可以用作液体燃料。氧化剂通常只能是氧气。在飞船上储存甲烷或甲醇,并对它进行化学解离以生产引入电池的氢气,这种方法的缺点是,如果获取氢气的化学反应产生的杂质留在了燃料中,会对大多数常见类型的电池造成污染。

行星探测器上的一些应用与太空应用相比,可能更类似于汽车应用,对这些应用的许多研究正在进行。一些问题如可靠性,在要求功率快速变化的环境中工作,减少维护,以及由于行驶在不平的地面上产生的机械压力,这些问题都很类似,但低成本的要求使得汽车应用中的问题更加困难,在这一点上行星探测器没有那么严重。

8.4　电化学电池

8.4.1　原电池

能量密度最高的电化学电池,即非充电电池是首选。尽管碱性电池的能量密度达到了130W·h/kg,锂电池达到了300W·h/kg,锌空气电池有310W·h/kg。

表 8.4 列出了原电池的总体特征。能量密度值(对于质量和体积)只以数量级的形式写出,因为它取决于电池的具体类型和制造,还有工作条件。表中的电池电压指的是在无电流情况下完全充电的电池电压。

但是,原电池只能用在很短的时间内或特定的应用中。由于有些电池自放电是有限的,因此可以将原电池用于必须保持长时间待机(甚至几十年)的设备,而几乎不使用任何能量,只在事件发生时发送一个信号。

原电池中可能有:

● 碳锌电池。它们是最古老和最便宜的一种电池,但是现在它们已经过时,在航空航天领域的应用很少。

● 碱性电池。它们与锌碳电池没有太大区别,有一个锌阳极,一个锰氧化物阴极以及氢氧化钾作为电解质。其良好的性能和低成本使其成为使用最广泛的通用型非充电电池。

● 汞电池。它们在过去可以使用,但由于含汞,它们的潜在污染危害使其被禁止使用。

● 锌银电池。它们最常用于航空航天领域,并为"阿波罗"任务作出重大贡献:它们被安装在土星火箭、指挥舱、登月舱、月球探测器上,在"阿波罗"13 号的事故之后,还被安装在服务舱上。给电池供电的化学反应式为

$$Z_n + Ag_2O = Z_nO + 2Ag$$

银在阴极被还原,反应发生在一个氢氧化钾或氢氧化钠溶液中。2004 年以前电池中含有少量的汞(约 0.2%),以防止阳极被腐蚀,但最先进的类型中不存在这种污染物。

表 8.4 原电池的主要特性(e/m:质量能量;e/v:体积能量密度)

类型	$e/m/(W \cdot h/kg)$	$e/v/(W \cdot h/dm^3)$	电池电压/V
碳锌电池	75	100	1.5
汞电池	120	—	1.35
碱性电池	130	320	1.5
锌银电池	130	500	1.8
锂电池	280~350	300~700	2.8~3.8
锌空气电池	310	1000	1.4

它们的能量密度与碱性电池相似,但放电曲线更平滑。它们目前有许多种尺寸,主要是小型纽扣电池,但也有较大的尺寸。

● 锂电池。锂电池类型广泛,基于不同的化学反应工作。它们一般具有高能量密度和高电池电压,但性能和成本各不相同。在市场上最常见的是基于金属锂阳极和氧化锰阴极的锂电池。质量能量密度约为 280W · h/kg,体积能量密度为 580W · h/dm³,额定电压为 3V,开路电压为 3.3V。它们适合低消耗、长寿命、低成

本的应用。它们的工作温度范围也很宽。

另一方面,锂亚硫酰氯(亚氯酸盐构成的液体阴极)更昂贵,运行更困难更危险,但有极高的性能,甚至可以达到 500W·h/kg,在所有电池类型中能量密度最高。高能量密度和良好的低温特性使它们适合于某些空间应用,即便提供的放电电流较低。锂氟化碳电池也适用于航天领域。

一般情况下,锂电池可以被快速放电产生大电流。某些情况下可以采用这种方法,但发生意外短路时这会构成危险,因为短路后电池过热会发生爆炸。

● 锌空气电池。他们用氧化锌与空气中的氧气工作;它们本身与燃料电池相似。由于它们依赖空气,它们在太空中不可用,除非在飞船上携带空气(或直接携带氧)。它们已经在地球上用于给电动汽车供电,理论上还可用于供电给探测器和机器人。

每种电池都可以从电学角度上建模为由一个理想的电压发生器,和用来模拟电池内电阻的电阻器组成的电路,同时,即使是包含电感和电容的复杂模型,也可以在文献中找到。电池内电阻的阻值根据很多参数的变化而变化,包括电荷、电流、温度等。

在放电过程中,电池末端电压下降。电压随时间变化的函数图称为电池的放电特性。最初处于全充电状态的电池,其最大电压有一个急剧下降,之后在大部分放电时间里保持一个较低的值,伴随着轻微下降。当达到放电条件时,又有一个急剧下降。放电曲线受放电速度影响很大:如果电流很大,电压在中间阶段的下降可能较大程度上取决于电池类型。

8.4.2 二次(可充电)电池

只能短时间使用的,用电池驱动的汽车和机器人必须使用可充电(二次)电池,该电池可在设备不使用或需要能量小于原电池可提供的能量时,通过机器人或探测器本身的动力系统(如太阳能电池)进行充电。该电池也可以通过固定发电站充电,发电站位于着陆器或前哨基地上。

从概念上讲,如果不是由于化学反应可逆,通过给电池通电可使反应逆向进行,那么二次电池与原电池相似。但是,该可逆反应是不完全的,而且电池不能充电无数次:每次充电,能量转换性能都有所降低,直到电池不能再充电为止。

所有电池的性能都由很多因素决定,首要的是,电池容量受到充放电速度的影响。

其次的影响通过 Peukert 定律表示,该定律是由 W. Peukert 于 1897 年对铅酸蓄电池提出的:

$$C = i^k t \qquad (8.1)$$

式中:C 为电池在放电率为 1A 时的容量;i 为放电电流;k 为无量纲 Peukert 常数;

t 为放电时间。对于铅酸电池，k 值约为 1.3，胶体电池的 k 值更低，而液体电解质电池 k 值更高。

蓄电池在规定时间内充电到额定容量所需的恒定电流值称为充电速率。单位充电效率对应的充电时间为 1h；实际中大多数电池充电速率为 C 时，充电时间约为 1.2h。电池的额定容量通常用在 20℃ 的温度下放电 20h（$C/20$）来衡量。

通常将低于 C 的充电速度称为慢速充电。例如，考虑充电效率时，一个缓慢的充电速率 $C/3$ 致使充电时间约为 4h。大多数电池可以承受很低的充电速率（通常称为滴流充电），低于 $C/10$。快速充电，即充电时间小于 1h（速率大于 1.2C）需要警惕，可能会烧毁某些类型的电池。越是先进类型的电池越能够快速充电，速率甚至可以大于 10C。

类似地，快速放电可能也会不利于电池的寿命和性能。即使在电池可以进行快速充电的情况下，电池容量和能量效率也会随着充放电电流的增大而降低。

因此机器人或是探测器的电池的能量密度取决于两项任务之间是否进行放电，或探测器是否有低功率发电机（如太阳能电池板），当所需的功率超过主要能源产生的能量，或由于某些原因主能源关闭（如太阳能电池板在背光处）时，电池不断地被充电和使用。

一般而言，电池不能在高功率密度和高能量密度下同时使用；如前所述，当需要提供大功率时（大电流放电），效率会降低，从而容量也会降低。在这种情况下使用还会缩短使用寿命。

铅酸电池对这一点特别敏感，但一些镉镍电池和其他更为先进的电池可以在大电流下工作，在充电（快速充电）和放电（高功率输出）期间都可以。

一个理想电池应该有如下特性：
- 高能量密度；
- 放电过程中电压几乎恒定（平坦的放电特性）；
- 低内阻；
- 高放电电流；
- 可在高温和低温下操作；
- 寿命长，充放电循环次数高；
- 再充电效率高；
- 低成本。

实际的电池不存在以上几点都特别好的情况。

二次电池的电压在放电时下降的过程类似于原电池。由于电池的寿命在放电时并没有结束，所以一定不要使用放电曲线的第三阶段：太深的放电不利于电池的完全充电，并且从长远来看会使电池性能退化。图 8.2 显示了一些二次电池的放电曲线。

434

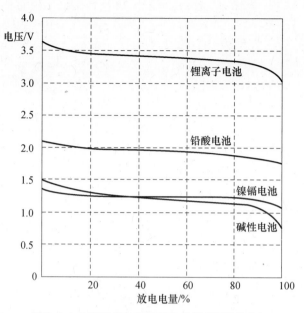

图 8.2　一些可充电电池放电曲线(缓慢放电)

一些类型的二次电池的主要特点见表 8.5;质量能量密度与体积能量密度的关系图如图 8.3 所示。

表 8.5　一些类型的二次电池的主要特性(e/m:质量能量密度;e/v:体积能量密度;P/m:功率密度;V:电池电压;η:充/放电效率;d:自放电;c:周期数)

类型	$e/m/$ (W·h/kg)	$e/v/$ (W·h/dm³)	$P/m/$ (W/kg)	V/V	$\eta/\%$	$d/(\%/月)$	c
铅酸	30～40	60～70	180	2.0	70～92	3～4	500～800
NiCd	40～60	50～150	150	1.2	70～90	20	1500
NiFe	50	—	100	1.2	65	20～40	—
NiZn	60	170	900	1.2	—	—	100～500
NiMh	30～80	140～300	250～1000	1.2	66	30	500～1000
碱性	85	250	50	1.5	99	<0.3	100～1000
Li－ion	150～250	250～360	1800	3.6	80～90	5～10	1200
LiPo	130～200	300	3000	3.7	—	2.8～5	500～1000
LiPh	80～120	170	1400	3.25	—	0.7～3	2000
LiS	400	350	—	—	—	—	100

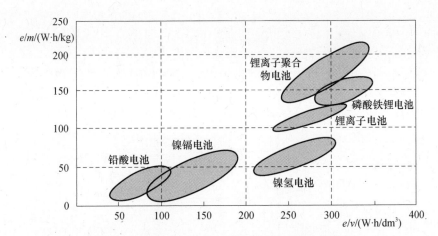

图 8.3   主要类型的二次电池的质量和体积能量密度

二次电池主要有以下几类：
- 铅酸电池。它们是最常见的二次电池类型。在最初，它们是基于一个充满电解质的开放的容器，电解质(硫酸)，更先进的类型是密封的，且带有一个阀，以防止产生压力。电解质可能是半固态(凝胶)的或是被吸收在一个特殊的玻璃纤维垫中。
- 镍基电池。一大类可充电电池是基于化学物质镍的，如镉镍电池(NiCd)[1]、天然镍铁(NiFe)、镍锌铁氧体(NiZn)、镍金属氢化物(NiMh)。
- 可充电碱性电池。
- 锂电池。包括锂离子(Li – ion)、锂离子聚合物(LiPo)、磷酸铁锂(LiPh)和锂硫(LiS)电池。

一般地，镍基电池有较大程度的自放电，但从快速充放电的角度来说，锂电池更好。能量密度最高的是锂硫电池，但它的生命周期很短。

充电阶段对于任何电池系统都是至关重要的，因为电池的效率和寿命取决于能量被接入系统的准确性。这一点对有些电池不太重要，如铅酸电池和镍镉电池，尽管后者具有所谓的记忆效应，包括当不完全放电后反复充电导致一些性能丢失的倾向。

对于这些高级电池而言，如果没有正确充电甚至可能变得危险，具有火灾和爆炸的风险。这可以通过精确控制的、基于微处理器的充电器解决。越来越多的电池组通过机载电子设备来连续监控充电状态，并使电流受控流过各个电池。

由于电压在放电阶段是根据电池的充电状态变化的，因此用电池供电的机器人和车辆通常设有电压调节器。其他问题是由于逻辑元件和电源部件接近并可能

---

[1]   事实上 NiCd 是一个专有名称，一般不能用于表示镉镍电池。

连接到同一个电路产生的。后者会产生噪声和电磁干扰,必须施加控制以确保系统的正常运行。机器人的电气和电子线路必须进行非常谨慎地设计,确保良好的电源效率,同时保证低噪声水平。

最后,如果电池须在很短的时间内提供(或接收)高功率峰值,那么给电池系统补充一种辅助储能装置可能是有利的,该装置能够在这些极端情况下精确无误地操作。超级电容器和储能飞轮适用于这种任务。

8.5 其他储能装置

能量在飞船、汽车或探测器上可以以若干形式储存。在陆用设备中,可以将能量以势能的形式储存,通常可用抽水池方法,发电量高于所需电量时水就会被抽出,需要能量时水会回到较低的水平面。但是,这种方法需要有引力场,只有在行星表面,有液体存在才可行,该液体可能为液态,此外还需要大量的投资。在土卫六上储能不是不可能的,可以在一个合适的盆地抽取甲烷,但这将只在一个假想的未来,大兴土木工程时才可行。

为了在地球的车辆上储存能量,已经提出了几个方案,有些正在实施。其中包括压缩气体、变形固体中的弹性势能,飞轮的动能,电容器中的电能,电感中的电磁能,具有较大热容量的物体中的热能。

这里讨论两种存储设备:超级电容器和储能飞轮。

8.5.1 超级电容器

超级电容器本质上是一个电容器,由于它的尺寸和质量,它的电容(按数量级)远大于标准电容器。实际上,超级电容器曾被定义为电容器和电化学电池的中间技术。

但是,它们的放电曲线是线性的,因为其终端电压与存储的电荷成正比。因此放电过程中电压有剧烈的下降,因此在大多数应用中需要使用电压调节器。

目前,超级电容器的能量密度为 $1 \sim 10W \cdot h/kg$,峰值可达 $30W \cdot h/kg$,同时功率密度可高达 $5000W \cdot h/kg$。最大的设备有 $5000F$ 的电容器。虽然它们的能量密度远不如电池,但功率密度非常高,因为它们可以在短时间内充放电。

因此理论上超级电容器适合作电池的能量缓冲器,供瞬时大电流流入或流出。

8.5.2 储能飞轮

能量在旋转的物体中能以动能的形式存储。惯性矩为 J 的飞轮的速度 Ω 与

437

存储的能量 e 有如下明显关系：

$$e = \frac{1}{2} J\Omega^2 \tag{8.2}$$

表明速度在充放电期间变化很大。这意味着存在一个电源接口，该接口可以是一台能够以不同速度运行的旋转作动器(如电机/发电机或液压电机/泵)，或存在一个可变比机械传动装置。

储能飞轮的能量密度可能从 $1\mathrm{W} \cdot \mathrm{h/kg}$ 甚至到 $100\mathrm{Wh/kg}$，但如果考虑整个系统，这一数据要低得多。高功率密度可使储能飞轮用作功率缓冲器，就像超级电容器。

附录 A
构型空间及状态空间中的运动方程

A. 1 离散线性系统

A. 1. 1 构型空间

设一个单自由度系统,假定其动力学平衡方程是广义坐标 x 中的一个二阶常微分方程。同时假设动力学平衡方程引入的力有以下几类:

- 加速度(惯性力)相关;
- 速度(阻尼力)相关;
- 位移(弹性力)相关;
- 来自系统外的作用力,该力与坐标 x 无关,也与其导数无关,而是一个时间的通用函数(外力作用函数)。

如果前三种力各自的依赖关系都是线性的,则系统也是线性的。此外,如果线性组合中的常数,即质量 m、阻尼系数 c 以及刚度 k,与时间无关,则系统可以称为时不变系统。

因此,动力学平衡方程为

$$m\ddot{x} + c\dot{x} + kx = f(t) \qquad (A.1)$$

如果系统有 n 个自由度,则时不变线性系统的二阶常微分方程的更普遍形式为

$$A_1\ddot{x} + A_2\dot{x} + A_3x = f(t) \qquad (A.2)$$

式中:x 为 n 维的广义坐标向量(n 为系统的自由度数);A_1、A_2、A_3 为 $n \times n$ 矩阵;它们包含系统的特性(与时间无关);f 是一个时间向量函数,该函数包含作用于系统的力函数。

通常矩阵 A_1 是对称矩阵,但是哪怕它是不对称的,也能以某种方式重新排列

运动方程使得 A_1 变成对称矩阵。另外两个矩阵通常不具备对称性质,这时可将它们写成一个对称矩阵与一个斜对称矩阵之和,即

$$M\ddot{x} + (C + G)\dot{x} + (K + H)x = f(t) \tag{A.3}$$

式中:M 为系统的质量矩阵,为 $n \times n$ 的对称矩阵(与 A_1 为同一矩阵),通常它为非奇异矩阵;C 为实对称黏滞阻尼矩阵(其为 A_2 的对称部分);K 为实对称刚度矩阵(其为 A_3 的对称部分);G 为实斜对称陀螺矩阵(其为 A_2 的斜对称部分);H 为实斜对称循环矩阵(其为 A_3 的斜对称部分)。

备注 A.1 式(A.2)形式的方程可能是来自于物理系统的数学建模,其运动方程可通过各种空间离散化技术来获得,如著名的有限元方法。

x 是一个向量,在某种意义上,它是列矩阵。然而,n 个数的集合也可以看作是 n 维空间里的一个向量。包含向量 x 的空间通常被称为构型空间,这是因为空间中的每一个点都可以与系统的构型相联系。事实上,作为一个无限 n 维空间,构型空间里并非所有的点都与系统物理上可能的构型相对应,因此只要定义某个子空间就可以包含系统中所有的构型。此外,系统只有在其构型偏离参考构型(通常是平衡构型)不多时才能用线性运动方程来处理,因此线性方程(A.2)只适用于一个更小的构型子空间。

一个二自由度的简单系统如图 A.1(a)所示;它包含两个质量和两个弹簧,在平衡构型($x_1 = x_2 = 0$)附近为线性的,但是伸长超过一定长度后则表现出非线性的性质。构型空间中,一个二自由度系统是二维的,因此空间是一个平面,在线性区域周围有一个系统表现出非线性性质的区域。在非线性区域的周围是另一个区域,在该区域内系统失去其结构整体性。

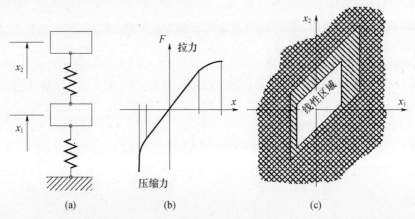

图 A.1 (a)二自由度系统,它由两个质量和两个弹簧组成。(b)仅在平衡位置附近的区域具有线性性质。(c)在构型空间里有三个区域:最里面是系统的线性区域,第二个是非线性区域,最外面是"禁止"区域(引自 G. Genta,L. Morello,*The Automotive Chassis*,Springer,New York,2009)

备注 A.2 图 A.1 中 x_1 和 x_2 是惯性坐标,但是在静态平衡构型时假设它们为 0,并且重力加速度已经被忽略,这在处理线性系统时非常普遍:将静态问题(找到平衡构型)从动态问题(研究平衡构型的动力学问题)中分离出来。

A.1.2 状态空间

一组 n 元二阶常微分方程可以用一组 $2n$ 元一阶微分方程来表达。

和上面方法相似,一个通常的常系数线性微分方程可以写成一组一阶微分方程的形式:

$$A_1 \dot{x} + A_2 x = f(t) \tag{A.4}$$

在系统动力学中,这一组方程通常用一阶导数来求解,激励函数可以写成最小数量的系统输入函数的线性组合。这些独立变量可以称为状态变量,此时方程写为

$$\dot{z} = Az + Bu \tag{A.5}$$

式中:z 为 m 维向量,其中的各项为状态变量(m 为状态变量的个数),如果式(A.5)是由式(A.2)得来,则 $m = 2n$;A 为 $m \times m$ 阶矩阵,与时间无关,称作动态矩阵;u 为时间的一个向量函数,当中的各项作用在系统上的输入(如果输入个数是 r,则向量为 $r \times 1$ 向量);B 为一个无关时间的矩阵,它阐述的是不同的输入是如何作用在不同的方程中的,因此也被称作输入增益矩阵,它是一个 $m \times r$ 阶矩阵。

如同向量 x 一样,z 同样也是可以看成 m 维空间里的向量的一个列矩阵。因为该空间里的每一个点对应系统的一个给定状态,所以这个空间通常被称为状态空间。

构型空间是状态空间的一个子空间。

如果式(A.5)是由式(A.2)得来,则需要引入 n 个附加变量,从而将系统从构型空间变形成状态空间。即便可能有其他的选择(见 A.6 节),作为附加变量,最简单的选择仍然是广义坐标的导数(即广义速度)。那么,一半的状态变量为广义坐标,另一半为广义速度。

将状态变量首先排列速度,再排列坐标,有

$$z = \left\{ \begin{array}{c} \dot{x} \\ x \end{array} \right\}$$

在 n 个式(A.2)方程基础上必须再引入 n 个坐标和速度之间关系的方程。用 v 来表示广义速度 $\dot{x}$,用状态变量的导数来解这个方程,则对应式(A.3)的 $2n$ 个方程为

$$\begin{cases} \dot{v} = -M^{-1}(C + G)v - M^{-1}(K + H)x + M^{-1}f(t) \\ \dot{x} = v \end{cases} \tag{A.6}$$

假设输入 u 与激励函数 f 一致,那么矩阵 A 和 B 与 M、C、K、H 之间的关系为

$$A = \begin{bmatrix} -M^{-1}(C+G) & -M^{-1}(K+H) \\ I & 0 \end{bmatrix} \tag{A.7}$$

$$B = \begin{bmatrix} M^{-1} \\ 0 \end{bmatrix} \tag{A.8}$$

组成状态方程(A.5)的 $m = 2n$ 个方程的前 n 个方程为动态平衡方程,通常也称为动力学方程。另外 n 个方程表达了位置和速度变量之间的关系,通常被称为运动学方程。

通常,除了状态向量 z,更值得关注的是状态 z 与输入 u 之间给定的线性组合,通常被称为输出向量。因此状态方程(A.5)与一个输出方程的关系式为

$$y = Cz + Du \tag{A.9}$$

式中:y 为一个向量,其坐标为系统输出变量(如果输出变量数是 s,则 y 为 $s \times 1$ 阶向量);C 为一个 $s \times m$ 阶矩阵,它与时间无关,称为输出增益矩阵;D 为一个与时间无关的矩阵,它阐述了线性组合引入输入变量求出系统输出的过程,被称为直接关联矩阵,为 $s \times r$ 阶矩阵。许多情况下,线性组合并未引入输入变量,这时 D 为零矩阵。

A、B、C、D 这四个矩阵通常被称为四重动态系统。

总之,从输入到输出,定义系统动态特性的方程为

$$\begin{cases} \dot{z} = Az + Bu \\ y = Cz + Du \end{cases} \tag{A.10}$$

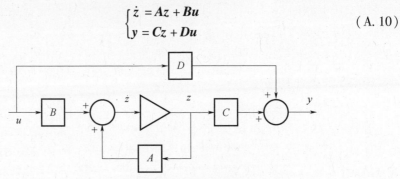

图 A.2　与式(A.10)对应的框图

备注 A.3　状态方程是微分方程,而输出方程为代数方程。用状态方程来表达动力学系统。

式(A.10)描述的输入–输出关系同样可以用图 A.2 中的方框图来表述。

方程组的线性性质表明方程解存在,且唯一。运动方程的通解为对应齐次方程的通解与方程组的一个特解的和。这对于任何线性微分方程组也是成立的,即便它不是时不变的。

齐次解是系统的自由响应,特解为系统的激励响应。

A.1.3 自由运动

考虑构型空间的运动方程(A.2),如前所述,矩阵 A_1 是对称的,而另外两个矩阵为非对称的。

齐次方程为

$$A_1 \ddot{x}(t) + A_2 \dot{x}(t) + A_3 x(t) = 0 \qquad (A.11)$$

上式描述的是系统的自由运动,以便研究其稳定性。

式(A.11)的解可以写作

$$x(t) = x_0 e^{st} \qquad (A.12)$$

式中:x_0 和 s 分别为一个向量和标量,均为复常数。为了说明解的时间曲线,将微分方程变换成代数方程:

$$(A_1 s^2 + A_2 s + A_3) x_0 = 0 \qquad (A.13)$$

这是一组线性代数齐次方程。其系数矩阵是一个二阶 λ 矩阵[①];这是一个方阵,因为质量矩阵 $A_1 = M$ 为非奇异的,从而 λ 矩阵可以说是正则方阵。

当且仅当系数矩阵的行列式为 0,那

$$\det(A_1 s^2 + A_2 s + A_3) = 0 \qquad (A.14)$$

时,运动方程(A.11)存在不同于(A.15)的非平凡解

$$x_0 = 0 \qquad (A.15)$$

式(A.15)是广义特征问题的特征方程。它的解 s_i 是系统的特征值,对应的向量 x_{0_i} 是它的特征向量 q_i。通过系数矩阵的特征值 s_i 可以得到系数矩阵的秩,秩决定了特征根的重数:如果秩为 $n - \alpha_i$,则重数为 α_i。特征值有 $2n$ 个,相应的特征向量也有 $2n$ 个。

备注 A.4 如果某些特征值的重数大于 1,则同一特征值所对应的特征向量是互不相同的。而且,这些特征向量的线性组合本身也是特征向量。

备注 A.5 因为系统矩阵 A_i 是实矩阵,则特征方程(A.15)中均为实系数。因此它的解,即特征值既可以是实数也可以是共轭复数对。

A.1.4 保守自然系统

如果陀螺矩阵 G 不存在,称系统为自然系统。如果阻尼矩阵 C 和循环矩阵 H 也为零,那么系统为保守系统。因此,若系统中 $G = C = H = 0$(也就是常说的 MK 系统),则说系统是自然且保守的。这时特征方程简化为

---

① λ 矩阵是用符号 λ 来表示解 $q(t) = q_0 e^{\lambda t}$ 中的系数。为了遵循更现代化的习惯,使用符号 s 代替 λ。

$$\det(\boldsymbol{M}s_i^2 + \boldsymbol{K}) = 0 \qquad (A.16)$$

本征问题可以简化为标准形式：

$$\boldsymbol{D}\boldsymbol{q}_i = \mu_i \boldsymbol{q}_i \qquad (A.17)$$

其中，构型空间中的动态矩阵 $\boldsymbol{D}$（不要与状态空间的动态矩阵 $\boldsymbol{A}$ 弄混）为

$$\boldsymbol{D} = \boldsymbol{M}^{-1}\boldsymbol{K} \qquad (A.18)$$

本征问题中的参数可以写作

$$\mu_i = -s_i^2 \qquad (A.19)$$

由于矩阵 $\boldsymbol{M}$ 和 $\boldsymbol{K}$ 都是正定的（$\boldsymbol{K}$ 可能是半正定的），因此 n 个特征值 μ_i 全为正实数（或者为 0），根据 s_i 求出的特征值为 $2n$ 个的虚数对，每对虚数符号相反，即

$$(s_i, s_i^-) = \pm i \sqrt{\mu_i} \qquad (A.20)$$

这 n 个 n 维特征向量 $\boldsymbol{q}_i$ 均为实向量。

因为所有的特征值 s_i 均为虚数，所以式（A.12）的解归结为无阻尼谐振：

$$\boldsymbol{x}(t) = \boldsymbol{x}_0 \mathrm{e}^{i\omega t} \qquad (A.21)$$

其中

$$\omega = is = \sqrt{\mu} \qquad (A.22)$$

为（圆）频率。

根据本征值 μ_i 计算得到 ω_i 的 n 个值，被称为系统的固有频率或本征频率，通常写为 ω_{n_i}。

如果 $\boldsymbol{M}$ 或者 $\boldsymbol{K}$ 不是正定或者半正定，则至少 μ_i 的一个本征值为负数，那么 s 中至少有一对解为实数，且互为相反数。后面将会看到，负实数解对应的时间曲线为以非振荡方式衰减的曲线，然而正实数解随着时间无上限递增。因此系统是不稳定的。

A.1.5　特征向量的性质

特征向量正交于刚度矩阵和质量矩阵。只需简单地写出第 i 个模式的谐振动态平衡方程就可以验证这一特性，即

$$\boldsymbol{K}\boldsymbol{q}_i = \omega_i^2 \boldsymbol{M}\boldsymbol{q}_i \qquad (A.23)$$

在式（A.23）中左乘第 j 个特征向量的转置矩阵，得到

$$\boldsymbol{q}_j^{\mathrm{T}}\boldsymbol{K}\boldsymbol{q}_i = \omega_i^2 \boldsymbol{q}_j^{\mathrm{T}}\boldsymbol{M}\boldsymbol{q}_i \qquad (A.24)$$

同理，对第 j 个模式的谐振动态平衡方程，左乘第 i 个特征向量的转置矩阵，即

$$\boldsymbol{q}_i^{\mathrm{T}}\boldsymbol{K}\boldsymbol{q}_j = \omega_j^2 \boldsymbol{q}_i^{\mathrm{T}}\boldsymbol{M}\boldsymbol{q}_j \qquad (A.25)$$

用式（A.24）减去式（A.25），可以得到

$$\boldsymbol{q}_j^{\mathrm{T}}\boldsymbol{K}\boldsymbol{q}_i - \boldsymbol{q}_i^{\mathrm{T}}\boldsymbol{K}\boldsymbol{q}_j = \omega_i^2 \boldsymbol{q}_j^{\mathrm{T}}\boldsymbol{M}\boldsymbol{q}_i - \omega_j^2 \boldsymbol{q}_i^{\mathrm{T}}\boldsymbol{M}\boldsymbol{q}_j \qquad (A.26)$$

由于矩阵 $\boldsymbol{K}$ 和 $\boldsymbol{M}$ 的对称性，即

$$q_i^T K q_j = q_j^T K q_i, \quad q_i^T M q_j = q_j^T M q_i$$

由此可得

$$(\omega_i^2 - \omega_j^2) q_j^T M q_i = 0 \tag{A.27}$$

同理可以证明

$$\left(\frac{1}{\omega_i^2} - \frac{1}{\omega_j^2} \right) q_j^T K q_i = 0 \tag{A.28}$$

由式(A.27)与式(A.28),假设固有频率各不相同,如果 $i \neq j$,有

$$q_j^T M q_i = 0, \quad q_j^T K q_i = 0 \tag{A.29}$$

即分别定义了特征向量正交于质量矩阵与刚度矩阵的特性。

如果 $i = j$,则运算的结果并不为零,即

$$q_i^T M q_i = \overline{M}_i, \quad q_i^T K q_i = \overline{K}_i \tag{A.29}$$

常数 $\overline{M}_i$、$\overline{K}_i$ 分别为第 i 个模式的模态质量和模态刚度,它们与固有频率之间的关系为

$$\omega_i = \sqrt{\frac{\overline{K}_i}{\overline{M}_i}} \tag{A.31}$$

这表明如果一个单自由度系统的质量和刚度为第 i 个模态质量和第 i 个模态刚度,则第 i 个固有频率与该系统的固有频率一致。

A.1.6 运动方程

构型空间中的任何向量(即系统的任意构型)可以看成是特征向量的线性组合:

$$x = \sum_{i=1}^{n} \eta_i \mathbf{x}_i \tag{A.32}$$

式中:线性组合系数 η_i 为系统的模态坐标。

这是可能的,因为特征向量都是线性无关的,而且可以组成系统构型空间的一个参考坐标系。必须要说明的是,特征向量正交于质量矩阵和刚度矩阵(通常称为为 m-正交和 k-正交),但是特征向量却并不两两正交,通常这说明

$$q_i^T q_j \neq 0 \tag{A.33}$$

在构型空间中,特征向量有 n 个,从而可以组成一个参考系。但是特征向量相互之间并不是正交的。

定义特征向量矩阵 ϕ,其列向量为特征向量,模态变换和对应的逆变换可以写为

$$x = \phi \eta, \quad \eta = \phi^{-1} x \tag{A.34}$$

备注 A.6 因为特征向量线性无关,所以 ϕ 非奇异;逆模态变换总是存在。

将该变换引入到运动方程,得

$$M\phi\ddot{\eta} + K\phi\eta = f(t) \tag{A.35}$$

然后每一项左乘 ϕ^T:

$$\phi^T M\phi\ddot{\eta} + \phi^T K\phi\eta = \phi^T f(t) \tag{A.36}$$

矩阵 $\phi^T M\phi$ 和 $\phi^T K\phi$ 分别是模态质量矩阵和模态刚度矩阵。由于特征向量的性质,它们是对角矩阵:

$$\begin{cases} \phi^T M\phi = \text{diag}[\overline{M_i}] = \overline{M} \\ \phi^T K\phi = \text{diag}[\overline{K_i}] = \overline{K} \end{cases} \tag{A.37}$$

向量 $\phi^T f(t)$ 可以称作模态力向量 $\overline{f}(t)$。

因为模态矩阵是对角矩阵,所以运动方程彼此无耦合,可以研究 n 个非耦合的单自由度的系统,而并不需要去研究一个具有 n 个自由度的系统,其运动方程可以写为

$$\overline{M}\ddot{\eta} + \overline{K}\eta = \overline{f} \tag{A.38}$$

备注 A.7 式(A.34)为构型空间里的坐标变换。以系统的特征向量为基向量,n 个 η_i 的值是 n 个点的坐标,点代表系统的构型空间。它们可被称为主坐标、模态坐标或者是简正坐标。

备注 A.8 模态无耦合通常只在 MK 系统中成立。

特征向量是一组线性齐次方程的解,因此特征向量并不唯一:对于每一个模态,存在着无限个特征向量,并且互成正比。因为在给定参考系的条件下,这些特征向量可以看作是 n 维空间里 n 个向量的集合,所以这些向量的长度并不确定,但是它们的方向是已知的,也就是坐标轴的比例是任意的。

有许多种方式将特征向量标准化,最简单的方式是将某个特定元素的值或者最大的值设定为一个单位。

也可以通过每个特征向量的欧几里得范数除以每个特征向量,从而在构型空间中获得单位向量。

还可以通过使模态质量单位化来标准化特征向量。可以用每个向量除以对应模态质量的平方根来做到。对于后者,每个模态刚度与对应的特征值(也就是固有频率的平方)一致。式(A.38)简化为

$$\ddot{\eta} + [\omega^2]\eta = \overline{f}' \tag{A.39}$$

式中:$[\omega^2] = \text{diag}\{\omega_i^2\}$ 为矩阵的特征值,所以模态力 $\overline{f}'(t)$ 为

$$\overline{f}_i' = \frac{\overline{f}_i}{M_i} = \frac{q_i^T f}{q_i M q_i} \tag{A.40}$$

但是,模态非耦合有另外一个优势:因为并非所有的模态在决定系统响应中同等重要,所以只需要有限个模式(通常它们以最低固有频率为表征)就足以获得相对精确的系统响应。

只考虑前 m 个模式①,计算所需的时间和花费通常就显著降低,因为只需计算 m 个特征值和特征向量,且只需研究 m 个单自由度系统。通常处理那些以最高固有频率为特征的模式更为困难,尤其是对运动方程数值积分的时候。这种情况下,不使用高阶模式的优势巨大。

当一些模式被忽略时,特征向量矩阵简化为

$$\boldsymbol{\Phi}^* = [\boldsymbol{q}_1, \boldsymbol{q}_2, \cdots, \boldsymbol{q}_m]$$

该矩阵有 n 行 m 列,所以不是方阵。坐标变换式(A.34)的第一式依然成立,模态质量 m、刚度和力可以照常计算出来。然而,逆变换(式(A.34)的第二式)是不可能的,因为矩阵 $\boldsymbol{\Phi}^*$ 的逆并不存在。

使用简化的特征向量矩阵 $\boldsymbol{\Phi}^*$ 计算出式(A.34)的第一式,然后将该式的两边左乘物理坐标 $\boldsymbol{x}$ 与 $\boldsymbol{\Phi}^{*\mathrm{T}}\boldsymbol{M}$ 求得模态坐标 $\boldsymbol{\eta}$,由此得

$$\boldsymbol{\Phi}^{*\mathrm{T}}\boldsymbol{M}\boldsymbol{x} = \boldsymbol{\Phi}^{*\mathrm{T}}\boldsymbol{M}\boldsymbol{\Phi}^*\boldsymbol{\eta} \qquad (\mathrm{A.41})$$

即

$$\boldsymbol{\Phi}^{*\mathrm{T}}\boldsymbol{M}\boldsymbol{x} = \overline{\boldsymbol{M}}\boldsymbol{\eta} \qquad (\mathrm{A.42})$$

两边同时左乘模态质量矩阵的逆,得

$$\boldsymbol{\eta} = \overline{\boldsymbol{M}}^{-1}\boldsymbol{\Phi}^{*\mathrm{T}}\boldsymbol{M}\boldsymbol{x} \qquad (\mathrm{A.43})$$

式(A.43)即为所要求的逆模态变换。

备注 A.9 式(A.41)与之后的方程都是近似方程,因为只计算了一部分模式。

A.1.7 自然非保守系统

如果矩阵 $\boldsymbol{C}$ 不为零,而 $\boldsymbol{G} = \boldsymbol{H} = 0$,那么系统依旧是自然和非循环的,但不再是保守系统。

特征方程(A.15)在构型空间里无法简化成标准型的特征值问题,这时必须使用状态空间公式。

与式(A.5)关联的齐次方程通解的形式为

$$\boldsymbol{z} = \boldsymbol{z}_0 \mathrm{e}^{st} \qquad (\mathrm{A.44})$$

式中:s 通常为一个复数,其实部和虚部通常用符号 ω 和 σ 表示,即

$$\begin{cases} \omega = \Im(s) \\ \sigma = \Re(s) \end{cases} \qquad (\mathrm{A.45})$$

它们分别为自由振荡频率和衰减速率。因此式(A.44)的解可写成

$$\boldsymbol{z} = \boldsymbol{z}_0 \mathrm{e}^{\sigma t} \mathrm{e}^{\mathrm{i}\omega t} \qquad (\mathrm{A.46})$$

或者,因为 ω 和 σ 均为实数,则有

$$\boldsymbol{z} = \boldsymbol{z}_0 \mathrm{e}^{\sigma t}[\cos(\omega t) + \mathrm{i}\sin(\omega t)] \qquad (\mathrm{A.47})$$

---

① 后文假定保留的模式均为 $1 \sim m$ 个模式。

将式(A.44)的解代入与式(A.5)关联的齐次方程,后者则从一组微分方程转换成一组(齐次)代数方程,即

$$sz_0 = Az_0 \tag{A.48}$$

即

$$(A - sI)z_0 = 0 \tag{A.49}$$

用类似于构型空间中运动方程的方法,只有当系数矩阵行列式为零时,该齐次方程除了平凡解 $z_0 = 0$,还有其他解:

$$\det(A - sI) = 0 \tag{A.50}$$

式(A.50)可以看作是 s 的代数方程,也就是动力系统的特征方程。这是一个一元 $2n$ 次方程,也就有 $2n$ 个 s 值。这 $2n$ 个 s 值为系统的特征值,对应的 $2n$ 个值为特征向量。总之,特征值和特征向量均为复数。

如果矩阵 A 为实矩阵,一般情况也确实如此,方程的解是实数或者共轭复数。相应的时间曲线如图 A.3 所示。

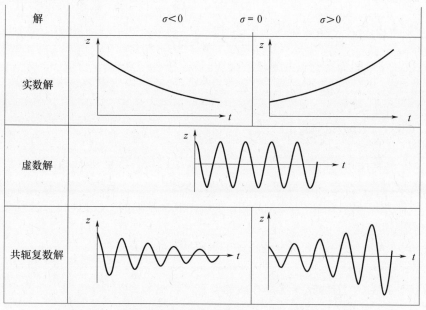

图 A.3　系统在不同特征值条件下自由运动的时间曲线
(引自 G. Genta,L. Morello,*The Automotive Chassis*,Springer,New York,2009)

- 实数解($\omega = 0, \sigma \neq 0$):指数型时间曲线。如果解是负数,则振幅单调递减(系统呈现稳定与非振荡特性);如果解是正数,则振幅单调递增(系统呈现不稳定与非振荡特性)。
- 共轭复数解($\omega \neq 0, \sigma \neq 0$):振荡型时间曲线,即式(A.47)。如果解的实部是负数,则振幅衰减(系统呈现稳定与振荡特性);如果解的实部为正数,则振幅随

着时间递增(系统呈现不稳定与振荡特性)。

如果系统是稳定的,则稳定是渐近性的。

第三种情况是之前保守系统已经见到的:

● 虚数解($\omega \neq 0, \sigma = 0$):谐振时间曲线(正弦或者余弦波,系统无阻尼振荡)。此时系统稳定是非渐近性的。

渐近稳定特性的充分必要条件是所有特征值的实部是负数。

如果任何一个特征值的实部为零,则系统特性仍然是稳定的,因为随着时间增长振幅并没有出现不可控的增长,但这种稳定不是渐近稳定的。

如果有一个特征值是正的,则系统就是不稳定的。

如果系统几乎是无阻尼的,也就是特征值是共轭的且衰减系数 σ 很小,则固有频率 ω 近似于无阻尼系统的固有频率,也就是近似于忽略阻尼矩阵 C 得到的 MK 系统的固有频率。这种情况下振荡频率 ω_i 近似于无阻尼系统的振荡频率。

备注 A.10　这里"稳定的"是指运动的振幅不会无限制增长;"渐近稳定的"是指系统会渐近性地回到静态平衡位置。有关稳定更为详细的定义,如李雅普诺夫定义,可以参见相应文献。

齐次方程的通解是这 $2n$ 个解的线性组合,即

$$z = \sum_{i=1}^{2n} C_i z_{0_i} e^{s_i t} \qquad (A.51)$$

式中:$2n$ 个常数 C_i 由初始条件确定,也就是向量 $z(0)$。

计算常数 C_i 可以写作

$$z(0) = \begin{bmatrix} z_{01} & z_{02} & \cdots & z_{02n} \end{bmatrix} \begin{bmatrix} C_1 \\ C_2 \\ \vdots \\ C_{2n} \end{bmatrix} = \boldsymbol{\Phi} \boldsymbol{C} \qquad (A.52)$$

式中:$\boldsymbol{\Phi}$ 为状态空间里的复特征向量矩阵。

一个负实特征值对应一个过阻尼特性,其相关模态是非振荡的。如果特征值是复数(其实部为负数),则模态具有欠阻尼特性,也就是有一个阻尼振荡时间曲线。当系统所有模态为欠阻尼模态时,则系统就为欠阻尼系统。然而只要有一个模态是过阻尼,则系统就为过阻尼系统。如果所有模态均为过阻尼,则系统不能自由振荡,但是能够受迫振荡。

备注 A.11　如果矩阵 $\boldsymbol{M}$、$\boldsymbol{K}$ 和 $\boldsymbol{C}$ 都是正定的(或者至少是半正定的),就像刚度和阻尼正定条件下的一个黏滞阻尼结构,则没有特征值具有正实部,因此系统是稳定的。如果矩阵都是严格正定的,则所有特征值都具有实部,那么系统是渐近稳定的。

A. 1. 8　质量矩阵为奇异的系统

如果矩阵 M 是奇异的,以通常的方式则无法写出动力学矩阵。当一个难以察觉的微小惯量与某些自由度相关联时,通常会出现这种情况。显然可以通过将一个很小的质量与对应的自由度关联起来就可以避免这个问题:这样就引入了一个很高但没有物理意义的固有频率,如果足够细致,将不会产生数值不稳定问题。但是当能够通过一个更正确和简洁的方式来克服这个问题时,使用这种方式就没有多大意义。

自由度可以分为两类:向量 x_1,包含与非零惯量相关联的自由度;向量 x_2,包含其他自由度。同样所有的矩阵和激励函数也可以做类似划分。质量矩阵 M_{22} 为零,且如果质量矩阵是斜对角的,则 M_{12} 和 M_{21} 同样也为零。

假设 M_{12} 和 M_{21} 为零,运动方程变成

$$\begin{cases} M_{11}\ddot{x}_1 + C_{11}\dot{x}_1 + C_{12}\dot{x}_2 + K_{11}x_1 + K_{12}x_2 = f_1(t) \\ C_{21}\dot{x}_1 + C_{12}\dot{x}_2 + K_{21}x_1 + K_{22}x_2 = f_2(t) \end{cases} \tag{A.53}$$

为了简化运动方程,陀螺矩阵和循环矩阵都不直接写出,但即便不假设刚度矩阵和阻尼矩阵具有对称性,方程对陀螺系统和循环系统依然成立。

引入状态变量速度 v_1 以及广义坐标 x_1 和 x_2,状态方程为

$$M^* \begin{bmatrix} \dot{v}_1 \\ \dot{x}_1 \\ \dot{x}_2 \end{bmatrix} = A^* \begin{bmatrix} v_1 \\ x_1 \\ x_2 \end{bmatrix} + \begin{bmatrix} I & 0 \\ 0 & I \\ 0 & 0 \end{bmatrix} \begin{bmatrix} f_1(t) \\ f_2(t) \end{bmatrix} \tag{A.54}$$

其中

$$M^* = \begin{bmatrix} M_{11} & 0 & C_{11} \\ 0 & 0 & C_{12} \\ 0 & I & 0 \end{bmatrix}, \quad A^* = - \begin{bmatrix} C_{11} & K_{11} & K_{12} \\ C_{21} & K_{21} & K_{22} \\ -I & 0 & 0 \end{bmatrix} \tag{A.55}$$

动力学矩阵和输入增益矩阵为

$$A = M^{*-1}A^*, \quad B = M^{*-1}\begin{bmatrix} I & 0 \\ 0 & I \\ 0 & 0 \end{bmatrix} \tag{A.56}$$

或者,M^* 和 A^* 的表达式可以写成

$$M^* = \begin{bmatrix} M_{11} & C_{11} & C_{12} \\ 0 & C_{21} & C_{22} \\ 0 & I & 0 \end{bmatrix}, \quad A^* = - \begin{bmatrix} 0 & K_{11} & K_{12} \\ 0 & K_{21} & K_{22} \\ -I & 0 & 0 \end{bmatrix} \tag{A.57}$$

如果向量 x_1 包含 n_1 个元素,向量 x_2 包含 n_2 个元素,则动力学矩阵 A 为 $2n_1 +$

n_2 阶方阵。

A. 1. 9　保守陀螺系统

如果矩阵 G 非零，而 C 和 H 为零矩阵，则动力学矩阵简化为

$$A = \begin{bmatrix} -M^{-1}G & -M^{-1}K \\ I & 0 \end{bmatrix} \tag{A.58}$$

通过将前 n 个方程左乘 M，另外 n 个方程左乘 K，可以得到

$$M^* \dot{z} + G^* z = 0 \tag{A.59}$$

其中

$$M^* = \begin{bmatrix} M & 0 \\ 0 & K \end{bmatrix}, \quad G^* = \begin{bmatrix} G & K \\ -K & 0 \end{bmatrix} \tag{A.60}$$

第一个矩阵是对称的，而第二个矩阵是斜对称的。

将式(A. 44)的解引入到运动方程，可以得到齐次方程：

$$sM^* z_0 + G^* z_0 = 0 \tag{A.61}$$

像 MK 系统一样，相应的特征问题也有虚数解，即便特征向量的结构是不同的。不管怎样，自由振荡的时间曲线是谐振无阻尼的，因为衰减系数 $\sigma = R(s)$ 为 0。

A. 1. 10　广义动力学系统

情形与自然非保守系统相似，自由振荡的时间曲线如图 A. 3 所示，稳定性由 s 的实部的符号决定。

一般而言，陀螺矩阵的存在不减弱系统的稳定性，而循环矩阵的存在则会减弱系统稳定性。

考虑一个由两个独立 MK 系统组成的具有两个自由度的系统，每一个 MK 系统具有一个单独的自由度，假设质量相等。运动方程为

$$\begin{cases} m\ddot{x}_1 + k_1 x_1 = 0 \\ m\ddot{x}_2 + k_2 x_2 = 0 \end{cases} \tag{A.62}$$

在两个方程中引入耦合项，比如在两个质量之间引入一个刚度为 k_{12} 的弹簧。运动方程变为

$$\begin{cases} m\ddot{x}_1 + (k_1 + k_{12})x_1 - k_{12}x_2 = 0 \\ m\ddot{x}_2 - k_{12}x_1 + (k_2 + k_{12})x_2 = 0 \end{cases} \tag{A.63}$$

引入参数：

$$\omega_0^2 = \frac{k_1 + k_2 + 2k_{12}}{2m}, \quad \alpha = \frac{k_2 - k_1}{2m\Omega_0^2}, \quad \epsilon = \frac{k_{12}}{m\Omega_0^2} \tag{A.64}$$

运动方程可以写成

$$\begin{bmatrix} \ddot{x} \\ \ddot{y} \end{bmatrix} + \omega_0^2 \begin{bmatrix} 1-\alpha & \epsilon \\ \epsilon & 1+\alpha \end{bmatrix} \begin{bmatrix} x \\ y \end{bmatrix} = \mathbf{0} \qquad (\text{A.65})$$

注意

$$-1 \leqslant \alpha \leqslant 1 \qquad (\text{A.66})$$

被乘以广义坐标的矩阵是对称的,因此确是一个刚度矩阵。这种情况下耦合被称为非循环的或者是保守的。因为没有阻尼矩阵,并且刚度矩阵是正定的($-1 \leqslant \alpha \leqslant 1$),所以特征向量是虚数,系统稳定,尽管不是存在正定阻尼矩阵情况下的渐近型稳定。

系统的固有频率由参数 α 和 ϵ 决定,因为是频率与 ω_0 的比值,所以这里的固有频率无量纲。对某个特定 ϵ 值,固有频率与 α 的函数关系如图 A.4(a)所示,两曲线间的距离(一条曲线 $\omega > \omega_0$,另一条曲线 $\omega < \omega_0$)随着耦合量 ϵ 的增加而增加,因此可以说这种类型的耦合相互排斥。

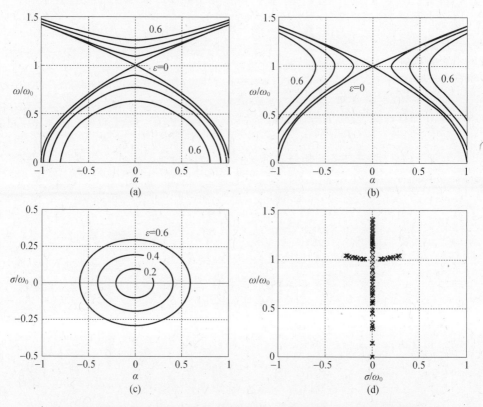

图 A.4 具有两个自由度的非循环(a)和循环(b)耦合系统中,其无量纲固有频率与参数 α 和 ϵ 的函数关系。具有循环耦合的系统的衰减率(c)与根轨迹(d)
(引自 G. Genta, L. Morello, *The Automotive Chassis*, Springer, New York, 2009)

现在考虑耦合量 ϵ 的情况：

$$\begin{Bmatrix} \ddot{x} \\ \ddot{y} \end{Bmatrix} + \Omega_0^2 \begin{bmatrix} 1-\alpha & \epsilon \\ -\epsilon & 1+\alpha \end{bmatrix} \begin{Bmatrix} x \\ y \end{Bmatrix} = \mathbf{0} \qquad (A.67)$$

刚度矩阵中主对角线外的项具有相同的模数但符号相反,乘以位移后的矩阵由对称部分(刚度矩阵)和斜对称部分(循环矩阵)组成。这种类型的耦合被称为循环的或者是非保守的。

尽管在之前的例子中,该作用可能是因为两质量间的弹簧造成的,现在却不是因为弹簧或者类似的部件造成的。无论如何,循环耦合具有实际意义。

这时系统的固有频率由参数 α 和 ϵ 决定。将固有频率分别除以 ω_0,利用其与参数 α 和 ϵ 的函数关系,以无量纲的形式绘制,如图 A.4(b)所示。两个曲线彼此之间更加接近。从 $\alpha = -1$ 的条件开始,两条曲线在 $(-1,0)$ 区间内的某一特定值上相遇。这里有一个范围,以 $\alpha = 0$ 这一点为中心,这时特征问题的解(s)为复数,而非虚数。超过这个范围,两条曲线又相互分离。

由于两曲线彼此之间更加接近并最终相遇,所以这种耦合可称为相互吸引。

在 s 为复数的范围内,两个解之中有一个具有正实部 σ;由此得出存在不稳定解,这也可以从图 A.4(c)中的衰减速率图和图 A.4(d)的根轨迹图中看出来。

正如前所述,不稳定性是由于斜对称矩阵和耦合也就是循环矩阵的存在造成的。

A.1.11　强制响应的闭合解

整个方程的特解由激励函数(输入)$u(t)$ 的时间曲线决定,在谐振输入下,即

$$u = u_0 e^{i\omega t} \qquad (A.68)$$

响应同样也为谐振,即

$$z = z_0 e^{i\omega t} \qquad (A.69)$$

并且与激励函数有同样的频率 ω。通常,在运动方程中引入激励函数与响应的时间曲线,这时方程变成一个代数方程：

$$(A - i\omega I)z_0 + Bu_0 = 0 \qquad (A.70)$$

由此可以计算得到响应的振幅为

$$z_0 = -(A - i\omega I)^{-1} Bu_0 \qquad (A.71)$$

如果输入是周期性的,则可以将其分解成傅里叶函数,然后计算每个谐波分量的响应。然后将这些结果加总。因为系统是线性的,所以这才是可以的。

如果输入不是谐波或者至少不是周期性的,则可以使用拉普拉斯变换或者杜哈梅积分。同样这些手段也只适用于线性系统。

A.1.12 广义线性动力学系统的模态变换

由于在构型空间中 MK 系统的特征向量组成了一个参考系,所以即便其他矩阵不为零,通过这些特征向量依然能以模态形式描述动力学系统的运动方程。更普遍的,任何一个具有 n 个自由度的 MK 系统的特征向量都可以用来描述具有相同自由度的任一动力学系统的运动模态方程。

因此,模态方程为

$$\overline{M}\ddot{\eta} + (\overline{C} + \overline{G})\dot{\eta} + (\overline{K} + \overline{H})\eta = \overline{f}(t) \tag{A.72}$$

通过将相应的非模态矩阵右乘系统的向量矩阵,再左乘向量矩阵的转置,就可以得到各种模态矩阵。

由于特征向量矩阵是 m - 和 k - 正交的,但与其他矩阵不正交,所以 $\overline{M}$ 与 $\overline{K}$ 是对角矩阵,而 $\overline{C}$、$\overline{G}$ 和 $\overline{H}$ 则不是对角矩阵。

因此运动模态方程并不是耦合的。

然而,尽管 $\overline{C}$ 在某些情况是对角的(比如,如果 C 是 M 和 K 的一个线性组合,那么这种情况就定义为比例阻尼),但是 $\overline{G}$ 和 $\overline{H}$ 是斜对称的,不可能是对角矩阵。

在比例阻尼的情况下,非陀螺和非循环系统可以是非耦合的,如果阻尼是非比例的且很小,可以通过消掉模态阻尼矩阵 $\overline{C}$ 主对角线以外的元素,近似地将运动方程解耦。

忽略某些模态是可以的,但是这通常只是一种近似方法,因为所有的模态(相互耦合)都对其他所有模态的响应产生影响。如果某些模态被忽略了,那么它们对其他模态的影响也会消失。

A.2 非线性动力学系统

通常动力学系统的状态方程是非线性的。导致非线性存在的原因不尽相同,比如元素之间存在着固有的非线性作用方式(如弹簧产生的力与位移之间就是非线性的),或者在动力学或者运动学方程中,某些广义坐标之间存在着三角函数关系。如果在加速度中,惯性力总是线性的,则运动方程可以写为

$$M\ddot{x} + f_1(x, \dot{x}) = f(t) \tag{A.73}$$

通常函数 f_1 可以看作是线性部分与非线性部分之和,方程因此可以写作

$$M\ddot{x} + (C + G)\dot{x} + (K + H)x + f_2(x, \dot{x}) = f(t) \tag{A.74}$$

式中:函数 f_2 只包含动力学系统的非线性部分。

同样在非线性系统中,MK 线性系统的特征向量也可以表述运动方程的模态

形式:

$$\overline{M}\ddot{\pmb{\eta}} + (\overline{C} + \overline{G})\dot{\pmb{\eta}} + (\overline{K} + \overline{H})\pmb{\eta} + \overline{f}_2(\pmb{\Phi}\pmb{\eta}, \pmb{\Phi}\dot{\pmb{\eta}}) = \overline{f}(t) \tag{A.75}$$

其中将向量f_2左乘特征向量矩阵的转置得到向量$\overline{f}_2$。这会进一步耦合运动方程,从而使得这一经过缩减的模态集更成问题。

与式(A.73)和式(A.74)相对应的状态方程为

$$\dot{z} = f_1(z) + Bu \tag{A.76}$$

或者将线性部分和非线性部分分开:

$$\dot{z} = Az + f_2(z) + Bu \tag{A.77}$$

另一种描述非线性系统的运动方程或者状态方程的方式是写出式(A.3)或者式(A.10),这里各类矩阵是广义坐标及其导数的函数,或者是状态变量的函数。在状态空间中有

$$\begin{cases} \dot{z} = A(z)z + B(z)u \\ y = C(z)z + D(z)u \end{cases} \tag{A.78}$$

如果系统不是时不变系统,那么各类矩阵也是时间的函数:

$$\begin{cases} \dot{z} = A(z,t)z + B(z,t)u \\ y = C(z,t)z + D(z,t)u \end{cases} \tag{A.79}$$

在非线性系统中无法获得闭合解,如固有频率以及衰减率等概念都失去了意义,甚至无法区分自由振荡与受力振荡,在某种意义上,自由振荡取决于系统工作的状态空间。在状态空间的某些区域中系统呈现的特性可能是稳定的,而在另外一些区域中则可能是不稳定的。

在任何给定的工作条件下,也就是状态空间里的任意一点,都可以将运动方程线性化,从而用状态空间某个区域中获得的线性化模型来研究系统的运动及其稳定性。这种情况下对运动和稳定的研究是局部的。显然无法用这种方式得到一个通解。

如果状态方程写成式(A.76)的形式,则其在状态空间中坐标z_0处的线性化为

$$\dot{z} = \left(\frac{\partial f_1}{\partial z}\right)_{z=z_0} z + Bu \tag{A.80}$$

其中:$\left(\frac{\partial f_1}{\partial z}\right)_{z=z_0}$为$z_0$处函数$f_1$的雅可比矩阵。

如果使用式(A.78),z_0附近的系统的线性动力学可以通过线性方程进行研究:

$$\begin{cases} \dot{z} = A(z_0)z + B(z_0)u \\ y = C(z_0)z + D(z_0)u \end{cases} \tag{A.81}$$

尽管局部的运动和稳定性能以闭合解进行研究,但研究全局的运动就必须诉诸运动方程的数值解以及数值仿真。

备注 A.12 在状态空间里的某些区域内也可以使用近似的方法以闭合解来

研究非线性系统的动力学问题,但是因此引入的误差通常是不可预测的,而且无法找到所有的可能解。

A.3 构型空间和状态空间里的拉格朗日方程

如果是相对简单的系统,则将系统内部和外部所有作用在不同部分的力都写出来,就可以直接写出式(A.3)形式的运动方程式。然而,如果系统比较复杂,特别是系统的自由度数很大,那么使用分析力学将会是很方便的。

写出多自由度自由系统的运动方程,最简单的方法之一就是通过拉格朗日方程,也就是使用一个具有 n 个自由度的广义力学系统,它的构型可以用 n 个广义坐标 x_i 来描述:

$$\frac{\mathrm{d}}{\mathrm{d}t}\left(\frac{\partial T}{\partial \dot{x}_i}\right) - \frac{\partial T}{\partial x_i} + \frac{\partial U}{\partial x_i} + \frac{\partial U}{\partial \dot{x}_i} = Q_i \quad (i = 1, \cdots, n) \tag{A.82}$$

其中:

- T 为系统的动能。从而可以综合地写出惯性力,一般来说:

$$T = T(\dot{x}_i, x_i, t)$$

通常动能是广义速度的二次函数:

$$T = T_0 + T_1 + T_2 \tag{A.83}$$

式中:T_0 与速度无关;T_1 是线性的;T_2 是二次的。

在一个线性系统中,动能必须包含的项为:速度和坐标的幂不高于二次的项(或大于两个以上的积)。因此,T_2 项中不能含有位移,即

$$T_2 = \frac{1}{2}\sum_{i=1}^{n}\sum_{j=1}^{n} m_{ij}x_i x_j = \frac{1}{2}\dot{x}^\mathrm{T} M \dot{x} \tag{A.84}$$

这里 m_{ij} 与 $\dot{x}$ 或者 x 无关,如果系统是时不变的,那么 M 为常数。

T_1 与速度呈线性,不能包含与位移呈线性的项:

$$T_1 = \frac{1}{2}\dot{x}^\mathrm{T}(M_1 x + f_1) \tag{A.85}$$

式中:矩阵 M_1 与向量 f_1 不包含广义坐标,即便 f_1 在时不变系统中是关于时间的函数。

T_0 中不包含广义速度,并且广义坐标的次数不高于两次:

$$T_0 = \frac{1}{2}x^\mathrm{T} M_g x + x^\mathrm{T} f_2 + e \tag{A.86}$$

式中:矩阵 M_g、向量 f_2、标量 e 均为常数。常数 e 不参与到运动方程中。后面将会看到,T_0 的结构与势能的结构是相同的。$T_0 - U$ 常被称为动力势能。

- U 为势能,可用来综合地表达保守力。通常

$$U = U(x_i)$$

在线性系统中,势能是广义坐标的二次型,由于常数项不参与到运动方程中,因此并不重要,这时可以写成

$$U = \frac{1}{2}\boldsymbol{x}^{\mathrm{T}}\boldsymbol{K}\boldsymbol{x} + \boldsymbol{x}^{\mathrm{T}}\boldsymbol{f}_0 \tag{A.87}$$

同样在非线性系统中,根据定义,势能与广义速度无关,因此势能对广义速度的导数 $\dot{\boldsymbol{x}}$ 为 0,式(A.82)通常写成拉格朗日函数,即

$$L = T - U$$

可以写作:

$$\frac{\mathrm{d}}{\mathrm{d}t}\left(\frac{\partial L}{\partial \dot{x}_i}\right) - \frac{\partial L}{\partial x_i} + \frac{\partial F}{\partial \dot{x}_i} = Q_i \quad (i = 1,\cdots,n) \tag{A.88}$$

- F 为瑞利耗散函数。它可用来综合地表达某些类型的阻尼力。许多情况中, $F = F(\dot{x}_i)$,但同时它可能也与广义坐标有关。在线性系统中,扩散函数是广义速度的二次型,而且与 $\dot{x}_i$ 无关的项不参与到运动方程中,因此扩散函数可以写成

$$F = \frac{1}{2}\dot{\boldsymbol{x}}^{\mathrm{T}}\boldsymbol{C}\dot{\boldsymbol{x}} + \frac{1}{2}\dot{\boldsymbol{x}}^{\mathrm{T}}(\boldsymbol{C}_1\boldsymbol{x} + \boldsymbol{f}_3) \tag{A.89}$$

- Q_i 为不能用以上提到的函数表示的广义力。通常, $Q_i = Q_i(\dot{q}_i, q_i, t)$。如果是线性系统,广义力与广义坐标、速度无关,那么

$$Q_i = Q_i(t) \tag{A.90}$$

在线性系统中,通过相关推导:

$$\frac{\partial(T - U)}{\partial \dot{x}_i} = \boldsymbol{M}\dot{\boldsymbol{x}} + \frac{1}{2}(\boldsymbol{M}_1\boldsymbol{x} + \boldsymbol{f}_1) \tag{A.91}$$

$$\frac{\mathrm{d}}{\mathrm{d}t}\left[\frac{\partial(T - U)}{\partial \dot{x}_i}\right] = \boldsymbol{M}\ddot{\boldsymbol{x}} + \frac{1}{2}(\boldsymbol{M}_1\dot{\boldsymbol{x}} + \dot{\boldsymbol{f}}_1) \tag{A.92}$$

$$\frac{\partial(T - U)}{\partial x_i} = \frac{1}{2}\boldsymbol{M}_1^{\mathrm{T}}\boldsymbol{x} + \boldsymbol{M}_g\boldsymbol{x} - \dot{\boldsymbol{K}}\boldsymbol{x} + \boldsymbol{f}_2 - \boldsymbol{f}_0 \tag{A.93}$$

$$\frac{\partial F}{\partial \dot{x}_i} = \boldsymbol{C}\dot{\boldsymbol{x}} + \boldsymbol{C}_1\boldsymbol{x} + \boldsymbol{f}_3 \tag{A.94}$$

这时运动方程变为

$$\boldsymbol{M}\ddot{\boldsymbol{x}} + \frac{1}{2}(\boldsymbol{M}_1 - \boldsymbol{M}_1^{\mathrm{T}})\dot{\boldsymbol{x}} + \boldsymbol{C}\dot{\boldsymbol{x}} + (\boldsymbol{K} - \boldsymbol{M}_g + \boldsymbol{C}_1)\boldsymbol{x} = -\dot{\boldsymbol{f}}_1 + \boldsymbol{f}_2 - \boldsymbol{f}_3 - \boldsymbol{f}_0 + \boldsymbol{Q} \tag{A.95}$$

矩阵 $\boldsymbol{M}_1$ 通常是斜对称的。然而,就算不是如此,它也可以写成一个对称矩阵和斜对角矩阵之和:

$$\boldsymbol{M}_1 = \boldsymbol{M}_{1\mathrm{symm}} + \boldsymbol{M}_{1\mathrm{skew}} \tag{A.96}$$

代入式(A.95),则 $\boldsymbol{M}_1 - \boldsymbol{M}_1^{\mathrm{T}}$ 变成

$$M_{1symm} + M_{1skew} - M_{1symm} + M_{1skew} = 2M_{1skew}$$

只有 M_1 斜对称部分才包含到运动方程里,同样 C_1 通常也是斜对称的。

将 M_{1skew} 写作 $G/2$,C_1(或者是它的斜对称部分;如果对称部分存在,可以包含到矩阵 K 中)记作 H,将向量 f_0、$\dot{f}_1$、f_2、f_3 包含到激励函数 Q 中,这时运动方程变为

$$M\ddot{x} + (C + G)\dot{x} + (K - M_g + H)x = Q \qquad (A.97)$$

质量、刚度、陀螺矩阵和循环矩阵 M、K、G、H 都已经定义。对称矩阵 M_g 定义为几何矩阵[①]。

如前所述,一个系统若不存在 T_1,则可以说这个系统是自然的,它的运动方程不包含有陀螺矩阵。在很多情况下 T_0 也不存在,此时动能表达式为式(A.84)。

为了描写非线性系统中的线性运动方程,这里有两种方式。第一种是写出能量的完全表达式,通过推导获得运动方程的完全形式,然后除去非线性项。

第二种方式是将能量表达式简化为二次形式,方法为以幂级数形式展开表达式,然后截取二次项。这样就直接得到了线性运动方程。

两种方式可以得到相同的结果,但是第一种通常计算量要大得多。

为了得到状态方程,必须写出 n 个运动学方程:

$$\dot{x}_i = v_i \quad (i = 1, \cdots, n) \qquad (A.98)$$

如果状态向量以通常的方式定义,即

$$z = \begin{Bmatrix} v \\ x \end{Bmatrix}$$

则这个过程是简单明了的。

A.4 受约束系统的拉格朗日方程

在之前的部分,运动方程都是用最小数量的广义坐标写成的,也就是坐标数与系统的自由度数一致。

在很多情况下系统可以被建模成一定数量的点质量或受到约束的刚体;这时上述的方法需要对描述约束条件下系统所有可能构型的最小数量的广义坐标进行鉴别。一种可选方法是使用同样的广义坐标(无约束条件下使用)写出点质量或刚体的运动方程,然后再加入约束方程。

例如,假设一个摆锤由一个点质量以及一根不可拉伸的无质量细绳组成。第一种方法可以用一个坐标描述摆锤运动,如图 A.5(a)的摆角 θ。第二种方法可以

---

① 这里使用符号 M_g 而非通常的 K_g,是要强调其来源于动能。

用两个广义坐标来描述平面内的运动方程（如坐标 x 与 y），同时还要用一个方程来说明距离 OP 是恒定的。

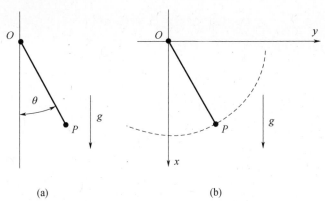

(a)   (b)

图 A.5　摆锤，(a)使用最小数量的广义坐标建立模型；
(b)系统具有两个自由度和一个约束

约束方程可能有不同类型。

A.4.1　完整约束

最简单的一种情况是如果有 k 个如下的关系：
$$f_j(\boldsymbol{x}) = 0 \quad (j = 1,\cdots,k) \tag{A.99}$$
这些约束都是简单的几何约束，也就是定义一些线或表面对系统的不同部分进行约束。这种约束被称为完整约束。更普遍的情况为
$$f_j(\boldsymbol{x},t) = 0 \quad (j = 1,\cdots,k) \tag{A.100}$$
这也是处理完整约束的。

在完整约束的情况下，增广拉格朗日函数式可以被定义为
$$L^* = L + \sum_{j=1}^{k} \lambda_j(t) f_j(\boldsymbol{x}) = T - U + \sum_{j=1}^{k} \lambda_j(t) f_j(\boldsymbol{x}) \tag{A.101}$$
函数 $\lambda_j(t)$ 被称为拉格朗日算子，用来处理动力系统的冗余广义坐标。

备注 A.13　拉格朗日乘数的物理意义并不是坐标，而是约束对系统所施加的力。

将增广拉格朗日算子代入到拉格朗日方程中，得到
$$\frac{\mathrm{d}}{\mathrm{d}t}\left(\frac{\partial T}{\partial \dot{x}_i}\right) - \frac{\partial T}{\partial x_i} + \frac{\partial U}{\partial x_i} + \frac{\partial F}{\partial \dot{x}_i} - \sum_{j=1}^{k} \lambda_j \frac{\partial f_j}{\partial x_i} = Q_i \quad (i = 1,\cdots,n) \tag{A.102}$$
这 n 个运动方程必须要与 k 个约束方程（A.99）联立，得到以 $n + k$ 个未知数 x_i 和 y_i 表达的由 $n + k$ 个方程组成的方程组。

备注 A.14　这 n 个动力学方程为常微分方程，而 k 个约束方程为代数方程。

最简单的有约束系统的例子如图 A.5 所示，摆锤长度为 l，质量为 m。如果用最小数量的坐标，则可以选择角 θ，拉格朗日函数为

$$L = \frac{1}{2}ml^2\dot{\theta}^2 - mgl\cos\theta \tag{A.103}$$

因此运动方程可以写成

$$\ddot{\theta} + \frac{g}{l}\sin\theta = 0 \tag{A.104}$$

另一种方式，明确说明约束，P 点的坐标 x 与 y 看作是广义坐标。距离 $OP = l$ 的约束方程为

$$\sqrt{x^2 + y^2} - l = 0 \tag{A.105}$$

因此增广拉格朗日函数为

$$L^* = \frac{1}{2}m(\dot{x}^2 + \dot{y}^2) + mgx + \lambda(\sqrt{x^2 + y^2} - l) \tag{A.106}$$

通过相关推导，运动方程和约束方程为

$$\begin{cases} m\ddot{x} - mgl - \lambda\,\dfrac{x}{l} = 0 \\[2mm] m\ddot{y} - \lambda\,\dfrac{x}{l} = 0 \\[2mm] x^2 + y^2 - l^2 = 0 \end{cases} \tag{A.107}$$

为了得到和第一种方式相同的结果，进行换元得到

$$x = l\cos\theta \tag{A.108}$$

由最后一个方程，得

$$y = l\sin\theta \tag{A.109}$$

将加速度

$$\begin{cases} \ddot{x} = -l\ddot{\theta}\sin\theta - l\dot{\theta}^2\cos\theta \\[2mm] \ddot{y} = l\ddot{\theta}\cos\theta - l\dot{\theta}^2\sin\theta \end{cases} \tag{A.110}$$

代入前两个方程中，得

$$\begin{cases} -ml\ddot{\theta}\sin\theta - ml\dot{\theta}^2\cos\theta - mgl - \lambda\cos\theta = 0 \\[2mm] ml\ddot{\theta}\cos\theta - ml\dot{\theta}^2\sin\theta - \lambda\sin\theta = 0 \end{cases} \tag{A.111}$$

将第一个方程乘以 $-\sin\theta$，第二个方程乘以 $\cos\theta$，将两方程相加，得

$$l\ddot{\theta} + g\sin\theta = 0 \tag{A.112}$$

与之前的方程一致。将第一个方程乘以 $\cos\theta$，第二个方程乘以 $\sin\theta$，将两个方程相加，得

$$\lambda = -m[l\dot{\theta}^2 + g\cos\theta] \tag{A.113}$$

λ 表达式中的两项是向心力加上补偿沿细绳方向上重力分量的力。因此 λ 为

导线作用在质量 m 上的力。

A.4.2　不完整约束

如果约束方程还涉及速度,即

$$f_j(\boldsymbol{x}, \dot{\boldsymbol{x}}, t) = 0 \quad (j = 1, \cdots, k) \tag{A.114}$$

则约束被称为是不完整约束。这种情况下不能使用前述完整约束中的增广拉格朗日函数。

如果雅可比矩阵

$$\frac{\partial f_j(\boldsymbol{x}, \dot{\boldsymbol{x}}, t)}{\partial \dot{x}}$$

的秩为 k,即所有的约束都是不完整且独立的,则运动方程为[①]

$$\frac{\mathrm{d}}{\mathrm{d}t}\left(\frac{\partial T}{\partial \dot{x}_i}\right) - \frac{\partial T}{\partial x_i} + \frac{\partial U}{\partial x_i} + \frac{\partial F}{\partial \dot{x}_i} + \sum_{j=1}^{k} \lambda_j \frac{\partial f_j}{\partial x_i} = Q_i \quad (i = 1, \cdots, n) \tag{A.115}$$

一种混合情况也是可能的:如果 k_1 个约束为完整约束而 k_2 个约束为不完整约束且满足以上条件(雅可比矩阵秩为 k_2),则这两种不同的约束可以分别用式(A.102)和式(A.115)来处理。

A.5　相空间里的哈密顿方程

如果使用广义动量而非广义速度作为辅助变量,则方程是根据相空间和相向量而非状态空间和向量写出的。

从拉格朗日算符 L 出发定义广义动量,得到

$$p = \frac{\partial L}{\partial \dot{x}} \tag{A.116}$$

如果系统是自然线性系统,则定义简化为

$$\boldsymbol{p} = \boldsymbol{M}\dot{\boldsymbol{x}} \tag{A.117}$$

将来自于耗散函数的力包含到广义力 Q_i,这时拉格朗日方程简化为

$$\dot{p}_i = \frac{\partial L}{\partial x_i} + Q_i \tag{A.118}$$

---

① M. R. Flannery, The enigma of nonholonomic constraints, Am. J. Phys. 73(3):265 – 272, 2005; O. M. Moreschi, G. Castellano, *Geometric approach to non – holonomic problems satisfying Hamilton's principle*, Rev. Unión Mat. Argent. 47(2):125 – 135, 2005.

定义哈密顿函数 $H(\dot{x}_i, x_i, t)$ 为

$$H = \boldsymbol{p}^{\mathrm{T}}\dot{\boldsymbol{x}} - L \tag{A.119}$$

因为 H 是 p_i、x_i、t 的函数 $H(\dot{x}_i, x_i, t)$，则微分 δH 为

$$\delta H = \sum_{i=1}^{n}\left(\frac{\partial H}{\partial p_i}\delta p_i + \frac{\partial H}{\partial x_i}\delta x_i\right) \tag{A.120}$$

另外由式（A.119）可以得到

$$\delta H = \sum_{i=1}^{n}\left(p_i\delta\dot{x} + \dot{x}\delta p_i - \frac{\partial L}{\partial x_i}\delta x_i - \frac{\partial L}{\partial \dot{x}_i}\delta\dot{x}_i\right)$$

$$= \sum_{i=1}^{n}\left(\dot{x}_i\delta p_i - \frac{\partial L}{\partial x_i}\delta x_i\right) \tag{A.121}$$

然后有

$$\frac{\partial H}{\partial p_i} = \dot{x}, \qquad \frac{\partial H}{\partial x_i} = -\frac{\partial L}{\partial x_i} \tag{A.122}$$

因此，$2n$ 个相空间方程为

$$\begin{cases} \dot{x} = \dfrac{\partial H}{\partial p_i} \\[2mm] p_i = -\dfrac{\partial H}{\partial x_i} + Q_i \end{cases} \tag{A.123}$$

A.6　伪坐标下的拉格朗日方程

通常，状态方程根据广义速度写出，而广义速度并不仅仅是广义坐标的导数。特别的，可以使用坐标导数 $v_i = \dot{x}_i$ 的适当线性组合来作为广义速度：

$$\{w_i\} = \boldsymbol{A}^{\mathrm{T}}\{\dot{x}_i\} \tag{A.124}$$

矩阵 $\boldsymbol{A}^{\mathrm{T}}$ 中的线性组合系数可以为常数，但通常为广义坐标的函数。

通常，逆变换方程（A.124），可以得到

$$\{\dot{x}_i\} = \boldsymbol{B}\{w_i\} \tag{A.125}$$

其中

$$\boldsymbol{B} = \boldsymbol{A}^{-\mathrm{T}} \tag{A.126}$$

符号 $\boldsymbol{A}^{-\mathrm{T}}$ 表示矩阵的 $\boldsymbol{A}$ 转置的逆。

在某些情况下，矩阵 $\boldsymbol{A}^{\mathrm{T}}$ 是一个旋转矩阵，它的逆恰好是它的转置。这时

$$\boldsymbol{B} = \boldsymbol{A}^{-\mathrm{T}} = \boldsymbol{A}$$

然而，通常情况下

$$\boldsymbol{B} \neq \boldsymbol{A}$$

尽管 v_i 是坐标 x_i 的导数,但是一般而言,不可能用适当坐标的导数来表达 w_i。式(A.124)可以写成无限小位移 dx_i 的形式来求得一组与速度 w_i 相对应的无限小位移 $d\theta_i$:

$$\{d\theta_i\} = \boldsymbol{A}^T\{dx_i\} \tag{A.127}$$

当且仅当

$$\frac{\partial a_{js}}{\partial x_k} = \frac{\partial a_{ks}}{\partial x_j}$$

将式(A.127)积分后可以得到与速度 w_i 相对应的位移 θ_i。否则式(A.127)不能被积分,速度 w_i 不能看作是真实坐标的导数。在这种情况下,它们可以被称为伪坐标导数。

得出的第一个结论就是:与速度 w_i 相对应的坐标是不存在的,拉格朗日方程式(A.82)不能直接用速度 w_i 写出(因为速度不能看作是新坐标的导数),必须要通过修改使得速度和坐标的关系继续成立。

伪坐标的使用相当普遍。比如,在刚体动力学中,使用随刚体运动的参考坐标系中的广义速度,而坐标 x_i 表示惯性坐标系中的相对位移,矩阵 $\boldsymbol{A}^T$ 为旋转矩阵,允许在不同坐标系间传递。在这种情况下矩阵 $\boldsymbol{B}$ 与矩阵 $\boldsymbol{A}$ 相等,但它们都不是对称的,并且刚体固连坐标系中的速度不能看作是该坐标系下位移的导数。也就是刚体坐标系不停旋转,因此不能沿着该坐标系的轴对速度进行积分来求得沿该轴的位移。虽然可以使用沿轴速度分量来写出运动方程。

将动能写成一般形式:

$$T = T(w_i, x_i, t)$$

运动方程中,导数 $\dfrac{\partial T}{\partial \dot{x}}$ 以矩阵形式写出得到

$$\left\{\frac{\partial T}{\partial \dot{x}}\right\} = A\left\{\frac{\partial T}{\partial w}\right\} \tag{A.128}$$

其中

$$\left\{\frac{\partial T}{\partial \dot{x}}\right\} = \left[\begin{array}{ccc} \dfrac{\partial T}{\partial \dot{x}_1} & \dfrac{\partial T}{\partial \dot{x}_2} & \cdots \end{array}\right]^T$$

$$\left\{\frac{\partial T}{\partial \dot{w}}\right\} = \left[\begin{array}{ccc} \dfrac{\partial T}{\partial \dot{w}_1} & \dfrac{\partial T}{\partial \dot{w}_2} & \cdots \end{array}\right]^T$$

对时间微分,得

$$\frac{\partial}{\partial t}\left(\left\{\frac{\partial T}{\partial \dot{x}}\right\}\right) = \boldsymbol{A}\,\frac{\partial}{\partial t}\left(\left\{\frac{\partial T}{\partial w}\right\}\right) + \dot{A}\left\{\frac{\partial T}{\partial w}\right\} \tag{A.129}$$

矩阵 $\dot{\boldsymbol{A}}$ 的矩阵元 $\dot{a}_{jk}$ 为

$$\dot{a}_{jk} = \sum_{i=1}^{n} \frac{\partial a_{jk}}{\partial x_i}\dot{x}_i = \dot{\boldsymbol{x}}^T\left\{\frac{\partial a_{jk}}{\partial x}\right\} \tag{A.130}$$

463

即

$$\dot{a}_{jk} = \boldsymbol{w}^{\mathrm{T}} \boldsymbol{B}^{\mathrm{T}} \left\{ \frac{\partial a_{jk}}{\partial x} \right\} \tag{A. 131}$$

计算得到的 $\dot{a}_{jk}$ 可以写成矩阵形式：

$$\dot{\boldsymbol{A}} = \left[\boldsymbol{w}^{\mathrm{T}} \boldsymbol{B}^{\mathrm{T}} \left\{ \frac{\partial a_{jk}}{\partial x} \right\} \right] \tag{A. 132}$$

通常不能直接计算得到广义坐标的导数 $\frac{\partial T}{\partial x}$。通用导数 $\frac{\partial T}{\partial x_k}$ 为

$$\frac{\partial T^*}{\partial x} = \frac{\partial T}{\partial x_k} + \sum_{i=1}^{n} \frac{\partial T}{\partial w_i} \frac{\partial w_i}{\partial x_k} = \frac{\partial T}{\partial x_k} + \sum_{i=1}^{n} \frac{\partial T}{\partial w_i} \sum_{j=1}^{n} \frac{\partial a_{ij}}{\partial x_k} \dot{x}_j \tag{A. 133}$$

其中 T^* 为用广义坐标及其各阶导数表达的动能函数（这个表达式以它通常形式代入拉格朗日方程中），T 为关于广义坐标以及刚体参考系中的速度的函数。式（A. 133）可以写成

$$\frac{\partial T^*}{\partial x_k} = \frac{\partial T}{\partial x_k} + \boldsymbol{w}^{\mathrm{T}} \boldsymbol{B}^{\mathrm{T}} \frac{\partial \boldsymbol{A}}{\partial x_k} \left\{ \frac{\partial T}{\partial w} \right\} \tag{A. 134}$$

其中 $\boldsymbol{w}^{\mathrm{T}} \boldsymbol{B}^{\mathrm{T}} \frac{\partial \boldsymbol{A}}{\partial x_k}$ 的乘积得到一个有 n 个元素的行矩阵，将这个矩阵乘以列矩阵 $\left\{ \frac{\partial T}{\partial w} \right\}$ 则可以得到需要的数。

组合这些行矩阵，得到一个方阵：

$$\boldsymbol{w}^{\mathrm{T}} \boldsymbol{B}^{\mathrm{T}} \frac{\partial \boldsymbol{A}}{\partial x_k} \tag{A. 135}$$

列向量包含求广义坐标的导数，即

$$\frac{\partial T^*}{\partial x} = \left\{ \frac{\partial T}{\partial x} \right\} + \left[\boldsymbol{w}^{\mathrm{T}} \boldsymbol{B}^{\mathrm{T}} \frac{\partial \boldsymbol{A}}{\partial x} \right] \left\{ \frac{\partial T}{\partial w} \right\} \tag{A. 136}$$

通过定义，势能与广义速度无关，因此项 $\frac{\partial U}{\partial x_i}$ 不受广义速度的表达方式影响。最后，得到耗散函数的导数为

$$\left\{ \frac{\partial F}{\partial \dot{x}} \right\} = \boldsymbol{A} \left\{ \frac{\partial F}{\partial x} \right\} \tag{A. 137}$$

运动方程（A. 82）为

$$\boldsymbol{A} \frac{\partial}{\partial t} \left(\left\{ \frac{\partial T}{\partial w} \right\} \right) + \boldsymbol{\Gamma} \left\{ \frac{\partial T}{\partial w} \right\} - \left\{ \frac{\partial T}{\partial x} \right\} + \left\{ \frac{\partial U}{\partial x} \right\} + \boldsymbol{A} \left\{ \frac{\partial F}{\partial w} \right\} = \boldsymbol{Q} \tag{A. 138}$$

其中

$$\boldsymbol{\Gamma} = \left[\boldsymbol{w}^{\mathrm{T}} \boldsymbol{B}^{\mathrm{T}} \left\{ \frac{\partial a_{jk}}{\partial x} \right\} \right] - \left[\boldsymbol{w}^{\mathrm{T}} \boldsymbol{B}^{\mathrm{T}} \frac{\partial \boldsymbol{A}}{\partial x_k} \right] \tag{A. 139}$$

$\boldsymbol{Q}$ 为包含 n 个广义力的向量。

464

将所有项左乘矩阵 $\boldsymbol{B}^{\mathrm{T}} = \boldsymbol{A}^{-1}$,将运动方程放到动力学方程中,状态空间的最终形式为

$$
\begin{cases}
\boldsymbol{A}\,\dfrac{\partial}{\partial t}\left(\left\{\dfrac{\partial T}{\partial w}\right\}\right) + \boldsymbol{\varGamma}\left\{\dfrac{\partial T}{\partial w}\right\} - \left\{\dfrac{\partial T}{\partial x}\right\} + \left\{\dfrac{\partial U}{\partial x}\right\} + \boldsymbol{A}\left\{\dfrac{\partial F}{\partial w}\right\} = \boldsymbol{Q} \\
\{\dot{x}\} = \boldsymbol{B}\{w_i\}
\end{cases} \tag{A.140}
$$

A.7 刚体的运动

A.7.1 广义坐标

三维空间中的一个刚体拥有 6 个自由度。3.6 节已经给出一组能确定刚体姿态位置的 6 个广义坐标。一旦惯性坐标系 $OXYZ$ 和以刚体质心为中心的固连于刚体的坐标系 $Gxyz$ 确定,则刚体的位置由以下参数确定:

- G 点在惯性坐标系 $OXYZ$ 的坐标,也就是 X_G、Y_G 和 Z_G;
- 三个欧拉角或者 Tait – Bryan 角,比如偏航角(ψ)、俯仰角(θ)以及滚转角(ϕ)。

对应旋转 $\boldsymbol{R}_1$、$\boldsymbol{R}_2$ 与 $\boldsymbol{R}_3$ 的旋转矩阵由式(3.3)~式(3.5)定义,因此总旋转矩阵的表达式如下,即式(3.7):

$$
\boldsymbol{R} = \boldsymbol{R}_1 \boldsymbol{R}_2 \boldsymbol{R}_3
$$
$$
= \begin{bmatrix}
c(\psi)c(\theta) & c(\psi)s(\theta)s(\phi) - s(\psi)c(\phi) & c(\psi)s(\theta)c(\phi) + s(\psi)s(\phi) \\
s(\psi)c(\theta) & s(\psi)s(\theta)s(\phi) + c(\psi)c(\phi) & s(\psi)s(\theta)c(\phi) - c(\psi)s(\phi) \\
-s(\theta) & c(\theta)s(\phi) & c(\theta)c(\phi)
\end{bmatrix}
$$

这里面 sin 以及 cos 都用 s 和 c 来代替。

有时滚转角与俯仰角很小。在这种情况下,将后两个旋转与第一个旋转相分离是可行的,将对应后两个旋转的旋转矩阵相乘,即

$$
\boldsymbol{R}_2 \boldsymbol{R}_3 = \begin{bmatrix}
\cos(\theta) & \sin(\theta)\sin(\phi) & \sin(\theta)\cos(\phi) \\
0 & \cos(\phi) & -\sin(\phi) \\
-\sin(\theta) & \cos(\theta)\sin(\phi) & \cos(\theta)\cos(\phi)
\end{bmatrix} \tag{A.141}
$$

如果角度很小的话,则变形为

$$
\boldsymbol{R}_2 \boldsymbol{R}_3 \approx \begin{bmatrix}
1 & 0 & \theta \\
0 & 1 & -\phi \\
-\theta & \phi & 1
\end{bmatrix} \tag{A.142}
$$

角速度 $\dot{\psi}$、$\dot{\theta}$、$\dot{\phi}$ 并不沿着 x、y、z 轴,因此它们并不是刚体坐标系下角速度的分

量 Ω_x、Ω_y、Ω_z[①]。它们的方向为轴 z、y^* 和 x(图 3.10)。刚体坐标系下的角速度为

$$\begin{Bmatrix} \Omega_x \\ \Omega_y \\ \Omega_z \end{Bmatrix} = \dot{\phi} e_x + \dot{\theta} R_3^T e_y + \dot{\psi} [R_2 R_3]^T e_z \tag{A.143}$$

式中:单位向量显然为

$$e_x = \begin{Bmatrix} 1 \\ 0 \\ 0 \end{Bmatrix}, e_y = \begin{Bmatrix} 0 \\ 1 \\ 0 \end{Bmatrix}, e_z = \begin{Bmatrix} 0 \\ 0 \\ 1 \end{Bmatrix} \tag{A.144}$$

相乘得

$$\begin{cases} \Omega_x = \dot{\phi} - \dot{\psi}\sin(\theta) \\ \Omega_y = \dot{\theta}\cos(\phi) + \dot{\psi}\sin(\phi)\cos(\theta) \\ \Omega_z = \dot{\psi}\cos(\theta)\cos(\phi) - \dot{\theta}\sin(\phi) \end{cases} \tag{A.145}$$

或者,写成矩阵形式:

$$\begin{Bmatrix} \Omega_x \\ \Omega_y \\ \Omega_z \end{Bmatrix} = \begin{bmatrix} 1 & 0 & -\sin(\theta) \\ 0 & \cos(\phi) & \sin(\phi)\cos(\theta) \\ 0 & -\sin(\phi) & \cos(\phi)\cos(\theta) \end{bmatrix} \begin{Bmatrix} \dot{\phi} \\ \dot{\theta} \\ \dot{\psi} \end{Bmatrix} \tag{A.146}$$

如果俯仰角和滚转角足够小,以至于能够线性化相关三角函数,则角速度分量可以近似表达为

$$\begin{cases} \Omega_x = \dot{\phi} - \dot{\psi}\theta \\ \Omega_y = \dot{\theta} + \dot{\psi}\phi \\ \Omega_z = \dot{\psi} - \dot{\theta}\phi \end{cases} \tag{A.147}$$

A.7.2　运动方程——拉格朗日法

假设刚体轴 xyz 是惯性主轴,则刚体的动能方程为

$$T = \frac{1}{2}m(\dot{X}^2 + \dot{Y}^2 + \dot{Z}^2) + \frac{1}{2}J_x[\dot{\phi} - \dot{\psi}\sin(\theta)]^2$$

$$+ \frac{1}{2}J_y[\dot{\theta}\cos(\phi) + \dot{\psi}\sin(\phi)\cos(\theta)]^2$$

$$+ \frac{1}{2}J_z[\dot{\psi}\cos(\theta)\cos(\phi) - \dot{\theta}\sin(\phi)]^2 \tag{A.148}$$

[①]　通常使用符号 p、q 和 r 来表示刚体坐标系中的角速度分量。

将动能引入到拉格朗日方程中：

$$\frac{\mathrm{d}}{\mathrm{d}t}\left(\frac{\partial T}{\partial \dot{q}_i}\right) - \frac{\partial T}{\partial q_i} = Q_i$$

然后进行相关推导，可以直接得到 6 个运动方程。3 个平移方程为

$$\begin{cases} m\ddot{X} = Qx \\ m\ddot{Y} = Qy \\ m\ddot{Y} = Qz \end{cases} \tag{A.149}$$

旋转方程更为复杂，即

$$\ddot{\psi}[J_x\sin^2(\theta) + J_y\sin^2(\phi)\cos^2(\theta) + J_z\cos^2(\phi)\cos^2(\theta)]$$
$$- \ddot{\phi}J_x\sin(\theta) + \ddot{\theta}(J_y - J_z)\sin(\phi)\cos(\phi)\cos(\theta)$$
$$+ \dot{\phi}\dot{\theta}\cos(\theta)\{[1 - 2\sin^2(\phi)](J_y - J_z) - J_x\}$$
$$+ 2\dot{\phi}\dot{\psi}(J_y - J_z)\cos(\phi)\cos^2(\theta)\sin(\phi)$$
$$+ 2\dot{\theta}\dot{\psi}\sin(\theta)\cos(\theta)[J_x - \sin^2(\phi)J_y - \cos^2(\phi)J_z]$$
$$+ \dot{\theta}^2(-J_y + J_z)\sin(\phi)\cos(\phi)\sin(\theta) = Q_\psi$$
$$\ddot{\psi}(J_x - J_z)\sin(\phi)\cos(\theta)\cos(\phi) + \ddot{\theta}[J_y\cos^2(\phi) + J_z\sin^2(\phi)]$$
$$+ 2\dot{\phi}\dot{\theta}(J_z - J_y)\sin(\phi)\cos(\phi) + \dot{\phi}\dot{\psi}(J_y - J_z)\cos(\theta)[1 - 2\sin^2(\phi)]$$
$$+ \dot{\psi}\dot{\phi}J_x\cos(\theta) - \dot{\psi}^2\sin(\theta)\cos(\theta)[J_x - J_y\sin^2(\phi) - J_z\cos^2(\phi)] = Q_\theta$$
$$+ J_x\ddot{\phi} - \sin(\theta)J_x\ddot{\psi} - \dot{\theta}\dot{\psi}J_z\sin^2(\theta)\cos(\theta)$$
$$- \dot{\psi}\dot{\theta}\cos(\theta)\{J_x + J_y[1 - 2\sin^2(\phi)] - J_z\cos^2(\phi)\}$$
$$+ \dot{\theta}^2(J_x - J_z)\sin(\phi)\cos(\phi) - \dot{\psi}^2(J_y - J_z)\cos(\phi)\cos^2(\theta)\sin(\phi) = Q_\phi$$

$$\tag{A.150}$$

备注 A.15 角 ψ 不直接出现在运动方程中，如果滚转角和俯仰角足够小的话，所有的三角函数都可以线性化。

如果角速度也比较小，旋转的运动方程简化为

$$\begin{cases} J_z\ddot{\psi} = Q_\psi \\ J_y\ddot{\theta} = Q_\theta \\ J_x\ddot{\phi} = Q_\phi \end{cases} \tag{A.151}$$

这种情况下，动能方程可以直接简化，通过用泰勒级数将三角函数展开，并忽略所有包含 3 个或以上小量的积的项。例如，将项

$$[\dot{\phi} - \dot{\psi}\sin^2(\theta)]^2$$

简化为

$$\left[\dot{\phi} - \dot{\psi}\theta + \frac{\dot{\psi}\theta^3}{6} + \cdots \right]^2$$

然后简化为 $\dot{\phi}^2$，因为其他项包含三个以上小量的积。动能方程简化为

$$T \approx \frac{1}{2}m(\dot{X}^2 + \dot{Y}^2 + \dot{Z}^2) + \frac{1}{2}(J_x\dot{\phi}^2 + J_y\dot{\theta}^2 + J_z\dot{\psi}^2) \qquad (\text{A.152})$$

备注 A.16 只有在滚转角与俯仰角都较小时，这种方法是简单的。否则，这种依据角速度 $\dot{\phi}$、$\dot{\theta}$ 和 $\dot{\psi}$ 的方法获得的运动方程相当复杂，而另一种方法更为简便。

A.7.3 伪坐标下的运动方程

通常施加于刚体的力和力矩根据刚体坐标系写出。在这些情况下，运动方程最好也是用同样的坐标系写出。根据速度的三个分量 v_x、v_y、v_z（通常简称为 u、v 和 w）以及角速的三个分量 Ω_x、Ω_y、Ω_z（通常简称为 p、q 和 r），可以写出动能。

如果刚体坐标系的轴是刚体的惯性主轴，那么动能的表达式为

$$T = \frac{1}{2}m(v_x^2 + v_y^2 + v_z^2) + \frac{1}{2}m(J_x\Omega_x^2 + J_y\Omega_y^2 + J_z\Omega_z^2)$$

刚体坐标系下速度和角速度分量不是坐标的导数，但是通过 6 个运动学方程与坐标相联系，即

$$\begin{Bmatrix} v_x \\ v_y \\ v_z \end{Bmatrix} = \boldsymbol{R}^{\mathrm{T}} \begin{Bmatrix} \dot{X} \\ \dot{Y} \\ \dot{Z} \end{Bmatrix} \qquad (\text{A.153})$$

$$\begin{Bmatrix} \Omega_x \\ \Omega_y \\ \Omega_z \end{Bmatrix} = \begin{bmatrix} 1 & 0 & -\sin(\theta) \\ 0 & \sin(\phi) & \sin(\phi)\cos(\theta) \\ 0 & -\sin(\phi) & \cos(\theta)\cos(\phi) \end{bmatrix} \begin{Bmatrix} \dot{\phi} \\ \dot{\theta} \\ \dot{\psi} \end{Bmatrix} \qquad (\text{A.154})$$

或者写成一个更为紧凑的形式，即

$$\boldsymbol{w} = \boldsymbol{A}^{\mathrm{T}} \dot{\boldsymbol{q}} \qquad (\text{A.155})$$

其中广义速度向量和广义坐标的导数向量分别为

$$\boldsymbol{w} = \begin{bmatrix} v_x & v_y & v_z & \Omega_x & \Omega_y & \Omega_z \end{bmatrix}^{\mathrm{T}} \qquad (\text{A.156})$$

$$\dot{\boldsymbol{q}} = \begin{bmatrix} \dot{X} & \dot{Y} & \dot{Z} & \dot{\phi} & \dot{\theta} & \dot{\psi} \end{bmatrix}^{\mathrm{T}} \qquad (\text{A.157})$$

矩阵 $\boldsymbol{A}$ 为

$$A = \begin{bmatrix} R & \mathbf{0} \\ \mathbf{0} & \begin{bmatrix} 1 & 0 & -\sin(\theta) \\ 0 & \sin(\phi) & \sin(\phi)\cos(\theta) \\ 0 & -\sin(\phi) & \cos(\theta)\cos(\phi) \end{bmatrix}^{\mathrm{T}} \end{bmatrix} \quad (\mathrm{A.158})$$

注意:第二个子阵不是旋转矩阵(第一个子阵则是),因此有

$$A^{-1} \neq A^{\mathrm{T}}, B \neq A \quad (\mathrm{A.159})$$

逆变换为式(A.125):

$$\dot{q} = Bw$$

这里:$B = A^{-\mathrm{T}}$。

向量 w 中的速度均不能通过积分得到一组广义坐标,它们必须被当作伪坐标的导数。

状态空间方程,由 6 个动力学方程和 6 个运动学方程组成,因此为式(A.140),在这种情况下,因为没有势能或者耗散函数的存在,可以简化为

$$\begin{cases} \dfrac{\partial}{\partial t}\left(\left\{\dfrac{\partial T}{\partial w}\right\}\right) + B^{\mathrm{T}} \Gamma \left\{\dfrac{\partial T}{\partial w}\right\} - B^{\mathrm{T}} \left\{\dfrac{\partial T}{\partial q}\right\} = B^{\mathrm{T}} Q \\ \{\dot{q}_i\} = B\{w_i\} \end{cases} \quad (\mathrm{A.160})$$

这里 $B^{\mathrm{T}} Q$ 为一个列矩阵,包含了沿刚体坐标轴 x、y、z 施加于刚体的三个力矩分量。

计算最困难的部分是写出矩阵 $B^{\mathrm{T}} \Gamma$,通过一些复杂的计算,得到

$$B^{\mathrm{T}} \Gamma = \begin{bmatrix} \tilde{\Omega} & \mathbf{0} \\ \tilde{V} & \tilde{\Omega} \end{bmatrix} \quad (\mathrm{A.161})$$

式中:$\tilde{\Omega}$、$\tilde{V}$ 为斜对称矩阵,包含着角速度和线速度的分量,分别为

$$\tilde{\Omega} = \begin{bmatrix} 0 & -\Omega_z & \Omega_y \\ \Omega_z & 0 & -\Omega_x \\ -\Omega_y & \Omega_x & 0 \end{bmatrix}, \tilde{V} = \begin{bmatrix} 0 & -v_z & v_y \\ v_z & 0 & -v_x \\ -v_y & v_x & 0 \end{bmatrix} \quad (\mathrm{A.162})$$

如果刚体坐标轴为惯性主轴,动力学方程可以简化为

$$\begin{cases} m\dot{v}_x = m\Omega_z v_y - m\Omega_y v_z + F_x \\ m\dot{v}_x = m\Omega_x v_z - m\Omega_z v_x + F_y \\ m\dot{v}_z = m\Omega_y v_x - m\Omega_x v_y + F_z \\ J_x \dot{\Omega}_x = \Omega_y \Omega_z (J_y - J_z) + M_x \\ J_x \dot{\Omega}_x = \Omega_y \Omega_z (J_y - J_z) + M_x \\ J_x \dot{\Omega}_x = \Omega_y \Omega_z (J_y - J_z) + M_x \end{cases} \quad (\mathrm{A.163})$$

备注 A.17 得到的方程远比式(A.150)简单,最后三个方程无非是欧拉方程。

A.8　多体模型

机器人或车辆可看作是由不同数量的刚体由弹簧或阻尼器连接而成的系统。

例如,Apollo 月球车(LRV),与其他任何四轮车辆类似,可以看作是通过弹性轮子和悬挂系统悬于地面之上的刚体。如果假设悬挂系统约束了轮毂所有的自由度,除了轮毂在垂直方向上的自由度不受约束以外,假设车轮旋转取决于车辆的前向运动(忽略纵向滑动),假设车辆操控为一个输入参数且取决于驾驶者的意愿,那么这样的模型就有 10 个自由度:6 个自由度决定坐标系的位置,另 4 个自由度决定了刚体在三维空间中的位置,4 个自由度分别对应四个轮毂。

一个具有 3 自由度机器臂的自由飞行的航天器可被建模为一个由多个刚体组成的系统,系统具有 9 个自由度。

这种方法通常被称为多体法。

还可以将系统的更多细节通过模型表达出来。比如,为了能得到更多细节,不将月球车的悬挂系统建模成一个沿着平行于 z 轴方向运动的刚体(轮毂),而是将悬挂的上三角与下三角以及车轮支柱建模成通过圆柱铰链互相连接的 3 个刚体。

然而,如果忽略各个部件的柔性,则系统的自由度数不变,因为每个悬挂的不同部分的运动仅由轮毂垂直位移这一参数决定。

自由度数不变并不意味着模型的复杂程度不变。如果在三维空间里对运动进行研究,n 代表刚体数量且有足够数量的约束方程,那么多体系统的数学模型就包含有 $6n$ 个动力学平衡微分方程。

比如,回到月球车模型,刚体总数量为 13(车体框架加上由 3 个刚体组成的 4 个悬挂,每个刚体都包括上三角部分和下三角部分以及支柱),动力学方程共有 78 个。每个悬挂不同部分之间的连接需要用到 68 个约束方程中的 17 个。用这 68 个方程可以去掉描述所有刚体运动的 78 个广义坐标中的 68 个,那么动力学平衡方程只剩下 10 个,这就是系统的自由度数。在研究整体的运动后,剩下的 68 个方程可以用来计算约束条件下的反应。

通常,运动方程是非线性的,得到解的唯一方式是对模型求时间的数值积分,也就是通常所说的用数值模拟其运动。

通常,遵循最通用的多体计算代码的方法是基于对所有方程的数值积分,即微分动力学方程加上代数约束方程。后者引入了代数环,使得数值积分变得复杂。

问题的复杂度一旦增加,由于涉及大量的微分和代数方程,这种方法就需要长时间的计算。

有些情况下,如果要研究系统的运动,则可以直接写出系统最小数量的动力学方程。建立这种模型的步骤为:

- 选择广义坐标系;
- 计算动能和势能、耗散函数以及外力所做的虚功;
- 应用拉格朗日方程的形式来获得运动方程。

如果系统比较简单,就像例3.5中的机器臂一样,这种方法建立的紧凑模型能直接解出系统的特性。然而,即便这种情况下获得的方程很简单,它们仍然是非线性的,唯一获得结果的方式是对时间进行数值积分,由于处理的方程数量减少,则计算时间也会更短。

也可以采取折中的方式:首先整组方程,包括微分方程和代数方程,通过整套的广义坐标获得;然后用计算机程序来消去约束方程,通过消去受约束坐标减少广义坐标数;最后对剩下的一小部分不包含代数环的方程进行数值积分。

附录 B
连接系统运动方程

B.1　总论

附录 A 中描述的离散系统的主要特征是用一组有限维的自由度就足以描述系统的构造。此外，对于线性系统，运动的常微分方程可以简单地用一组线性代数方程代替：研究线性离散系统的数学工具是矩阵代数。

当可变形弹性体运动看作连续系统分析时，情况就不一样了。通常将一个可变形物体建模为一个弹性连续体，或者如果运动是线性的，就建模为一个线性弹性连续体。一个连续体可以看作是无限个点的集合。

为了描述物体的未变形（初始）结构，在空间内建立一个参考系。许多问题可以在二维坐标系甚至一维坐标系下研究，但有些情况下仍然需要三维空间描述。物体的特性是根据连续体各部分在空间（或平面或线）的分布函数定义的。一般来说，这些分布函数不要求是连续的。

通过一个描述所有点位移量的向量函数，可以从初始结构计算出任意时刻 t 系统的结构参数（图 B.1）。点位移量用一个向量描述，该向量的维数同参考系维数相同。尽管在有些情况下会考虑不同的选择，但通常该向量的元素被视为每个点的广义坐标。因此，一个弹性体（广义上，可变形体）的自由度是无限的。相应的广义坐标可通过空间坐标与时间的连续函数计算得到，处理可变连续体的基本方法就是连续函数理论。

备注 B.1　描述物体各点位移量的函数对时间至少是二阶可微的，一阶微分表征的是位移速度，二阶微分表征位移加速度。通常，该函数的高阶微分也是存在的。

备注 B.2　参考系 xyz 不必是惯性参考系。若柔性体是一个"结构"，即仅在其平衡位置振动，那么该参考系是惯性系，相应地 $\dot{u}$ 表示绝对速度。但它如果是像涡轮叶片或机械臂一样整体移动，参考系可能是动坐标系，例如坐标系跟随物体的刚体运动而运动，位移向量 u 和速度 $\dot{u}$ 均是相对动参考系的坐标。

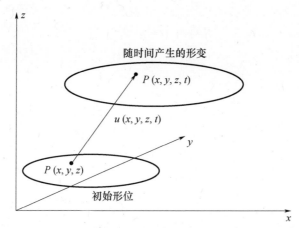

随时间产生的形变

$P(x, y, z, t)$

$u(x, y, z, t)$

$P(x, y, z)$

初始形位

图 B.1　弹性连续体的变形,参考系和位移向量

(引自 G. Genta, *Vibration Dynamics and Control*. Springer, New York, 2009)

　　为了不引入几何非线性,若物体位移量和转动量均可视为高阶小量,则可以通过弹性力学基础理论中的应力和应变对物体进行分析。当弹性体的动力学分析可以作为一个线性问题处理时,即物体的运动是线性的,且不考虑几何非线性时,模型自由度的无穷性导致了系统自然频率的无穷性。

　　假设作用在物体上的力用函数 $f(x, y, z, t)$ 描述,运动的偏导数微分方程通常写为

$$D[u(x, y, z, t)] = f(x, y, z, t), \quad U[u(x, y, z, t)]_B = 0 \qquad (B.1)$$

式中微分算子 D 描述物体的运动,而定义在边界 B 上的算子 U 是相应的边界条件(式(B.1)只描述了齐次边界条件)。微分算子的准确形式可以通过求取动力学平衡方程得到,也可以用拉格朗日方程描述系统的动能和势能来求出。

　　当可以定义逆算子 D^{-1} 关系式为

$$u(x, y, z, t) = D^{-1}[f(x, y, z, t)] \qquad (B.2)$$

时,式(B.1)的解存在。

　　备注 B.3　式(B.2)仅仅是一个理论表示,许多情况下无法得到相对算子的显式表达式,尤其当边界条件不是最简单的情况。

　　由于弹性体动力学分析没有普遍可行方法,为了研究特定类型的构件(梁、板、壳等),出现了许多不同的模型。这里只详细研究梁的弯曲,原因是许多机器人部件可以作为梁进行分析,此外,希望通过分析线性系统在最简单的约束条件下的一般特性对于弹性体的特性有所认识。

　　工程实践中大部分问题的求解都需要处理复杂的结构,因而通常不采用连续的系统模型。对于复杂构型,唯一可行的分析方法是对连续体进行离散化后运用离散系统的理论。离散化指的是用一个离散系统,通常是自由度非常多但有限的

离散系统,代替自由度无穷多的连续系统。这一步对于实际问题的求解十分重要,因为求解结果的精度很大程度上取决于离散模型反应实际模型的准确程度。

B.2 梁

B.2.1 综述

最简单的连续系统是柱状梁。对于梁的研究可以追溯到伽利略时期,伯努利、欧拉和维纳等人均做出了重要贡献。梁本质上是各向同性的弹性体。通常梁是柱状的(横截面相同)、均匀的(材料性质相同)、笔直的(各部分的轴线均为直线)和无弯曲的(各部分的弹性主轴空间指向相同)。梁的一维特性使得分析得以简化:每个横截面视为一个轴线方向上厚度几乎为零的刚体,该刚体有 6 个自由度,3 个平移,3 个转动。因此,问题简化为一个仅需要一个轴向坐标的一维问题。

设参考系的 z 轴沿着梁的轴线方向(图 B.2),每个横截面的 6 个坐标为:轴向位移 u_z,横向位移 u_x、u_y,绕 z 轴的扭转角 ϕ_z 和分别绕 x 轴和 y 轴的弯曲转角 ϕ_x、ϕ_y。

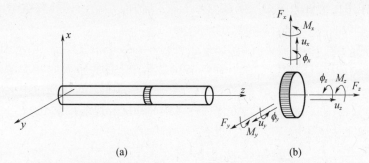

图 B.2　直梁;(a)概略图和参考系;(b)广义位移和作用在横截面单元上的广义力
(引自 G. Genta, *Vibration Dynamics and Control*. Springer, New York,2009)

假设位移量和转动量均很小,则转动可以视为向量,进而用线性化三角函数,简化全部的旋转矩阵。因此,三个转角可以像三个位移一样表示成一个向量中的三个元素。与定义的广义坐标相对应地作用于横截面上的广义力分别为:轴向力 F_z,剪力 F_x、F_y,沿 z 轴扭矩 M_z,绕 x 轴和 y 轴的弯矩 M_x、M_y。

根据上述假设,除 z 方向外的所有正应力(σ_x 和 σ_y)可假设为小量足以忽略。当轴线方向的几何参数和材料参数不恒定时,为了不引起应力 σ_x 和 σ_y,要求这些参数的变化率很小,因而额外应力也可忽略。若假设梁的轴线笔直,则至少在一阶近似下轴向平移不和其他自由度耦合。仅轴向受载且只分析轴向运动的梁通常称为杆。只有当所有的横截面有两个相互垂直的对称面,且横截面的面心和扭转中心重合时,扭转自由度才可同其他自由度解耦。若所有部分的对称面指向相同(梁无弯曲)且 x 轴和 y 轴垂直于这些平面,则 xz 平面内的弯曲特性与 yz 平面内的弯曲特性解耦。横截面有两个对称面的直梁中各自由度耦合情况见表 B.1。

表 B.1　梁的广义坐标和广义力

运动类型	自由度	广义力
轴向	平移 u_z	轴向力 F_z
扭转	转角 ϕ_z	扭矩 M_z
弯曲(xz 平面)	平移 u_x	剪力 F_x
	转角 ϕ_y	弯矩 M_y
弯曲(yz 平面)	平移 u_y	剪力 F_y
	转角 ϕ_x	弯矩 M_x

B.2.2　直梁弯曲振动

机器人的臂和足均可简单地建模为梁,在此详细分析直梁的弯曲特性。

首先,假设梁在惯性坐标系中整体保持静止。

利用 B.2.1 节中的假设,每个横向平面的弯曲特性可单独分析。如果在 xz 平面内发生了弯曲,相应的广义坐标为位移量 u_x 和转动量 ϕ_y。

假设梁的横截面的剪切变形和转动惯量与弯曲变形和平动惯量相比可以忽略,则梁的模型可化为最简单的欧拉－伯努利梁。如果梁是细长形的,即如果梁 x 方向的厚度远小于长度,那么该假设可以得到一个很好的近似结果。需要注意的是,在任何情况下,x 方向的厚度都必须足够小,才可应用梁的理论进行分析。

长度为 $\mathrm{d}z$ 的梁微元(图 B.3)在 x 方向的位移平衡方程:

$$\rho A \frac{\mathrm{d}^2 u_x}{\mathrm{d}t^2} = \frac{\partial F_x}{\partial z} + f_x(z,t) \tag{B.3}$$

若梁的 $\mathrm{d}z$ 微元的转动惯量可被忽略,且没有分布弯矩作用于梁上,则该微元绕 y 轴的转动平衡方程为

$$F_x \mathrm{d}z + \frac{\partial M_y}{\partial z}\mathrm{d}z = 0 \tag{B.4}$$

将式(B.4)代入式(B.3)得

$$\rho A \frac{\mathrm{d}^2 u_x}{\mathrm{d}t^2} = -\frac{\partial^2 M_y}{\partial z^2} + f_x(z,t) \tag{B.5}$$

弯矩和梁弯曲的曲率成正比;忽略剪切变形,用梁的微元法分析可知,弯矩和位移 u_x 的二阶微分成正比:

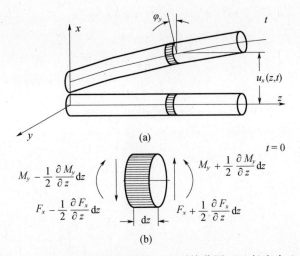

图 B.3　xz 平面内直梁弯曲特性;(a)系统草图;(b)长度为 dz 的
梁微元所受的力和力矩(引自 G. Genta, Vibration Dynamics and
Control. Springer, New York, 2009)

$$M_y = EI_y \frac{\partial^2 u_x}{\partial z^2} \qquad (B.6)$$

式中:I_y 为梁的横截面关于 y 轴的面积矩。继而可以得到平衡方程为

$$m(z) \frac{\mathrm{d}^2 u_x}{\mathrm{d}t^2} + \frac{\partial^2}{\partial z^2} \left[k(z) \frac{\partial^2 u_x}{\partial z^2} \right] = f_x(z,t) \qquad (B.7)$$

单位长度的质量和抗弯刚度分别为

$$m(z) = \rho(z)A(z), \qquad k(z) = E(z)I_y(z) \qquad (B.8)$$

求出横向平移 u_x 后,就可计算出第二个广义坐标 ϕ_y:这是因为忽略剪切变形时,横截面保持与梁的挠曲形状垂直,横截面的转角与弯曲速率相等。

$$\phi_y = \frac{\partial u_x}{\partial z} \qquad (B.9)$$

式(B.7)中定义了式(B.1)中引入的微分算子 D:

$$D(u_z) = m(z) \frac{\mathrm{d}^2 u_x}{\mathrm{d}t^2} + \frac{\partial^2}{\partial z^2} \left[k(z) \frac{\partial^2 u_x}{\partial z^2} \right] \qquad (B.10)$$

除了梁末端的边界条件外,还必须加入边界条件 $U[u_x(z,t))]_B = 0$。若边界条件固定,平移 u_x 和转动 $\partial u_z / \partial z$ 在 $z = 0$ 和 $z = l$ 处必须设为 0(l 为梁长,原点取梁的左端点)。

对于均匀柱状梁,式(B.7)简化为

$$\rho A \frac{\mathrm{d}^2 u_x}{\mathrm{d}t^2} + EI_y \frac{\partial^4 u_x}{\partial z^4} = f_x(z,t) \qquad (B.11)$$

自由运动

式(B.7)描述的齐次方程的解可以表示为一个时间函数和一个空间坐标函数的乘积：

$$u_x(z,t) = q(z)\eta(t) \tag{B.12}$$

将式(B.12)代入齐次方程(B.7)中，分离变量后得到

$$\frac{1}{\eta(t)}\frac{\mathrm{d}^2\eta(t)}{\mathrm{d}t^2} = \frac{1}{m(z)q(z)}\frac{\partial^2}{\partial z^2}\Big[k(z)\frac{\partial^2 q(z)}{\partial z^2}\Big] \tag{B.13}$$

方程左边与时间有关而与空间坐标 z 无关。相反地，方程右边的式子是 z 的函数而与 t 无关。式(B.13)对于所有时刻和所有 z 坐标都满足的唯一可能就是方程两边为常数，且两边的常数相等。该常量设为 $-w^2$。等式左边的时间函数化为

$$\frac{1}{\eta(t)}\frac{\mathrm{d}^2\eta(t)}{\mathrm{d}t^2} = 常数 = -w^2 \tag{B.14}$$

忽略后续在函数 $q(z)$ 中引入的比例常数，方程的解是一个频率为 w 的谐振荡：

$$\eta(t) = \sin(wt + \phi) \tag{B.15}$$

梁自由振荡运动方程的解为

$$u_x(z,t) = q(z)\sin(wt + \phi) \tag{B.16}$$

$q(z)$ 称为主函数。杆的每个点都以频率 w 做简谐振动，振动幅值由函数 $q(z)$ 确定。

备注 B.4 梁的所有点同相振动，合成运动是驻波。

将式(B.16)代入式(B.7)中，得到

$$-w^2 m(z)q(z) = \frac{\mathrm{d}^2}{\mathrm{d}z^2}\Big[k(z)\frac{\mathrm{d}^2 q(z)}{\mathrm{d}z^2}\Big] \tag{B.17}$$

对于均匀柱状梁，有

$$-w^2 q(z) = \frac{EI_y \mathrm{d}^4 q(z)}{\rho A\ \mathrm{d}z^4} \tag{B.18}$$

式(B.17)和式(B.18)是特征值问题。以式(B.18)为例，它表示函数 $q(z)$ 关于 z 的四阶微分与函数本身成比例，比例常数为 $-\omega^2\rho A/(EI_y)$。当该常数取为特征值时，满足等式的解不是零解，此时相应的函数 $q(z)$ 是特征函数。式(B.17)尽管形式更为复杂，但本质上与式(B.18)类似。

备注 B.5 特征值有无限个，通过无限个满足式(B.16)的分量求和得到运动方程(B.17)的通解。

备注 B.6 仅从形式而言，特征函数 $q_i(z)$ 的定义类似于离散系统中的特征向量。只有当初始条件确定后才可计算出不同模态的幅值。

备注 B.7 尽管特征函数个数(即模态数)是无限的，但在一定的精度要求下，少量的主函数通常就足以描述弹性体的运动特性。某种意义上，这一点与讨论过的特征向量类似。

备注 B. 8 特征函数具有某些特征向量的性质,尤其是关于质量 $m(z)$ 和抗弯刚度 $k(z)$ 的正交性。通常二者不正交,只有当函数 $m(z)$ 为常数时才正交:因此,均匀柱状梁的特征函数彼此正交。

式(B.18)的通解为

$$q(z) = C_1\sin(az) + C_2\cos(az) + C_3\sinh(az) + C_4\cosh(az) \quad (\text{B.19})$$

其中

$$a = \sqrt{\omega}\sqrt[4]{\frac{\rho A}{EI_y}} \quad (\text{B.20})$$

转角是平移的一阶微分:

$$\frac{\mathrm{d}q}{\mathrm{d}z} = C_1 a\cos(az) - C_2 a\sin(az) + C_3 a\cosh(az) + C_4 a\sinh(az) \quad (\text{B.21})$$

从边界条件中可计算出常数 C_1。上述情况下,需要确定四个边界条件,对应于微分的阶次和涉及的自由参数个数。梁的末端可能是自由的、固定的、简支的或者是很少出现的限制转动而不限制平移的末端约束。

在自由端,差弯矩和剪力为零,平移和转动均是自由的。可以表示为

$$\frac{\mathrm{d}^2 q}{\mathrm{d}z^2} = 0, \quad \frac{\mathrm{d}^3 q}{\mathrm{d}z^3} = 0 \quad (\text{B.22})$$

若末端固定,则平移和转动均为 0:

$$q = 0, \quad \frac{\mathrm{d}q}{\mathrm{d}z} = 0 \quad (\text{B.23})$$

简支的末端可以自由转动,因此弯矩必须为零,平移则受到约束:

$$q = 0, \quad \frac{\mathrm{d}^2 q}{\mathrm{d}z^2} = 0 \quad (\text{B.24})$$

另一种情况是末端可自由移动,因此剪力必须为零,转动受到约束:

$$\frac{\mathrm{d}q}{\mathrm{d}z} = 0, \quad \frac{\mathrm{d}^3 q}{\mathrm{d}z^3} = 0 \quad (\text{B.25})$$

例如,一根在 $z = 0$ 固定,在 $z = l$ 自由的柱状梁。在左端$(z = 0)$平移和转动均为 0:

$$\begin{cases} q(0) = C_2 + C_4 = 0 \\ \left(\dfrac{\mathrm{d}q}{\mathrm{d}z}\right)_{z=0} = C_1 + C_3 = 0 \end{cases} \quad (\text{B.26})$$

函数 $q(z)$ 的二阶和三阶微分分别为

$$\begin{cases} \dfrac{\mathrm{d}^2 q}{\mathrm{d}z^2} = -a^2 C_1\sin(az) - a^2 C_2\cos(az) + a^2 C_3\sinh(az) + a^2 C_4\cosh(az) \\ \dfrac{\mathrm{d}^3 q}{\mathrm{d}z^3} = -a^3 C_1\cos(az) + a^3 C_2\sin(az) + a^3 C_3\cosh(az) + a^3 C_4\sinh(az) \end{cases}$$

$$(\text{B.27})$$

右端($z = l$)自由确定的边界条件为

$$\begin{cases} -C_1 \sin(al) - C_2 \cos(al) + C_3 \sinh(al) + C_4 \cosh(al) = 0 \\ -C_1 \cos(al) + C_2 \sin(al) + C_3 \cosh(al) + C_4 \sinh(al) = 0 \end{cases} \quad (\text{B.28})$$

通过左端边界条件计算出 C_3 和 C_4，再代入右端边界条件，得到

$$\begin{bmatrix} \sin(al) + \sinh(al) & \cos(al) + \cosh(al) \\ \cos(al) + \cosh(al) & -\sin(al) + \sinh(al) \end{bmatrix} \begin{Bmatrix} C_1 \\ C_2 \end{Bmatrix} = 0 \quad (\text{B.29})$$

为了得到非零解，关于参数 C_1 和 C_2 的线性方程组的系数矩阵的行列式必须为 0：

$$\sinh^2(al) - \sin^2(al) - [\cos(al) + \cosh(al)]^2 = 0 \quad (\text{B.30})$$

方程无法得到 al 的封闭解，但容易计算出数值解。前 4 个解为

$$al = 1.875, 4.694, 7.855, 10.996$$

对于高阶解 al，可以通过下式得到近似解：

$$\sinh(ax) \approx \cosh(ax) \approx \frac{e^{ax}}{2}$$

且

$$\sin(ax) \ll \frac{e^{ax}}{2}, \qquad \cos(ax) \ll \frac{e^{ax}}{2}$$

这种情况下，特征方程简化为

$$\cos(al) = 0$$

从而求得

$$al = \left(i - \frac{1}{2}\right)\pi$$

对 $i = 3$，近似解为 $al = 7.854$，相对数值解的误差仅为 0.013%。当 i 取更大的值时，这个误差可以忽略。

从式（B.20）中计算出固有频率为

$$\omega = \frac{\beta_i^2}{l^2} \sqrt{\frac{EI_y}{\rho A}} \quad (\text{B.31})$$

其中 β_i 是按上述方法计算得到的一系列 al 值。

为了计算特征函数，可以先将一个常数的值确定，例如 $C_1 = 1$。从式（B.29）可得

$$C_2 = \frac{\sin(al) + \sinh(al)}{\cos(al) + \cosh(al)} \quad (\text{B.32})$$

用无量纲坐标

$$\zeta = \frac{z}{l} \quad (\text{B.33})$$

来表示的第 i 个特征向量为

$$q_i(\zeta) = \sin(\beta_i \zeta) - \sinh(\beta_i \zeta) - C_2 [\cos(\beta_i \zeta) - \cosh(\beta_i \zeta)] \quad (\text{B.34})$$

对于其他的边界条件可以用相同的步骤进行计算。

固有频率的表达式(B.31)适用于任何边界条件。常见边界条件对应的常数 $\beta_i = a_i l$，见表 B.2。

表 B.2 不同边界条件下各种模态的常数值 $\beta_i = a_i l$

边界条件	$i = 0$	$i = 1$	$i = 2$	$i = 3$	$i = 4$	$i > 4$
自由 - 自由	0	4.730	7.853	10.996	14.137	约为 $(i + 1/2)\pi$
简支 - 自由	0	1.25π	2.25π	3.25π	4.25π	$(i + 1/4)\pi$
固定 - 自由	—	1.875	4.694	7.855	10.996	$i\pi$
简单支持	—	π	2π	3π	4π	$i\pi$
简支 - 固定	—	3.926	7.069	10.210	13.352	约为 $(i + 1/4)\pi$
固定 - 固定	—	4.730	7.853	10.996	14.137	约为 $(i + 1/2)\pi$

将位移最大值化为 1 进行归一化后,将特征函数按不同的边界条件规范如下:

(1) 自由 - 自由。刚体模态:

$$q_0^l(\zeta) = 1, \qquad q_0^n(\zeta) = 1 - 2\zeta$$

其他模态:

$$q_i(\zeta) = \frac{1}{2N}\{ \sin(\beta_i\zeta) + \sinh(\beta_i\zeta) + N[\cos(\beta_i\zeta) + \cosh(\beta_i\zeta)] \}$$

其中

$$N = \frac{\sin\beta_i - \sinh\beta_i}{-\cos\beta_i + \cosh\beta_i}$$

(2) 简支 - 自由。刚体模态:

$$q_0(\zeta) = \zeta$$

其他模态:

$$q_i(\zeta) = \frac{1}{2\sin\beta_i}\left[\sin\beta_{i\zeta} + \frac{\sin\beta_i}{\sinh\beta_i}\sinh(\beta_i\zeta) \right]$$

(3) 固定 - 自由:

$$q_i(\zeta) = \frac{1}{N_2}\{ \sin(\beta_i\zeta) - \sinh(\beta_i\zeta) - N_1[\cos(\beta_i\zeta) - \cosh(\beta_i\zeta)] \}$$

其中

$$N_1 = \frac{\sin\beta_i + \sinh\beta_i}{\cos\beta_i + \cosh\beta_i}$$

$$N_2 = \sin\beta_i - \sinh\beta_i - N_1[\cos\beta_i - \cosh\beta_i]$$

(4) 简单支持:

$$q_i(\zeta) = \sin(i\pi\zeta)$$

（5）简支 – 固定：

$$q_i(\zeta) = \frac{1}{N}\Big[\sin(\beta_i\zeta) - \frac{\sin\beta_i}{\sinh\beta_i}\sinh(\beta_i\zeta)\Big]$$

式中：N 为方括号内表达式的最大值，需要数值计算。

（6）固定 – 固定：

$$q_i(\zeta) = \frac{1}{N_2}\big\{\sin(\beta_i\zeta) - \sinh(\beta_i\zeta) - N_1\big[\cos(\beta_i\zeta) - \cosh(\beta_i\zeta)\big]\big\}$$

式中

$$N_1 = \frac{\sin\beta_i - \sinh\beta_i}{\cos\beta_i - \cosh\beta_i}$$

N_2 为大括号内算式的最大值，需要数值计算。

每个边界条件对应的前 4 个模态（加上刚体模态）如图 B.4 所示。

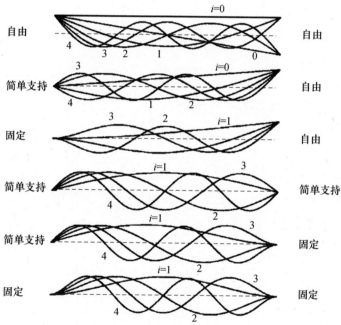

图 B.4　直梁不同边界条件下的常规模态。前 4 个模态包含刚体模态
（引自 G. Genta, Vibration Dynamics and Control. Springer, New York, 2009）

模态分析

质量和抗弯刚度的正交性指的是：当 $q_i(z)$ 和 $q_j(z)$ 是不同的特征函数且 $i \neq j$ 时，有

$$\int_0^l m(z)q_i(z)q_j(z)\mathrm{d}z = 0, \qquad \int_0^l k(z)\frac{\mathrm{d}^2 q_i(z)}{\mathrm{d}z^2}\frac{\mathrm{d}^2 q_j(z)}{\mathrm{d}z^2}\mathrm{d}z = 0 \quad (\text{B.35})$$

481

如前言,特征函数本身不直接正交,除非梁的质量函数 $m(z)$ 是常数。

当 $i=j$,式(B.35)的积分不为 0:

$$\int_0^l m(z)\left[q_i(z)\right]^2 \mathrm{d}z = \overline{M_i} \neq 0, \qquad \int_0^l k(z)\left[\frac{\mathrm{d}q_i(z)}{\mathrm{d}z}\right]^2 \mathrm{d}z = \overline{K_i} \neq 0 \quad (\text{B}.36)$$

两式定义了模态质量和模态刚度。

备注 B.9 连续系统中模态质量和模态刚度的含义与离散系统相同,唯一的区别是暂态下的模态数和模态质量、模态刚度是无限的。

系统的任何结构变形 $u_x(z,t)$ 都可以表示为一组特征函数的线性组合。线性组合的系数作为时间的函数,其模态坐标 $\eta_i(t)$ 为

$$u_x(z,t) = \sum_{i=0}^{\infty} \eta_i(t)q_i(t) \qquad (\text{B}.37)$$

式(B.37)描述的是连续系统的模态变换,与离散系统的变换类似。

计算在任意 t_k 时刻系统的结构变形 $u_x(z,t)$ 对应的模态坐标 $\eta_i(t_k)$,需要进行反变换,该反变换可以通过一个简单的过程算出。将式(B.37)乘以第 j 个特征函数和质量分布函数 $m(z)$,沿杆的全长积分,得到

$$\int_0^l \left[m(z)q_j(z)u(z,t_0)\right]\mathrm{d}z = \sum_{i=0}^{\infty} \eta_i(t_0)\int_0^l \left[m(z)q_j(z)q_i(z)\right]\mathrm{d}z \quad (\text{B}.38)$$

等式右边的无穷多项中,仅当 $i=j$ 时才不为零,积分得到的是第 j 个模态质量,其定义为

$$\eta_i(t_0) = \frac{1}{M_j}\int_0^l \left[m(z)q_j(z)u(z,t_0)\right]\mathrm{d}z \qquad (\text{B}.39)$$

这个关系式可以用来实现模态反变换,即计算出系统任意变形对应的模态坐标。

特征函数可用多种方法进行归一化,其中一种是归一化至模态质量的单位值。这一方法可简单地通过将每个特征函数除以对应模态质量的平方根来实现。

力函数 $f_x(z,t)$ 作用下的梁振动可通过解方程(B.7)得到,该方程的通解可以表示为前文算得的余函数的和,以及该方程的特解。因为常规模态 $q_i(z)$ 的正交性,方程的特解可以表示为一组特征函数的线性组合。式(B.37)对于有受迫运动的系统仍然适用。

受迫响应

将模态变换(B.37)代入运动方程(B.7)中,后者变为模态坐标 η_i 下的无穷维方程组:

$$\overline{M_i}\ddot{\eta}_i(t) + \overline{K_i}\eta_i(t) = \bar{f_i}(t) \qquad (\text{B}.40)$$

其中第 i 个模态力由下式定义:

$$\bar{f_i}(t) = \int_0^l q_i(z)f(z,t)\mathrm{d}z, \bar{f_i}(t) = \sum_{k=1}^{m} q_i(z_k)f_k(t) \qquad (\text{B}.41)$$

分别对应连续力分布和 m 对作用在坐标为 z_k 的点上的弯曲力 $f_k(t)$ 的积分两种情况。

备注 B.10 式(B.41)完全对应于集中系统中模态力的定义。

式(B.40)将连续系统分解为一组单自由度系统的组合,从而可以研究连续系统在任意外加激励作用下的受迫响应。对于连续系统,分解后的单自由度系统数是无限的,但通常一小部分子系统的组合就可以得到精度要求的结果。

若激励是与梁相连结构体的运动施加的,则可将坐标系变为随支点运动的动坐标系。关于梁的弯曲特性,只有 x 方向支撑结构的运动和它的 xz 平面动态特性耦合。如果坐标系原点平移了 x_A,则 x 方向上的绝对位移 $u_{xiner}(z,t)$ 同相对位移 $u_x(z,t)$ 的关系如下:

$$u_{xiner}(z,t) = u_x(z,t) + x_A(t)$$

将相对位移代入式(B.7)得

$$m(z)\frac{\mathrm{d}^2 u_z}{\mathrm{d}t^2} - \frac{\partial}{\partial z}\left[k(z)\frac{\partial u_z}{\partial z}\right] = -m(z)\ddot{x}_A \qquad (\text{B.42})$$

约束运动产生的激励可以简单地用相对坐标和施加大小为 $-m(z)\ddot{x}_A$ 的外力分量来分析。模态力可简单地由式(B.41)算出,即

$$\bar{f}_i(t) = -r_i\ddot{x}_A \qquad (\text{B.43})$$

其中

$$r_i = \int_0^l q_i(z)m(z)\mathrm{d}z$$

为与杆的侧向运动相关的振型加权系数。

备注 B.11 系统运动是在惯性参考系中分析的。弯曲形状可以表示成在任意参考系下的模态线性组合。这一方法尤其适用于对运动梁(如机器手和足)的振动的分析。

B.2.3 剪切变形的影响

在 B.2.2 节的分析中,忽略了横截面的转动惯量和剪切变形。这一节不再采用这一假设,仅对均匀柱状梁进行分析。这种考虑横截面转动惯量和剪切变形的梁通常称为"铁木辛克梁"。剪切变形可以描述为梁变形导致了轴线方向的偏差,同时没有伴随横截面的转动,如图 B.5 所示。

后者因而不与变形后的梁垂直,横截面的转动可以表示为

$$\phi_y = \frac{\partial u_x}{\partial z} - \gamma_x \qquad (\text{B.44})$$

剪切应变与剪切力的关系为

$$\gamma_x = \frac{\chi F_x}{GA} \qquad (\text{B.45})$$

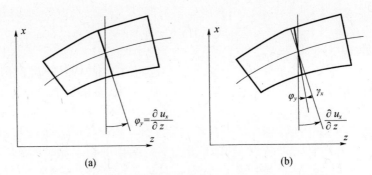

图 B. 5　剪切变形对梁弯曲的影响。(a)欧拉－伯努利梁；
(b)Timoshenko(引自 G. Genta, Vibration Dynamics and
Control. Springer, New York, 2009)

式中:剪切因子χ 和横截面的形状相关,尽管还没有详细的取值确定方法。对于圆截面梁,通常剪切因子设为10/9;对其他形状,参考取值见表 B. 3。

因此,式(B. 44)可以写成如下形式:

$$\phi_y = \frac{\partial u_x}{\partial z} - \frac{\chi F_x}{GA} \tag{B. 46}$$

弯矩对弯曲变形不产生影响:若考虑横截面转动,则弯矩和梁弯曲的关系为

$$M_y = EI_y \frac{\partial \phi_y}{\partial z} \tag{B. 47}$$

不再忽略横截面的转动惯量,梁微元 dz 的平移和旋转动态平衡方程为

$$\begin{cases} \rho A \dfrac{\mathrm{d}^2 u_x}{\mathrm{d}t^2} = \dfrac{\partial F_x}{\partial z} + f_x(z,t) \\[3mm] \rho I_y \dfrac{\mathrm{d}^2 \phi_y}{\mathrm{d}t^2} = \dfrac{\partial M_y}{\partial z} + M_x \end{cases} \tag{B. 48}$$

求出式(13. 46)中的 F_x,再把其代入齐次方程(B. 48),得到

$$\begin{cases} \rho A \dfrac{\mathrm{d}^2 u_x}{\mathrm{d}t^2} = \dfrac{GA}{\chi}\left(\dfrac{\partial^2 u_x}{\partial z^2} - \dfrac{\partial \phi_y}{\partial z} \right) \\[3mm] \rho I_y \dfrac{\mathrm{d}^2 \phi_y}{\mathrm{d}t^2} = \dfrac{GA}{\chi}\left(\dfrac{\partial u_X}{\partial z} - \phi_y \right) + EI_y \dfrac{\partial^2 \phi_y}{\partial z^2} \end{cases} \tag{B. 49}$$

第二个方程对 z 微分,再消去ϕ_y得到如下方程:

$$EI_y \frac{\partial^4 u_x}{\partial z^4} - \rho I_y \left(1 + \frac{E\chi}{G}\right) \frac{\partial^2}{\partial z^2}\left(\frac{\partial^2 u_x}{\partial t^2} \right) + \frac{\rho^2 I_y \chi}{G}\frac{\mathrm{d}^4 u_x}{\mathrm{d}t^4} + \rho A \frac{\mathrm{d}^2 u_x}{\mathrm{d}t^2} = 0 \tag{B. 50}$$

表 B.3　不同横截面的剪切因子(引自 G. R. Cowper,*The shear coefficient in Timoshenko's beam theory*. J. Appl. Mech. ,1966,335 – 340)

$$\chi = \frac{7+6\nu}{6(1+\nu)}$$	
$$\chi = \frac{(7+6\nu)(1+m)^2+4m(5+3\nu)}{6(1+\nu)(1+m)^2} \quad m = \left(\frac{d_i}{d_o}\right)^2$$	
$$\chi = \frac{12+11\nu}{10(1+\nu)}$$	
$$\chi = \frac{40+37\nu+m(16+10\nu)+\nu m^2}{12(1+\nu)(3+m)} \quad m = \left(\frac{b}{a}\right)^2$$	
$$\chi = \frac{1.305+1.273\nu}{1+\nu}$$	
$$\chi = \frac{4+3\nu}{2(1+\nu)}$$	
$$\chi = \frac{48+39\nu}{20(1+\nu)}$$	
$$\chi = \frac{p+q\nu+30n^2m(1+m)+5\nu n^2m(8+9m)}{10(1+\nu)(1+3m)^2} \quad \left(m = \frac{bt_1}{at_a}, n = \frac{b}{h}\right)$$	
$$\chi = \frac{p+q\nu+10n^2[m(3+\nu)+3m^2]}{10(1+\nu)(1+3m)^2} \quad \left(m = \frac{bt_1}{at_a}, n = \frac{b}{h}\right)$$	
$$\chi = \frac{p+q\nu}{10(1+\nu)(1+3m)^2} \quad \left(m = \frac{2A}{ht}, A = 法兰面积\right)$$	
$$\chi = \frac{p'+q'\nu+30n^2m(1+m)+10\nu n^2m(4+5m+m)^2}{10(1+\nu)(1+4m)^2} \quad \left(m = \frac{bt_1}{ht_a}, n = \frac{b}{h}\right)$$	

注:$p = 12+72m+150m^2+90m^3$;$q = 11+66m+135m^2+90m^3$;$p' = 12+96m+276m^2+192m^3$;$q' = 11+88m+248m^2+216m^3$

因此,对于谐波自由振动有

$$EI_y \frac{\mathrm{d}^4q(z)}{\mathrm{d}z^4} + \rho\omega^2 I_y\left(1+\frac{E\chi}{G}\right)\frac{\mathrm{d}^2q(z)}{\mathrm{d}z^2} - \rho\omega^2\left(A - \omega^2\frac{\rho I_y\chi}{G}\right)q(z) = 0 \quad (B.51)$$

关于特征函数的形式(见 B.2.2 节),这一结论仍然成立。若梁两端简单支持,相应的特征函数同欧拉 – 伯努利梁相同,从而式(B.51)可表示成无量纲的形式:

$$\left(\frac{\omega}{\omega^*}\right)^4 - \left(\frac{\omega}{\omega^*}\right)^2 \frac{\alpha^2}{i^2 \pi^2 \chi^*}\left(1 + \chi^* + \frac{\alpha^2}{i^2 \pi^2}\right) + \frac{\alpha^4}{i^4 \pi^4 \chi^*} = 0 \qquad (\text{B.52})$$

式中:ω_i^* 为欧拉－伯努利假设下计算出的第 i 个自然频率;$\chi^* = \chi E/G$;χ 为梁的细长比,定义为

$$\alpha = l\sqrt{\frac{A}{I_y}} = \frac{l}{r} \qquad (\text{B.53})$$

其中:r 为横截面的惯量半径。

圆截面,材料系数 $\upsilon = 0.3$ 的梁,按照式(B.52)计算的结果表示成细长比的函数,如图 B.6 所示。

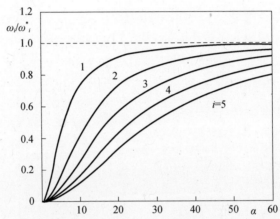

图 B.6　剪切变形对简单支持梁前 5 个自然频率的影响。考虑转动惯量和
剪切变形的计算结果同欧拉－伯努利模型计算结果的比值。
(引自 G. Genta,*Vibration Dynamics and Control*. Springer,New York,2009)

　　备注 B.12　剪切变形和转动惯量都会使自然频率减小,前者的影响要比后者强约 3 倍[1]。

　　备注 B.13　需要注意的是 Timoshenko 梁也是一种近似模型,因为它是基于梁分析理论的常规近似的。当细长比很小时,一维固体模型不再适用。

B.3　连续系统离散化:有限元方法

为了用一组仅含对时间微分项的线性常微分方程代替由偏微分方程(含有对

---

[1]　S. P. Timoshenko et al. ,*Vibration Problems in Engineering*,Wiley,New York,1974.

时间和空间坐标的偏微分项)组成的运动方程,发展出许多离散化方法。离散化得到的方程组,通常是二阶的,同离散系统的方程组类型相同。

有限元方法是目前最普遍的离散化方法,主要原因是基于有限元方法有许多计算机代码可以利用。有限元方法是将本体划分为许多部分,这些部分称为有限元,对应于建立连续系统微分方程时的微元。假设每个有限元的变形是一组空间坐标函数经一组参数加权得到的线性组合,有限元的坐标是广义坐标。通常这些空间坐标函数(称为形函数)形式简单,广义坐标有明确的物理含义,例如有限元选定点(通常称为节点)处的广义位移。因而,分析简化为得到与离散系统的微分方程同类型的方程组。

有限元方法是求解偏微分方程的通用方法,因此它在结构动力学和结构分析之外的其他许多领域都有应用。本节的目的不在于给出这种方法的详细介绍,只是简单描述它的特征,以及如何用该方法对机器人机构的动态特性建模。

模态综合法可以用来降低通过有限元方法得到的模型的自由度,尤其当结构由各个处于不同位置的部件构成时,如机器人的臂和足。

B. 3. 1 元素表征

基于形状和特征,梁元素、壳元素、板元素、立方体元素和其他类型,已有多种不同的有限元方程提出。依照问题的本质和使用的计算机代码,一种结构可以通过相同或不同种类基本元素组合来建立。

由于有限元法中通常使用矩阵表示,为了得到便于转化为计算机代码的公式,位移写为三维空间的三阶向量形式(有时阶次更高,若也考虑转动的话),每种元素内部点的位移用如下方程描述:

$$u(x,y,z,t) = N(x,y,z)q(t) \tag{B.54}$$

式中:q 为包含元素 n 个广义坐标的向量;N 为包含形函数的矩阵。N 的行数与 u 的行数相同,列数和自由度维数 n 相等。

通常,元素的自由度即给定点或节点的位移。这种情况下,式(B.54)可简化为

$$
\begin{bmatrix}
u_x(x,y,z,t) \\
u_z(x,y,z,t) \\
u_y(x,y,z,t)
\end{bmatrix}
=
\begin{bmatrix}
N(x,y,z) & 0 & 0 \\
0 & N(x,y,z) & 0 \\
0 & 0 & N(x,y,z)
\end{bmatrix}
\begin{bmatrix}
q_x(t) \\
q_y(t) \\
q_z(t)
\end{bmatrix}
\tag{B.55}
$$

其中各方向的位移是同方向节点位移的函数。矩阵 N 在这种情况下仅有一行,列数与元素节点数相等。式(B.55)是用来描述三维元素的;类似地可以得到一维或二维元素的公式。

每个元素本质上是一个小变形体的模型。元素的特性用假设模态方法分析,即假设位移是任意上述形函数的线性组合。从而,有限的、通常很少的自由度即可代替每个元素的无限维自由度。

然而,形函数的选择空间有限,因为它们必须满足一些条件。首先要求它们是简单的数学公式,从而使进一步的展开不至于太复杂。

通常假设有空间坐标下的一组多项式。为了在得到接近微分方程正解的结果的同时降低元素的自由度,形函数必须满足:

- 连续且对于要求的阶次可微,这一点由元素类型决定;
- 可以描述由元素刚体运动引起的微小弹性势能;
- 按照元素指定的整体变形产生一个常值应变场;
- 使每个元素产生与相邻元素匹配的变形。

最后一个条件指的是,当相邻两个元素以兼容的形式运动时,两者间的所有接触面都必须以兼容的形式运动。

另一个可能无法满足的条件是函数的各向同性,即函数没有与参考系取向相关的特殊几何性质。有时,无法完全满足这些条件,特别是相邻元素的变形匹配条件。

节点通常在元素的顶点或者边缘,而且常常为不同元素共有,有时也可用元素内部的点。

为了得出元素的运动方程,应变可以表示成位移对空间坐标微分的函数。通常,可以写成如下形式:

$$\boldsymbol{\epsilon}(x,y,z,t) = \boldsymbol{B}(x,y,t)\boldsymbol{q}(t) \tag{B.56}$$

式中:$\boldsymbol{\epsilon}$ 为列矩阵,包含不同元素的应变张量(通常在 $\boldsymbol{\epsilon}$ 为列矩阵时称为应变向量);$\boldsymbol{B}$ 是含有形函数微分的矩阵,$\boldsymbol{B}$ 的行数和应变向量的分量数相等,列数和结构元素的自由度数相等。

若结构元素没有初始应力和应变,且材料特性是线性的,应力可以直接由应变表示为

$$\boldsymbol{\sigma}(x,y,z,t) = \boldsymbol{E}\boldsymbol{\epsilon} = \boldsymbol{E}(x,y,z)\boldsymbol{B}(x,y,z)\boldsymbol{q}(t) \tag{B.57}$$

式中:$\boldsymbol{E}$ 为材料的刚度矩阵。它是对称方阵,其元素理论上可以表示为空间坐标的函数,但通常是结构元素内的常数。从而,结构元素的势能可以表示为

$$U = \frac{1}{2}\int_V \boldsymbol{\epsilon}^{\mathrm{T}}\boldsymbol{\sigma}\mathrm{d}V = \frac{1}{2}\boldsymbol{q}^{\mathrm{T}}\left(\int_V \boldsymbol{B}^{\mathrm{T}}\boldsymbol{E}\boldsymbol{B}\mathrm{d}V\right)\boldsymbol{q} \tag{B.58}$$

式(B.58)中的积分项是结构元素的刚度矩阵。

$$K = \int_V \boldsymbol{B}^{\mathrm{T}}\boldsymbol{E}\boldsymbol{B}\mathrm{d}V \tag{B.59}$$

由于形函数与时间无关,归一化的速度可表示为

$$\dot{\boldsymbol{u}}(x,y,z,t) = N(x,y,z)\dot{\boldsymbol{q}}(t)$$

当所有的广义坐标都与平移相关时,结构元素的动能和质量矩阵可以表示为

$$
\begin{cases}
T = \dfrac{1}{2} \int_V \dot{\boldsymbol{u}}^{\mathrm{T}} \dot{\boldsymbol{u}} \rho \mathrm{d}V = \dfrac{1}{2} \dot{\boldsymbol{q}}^{\mathrm{T}} \left(\int_V \rho \boldsymbol{N}^{\mathrm{T}} \boldsymbol{N} \mathrm{d}V \right) \dot{\boldsymbol{q}} \\
\boldsymbol{M} = \int_V \rho \boldsymbol{N}^{\mathrm{T}} \boldsymbol{N} \mathrm{d}V
\end{cases}
\tag{B.60}
$$

当部分广义坐标为物理转动时,式(B.60)需要引入惯量矩相关的项,但其基本形式不变。

有限元法常常用于在集中参数法中计算刚度矩阵。这种情况下,不计算相容质量矩阵(B.60),而是将质量集中在节点处得到一个对角阵。这种方法的优点在于对角质量矩阵的处理复杂度低,相比于相容质量矩阵,对角阵的求逆运算要简单许多。然而,精度可能会下降,需要大量的结构元素才能达到相当的精度,因此不同情况下需要评估所用公式的适用性。

备注 B.14 总体上,一致逼近方法得到的自然频率比弹性连续体模型下的计算值高,而集中参数法计算出的频率值相对较低。

若存在力分布 $f(x,y,z,t)$ 作用在物体上,虚功和虚位移的关系为 $\delta \boldsymbol{u} = \boldsymbol{N} \delta \boldsymbol{q}$,节点力向量可以表示成

$$
\begin{cases}
\delta L = \int_V \delta \boldsymbol{q}^{\mathrm{T}} \boldsymbol{N}^{\mathrm{T}} \boldsymbol{N} \boldsymbol{f}(x,y,z,t) \, \mathrm{d}V \\
\boldsymbol{f}(t) = \int_V \boldsymbol{N}^{\mathrm{T}} \boldsymbol{f}(x,y,z,t) \, \mathrm{d}V
\end{cases}
\tag{B.61}
$$

类似地,可以得到与作用在结构元素任意点上的表面力分布或集中力对应的节点力向量。

因此,结构元素的运动方程是典型的离散无阻尼系统:

$$
\boldsymbol{M} \ddot{\boldsymbol{q}} + \boldsymbol{K} \boldsymbol{q} = \boldsymbol{f}(t)
\tag{B.62}
$$

式中:$\boldsymbol{f}$ 为作用在结构元素上的所有力。

备注 B.15 运动方程和相关的矩阵通过拉格朗日方程得到了;这种方法既不是唯一的方法也不是最常用的方法。

B.3.2 Timoshenko 梁结构元素

梁元素是最为常见的结构元素之一,通常可以用所有类型的相关计算机代码进行分析。已经提出的梁分析方程由于理论公式的不同,存在节点数和自由度上的差别(例如,有些是欧拉－伯努利梁结构,不考虑剪切变形,而其他则是 Timoshenko 梁)。

这里研究的结构元素是通常称为简单 Timoshenko 梁的梁元素。在梁的端点处有 2 个节点,每个节点 6 个自由度,还具有 B.2.1 节中描述的均匀柱状梁的所有性质。分析所用的相关几何定义和参考系如图 B.7 所示。

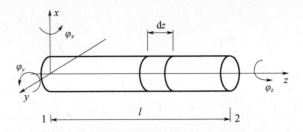

图 B.7 梁结构元素:几何定义和参考系
(引自 G. Genta, Vibration Dynamics and Control. Springer, New York, 2009)

每一个横截面有 6 个自由度、3 个平移、3 个转动,因此结构元素的总自由度是 12 个。节点位移,即元素广义坐标为

$$q = [u_{x1}, u_{y1}, u_{z1}, \phi_{x1}, \phi_{y1}, \phi_{z1}, u_{x2}, u_{y2}, u_{z2}, \phi_{x2}, \phi_{y2}, \phi_{z2}]^{\mathrm{T}} \quad (B.63)$$

梁具有需要将各个坐标平面内轴向,扭转和弯曲特性解耦的属性,因此,可以将向量 q 进一步分为几个向量:

$$\begin{cases} q_A = \begin{Bmatrix} u_{z1} \\ u_{z2} \end{Bmatrix}, & q_T = \begin{Bmatrix} \phi_{z1} \\ \phi_{z2} \end{Bmatrix} \\ \\ q_{F1} = \begin{Bmatrix} u_{x1} \\ \phi_{y1} \\ u_{x2} \\ \phi_{y2} \end{Bmatrix}, & q_{F2} = \begin{Bmatrix} u_{y1} \\ \phi_{x1} \\ u_{y2} \\ \phi_{x2} \end{Bmatrix} \end{cases} \quad (B.64)$$

备注 B.16 若用 $-\phi_x$ 代替 ϕ_x 表示转动,则同样的方程可以用来描述在这两个平面的弯曲特性。然而,这种方法不常用,原因是它使得从结构元素参考系到整体结构参考系的变换变得更为复杂。

将不同的广义坐标重组,表示出这种解耦关系,向量 q 可以写成

$$q = [q_A^{\mathrm{T}} \quad q_T^{\mathrm{T}} \quad q_{F1}^{\mathrm{T}} \quad q_{F2}^{\mathrm{T}}]^{\mathrm{T}} \quad (B.65)$$

不同自由度间的解耦可将形函数的矩阵分解为一系列子矩阵,大部分子矩阵为零矩阵。结构元素内一点的归一化位移 z 可以表示成类似于式(B.54)的形式:

$$u(z,t) = \begin{Bmatrix} u_z \\ \phi_z \\ \begin{Bmatrix} u_x \\ \phi_y \end{Bmatrix} \\ \begin{Bmatrix} u_y \\ \phi_x \end{Bmatrix} \end{Bmatrix} = \begin{bmatrix} N_A & 0 & 0 & 0 \\ 0 & N_T & 0 & 0 \\ 0 & 0 & N_{F1} & 0 \\ 0 & 0 & 0 & N_{F2} \end{bmatrix} \begin{Bmatrix} q_A \\ q_T \\ q_{F1} \\ q_{F2} \end{Bmatrix} \quad (B.66)$$

490

轴向特性

由于结构元素的每个点是单自由度的,向量 $\boldsymbol{u}$ 只有 1 个元素 u_z,矩阵 $\boldsymbol{N_A}$ 有 1 行 2 列(其元素有 2 个自由度)。u_z 可以表示为 z 或无量纲轴向坐标 $\zeta = z/l$ 的多项式:

$$u_{z^{\cdot}} = a_0 + a_1\zeta + a_2\zeta^2 + a_3\zeta^3 + \cdots \tag{B.67}$$

多项式必须可以组成对应于左端(节点 1,$\zeta = 0$)和右端(节点 2,$\zeta = 1$)的位移 u_{z1} 和 u_{z2}。这两个条件允许只计算两个参数 a_i,因此位移的多项式表达式必须包含两项,即常数项和线性项。通过简单的计算,得到形函数的矩阵为

$$\boldsymbol{N_A} = |1 - \zeta, \zeta| \tag{B.68}$$

轴向应变 $\boldsymbol{\epsilon}_z$ 可表示为

$$\boldsymbol{\epsilon}_z = \frac{\mathrm{d}u_z}{\mathrm{d}z} \tag{B.69}$$

或者使用向量 $\boldsymbol{\epsilon}$,在这种情况下只有一个元素,即

$$\boldsymbol{\epsilon}_z = \left[\frac{\mathrm{d}}{\mathrm{d}z}(1 - \zeta), \frac{\mathrm{d}}{\mathrm{d}z}\zeta \right] \begin{Bmatrix} u_{z1} \\ u_{z2} \end{Bmatrix} \tag{B.70}$$

矩阵

$$\boldsymbol{B} = \left[\frac{\mathrm{d}}{\mathrm{d}z}(1 - \zeta), \frac{\mathrm{d}}{\mathrm{d}z}\zeta \right] = \frac{1}{l}[-1, 1] \tag{B.71}$$

有 1 行 2 列。

向量 $\boldsymbol{\sigma}$ 和矩阵 $\boldsymbol{E}$ 仅有 1 个元素,分别是轴向应力 σ_z 和弹性模量 E。刚度和质量矩阵可以直接从式(B.59)和式(B.60)得到。又因 $\mathrm{d}V = A\mathrm{d}z$,这两个矩阵可简化为

$$\boldsymbol{K_A} = \int_0^l A\boldsymbol{B}^{\mathrm{T}}\boldsymbol{E}\boldsymbol{B}\mathrm{d}z = \frac{EA}{l}\int_0^1 \begin{bmatrix} 1 & -1 \\ -1 & 1 \end{bmatrix}\mathrm{d}\zeta = \frac{EA}{l}\begin{bmatrix} 1 & -1 \\ -1 & 1 \end{bmatrix} \tag{B.72}$$

$$\boldsymbol{M_A} = \int_0^l \rho A\boldsymbol{N}^{\mathrm{T}}\boldsymbol{N}\mathrm{d}z = \rho Al\int_0^1 \begin{bmatrix} (1-\zeta)^2 & \zeta(1-\zeta) \\ \zeta(1-\zeta) & \zeta^2 \end{bmatrix}\mathrm{d}\zeta = \frac{\rho Al}{6}\begin{bmatrix} 2 & 1 \\ 1 & 2 \end{bmatrix} \tag{B.73}$$

若沿着空间坐标 z 有常值轴向力分布 $f_z(t)$ 或在杆的坐标点 z_k 处有集中力 $F_{z_k}(t)$,节点力向量分别为

$$\boldsymbol{f}(t) = l\left[\int_0^l \begin{bmatrix} (1-\zeta) \\ \zeta \end{bmatrix}\mathrm{d}\zeta \right]f_z(t) = f_z(t)\frac{l}{2}\begin{bmatrix} 1 \\ 1 \end{bmatrix} \tag{B.74}$$

或

$$\boldsymbol{f}(t) = F_{z_k}(t)\begin{bmatrix} 1 - \dfrac{z_k}{l} \\[2mm] \dfrac{z_k}{l} \end{bmatrix} \tag{B.75}$$

这种情况下，分布式负载简化为两个相等的力，力的大小等于作用在杆上的总负载的一半。

把负载集中加在节点上会得到相同的结果。但这不通用，其他情况下，一致性的方法得到的是与用集中参数方法得到的不同的负载向量。

扭转特性

描述扭转特性的运动方程基本上与轴向特性方程相同。用这一共性，梁结构元素的扭转特性表示可以从轴向特性的方程中得到。矩阵 N_T 和矩阵 N_A 相等：

$$N_T = |1-\zeta, \zeta|$$

相关矩阵和向量的表达式为

$$
\begin{cases}
\boldsymbol{M}_T = \dfrac{\rho I_p l}{6}\begin{bmatrix} 2 & 1 \\ 1 & 2 \end{bmatrix} \\[3mm]
\boldsymbol{K}_T = \dfrac{EA}{l}\begin{bmatrix} 1 & -1 \\ -1 & 1 \end{bmatrix} \\[3mm]
\boldsymbol{f}(t)_T = \dfrac{1}{2}lm_z(t)\begin{Bmatrix} 1 \\ 1 \end{Bmatrix}
\end{cases}
\tag{B.76}
$$

xz 平面内的弯曲特性

这一问题下，形函数的表达式更为复杂；矩阵 N_{F1} 是 2 行 4 列的，因为当它乘以含有 4 个向量元素（2 个节点的 x 方向的平移和绕 y 轴的转动）的向量 $\boldsymbol{q}_{F1}$ 时，它必须产生 x 方向的平移和绕着梁通用截面的 y 轴的转动。最简单的方法是假设广义位移的表达式为多项式：

$$
\begin{cases}
u_x = a_0 + a_1\zeta + a_2\zeta^2 + a_3\zeta^3 + \cdots \\
\phi_y = b_0 + b_1\zeta + b_2\zeta^2 + b_3\zeta^3 + \cdots
\end{cases}
\tag{B.77}
$$

这些多项式必须可以组成分别对应于左端点（节点 1，$\zeta=0$）和右端点（节点 2，$\zeta=1$）的位移值 u_{x1} 和 u_{x2} 以及转动 ϕ_{y1} 和 ϕ_{y2}。这 4 个条件使得多项式中只需引入计算的四对参数 a_i 和 b_i。因此，每个多项式仅有 2 项，且转动和平移都必须沿着 z 坐标方向线性可分。这组元素公式虽然有时采用，但会导致严重的闭锁问题，即可能估计出的结构元素刚度比实际大很多。

尽管不在此详细介绍闭锁问题的解决方法（读者可以在任何一本好的有限元分析教材中找到这一问题的详细讨论），但可以得出一个直观的解释：如果梁是细长的，横截面的转动近似等于平移的微分，正如细长杆的欧拉－伯努利法中所述。若多项式形函数在第二项截断，且不让转动等于位移的微分时，这一模型会导致梁的弯曲，即平移量的严重低估。

这一问题的解决方法是采用欧拉－伯努利公式，即忽略剪切变形后假设转动大小等于位移的微分。此时，多项式中仅 u_x 需要确定，上述的 4 个节点条件可以用来计算位移的三次表达式中的 4 个参数。

492

为了避免闭锁,可用形函数表示一根 Timoshenko 梁,这组形函数是假设仅有端面力作用在梁上,应用连续模型对变形进行计算得到的。当梁的细长比增大且没有闭锁时,Timoshenko 梁元素简化为欧拉 – 伯努利元素。相关形函数如下:

$$
\begin{cases}
N_{11} = \dfrac{1 + \Phi(1-\zeta) - 3\zeta^2 + 2\zeta^3}{1+\Phi} \cdot \\[3mm]
N_{12} = l\zeta \, \dfrac{1 + \dfrac{1}{2}\Phi(1-\zeta) - 2\zeta + \zeta^2}{1+\Phi} \\[3mm]
N_{13} = \zeta \, \dfrac{\Phi + 3\zeta - 2\zeta^3}{1+\Phi} \\[3mm]
N_{14} = l\zeta \, \dfrac{-\dfrac{1}{2}\Phi(1-\zeta) - \zeta + \zeta^2}{1+\Phi} \\[3mm]
N_{21} = 6\zeta \, \dfrac{\zeta - 1}{l(1+\Phi)} \\[3mm]
N_{22} = \dfrac{1 + \Phi(1-\zeta) - 4\zeta + 3\zeta^2}{1+\Phi} \\[3mm]
N_{23} = -6\zeta \, \dfrac{\zeta - 1}{l(1+\Phi)} \\[3mm]
N_{24} = \dfrac{\Phi\zeta - 2\zeta + 3\zeta^2}{1+\Phi}
\end{cases}
\tag{B.78}
$$

其中

$$
\Phi = \frac{12EI_y\chi}{GAl^2}
$$

当梁的细长比增大时,Φ 的值减小,趋向于欧拉 – 伯努利梁对应的零。此时,部分广义坐标与转动相关,从而无法直接用式(B.59)和式(B.60)表示刚度和质量矩阵。通过加入由弯曲变形和剪切变形引起的分量,可以计算出势能。分别用符号 N_1 和 N_2 表示矩阵 N_{F1} 的第一行和第二行,这两个分量对应于梁微元 $\mathrm{d}z$ 的势能为

$$
\begin{cases}
\mathrm{d}U_b = \dfrac{1}{2}EI_y\left(\dfrac{\mathrm{d}\phi_y}{\mathrm{d}z}\right)^2 \mathrm{d}z = \dfrac{1}{2}EI_y q^{\mathrm{T}}\left[\dfrac{\mathrm{d}}{\mathrm{d}z}N_2\right]^{\mathrm{T}}\left[\dfrac{\mathrm{d}}{\mathrm{d}z}N_2\right]q\,\mathrm{d}z \\[3mm]
\mathrm{d}U_s = \dfrac{1}{2}\dfrac{GA}{\chi}\left(\phi_y - \dfrac{\mathrm{d}u_x}{\mathrm{d}z}\right)^2 \mathrm{d}z = \dfrac{12EI_y}{2\Phi l^2}q^{\mathrm{T}}\left[N_2 - \dfrac{\mathrm{d}}{\mathrm{d}z}N_1\right]^{\mathrm{T}}\left[N_1 - \dfrac{\mathrm{d}}{\mathrm{d}z}N_2\right]q\,\mathrm{d}z
\end{cases}
\tag{B.79}
$$

将形函数的表达式代入势能的表达式,再积分,得到弯曲刚度矩阵:

$$
\boldsymbol{K}_{F1} = \frac{EI_y}{l^3(1+\phi)}
\begin{bmatrix}
12 & 6l & -12 & 6l \\
6l & (4+\phi)l^2 & -6l & (2-\phi)l^2 \\
-12 & -6l & 12 & -6l \\
6l & (2-\phi)l^2 & -6l & (4+\phi)l^2
\end{bmatrix}
\tag{B.80}
$$

梁微元 dz 的动能为

$$\mathrm{d}T = \frac{1}{2}\rho A\dot{u}^2\,\mathrm{d}z + \frac{1}{2}\rho I_y\dot{\phi_y}^2\,\mathrm{d}z = \frac{1}{2}\rho A\dot{\boldsymbol{q}}^{\mathrm{T}}\boldsymbol{N}_1^{\mathrm{T}}\boldsymbol{N}_1\dot{\boldsymbol{q}}\,\mathrm{d}z + \frac{1}{2}\rho I_y\dot{\boldsymbol{q}}^{\mathrm{T}}\boldsymbol{N}_2^{\mathrm{T}}\boldsymbol{N}_2\dot{\boldsymbol{q}}\,\mathrm{d}z \quad (\text{B.81})$$

等式右边第一项是平移动能,第二项是转动动能,第二项在分析细长梁时可以忽略。将形函数的表达式代入后积分,得到由两部分组成的相容质量矩阵,第一部分考虑平移惯量,第二部分考虑横截面的转动惯量:

$$
\begin{aligned}
\boldsymbol{M}_{F1} = {} & \frac{\rho A l}{420(1+\phi)^2}
\begin{bmatrix}
m_1 & lm_2 & m_3 & -lm_4 \\
lm_2 & l^2 m_5 & lm_4 & -l^2 m_6 \\
m_3 & lm_4 & m_1 & -lm_2 \\
-lm_4 & -l^2 m_6 & -lm_2 & l^2 m_5
\end{bmatrix} \\
& + \frac{\rho I_y}{30l(1+\phi)^2}
\begin{bmatrix}
m_7 & lm_8 & -m_7 & lm_8 \\
lm_8 & l^2 m_9 & -lm_8 & -l^2 m_{10} \\
-m_7 & -lm_8 & m_7 & -lm_8 \\
lm_8 & -l^2 m_{10} & -lm_8 & l^2 m_9
\end{bmatrix}
\end{aligned}
\quad (\text{B.82})
$$

其中

$$m_1 = 156 + 294\Phi + 140\Phi^2, \quad m_2 = 22 + 38.5\Phi + 17.5\Phi^2$$
$$m_3 = 54 + 126\Phi + 70\Phi^2, \quad m_4 = 13 + 31.5\Phi + 17.5\Phi^2$$
$$m_5 = 4 + 7\Phi + 3.5\Phi^2, \quad m_6 = 3 + 7\Phi + 3.5\Phi^2$$
$$m_7 = 36, \quad m_8 = 3 - 15\Phi$$
$$m_9 = 4 + 5\Phi + 10\Phi^2, \quad m_{10} = 1 + 5\Phi - 5\Phi^2$$

由单位长度的集中分布剪切力 $f_x(t)$ 或弯矩 $m_y(t)$ 产生的一致载荷向量可以直接从式(B.61)中得到

$$
f(t)_{F1} = l\left[\int_0^l \boldsymbol{N}_{F1}^{\mathrm{T}}\,\mathrm{d}\zeta\right]
\begin{Bmatrix} f_x(t) \\ m_y(t) \end{Bmatrix}
= \frac{lf_x(t)}{12}
\begin{Bmatrix} 6 \\ l \\ 6 \\ -l \end{Bmatrix}
+ \frac{m_y(t)}{1+\Phi}
\begin{Bmatrix} -l \\ \dfrac{\Phi l}{2} \\ l \\ \dfrac{\Phi l}{2} \end{Bmatrix}
\quad (\text{B.83})
$$

yz 平面的弯曲特性

yz 平面内的弯曲特性分析需要用与 *xz* 平面内分析不同的方程,因为二者表示转动的正负符号不同。但可通过将矩阵 N_{F1} 中下标为 12、14、21、23 的元素符号取反,得到矩阵 N_{F2},而且 *yz* 平面内的质量矩阵和刚度矩阵除了下标为 12、14、23 和 34 的元素,其余都与 *xz* 平面的相应矩阵相等。当存在与外加力(分布或集中)或外加力矩相关的广义力向量,下标为 2 和 4 或者为 1 和 3 的元素正负符号需要变

494

化。若梁不是轴对称的,且两个平面的弹性特性和惯性特性不相同,则需要引入不同的转动惯量和剪切因素。

梁的整体特性

质量矩阵、刚度矩阵和节点力向量的完整表达式分别为

$$\left\{ \begin{array}{l} \boldsymbol{M} = \begin{bmatrix} \boldsymbol{M}_A & \boldsymbol{0} & \boldsymbol{0} & \boldsymbol{0} \\ \boldsymbol{0} & \boldsymbol{M}_T & \boldsymbol{0} & \boldsymbol{0} \\ \boldsymbol{0} & \boldsymbol{0} & \boldsymbol{M}_{F1} & \boldsymbol{0} \\ \boldsymbol{0} & \boldsymbol{0} & \boldsymbol{0} & \boldsymbol{M}_{F2} \end{bmatrix} \\[2em] \boldsymbol{K} = \begin{bmatrix} \boldsymbol{K}_A & \boldsymbol{0} & \boldsymbol{0} & \boldsymbol{0} \\ \boldsymbol{0} & \boldsymbol{K}_T & \boldsymbol{0} & \boldsymbol{0} \\ \boldsymbol{0} & \boldsymbol{0} & \boldsymbol{K}_{F1} & \boldsymbol{0} \\ \boldsymbol{0} & \boldsymbol{0} & \boldsymbol{0} & \boldsymbol{K}_{F2} \end{bmatrix} \\[2em] \boldsymbol{f} = \begin{Bmatrix} \boldsymbol{f}_A \\ \boldsymbol{f}_T \\ \boldsymbol{f}_{F1} \\ \boldsymbol{f}_{F2} \end{Bmatrix} \end{array} \right. \tag{B.84}$$

B.3.3 质量元素和弹簧元素

考虑一个在第 i 个节点处质量集中的物体或者刚体。令 q 为相关节点的广义位移向量,若节点是下述梁结构元素中涉及的类型,则可能还包括转动:

$$\boldsymbol{q} = [u_x, u_y, u_z, \phi_x, \phi_y, \phi_z]$$

后一种情况下,如果考虑物体的惯量矩,令参考系的轴沿着刚体的主轴。求出结构元素的动能后,可以看出质量矩阵是对角阵,因为参考系同物体惯量主轴对齐。

$$\boldsymbol{M} = \mathrm{diag}[m, m, m, J_x, J_y, J_z] \tag{B.85}$$

仅考虑节点平移自由度时可以得到更简化的表达式。

备注 B.17 许多计算机程序中,不同质量值可以同不同的自由度相关联。这可以用来描述特殊的物理布局,例如附加质量在结构上,随着结构沿着指定方向运动。

考虑一个弹簧元件,例如,在结构的节点 1 和节点 2 间施加阻尼的元件。当节点是单自由度时,结构元素的广义坐标为 $\boldsymbol{q} = [u_1, u_2]^{\mathrm{T}}$,刚度矩阵为

$$\boldsymbol{K} = \begin{bmatrix} k & -k \\ -k & k \end{bmatrix} \tag{B.86}$$

若该节点和梁结构元素中的节点类似,有 3 个平移和 3 个转动自由度,则 3 个平移刚度 k_x、k_y 和 k_z 以及 3 个转动刚度值 χ_x、χ_y 和 χ_z 可以确定,且可以写出每个自由度对应的形如式(B.86)的矩阵。

B.3.4 结构装配

结构元素的运动方程建立在局部坐标系或者元素本体坐标系上,这些坐标系的指向由结构元素的特征决定。例如,梁结构元素中,z 轴与梁的轴共线,x 和 y 轴取为横截面的惯量主轴。通常,不同的局部坐标系,各轴的空间指向不同。为了描述结构的整体特性,需要定义另一个坐标系,即整体系或称结构系。空间中任意局部坐标系的各轴指向,相对于整体系的指向,其关系可以用一个旋转矩阵描述:

$$\boldsymbol{R} = \begin{bmatrix} l_x & m_x & n_x \\ l_y & m_y & n_y \\ l_z & m_z & n_z \end{bmatrix} \tag{B.87}$$

式中:l_i、m_i、$n_i (i = x, y, z)$ 是局部参考系和整体系的方向余弦。第 i 个节点的平移向量 $\boldsymbol{q}_i$ 在局部参考系中的表达式 $\boldsymbol{q}_{il}$ 和在整体系中的表达式 $\boldsymbol{q}_{ig}$ 的联系可用简单的坐标变换表示:

$$\boldsymbol{q}_{il} = \boldsymbol{R} \boldsymbol{q}_{ig} \tag{B.88}$$

结构元素平移向量的广义坐标可以用相似的方法从局部坐标系转换到整体坐标系中,变换矩阵扩展为 $\boldsymbol{R}'$,扩展的变换矩阵本质上是由形如式(B.87)的一系列矩阵组成的。

备注 B.18 假设平移和转动为小量,可以将绕各轴的转动视为坐标向量中的元素,这些量和平移一样随着局部坐标系转动。

也可用旋转矩阵 $\boldsymbol{R}'$ 来描述力向量转动,结构元素在整体系下的运动方程为

$$\boldsymbol{R}'^{-1} \boldsymbol{M} \boldsymbol{R}' \ddot{\boldsymbol{q}}_g + \boldsymbol{R}'^{-1} \boldsymbol{K} \boldsymbol{R}' \ddot{\boldsymbol{q}}_g = \boldsymbol{f}_g \tag{B.89}$$

由于旋转矩阵的逆和转置相等,结构元素从局部参考系到整体系的质量矩阵和刚度矩阵为

$$\boldsymbol{M}_g = \boldsymbol{R}'^{\mathrm{T}} \boldsymbol{M}_l \boldsymbol{R}' \tag{B.90}$$

$$\boldsymbol{K}_g = \boldsymbol{R}'^{\mathrm{T}} \boldsymbol{K}_l \boldsymbol{R}' \tag{B.91}$$

类似地,节点负载向量可用关系转换:

$$\boldsymbol{f}_g = \boldsymbol{R}'^{\mathrm{T}} \boldsymbol{f}_l \tag{B.92}$$

一旦计算出不同结构元素相对于整体坐标系的质量矩阵和刚度矩阵,就可以进一步算出整体结构的矩阵。结构的 n 个广义坐标可以排列在一个向量 $\boldsymbol{q}_g$ 中。不同结构元素的矩阵可以重新写成 $n \times n$ 矩阵的形式,该矩阵中除了与结构元素的广义坐标相对应的行和列之外,其余矩阵元素都为零。

整体结构的动能和势能可以通过各部分结构元素的能量求和得到,表达式为

$$\begin{cases} T = \dfrac{1}{2} \sum_{\forall i} \dot{\boldsymbol{q}}_g^{\mathrm{T}} \boldsymbol{M}_i \, \dot{\boldsymbol{q}}_g = \dfrac{1}{2} \dot{\boldsymbol{q}}_g^{\mathrm{T}} \boldsymbol{M} \dot{\boldsymbol{q}}_g \\[3mm] U = \dfrac{1}{2} \sum_{\forall i} \boldsymbol{q}_g^{\mathrm{T}} \boldsymbol{K}_i \boldsymbol{q}_g = \dfrac{1}{2} \boldsymbol{q}_g^{\mathrm{T}} \boldsymbol{K}_i \boldsymbol{q}_g \end{cases} \tag{B.93}$$

矩阵 $\boldsymbol{M}$ 和 $\boldsymbol{K}$ 为整体结构的质量矩阵和刚度矩阵,均是通过结构元素的质量矩阵和刚度矩阵分别求和计算的。实际上,不具体写出每个结构元素的各个 $n \times n$ 矩阵:结构元素的每一项只是加到质量矩阵和刚度矩阵的相应位置。结构的矩阵很容易组合得到,是整个计算中最简单的部分。若广义坐标以合适的顺序代入,则组合矩阵具有能带结构。许多通用计算机代码都有相应的坐标重组方法,从而使带宽尽可能得小。

类似地,节点力向量可以组合得到

$$\boldsymbol{f} = \sum_{\forall i} \boldsymbol{f}_i \tag{B.94}$$

备注 B.19　节点处结构元素间的相互作用力在组合过程中互相抵消,代入整体运动方程的力向量仅仅是与外加力相关的部分。

B.3.5　结构约束

有限元方法的一个优点是便于定义约束。若第 i 个自由度被严格约束,则相应的广义坐标为零,且质量矩阵和刚度矩阵的第 i 列可以省去,因为二者分别乘以等于零的平移和加速度。由于一个广义坐标已知,在求解系统的变形时可以忽略一个相应的运动方程。从而,第 i 个方程可以同其他方程分离出来,对应于所有矩阵和力向量中删去的第 i 行。

备注 B.20　计算出全部位移后,第 i 个方程可以用来计算第 i 个广义节点力,因为在这种情况下,广义节点力作为约束响应是未知的。

严格约束一个自由度后,可以将所有的矩阵和向量中相应的行和列删除。这种方法使得问题的求解公式得以简化,在动态问题的分析中可能有用,但是这种简化通常比较有限,因为约束的自由度相比于总的自由度很小。为了避免重新构建整体模型和推导所有矩阵,严格约束可以变换成特殊的硬弹性约束。

若第 i 个自由度由刚度为 k_i 的线性弹簧约束,结构的势能需要加上弹簧的势能:

$$U = \dfrac{1}{2} k_i q_i^2 \tag{B.95}$$

考虑到约束的存在,可以将刚度因数 k_i 加到整体刚度矩阵的第 i 行和第 i 列。这一过程很简单,这是为什么在严格约束中通常用特殊的硬弹性约束代替自由度的抵消。另一个优点是约束响应可以通过数值较大的广义刚度 k_i 和对应的数值

较小的广义平移 q_i 的乘积得到。

B.3.6 阻尼矩阵

结构的阻尼分析方式可以仿照 B.3.5 节的刚度分析。若可建模为黏性阻尼器的结构元素存在于结构中的节点间或节点和基座间,那么用和弹簧结构或弹性约束的刚度矩阵相同的计算过程可以得到黏性阻尼矩阵。实际上,若将阻尼因素换成刚度,速度换成平移,相关的方程是等价的。如果部分结构元素的模型是滞后阻尼,则在复合刚度模型的有效范围内,结构元素刚度矩阵中的虚部可以用实部乘以损耗因数得到。

黏性或结构阻尼矩阵的组合遵循和质量矩阵、刚度矩阵相同的规则。

备注 B. 21 刚度矩阵的实部和虚部需要分别组合,因为损耗因数在结构上不是常数时,二者不成比例。

B.4 自由度缩减

通过有限元方法得到的模型通常有上千甚至上万的自由度。这不包括研究静态问题时计算机的问题。这种规模的自由度下,求解特征问题是一个十分难的问题。此外,有限元方法是基于平移的方法,即先求解出平移,再通过微分算出应力和应变,因此,在给定的网核条件下,有限元方法计算出的平移以及包括模态和自然频率等所有与平移直接相关的物理量,其精度要比计算出的应力、应变的精度要高得多。相反地,这意味着在求解应力时网格需要比求取自然频率和模式形状时细化很多,这是静态问题中的典型情况。

因此,在动态分析中,用自由度维数更低的模型比静态计算有明显优势。

备注 B. 22 由于对静态和动态计算用相同的网格更为简便,且对于复杂构型需要细化的网格,动态求解过程中自由度的缩减是十分有用的,尤其当自然频率有限的时候。

两种方法可用:降低模型尺寸或者在保持模型大小的同时采用特殊算法,例如用子空间迭代法来搜索最低自然频率。尽管二者或多或少等价,第一种方法中自由度的选择权在用户,而第二种则是自动选择。因此,经验丰富的工程师可以用优化的缩减方法,得到非常低维的自由度结果。程序计算中的通用代码通常采用第二种方法。

备注 B. 23 在计算机出现前,用非常低维(通常一维)自由度模型得到了显著成果,但这需要强大的计算能力和物理学基础。

B.4.1 静态缩减

静态缩减基于将模型广义坐标 $\boldsymbol{q}$ 细分成两类:主自由度 $\boldsymbol{q}_1$ 和次自由度 $\boldsymbol{q}_2$。相应地可将刚度矩阵和节点力向量分块,描述静态问题的方程变为

$$\begin{bmatrix} \boldsymbol{K}_{11} & \boldsymbol{K}_{12} \\ \boldsymbol{K}_{21} & \boldsymbol{K}_{22} \end{bmatrix} \begin{Bmatrix} \boldsymbol{q}_1 \\ \boldsymbol{q}_2 \end{Bmatrix} = \begin{Bmatrix} \boldsymbol{f}_1 \\ \boldsymbol{f}_2 \end{Bmatrix} \tag{B.96}$$

备注 B.24 矩阵 $\boldsymbol{K}_{11}$ 和 $\boldsymbol{K}_{22}$ 是对称的,而 $\boldsymbol{K}_{12} = \boldsymbol{K}_{21}{}^{\mathrm{T}}$ 既不是方阵也不是对称阵。

求解式(B.96)中的第二个方程,得到如下主坐标和次坐标的关系式:

$$\boldsymbol{q}_2 = -\boldsymbol{K}_{22}^{-1}\boldsymbol{K}_{21}\boldsymbol{q}_1 + \boldsymbol{K}_{22}^{-1}\boldsymbol{f}_2 \tag{B.97}$$

将式(B.97)代入式(B.96)中,得到

$$\boldsymbol{K}_{\mathrm{cond}}\boldsymbol{q}_1 = \boldsymbol{f}_{\mathrm{cond}} \tag{B.98}$$

其中

$$\begin{cases} \boldsymbol{K}_{\mathrm{cond}} = \boldsymbol{K}_{11} - \boldsymbol{K}_{12}\boldsymbol{K}_{22}^{-1}\boldsymbol{K}_{12}{}^{\mathrm{T}} \\ \boldsymbol{f}_{\mathrm{cond}} = \boldsymbol{f}_1 - \boldsymbol{K}_{12}\boldsymbol{K}_{22}^{-1}\boldsymbol{f}_2 \end{cases}$$

式(B.98)给出了主归一化平移 $\boldsymbol{q}_1$。次归一化平移可以直接按照式(B.97)乘以一些矩阵求出。

备注 B.25 用于求解静态问题时,静态缩减得到的是精确解,即和完整模型求解结果一样。

向量 $\boldsymbol{q}_1$ 和 $\boldsymbol{q}_2$ 间的细分可以基于不同的标准。主自由度可以简单地定义为用户感兴趣的部分。另一种方法是从物理上讲结构分为两部分。

第二种方法可概括为将广义坐标细分为子集,通常称为子结构解法或子结构化。特别地,当结构可以细分成连接在同一框架上的许多部分时,该方法尤其简单适用。设相连结构或框架的广义平移列为向量 $\boldsymbol{q}_0$,不同子结构的广义平移用 $\boldsymbol{q}_i$ 表示,整体结构的静态解具有如下方程的形式:

$$\begin{bmatrix} \boldsymbol{K}_{00} & \boldsymbol{K}_{01} & \boldsymbol{K}_{02} & \cdots \\ & \boldsymbol{K}_{11} & 0 & \cdots \\ & & \boldsymbol{K}_{22} & \cdots \\ \text{symm} & & & \cdots \end{bmatrix} \begin{Bmatrix} \boldsymbol{q}_0 \\ \boldsymbol{q}_1 \\ \boldsymbol{q}_2 \\ \vdots \end{Bmatrix} = \begin{Bmatrix} \boldsymbol{f}_0 \\ \boldsymbol{f}_1 \\ \boldsymbol{f}_2 \\ \vdots \end{Bmatrix} \tag{B.99}$$

第 i 个子结构对应的方程求解为

$$\boldsymbol{q}_i = -\boldsymbol{K}_{ii}^{-1}\boldsymbol{K}_{i0}\boldsymbol{q}_0 + \boldsymbol{K}_{22}^{-1}\boldsymbol{f}_i \tag{B.100}$$

框架结构的广义平移可通过形如式(B.98)的方程求得,其中的压缩矩阵为

$$\begin{cases} \boldsymbol{K}_{\text{cond}} = \boldsymbol{K}_{00} - \displaystyle\sum_{\forall i} \boldsymbol{K}_{0i} \, \boldsymbol{K}_{ii}^{-1} \, \boldsymbol{K}_{0i}^{\text{T}} \\ \boldsymbol{f}_{\text{cond}} = \boldsymbol{f}_0 - \displaystyle\sum_{\forall i} \boldsymbol{K}_{0i} \, \boldsymbol{K}_{ii}^{-1} \, \boldsymbol{f}_i \end{cases} \tag{B.101}$$

如上所述,静态缩减不引入模型的进一步近似。类似的缩减方法可以用于动态分析中,且仅当所有广义惯量均不与次自由度相关时,缩减方法不引入近似。这种情况下,静态缩减更常采用,因为原始系统的质量矩阵是奇异的,而压缩过程正好消除了奇异性。用集中参数法分析梁结构元素,且横截面的惯量矩忽略时,惯量同与弯曲有关的所有自由度中的一半都不相关。因此,静态缩减允许去除惯量相关项,得到一个非奇异的质量矩阵。但总的来说,质量矩阵是非奇异的,而且不可能简单地忽略与某些自由度相关的惯量。

B.4.2 Guyan 缩减

Guyan 缩减是基于假设忽略惯性力和外加力 $\boldsymbol{f}_2$,次广义平移 $\boldsymbol{q}_2$ 可以直接从主平移 $\boldsymbol{q}_1$ 直接计算得到。这种情况下,没有最后一项的式(B.97),可以用于动态求解。用和刚度矩阵分块相同的方法将质量矩阵分块,结构的动能表达式为

$$T = \frac{1}{2} \left\{ \begin{array}{c} \dot{\boldsymbol{q}}_1 \\ -\boldsymbol{K}_{22}^{-1}\boldsymbol{K}_{21}\dot{\boldsymbol{q}}_1 \end{array} \right\}^{\text{T}} \left[\begin{array}{cc} \boldsymbol{M}_{11} & \boldsymbol{M}_{12} \\ \boldsymbol{M}_{21} & \boldsymbol{M}_{22} \end{array} \right] \left\{ \begin{array}{c} \dot{\boldsymbol{q}}_1 \\ -\boldsymbol{K}_{22}^{-1}\boldsymbol{K}_{21}\dot{\boldsymbol{q}}_1 \end{array} \right\} \tag{B.102}$$

因此,动能为

$$T = \frac{1}{2} \dot{\boldsymbol{q}}_1^{\text{T}} \boldsymbol{M}_{\text{cond}} \dot{\boldsymbol{q}}_1$$

式中,M_{cond} 为压缩质量矩阵,为

$$\boldsymbol{M}_{\text{cond}} = \boldsymbol{M}_{11} - \boldsymbol{M}_{12}\boldsymbol{K}_{22}^{-1}\boldsymbol{K}_{12}^{\text{T}} - \left[\boldsymbol{M}_{12}\boldsymbol{K}_{22}^{-1}\boldsymbol{K}_{12}^{\text{T}}\right]^{\text{T}} + \boldsymbol{K}_{12}\boldsymbol{K}_{22}^{-1}\boldsymbol{M}_{22}\boldsymbol{K}_{22}^{-1}\boldsymbol{K}_{12}^{\text{T}} \tag{B.103}$$

Guyan 缩减从计算的角度看,不比静态缩减简单很多,因为也存在一个矩阵求逆,即 $\boldsymbol{K}_{22}^{-1}$,该值已经在压缩刚度矩阵的计算中求得。若矩阵 $\boldsymbol{M}$ 是对角矩阵,式(B.103)中的两项为零。尽管引入近似,但至少在次自由度选择合适时,Guyan 缩减导致的误差很小。与次自由度相关的惯性力实际上没有忽略,但它们对动能的影响是从一个仅基于主自由度的变形构型中计算得到的。

备注 B.26 若相关的模态受一些广义质量的影响很小,或者部分结构的刚度很大,其变形仅由少部分坐标决定,则求解的结果较好,甚至可以用很少的主自由度。

类似于质量矩阵,黏性或结构阻尼矩阵 $\boldsymbol{C}$ 和 $\boldsymbol{K}''$ 可以用式(B.103)进行缩减,其中的 $\boldsymbol{M}$ 分别用 $\boldsymbol{C}$ 和 $\boldsymbol{K}''$ 代替。同样地,阻尼矩阵的缩减引入了误差,这些误差取决于次自由度的选取,但当施加了黏性阻尼或损耗因素可变的滞后阻尼的自由度没有被删除时,误差通常很小。或者,当自由度中的平移主要由一些主平移决定时,这些自由度可以忽略,这些主平移通常对应于结构中的大刚度部分。

B.4.3　组元合成

采用子结构化时,每个结构的自由度可以细分为两类:内部自由度和边界自由度。后者是子结构同整体结构中其他部分共有的全部自由度。这些自由度常称为约束自由度,因为它们描述了子结构同系统其余部分的约束关系。内部自由度是仅属于相关子结构的自由度。可能的最大缩减组合是将所有的内部自由度视为次自由度,所有边界自由度视为主自由度。此时,所有模态中的子结构内部点相对于边界的运动分析十分重要,而相应的模态近似则比较粗略。

避免这一缺点的简单方法是将一些约束在子结构边界的模态坐标同边界自由度一起选为主坐标。若保留全部模态,这一过程显然可以得到精确结果,但由于模态个数等于内部自由度的维数,因而得到的模型同原始模型有相同维数的自由度。实际上,计算优势是随着可忽略的模态数的增多而提升的。

缩减方法中对相关矩阵进行分块,下标 1 对应于边界自由度,下标 2 对应于内部自由度。可以假设平移向量 q_2 等于约束模态 q_2',即无外力作用于子结构时由位移 q_1 产生的形变模态加上约束常规模态 q''_2,即边界广义平移 q_1 等于零时,子结构自由振动的自然模态。

力向量 f_2 设为零时,约束模态 q_2' 可用式(B.97)描述。约束常规模态可以通过解特征问题计算出:

$$(-\omega^2 M_{22} + K_{22})q''_2 = 0$$

解出特征问题后,特征向量 $\boldsymbol{\Phi}$ 的矩阵可用于实现模态变换 $q''_2 = \boldsymbol{\Phi}\boldsymbol{\eta}_2$。因此,子结构的广义坐标可以表示为

$$\begin{Bmatrix} q_1 \\ q_2 \end{Bmatrix} = \begin{Bmatrix} q_1 \\ -K_{22}^{-1}K_{21}q_1 + \boldsymbol{\Phi}\boldsymbol{\eta}_2 \end{Bmatrix}$$

$$= \begin{bmatrix} I & 0 \\ -K_{22}^{-1}K_{21} & \boldsymbol{\Phi} \end{bmatrix} \begin{Bmatrix} q_1 \\ \boldsymbol{\eta}_2 \end{Bmatrix} = \boldsymbol{\Psi} \begin{Bmatrix} q_1 \\ q_2 \end{Bmatrix} \qquad (\text{B.104})$$

式(B.104)是一种坐标变换,用于描述约束模态和常规模态中子结构的内部变形。表示这种变换的矩阵 $\boldsymbol{\Psi}$ 可用于计算新的质量、刚度以及有时需要的黏性矩阵和力向量:

$$\begin{cases} M^* = \boldsymbol{\Psi}^{\mathrm{T}} M \boldsymbol{\Psi} & K^* = \boldsymbol{\Psi}^{\mathrm{T}} K \boldsymbol{\Psi} \\ C^* = \boldsymbol{\Psi}^{\mathrm{T}} C \boldsymbol{\Psi} & f^* = \boldsymbol{\Psi}^{\mathrm{T}} f \end{cases} \qquad (\text{B.105})$$

若有 m 个约束坐标和 n 个内部坐标,且仅考虑 k 个约束常规模态($k < n$),则原始矩阵 $M,K,\cdots$ 是大小为 $m+n$ 的方阵,而变换得到的新矩阵 $M^*,K^*,\cdots$ 是大小为 $m+k$ 的方阵。

子结构坐标变换后,它们可用于组合得到整体结构的矩阵:边界坐标是子结构间共有的,且当模态坐标仅是一个子结构的坐标时进行组合,这一点与内部节点类型相同的结构元素的坐标组合方式相同。

备注 B. 27 实际上每个子结构可视为一个大的结构元素,或称为超单元,相关的分析过程与有限元方法中的标准过程相同。

子结构化的主要优点是使得模型的构建和大结构各部分的分析相互独立。然后可将二者的结果进行整合,整体结构的特性可以从各部分的特性进行评估。若要实现这一方法,连接点处必须定义:不同部分的分析中需考虑相同的边界自由度。当然,利用特殊算法也可能实现不兼容网格间的连接。

备注 B. 28 本节中讨论的所有方法,互相都比较类似,通常用于离散系统,虽然在有限元分析中由于其自由度缩减能力而被广泛使用,但这些方法不仅仅局限于这一领域的应用。

举例来说明组元合成法是如何应用的。考虑如图 B.8 所示的离散系统。分析其动态特性,比较在保留不同模态的情况下用组元合成法得到的结果。

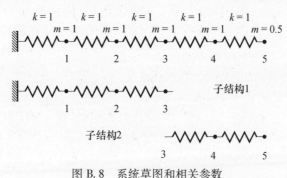

图 B.8　系统草图和相关参数

（引自 G. Genta, *Vibration Dynamics and Control.* Springer, New York, 2009）

系统自由度的总维数是 5,完整的质量矩阵和刚度矩阵分别为

$$
K = \begin{bmatrix} 2 & -1 & 0 & 0 & 0 \\ -1 & 2 & -1 & 0 & 0 \\ 0 & -1 & 2 & -1 & 0 \\ 0 & 0 & -1 & 2 & -1 \\ 0 & 0 & 0 & -1 & 1 \end{bmatrix}, \quad M = \begin{bmatrix} 1 & 0 & 0 & 0 & 0 \\ 0 & 1 & 0 & 0 & 0 \\ 0 & 0 & 1 & 0 & 0 \\ 0 & 0 & 0 & 1 & 0 \\ 0 & 0 & 0 & 0 & 0.5 \end{bmatrix}
$$

直接求解特征问题,求出如下特征值矩阵:

$$
[\omega^2] = \mathrm{diag}[0.0979 \quad 0.8244 \quad 2.000 \quad 3.176 \quad 3.902]
$$

从而将结构划分为两个子结构,对子结构分别进行分析。

子结构 1

子结构 1 包括质量分布的节点 1、节点 2 和节点 3。节点 1 和节点 2 的平移是内部坐标,而节点 3 的平移是边界坐标。按照边界自由度,内部自由度(节点 2 的写在节点 1 的前面)划分的质量矩阵和刚度矩阵分别为

$$K = \begin{bmatrix} 1 & -1 & 0 \\ -1 & 2 & -1 \\ 0 & -1 & 2 \end{bmatrix}, \qquad M = \begin{bmatrix} 1 & 0 & 0 \\ 0 & 1 & 0 \\ 0 & 0 & 1 \end{bmatrix}$$

通过求解下标为 22 的矩阵相关的特征问题,得到内部常规模态的特征向量矩阵,求出所有模态,并得出第一个子结构的矩阵 K^* 和 M^*:

$$\Phi = \begin{bmatrix} \dfrac{\sqrt{2}}{2} & -\dfrac{\sqrt{2}}{2} \\ \dfrac{\sqrt{2}}{2} & \dfrac{\sqrt{2}}{2} \end{bmatrix}, \qquad K^* = \begin{bmatrix} 0.333 & 0 & 0 \\ 0 & 1 & 0 \\ 0 & 0 & 3 \end{bmatrix}$$

$$M^* = \begin{bmatrix} 1.556 & 0.7071 & -0.2357 \\ 0.7071 & 1 & 0 \\ -0.2357 & 0 & 1 \end{bmatrix}$$

子结构 2

子结构 2 包括节点 3、节点 4 和节点 5,质量分布在节点 4 和节点 5 上。节点 3 处的质量已在第一个子结构中考虑,因而不能重复考虑。节点 4 和节点 5 的平移是内部坐标,而节点 3 的平移是边界坐标。按照边界自由度和内部自由度(节点 4 在节点 5 前)划分的质量和刚度矩阵分别为

$$K = \begin{bmatrix} 1 & -1 & 0 \\ -1 & 2 & -1 \\ 0 & -1 & 1 \end{bmatrix}, \qquad M = \begin{bmatrix} 0 & 0 & 0 \\ 0 & 1 & 0 \\ 0 & 0 & 0.5 \end{bmatrix}$$

同样可计算出所有模态,并得出新矩阵:

$$\Phi = \begin{bmatrix} \dfrac{\sqrt{2}}{2} & -\dfrac{\sqrt{2}}{2} \\ 1 & 1 \end{bmatrix}, \qquad K^* = \begin{bmatrix} 0 & 0 & 0 \\ 0 & 0.5858 & 0 \\ 0 & 0 & 3.4142 \end{bmatrix}$$

$$M^* = \begin{bmatrix} 1.5 & 1.2071 & -0.2071 \\ 1.2071 & 1 & 0 \\ -0.2071 & 0 & 1 \end{bmatrix}$$

子结构可以像结构元素一样组合,结果如下:

子结构 1		自由度	1	2	3	
	类型	边界	模态	模态		
子结构 2	自由度	1			2	3
	类型	边界			模态	模态
整体结构	自由度	1	2	3	4	5

503

计算出整体结构的刚度矩阵和质量矩阵：

$$
K^* = \begin{bmatrix}
0.3333 & 0 & 0 & 0 & 0 \\
0 & 1 & 0 & 0 & 0 \\
0 & 0 & 3 & 0 & 0 \\
0 & 0 & 0 & 0.5858 & 0 \\
0 & 0 & 0 & 0 & 3.4142
\end{bmatrix}
$$

$$
M^* = \begin{bmatrix}
1.5 & 0.7071 & -0.2357 & 1.2071 & -0.2071 \\
0.7071 & 1 & 0 & 0 & 0 \\
-0.2357 & 0 & 1 & 0 & 0 \\
1.2071 & 0 & 0 & 1 & 0 \\
-0.2071 & 0 & 0 & 0 & 1
\end{bmatrix}
$$

将矩阵进行分块，从而将边界平移自由度和模态自由度分离。若不考虑模态坐标，组元合成法和 Guyan 缩减等价，即只有一个主自由度。若删去矩阵的第 3、5 行和第 3、5 列，此时每个子结构仅考虑一个内部模式。若矩阵保持完整，且考虑所有的模式，在没有引入近似的情况下，得到的结果与精确解是相同的。得到以自然频率的平方表示的结果如下：

矩阵规模	5（精确）	1（Guyan 缩减）	3（1 模式）	5（2 模式）
模式 1	0.0979	0.1091	0.0979	0.0979
模式 2	0.8244	—	0.8245	0.8244
模式 3	2.000	—	2.215	2.000
模式 4	3.176	—	—	3.176
模式 5	3.902	—	—	3.902

参考文献^①

机器人学

1. Duffy J(1980) Analysis of mechanisms and robot manipulators. Arnold, London

2. Paul RP(1981) Robot manipulators: mathematics, programming and control: the computer control of robot manipulator. MIT Press, Cambridge

3. Coiffet P(ed) (1983) Robot technology. Kogan Page, London

4. Pugh A(ed) (1983) Robot vision. Springer, Berlin

5. Robillard MJ(1983) Microprocessor based robotics. Sams, Indianapolis

6. Barker LK, Moore MC(1984) Kinematic control of robot with degenerate wrist. NASA, Washington

7. Kafrissen E, Stephans M(1984) Industrial robots and robotics. Reston Publishing, Reston

8. Morgan C(1984) Robots, planning and implementation. Springer, Berlin

9. Barker LK, Houck JA, Carzoo SW(1985) Kinematic rate control of simulated robot hand at or near wrist singularity. NASA, Washington

10. Estèves F(1985) Robots: construction, programmation. Sybex, Paris

11. Kozyrev Y(1985) Industrial robot handbook. MIR, Moscow

12. Manson MT, Salisbury JK Jr(1985) Robot hands and the mechanics of manipulation. MIT Press, Cambridge

13. Martin HL, Kuban DP(eds) (1985) Teleoperated robotics in hostile environments. Robotics International of SME, Dearborn

14. Ranky PG, Ho CY(1985) Robot modelling, control and applications with software. Springer, Berlin

15. SnyderWE(1985) Industrial robots. Computer interfacing and control. Prentice Hall, EnglewoodCliffs

16. Vertut J, Coiffet P(1985) Teleoperation and robotics: applications and technology. Page, London

17. Vukobratovic M, Kircanski N(1985) Real time dynamics of manipulation robots. Springer, Berlin

18. Vukobratovic M, Potkonjak V(1985) Applied dynamics and CAD of manipulation robots. Springer, Berlin

19. Aleksander I(ed) (1986) Artificial vision for robots. Kogan Page, London

20. Asada H, Slotine JE(1986) Robot analysis and control. Wiley, New York

21. Barker LK(1986) Modified Denavit – Hartenberg parameters for better location of joint axis systems in robot

---

① 空间机器人学是多学科交叉的学科,许多教材都与本书探讨的各个方面内容相关。若考虑杂志发表的论文,这个列表要包含上千条标题。

作者选择列出同机器人学相关度高,且一部分同地面力学和轮式机及步行机动力学相关的书籍。略去同其他类型运动(飞行、航行等)以及机器人中所用元件(电机、齿轮、驱动器、传感器等)相关的书籍。尽管如此,作者仍然觉得可能忽略了部分应该包含的书籍。

arms. NASA, Washington

22. Barker LK, Houck JA (1986) Theoretical three – and four – axis gimbal robot wrists. NASA, Washington

23. Groover MP, Weiss M, Nagel RM, Odrey NG (1986) Industrial robotics, technology, programming and applications. McGraw – Hill, New York

24. Hoekstra RL (1986) Robotics and automated systems. SouthWestern Publishing, Cincinnati

25. Holzbock WG (1986) Robotic technology principles and practice. Van Nostrand, New York

26. Klaus B, Horn P (1986) Robot vision. MIT Press, Cambridge

27. McDonald AC (1986) Robot technology; theory, design and applications. Prentice Hall, EnglewoodCliffs

28. Nof SY (ed) (1986) Handbook of industrial robotics. Wiley, New York

29. Pham DT, Heginbotham WB (1986) Robot grippers. Springer, Berlin

30. Pfeiffer F, Reithmeier E (1987) Roboterdynamik. Teubner, Stuttgart

31. Pugh A (1986) Robot sensors, vol 1, vision; vol 2, tactile and non – vision. Springer, Berlin

32. Raibert MH (1986) Legged robots that balance. MIT Press, Cambridge

33. Todd DJ (1986) Fundamentals of robot technology. Kogan Page, London

34. Ardayfio DD (1987) Fundamentals of robotics. Dekker, New York

35. Featherstone R (1987) Robot dynamics algorithms. Kluwer, Boston

36. McCarthy JM (ed) (1987) The kinematics of robot manipulators. MIT, Cambridge

37. Nagy FN, Siegler A (1987) Engineering foundation of robotics. Prentice Hall, Englewood Cliffs

38. Ruocco SR (1987) Robot sensors and transducers. Wiley, New York

39. An CH, Atkeson CG, Hollerbach JM (1988) Model – based control of a robot manipulator. , MIT Press, Cambridge

40. Andeen GB (ed) (1988) Robot design handbook. McGraw – Hill, New York

41. Dorf RC (1988) International encyclopedia of robotics; applications and automation. Wiley, New York

42. Durrant – Whyte HF (1988) Integration, coordination and control of multi – sensor robot systems. Kluwer, Boston

43. Craig JJ (1989) Introduction to robotics; mechanics and control. Addison – Wesley, Reading

44. Koivo AJ (1989) Fundamentals for control of robotic manipulators. Wiley, New York

45. Rosheim ME (1989) Robot wrist actuators. Wiley, New York

46. Spong MW, Vidyasagar M (1989) Robot dynamics and control. Wiley, New York

47. Vukobratovic M (1989) Applied dynamics of manipulation robots; modelling, analysis and examples. Springer, Berlin

48. Vukobratovic M, Stokic D (1989) Applied control of manipulation robots; analysis, synthesis and exercises. Springer, Berlin

49. Cox IJ, Wilfong GT (eds) (1990) Autonomous robot vehicles. Springer, New York

50. Hoshizaki J, Bopp E (1990) Robot applications design manual. Wiley, New York

51. Peshkin MA (1990) Robotic manipulation strategies. Prentice Hall, Englewood Cliffs

52. Russell RA (1990) Robot tactile sensing. Prentice Hall, New York

53. Venkataraman ST, Iberall T (eds) (1990) Dextrous robot hands. Springer, New York

54. Vukobratovic M, Borovac B, Surle D, Stakic D (1990) Biped locomotion; dynamics, stability, control and application. Springer, Berlin

55. Latombe JC (1991) Robot motion planning. Kluwer, Boston

56. Mooring BW, Roth ZS, Driels MR (1991) Fundamentals of manipulator calibration. Wiley, New York

57. Nakamura Y (1991) Advanced robotics; redundancy and optimization. Addison – Wesley, Reading

58. Samson C, Le Borgne M, Espiau B(1991) Robot control: the task function approach. Clarendon, Oxford

59. Sandler BZ (1991) Robotics: designing the mechanisms for automated machinery. Prentice Hall, Englewood Cliffs

60. Vernon D(1991) Machine vision: automated visual inspection and robot vision. Prentice Hall, New York

61. Haralick RM, Shapiro LG(1992) Computer and robot vision. Addison – Wesley, Reading

62. Zomaya AY(1992) Modelling and simulation of robot manipulators: a parallel processing approach. World Scientific, Singapore

63. Bernhardt R, Albright SL(eds)(1993) Robot calibration. Chapman and Hall, London

64. Fargeon C(ed)(1993) Robotique mobile. Teknea, Toulouse

65. Coiffet P (1993) Robot Habilis, Robot Sapiens: Histoire, Développements, etFuturs de la Robotique. Hermès, Paris

66. Connell JH, Mahadevan S(eds)(1993) Robot learning. Kluwer, Boston

67. Lewis FL, Abdallah CT, Dawson DM(1993) Control of robot manipulators. Macmillan, New York

68. Megahed SM(1993) Principles of robot modelling and simulation. Wiley, Chichester

69. Spong MW, Lewis FL, Abdallah CT (eds) (1993) Robot control: dynamics, motion planning and analysis. New IEEE, New York

70. Chernousko FL, Bolotnik NN, Gradetsky VG (1994) Manipulation robots: dynamics, control, and optimization. CRC Press, Boca Raton

71. Roseheim ME(1994) Robot evolution: the development of anthrorobotic. Wiley, New York

72. Qu Z, Dawson DM(1996) Robust tracking control of robot manipulators. IEEE Press, New York

73. Sciavicco L, Siciliano B(1996) Modeling and control of robot manipulators. McGraw – Hill, New York

74. Zhuang H, Roth ZS(1996) Camera – aided robot calibration. CRC Press, Boca Raton

75. Crane CD III, Duffy J(1998) Kinematic analysis of robot manipulators. Cambridge University Press, Cambridge

76. Morecki A(ed)(1999) Podstawyrobotiky. WydawnictwaNaukovo – Techniczne, Warsaw

77. Tsai LW(1999) Robot analysis: the mechanics of serial and parallel manipulators. Wiley, New York

78. Dudek G, Jenkin M (2000) Computational principles of mobile robotics. Cambridge UniversityPress, Cambridge

79. Ellery A(2000) An introduction to space robotics. Springer Praxis. Springer, Chichester

80. Moallem M, Patel RV, Khorasani K(2000) Flexible – link robot manipulators: control techniquesand structural design. Springer, London

81. Brooks RA(2002) Flesh and machines. Pantheon, New York

82. Bräunl T(2003) Embedded robotics: mobile robot design and applications with embedded Systems. Springer, Berlin

83. Natale C(2003) Interaction control of robot manipulators: six degrees – of – freedom tasks. Springer, Berlin

84. Siegwart R, Nourbakhsh IR(2004) Introduction to autonomous mobile robots. MIT Press, Cambridge

85. Choset H et al(2005) Principles of robot motion: theory, algorithms and implementation. MIT Press, Cambridge

86. Spong MW, Hutchinson S, Vidyasagar M(2006) Robot modeling and control. Wiley, Hoboken

87. Haikonen PO(2007) Robot brains. Wiley, Chichester

88. Jazar GN(2007) Theory of applied robotics: kinematics, dynamics, and control. Springer, New York

89. Patnaik S(2007) Robot cognition and navigation: an experiment with mobile robots. Springer, Berlin

90. Westervelt ER et al(2007) Feedback control of dynamic bipedal robot locomotion. CRC Press, Boca Raton

91. Vepa R(2009) Biomimetic robotics. Cambridge University Press, Cambridge
92. Vukobratovic M, Surdilovic D, Ekalo Y, Katic D(2009) Dynamics and robust control of robot – environment interaction. World Scientific, Singapore
93. Liu H(2010) Robot intelligence: an advanced knowledge approach. Springer, London
94. Niku SB(2011) Introduction to robotics: analysis, control, applications. Wiley, New York
95. Wagner ED, Kovacs LG(eds)(2011) New robotics research. Nova Science Publishers, New York

地面力学和轮式机及步行机动力学

96. Terzaghi K(1943) Theoretical soil mechanics. Wiley, New York
97. Bekker MG(1956) Theory of land locomotion. University of Michigan Press, Ann Arbor
98. Bekker MG(1960) Off – the road locomotion. University of Michigan Press, Ann Arbor
99. Ellis JR(1969) Vehicle dynamics. Business, London
100. Artamonov MD, Ilarionov VA, Morin MM(1976) Motor vehicles. Mir, Moscow
101. McMahon TA(1984) Muscles, reflexes and locomotion. Princeton University Press, Princeton
102. Todd DJ(1985) Walking machines: an introduction to legged robots. Kogan Page, London
103. AgeikinIaS(1987) Off – the – road mobility of automobiles. Balkema, Amsterdam
104. Song SM, Waldron KJ(1989) Machines that walk: the adaptive suspension vehicle. MIT Press, Cambridge
105. Azuma A(1992) Thebiokinetics of flying and swimming. Springer, Tokyo
106. Gillespie TD(1992) Fundamentals of vehicle dynamics. SAE, Warrendale
107. Genta G(1993) Meccanicadell' autoveicolo. Levrotto& Bella, Torino
108. Terzaghi K, Peck RB, Mesri G(1996) Soil mechanics in engineering practice. Wiley, New York
109. Coduto DP(1998) Geotechnical engineering. Prentice Hall, Upper Saddle River
110. Cebon D(1999) Handbook of vehicle – road interaction. Swets&Zeitlinger, Lisse
111. Wong JY(2001) Theory of ground vehicles. Wiley, New York
112. Karnopp D(2004) Vehicle stability. Marcel Dekker, New York
113. Genta G(2005) Motor vehicle dynamics, modelling and simulation. World Scientific, Singapore
114. Pacejka HB(2006) Tire and vehicle dynamics. Elsevier, New York
115. Genta G, Morello L(2009) The automotive chassis, vol. 2. Springer, New York

内 容 简 介

本书对空间机器人的设计概述较为全面,涉及轮式和非轮式空间探测机器人的机动性理论、机构设计、运动建模及控制方法、驱动和传感、动力系统。书中引用了很多国际上具有代表性的空间机器人机构,根据不同的机构构型建立了其运动模型,给出其运动控制方法,并系统叙述了空间机器人驱动器和传感器原理以及采用不同能量形式的动力系统。作者在书中提出了很多值得研究、关注的开放性问题,引导读者思考并开创新领域或解决新问题。

本书适合空间机器人相关课程的学生阅读,对空间机器人的跨学科领域,特别是机械学方面有兴趣的爱好者也能从中受益。